AF536311

Safari-Reiseführer Südliches Afrika
Autor: Ruud Troost
Herausgeber: Afrika Safari Media, Jacob Catslaan 15, 1985 AD Driehuis, Niederlande

Erste Ausgabe, August 2023

ISBN 978-90-822084-0-5

Safari-Reiseführer Südliches Afrika

Südafrika, Botswana und Namibia

SÄUGETIERE, REPTILIEN, VÖGEL und NATIONALPARKS

RUUD TROOST

Dieses Buch ist all den Männern und Frauen gewidmet, die sich für den Naturschutz einsetzen. Den mutigen Rangern, die nächtelang auf der Suche nach Wilderern sind. Den lokalen Behördenmitarbeitern, die mit dem permanenten Dilemma zwischen dem Wohlergehen ihres Volkes und dem Erhalt der Natur ringen. Den Initiatoren von Auffangzentren für verwaiste Tiere und den vielen Freiwilligen und Profis, die sich für die Erhaltung bedrohter Arten einsetzen.

Vorwort

Die Bilder sind mir immer noch lebendig im Gedächtnis geblieben, auch wenn es nun mehr als 30 Jahre her ist. Ich hatte schon ein paar Safaris miterlebt, aber noch nie zu Fuß. Das Interesse der Südafrikaner an den sogenannten Trailcamps im Krügerpark ist groß. So groß, dass es für bestimmte Zeiträume Wartelisten mit Wartezeiten von mehreren Jahren gibt. Ein Lodge-Besitzer wollte dieses Safari-Erlebnis auch der internationalen Öffentlichkeit nahebringen und lud mich als Reiseveranstalter ein. Zusammen mit vier Journalisten wurden wir von unseren Gastgebern im Sweni Trail Camp empfangen. Diese beiden Ranger waren uns für die nächsten 72 Stunden Halt und Stütze.
Noch bevor die Sonne aufgeht, trinken Sie den ersten Kaffee oder Tee mit „rusk" (ein süßer Zwieback). Bei Tagesanbruch verlassen Sie das Lager und gehen im Gänsemarsch in die Wildnis, der Fährtenleser an der Spitze, die anderen folgen. Sobald Sie den Busch betreten, fühlen Sie sich verwundbar. Unterwegs wird erklärt, welche Kräuter oder Baumrinden als Heilmittel dienen, welche Äste als Zahnbürsten verwendet werden und welches Tier Spuren oder Kot hinterlassen hat. Inzwischen verfolgt der Tracker bereits eine bestimmte Spur. Er kann nicht nur erzählen, von welchem Tier sie ist, sondern auch sehr genau angeben, wie alt sie ist.
Wir folgten der Spur von zwei Breitmaulnashörnern, im Schritttempo sind sie genauso schnell wie Menschen. Nach einer Stunde kamen sie in Sicht. Aus dem Wind und über den Sand näherten wir uns ihnen bis auf 30 Meter.
Noch weitere 10 Meter krochen wir durch den Sand. Und da saßen wir dann, dicht bei den kurzsichtigen Kolossen von jeweils zwei Tonnen, die ruhig weitergrasten. Als sie ein paar Meter näher kamen, gab uns der Fährtenleser zu verstehen, dass wir uns schräg rückwärts robbend zurückziehen sollten. Danach hatten wir noch eine Begegnung mit einem großen Löwenrudel, aber das zu erzählen wäre für ein Vorwort zu lang.
Wenn Sie die Möglichkeit haben, an einer Wandersafari teilzunehmen, rate ich Ihnen, diese Gelegenheit mit beiden Händen zu ergreifen. Wärmstens empfohlen für diejenigen, die fit genug sind, um 4 bis 5 Stunden gemütlich zu wandern, wenn Sie verstehen wollen, warum die Biosphäre in der umliegenden Natur so geformt ist, wie sie ist, und welche Tiere in dem Gebiet, in dem Sie wandern, gerade in hoher Konzentration oder eben gar nicht vorkommen.

Ruud Troost

Inhalt

Allgemeine Informationen

Kleidung, Gepäck und Zubehör

Falls Sie zum ersten Mal auf eine mehrtägige Safari gehen, fragen Sie sich wahrscheinlich, welche Kleidung und Schuhe empfehlenswert sind. Die Antwort ist eigentlich sehr simpel: Einfache Wanderschuhe, also Schuhe mit etwas dickerer Sohle, kurze Hosen, Shirts, Polohemden, Blusen etc. - kurzum alles, was keine Wärme speichert. Dazu ein Sweater oder Pulli für die kühlen, zum Teil sehr kalten, Morgenstunden und eine lange Hose oder ein Hemd mit langen Ärmeln gegen die Mücken.

In den Schlafzimmern von fast allen Lodges gibt es Mückennetze, die Sie nachts schützen. Häufig wird auch ein Spray bereitgestellt, mit dem Sie vor dem Abendessen Ihr Zimmer von Mücken befreien können. Dennoch möchten wir Ihnen raten, bereits in Deutschland ein Mückenspray oder -gel mit dem Wirkstoff „Deet" zu kaufen, das für tropische Gebiete geeignet ist. Dieses tragen Sie auf Hände, Hals und Stirn auf und vor allem auch auf die Haut direkt über den Socken, da die Mücken sich gerne im windgeschützten Bereich unter Tischen oder Stühlen aufhalten. In dem seltenen Fall, dass Sie von einem anderen Insekt gestochen werden, kann die betroffene Stelle unter Umständen stärker anschwellen als gewöhnlich, da Ihr Körper den Stich noch nicht direkt erkennt. Nach ein paar Tagen wird die Schwellung aber wieder abklingen. Falls Sie in die Hand gestochen werden, ist es besser etwaige Ringe abzunehmen. Sollte die Schwellung länger als fünf Tage anhalten, kontaktieren Sie einen Arzt und sprechen Sie mit Ihrem Guide.

Auf mehrtägigen Safaris reisen Sie häufig in Gesellschaft. Bei Ihren Mitreisenden kann es sich um Landsleute, aber auch Angehörige anderer Nationalitäten handeln. Dies wird Ihnen meistens vorher von Ihrem Reiseorganisator mitgeteilt. Von jedem Teilnehmer wird erwartet, mit nur einer flexiblen Tasche und begrenztem Handgepäck zu reisen. In Ihrem Handgepäck dürfen dabei einige Dinge nicht fehlen: Ihre Reisedokumente, Bargeld, Reiseplan, Malariatabletten und andere Medikamente (evtl. Arztrezepte in Latein), Fotoausrüstung, dieser Safari-Reiseführer, Taschenlampe, Fernglas, eventuell eine Routenkarte und die Kontakttelefonnummern von Zuhause. Hinsichtlich des Fotomaterials empfehlen wir Ihnen eine Kamera mit Zoom. Das kann eine Kompakt-, System- oder Spiegelreflexkamera sein.

Ein Zoombereich ab 300 mm wird Ihren Aufnahmen zugutekommen. Wenn Sie speziell für Ihre Reise in Afrika eine Kamera anschaffen möchten, empfehlen wir Ihnen dringend, vorher Probeaufnahmen mit dieser Kamera zu machen. Wenn ein- und dieselbe Person filmen und fotografieren möchte, funktioniert das in der Praxis meist nicht gut. Vereinbaren Sie vorher, wer was macht. Je nach Land können die Steckdosen unterschiedlich sein. Es gibt in Deutschland und in den meisten Safariländern landesspezifische Adapter zu kaufen. Adapter für Südafrika können Sie am besten an Ort und Stelle kaufen. Die Spannung ist dieselbe wie

in Deutschland. Was das Fernglas angeht, empfehlen wir Ihnen einen Bereich von 8x42 oder 7x50. Gezahlt wird in bar oder mit Kreditkarte, in vielen Lodges ist Barzahlung in der Landeswährung oder Kreditkartenzahlung möglich. In Ländern mit schlechtem Telefonnetz ist es praktisch, immer Bargeld dabeizuhaben. Während der Safari Geld zu wechseln, gestaltet sich allerdings häufig schwierig. Auch Trinkwasser ist sehr wichtig auf Ihrer Reise. An sehr warmen Tagen benötigen Sie mindestens 2 Liter.

Safari so, wie Sie sie erleben möchten

Bei einer Reise nach Afrika steht häufig das Entdecken der Tierwelt im Mittelpunkt. Das Wort Safari bezeichnet in diesem Zusammenhang oft eine mehrtägige Tour durch verschiedene Naturparks. Wenn Sie eine organisierte Safari machen, geschieht dies in der Regel mit einem Fahrer, der gleichzeitig Ihr Guide ist. Er kennt die Parks und Routen und hält meist Kontakt zu anderen Bussen, um sich zu informieren, wo Tiere gesichtet wurden. Mehrtägige Safaris werden in zwei Kategorien eingeteilt: Lodge-Safaris und Campingsafaris. Letztere sind nicht zu verwechseln mit den luxuriöseren sog. „tented" Safaris. Der größte Unterschied liegt, wie der Name bereits vermuten lässt, im Komfort und Ambiente des Ortes, an dem Sie übernachten. Eine Lodge-Safari bietet Ihnen die Annehmlichkeiten eines Badezimmers, guter Betten, einer Klimaanlage, eines Speiseraumes mit einer Auswahl an Gerichten und häufig eines Schwimmbades. Bei einer Campingsafarihaben Sie all dies nicht! Auf einer Campingsafari ist das Badezimmer ein Wassersack mit einem Duschkopf hinter einem kleinen Vorhang. Sie schlafen auf einer Schaumstoffmatratze oder einer harten Liege, bei der Klimaanlage handelt es sich um ein Palmblatt in Ihrer eigenen Hand. Der Speisesaal besteht aus einer Reihe von Bänken oder Stühlen um das Lagerfeuer herum. Das Schwimmbad, tja, vielleicht ein Bächlein, in dem sich keine Krokodile oder Nilpferde befinden. Beide Formen von Safari sind durchaus gesellig und das Essen ist bei Campingsafaris trotz der primitiven Küche meist lecker. Bei Campingreisen, die im südlichen Afrika beginnen, ist es üblich, dass die Teilnehmer auch beim Kochen und Spülen helfen. Eine Campingsafari ist aufregend! In der ersten Nacht, in der Sie nach einem Kaffee und eventuell einem kleinen Umtrunk Ihr Zelt aufsuchen, bemerken Sie vielleicht nicht (ab dann schon), dass der

Campingsafari

Tented Safari

Lodge-Safari

Campingplatz nicht eingezäunt ist. In der ungewohnten Umgebung suchen Sie mithilfe Ihrer Taschenlampe Ihr Zelt auf und schlüpfen in den zur Verfügung gestellten Schlafsack oder unter die Decke. Wenn das Feuer kleiner wird, jeder sich zurückgezogen hat und Sie nicht sofort einschlafen können, fragen Sie sich vielleicht, ob Sie hinter einem dünnen Stück Stoff wohl sicher sind. Sie hören, wie ein Zweig auf das Zelt fällt oder eine Maus herumstöbert. Sie kontrollieren nochmals, ob die Reißverschlüsse auch wirklich zu sind, und finden plötzlich, dass die Latrine sich doch ziemlich weit von Ihrem Zelt entfernt befindet! Machen Sie sich also keine Sorgen. Hunderttausende Besucher waren vor Ihnen da, und es kam niemals zu ernsthaften Zwischenfällen. Wenn Sie trotzdem nicht schlafen können, öffnen Sie den Reißverschluss ein wenig und beobachten Sie die Tiere, die sich in Sicherheit wähnen und den Campingplatz nach Essbarem absuchen. Auf diese Weise erleben Sie eine Privatsafari! Wenn der Boden etwas sandig ist, ist es gut möglich, dass Sie am folgenden Tag sehr deutliche Spuren von Tieren vorfinden. Sogar eine Herde Elefanten könnte an Ihrem Zelt vorbeigelaufen sein, ohne dass Sie davon wach geworden wären.
Während Ihrer Safari unternehmen Sie „Game Drives" oder „Game Walks". Das heißt, dass Ihr Guide Sie im Morgengrauen nach einem Kaffee oder Tee auf die Suche nach afrikanischen Tieren mitnimmt. Manchmal kommen Sie vor dem Frühstück zurück und setzen danach Ihre Tour oder Safari fort. Oder aber die Safari beginnt direkt nach einem frühen Frühstück. Nach dem Mittagessen ist Zeit für eine Siesta und gegen halb vier unternehmen Sie eine zweite Tour. Am Anfang werden Sie sich über die guten Augen Ihres Guides wundern. Oft sieht er das Wild früher als Sie, obwohl Sie von Ihrer Position aus eine bessere Sicht haben. Nach einiger Zeit werden Sie bemerken, dass Sie immer besser im „Spotten" werden: „eleven o'clock a bushbuck ", wenn Sie links vor sich eine kleine Antilope sehen. Zunehmend werden in Reisebroschüren auch sogenannte „Self-Drive" Safaris angeboten. In den Ländern dieses Buches gibt es die Möglichkeit, Geländewagen zur mieten. Oft sind sie mit einem ausklappbaren Zelt auf dem Dach, Kochutensilien und anderem Zubehör ausgestattet. Wenn Sie Ihre Reise auf südafrikanische oder namibische Wildparks beschränken, dann genügen die Karten, Wegweiser und mietbaren GPS, um Sie von A nach B zu bringen. Etwas anders verhält es sich,

wenn Sie eine lange Reise planen und auf Ihrer Route auch Botswana, der Caprivizipfel in Namibia und vielleicht Zimbabwe liegen. Wenn Sie Südafrika verlassen, sind Sie bereits sehr bald auf sich selbst gestellt.
Die Wege sind durchgehend nicht asphaltiert und Wegweiser fehlen oft ganz. Die Transitstraßen sind gut zu erkennen, aber die weitverzweigten Pfade in den Reservaten können zum Irrgarten werden. Eine konservative Einschätzung der Entfernungen und der Zeit vermeidet Stress, falls Sie einmal nicht gut vorankommen. Haben Sie jederzeit übermäßig viel Wasser dabei und beachten Sie, dass Ihr Mobiltelefon nur ganz selten Empfang haben wird. Schlagen Sie mindestens eine Stunde, bevor es dunkel wird, Ihr Lager auf, gestalten Sie Ihre Planung flexibel, halten Sie sich an die empfohlene Route etc. Dies sind nur einige Tipps, die ich Ihnen mitgeben kann. Es kommt öfters vor, dass Freunde beschließen, eine Reise mit mindestens zwei Autos zu unternehmen.
Es gibt etliche Bücher über Erlebnisse im Busch, z.B. Peter Allison: Whatever You Do, Don't Run: Don't Look Behind You, True Tales of a Botswana Safari Guide.

Begriffe

In der Legende der Einleitung zu den Säugetieren und Reptilien finden Sie Symbole, die sich auf die nachfolgenden Begriffe beziehen.

Savanne

Die Savanne ist ein klimatologischer Zustand. Savannen kommen zwischen 23,5 Grad nördlicher und 23,5 Grad südlicher Breite vor. Die Landschaft besteht aus einer Kombination von Grasland, Buschland und Waldvegetation. Das ganze Jahr über herrschen hohe Temperaturen, der Niederschlag ist periodisch und die Verdunstung ist hoch. Viele Pflanzen, die in der Savanne wachsen, sind an die sogenannte "Feuerzeit" angepasst. Die bemerkenswertesten Pflanzenarten der Savanne sind das Napiergras *(Pennisetum purpureum)*, die typische Schirmakazie *(Acacia tortillis)* und der Affenbrotbaum oder Baobab *(Adansonia digitata)*. Die in den Savannen lebenden Tierarten sind hauptsächlich Weidegänger und ihre Prädatoren. Durch die spärliche Vegetation haben die Tiere einen ungehinderten Blick auf mögliche Fressfeinde. Bei Wasserknappheit beziehen sie den größten Teil ihrer Feuchtigkeit aus der Nahrung. Die so genannte Miombo-Savanne bedeckt einen großen Teil Sambias. Die Vegetation besteht hauptsächlich aus Laubbäumen der Art *Brachystegia*. Nur die Kronen der Bäume berühren sich, so dass das Sonnenlicht auf dem Boden ein vielfältiges Pflanzenwachstum ermöglicht.

Wald

Waldreiche Gebiete findet man in diesen Ländern nur an Flussufern und in den Savannen. Uganda verfügt über ausgedehnte Tropenwälder, insbesondere im westlichen Teil. Vor allem wegen des Schattens kommen viele Tiere hierher und suchen unter dem Blätterdach Schutz vor der sengenden Sonne. Für Vögel gibt es hier viele Insekten. Antilopen und Schweine fressen Gras und Kräuter, und Raubtiere können sich im Schutz der Bäume an ihre Beute heranpirschen.

Felsen

In erosionsreichen Gebieten haben sich in der Landschaft im Laufe der Jahre Felsformationen gebildet. Diese Felsen sind nicht etwa Berge oder Hügel, die aus dem Erdinneren an die Oberfläche gedrückt wurden, sondern vollständig erodierte Landflächen. Zwischen diesen Felsformationen wachsen Gräser, Kräuter, Sträucher und Bäume. Manche Tierarten suchen zwischen den Steinen und in den Hohlräumen der Baumwurzeln Schutz, vor allem Schlangen, Eidechsen und Schliefer.

Berge

Der Begriff Gebirge bezieht sich auf die Flanken und die höheren Teile der Berge. Es gibt Tierarten wie Schliefer und Klippspringer, Vögel, darunter viele Raubvögel, die dort auch oft brüten, und Chamäleons, die an ein Leben in höheren Lagen angepasst sind. Es gibt auch Affenarten, die die Nacht in Bäumen höher an den Flanken verbringen, um vor nächtlichen Jägern sicher zu sein. Da es in den Naturschutzgebieten in den Ländern dieses Reiseführers keine hohen Berge gibt, wird das Piktogramm verwendet, um anzuzeigen, dass die jeweilige Art auch in höheren Lagen in ihrer Umgebung vorkommt.

Wasser & Sumpf

Ein Sumpfgebiet ist die Übergangszone zwischen Wasser und Land. Das Wasser wird entweder laufend aus Quellen zugeführt oder stammt von temporären Starkniederschlägen. Je nach Lage der Sumpfgebiete bieten diese Lebensraum für eine reiche Vielfalt an Pflanzen und Tieren. Wasserreiche Gebiete sind Wasserlöcher, Seen, Flüsse und kleine Wasserläufe. Hier jagen Wasservögel Fische, Frösche und Eidechsen, blühende Wasserpflanzen ziehen Insekten und Vögel an, und Tiere, die hier ihren Durst löschen, werden nicht selten zur Beute von Krokodilen. Manche Säugetiere wie etwa Sitatungas und Wasserböcke, aber auch Nilpferde, haben hier ihren festen Lebensraum. Viele verschiedene Akazienarten, darunter die schöne Gelbrinden-Akazie oder Fieber-Akazie und der kolossale Feigenbaum, sind an den Ufern besonders häufig.

Halbwüste

Als „Halbwüste" oder „Steppe" wird das Übergangsgebiet zwischen den Subtropen und der Wüste bezeichnet. Da hier nur sehr wenig Niederschlag fällt, gedeihen in der Sahelzone nur wenige widerstandsfähige Gräser und Sträucher. Die Tiere hier sind entweder nomadisch oder haben sich dem knappen Nahrungsangebot angepasst.

Wüste

Kennzeichnend für eine Wüste ist vor allem die sehr geringe Niederschlagsmenge. In Afrika sind Wüsten riesige flache Gebiete mit Sanddünen und hohen Temperaturen, wie etwa die Sahara in Nordafrika oder die Namib in Namibia.

Der Wüstenboden kann die geringe Niederschlagsmenge nicht speichern, daher wachsen und blühen Pflanzen hier nur für sehr kurze Zeit. Dann ziehen Pflanzenfresser, Insekten und Vögel in die Randgebiete dieser Wüsten, um dort nach Nahrung zu suchen.

Zeitunterschiede

Botswana: im Winter 1 Stunde später, im Sommer gleich
Namibia: im Winter 1 Stunde später, im Sommer gleich
Südafrika: im Winter 1 Stunde später, im Sommer gleich

Währungen

Botswana: **Pula**

Namibia: **Namibische Dollar**

Südafrika: **Rand**

Nationalparks

Behandelt werden die wichtigsten Wildparks in drei Safariländern. Die beiliegenden Karten geben Ihnen eine geografische Übersicht über die Flüsse, Sümpfe, Wälder und Berge.
Das Straßennetz, die Parkeingänge und auch die Standorte einiger Unterkünfte wurden vermerkt. Dies gilt auch für besondere Aussichtspunkte.

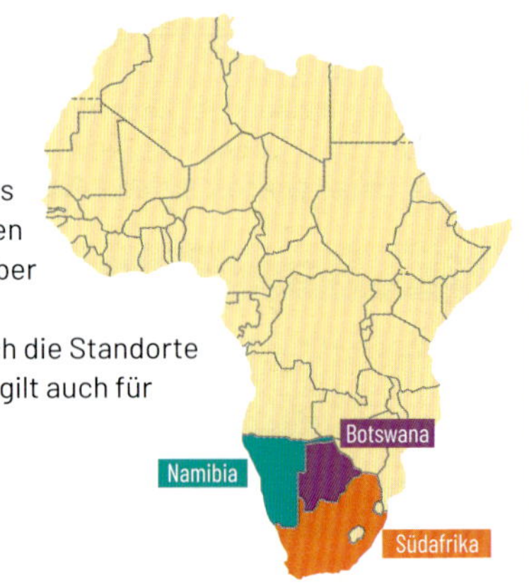

Botswana

Namibia

Südafrika

Legende

- *Seen*
- *Niedrigere Gebirge*
- *Höhere Gebirge*
- *Wald*
- *Hochlandwald*
- *Savannen*
- *Sümpfe*
- *Parkeingang*
- *Hügel, Berg*
- *Unterkunft*
- *Campingplatz*
- *Beobachtungshütten*
- *Wasserfall*
- *Damm*
- *Aussichtpunkt*
- *Asphaltiert*
- *Schotterweg*
- *Hiking-Track*
- *4X4-Route*
- *Fluss*
- *Grenze*

Botswana

Botswana grenzt an Namibia, Simbabwe, Sambia und Südafrika. Das frühere britische Protektorat Bechuanaland nahm den heutigen Namen an, nachdem es im Jahre 1966 unabhängig geworden war. Hauptstadt und größte Stadt der Republik ist Gaborone. Botswana hat eine Fläche von 581 730 km^2 und besteht zum größten Teil aus einer dürren, ca. 1000 m hoch gelegenen Ebene mit Hügeln im Osten. Die Kalahariwüste erstreckt sich im Süden und Westen des Landes und nimmt 70% des Landes ein. Im Nordwesten fließt der Okavango, der in einem weitverzweigten Delta endet. Die Regenfälle betragen im Inland oft weniger als 250 mm im Jahr, können im Norden jedoch ungefähr 640 mm erreichen. Die Bevölkerung des Landes besteht vor allem aus Tswana (79 %), einer ethnischen Gruppe, die eine Bantusprache spricht und in acht Hauptgruppen unterteilt wird. Es gibt auch kleine Minderheiten wie die Kalanga (11 %), die Basarwa (3 %), die Kgalagadi und die Weißen. Englisch ist zwar die offizielle Sprache, aber Tswana wird auch viel benutzt. Viehzuchtim kleinen Maßstab und Landwirtschaft sind für einen Großteil der Bevölkerung die wichtigsten Einkommensquellen. Es gibt aber auch Viehzucht im großen Stil. Der Mangel an Wasser und guten Bewässerungsanlagen erschwert den Ackerbau. Für die Ökonomie des Landes am wichtigsten ist der Bergbau. Die Wildparks ziehen viele Touristen an und sind damit als Einkommensquelle nicht zu unterschätzen. Vor allem das Okavangodelta ist berühmt. Der Fluss versickert in der Kalahariwüste, wodurch eine riesige, einzigartige Naturlandschaft entstanden ist. Inmitten des Deltas befindet sich der trockenere Moremi-Nationalpark.

Daneben liegt der Chobe-Nationalpark, der sich zu einem Publikumsmagneten entwickelt hat. Er besteht aus einem Semiwüstengebiet nördlich des Okavangodeltas und reicht im Nordosten bis nach Kasane in der Nähe des namibischen Caprivizipfels. Eine andere Sehenswürdigkeit sind die Makgadikgadi-Salzpfannen. Dabei handelt es sich um eine karge Ebene, die alle paar Jahre nach üppigen Regenfällen unter Wasser steht. Dann landen hier hunderttausende, manchmal Millionen von Flamingos, die in diesem Areal ihr einziges Ei ausbrüten. Auf dem Weg von Nata nach Maun fahren Sie an diesem Gebiet vorbei. Botswana ist mit einer Einwohnerzahl von circa 2,35 Millionen dünn besiedelt. Das Bevölkerungswachstum wird durch die hohe HIV-Infektionsrate gebremst. Das Wirtschaftswachstum betrug in den Jahren 2005 bis 2016 im Durchschnitt 3,5%.
Das BNE beträgt pro Kopf (2020) US$ 17 000 (BNE Deutschland 50 800 US-Dollar) und gehört damit zu den höheren in Afrika.

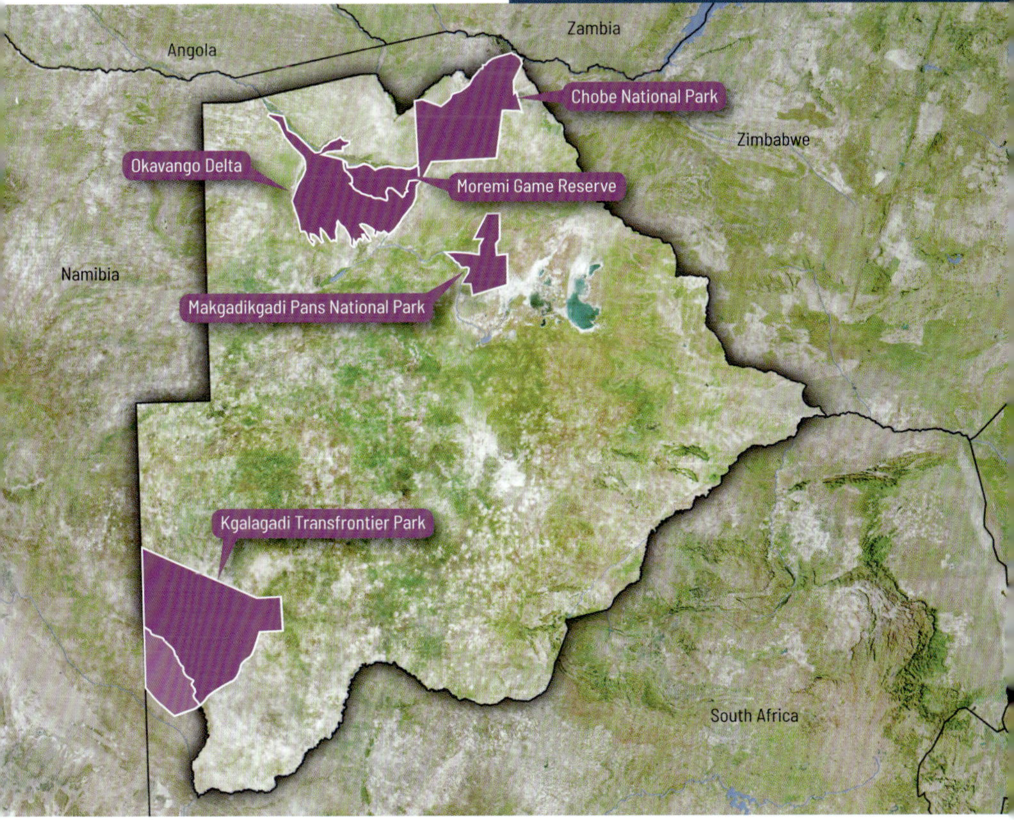

Angola
Zambia
Chobe National Park
Zimbabwe
Okavango Delta
Moremi Game Reserve
Namibia
Makgadikgadi Pans National Park
Kgalagadi Transfrontier Park
South Africa

Namibia
Kasane
Kazungula
Katomo Mulilo
Chobe
Chobe Chilwero
Chobe
Sedudu
Ngoma
CHOBE FLOOD PLAINS
Liambezi
Chobe Elephant Camp
Muchenje & Ngoma Safari Lodge
Zambezi
Namibia
Camp Chobe
Nata
CHOBE FOREST
Linyanti
Kachikau
Namuchira
Kabunga
Ihaha
Siklyxana
Mokororo
Kwikamba
Linyanti
Tchinga
Ghoha
GHOHA HILLS
Ngwezumba
Kazangula
Zoma
Nogatse
Tjelani
Komane
Nxunxutsla
Kowani
Kowawa
Savuti
Savute Safari Lodge
SAVUTI PLAINS
Savute Elephant Camp & Savute Under Canvas
Zweizwe
SAVUTI MARSH
Nyereku
CHINAMBA
Potopoto
Chosoroga
Mababe
MOREMI NATIONAL PARK
Mababe
Maun

Chobe-Nationalpark

Wann:	ganzjährig, weniger geeignet Nov. - März
Klima:	Tagestemperatur zwischen 24°C bis 36°C
Regen:	35 - 45 mm (Dec. - Mrz.) 0 - 15 mm (Apr. - Okt.)
Höhe:	900 - 1030 m über dem Meeresspiegel

Der Chobe-Nationalpark bedeckt ungefähr 11.700 km2. Hier finden Sie eine der höchsten Wildkonzentrationen des gesamten afrikanischen Kontinents. Der Park ist überraschend vielseitig. An der nördlichen Grenze verläuft der Fluss Chobe, der permanent Wasser führt. An der Westflanke befinden sich die Linyantisümpfe. Die Idee eines Nationalparks im Chobegebiet kam erst 1931 auf. Ein Jahr später wurde ein Areal von ca. 24.000 km^2 zur Jagdverbotszone erklärt. Im Jahr 1967 wurde es offiziell Nationalpark, der erste im jungen, unabhängigen Botswana. Durch Anpassungen in den Jahren 1980 und 1987 wurde der Chobe-Nationalpark auf seine heutige Größe begrenzt. Der Chobe ist bekannt für seine große Elefantenpopulation, die über weite Entfernungen migriert. Zwischen den Jahreszeiten ziehen die Tiere die knapp 200 km von den Flüssen Chobe und Linyanti zu den Ebenen im Südosten des Parks, wo sie sich während der Regenzeit verteilen. Die beste Zeit, um Wild zu sehen, ist der trockene Winter (April-Oktober), während für die Beobachtung von Vögeln ca. 450 Arten, die Sommermonate (November März) am günstigsten sind. Dann ist es auch am wärmsten. Der Park gliedert sich in vier deutlich zu unterscheidende Ökosysteme: die Serondela mit ihren wilden Ebenen und dichten Wäldern im Strömungsgebiet des Flusses Chobe, die flachen Savannen rund um den Savuti Channels im Westen, der seit 2010 plötzlich wieder Wasser in die Savutisümpfe bringt, die Linyantisümpfe im Nordwesten und das heiße, trockene Gebiet dazwischen. Eine der schönsten Attraktionen des Chobe ist eine Bootstour auf dem Fluss. Wenn Sie den Chobe-Nationalpark auf eigene Faust erkunden wollen, empfehlen wir Ihnen, sich vor Beginn der Reise in Deutschland bei einem darauf spezialisierten Reiseveranstalter zu informieren.

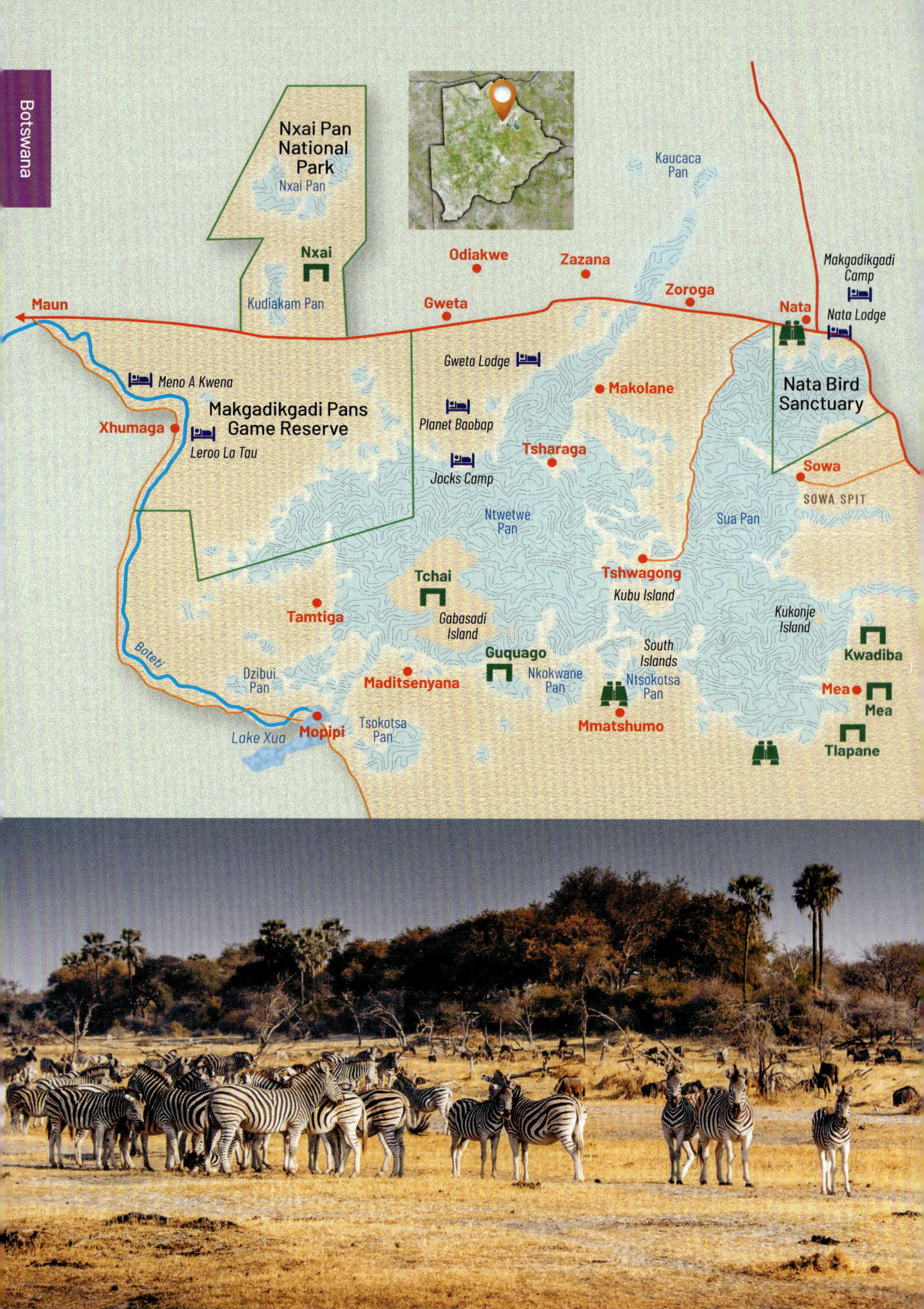

Nxai Pan National Park
Nxai Pan
Nxai
Kudiakam Pan
Odiakwe
Zazana
Kaucaca Pan
Makgadikgadi Camp
Nata Lodge
Nata
Zoroga
Gweta
Maun
Gweta Lodge
Meno A Kwena
Makolane
Nata Bird Sanctuary
Makgadikgadi Pans Game Reserve
Xhumaga
Leroo La Tau
Planet Baobab
Jocks Camp
Tsharaga
Sowa
SOWA SPIT
Ntwetwe Pan
Sua Pan
Tchai
Tshwagong
Kubu Island
Tamtiga
Gabasadi Island
Kukonje Island
Kwadiba
South Islands
Guquago
Boteti
Dzibui Pan
Maditsenyana
Nkokwane Pan
Ntsokotsa Pan
Mea
Mea
Mmatshumo
Tsokotsa Pan
Lake Xua
Mopipi
Tlapane

Makgadikgadi-Pans-Nationalpark

Wann:	ganzjährig, Dec. - Jan. am meisten Niederschläge
Klima:	Tagestemperatur zwischen 24°C bis 36°C
Regen:	25 - 80 mm (Nov. - Apr.) 0 - 20 mm (Mrz. - Okt.)
Höhe:	904 - 945 m über dem Meeresspiegel

Wo einst ein riesiger See die Ebenen im Nordosten Botswanas bedeckte, der damals größer war als die Schweiz, befindet sich heute das Makgadikgadi Pans Game Reserve mit einer Fläche von 3900 km^2, eine der größten Salinen der Welt. Der Park liegt im Südwesten des Okavango-Deltas und ist von der Kalahari-Wüste umgeben. Einst war es ein fruchtbares Gebiet mit Flüssen, Wäldern, Wiesen und Sümpfen. Das Gebiet war auch lange Zeit bewohnt. Die tatsächliche Ursache für das Verschwinden des Sees ist unklar. Wahrscheinlich waren es Erdrutsche, die Risse im Boden verursachten, und Verdunstung, die den Prozess beschleunigten. Am Gidikwe Ridge, westlich des Boteti-Flusses, ist beispielsweise die alte Ufermauer noch immer ein deutlicher Hinweis auf den ursprünglichen See.
Heute ist der Makgdikdgadi eine Ansammlung von Salzpfannen, die niedrigsten Überreste des ursprünglichen Sees. Beeinflusst durch die globalen klimatischen Veränderungen sind auch die Jahreszeiten für den Makgadikgadi immer unberechenbarer geworden. Historisch gesehen liegt die Regenzeit zwischen November und März, und die Flüsse fließen bis April oder Mai in das Gebiet. In Jahren mit reichlich Regen verwandeln sich die trostlosen grauen Ebenen in ein grünes Meer aus Gräsern und Pflanzen, das zahlreiche Weidetiere wie Gnus und Zebras anlockt. Die Salzpfannen füllen sich mit Wasser und Cyanobakterien (Spirulina), der Hauptnahrungsquelle für den Kleinen Flamingo. In dieser Blütezeit kommen Hunderttausende von Flamingos zum Brüten hierher. Sie können den Nationalpark mit einem SUV erreichen, aber mit einem 4WD sind Sie viel flexibler.

Botswana
SAVUTI NATIONAL PARK
Odumaeras
Ngoga
Jao
Camp
Okavango
Shinde Camp
Kwara Camp
Kwai River
Lodge
North
Xobega
Lediba
Camp Okuti
Tsaro Lodge
Mombo
Camp
3d Bridge
Camp Moremi
Khwai
Chief's Island
South
Xigera
Safari Camp
Cubanare
Camp
Eagle Island
Camp
Gomoti

Moremi-Wildreservat

Wann:	ganzjährig, weniger geeignet Nov.-März
Klima:	Tagestemperatur zwischen 24°C bis 36°C
Regen:	35 - 90 mm (Dec. - Mrz.) 0 - 25 mm (Apr. - Okt.)
Höhe:	935 - 976 m über dem Meeresspiegel

Das Moremi-Wildreservat liegt inmitten des Okavangodeltas und bedeckt mit ca. 5000 km^2 ungefähr ein Drittel von dessen östlichem Teil. Hier findet man spärlich bewachsene Savannen mit Mopane- und Akazienbestand, Graslandschaften, dichte Uferwälder und Lagunen. Durch diesen großen Abwechslungsreichtum ist der Moremi eines der schönsten Naturgebiete Afrikas. Der Park ist nach Chief Moremi vom Stamm der BaTawana benannt. Aufgrund der Vielseitigkeit seines Ökosystems leben hier viele Tierarten. Dazu zählt die scheue und wasserliebende Sitatunga, die im allerletzten Moment plötzlich mit viel Getöse vor Ihrem Kanu auftaucht und flüchtet, ebenso wie die Letschwe, die regelmäßig in Herden anzutreffen ist. Auch der Afrikanische Wildhund wird infolge eines gut geführten Projekts (Botswana Predator Conservation Trust) gerade im Moremi häufig gesichtet, ebenso die Rappenantilope und die Pferdeantilope. Auf nächtlichen Fahrten haben Sie die Chance, Stachelschwein, Steppenschuppentier und Erdwolf zu sehen. Raubtiere sind hier ebenfalls reichlich gut vertreten. Während Ihres Aufenthaltes können Sie in Kanus, die aus Baumstämmen hergestellt wurden, Touren auf schmalen Wasserstraßen und Lagunen unternehmen. Wandersafaris oder Angelexkursionen sind ebenso möglich wie Ausflüge per Motorboot oder Geländewagen. In der Regenzeit ist es heiß und die Pfade sind dann in schlechtem Zustand. Doch gerade in diesen Monaten sind noch mehr Vögel (ca. 500 Arten) im Moremi anzutreffen als sonst. Während der Trockenzeit kann man das Wild aufgrund der zunehmenden Dürre häufiger an den übrigbleibenden Wasserstellen beobachten.

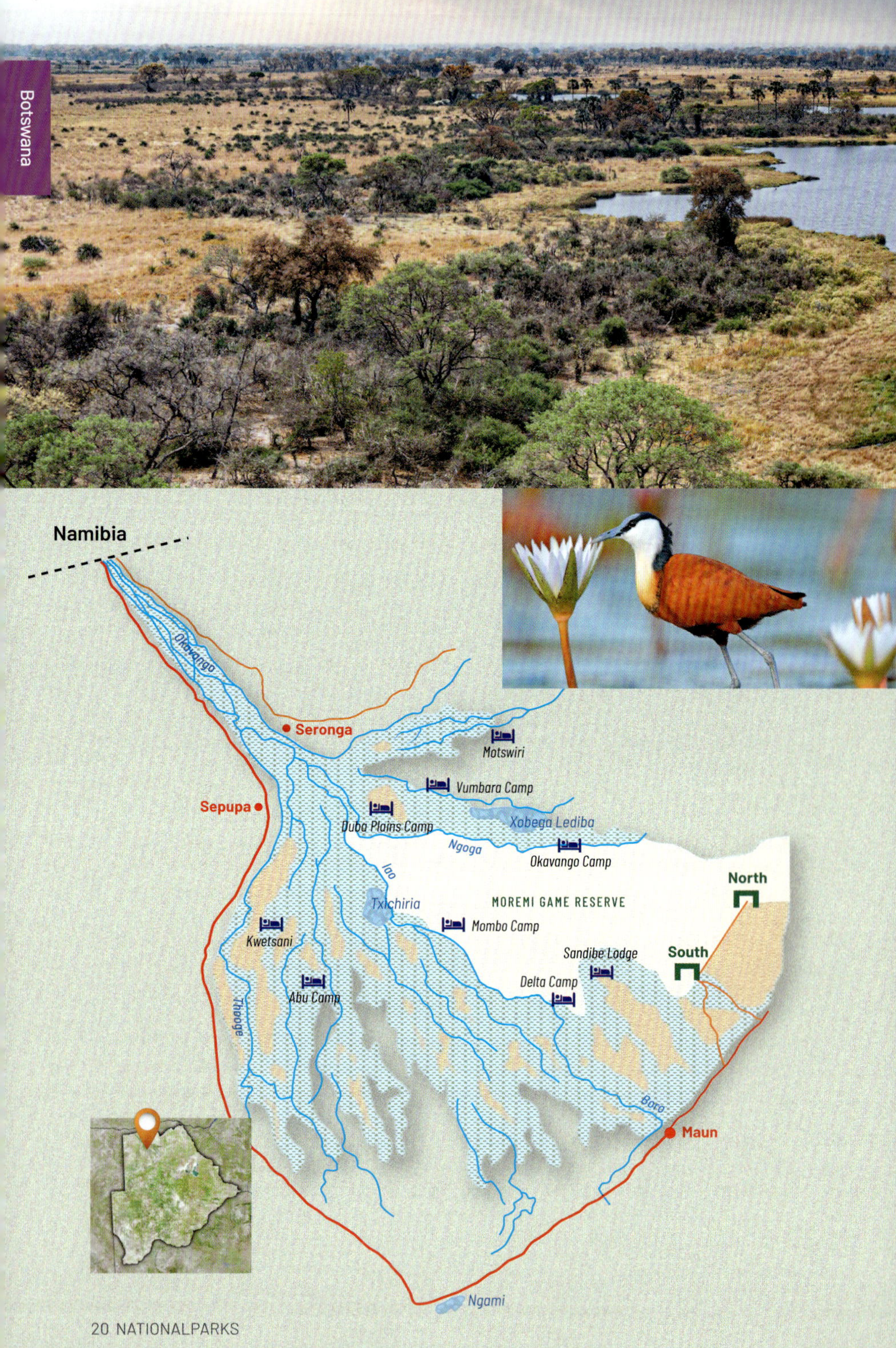
Namibia
Okavango
Seronga
Matswiri
Vumbara Camp
Sepupa
Duba Plains Camp
Xobega Lediba
Ngoga
Okavango Camp
Iao
Txichiria
MOREMI GAME RESERVE
North
Mombo Camp
Kwetsani
Sandibe Lodge
South
Delta Camp
Abu Camp
Thaoge
Boro
Maun
Ngami

Botswana

Okavango-delta

Wann:	ganzjährig, weniger geeignet Nov.-März
Klima:	Tagestemperatur zwischen 24°C bis 36°C
Regen:	35 - 90 mm (Dec. - Mrz.) 0 - 25 mm (Apr.-Okt.)
Höhe:	934 - 1024 m über dem Meeresspiegel

Das Okavangodelta ist eines der weltweit größten Binnenwassersysteme. Die Hauptquelle des Flusses entspringt im Hochland von Bihé in Angola. Seine vielen Seitenarme formen den Fluss Cubango. Dieser quert als Kavango Namibia. Ab Botswana ändert sich sein Name in Okavango. Vor Millionen von Jahren strömte der Fluss genauso wie der Sambesi und der Kwando bis dorthin, wo sich nun die Makgadikgadi- Salzebene erstreckt. Der See war damals ca. 80.000 km² groß und 30 Meter tief. Durch eine Klimaveränderung vor ca. 10.000 Jahren begann der Makgadikgadisee nach und nach auszutrocknen. Heutzutage sind nur noch Relikte übrig, darunter dieses Delta, der Ngamisee und die Makgadikgadi-Salzpfannen. Der Okavango bildete damals sein heutiges Delta, das sich so von einem wüstenartigen Terrain in eine Oase für Flora und Fauna wandelte. Der Wasserreichtum des Flusses setzt wie eine Flutwelle ein, wenn es im Oktober in Angola zu regnen beginnt. Im Dezember passiert das Wasser die Grenze zu Botswana und erreicht erst nach neun Monaten die äußersten Spitzen der Delta-Arme. Die langsame Strömung kommt durch den geringen Höhenunterschied des Deltas zustande: Er beträgt lediglich 2 Meter. Einmal im Delta angekommen, wird das Wasser von Bäumen und Pflanzen aufgenommen (60 %), oder es verdunstet in der Sonne. Im Okavangodelta bleibt das Wasser süß. Dieses Phänomen war bis vor kurzem ein Rätsel, wird aber anscheinend durch ein besonderes Zusammenspiel von Grundwassermechanismen verursacht. Das sandige Delta umfasst tausende von kleinen Inseln und die Verdunstung verursacht einen dauerhaften Zustrom von Süßwasser. Während es zum Zentrum der kleinen Inseln fließt, wird es immer salziger. Die süßwasserliebende Vegetation an den Rändern geht zur Mitte hin in salzliebend Pflanzen über, im Zentrum finden sich nur noch Salzkrusten. In der Nähe des Zentrums ist die Dichte des Wassers so hoch, dass es von selbst nach unten absinkt. Dieser natürliche Mechanismus ist seit tausenden von Jahren der Motor hinter der Schönheit dieses Gebiets. Das System funktioniert nur, wenn alle Parameter stimmen. Wären die Inseln größer, kleiner oder höher, würde sich der Sumpf in einen Salzsee verwandeln. Bei einer anderen Durchlässigkeit des Sandes würde es ebenfalls nicht funktionieren. Auch das Klima muss stimmen. Der Druck auf den Fluss Okavango wird immer größer. In Namibia gibt es seit langem Pläne, Wasser aus dem Kavango ins trockene Zentrum des Landes zu transportieren. Andere Ideen beinhalten die Errichtung von Wasserkraftwerken, unter anderem bei den Popa Falls in Namibia. Chief's Island, die größte Insel im Delta, entstand durch einen Riss in der Erdkruste, der den Boden auf einer Fläche von 70 km mal 15 km anhob. Während der Regenzeit ist dort am meisten Wild zu sehen.

Namibia

Namibia liegt am Atlantischen Ozean zwischen Angola im Norden, Südafrika im Süden und Botswana im Osten. Der eigenartige Streifen im Nordosten grenzt zudem an Sambia und Simbabwe. Dieser Caprivizipfel, benannt nach dem deutschen Diplomaten Leo von Caprivi, ist das Ergebnis 1890 eines Tauschgeschäfts zwischen zwei damaligen Weltmächten: dem Vereinigten Königreich und Deutschland. Die Hauptstadt Namibias, Windhoek, zählt ca. 400.000 Einwohner. Südafrika entließ das Land 1990 in die Unabhängigkeit und übertrug ihm 1994 die vollständige Verwaltung. Die wichtigsten Bevölkerungsgruppen sind die Owambo (50 %), Kavango (9 %), Herero (7 %) und Damara (7 %). Weiße, meistens mit deutschen Vorfahren, machen 6 % der Bevölkerung aus. Die offizielle Sprache ist Englisch, aber es werden auch zahllose andere Sprachen gesprochen. Das Klima in Namibia ist sehr angenehm. In den Wintermonaten wird es nachts frisch, manchmal gibt es leichten Nachtfrost. Aber sobald die Sonne am Horizont erscheint, wärmt sich die Erde schnell auf und da das Land hoch liegt, im Durchschnitt 1000 m über dem Meeresspiegel, und die Luftfeuchtigkeit niedrig ist, lässt es sich hier selbst im Sommer gut aushalten. Der Großteil des riesigen Staatsgebiets (so groß wie Frankreich und Deutschland zusammen) besteht mit Ausnahme der grünen Nordgrenze zu Angola aus Wüsten und Halbwüsten. Im Osten liegen die ausgedehnten Sandebenen der Kalahari, im Westen die graue „Mondlandschaft" der Namib Naukluft mit ihren hohen roten Dünenspitzen. Vor allem das Sossusvlei, in dem der Fluss Tsauchab ab und zu eine kleine Oase mit Wasser versorgt, ist ein guter Ort zum Fotografieren. Im zentral gelegenen nördlichen Teil befinden sich karg bewachsene Savannen und Wasserstellen, darunter der Etosha-Nationalpark. Im Süden liegt der Fish River Canyon. Er ist nach dem Grand Canyon in den Vereinigten Staaten der längst Canyon der Welt. Bei Cape Cross lebt eine große permanente Kolonie von Südafrikanischen Seebären. Der Brandberg, mit 2573 m der höchste Berg Namibias, ist aufgrund seiner Flora und Fauna und der tausenden von Felszeichnungen einzigartig. Twijfelfontein wurde wegen seiner vielen und sehr alten Felsgravuren zum Nationalmonument erklärt. Im versteinerten Wald finden Sie Bruchstücke von Bäumen, die ungefähr 250 Millionen Jahre alt sind. Namibia ist ideal für eine Reise mit einem Mietwagen. Entweder übernachten Sie in einem sogenannten B&B, in Rest Camps oder Lodges oder Sie schlafen einfach auf dem Dach Ihres Mietwagens in einem aufklappbaren Zelt. Das Wirtschaftswachstum ist in den letzten 5 Jahren gering, im Durchschnitt circa 1,5% pro Jahr. Das BNE beträgt pro Kopf (2020) US$ 12.200 (BNE Deutschland 50.800 US-Dollar).

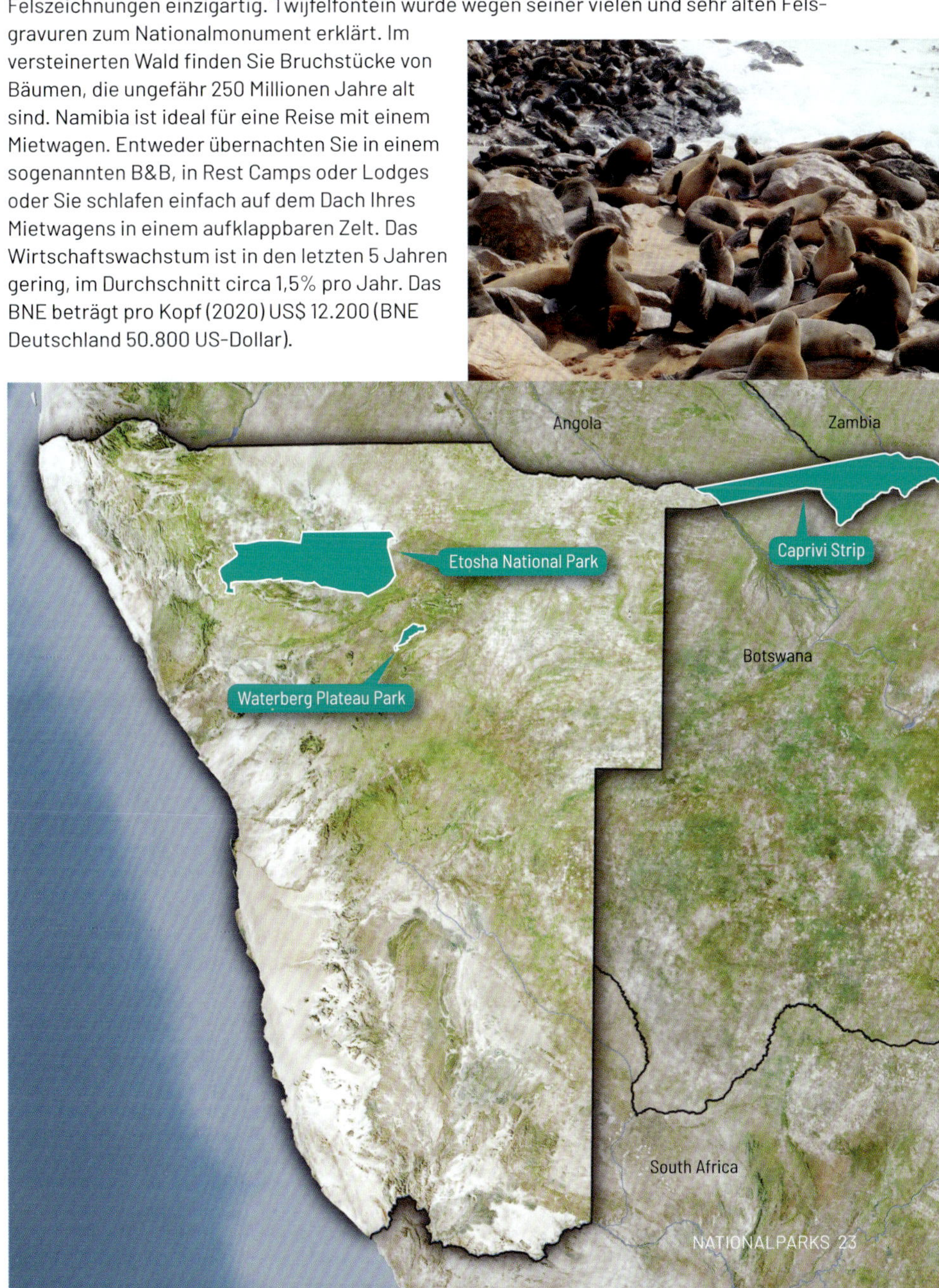

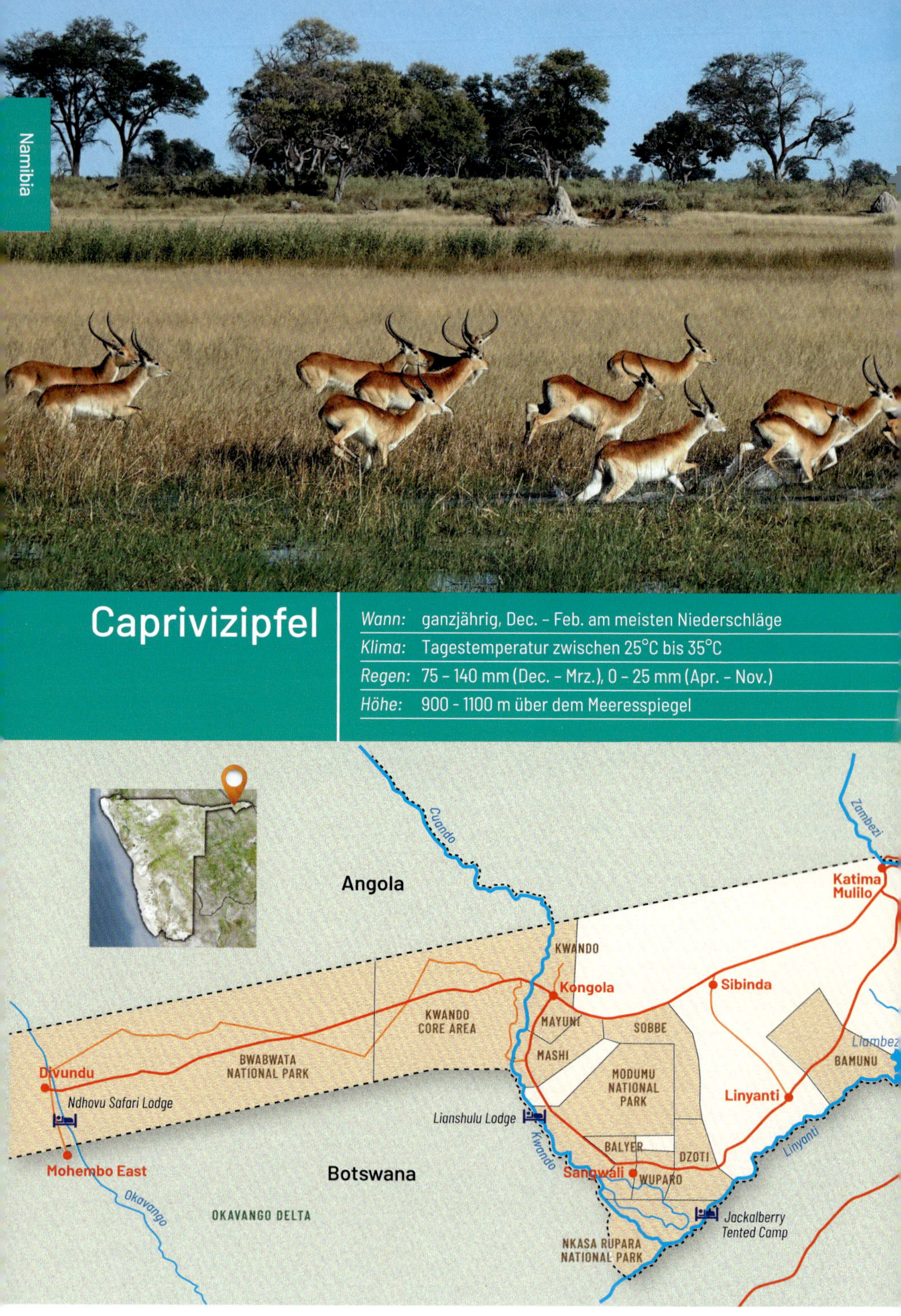
Namibia
Caprivizipfel
Wann: ganzjährig, Dec. – Feb. am meisten Niederschläge
Klima: Tagestemperatur zwischen 25°C bis 35°C
Regen: 75 – 140 mm (Dec. – Mrz.), 0 – 25 mm (Apr. – Nov.)
Höhe: 900 - 1100 m über dem Meeresspiegel
Angola
Cuando
Zambezi
Katima Mulilo
KWANDO
Kongola
Sibinda
KWANDO CORE AREA
MAYUNI
SOBBE
MASHI
BWABWATA NATIONAL PARK
Divundu
Ndhovu Safari Lodge
MODUMU NATIONAL PARK
Linyanti
Liambezi
BAMUNU
Lianshulu Lodge
Kwando
BALYER
DZOTI
Sangwali
WUPARO
Linyanti
Mohembo East
Botswana
Okavango
OKAVANGO DELTA
Jackalberry Tented Camp
NKASA RUPARA NATIONAL PARK

Der Caprivizipfel ist eine 450 km lange, schmale Landenge im äußersten Nordosten von Namibia. Dieser Streifen grenzt an die Länder Angola, Sambia und Botswana. Im Jahr 1890, als Deutschland noch einen Teil des heutigen Namibia beherrschte, tauschte es mit den Briten die Insel Sansibar gegen den Caprivizipfel, um über den Sambesi-Fluss eine freie Passage nach Tanganjika, das heutigen Tansania, zu erhalten, wo Deutschland damals ebenfalls Einfluss hatte. Es sollte eine Handelsroute zum Hafen von Dar es Salaam werden. Dass nur 40 km weiter östlich die Viktoriafälle ein unüberwindliches Hindernis für die Schifffahrt darstellen, war damals nicht bekannt. Der Landstreifen wurde nach Leo von Caprivi, dem deutschen Unterhändler, benannt.
Da sich der Caprivizipfel als wirtschaftlich wertlos erwies und er eine wichtige Migrationsroute für Elefanten darstellte, die seit jeher von Botswana und Namibia nach Sambia und Angola wanderten, wurden im vorigen Jahrhundert mehrere Nationalparks und Wildschutzgebiete eingerichtet, die ihrerseits einen Korridor für das Migrationsmuster der Elefanten bilden. Ein solcher Park ist seit 1966 der Bwabata-Nationalpark. Nachdem der Freiheitskampf Namibias gegen Südafrika beendet war, verfolgt das Land seit 1990 eine Politik des Naturschutzes. Dieses Gebiet umfasst eine Fläche von fast 6300 km^2.
Zwei Flüsse begrenzen den Park: der Okavango im Westen und der Kwando im Osten. Die Stromgebiete sind ein wichtiges Bindeglied als Lebensraum für Antilopenarten, die auf ständige Versorgung mit Wasser angewiesen sind, wie Sitatunga, Riedbock und Lechwe, sowie für ihre Beutegreifer.
Einer der anderen Parks ist der Mudumu. Auch dieser Park liegt an der Wanderroute der Elefanten. Ein Großteil des Parks steht unter dem Einfluss des Kwando, daneben gibt es ausgedehnte Mopane-Wälder. Der dritte Nationalpark ist der Nkasa-Rupara, der sich im äußersten Süden des Streifens befindet. Teilweise besteht dieses Gebiet aus Sümpfen, vor allem dann, wenn der Kwando über die Ufer tritt. Das Gebiet weist dann Ähnlichkeiten mit dem Okavango-Delta auf. Die größte Konzentration von Büffeln in Namibia lebt im Nkasa-Rupara.

Namibia
Ondangwa
King Nehale
Natukanaoka
Stinkwater
Tsumcor
Aroe
Etosha
Okevi
Namutoni
Tsumeb
Von Lindequist
Duineveld
Nomab
Bitterwater
Sonderkop
Adamax Pan
Wolfsnes
Salvadora
Goas
Chudob
Klein Namutoni
Dolomite
Olifantsrus
Teespoed
Arendsnes
Leeubron
Homob
Batia
Klippan
Rateldraf
Kapupuhedi
Halali
Nomians
Luiperdskop
Duikerdrink
Grunewald
Okaukuejo
Aasvoelbad
Miernes
jakhalswater
Aus
Galton
(acces Dolomite Camp residents only)
Gemsbokvlakte
Anderson
Outjo

Etosha-Nationalpark

Wann:	*ganzjährig*
Klima:	Tagestemperatur zwischen 30°C bis 38°C
Regen:	70 - 80 mm (Jan.-Mrz.) 0 - 20 mm (Apr. - Dec.)
Höhe:	1067 - 1347 m über dem Meeresspiegel

Der Etosha im nördlichen Namibia liegt auf einer Höhe von ca. 1200 m. Etosha bedeutet frei übersetzt „Ort des trockenen Wassers". Ein großer Teil des Parks besteht aus einer Salzebene, die nur selten nach heftigen Regenfällen unter Wasser steht (manchmal für einige Tage). Dies genügt jedoch, um Cyanobakterien (besonders *Spirulina platensis*) zum Leben zu erwecken und vielen Zwergflamingos Nahrung zu bieten. Der Etosha ist eines der wichtigsten Naturgebiete Afrikas. Er ist ca. 22.270 km^2 groß, wobei die Salzebene ca. 5000 km^2 misst. Das Gebiet lässt sich mit keinem anderen Wildpark vergleichen. Seitdem der Fluss Kunene nicht mehr in die Etosha-Pfanne, sondern in den Atlantischen Ozean mündet, ist die Pfanne eine dürre, leere Ebene, die mit Salz, Staub und hartem Lehm bedeckt ist. Das Gebiet rund um die Pfanne ist spärlich bewachsen, dort gibt es unter anderem graue Mopanebäume und Tamboti.

Der Etosha ist abgesehen von vereinzelten kleinen Hügeln flach und verfügt über einzelne künstliche Wasserstellen. Er war einer der ersten Parks, in denen aktiv daran gearbeitet wurde, die Natur und das Wild zu schützen. Vor allem im Süden gibt es Kies- und Schotterpfade, die es Ihnen ermöglichen, einen Teil des Parks zu besuchen. Der Norden ist weitgehend unzugänglich. Am Eingang des Parks können Sie eine Karte erwerben, auf der die interessanten Orte des Parks deutlich vermerkt sind. Bei Okaukuejo in der Nähe der Etosha Research Station wird noch ab und zu das Schwarze Nashorn gesichtet. Schätzungen gehen von ungefähr 110 Säugetier- und 340 Vogelarten im Park aus. Seit 1995 unterliegt die Etosha-Pfanne der Ramsar-Konvention (internationales Abkommen für Wassergebiete).

Kiewietdrink
Elandsdrink
Vulture
Karakuwisa
Wabi Game Ranch
Trail Camp Antephora
Bergtuin
Grootfontein
Trail Camp Hullboom
Duitsepos
Klipspringer
Geelhout
Waterberg Plateau Lodge
Waterberg Wilderness
Ongorowe
Cheetah Conservation Fund
Waterberg Guest Farm
Okakarara

Waterberg-Plateau-Park

Wann: ganzjährig
Klima: Tagestemperatur zwischen 22°C bis 30°C
Regen: 70 - 95 mm (Jan.-Mrz.), 0 - 25 mm (Apr. - Dec.)
Höhe: 1403 - 1884 m über dem Meeresspiegel

280 km nördlich von Windhoek liegt das Waterberg-Plateau, eine rotbraune Sandsteinformation, die 200 Meter hoch aus der sie umgebenden Landschaft emporragt. Der Park hat eine Fläche von ca. 400 km^2 und ist etwa 50 km lang. Auf dem Plateau und in seiner Umgebung wächst eine sehr vielfältige Flora, die es nirgendwo anders in Namibia gibt. Das weiche Gestein hat im Laufe der Jahre viel Wasser aufgenommen, sodass am Fuße des Massivs einige Quellen entstanden sind. Die Nama und die Herero haben ihr Vieh jahrhundertelang auf der Suche nach Weidegründen durch die Passage zwischen dem Kleinen und dem Großen Waterberg hindurchgeführt. Besucher sind erst seit 1989 zugelassen. In einer der nahegelegenen Lodges können Sie übernachten und auch Game Drives oder Wandertouren buchen. Mit dem eigenen Auto zu fahren ist in diesem Nationalpark nicht möglich. Es gibt verschiedene Wanderrouten, denen Sie mit oder ohne Begleitung folgen können. Das Gebiet wurde 1972 unter Schutz gestellt, um die stark dezimierte Population der Elenantilope zu erhalten. Andere durch Wilderei bedrohte Tierarten wurden später neu ausgesetzt und heutzutage gibt es hier einen gesunden Wildbestand. An Raubtieren leben in dem Park der Leopard, der Gepard, die Braune Hyäne, der Karakal und der Schabrackenschakal. In der direkten Umgebung der Unterkünfte findet man noch ab und zu den Damara Dikdik und abends ist in den Bäumen oft der Moholi-Galago zu sehen. Der Vogelbestand wird auf ca. 200 Arten geschätzt. Dazu zählen 33 verschiedene Raubvögel, darunter der Klippenadler, der Kapgeier und der Wanderfalke.

Südafrika

Südafrika liegt im äußersten Süden des afrikanischen Kontinents. Die Republik verfügt über eine Fläche von 1,2 Millionen km² und grenzt an Namibia, Botswana, Simbabwe, Mosambik und Eswatini. Lesotho ist eine Enklave in Südafrika. Das Land hat drei Hauptstädte: Pretoria (Exekutive), Kapstadt (Legislative) und Bloemfontein (Jurisprudenz). Südafrika verfügt über einen großen natürlichen Reichtum, wobei Gold, Steinkohle, Eisenerz, Uran, Diamanten, Vanadium, Salz und Erdgas nur die wichtigsten Bodenschätze sind. Bergbau und Landwirtschaft stellen einen großen Teil der Arbeitsplätze, doch auch im Tourismus sind viele Menschen beschäftigt. Südafrika hat von allen afrikanischen Ländern am meisten Einwohner europäischen und indischen Ursprungs. 2001 waren 79 % der Bevölkerung Schwarze, 9 % Weiße, 9 % Mischlinge und 3 % Inder. Es werden viele verschiedene Sprachen gesprochen, elf davon sind amtliche Landessprachen. Damit hat Südafrika nach Indien die meisten offiziellen Sprachen der Welt. Allgemeine Verkehrssprache ist Englisch. Die Landschaft Südafrikas ist durch Hochebenen im Inland und eine schmale Küstenebene gekennzeichnet. Im Osten liegen die Drakensberge. Mit Gipfeln wie dem Njesuthi (3408 m) und dem Mafadi (3450 m), sind sie die höchsten Berge des Landes. Südafrika ist größtenteils Halbwüste, entlang der Küste herrscht subtropisches Klima. Es ist tagsüber sonnig und nachts kühl. Dadurch, dass das Land so große Höhenunterschiede aufweist, von Regionen auf Meeresspiegelniveau bis hin zu mehr als 1000 m hohen Plateaus, gibt es große Unterschiede zwischen den Durchschnittstemperaturen im Süden und im Norden. Dort, wo die Temperaturen hoch sind und die Luftfeuchtigkeit im Winter niedrig ist, ist es überwiegend trocken. In Südafrika herrscht struktureller Wassermangel. Es gibt wenige Flüsse, eine hohe Verdunstung und zu wenige Kläranlagen, um eine Wiederverwendung von Wasser zu ermöglichen. Der meiste Regen fällt in den südafrikanischen Sommermonaten, nur der Süden hat im Winter die meisten Niederschläge. Das Land verfügt über eine gute Infrastruktur, die Beschilderung ist deutlich und Unterkünfte aller Art sind zahlreich vorhanden.

Auch in den Nationalparks finden Sie sich mit Ihrem eigenen Auto leicht zurecht. Das Wirtschaftswachstum ist in den letzten 5 Jahren gering, im Durchschnitt circa 1,5 % pro Jahr. Das BNE beträgt pro Kopf (2017) US$ 13.600 (BNE Deutschland 50.800 US-Dollar), wobei man hinzufügen muss, dass die Einkommensunterschiede zwischen der schwarzen und der weißen Bevölkerung außerordentlich groß sind. Etwa 80 % der schwarzen Bevölkerung lebt unter der Armutsgrenze. Süd-Afrika hat nach Nigeria die größte Volkswirtschaft von Afrika, aber diese ist etwa so groß wie die von Irland.

Addo-Elephant-Nationalpark

Wann: ganzjährig
Klima: Tagestemperatur 20°C bis 28°C
Regen: 35 - 60 mm (Jan. - Dec.)
Höhe: 14 - 901 m über dem Meeresspiegel

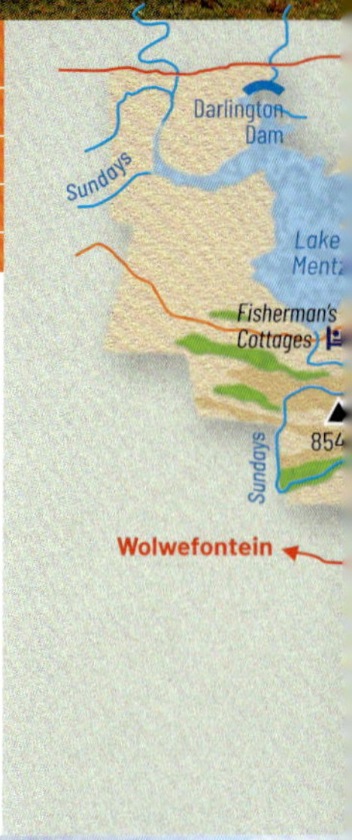

Nur 78 km von Port Elizabeth entfernt befindet sich der Addo-Elephant National Park. Als es in diesem Gebiet nur noch elf Elefanten gab, wurde 1931 die Initiative ergriffen, diese Tiere unter Schutz zu stellen. Damit wurde ein Teil ihres natürlichen Lebensraums zu einem Nationalpark. Im Laufe der Jahre hat sich der Park auf eine Fläche von 3600 km^2 ausgedehnt, zu der auch das angrenzende Meeresschutzgebiet mit den Inseln Croix und Bird gehört. Heute spricht man von dem Park mit den "Big Seven", nämlich: Elefant, Nashorn, Löwe, Leopard, Büffel, Wal und weißer Hai. Bird Island ist vor allem für seine riesige Brutkolonie von Basstölpeln bekannt und beherbergt auch eine große Brutkolonie des afrikanischen Pinguins. Die Flora des Parks ist sehr vielfältig, was auch die große Vielfalt an Tierarten erklärt. Der Erfolg der Zunahme der Elefantenpopulation hat auch eine Kehrseite. Pflanzenarten, die anderswo in Südafrika selten sind, einige sogar endemisch in diesem Gebiet, und deren Samen nur schwer keimen, nachdem sie durch den Wind oder Exkremente verbreitet wurden, sind überweidet worden. Die Größe des Parks ist im Laufe der Jahre erheblich gewachsen. Alle Gebiete westlich des Witrivier sind über separate Eingänge zu erreichen. Die Hügellandschaft des Zuurbergs ist besonders sehenswert.

Südafrika
Skoenmakersrivier
Darlington
Volkersrivier
Kuzuko
962 m
865 m
937 m
bouga
Kabouga Lodge
Zuurberg
Narina Bush Camp
Mvubu Camp Site
Kabouga
Witrivier
Nyathi
Rest Camp
Coerney
River Bend Lodge
Paterson
Kirkwood
Main Gate
Addo Main Camp
Hapoor Dam
Spekboom
Tented Lodge
Goran Elephant Camp
Arizona
Dam
Addo
Elephant N.P.
Paasland
Sundays
Matyholweni
Camp
Port Elizabeth
Nanaga
Matyholweni
INDIAN OCEAN

Kwa Ndatsa
536 m
Memorial
Mansiya
465 m
Mtwazi Lodge
Hilltop Camp
Zimbokodweni
Nzimane
Muntulu Bush Lodge
Hluhluwe
Munywaneni Lodge
Thiyeni
Hluhluwe
Black iMfolozi
Masundwini 406 m
Nyalazi
Ggoyeni Lodge
Nyalgzi
Mtubatuba
KwaNtoyana 466 m
Hlathikhulu Lodge
Nselweni Camp
579 m
Masinda Lodge
364 m
Mpilo Camp
Ulundi
Cengeni
Mphafa
iMfolozi
303 m
White iMfolozi
409 m

Hluhluwe-iMfolozi-Wildreservat

Wann:	ganzjährig
Klima:	Tagestemperatur zwischen 24°C bis 28°C
Regen:	80 - 130 mm (Okt .- Mrz.) 40 - 60 mm (Mai - Sep.)
Höhe:	41 - 581 m über dem Meeresspiegel

Dieser älteste Wildpark Südafrikas (1897) liegt in KwaZulu-Natal, einer Provinz an der Ostküste Südafrikas. Das Wildreservat erstreckt sich eigentlich über zwei Naturschutzgebiete: Hluhluwe und iMfolozi. Von Durban ist der Park ca. 270 km entfernt und von Johannesburg 570 km. Das überwiegend hügelige Gelände wird von kleineren und größeren, in Tälern verlaufenden Flüssen durchzogen. Von allen afrikanischen Wildparks weist dieses Gebiet die höchste Konzentration an Weißen und Schwarzen Nashörnern auf. Auf Ihrer Fahrt durch den Park werden Sie mit ziemlicher Sicherheit das Weiße Nashorn, auch Breitmaulnashorn genannt, sehen, manchmal sogar in Herden. Das scheuere Spitzmaulnashorn ist schwieriger zu finden. Da es sich von Blättern ernährt, hält es sich ständig dort auf, wo die Vegetation dicht ist. Fast alle im südlichen Afrika beheimateten Tierarten leben auch im Hluhluwe-iMfolozi. Für Vogelfreunde ist der Park ebenfalls interessant. Unterschiedliche Schätzungen kommen auf ca. 400 verschiedene Arten. In den Parks liegen zwei Rest Camps, Hilltop im Norden und Mpila im zentralen Teil von iMfolozi. Der Park verfügt über drei Eingänge. Wir empfehlen Ihnen, bei Ihrer Ankunft eine Karte der Gegend zu erwerben. Wenn Sie beschließen, im Hilltop zu übernachten (Reservierung vorab ist immer erforderlich), können Sie sich dort auch für Safari-Aktivitäten anmelden.

Mbazwana
Sodwana Bay
Ntabende
Bhangazi
uMKHUZE NATIONAL PARK
MUNYAWANA CONSERVANCY CONSERVATION
OZABENI WILDERNESS AREA
St. Lucia
St. Mary 138 m
False Bay
Nibela Lodge
Bird
Sobhengu Lodge
Lane
TEWATE WILDERNESS AREA
INDIAN OCEAN
Hluhluwe
NHLOZI PENINSULA
Fani's
Nyathikazi 159 m
Nyalazi
Red Dunes
Bhangazi
Cape Vidal
Mfabeni
Charter's Creek
Hluhluwe
Mount Tabor 155 m
Makakatana Lodge
Mkazo
Mphate
Bhangazi
Matubatuba
St. Lucia
Dukuduku
Maphelane
iMfolozi
Msunduze
KwaMbonambi

Südafrika

iSimangaliso-Wetland-Park

Wann:	ganzjährig
Klima:	Tagestemperatur zwischen 20°C bis 25°C
Regen:	100 - 140 mm (Okt. - Mai) 55 - 75 mm (Juni - Sep.)
Höhe:	0 - 32 m über dem Meeresspiegel

Ein langgestrecktes Naturschutzgebiet, das in St. Lucia im Süden beginnt und im Norden bis an die Grenze von Mosambik reicht. Der Park wurde im Dezember 1999 als erster Südafrikas auf die UNESCO-Welterbeliste gesetzt. Man richtete die Wetlands Authority ein, um das Gebiet zu verwalten. Dieses Naturschutzgebiet verfügt über eine Fläche von 3280 km^2. Breite, bewaldete Dünen trennen entlang der 220 km langen Küste das Meer vom Land. Von Juni bis September, manchmal noch länger, schwimmen die beeindruckenden Südkaper dicht an der Küste entlang. Der iSimangaliso-Wetland-Park ist Teil eines Dreiländer-Ökotourismus-Projekts, der Lubombo-Spatial-Development-Initiative. Dieses Projekt der Länder Südafrika, Mosambik und Swasiland wurde von Nelson Mandela ins Leben gerufen. Ziel ist es, Zäune zu beseitigen, sodass ein enormes länderübergreifendes „Big Five"-Naturschutzgebiet entstehen kann. In der Mitte des iSimangaliso-Wetland-Parks liegt der See St. Lucia, einer der größten Süßwasserseen Südafrikas, an dem tausende Rosaflamingos, Pelikane und andere Wasservögel leben. Hier gibt es auch die höchste Konzentration von Krokodilen und Flusspferden im südlichen Afrika. Zahlreiche Antilopenarten, Giraffen, Leoparden, Kaffernbüffel, Nashörner und Elefanten bewohnen dieses Gebiet. Mehr als 400 verschieden Vogelarten wurden zudem gezählt. Zufahrten sind von St. Lucia und dem Dörfchen Hluhluwe aus vorhanden. Nur der südliche Sektor des weitläufigen Territoriums ist mit normalen Autos erreichbar. Um andere Teile zu entdecken, müssen Sie diese Region in nördlicher Richtung umfahren. Dazu ist ein Fahrzeug mit Allradantrieb erforderlich.

Bivane
Pongolo
Thalu
Sunjwana
Dakaneni
Mhulumbelo
Thalu Bush Camp
1011 m
Doornkraal
Mbizo Bush Camp
Kwa Mzacane
Nkangale 1100 m
Mbizane
NGUBU BASSIN
Mambane
Ntshondwe Camp
Mvunyane
Lauwsburg
Bohlo 1446 m
NGOTSHE MOUNTAINS
1320 m
Ncenceni
Mhlangen Bush Camp
Mpeka

Ithala-Wildreservat

Wann:	ganzjährig, Dec. am meisten Niederschläge
Klima:	Tagestemperatur 22°C bis 28°C, im Winter 16°C bis 24°C
Regen:	75 - 180 mm (Okt. -Mai) 10 - 40 mm (Apr. - Sep.)
Höhe:	389 - 1346 m über dem Meeresspiegel

Der Ithala ist einer der schönsten Parks Südafrikas. Er befindet sich im äußersten Norden von KwaZulu-Natal und wird am nördlichen Rand vom Fluss Pongola begrenzt. Der einzige Zugang zum Park ist das Mvunyane Gate, das 9 km nördlich des Dorfs Louwsburg liegt. Von diesem Dorf aus führt ein steiler Weg zum Eingang. Der Park ist beinahe 300 km^2 groß. Löwen gibt es hier keine, aber sonst ist hier viel afrikanisches Wild zu finden. Sie können sogar Arten begegnen, die nicht in jedem Park vorkommen. Dazu zählen zum Beispiel das Sassaby, das Steppenschuppentier und die Braune Hyäne. Die beiden letzteren sind ausschließlich nachtaktiv. Greifvögel, die in Ithala vorkommen, sind unter anderem der Klippenadler, der Ohrengeier und der Weißrückengeier. In der Ebene laufen Strauße und stattliche Sekretäre umher. Als Folge vulkanischer Aktivitäten besteht die Landschaft aus felsigen, tiefen Tälern, die sich mit hügeligen Gebieten und grünen Tälern abwechseln. Der Unterschied zwischen dem höchsten und dem niedrigsten Punkt beträgt ca. 1000 m. Da der Park auf einer Höhe von 1346 m über dem Meeresspiegel liegt, herrschen hier angenehme Temperaturen. In den Wintermonaten kann die Temperatur sogar einige Nächte lang unter den Gefrierpunkt sinken. An klaren Tagen ist es jedoch schön warm. Der Ithala bietet ein gutes Straßennetz, das man mit einem normalen Auto befahren kann. Es gibt auch eine Route, die nur für Allradfahrzeuge geeignet ist. Das Ntshondwe Rest Camp verfügt über verschiedene Arten von Chalets, ein Geschäft, ein Restaurant und eine Rezeption.

Swartpan 1
Swartpan 2
Sizatswe
Kaa
Gnus Gnus
UNION'S END
Lang Rambuka
Sesatswe
Geinat
Grootkolk
Gharagab
Lijersdraai
Dankbaar
Botswana
Lesholoago
Malatso
Mabuasehube
Monamodi
Mabuasehube
Mpayathutlwa
Namibia
Kousant
Polentswa
Langklaas
Bedinkt
Mosomane
Matopi 2
Bosobogolo
South Africa
Matopi 1
Swartbas
Nossob
Marie se Draai
Cheleka
Dikbaardskolk
Mata Mata
Nu-Quap
Bitterpan
Mata-Mata
Dalkeith
Eland
Nossob
Strathmore
Kameelsleep
Kalahari Tented Camp
Auob
Jan se Draai
Paasland
Boorgat 14
Boorgat 13
Rooibrak
Witgat
Urikaruus
Batulama
Melkvlei
Xaus Community Lodge
Kamfersboom
Kielie Krankie
Kij
Munro
Rooiputs
Rooiputs
Leeuwdril
Twee Rivieren
Two Rivers
Twee Rivieren
Upington

Kgalagadi-Transfrontier-Nationalpark

Wann:	ganzjährig
Klima:	Tagestemperatur 22°C bis 38°C, im Winter 14°C bis 26°C
Regen:	45 - 60 mm (Jan. - Apr.) 0 - 20 mm (Mrz. - Dec.)
Höhe:	868 - 1197 m über dem Meeresspiegel

Im Norden Südafrikas, an der Ostgrenze von Namibia, liegt der Kgalagadi-Transfrontier-Nationalpark. Drei Viertel seines Gebiets gehören zu Botswana. Mit einer Fläche von 38.000 km^2 ist er beinahe doppelt so groß wie der Krüger-Nationalpark. Kgalagadi bedeutet „durstiger Ort" und das ist nicht verwunderlich, wenn man bedenkt, dass dieser Park in der Kalahariwüste liegt. Trotz des rauen Klimas – im Sommer können die Temperaturen schnell 45° C erreichen und in den Wintermonaten friert es unter Umständen nachts sogar – gab es hier früher burische Siedlungen, deren Namen noch heute benutzt werden und an ihre Bewohner, die Voortrekkers, erinnern. Im Mai 2000 waren es die damaligen Präsidenten von Südafrika und Botswana, die die Erweiterung des vormaligen Gemsbok National Parks möglich machten. Die Transitstraßen sind mit einem normalen PKW zu befahren, für alle anderen Pfade benötigen Sie ein Allradfahrzeug. Im Park gibt es drei sogenannte Rest Camps, in denen Sie auch tanken und übernachten können. Die Kalahari ist bekannt für ihre schönen, orangefarbenen Dünen, die manchmal von trockenen, spärlich bewachsenen Flussbetten unterbrochen werden. Der Spießbock (südafrikanische Oryxantilope) ist hier zahlreich. Der Park ist auch Lebensraum von Erdmännchen, Halsband-Zwergfalken und natürlich Löwen, die für ihre schwarze Mähne bekannt sind. Viele Besucher dieses Teils von Südafrika beginnen ihre Reise in Upington und verbinden sie mit einem Trip nach Namibia.

Zimbabwe
Limpopo
Pafuri
Pafuri Border Post
Luvuvhu
Punda Maria
Punda Maria
Babala
Mozambique
Mphongolo
Shingwedzi
Shingwedzi
Kanniedood
Rooibosrand
Nyawutsi
Mitomeni
Mopani
Pioneer
Transfrontier
Mooiplaats
Letaba
Matambeni
Letaba
Phalaborwa
Phalaborwa
Sable
Lebombo Mountains
Olifants
Olifants
Umbatat
Balule
Klaserie
Ratelpan
Timbavati
Timbavati
Satara
Singita Lombobo & Sweni
Kapama
Thornybush
Orpen
Sweni
Manyeleti
Sabi Sand
Lake Panic
Paul Kruger
Sabi
Mlondozi
N'wagovila Hill
Hazyview
Skukuza
Phabeni
Lower Sabie
Witrivier
Biyamiti
Numbi
Ntandanyathi
Pretoriuskop
Gardenia
Berg-en-Dal
Crocodile Bridge
Khandzalive
Malelane
Crocodile
Komatipoort
Malelane

Krüger-Nationalpark

Wann:	ganzjährig
Klima:	Tagestemperatur 24°C bis 34°C
Regen:	60 - 120 mm (Nov. -Mrz.) 10 - 40 mm (Apr. - Okt.)
Höhe:	140 - 783 m über dem Meeresspiegel

Der Krüger-Nationalpark ist 380 km lang und ca. 60 km breit, er verfügt somit über eine Gesamtfläche von fast 20.000 km². Im Park befinden sich viele Rest Camps. Dies sind einfache, aber praktische Unterkünfte, die oft mit einem Restaurant ausgestattet sind. Dieser Nationalpark ist Südafrikas wildreichstes Naturschutzgebiet. Im Osten wird der Park von den Lebombo-Bergen in Mozambique begrenzt. Nördlich des Olifants Rest Camps befindet sich der Zugang Giriyondo Border Gate zum Limpopo-Nationalpark (nur mit Allradfahrzeugen befahrbar), einem ausgedehnten National Park in Mosambik. Er ist durch das Giriyondo Border Gate zu erreichen. Der Krüger- und der Limpopo-Nationalpark wurden unter dem Namen Great-Limpopo-Transfrontier-Park zusammengefasst. Der größte Teil des Krüger-Nationalparks besteht aus Grasebenen. Im tropischen Norden wächst entlang der Flussufer von Luvuvhu und Limpopo ein dichter Hartholzwald mit Ebenholzbäumen und Mahonien.
In diesem Gebiet gibt es auch alte Baobabs. Im Süden und Osten des Flusses Olifants, vor allem in der Umgebung von Satara, finden Sie große Gruppen von Weidetieren und eine hohe Konzentration an Raubtieren. Kaffernbüffel, Zebras, Giraffen, Gnus und Elefanten werden hier regelmäßig beobachtet. Der Südwesten ist bis zu 800 m hoch, hügelig und von ausgedehnten Wäldern bedeckt. Der Südosten besteht vor allem aus Grasland. Entlang der Ufer vieler Flüsse finden Sie einen typischen Uferbewuchs aus Bäumen und Pflanzen, die viel Wasser benötigen. Die Fieber-Akazie profitiert von dieser feuchten Umgebung. Im Jahr 1926 wurde das Gebiet unter Schutz gestellt. Im Park befinden sich auch mehr als 300 archäologische Fundstätten.

Mapungubwe-Nationalpark

Wann: ganzjährig
Klima: Tagestemperatur 26°C bis 36°C
Regen: 30 - 70 mm (Nov. - Mrz.) 0 - 24 mm (Apr. - Okt.)
Höhe: 511- 614 m über dem Meeresspiegel

Der Limpopo-Fluss bildet die Grenze zwischen dem Park und den Ländern Botswana und Simbabwe. Er befindet sich im hohen Norden Südafrikas. Mapungubwe erhielt erst 1995 den Status eines Nationalparks. Das Gebiet umfasst 280 km². Innerhalb des Parks befindet sich die historische Stätte Mapungubwe Hill (Hügel des Schakals), die in den Jahren 1075-1220 die Hauptstadt des gleichnamigen Königreichs war. In der Hauptstadt lebten einst rund 5.000 Angehörige des Bakalanga-Volkes. Wissenschaftler gehen davon aus, dass die weitere Entwicklung dieses Königreichs in der Gründung des Königreichs Simbabwe im 13. Jahrhundert gipfelte. Mapungubwe bietet seinen Besuchern eine wunderschöne und abwechslungsreiche Landschaft mit Sandsteinformationen, Flusswäldern und Baobab-, Palmen- und Gelbfieberbäumen. Einer der

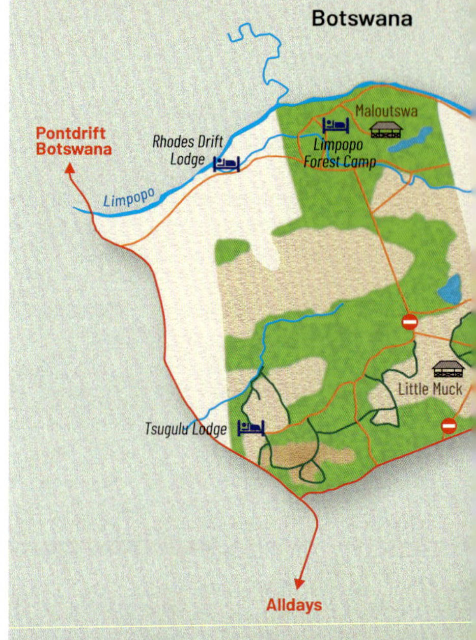

Höhepunkte ist die Limpopo Tree-top Veranda. Dieser lange Holzsteg führt durch den Flusswald, wo man in aller Ruhe die vielen Vogelarten beobachten kann. Vor allem in den Sommermonaten, wenn sich dort auch Zugvögel niederlassen, sind hier Vogelarten zu finden, die zu anderen Zeiten anderswo kaum anzutreffen sind. Was das Raubwild angeht, so sind in diesem Gebiet Löwe, Gepard, Tüpfelhyäne, Schakal, Honigdachs und gelegentlich die braune Hyäne heimisch. Elefanten, Flusspferde, Wasserböcke, Klippspringer, Steinböcke, Kudus und Impalas sind hier zahlreich vertreten. Jüngste Zählungen haben ergeben, dass hier auch 32 verschiedene Schlangenarten vorkommen. Der südwestliche Teil des Parks ist bei trockener Witterung auch mit dem SUV erreichbar. Allerdings wird dieses flache Gebiet nach Regenfällen sehr sumpfig und ist dann nur mit einem Allradfahrzeug zugänglich.

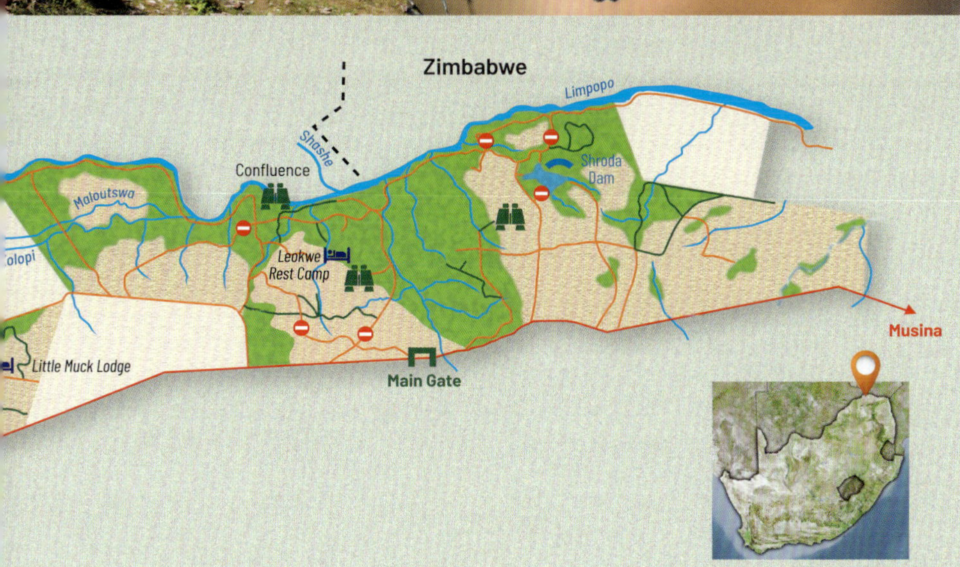

Matlabas
Kingfisher Camp
Tweeloopfontein
Hippo Camp
Kudu Lodge
Python Dam
Fish Eagle Dam
Mamba
Buffelspoort (4x4 wd only)
Blaauwpan
Motlhabatsi
Motswere Guest House
MAMMIAANSHOEK
Tlopi Tented Camp
Tlopi Dam
Lenong
Sundays
Bollonoto Dam
Griffons Bush Camp
Rhenosterpoort
Bontle Camp
Thabazimbi
Main Gate

Marakele-Nationalpark

Wann: ganzjährig
Klima: Tagestemperatur 22°C bis 30°C
Regen: 75 - 115 mm (Nov. - Mrz.) 0 - 40 mm (Apr. - Okt.)
Höhe: 983- 1986 m über dem Meeresspiegel

Der heute 670 km^2 große Park ist das Ergebnis einer privaten und öffentlichen Vereinbarung. Es ist das erste Projekt in Südafrika, bei dem sich ein privater Investor mit der südafrikanischen Regierung zusammengetan hat, um die natürlichen Ressourcen zu erhalten. Der Plan wurde von Paul Fentener van Vlissingen initiiert, dem ehemaligen Vorstandsvorsitzenden des Familienunternehmens SHV (Niederlande), Naturschützer und Philanthrop. Dank seines finanziellen Engagements war es möglich, viele verschiedene Arten, die ursprünglich hier vorkamen, wieder anzusiedeln und die Regierung in die Überwachung und Erhaltung des Gebiets einzubeziehen. Die wunderschöne Landschaft des Marakele beherbergt nun wieder Tierarten wie Elefanten, Löwen, Geparden, Leoparden, braune Hyänen, beide Nashornarten und zahlreiche Antilopen, die hier frei umherstreifen. Ein Nebeneffekt ist, dass der Marakele nun die größte Kapgeierkolonie Afrikas (schätzungsweise 800 Paare) beherbergt. Eine steile und schmale asphaltierte Straße führt zum Lenong Hill. Einmal auf dem Hügel, auf dem viele Zuckerbüsche wachsen, haben Sie gute Chancen, Geier zu sehen, die sich über Ihnen von der Thermik tragen lassen. Der Klippenadler mischt sich manchmal unter die Kapgeier. Außerdem können Sie hier viele andere Vögel aus relativ kurzer Entfernung fotografieren (Malachitnektarvogel und viele Arten von Prachtfinken). Der Nationalpark liegt im Herzen der Waterberg Mountains. Die rosafarbenen Sandsteinformationen dominieren die hügelige Landschaft mit Höhen zwischen 980 und über 1900 m. Die Vegetation ist sehr vielfältig, mit einer erstaunlichen Vielfalt an seltenen und manchmal endemischen Pflanzen- und Baumarten.
Der malariafreie Marakele ist teilweise mit einem normalen PKW befahrbar, andere rauere Wege nur mit Allradantrieb.

Südafrika
Usutu
Mtikini
Red Cliffs
Mozambique
Pongola
Dolphini
Matandeni
Shokwe Pan
Mapondo View Site
Ndumo Wilderness Camp
Banzi Pan
Hotwe Pan
Bahakaphaka
Causeway
Nyamithi Pan
Pongolo
Vulture Restaurant
Viewing Tower
Main Gate
Jozini
Ndumo Rest Camp
Pohlwe

Ndumo-Wildreservat

Wann: ganzjährig, Jan. - Feb. am meisten Niederschläge
Klima: Tagestemperatur 25°C bis 32°C
Regen: 60 - 125 mm (Nov. - Mrz.) 25 - 40 mm (Mai - Sep.)
Höhe: 40- 120 m über dem Meeresspiegel

Eines der noch kaum entdeckten Juwelen unter den Naturschutzgebieten Südafrikas ist das Ndumo-Wildreservat. Es ist ein kleiner Park in Maputaland, etwa 100 km² groß, neben dem Tembe Elephant Park. Der Usutu-Fluss bildet die Grenze zum Süden von Mosambik. Ein Großteil des Reservats besteht aus ausgedehnten Sumpf- und Feuchtgebieten mit Wasserläufen, Seen und Schilfgebieten. Andere und trockenere Teile sind dicht bewaldet. Abgesehen von seiner natürlichen Schönheit ist es vor allem ein Paradies für Vogelbeobachter. Die jüngsten Zählungen ergaben 444 Arten. Es gibt mehrere "Verstecke", von denen aus man die vielen Arten in aller Ruhe beobachten und fotografieren kann. Denken Sie daran, dass Sie, wenn Sie als Erster ein Versteck betreten, sorgfältig prüfen sollten, ob sich dort unerwünschten Tiere verstecken. Die Rezeption des Selbstversorger-Rastlagers bietet Wanderungen zu den vielversprechendsten Stellen unter der Leitung erfahrener "Vogelbeobachter" an. Eine Fahrt mit einem geländegängigen Allradfahrzeug gehört ebenfalls zu den Möglichkeiten. Zu den im Reservat lebenden Tieren gehören Krokodile, Flusspferde, Giraffen, Spitz- und Breitmaulnashörner, das scheue Moschusböckchen, Impalas, Duckerarten und mit etwas Glück begegnen Sie auch dem Büffel. Es ist auch möglich, mit dem eigenen Wagen im Park zu fahren, vorzugsweise mit einem Auto mit größerer Bodenfreiheit (einige Wege sind sehr sandig).
In Ndumo ist das Malaria-Risiko hoch, Prävention ist also sehr wichtig.

KwaJoba
uMkhuze
Nhlonhlela Pan
kuMahlahla
St. Lucia
Ophansi
Nhlonhlela Bush Camp
Mantuma
kuDiza
kuBube
kuMasinga
kuMalibala
uMkhuze
eMshopi
Matenga
Mkuze
LEBOMBO MOUNTAINS
Nsumo Pan
Enxwala
KWA MATONDA CLIFF
Umsunduze
Controlled Hunting Area
Controlled Hunting Area
uMkhumbe Tented Bush Camp

uMkhuze-Nationalpark

Wann:	ganzjährig
Klima:	Tagestemperatur 24°C tot 32°C
Regen:	80 - 110 mm (Okt. - Mrz.) 20 - 50 mm (Apr. - Sep.)
Höhe:	26- 350 m über dem Meeresspiegel

Der uMkhuze-Nationalpark ist inzwischen Teil des iSimangaliso-Wetland-Parks. Der uMkhuze ist ein Gebiet mit enormer Biodiversität. Er weist eine relativ hohe Konzentration von Weißen und Schwarzen Nashörnern auf. Auch die Vielfalt an Vogelarten ist eine der größten in ganz Afrika und umfasst ein Viertel aller Vogelarten Südafrikas. Das eMshopi Gate ist 16 km von der N2 entfernt. Wenn Sie aus Richtung des Dorfes Hluhluwe kommen, beträgt die Distanz zum Ophansi Gate 72 km. Im Wildreservat leben nach 44 Jahren wieder Löwen. Ende 2013 wurden drei Löwinnen und ein Löwe ausgesetzt. 2014 kamen noch vier Löwen hinzu. Daher müssen Sie vorsichtig sein, wenn Sie von Ihrem Fahrzeug aus zu einer der verschiedenen Beobachtungshütten gehen. Das Gebiet besteht größtenteils aus Grasland und ist etwas hügelig. Manche Teile sind mit verschiedenerlei Wäldern bewachsen. Die häufigsten Tierarten sind Nyalas, Großkudus, Warzenschweine, Impalas und kleinere Antilopenarten wie Steinböcke und Ducker. Es gibt eine kleine Elefantenpopulation, deren Herden sich durchgängig im südlichen Teil des Parks aufhalten. In ihrer Nähe befinden sich oft auffällig große Bullen. Das Straßennetz besteht größtenteils aus Schotterpisten. Der uMkhuze umfasst 400 km² und wurde 1912 zum Naturschutzgebiet erklärt. Ein großer Teil des Parks ist als „Ruhezone" für das Wild ausgewiesen. Im Nsumosee finden Sie viele Arten von Wasservögeln, vor allem Pelikane werden hier häufig beobachtet. Im Mantuma Rest Camp gibt es eine Zapfsäule und eine Snackbar mit einer kleinen Terrasse.

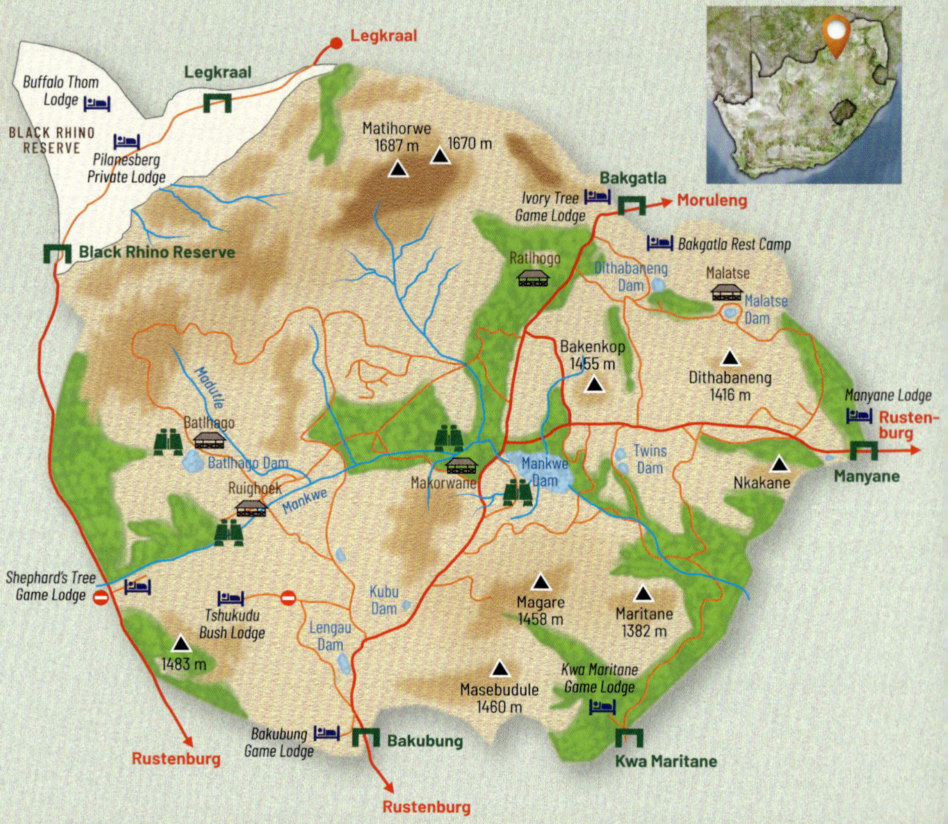
Legkraal
Legkraal
Buffalo Thorn Lodge
BLACK RHINO RESERVE
Pilanesberg Private Lodge
Black Rhino Reserve
Matihorwe 1687 m
1670 m
Bakgatla
Ivory Tree Game Lodge
Moruleng
Bakgatla Rest Camp
Ratlhogo
Dithabaneng Dam
Malatse
Malatse Dam
Bakenkop 1455 m
Dithabaneng 1416 m
Manyane Lodge
Rusten-burg
Manyane
Modutle
Batlhago
Batlhago Dam
Ruighoek
Mankwe
Makorwane
Mankwe Dam
Twins Dam
Nkakane
Shephard's Tree Game Lodge
Tshukudu Bush Lodge
Kubu Dam
Lengau Dam
Magare 1458 m
Maritane 1382 m
1483 m
Masebudule 1460 m
Kwa Maritane Game Lodge
Rustenburg
Bakubung Game Lodge
Bakubung
Kwa Maritane
Rustenburg

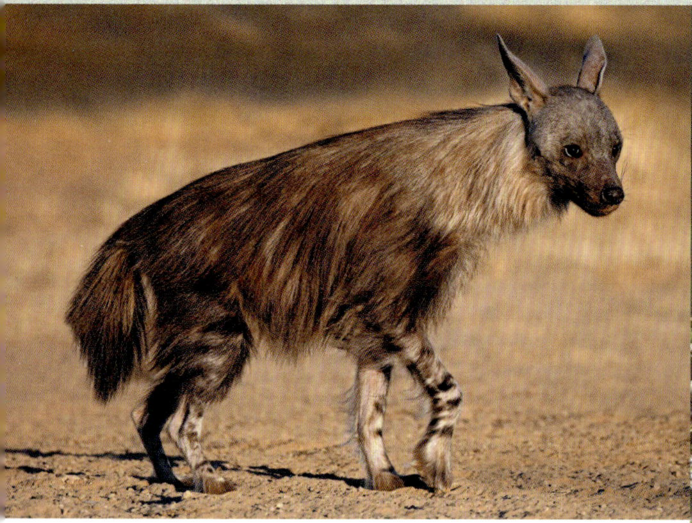

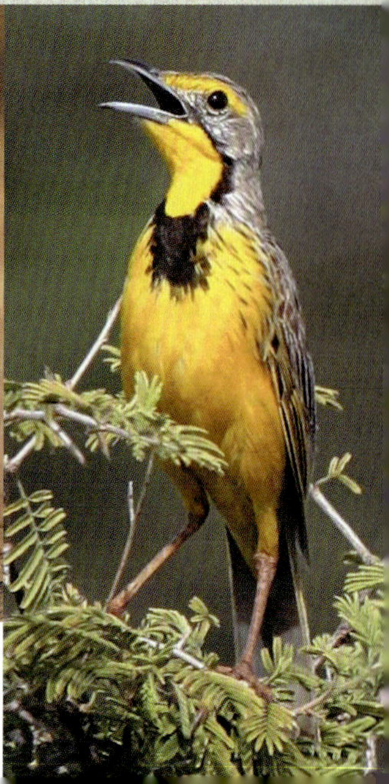

Pilanesberg-Nationalpark

Wann:	ganzjährig, Dec. - Feb. am meisten Niederschläge
Klima:	Tagestemperatur 20°C bis 30°C
Regen:	50 - 125 mm (Okt. - Apr.) 5 - 15 mm (Mai - Sep.)
Höhe:	1020 - 1608 m über dem Meeresspiegel

Vor 2 bis 1,2 Milliarden Jahren schuf ein Vulkan die Basis für diesen Lebensraum, der erst viel später sehr attraktiv für Menschen und Tiere werden sollte. Das Gebiet des heute 572 km² großen Wildparks wurde bereits seit der ausgehenden Steinzeit bewohnt. Lange Zeit vorher war der damals 7 km hohe Krater in sich zusammengestürzt und der Vulkan inaktiv geworden. Die Konturen des alten feuerspeienden Berges sind noch heute sichtbar. In diesem traditionell wildreichen Areal wurde aufgrund des Bevölkerungswachtums viel gejagt. Mitte des letzten Jahrhunderts, als Weiße auch zum Spaß jagen gingen, waren beinahe alle Tierarten verschwunden. Gegen Ende der 1970er Jahre rief man den Genesis-Plan ins Leben und es wurden sechstausend Exemplare von 19 Säugetierarten erfolgreich angesiedelt. Dieses Schutzgebiet ist also ein „Big Five"-Park, der zudem malariafrei ist. Nennenswert ist die Population Weißer und Schwarzer Nashörner. Zu den hier vorkommenden Raubtieren zählen der Löwe, der Leopard, der Gepard, die Braune Hyäne und kleinere Arten wie die Ginsterkatze, der Löffelhund, der Schabrackenschakal, Afrikanische Wildhunde und der Karakal. Manchmal werden Erdferkel gesichtet, die ausschließlich nachtaktiv sind. Im Nordwesten des Pilanesbergs liegt das Black Rhino Game Reserve. Dieses private Reservat mit einer Größe von 2000 Hektar wurde als erstes Gebiet am Pilanesberg in den großen Heritage-Park integriert, zu dem der westlich gelegene Madikwe und der Pilanesberg zusammengelegt wurden. Bei der Schaffung eines Korridors, der beide Parks verbinden soll, stößt man im Moment auf Probleme mit den hohen Bodenpreisen.

Inhalt

Dieser Feldführer enthält Tierarten, denen Sie während Ihrer Safari in den Nationalparks begegnen können. Domestizierte Arten wie Esel oder Dromedare, kleinere Nagetiere wie Ratten und Mäuse oder Fledermäuse werden in diesem Buch nicht beschrieben. Buchstruktur und Aufbau sind so, wie sie auch in den meisten anderen Naturführern üblich sind.
Die verwendete zoologische Ordnung besteht zunächst aus der Klasse, dann aus der Ordnung, zu der das Tier gehört, und schließlich aus den Familien innerhalb dieser Ordnung. Alle Tiere sind mit ihren deutschen, lateinischen und englischen Namen versehen.

Säugetiere

Der Begriff Säugetiere bezieht sich als Klasse auf alle warmblütigen Tiere, die ihre Jungen säugen und fast immer lebendgebärend sind. Die zu anderen Klassen gehörenden Reptilien und Vögel werden an anderer Stelle in diesem Buch beschrieben.

Legende

Population

- **LC** = gesund (**L**east **C**oncern)
- **NT** = abnehmend (**N**ear **T**hreatened)
- **VU** = schutzbedürftig (**Vu**nerable)
- **EN** = bedroht (**En**dangered)
- **CE** = kritisch (**C**ritically **E**ndangered)

RÖHRENZÄHNER - ERDFERKEL *Tubulidentata - Orycteropodidae*

Röhrenzähner *Heutzutage besteht die Ordnung der Röhrenzähner aus einer Familie mit nur noch einem Vertreter: dem Erdferkel. Weitere fossile Arten dieser Ordnung wurden in Afrika gefunden. Der Name "Röhrenzähner" verweist auf den Aufbau der Zähne. Diese bestehen aus dicht aneinander liegenden Röhrchen aus Dentin, gefüllt mit Pulpa und zusammengehalten durch Zahnzement. Sie sind nicht mit Zahnschmelz bedeckt. Röhrenzähner haben vage Ähnlichkeit mit der Familie der Schweine, gehören aber nicht zu ihr, sondern sind eher mit Elefanten, Seekühen und Schliefern verwandt.*

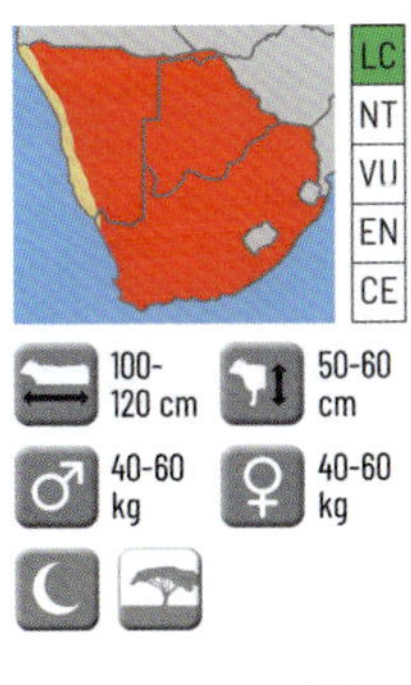

Erdferkel *(Orycteropus afer)* **Aardvark**

Erdferkel sind leicht an ihren großen spitzen Ohren, den kurzen Pfoten mit großen Klauen und der Schweineschnauze erkennbar. Ihre Nahrung besteht aus Termiten und Ameisen. Um diese zu fangen, benutzen sie ihre 50 cm lange, klebrige Zunge. Sie haben eine wenig behaarte, braungraue Haut. Die Schnauze ist rund, weich und beweglich mit kleinen fleischigen Tentakeln, die als Tastorgane dienen. Erdferkel verfügen über einen ausgezeichneten Geruchssinn und ein gutes Gehör, sie sehen jedoch schlecht. Diese scheuen Tiere sind Einzelgänger. Nach Sonnenuntergang gehen sie auf Nahrungssuche. Den Tag verbringen sie in tiefen, selbst gegrabenen Höhlen, die sie an verschiedenen Orten haben, um jederzeit flüchten zu können. Diese permanenten Höhlen haben verschiedene Gänge, Kammern, mehrere Eingänge und ein kleines Luftloch in der Decke. Als Toilette verwenden sie kleine Kuhlen, die sie wieder mit Erde bedecken. Ihr Territorium stecken sie durch Duftmarkierungen ab. In Gebieten, wo Erdferkel sehr verbreitet sind, kann es vorkommen, dass Höhlen mit zwei oder drei Artgenossen geteilt werden. Auch andere Tiere benutzen die Höhlen. Das Weibchen trägt sein Junges ca. sieben Monate lang aus. Sie gebiert vor, manchmal auch während der Regenzeit, wenn das Nahrungsangebot gut ist. Erdferkel werden bis zu 18 Jahre alt.

SCHLIEFER - SCHLIEFER *Hyracoidea - Procaviidae*

Schliefer *Die Schliefer ähneln zwar Nagetieren, sind jedoch keine. Die Familie der Schliefer hat in Afrika fünf Vertreter: zwei Klippschlieferarten and drei Baumschlieferarten. Die Arten haben verschiedene Unterarten. Schliefer sind eng mit Rüsseltieren wie z. B. Elefanten und auch mit Seekühen verwandt. Alle Arten haben viele äußerliche Gemeinsamkeiten. Schliefer sind gedrungene Tiere mit einem kurzen, dichten Fell. Sie haben große, dunkle Augen und am Kopf kleine runde Ohren und Tasthaare. Das Fell ist je nach Region und Art unterschiedlich, meistens aber hellgraubraun bis dunkelbraun. Von Natur aus sind sie scheu, doch in der Nähe von Lodges werden sie zutraulich. Ihre Nahrung besteht vor allem aus Blättern, Blüten, Früchten und Bast. Während einige Tiere fressen, halten andere Wache. Wenn Gefahr droht, zum Beispiel durch Greifvögel, Katzenartige oder Schlangen, schlagen diese Wächter mit Rufen Alarm, und die gesamte Gruppe flieht. Schliefer haben eine Tragzeit von 210 bis 240 Tagen. Meistens hat ein Weibchen ein bis drei Junge pro Wurf. Die Schliefer werden 9 bis 12 Jahre alt.*

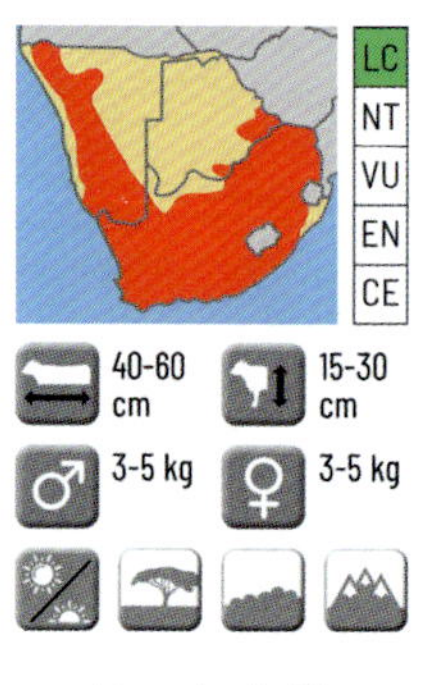

Klippschliefer *(Procavia capensis)* Rock Hyrax

Der Klippschliefer ist die am häufigsten vorkommende Schlieferart. Das Fell variiert zwischen blassgrau, beigefarben und braun. Die Unterseite ist heller. Klippschliefer leben in Gruppen von vier bis zu fünfzig Tieren, mit einem dominanten Männchen, Weibchen mit Jungen und einigen halbwüchsigen Männchen. Die Männchen sind territorial. Klippschliefer bauen zwischen den Felsen Nester aus Gras. Über die Felsen verteilt hat die Kolonie einige „Latrinen" für Kot und Urin. Der starke Geruch ist charakteristisch für eine bestimmte Kolonie. Urin wird meistens auf hervorstehenden Felsen hinterlassen, das Salz des Urins hinterlässt dort helle Flecken. Klippschliefer sind überwiegend tagaktiv. In der Paarungszeit gibt das Männchen sehr durchdringende Laute von sich. Es schüttelt den Kopf, wenn es auf ein Weibchen zugeht, und scheidet aus einer Duftdrüse auf seinem Rücken einen starken Geruch aus. In jeder Gruppe gibt es ein Alphatier, das die Rangordnung bestimmt.

Steppenwald-Baumschliefer

(Dendrohyrax arboreus)

Southern Tree Hyrax

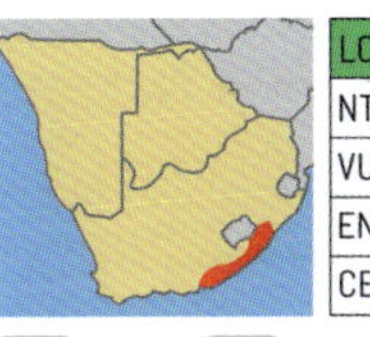

Der Steppenwald-Baumschliefer hat an den Füßen Fußpolster, die beim Klettern nützlich sind. Auf dem Rücken ist ein kahler Fleck, ca. 2 bis 4 cm groß. Die Haare um diesen Fleck sind cremeweiß. Der Bauch ist schmutzig weiß. Die Ohrränder, die Augenbrauen und die Lippen sind ebenfalls hell. Seine Sinne, Sehen, Hören und Riechen, sind stark ausgebildet. Er lebt sowohl in mit Akazien bewachsenen Baumsavannen als auch in feuchten Regenwäldern und in den Bergen bis zu einer Höhe von 4500 Metern. Er ist ein guter Kletterer und bewegt sich leichtfüßig durch Bäume und Sträucher. Sie bewohnen allein oder in Paaren ein Territorium. Die Tiere sind vor allem während der Dämmerung und nachts aktiv; tagsüber verstecken sie sich in einem Nest, in Baumhöhlen oder zwischen dichten Ästen oder Wurzeln. Nachts verraten laute Knurr- und Pfeifgeräusche ihre Anwesenheit, die Laute können sich bis zu hohen Schreien steigern. Sie ernähren sich von Blättern, Früchten, Zweigen, Rinden und Trieben. Einige dieser Pflanzen sind für andere Tiere giftig. Manchmal ergänzen sie ihre Nahrung durch größere Insekten, Echsen und Vogeleier. Ab und zu kommen sie auch auf den Boden, um zu fressen. Wasser entnehmen sie der Nahrung. Sie trinken nur selten.

LC
NT
VU
EN
CE

35-50 cm
15-30 cm
2-3 kg
2-3 kg

Buschschliefer oder Steppenschliefer

(Heterohyrax brucei) **Yellow-spotted Rock Hyrax**

Der Buschschliefer ist die einzige Art der gleichnamigen Gattung innerhalb der Schliefer. Busch- und Klippschliefer haben nicht nur weitgehend identische Lebensweisen, manchmal gibt es in der Zeit der Geburten gemischte Kolonien, in denen Familien beider Arten zusammenleben. Buschschliefer sind etwas wählerischer bei der Nahrungssuche. Ihre Rückendrüse ist weiß, nicht schwarz wie manchmal bei den Klippschliefern.

RÜSSELTIERE - ELEFANTEN *Proboscidea - Elephantidae*

Elefanten *Bekannt sind heute ca. 160 Arten von Rüsseltieren, die sich auf mehr als 10 Familien verteilen. Alle bis auf die Elefanten sind inzwischen ausgestorben, einige von ihnen erst in der jüngeren Vergangenheit (Ende der Eiszeit oder noch später). Heutzutage gibt es noch drei Arten: den Indischen Elefanten mit vier Unterarten und die Gattung der Afrikanischen Elefanten mit zwei Arten. Die Familie der Elefanten (Elephantidae) stammt aus Afrika. Ihre dicke Haut ist von Natur aus hellgrau und verfärbt sich abhängig vom Lebensraum. Die großen Ohren sind stark durchblutet und werden wedelnd zur Körperkühlung eingesetzt. Beide Geschlechter haben Stoßzähne, die in einem Jahr ca. 16 cm wachsen aber durch Gebrauch verschleißen. Die Füße haben Zehen mit Nägeln und an der Unterseite dicke Polster, die so weich sind, dass sich die Tiere lautlos fortbewegen können. Die Fußabdrücke unterscheiden sich von Tier zu Tier. Die Spitze des langen Rüssels ist sehr geschickt und äußerst empfindlich (z. B. bei Ameisen- oder Bienenstichen). Elefanten sehen nicht besonders gut, können aber ausgezeichnet riechen und hören.*

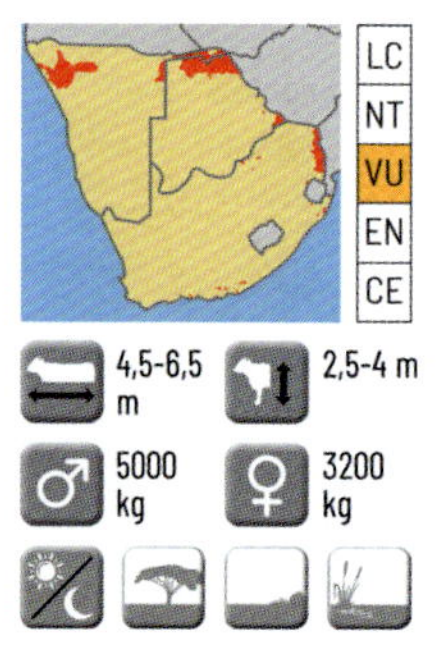

Afrikanischer Elefant *(Loxodonta africana)* **Savanna Elephant**

Der Afrikanische Elefant oder Afrikanische Steppenelefant ist der größte und am häufigsten vorkommende der zwei in Afrika lebenden Arten (manche Studien sagen, dass es im Nordwesten Namibias eine dritte Art gibt).
Ein Bulle wiegt um einiges mehr als eine Kuh. Der Gewichtsrekord bei Bullen liegt bei 10 800 kg, ein anderes Tier hatte eine Schulterhöhe von etwas mehr als vier Metern. Nach einer Trächtigkeitsperiode von 22 Monaten wird ein Junges geboren, an einem Ort und zu einer Zeit mit viel Wasser und Nahrung. Elefanten sind nicht wählerisch. Sie fressen alle Pflanzen, bis zu 250 kg pro Tag (große Exemplare produzieren daher 2000 Liter Methan am Tag). Sie trinken 100 bis 200 Liter Wasser täglich. Sie bevorzugen in der Regenzeit Gräser, in der Trockenzeit Sträucher sowie junge Bäume. Auch Früchte, Zweige, Bast und Blätter werden gefressen. Sie sind den ganzen Tag aktiv, 12 bis 16 Stunden davon verbringen sie mit der Nahrungsaufnahme. Die Kühe leben in Gruppen unter der Führung einer Leitkuh, meist ist es die älteste Kuh. Die übrigen Mitglieder sind ihre erwachsenen Töchter und Schwestern sowie ihre noch nicht ausgewachsenen Kinder und Enkel. Meistens spalten sich Gruppen auf, wenn sie zu groß werden, sie bestehen selten aus mehr als zwanzig Tieren. Verwandte Gruppen halten jedoch jahrelang Kontakt miteinander, über Frequenzen, die für den Menschen nicht wahrnehmbar sind (Infraschall unter 16 Hz). Diese Töne sind für Elefanten kilometerweit zu hören.
Wenn Bullen zwischen zehn und vierzehn Jahre alt sind, werden sie aus der Herde vertrieben und schließen sich anderen Bullen an. Ältere Männchen leben im Allgemeinen allein. Elefanten haben ein ganzes Sortiment an komplexen Geräuschen. Durch Brummen, Trompeten und lautes Brüllen drücken sie Emotionen aus und geben Signale. Sie kommunizieren, indem sie stampfend seismische Vibrationen verursachen, die noch mindestens vier Kilometer weiter für andere Elefanten spürbar sind.
Elefanten werden ca. 60 Jahre alt, zum Teil auch deutlich älter. Sie sterben eines natürlichen Todes, wenn sich die Qualität ihrer Zähne nach dem sechsten (manchmal nach dem siebten) Zahnwechsel schnell verschlechtert und sie ihre Nahrung nicht mehr zermahlen können. Als Musth wird die Zeit bezeichnet, in der ein Bulle brünstig ist, sie kann 1 bis 103 Tage dauern. Eine geschwollene Drüse auf der Schläfe scheidet dann ununterbrochen ein Sekret aus. Aus dem fast steifen Penis tropfen Urin sowie eine grünliche Flüssigkeit. Während dieser Zeit sind die Tiere durch den hohen Testosteronspiegel viel aggressiver. Sie kämpfen miteinander um das Recht, sich zu paaren. Der Mensch jagt Elefanten immer noch wegen der Stoßzähne aus Elfenbein und auch, weil sie landwirtschaftliche Flächen verwüsten.
In Nationalparks sind sie zum Teil so zahlreich, dass andere Tierarten Mühe haben zu überleben. Geschwächte Tiere und Kälber brauchen sich außer vor dem Menschen nur vor Löwen zu fürchten, vor allem nachts.

Im Regenwaldgürtel von West- und Zentralafrika gibt es den Waldelefanten (Loxodonta cyclotis). Die Lebensräume der beiden Arten überschneiden sich. Sie leben manchmal nebeneinander und manchmal paaren sie sich auch. Der Waldelefant ist kleiner und dadurch gut an seine Umgebung angepasst. Er hat eine Schulterhöhe von bis zu 240 cm und wiegt 2800 bis 4000 kg. Ansonsten gibt es wenig äußere Unterschiede. In den Wildparks dieses Reiseführers kommt er nicht vor.

Feuchtnasenprimaten *Die Galagos sind eine Primatenfamilie aus der Gruppe der Feuchtnasenaffen. Mit großen Sprüngen bewegen sie sich durch Bäume und Sträucher und halten dabei mithilfe ihres Schwanzes Balance. Mit ihren großen Augen und Ohren sind die Galagos gut an das Leben in der Dunkelheit angepasst. Sie verlassen sich auch auf ihren Tastsinn an Hand- und Fußsohlen, Handgelenken und Kopf. Galagos leben in trockenen Wäldern. Ihre wichtigsten Feinde sind Greifvögel, aber auch Affen. Tagsüber schlafen sie im Astwerk, in hohlen Bäumen oder in Nestern.*

Weibchen mit Jungen schlafen in Gruppen. Galagos urinieren auf ihre Hände und Füße, vermutlich für besseren Halt, möglicherweise aber auch, um ihr Territorium zu kennzeichnen. Das Revier wird mit Geruchsstoffen aus den Hautdrüsen an den Genitalien und auf der Brust markiert. Galagos kommunizieren vor allem über laute Rufe, die an das Weinen von Babys erinnern. Galagos erkennen einander am Geruch. Auf dem Speiseplan dieser Allesfresser stehen kleine Vögel, Insekten, Früchte, Blumen, Eier, Gummi und Nüsse.

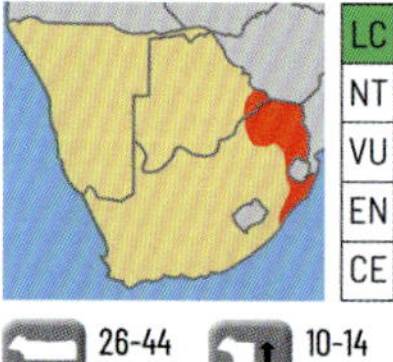

26-44 cm

10-14 cm

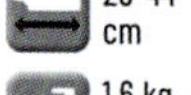
1,6 kg

1,3 kg

Großohr-Riesengalago

(Otolemur crassicaudatus)

Brown Greater Galago

Der Großohr-Riesengalago ist einer der größten Galagos und wird auch auf dem Boden angetroffen. Im Gegensatz zu seinen Verwandten ist er eher ein Kletterer und Läufer, als dass er von Ast zu Ast springt. Das Fell ist graubraun, die Kehle und der Bauch beige. Der lange, etwa 45 cm lange wollige Schwanz ist meist rötlich braun. Er lebt südlich des Äquators im grünen Gürtel bis Angola und im Küstenstreifen bis unterhalb von Lesotho. Unter guten Bedingungen gibt es Kolonien von 100 Tieren pro Quadratkilometer. Beide Geschlechter bewachen ihr Revier, das sich oft mit dem von Artgenossen überschneidet. Außerhalb der Paarungszeit sind die Begegnungen in der Regel freundlich. In Gefangenschaft werden sie bis zu 18 Jahren alt.

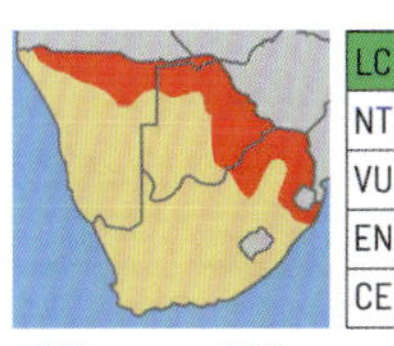

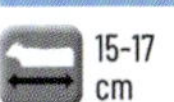 15-17 cm   7-9 cm

 250 gr   200 gr

Moholi-Galago

(Galago moholi)

Mohol Galago

Der Moholi-Galago ist einer der kleineren Galagos. Im östlichen Botswana und Südafrika teilt er sich den Lebensraum mit dem Großohr-Riesengalago. Er hat hellbraunes bis graubraunes Fell, rautenförmige schwarze Ränder um die orangefarbenen Augen und einen bis 27 cm langen buschigen Schwanz. Die Kehle und die Brust sind grau oder weiß. Der dunkelbraune Schwanz dient dazu, den Körper bei weiten Sprüngen von bis zu 5 Metern auszubalancieren. Sie bevorzugen halboffene Trockengebiete in Waldsavannen und stärker entwickelte Wälder entlang von Wasserläufen. Ein wichtiger Bestandteil ihrer Nahrung ist der proteinreiche Gummi. Dies ist eine Substanz, die ein Baum absondert, wenn die Rinde Risse bekommt oder z. B. durch Insekten beschädigt wurde. Von den Moholi-Galagos wird Gummi von Hülsenfrüchtlern bevorzugt, zum Beispiel *Vachellia tortilis* und Karoo-Akazie (*Vachellia karroo*).

Paviane *Paviane (Papio) gehören zu den sogenannten Hundeaffen (Papionini). Ihr Schwanz ist lang und hat einen Knick. Es sind tagaktive Tiere, die gut sehen, hören und riechen können. Männchen werden deutlich größer als Weibchen und haben längere Schnauzen. Paviane leben in Gruppen, die meist aus einigen dominanten Männchen sowie Weibchen mit jungen und halbwüchsigen Tieren bestehen. Innerhalb der Gruppe herrscht eine strenge Hackordnung, auch unter den Weibchen. Die soziale Struktur ist patriarchalisch, die größten und stärksten Männchen sind die dominantesten. Sie haben das Vorrecht auf Paarung, das beste Futter und den besten Schlafplatz. Diese Männchen interessieren sich nur für brünstige Weibchen, alle anderen ignorieren sie. Durch gegenseitige Fellpflege werden soziale Bindungen innerhalb der Gruppe gefördert. Weibchen gebären jeweils ein Jungtier, das sie einige Tage bei sich tragen. Mit zwei Wochen beginnt das Junge unter Aufsicht seiner Mutter die Umgebung zu erkunden. Nach drei Monaten ist das Jungtier selbstständig und sucht nur noch bei Gefahr Schutz bei seiner Mutter. Weibchen bleiben ihr ganzes Leben bei der Gruppe, während viele Männchen die Gruppe verlassen, sobald sie geschlechtsreif sind. Paviane leben vorrangig in bewaldeten Savannen, solange es Wasser gibt. In offenen Gebieten und dichten Wäldern findet man sie hingegen nicht. Ihr Futter suchen sich diese anpassungsfähigen Allesfresser auf dem Boden. Dazu gehören Gräser, Wurzeln und Früchte, aber auch Heuschrecken, Schnecken, Skorpione, Eidechsen, Eier, Fische und Frösche. Manchmal jagen sie auch Vögel und kleine bis mittelgroße Säugetiere. Paviane haben viele Feinde, der wichtigste ist der Leopard. Aber sogar Schimpansen und Pythons erbeuten manchmal einen Pavian. Bei Gefahr warnt der Pavian die anderen mit einem Schrei, woraufhin die Tiere laut schreiend davonlaufen. Paviane spielen eine wichtige Rolle in ihrem Lebensraum, nicht nur als „Buschfleisch", sondern auch als Samenverbreiter. Der Pavian wird 20 bis 30 Jahre alt.*

Bärenpavian oder **Tschakma** *(Papio ursinus)* **Chacma Baboon**

Der Bärenpavian ist von allen Pavianen der größte. Er lebt im südlichen Afrika. Von den drei Pavianarten hat er das graueste Fell, aber es gibt auch Ausnahmen, vor allem bei jungen Exemplaren. Es herrscht eine unerbittliche Rangordnung, auch unter den Weibchen. Das größte und stärkste Männchen ist der Anführer auf Zeit der Gruppe. Er wird regelmäßig herausgefordert, in der Regel von einem Männchen aus einer anderen Herde. Wenn er verliert, verliert er auch seinen Status und verlässt die Herde. Es kommt vor, dass der neue Anführer Infantizid begeht. Weibchen erben ihren Status von ihren Müttern. Männchen, die älter als 4 Jahre sind, sind dominant gegenüber allen Weibchen. Alle Paviane putzen sich gegenseitig, untergeordnete Weibchen tun dies eher bei Weibchen mit höherem Status, was manchmal ihren Rang erhöht. Das schafft Bindungen, verringert die Nahrungskonkurrenz und bietet Schutz im Falle eines Konflikts. Beim Bärenpavian gibt es, anders als bei anderen Arten, unter den Männchen keine Freundesgruppen. Paviane gehen Konflikten mit anderen Herden aus dem Weg; sie haben kein eigenes Territorium. Bärenpaviane pflanzen sich das ganze Jahr über fort. Das Weibchen hat einen Zyklus von etwa 36 Tagen. Kurz bevor sie fruchtbar wird, schwillt die Haut ihres Hinterteils an und wird rosa. Nach etwa 180 Tagen bringt sie ein Junges zur Welt. Mit sechs bis acht Monaten werden die Jungtiere entwöhnt. Unmittelbar nach der Geburt schließen die Weibchen Freundschaften mit den Männchen, um einer Kindstötung im Falle einer Machtübernahme vorzubeugen.

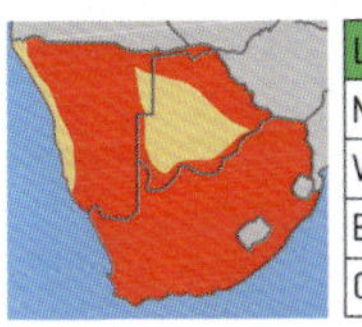

LC
NT
VU
EN
CE

80-110 cm

50-85 cm

30-40 kg

12-16 kg

Südliche Grünmeerkatze *(Chlorocebus pygerythrus)* **Vervet Monkey**

Zwei der sechs Unterarten dieser Meerkatzen leben in den Ländern dieses Reiseführers. Diese schlanken Affen leben in großen Gruppen in weiten Teilen des subsaharischen Afrikas. Das schwarze Gesicht und das hellblaue Skrotum der Männchen sind die auffälligsten Details. Das Fell variiert zwischen beigebraun und olivgrün bis grau. Nahrung suchen sie hauptsächlich auf dem Bodem. Rund um Ihr Hotel sind sie manchmal sehr frech und lieben den Zucker und die Kekse auf Ihrem Tisch. Nach einer Tragzeit von ca. 160 Tagen bringt das Weibchen ein Junges zur Welt.

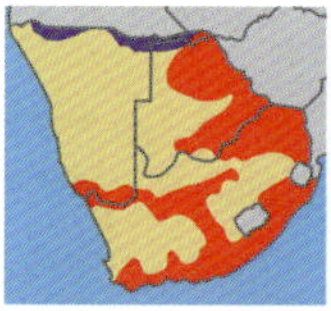

Meerkatzen werden oft Opfer von Raubtieren. Im Amboseli-Nationalpark in Kenia waren 50 % der Todesfälle auf Raubtiere zurückzuführen. In einem Jahr war ein einziger Leopard für den Tod von 70 % aller Grünmeerkatzen verantwortlich. Daneben fürchten sie Kronenadler, Kampfadler, Felsenpythons und Paviane. Die Südliche Grünmeerkatze frisst die Samen, Blüten, Blätter und den Gummi der Akazie. Sie frisst auch Feigen und Früchte von anderen Obstbäumen. Gelegentlich wird im äußersten Norden von Namibia die **Malbrouck-Grünmeerkatze** *(Chlorocebus cynosuros)* beobachtet. Sie ist meist etwas brauner als die Südliche Grünmeerkatze.

LC
NT
VU
EN
CE

40-60 cm  35 cm

 7 kg  4 kg

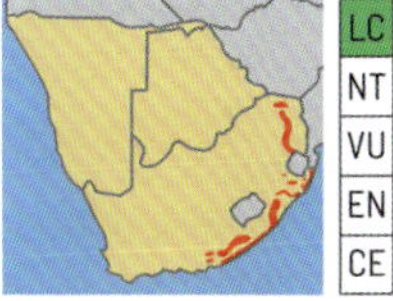

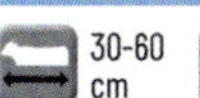
30-60 cm

35-40 cm

9 kg

5 kg

Weißkehlmeerkatze

(Cercopithecus mitis labiatus)

Samango Monkey

Es gibt 16 bekannte Unterarten der Weißkehlmeerkatze. Zuvor ging man davon aus, dass es zwei Gattungen gibt: albogularis und mitis. Heute ist man sich einig, dass alle diese Unterarten zur Familie *(Cercopithecus mitis)* gehören. Sie leben im östlichen Teil Afrikas von Äthiopien bis Südafrika *(C.m. labiatus)*. Diese Meerkatzen sind an ihrer weißen Kehle, dem hellen Nasenbereich und der weißen oder grauen Brust auf dem ansonsten grauen Fell zu erkennen, wobei ein Teil des Rückens normalerweise braun ist. Die Iris ist rötlich-braun. Die Gliedmaßen sind fast schwarz. Ihr Lebensraum sind dichte und feuchte Wälder wie Regen- und Flusswälder, in denen sie nach Früchten, Blüten und bestimmten Blättern, Eukalyptus und Insekten, einschließlich Raupen, suchen. Wenn die Nahrung knapp ist, vor allem im Winter, wagen sie sich auch in die Gärten der Nachbardörfer. Nach einer Tragzeit von etwa 170 Tagen bringt das Weibchen ein Junges zur Welt.

Stachelschweine *In Afrika leben zwei Arten der Altweltlichen Stachelschweine aus der Gattung Hystrix. Sie gehören zur Familie der Nagetiere. Sie leben in einer Vielzahl von Lebensräumen, von Regenwäldern bis zu Halbwüsten. Sie essen hauptsächlich pflanzliche Nahrung wie Knollen, Karotten und Früchte. Stachelschweine sind besessene Knochensammler. Sie bewahren manchmal Hunderte von Knochen in ihren Höhlen auf, manchmal sogar von bereits lang ausgestorbenen Tieren. Sie nagen an Knochen, um genügend Kalzium zu sich zu nehmen und ihre Zähne zu schärfen.*

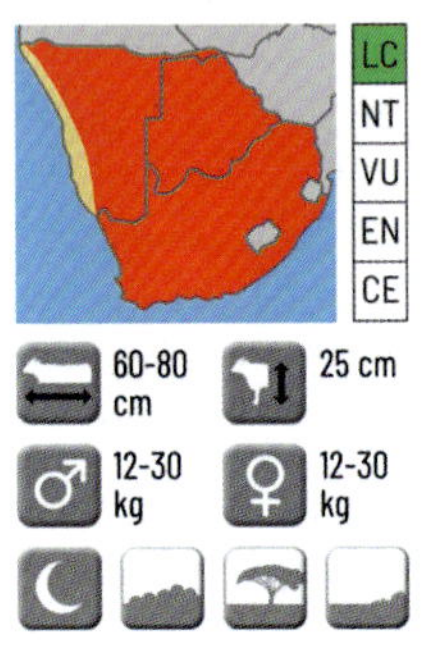

Südafrikanisches Stachelschwein

(Hystrix africaeaustralis) **Cape Porcupine**

Stachelschweine sind die größten Nagetiere Afrikas. Die hauptsächlich im südlichen Afrika vorkommende Art ist auch die schwerste der beiden Arten in Afrika. Sie tragen am Oberkörper ca. 30.000 unterschiedlich lange, scharfe, weiß-schwarze Stacheln, während der Unterleib mit schwarzen Haaren bedeckt ist. Die Tiere haben einen gedrungenen Körper und kurze, klauenartige Pfoten. Sie sind nachtaktiv. Tagsüber ruhen sie in einer Höhle oder Felsspalte. Bei Gefahr flüchtet das Stachelschwein in eine Höhle. Wenn keine zur Verfügung steht, macht es ein knurrendes Geräusch, stampft mit den Hinterbeinen und rasselt mit den hohlen Stacheln in seinem Schwanz. Wenn dies den Angreifer nicht abschreckt, richtet es seine Stacheln auf den Angreifer und rennt seitwärts auf ihn zu. Stecken die Stacheln einmal in der Haut, sind sie wegen ihrer Widerhaken nur schwer zu entfernen. Sollte es doch gelingen, verursachen sie infizierte Wunden, denn Stachelschweine suhlen sich in ihrem eigenen Kot. Während der Paarungszeit sind sie sehr laut. Das Weibchen spreizt die Stacheln und streckt den Schwanz nach oben. Nach ca. 95 Tagen wirft es 1-4 Junge. Diese haben dann weiche, biegsame Stacheln, die sich nach einer Woche verhärten, wenn sie die Höhle verlassen. Sie werden etwa 15 Jahre alt, in Gefangenschaft können sie sogar 20 Jahre alt werden.

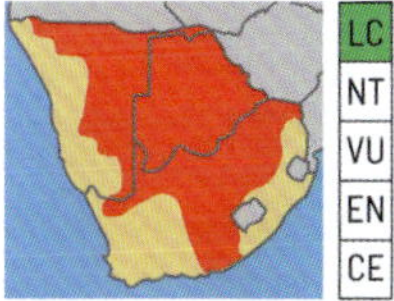

35-40 cm

20 cm

2,5-3,8 kg

2,5-3,8 kg

Springhase

(Pedetes capensis)

Springhare

Obwohl der Name vermuten lässt, dass es sich um einen Hasen handelt, ist der Springhase ein Nagetier und hat nichts mit echten Hasen zu tun. Er ist eher wie ein Eichhörnchen oder ein Känguru. Die Vorderbeine benutzt er auch wie ein Eichhörnchen. Die Hinterbeine mit den 15 cm langen Füßen sind stark entwickelt und anstatt zu laufen, springt er jeweils ein bis zwei Meter, wobei sein langer Schwanz von etwa 40 cm für das Gleichgewicht verwendet wird. Tagsüber werden Sie keine Springhasen sehen, dann schlafen sie in unterirdischen Höhlen. Erst wenn es dunkel ist, suchen sie in trockeneren Zonen nach Nahrung wie Wurzeln, jungen Trieben und gelegentlich Insekten.

Das Fell ist beige bis rötlichbraun, Brust und Bauch sind heller. Das Ende des langen Schwanzes ist schwarz. Wurzeln und Knollen graben sie mit ihren Krallen aus der Erde. Etwa dreimal im Jahr bringt das Weibchen in der Regel nach etwa 76 Tagen ein Junges zur Welt. Die Jungtiere haben bereits bei der Geburt ein Fell und sind nach 6 bis 7 Wochen in der Lage, selbständig nach Nahrung zu suchen. Ihre wichtigsten natürlichen Feinde sind Schlangen, Eulen und Mungos, die nachts jagen. Da ihr bevorzugter Lebensraum dürre und trockene Gebiete sind, haben sie von Katzenartigen wenig zu befürchten. Den Menschen dient der Springhase als Nahrungsergänzung; auch sein Fell wird verarbeitet. Springhasen leben als Einzelgänger und werden etwa 12 bis 15 Jahre alt.

Borstenhörnchen *In Afrika leben dutzende Arten von Borstenhörnchen. Sie bewohnen bergige Gebiete, tropische Zonen, aber auch Halbwüsten. Ihre Fellfarbe variiert von grau bis rotbraun, gestreift oder einfarbig. Die meisten Arten gehören zu den Erdhörnchen. Ihre Nahrung besteht aus Pflanzen, Wurzeln und Knollen, aber auch aus Termiten und Insekten. Bei der Nahrungssuche halten einige von ihnen Wache. Sie stehen dabei auf ihren Hinterpfoten und beobachten die Umgebung. Sie sind sehr scheu und flüchten bei der geringsten Störung. Die durch Tunnel verbundenen Höhlen, die die meisten Arten graben, dienen u. a. als Zufluchtsort und bilden ein weit verzweigtes System mit Dutzenden von Gängen. Wenn Jungtiere von Raubtieren angegriffen werden, kämpfen Borstenhörnchen unerschrocken, um den Angreifer zu verjagen. Oft fallen sie jedoch Greifvögeln, Waranen, Schakalen und Schlangen zum Opfer. Obwohl es keine echte Hierarchie gibt, pflanzen sich nur die dominantesten Männchen fort, Weibchen werfen nach 45 Tagen ein bis drei Junge. Diese tagaktiven Tiere leben immer in großen Gruppen und werden ca. sechs Jahre alt.*

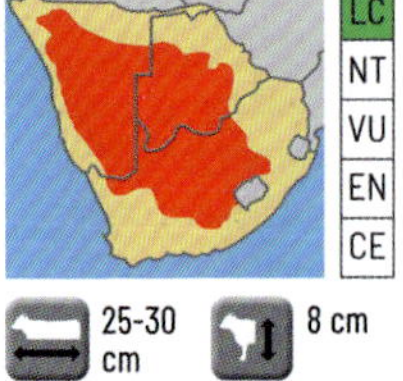

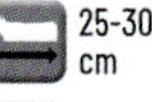
25-30 cm

8 cm

600 gr

550 gr

Kap-Borstenhörnchen

(Xerus inauris)

Cape Ground Squirrel

Diese Tierchen findet man oft am Grasrand eines Weges in trockenen Savannen oder in dichter bewachsenem Buschland. Sie suchen auf dem Boden nach Nahrung. Ihr Fell ist normalerweise braun mit einem weißen Streifen über den Flanken. Das Fell rund um die Augen ist beinah weiß. Sie leben in einer sozialen Struktur, ohne dass man von einer echten Hierarchie sprechen kann. Die Pfoten haben Nägel, mit denen sie graben. Obwohl Mungos zu ihren natürlichen Fressfeinden gehören, lebt das Kap-Erdhörnchen relativ friedlich mit der Fuchsmanguste zusammen, sie teilen sich oft denselben Bau. Der große buschige Schwanz von etwa 25 cm dient zur Ablenkung, wenn sie von einer Schlange bedroht werden. Eine Gruppe besteht in der Regel aus zwei oder drei Weibchen und bis zu neun Heranwachsenden beiderlei Geschlechts. Die Männchen bilden ihre eigenen Gruppen und sind nicht territorial.

Kaokoveld-Borstenhörnchen *(Xerus princeps)* **Mountain Ground-Squirrel**

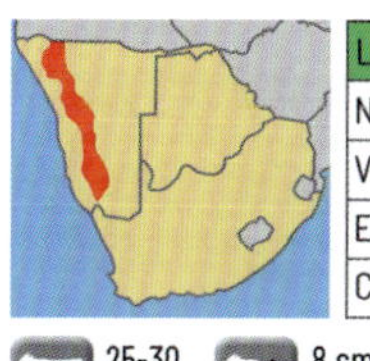

25-30 cm | 8 cm

♂ 700 gr | ♀ 600 gr

Das Kaokoveld-Borstenhörnchen ist eng verwandt mit dem Kap-Borstenhörnchen. In Namibia teilen sie sich ihren Lebensraum und sind nur schwer voneinander zu unterscheiden. Erstere sind tendenziell etwas größer und ihre Vorderzähne meist etwas gelber, während die des Kap-Borstenhörnchens weiß sind. Das Skelett zeigt, dass es sich um eine andere Art handelt. Herumtollen und gegenseitiges Flöhen sind dem Kaokoveld-Borstenhörnchen fremd. Die Weibchen leben in kleinen Gruppen zusammen, die Männchen sind Einzelgänger.

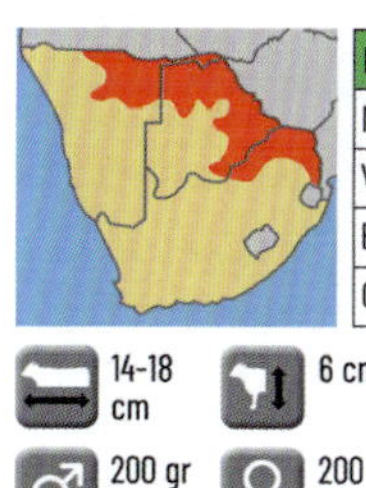

14-18 cm | 6 cm

♂ 200 gr | ♀ 200 gr

Smith-Buschhörnchen *(Paraxerus cepapi)* **Smith's Bush-Squirrel**

Dieses Buschhörnchen hat wiederum viele Unterarten, von denen drei in den Ländern dieses Buches vorkommen. Die Farbe ihres Fells reicht von blassem Grau in den westlichen Populationen bis hin zu einem eher bräunlichen Fell in den östlichen Populationen. Die Farbe der Brust variiert von weiß bis gelb. Es ist eines der kleineren Eichhörnchen, bei denen der Schwanz genauso lang ist wie der Körper. Der Bauch bleibt weiß. Obwohl diese Eichhörnchen die meiste Zeit in den Savannen auf Bäumen und Sträuchern (Mopane und Akazien) verbringen, ruhen sie und werfen ihre Jungen in unterirdischen Höhlen. Um die soziale Bindung zu fördern, flöhen sich die Tiere gegenseitig.

Hasen *Echte Hasen (Lepus) sind eine Säugetiergattung aus der Familie der Hasen und Kaninchen (Leporidae). Echte Hasen sind durch ihre Fellfarbe gut getarnt. Bei Gefahr legen sie sich flach auf den Boden und verharren dort, bis der Angreifer ganz nah ist. Erst dann ergreifen sie die Flucht. Im Gegensatz zu ihren Artgenossen sind Echte Hasen gute Langstreckenläufer und fliehen extrem schnell (70 km pro Stunde) vor ihren Feinden. Echte Hasen ruhen in flachen Bodenmulden (sogenannten Sassen), die durch Pflanzen gut verdeckt sind. Es gibt jedoch auch einige Hasenarten, die sich zum Schutz vor extremen Temperaturen einen Bau graben. Sie leben meist solitär. In der Regel wird nur das Gebiet in unmittelbarer Nähe gegen Eindringlinge verteidigt, ansonsten sind sie nicht territorial. Gelegentlich sieht man mehrere Tiere gemeinsam an der gleichen Stelle auf Futtersuche. Sie ernähren sich pflanzlich und leben von Gräsern und Kräutern, Pflanzen der Landwirtschaft, Zweigen, Rinde, Stängeln und Samen.*

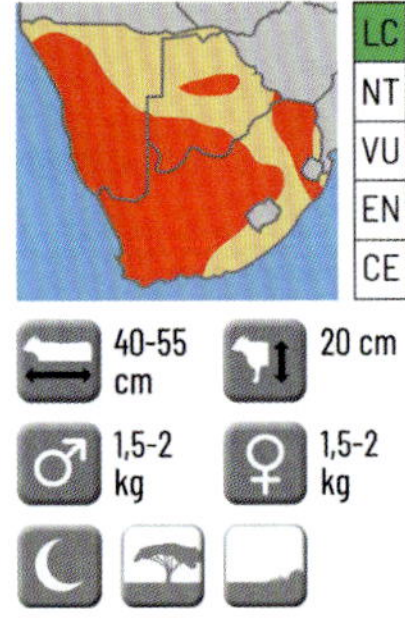

LC NT VU EN CE

40-55 cm | 20 cm
♂ 1,5-2 kg | ♀ 1,5-2 kg

Kaphase

(Lepus capensis)

Cape Hare

Der Kaphase hat gelbes oder graubraunes Fell. Sein Bauch ist meist sandfarben bis grau-weiß, die Beine rötlich. Je nach Lebensraum können diese Farben variieren. Die Beine sind lang und schlank und die Hinterbeine doppelt so lang wie die Vorderbeine. Auch die Ohren sind sehr lang. Im Gegensatz zu den meisten anderen Hasenarten gräbt der Kaphase vor allem in wärmeren Gegenden einen Bau. Nur der Gepard ist noch schneller als der Kaphase. Aber die Gefahr kommt eher von oben. Nach einer Trächtigkeitsperiode von etwa 42 Tagen bringt das Weibchen bis zu vier Mal im Jahr ein bis drei Junge zur Welt. Der Kaphase bevorzugt offenes Grasland.

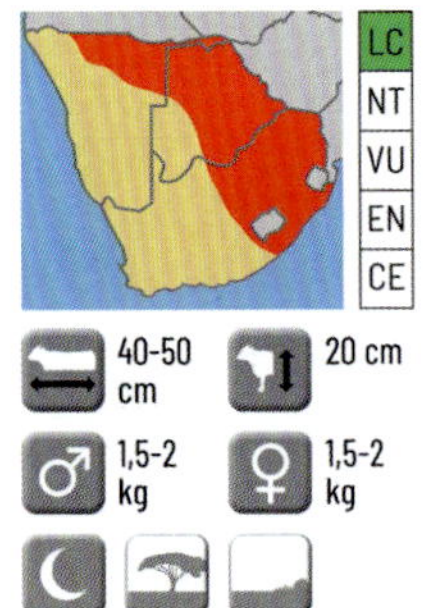

LC NT VU EN CE

40-50 cm | 20 cm
♂ 1,5-2 kg | ♀ 1,5-2 kg

Savannen-Hase *(Lepus microtis)* **African Savanna Hare**

Kap- und Savannen-Hasen sind schwer voneinander zu unterscheiden. Sie sind etwa gleich groß und die Farbe ihres Fells passt sich ihrem Lebensraum an. Beim Savannen-Hasen sind die Beine jedoch öfter rot-braun und die Ohrspitzen meist schwarz. Wo sich der Lebensraum der beiden Hasen überschneidet, weicht der Savannen-Hase in buschigere und höhergelegene Lebensräume aus, der Kaphase bevorzugt offenes Grasland. Seine großen Ohren drehen sich ständig, um auch das kleinste Geräusch zu hören. Wenn Gefahr droht, schlagen sie mit ihren Vorderbeinen auf den Boden, um ihre Artgenossen zu warnen. Eine Häsin bringt im Laufe des Jahres 8 Junge zur Welt.

Schuppentiere *Schuppentiere (oder: „Tannenzapfentiere") sind Säugetiere. Es gibt drei Gattungen mit insgesamt acht verschiedenen Arten, vier davon in Afrika, eine von ihnen in den Ländern dieses Reiseführers. Die Existenz der Schuppentiere ist durch Jagd, Wilderei, Waldbrände und Rodung bedroht. In Afrika und China gelten Schuppentiere als Delikatesse und sind daher auf Schwarzmärkten sehr populär. Hinzu kommt, dass man in Asien den Schuppen und dem Blut Heilkräfte zuschreibt. Das Schuppentier ist trotz des 2010 verliehenen Schutzstatus gegenwärtig eine der am häufigsten illegal nach Asien importierten Tierarten. Sein Überleben ist daher ernsthaft bedroht. Die harten, scharfen Plättchen aus Keratin (einem zähen und unlöslichen Eiweiß, aus dem z. B. auch Fingernägel oder die Hörner von Nashörnern bestehen) liegen wie Hornschuppen auf dem Körper und bedecken alles außer Bauch und Innenseite der Beine. Bei Bedrohung rollen sich die Tiere zusammen, um gefährdete Körperteile und ihre Jungen zu schützen, oder sie schlagen mit dem Schwanz. Die Nahrung besteht vor allem aus Ameisen und Termiten. Sie haben eine lange, dünne Zunge, bedeckt mit klebrigem Speichel. Da sie zahnlos sind, zermahlen sie ihre Nahrung. Ihre Vorderbeine werden als starke Grabwerkzeuge genutzt. Schuppentiere leben solitär und kommen in Wäldern und Grasgebieten vor. Einige Arten leben auf Bäumen, andere auf dem Boden. Manche der baumbewohnenden Schuppentiere haben einen Greifschwanz. Es handelt sich um solitär lebende Tiere mit häufig nur einem einzelnen Jungen. Nach zwei Jahren ist das Jungtier geschlechtsreif.*

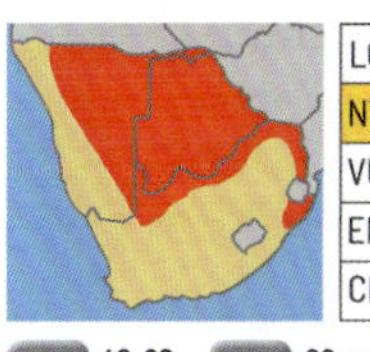

LC | **NT** | VU | EN | CE

 40-60 cm

 22 cm

 10-25 kg

 6-13 kg

Steppenschuppentier *(Smutsia temminckii)* **Ground Pangolin**

Dieses Schuppentier, benannt nach dem Zoologen Coenraad Jacob Temminck, ist eines von vier in Afrikavorkommenden Schuppentieren. Obwohl es einen ausgedehnten Lebensraum hat, ist es sehr schwierig, das Tier zu finden. Er streift meist nachts durch Savannen und offene Wälder. Die kleinen Vorderbeine werden zum Graben benutzt. Sein Schwanz ist fast so lang wie sein Körper. Obwohl es sich manchmal selbst einen Unterschlupf gräbt, bevorzugt es doch die Höhlen von Wildschweinen oder Erdferkeln. Das Weibchen bringt nach einer Tragzeit von etwa 130 Tagen ein Junges zur Welt. Schuppentiere sind Waldbränden schutzlos ausgeliefert und sterben manchmal an elektrischen Weidezäunen. Sie können bis zu 20 Jahre alt werden.

Katzenartige *Die Katzenartigen sind ausgesprochene Fleischfresser. An den Vorderbeinen haben sie fünf Zehen mit scharfen Krallen und an den Hinterbeinen vier. Katzenartige können die Krallen einziehen. Nur der Gepard kann das nicht und verbessert so seine Manövrierfähigkeit. Sie (ausgenommen Geparden) jagen vor allem nachts und dank einer reflektierenden Schicht hinter der Netzhaut sehen sie nachts sehr gut. Das Gehör ist ebenfalls gut entwickelt. Katzenartige findet man in Wäldern, aber auch in der Savanne. Sie leben meist solitär, der Löwe bildet hier eine Ausnahme. Sie ersticken ihre Beute, indem sie ihre großen Eckzähne in den Hals des Opfers schlagen.*

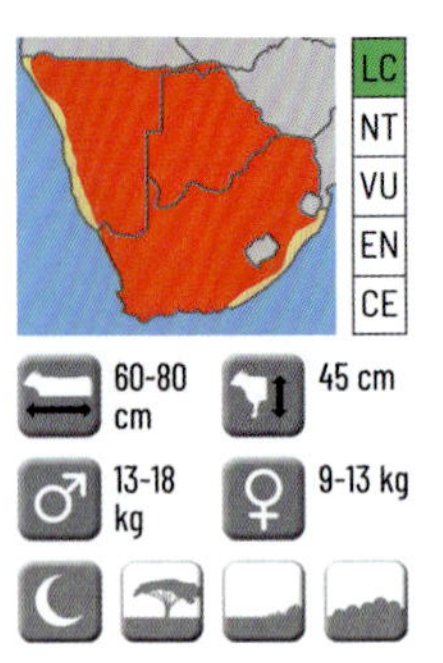

Karakal *(Caracal caracal)* **Caracal**
Sein runder Kopf ist durch eine kurze Schnauze, große Augen und dreieckige Ohren mit schwarzen Haarbüscheln an den Spitzen gekennzeichnet. Das Fell ist meist rotbraun und dabei unterschiedlich hell oder dunkel. Brust, Bauch und Innenseite der Beine sind weiß. Die muskulösen Hinterbeine sind länger als die Vorderbeine. Er bevorzugt Ebenen mit Felsen, kurzem Gras und vielen Möglichkeiten zum Verstecken. Karakale leben solitär in Territorien von einigen Quadratkilometern. Nur in der Paarungszeit verbringen die Kater einige Zeit mit dem Weibchen. Dieses wirft nach einer Tragzeit von 79 Tagen ca. drei Junge. Nach einem Jahr ist der Nachwuchs selbständig. Wahrscheinlich paart sich ein Weibchen mit mehreren Männchen. Das würde auch erklären, warum die Jungen manchmal fremden Katern zum Opfer fallen. Wichtige Beutetiere sind Hasen, kleine Antilopen wie z. B. Gazellen und Schliefer. Auch Tauben, Hühner und sogar Adler und Strauße werden gerissen. Der Karakal schleicht sich an seine Beute an, die letzten fünf Meter legt er im Sprint oder mit einem einzigen Sprung zurück. Er fängt auch Vögel aus einigen Metern Höhe aus der Luft. Seinen Flüssigkeitsbedarf deckt er vor allem aus der Nahrung. Gelegentlich reißen Karakale auch Ziegen, Schafe und Geflügel, wodurch es zu Konflikten mit den Viehhaltern kommt. Sie sind hauptsächlich nachtaktiv und in Gefangenschaft gehaltene Karakale wurden bis zu 16 Jahre alt.

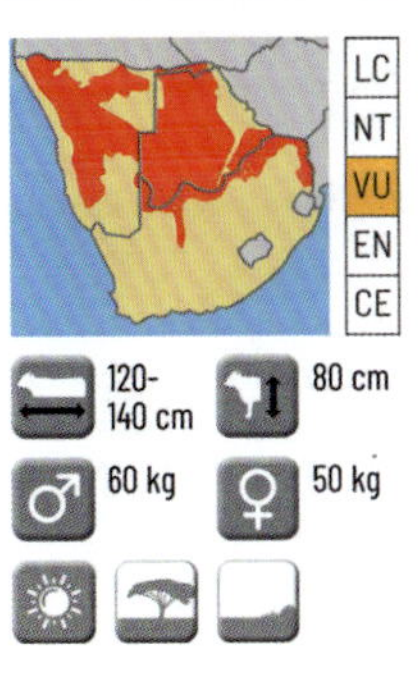

Gepard *(Acinonyx jubatus)* **Cheetah**

Merkmale des Gepards, die ihn vom Leopard unterscheiden, sind die schwarzen Tränendrüsen, die höheren Beine, das Fleckenmuster und der viel schlankere Körperbau. Das zierliche Raubtier ist ausschließlich fleischfressend und jagt tagsüber vor allem kleine Antilopen. Der Gepard schleicht sich mit gesenktem, nach vorn gestrecktem Kopf an die Antilope an, bis er sich seiner Beute auf ungefähr 20 Meter genähert hat. Dann versucht er mit einem schnellen Sprint zuzuschlagen. Der Gepard ist das schnellste Landtier der Welt. Innerhalb weniger Sekunden erreicht er eine Höchstgeschwindigkeit von 110 km/h. Diese Geschwindigkeit kann er über eine Strecke von 500 Metern aufrechterhalten. Er schlägt seiner Beute mit der Vorderpfote eines ihrer Hinterbeine weg, wodurch sie strauchelt. Dann versucht er, seine Beute zu ersticken, indem er sich in der Kehle des Opfers festbeißt. Nach dem „Kill" braucht er Zeit, um zu Atem zu kommen. Die Chance, dass seine Aktion andere Raubtiere anlockt und diese seine Beute rauben, bevor er sie fressen kann, ist sehr hoch. Erwachsene Geparde leben solitär. Junge Geparde sind, sobald sie von ihrer Mutter verstoßen werden, meistens für mehrere Jahre zusammen. Geburten finden das ganze Jahr über statt. Würfe von drei oder vier Welpen sind normal. Die Sterblichkeit des Nachwuchses ist sehr hoch, vor allem durch die Nahrungsrivalität mit z. B. Löwen und Hyänen. Die Tragzeit dauert 92 Tage. Durch die Vergrößerung von landwirtschaftlichen Flächen werden Populationen voneinander abgeschnitten und Inzucht breitet sich aus. Geparde werden ca. 16 Jahre alt.

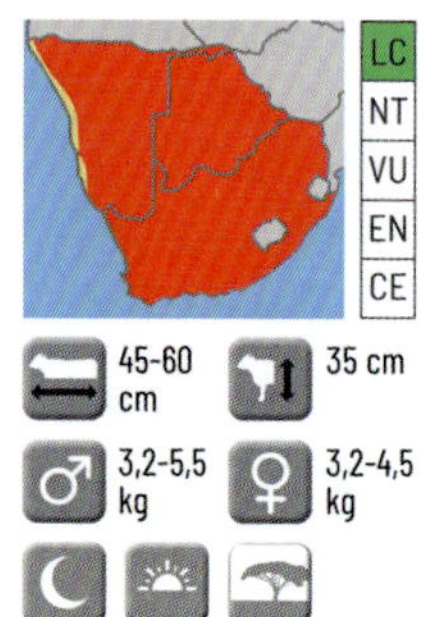

LC NT VU EN CE

45-60 cm | 35 cm

♂ 3,2-5,5 kg | ♀ 3,2-4,5 kg

Afrikanische Wildkatze *(Felis lybica)* African Wild Cat

Die Falbkatze oder Afrikanische Wildkatze *(F.l. lybica und F.l. cafra)* ist der Urahn der Hauskatze *(F.silvestis catus)*. Sie kommt in großen Teilen Europas und Afrikas sowie in Südwest- und Zentral-Asien vor. In Afrika haben Wildkatzen ein hellgelbes bis dunkelgraues Fell mit dezenten Streifen und einen geringelten Schwanz. Sie kommen in Laubwäldern, Waldrändern, Halbwüsten und Savannen vor mit Ausnahme der tropischen Regenwälder und der sehr trockenen Bereiche der Sahara. Die Falbkatze lebt allein und jagt in der Dämmerung oder nachts. Beutetiere sind vor allem Nagetiere, Hasenartige oder Vögel. Gelegentlich fängt sie auch andere kleine Säugetiere, Frösche, Reptilien, Fische und Insekten. Manchmal frisst sie auch pflanzliche Nahrung, Aas jedoch nur selten. Während der Paarungszeit streifen die Kater monoton miauend durch ihr Territorium. Dabei markieren sie ihr Revier häufiger als normal. Die Weibchen sind ungefähr sechs Tage lang rollig und nur dann bereit zur Paarung. Nach einer Trächtigkeit von 56 bis 65 Tagen gebären sie an einem geschützten Ort drei bis vier Junge, zum Beispiel in Baumhöhlen oder Hohlräumen zwischen Felsen. Die meisten Jungtiere werden in der Regenzeit geboren, wenn das Weibchen wegen der saisonalen Häufigkeit an Nagetieren ausreichend zu fressen hat. Hybridisierung mit verwilderten Hauskatzen stellt in vielen Gebieten die größte Bedrohung für den Bestand dieser Art dar. In freier Wildbahn werden diese Katzen in der Regel bis zu 12 Jahre alt.

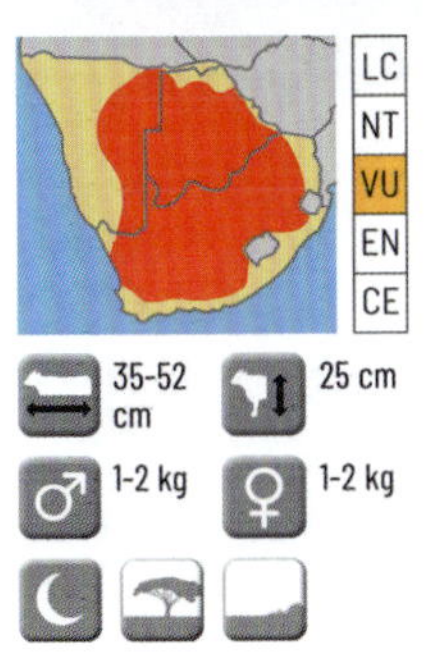

Schwarzfußkatze *(Felis nigripes)* Black-footed Cat

Trotz ihres Namens sind nur die Sohlen ihrer Pfoten schwarz oder dunkelbraun. Sie ist die kleinste Katzenartige Afrikas und dank ihrer hervorragenden Tarnung mit schwarzen Streifen und Flecken auf beigem Fell und weil sie ein nachtaktiver Jäger ist, wird sie nur selten beobachtet. Unter anderem deshalb gibt es keine Klarheit über die Anzahl. Sie bevorzugt Trockensavannen mit Buschwerk und Grasland, wie die südwestliche Kalahari und die Karoo-Region in Südafrika. Die Schwarzfußkatze lebt als Einzelgängerin. Tagsüber ruht sie in Termitenhügeln oder verlassenen Höhlen von Erdferkeln, Springhasen oder Stachelschweinen. Schwarzfußkatzen sind sehr scheu und fliehen bei der geringsten Gefahr. Sie sind mäßige Kletterer und jagen daher auf dem Boden. Im Revier eines Katers leben ein bis vier Weibchen. Mit einem speziellen Geruch ihres Urins zeigt das Weibchen an, dass sie empfänglich ist. Andere Methoden sind das Reiben des Kopfes und des Fells an Büschen, lautes Miauen und das Hinterlassen von Kot an auffälligen Stellen. Sie ist nur 36 Stunden läufig und nur 5 bis 10 Stunden paarungsbereit. Nach einer Tragzeit von 65 Tagen bringt sie zweimal im Jahr 1-3 Junge zur Welt.

Wenn das Nahrungsangebot reichhaltig ist, sind sie erfolgreiche Jäger. Sie überwältigen ihre Beute, in der Regel kleinere Nagetiere und Vögel, indem sie sich von einem Versteck aus an sie heranpirschen oder indem sie ihr nachjagen. Zu den Bedrohungen für ihr Überleben gehören übertragbare Krankheiten durch Hauskatzen, das Aufstellen von Fallen durch Wilderer, die Zerstörung ihres Lebensraums durch Überweidung, Nahrungskonkurrenz mit größeren Katzen und der Rückgang der Zahl der Springhasen, eines ihrer Beutetiere. Die zunehmende Inzucht, die mit der fortschreitenden Zersplitterung der Lebensräume einhergeht, beeinträchtigt ihre körperliche Konstitution. Derzeit laufen mehrere Projekte zur Überwachung der Schwarzfußkatze in freier Wildbahn. Darüber hinaus züchten mehrere Zoos auf der ganzen Welt diese Katze intensiv und setzen die Nachkommen dann zur Blutauffrischung in ihrem natürlichen Lebensraum aus.

LC
NT
VU
EN
CE

160-210 cm
100-120 cm
♂ 150-225 kg
♀ 110- 150 kg

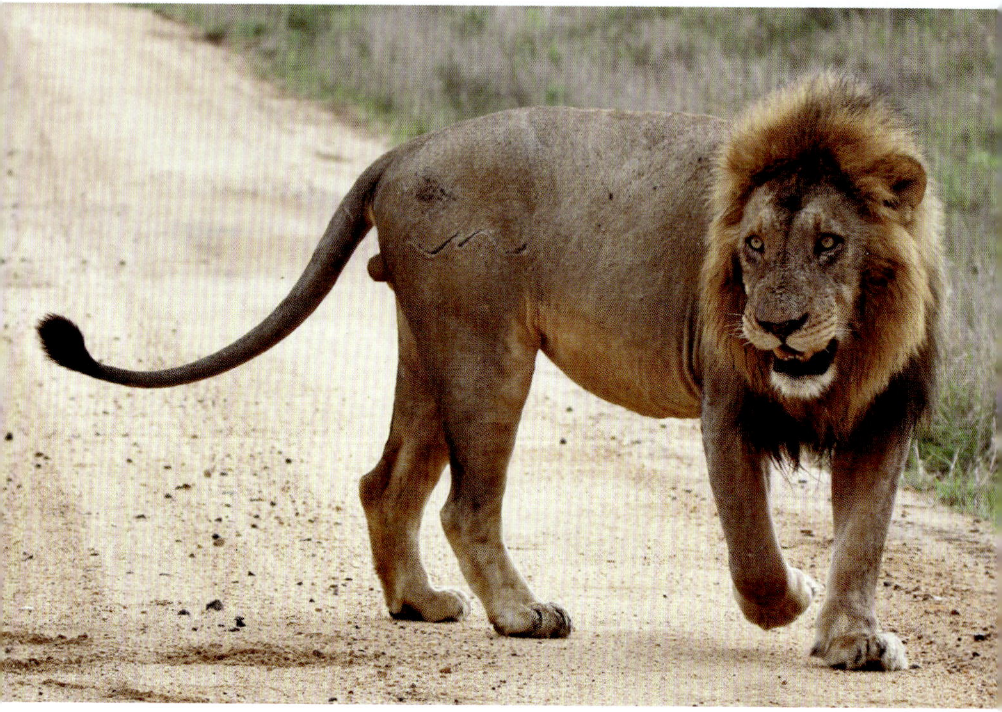

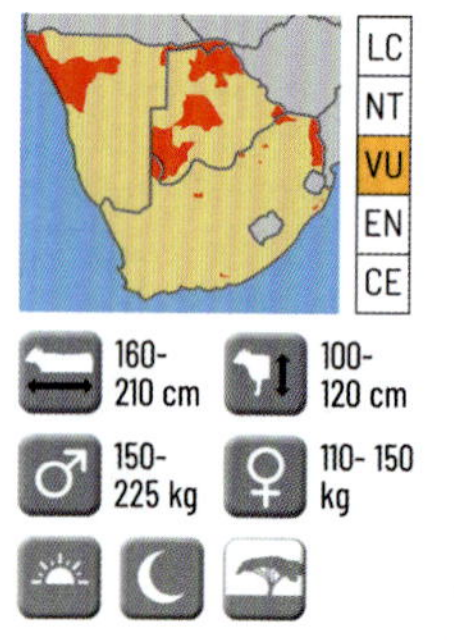

Löwe *(Panthera leo)* **Lion**

Löwen waren einst die am weitesten verbreiteten Landsäugetiere der Erde. Sie lebten fast überall in Afrika, Eurasien und großen Teilen Nordamerikas. Heutzutage gibt es noch zwei Unterarten in Afrika, eine in Westafrika *(P. l. leo)* und die etwas größere *(P. l. melanochaita)*, die in Zentral-, Ost- und Südafrika lebt. Eine kleine Population von etwa 600 Löwen lebt in Indien auf der Halbinsel Gujarat. Aufgrund von Inzucht ist diese Population rückläufig, und es wird erwogen, verwandte Löwen aus Westafrika dorthin zu bringen. Der Löwe ist nach dem Tiger die größte Art in der Familie der Katzenartigen. Das kurze Fell variiert von Ockerbraun bis fast Weiß mit einer dunklen Quaste am Schwanzende. Über den Unterkörper verteilt finden sich helle Flecken, die vor allem bei jüngeren Tieren noch gut zu erkennen sind. Die meisten Männchen tragen eine volle schwarze, braune oder gelbe Mähne an Kopf, Hals und Schultern, die in der Regel nach ungefähr sechs Lebensjahren komplett ausgebildet ist. Löwen werden in der Wildnis ungefähr zehn bis 14 Jahre alt.

In Afrika stehen sie an der Spitze der Nahrungskette, bedroht nur durch den Menschen, Artgenossen und durch Krankheiten wie TBC und FIV (Katzen-Aids). Der weitaus größte Teil von ihnen lebt in offenen Savannen, Grasebenen und dünn bewaldeten Regionen von Wildparks. Da sie eine Bedrohung für das Vieh darstellen, werden Löwen in diesen Gebieten, manchmal sogar in Reservaten, gejagt. Löwen leben in Rudeln, die aus erwachsenen Weibchen, einem oder zwei Männchen sowie deren noch nicht ausgewachsenen Nachkommen bestehen und manchmal mehr als 20 Tiere umfassen. Wenn sich Löwen

aus derselben Gruppe begegnen, vollziehen sie ein Begrüßungsritual: Reiben, Lecken und Drehen. Fremde Löwen beider Geschlechter werden verjagt. Löwinnen bleiben ihr ganzes Leben lang in ihrem Rudel, während sich junge Männchen nach dem dritten oder vierten Lebensjahr von ihm lösen und dann umherstreifen. Jedes Rudel hat ein festes Territorium, das nur bei Nahrungsknappheit verlassen wird. Löwen ruhen ungefähr zwanzig Stunden am Tag. Achtzig Prozent der Nahrung erlegen die Löwinnen. Sie jagen aus dem Hinterhalt große Tiere, vor allem Pflanzenfresser. Bei einem Angriff können Löwen Geschwindigkeiten von bis zu 60 km/h erreichen. Lange halten sie das Tempo nicht durch, sie ermüden schnell. Die Hierarchie im Löwenrudel zeigt sich beim Fressen: Erwachsene Männchen beanspruchen die Beute zunächst für sich. Ein männlicher erwachsener Löwe braucht etwa 7 kg Fleisch pro Tag, eine Löwin nur 5 kg. Wenn die Beute groß ist, fressen sie sich satt. Löwen fressen auch Aas. Ihre Hauptkonkurrenten bei der Nahrungsbeschaffung sind Hyänen. Wenn deren Zahl die der Löwinnen weit übersteigt, jagen sie sie von ihrer Beute weg. Wenn der Anführer eines Löwenrudels von einem oder mehreren umherstreifenden Männchen herausgefordert wird, kämpft er um seine Position zu verteidigen. Dominante Löwen und Herausforderer sind meistens zwischen fünf und zehn Jahren alt. Der Verlierer muss das Rudel verlassen. Wenn es einen neuen Anführer gibt, tötet er zuerst sämtliche Jungtiere. So sorgt er dafür, dass die Weibchen wieder fruchtbar werden und er sich fortpflanzen kann. Eine feste Paarungszeit gibt es nicht, es kommt jedoch regelmäßig vor, dass alle Weibchen eines Rudels gleichzeitig einen Eisprung haben und daher mehrere Würfe gleichzeitig zur Welt kommen. Nach einer Tragzeit von ca. 100 Tagen bekommen die Muttertiere zwei bis sechs Junge. Löwinnen säugen nicht nur ihre eigenen Nachkommen, sondern auch die ihrer Rudelschwestern. Löwen halten Kontakt mit anderen Gruppenmitgliedern, indem sie brüllen. Dabei sind sie bis zu acht Kilometer weit zu hören. In einem Meter Abstand beträgt die Lautstärke 114 Dezibel, was etwa einem Flugzeug entspricht.

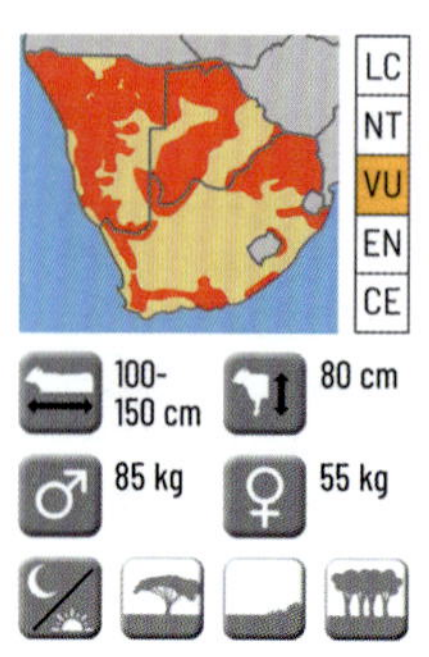

Leopard *(Panthera pardus)* **Leopard**

Leoparden sind Einzeljäger, die sich ausschließlich von Fleisch ernähren. Kurze, kräftige Beine und ein langer Schwanz kennzeichnen diese großen, muskulösen Katzen. Der breite Kopf hat kleine, runde Ohren, einen starken Kiefer und lange Schnurrhaare. Das hellbraune Fell ist mit Rosetten und schwarzen Flecken bedeckt. Die meisten Tiere sind sandgelb oder hellbraun, die Fellfarbe kann jedoch zwischen beigefarben und schwarz variieren (Beobachtungen von schwarzen Leoparden sind im südlichen Afrika selten). Die Flecken sind bei starkem Sonnenlicht weiterhin sichtbar. Die Männchen sind erheblich größer als die Weibchen. Es sind vor allem Nachttiere, die sich geräuschlos an ihre Beute anschleichen oder diese aus dem Hinterhalt, z. B. von Bäumen, anspringen. Um sich vor Löwen und Hyänen zu schützen, zerren sie ihre Beute üblicherweise auf einen Baum, selbst wenn diese doppelt so schwer ist wie sie selbst. Tagsüber ruhen sie meist zwischen Sträuchern oder in Bäumen. Nicht selten entpuppt sich ein seltsam hängender Ast durch das Fernglas als hängendes Bein eines Leoparden. Sie jagen vor allem mittelgroße Säugetiere wie Antilopen, Warzenschweine und Paviane. Manchmal spezialisieren sich Leoparden auf eine bestimmte Art. In einem Jahr war ein einziger Leopard in Amboseli für den Tod von 70 % aller Grünmeerkatzen verantwortlich.

Männchen haben oft größere Territorien als Weibchen, das Revier überlappt sich in der Regel zudem mit dem eines Tieres vom anderen Geschlecht und wird mit Urin oder Kot markiert oder auch mit Kratzspuren an Bäumen. Gleichgeschlechtliche Tiere meiden einander. Ist ein Gebiet reich an Beute, sind die Reviere entsprechend kleiner. Wenn das Weibchen paarungsbereit ist, sendet es über den Urin einen Duft aus, der die Männchen anzieht. Nach der Paarung kümmern sich die Männchen nicht länger um die Weibchen oder den Nachwuchs, sondern ziehen dann wieder alleine umher. Die Trächtigkeit dauert ca. 100 Tage. Die zwei oder drei Jungen werden drei Monate lang gesäugt und bleiben ungefähr anderthalb bis zwei Jahre bei ihrer Mutter. Danach sind sie geschlechtsreif und selbständig. Erst nach drei oder vier Jahren sind junge Leoparden vollständig ausgewachsen. Der Leopard erreicht in freier Wildbahn normalerweise ein Alter von 12 bis 17 Jahren. Die Wilderei wegen ihres schönen Fells dauert an, sowohl wegen der Nachfrage der lokalen Bevölkerung als auch für den Export.

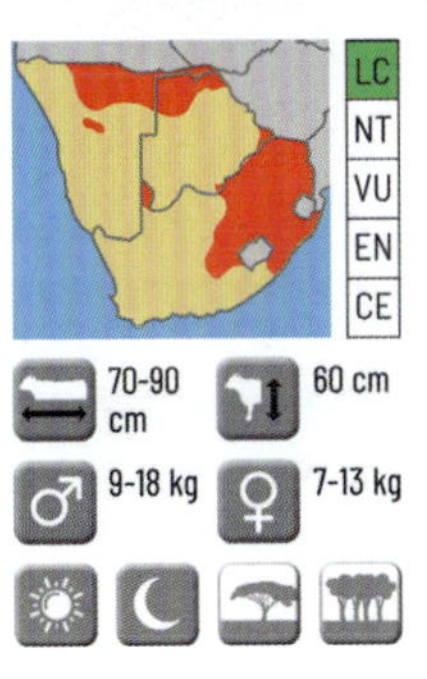

Serval *(Leptailurus serval)* **Serval**

Der Serval ist eine der kleineren Katzenartigen. Sein Fell ist gelbbraun mit unregelmäßig verteilten schwarzen Streifen und Flecken. Die Männchen sind größer als die Weibchen. Servale leben vor allem in Savannen mit hohem Gras und in offenem Grasland, aber auch in lichten Wäldern, an Waldrändern und im Schilf der Sümpfe. Aus dicht bevölkerten Gebieten sind sie verschwunden. Ihre Nahrung besteht aus kleinen Säugetieren (bis zur Größe eines Hasen), Echsen, Schlangen, Vögeln und Insekten. Früchte, Fische und Frösche werden ebenfalls gefressen. Manchmal jagen Servale auch junge Antilopen. Die wichtigste Beute sind Mäuse, die sie dank ihres ausgezeichneten Gehörs auch im hohen Gras oder unter der Erde zu finden wissen. Aufgrund seiner langen Beine kann der Serval über hohes Gras sehen. Er passt seinen Tagesrhythmus an das Verhalten der Beute an. Hat er seine Beute entdeckt, setzt er zu einem hohen Sprung an. Unterirdische Beute wird ausgegraben oder aus der Höhle gezerrt. Außerdem kann er mit einem kräftigen Sprung tiefer fliegende Vögel in der Luft fangen. Übriggebliebene Teile größerer Beutetiere werden unter der Erde versteckt. Servale leben allein in einem kleinen Territorium, das sie mit Urin markieren. Er jagt hauptsächlich nachts, aber wenn es in seinem Revier große Nahrungskonkurrenz gibt, jagt er auch öfter am Tag. Als Versteck dienen Höhlen, Plätze zwischen Felsen oder dichte Vegetation. Dort wirft das Weibchen nach 67 bis 77 Tagen ein bis vier Junge. Diese sind bei der Geburt blind. Die Mutter trägt ihre Jungen regelmäßig zu neuen Verstecken. Nach vier bis fünf Wochen bekommen sie zum ersten Mal Fleisch. Zusätzlich werden sie noch bis zum sechsten Monat gesäugt. Nach einem Jahr sind die Jungen unabhängig. Junge Kater werden dann verjagt, Kätzinnen werden von der Mutter geduldet und bleiben viel länger bei ihr. Servale sind mit zwei Jahren geschlechtsreif und werden in freier Wildbahn ca. 13 und in Gefangenschaft bis zu 20 Jahre alt.

Schleichkatzen *Die Schleichkatzen (Viverridae) sind eine Familie der Katzenartigen. Es sind kleine bis mittelgroße Raubtiere, die mit rund 35 Arten in Afrika, Eurasien und Asien vertreten sind. Zu ihnen gehören Raubtiere wie Zibetkatzen und Ginsterkatzen. In Afrika leben 16 verschiedene Arten Ginsterkatzen.*
Die Kleinfleck- und Großfleck-Ginsterkatze sind im südlichen Afrika die verbreitetsten. Wenn Sie eine Ginsterkatze auf Ihrer Reise antreffen, ist es wahrscheinlich eine der beiden. Afrikanische Zibetkatzen sind größer und gedrungener als die Ginsterkatzen und zeigen ein viel aggressiveres Verhalten. Genauso wie die Ginsterkatzen sind es opportunistische Allesfresser. Beide Arten leben in waldreichen Gebieten. Während die Zibetkatze auf dem Boden nach Nahrung sucht, findet die Ginsterkatze ihre Nahrung auch in Bäumen. Wenn Sie nach Anbruch der Dunkelheit mit einer starken Taschenlampe die Baumkronen absuchen, kann es vorkommen, dass die Reflexion eines Augenpaars die Anwesenheit einer Ginsterkatze verrät.

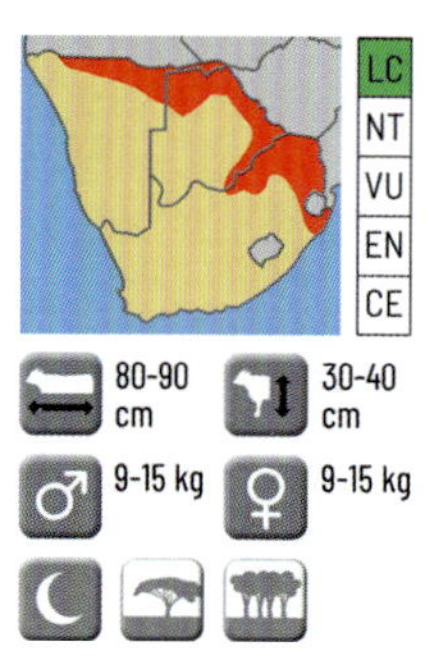

Afrikanische Zibetkatze *(Civettictis civetta)* **African Civet**
Ihre Gliedmaßen sind schwarz, und vom Hals bis zum Schwanz verläuft ein breiter schwarzer Streifen. Sie leben in den tropischen und subtropischen Zonen Afrikas und sind in dichter Vegetation und in Gegenden mit permanenter Wasserverfügbarkeit relativ stark verbreitet. Tagsüber ruhen sie in Höhlen oder dichten Sträuchern und in der Nacht bewegen sie sich mucksmäuschenstill durch die Vegetation und suchen ihre Nahrung hauptsächlich mithilfe von Geruchs- und Gehörsinn. Wegen ihres nach Moschus riechenden Sekrets werden Zibetkatzen auch heute noch gelegentlich "gemolken".
In Äthiopien gibt es zu diesem Zweck speziell eingerichtete Zuchtbetriebe. Dieses Sekret der Perianaldrüsen, wurde lange Zeit in der Parfümindustrie verwendet. Die Weibchen werfen nach einer Trächtigkeitsperiode von 60 bis 64 Tagen zwei bis vier Junge. Zibetkatzen werden bis zu 15 Jahre alt. Wenn sie sich bedroht fühlen, stellen sie ihre Rückenhaare auf, um größer zu erscheinen.

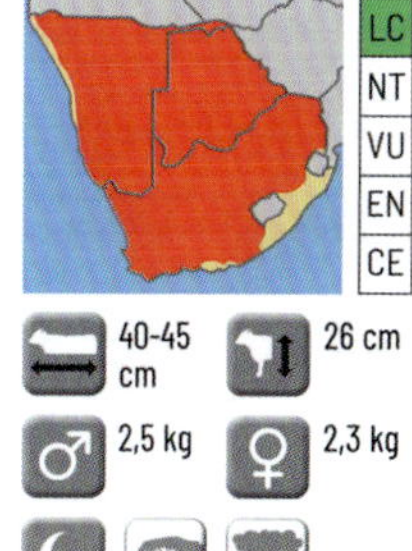

Kleinfleck-Ginsterkatze *(Genetta genetta)* **Common Genet**

Ginsterkatzen sind solitär lebende Nachttiere. Diese scheuen Räuber ruhen tagsüber in Baumwipfeln. Sie suchen ihre Nahrung in Bäumen und am Boden und erbeuten Nagetiere, Vögel und Insekten, fressen aber auch Früchte und Beeren. Nachts wagen sie sich in die Nähe der Menschen und plündern die von ihnen zurückgelassenen Lebensmittel. Manchmal findet man sie auch auf dem Gelände von Lodges. In einigen Dörfern werden Ginsterkatzen als Haustiere gehalten, um Mäuse und Ratten zu fangen. Diese Ginsterkatzen sind kaum von den Großfleck-Ginsterkatzen zu unterscheiden. Auch ihr Fell hat ein Fleckenmuster, bei dem die Flecken in Längsrichtung angeordnet sind. Die Kleinfleck-Ginsterkatze jedoch ist auf der Rückseite eher rostbraun als dunkelbraun. Die Trächtigkeit dauert etwa 70 Tage, und ein Wurf besteht meist aus einem oder zwei Jungen.

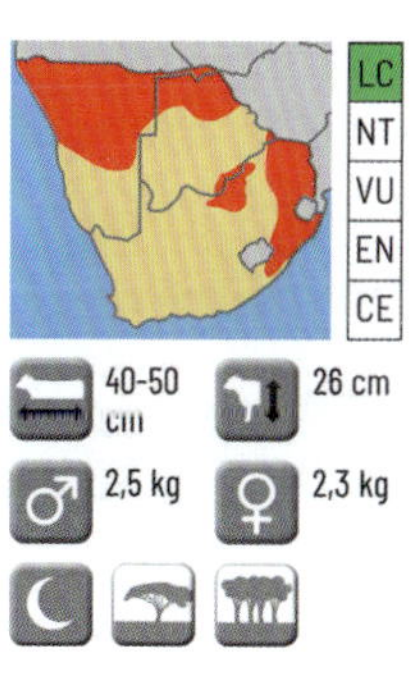

Großfleck-Ginsterkatze *(Genetta maculata)* **Rusty-spotted Genet**

Großfleck-Ginsterkatzen gibt es in großen Teilen des Kontinents, wobei sie baumreiche Gebiete an Fluss- oder Seeufern bevorzugen. Sie ruhen tagsüber in Bäumen. Sie sind geschickte Kletterer und leben allein, außer wenn das Weibchen brünstig ist. Die Paarung ist nicht an die Jahreszeiten gebunden. Von der Kleinfleck-Ginsterkatze ist sie durch die rostbraunen Flecken entlang des dunklen langen Kammes vom Hals bis zum Schwanz zu unterscheiden. Der Farbunterschied kann jedoch manchmal sehr subtil sein. Eine Ginsterkatze wird ca. 15 bis 20 Jahre alt.

RAUBTIERE - SCHLEICHKATZEN *Carnivora - Viverridae*

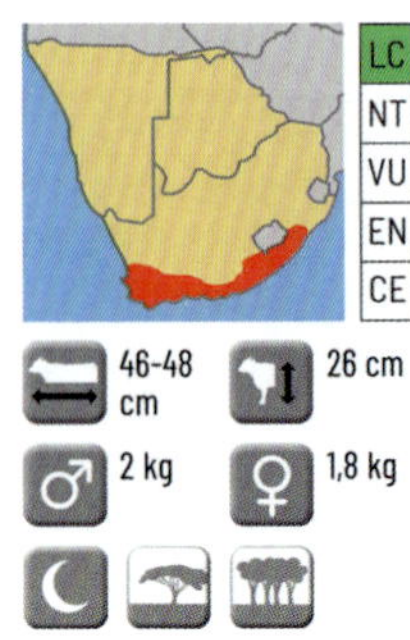

Südliche Großfleck-Ginsterkatze *(Genetta tigrina)* **Cape Genet**
Diese Unterart lebt im Süden Südafrikas. Sie ist eine der Ginsterkatzen mit großen Flecken. Von der Kleinfleck-Ginsterkatze, mit der sich ihr Lebensraum überschneidet, unterscheidet sie sich durch ihr dunkelbraunes Schwanzende und die dunkelbraunen Flecken die im Herzen oft rostbraun sind. Die Kleinfleck-Ginsterkatze hat ein schwarzes Schwanzende und vollständig schwarze kleinere Flecken. Ansonsten ist das Fell der Südlichen oft mausgrau, manchmal beige bis hellbraun und mit einem dunklen Rückenstreifen und Flecken versehen. Ein weiterer Unterschied ist, dass das Kinn der Südlichen Großfleck-Ginsterkatze hell gefärbt ist, während es bei der Kleinfleck-Ginsterkatze fast schwarz ist. In ihrem Verhalten unterscheiden sich nicht voneinander. Sie leben als Einzelgänger in Wäldern. Sie sind ausgezeichnete Kletterer, die leicht von Ast zu Ast springen und auch am Boden blitzschnell sind. Sie sind Allesfresser und Generalisten, wenn es dafür einen Grund gibt. Sie ernähren sich von Früchten, Samen und manchmal auch Gras und ergänzen ihren Speiseplan mit Nagetieren, Schlangen, Geckos und größeren Insekten. Im Gegensatz zu anderen Ginsterkatzen sucht sie ihre Nahrung häufiger am Boden.

RAUBTIERE - MANGUSTEN *Carnivora - Herpestidae*

Mangusten *Mangusten (Herpestidae) sind vor allem während der frühen Morgenstunden oder in der Dämmerung zu beobachten. Diese scheuen Tiere flüchten beim geringsten Anzeichen von Gefahr. Bei nicht allzu hochwachsendem Gras und leicht abfallendem Terrain haben Sie in Gegenden mit Termitenhügeln gute Chancen, eine Familie vorbeiziehen zu sehen. Bei den in Gruppen lebenden Mangusten gibt es ein Alpha-Männchen und ein Alpha-Weibchen sowie eine strenge „Hackordnung". Normalerweise paart sich nur das Alpha-Weibchen. In der Hierarchie hochstehende Männchen markieren ihr Territorium mit Ausscheidungen aus den Analdrüsen. Bei vielen Arten sind die Weibchen dominant. Kleinere Mangustenarten fressen Insekten, vor allem Mistkäfer, teilweise jedoch auch kleine Reptilien, Eier und Vögel. Auf dem Speiseplan der größeren Arten kommen auch Schlangen vor, sowie Nagetiere und Frösche oder Kröten. Manchmal ergänzen die Tiere ihre Nahrung auch durch Früchte. Zahlreiche Arten nutzen verlassene Termitenhügel als Versteck. Mehrere Würfe pro Jahr sind keine Ausnahme. Die Jungtiere aus dem vorherigen Wurf helfen bei der Versorgung der Neugeborenen. Mangusten werden in der Regel 7 bis 12 Jahre alt.*

LC
NT
VU
EN
CE
40-45 cm
20-26 cm
1,5-2 kg
1,5-2 kg

Zebramanguste *(Mungos mungo)* **Banded Mongoose**

Die Zebramanguste ist oft zu sehen. Diese Manguste hat einen großen Kopf, kleine Ohren, kurze, muskulöse Beine und ihr Schwanz ist fast so lang wie ihr Körper. Der hintere Teil des Körpers ist etwas höher als die Schultern. Sie ist sehr einfach an ihren markanten Querstreifen zu erkennen. Sie leben in großen Gruppen von sieben bis zu 40 Tieren und zeigen ein ausgeprägtes Sozialverhalten. Jede Gruppe hat ihr eigenes Territorium. Alle Weibchen werden von den Alpha-Männchen während der Balzzeit dominiert. Deren Anzahl ist von der Größe der jeweiligen Gruppe abhängig. Nur sie haben das alleinige Paarungsrecht, das sie jedoch nicht immer erfolgreich verteidigen können. Manchmal suchen die Weibchen absichtlich Partner in rivalisierenden Gruppen, um sich zu paaren. Fast alle Weibchen bringen gleichzeitig zwei bis sechs Junge zur Welt. Nach zehn Tagen sind sie bereits erneut empfänglich.

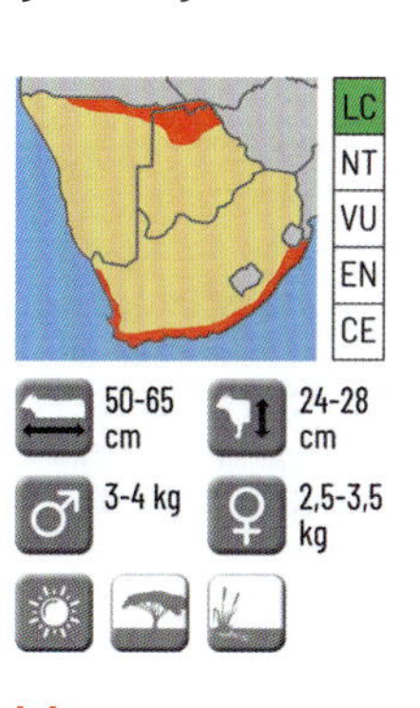

Ichneumon

(Herpestes ichneumon)

Mongoose, Large-grey

Der Ichneumon hat ein graubraunes bis rötlich-braunes Fell. Sein langer Schwanz ist fast so lang wie sein Körper und endet in einer schwarzen Quaste. Seine Pfoten sind in der Regel dunkler als der Rest des Fells. Der Name Ichneumon kommt aus dem Griechischen und bedeutet „Spurensucher". Er geht oft mit zu Boden geneigtem Kopf und folgt wahrscheinlich einer Geruchsspur. Manchmal läuft eine ganze Familie so in einer langen Reihe hintereinander her. Sie jagen Kaninchen, Nagetiere, Vögel, Wirbellose (wie Insekten und Krabben), Schlangen und andere Reptilien, fressen jedoch auch Aas und Vogeleier.
Der Ichneumon kann unterirdische Beute leicht mit seinen Vorderpfoten ausgraben und extrem schnell zuschlagen. Seine Schnelligkeit und Wendigkeit sind ein Vorteil bei der Jagd auf gefährliche Beute wie Giftschlangen. Auch Vögel kann er gut fangen. Ichneumone werden 12 bis zu 20 Jahre alt.

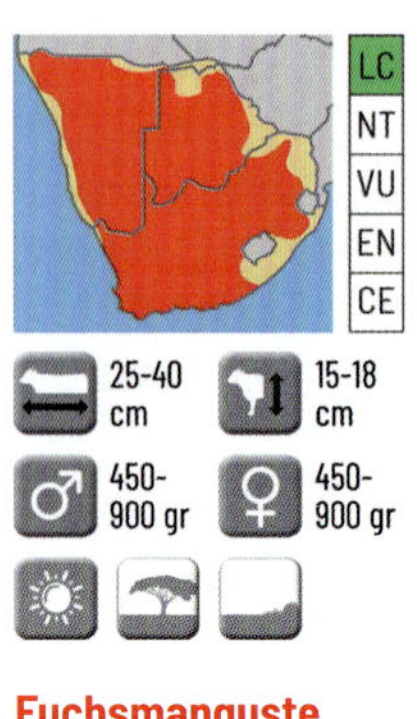

Fuchsmanguste

(Cynictis penicillata)

Yellow Mongoose

Die Pelzfarbe unterscheidet sich je nach Verbreitungsgebiet. Die südlichen Arten haben ein gelbes Fell, die nördlichen Arten sind eher graubraun. Die Schwanzspitze ist weiß. Die kurzen, runden Ohren und der dicke Schwanz verstärken die Ähnlichkeit mit dem Fuchs. Sie bevorzugen trockene und karg bewachsene Gebiete. Die Tiere suchen ausschließlich auf dem Boden nach Nahrung (Insekten, Reptilien und Eier). Sie übernachten in Höhlen.

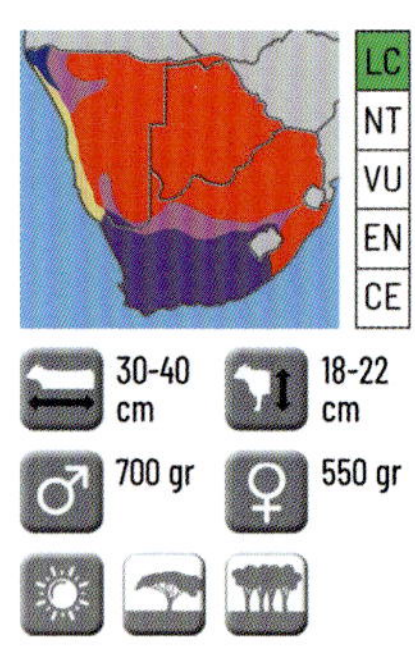

Rot= Schlankmanguste *Blau = Kaokoveld-Schlankmanguste*
Violett = Kap- Schlankmanguste *Rosa = Überlappungsbereich*

Schlankmanguste *(Galerella sanguinea)* Slender Mongoose

Schlankmangusten leben solitär oder in Paaren. Baumhöhlen nutzen die geschickten Kletterer gerne als Ruheplatz. Sie haben einen langen, schlanken Körper mit kurzen Beinen, einen langgestreckten Kopf und einen langen Schwanz. Das kurze, graue Fell variiert farblich zwischen hellgrau und dunkelbraun, vermutlich abhängig vom Habitat. Bauch und Beine sind in der Regel heller. Die Schwanzspitze ist schwarz. Schlankmangusten haben bernsteinfarbene Augen. Finger und Zehen können weit gespreizt werden und tragen kleine scharfe Krallen. Auf dem Boden oder in Bäumen machen Schlankmangusten Jagd auf junge Vögel, Nagetiere und andere kleine Säugetiere, Echsen, Schlangen, Frösche und Wirbellose. Sie fressen auch Eier, Früchte und Fliegenmaden aus Kadavern. Die Gattung Galerella hat in der Vergangenheit mehrere Schlankmangusten derselben Art enthalten. Die **Kap-Schlankmanguste** *(Galerella pulverulenta)* **Cape Grey Mongoose** gehört zur

Schlankmanguste

selben Familie, ihr Fell ist jedoch grau. Diese Manguste bewohnt im zentralen Südafrika und in Teilen des südlichen Namibia den Lebensraum der Schlankmanguste. Die **Kaokoveld-Schlankmanguste** *(Galerella flavescens)* **Angola** oder **Black Slender Mongoose** lebt im westlichen Angola und im nordwestlichen Namibia. In dem Gebiet, das sie mit der Schlankmanguste teilt, kann man die andere durch ihr viel dunkleres Fell, bis hin zu völlig schwarz, unterscheiden. Einige wenige haben die gleiche Fellfarbe wie die Schlankmanguste, aber in diesem Fall ist die Bauchseite viel dunkler. Diese Varianten kommen hauptsächlich in Angola vor. Über das Vorkommen der **Schwarzen Manguste** *(Galerella nigrata)* **Black Mongoose** im Gebiet des Waterberg-Plateaus in Namibia besteht keine Einigkeit. Die dort anwesende Manguste könnte auch die Schlankmanguste mit außergewöhnlich dunklem Fell sein. Diese Art wird manchmal auch als Kaokoveld-Schlankmanguste bezeichnet.
Statt in Savannen, wo sich die meisten Mangusten zu Hause fühlen, lebt die Schwarze Manguste fast ausschließlich auf felsigem Gelände, wo sie sich nicht nur leicht verstecken, sondern auch besser an ihre Beute wie Eidechsen und Schlangen heranpirschen kann.

Kap-Schlankmanguste

Kaokoveld-Schlankmanguste

Trugmanguste *(Paracynictis selousi)* Selous Mongoose

Trotz großer Ähnlichkeit mit der Schlankmanguste gehört die Trugmanguste zu einer anderen Gattung und ist damit auch der einzige Vertreter dieser Gattung. Ihre Fellfarbe variiert von hellem Graubraun bis zu rötlichem Braun. Die Bauchseite ist weiß. Die Gliedmaßen sind braun oder fast schwarz. Die Spitze des 30-40 cm langen Schwanzes ist weiß, wodurch sie sich unter anderem von der Weißschwanzmanguste unterscheidet, deren Schwanz zu drei Vierteln weiß ist, und von der Schlankmanguste, deren Schwanz in Schwarz endet. Der einzige Unterschied zwischen den Geschlechtern sind die drei Brustwarzenpaare bei den Weibchen, die bei den Männchen fehlen. Ihr Lebensraum ist auf offene Busch- und Waldgebiete beschränkt, die nicht allzu trocken sind. Manchmal sieht man Paare oder Weibchen mit Jungtieren, aber normalerweise leben sie als Einzelgänger

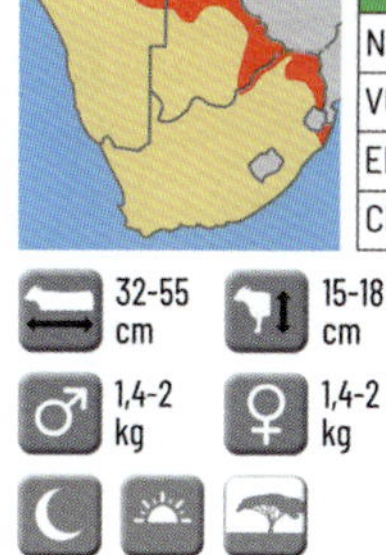

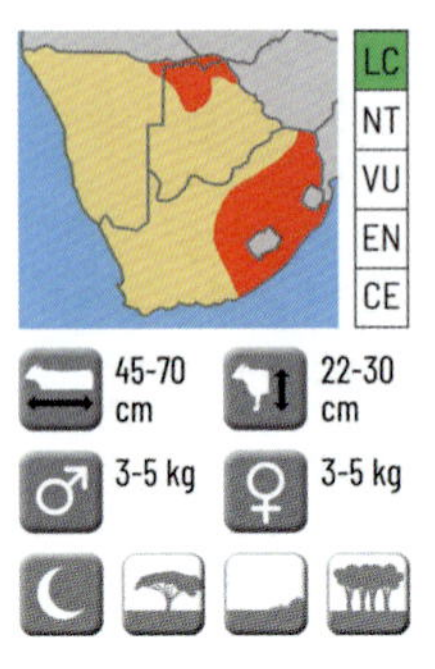

Weißschwanz-manguste

(Ichneumia albicauda) **White-tailed Mongoose**

Sie ist die größte aller Mangusten. Ihr Schwanz ist dick und der Kopf im Verhältnis zum Rest des Körpers eher klein. Die Beine sind länger als die anderer Mangusten. Weißschwanzmangusten kommen häufig vor. Man nimmt sie oft nicht gleich wahr, weil sie bevorzugt nachts nach Nahrung suchen. Tagsüber verstecken sie sich in verlassenen Höhlen oder Termitenhügeln. Sie fühlen sich fast überall wohl, ausgenommen in tropischen Wäldern und trockenen Wüsten. Im Durchschnitt werden die Tiere zwölf Jahre alt. Diese Art frisst vor allem Insekten, aber auch Frösche, Mäuse, Schlangen, Vögel, Würmer und vereinzelt auch Früchte. Sie sind Einzelgänger, nur während der Paarungszeit sucht sich das Männchen ein Weibchen. Das Weibchen bekommt ein bis vier Junge. Bei Gefahr verbreiten die Tiere einen unangenehmen Geruch.

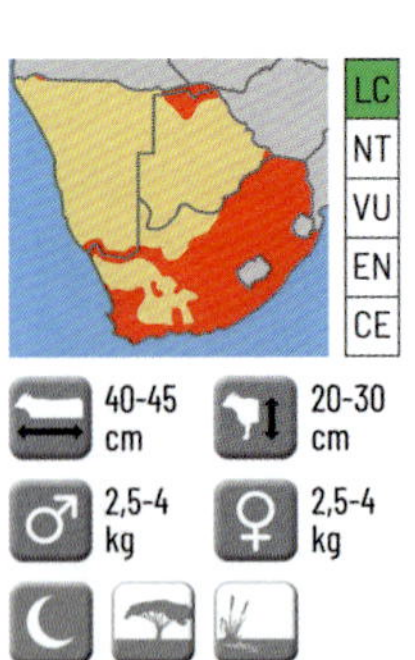

Sumpfmanguste *(Atilax paludinosus)* **Water** oder **Marsh Mongoose**

Die Sumpfmanguste frisst in erster Linie Krabben und Amphibien, die sie hauptsächlich in der Nähe von Mooren und anderen wasserreichen Gebieten findet. Vor allem dort, wo Schilf und andere Ufervegetation wächst. Sie hat manchmal ein rötlich-braunes, meistens aber ein dunkelbraunes bis fast schwarzes Fell, der Bauch ist heller. Die Vorderzähne des Unterkiefers sind stark genug, um auch zähe Beutetiere zu zerreißen.

Sie ist ein guter Schwimmer und versucht an der Wasseroberfläche ihre Beute zu packen. Sie jagt aus dem Hinterhalt. Krabben und Schnecken zerschlägt sie an Felsen. Sumpfmangusten sind vor allem während der Dämmerung und nachts aktiv, leben solitär und lassen sich sehr selten blicken.

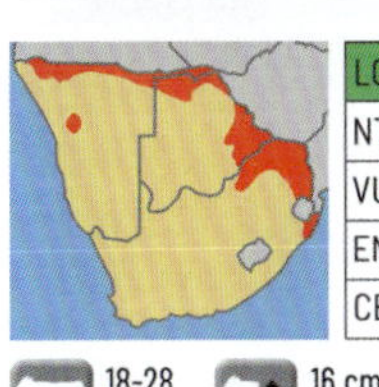

18-28 cm

16 cm

300 gr

300 gr

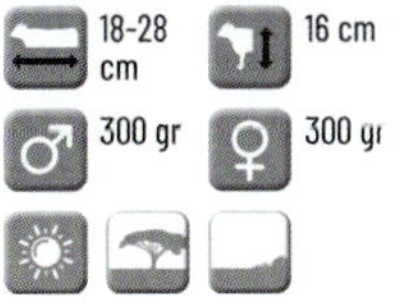

Südliche Zwergmanguste *(Helogale parvula)* **Dwarf Mongoose**

Zwergmangusten sind sehr soziale Tiere. Sie leben in großen Familien, die jeweils ihr eigenes Territorium haben. Sie haben einen spitzen rötlichbraunen Kopf, kleine Ohren, bernsteinfarbene Augen, einen langen Schwanz und kurze Beine mit langen Krallen. Rücken und Schwanz sind im Allgemeinen graubraun. Sie sind durch ihre kleine Körpergröße leicht von anderen Mangusten zu unterscheiden. Sie leben in trockenem Grasland und karg bewaldeten Gegenden mit Sträuchern, vor allem an Orten mit vielen Termitenhügeln. Diese Art meidet Wälder und zu trockene Gebiete. In Gruppen herrscht eine ausgeprägte Hierarchie mit einem dominanten Pärchen an der Spitze. Das Weibchen ist der Anführer der Gruppe. Das dominante Männchen ist sehr wachsam und steht normalerweise in erhöhter Position, oft gemeinsam mit anderen. Sie müssen einerseits landlebende Raubtiere wie Katzen, Hunde und Schlangen fürchten, andererseits sind aber auch Raubvögel eine ständige Bedrohung. Manchmal findet eine Gruppe einen Unterschlupf in der Nähe eines Bienen- oder Wespennests zum Schutz vor Raubtieren. Das Territorium wird durch gemeinsame Latrinen markiert. Zwergmangusten fressen Wirbellose, kleine Echsen, Vögel und Säugetiere (vor allem junge Nagetiere) und wilde Früchte.

LC
NT
VU
EN
CE

25-35 cm | 15 cm
♂ 600-950 gr | ♀ 600-950 gr

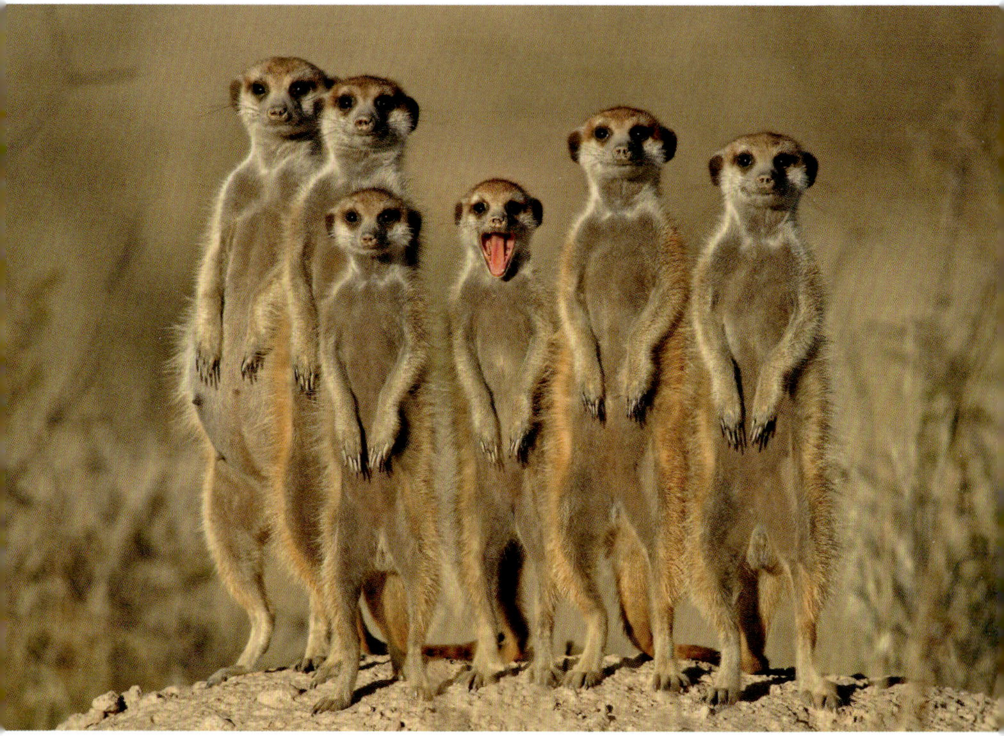

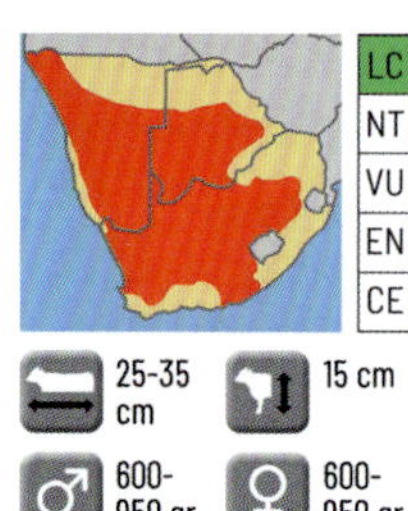

Erdmännchen *(Suricata suricatta)* **Suricate**

Dieses kleine Raubtier gehört zu den Mangusten. Erdmännchen sind tagaktiv. Sie haben ein hellgraues Fell mit Querstreifen. Im Süden des Verbreitungsgebietes sind sie generell dunkler als die Tiere im Norden. Sie fressen vor allem Insekten, Spinnen, Skorpione, Schlangen, Schnecken sowie auf dem Boden nistende Vögel und deren Eier. Eine Gruppe besteht aus einer Familie von bis zu 30 Erdmännchen und hat eine starke soziale Struktur. Höhlen sind für sie Schlaf- und Zufluchtsort. Dabei handelt es sich um Tunnelsysteme bis zu 15 m^2 groß mit Schlaf- und Brutkammer sowie Toiletten. Letztere werden durch Mistkäfer sauber gehalten, mit denen sie zusammenleben.

Sie praktizieren eine hierarchische Aufgabenverteilung: Manche Tiere halten Ausschau, während andere nach Nahrung suchen, wieder andere sind Babysitter. Das Alphaweibchen ist oft das einzige weibliche Tier, das sich paart. Es verhindert auch, dass andere Weibchen sich fortpflanzen. Doch wenn sie selbst Nachwuchs hat, ist sie toleranter. Nach einer Tragzeit von ca. 75 Tagen kommen zwei bis fünf Junge zur Welt. Erdmännchen leben 10 bis 15 Jahre. Haben sie ein größeres Tier zusammen getötet, streiten sie sich um die Beute. Kleinere Mengen werden selten geteilt. Sie trinken kaum. Die Flüssigkeit, die sie benötigen, entnehmen sie der Nahrung. Ihre Fellfarbe kann sehr unterschiedlich sein. Der Kopf ist schmutzig weiß und ihre Augen wirken durch die dunkle Umrandung viel größer, als sie in Wirklichkeit sind. Dieser dunkle Rand dient als eine Art "Sonnenbrille". Ihr Gehör ist genauso gut wie das eines Menschen. Ihre Hauptfeinde sind Greifvögel.

Hyänen *Die Hyänen (Hyaenidae) sind mittelgroße Raubtiere. Obwohl Hyänen wie große Hunde aussehen, stellen sie eine eigene biologische Familie dar, die am nächsten mit den Katzenartigen verwandt ist. Es gibt vier Arten: die Fleckenhyäne, die Braune Hyäne sowie die Streifenhyäne, die zu den Eigentlichen Hyänen gehören und den Erdwolf, der zu einer eigenen Unterfamilie gezählt wird. Hyänen sind sowohl Räuber als auch Aasfresser. Der schräg abfallende Rücken ist charakteristisch für die "Eigentlichen" Hyänen. Im Gegensatz zu den meisten Katzenartigen kann die Hyäne nicht ihre Krallen einfahren. Dadurch kann sie bei der Verfolgung ihrer Beute besser wenden.*

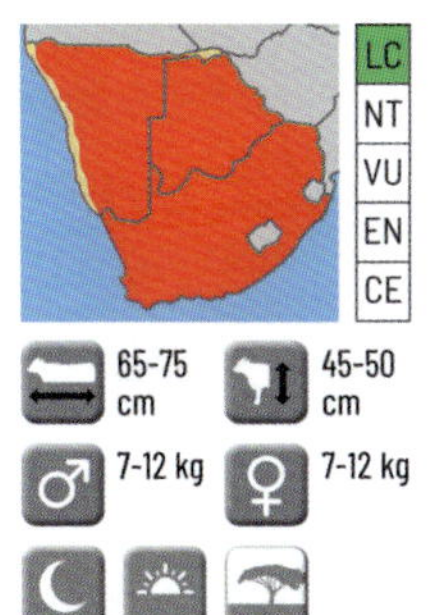

Erdwolf *(Proteles cristata)* **Aardwolf**

Der Erdwolf ist ein Mitglied der Familie der Hyänen, unterscheidet sich aber stark von den drei anderen Arten. Er ist ein nahezu wehrloses und harmloses Tier, das vor allem von Termiten lebt. Diese kleinen Insekten spürt er auf, indem er seine Ohren auf den Boden oder auf einen Termitenhügel richtet. Leicht zu erkennen ist der Erdwolf an den schwarzen Streifen, die über seinen schlanken Körper laufen, und daran, dass sein Rücken nicht schief ist. Auch das Gebiss unterscheidet sich von dem der Eigentlichen Hyänen. Die normal geformten Eckzähne benutzt er, um sich zu wehren. Dagegen sind die Backenzähne klein und überflüssig, da er seine Nahrung aufleckt. Bei älteren Tieren fehlen sie völlig. Der Erdwolf lebt in offenen, trockenen Ebenen und Strauchgebieten. Er meidet bergige Gegenden. Erdwölfe sind territorial und vor allem nachts und morgens aktiv. Sie schlafen in einer Höhle. Manchmal graben sie selbst einen einfachen Bau, aber meistens teilen sie sich eine mit einem Erdferkel. Die Tiere sind scheu und tagsüber selten zu sehen. Ein Pärchen hat ein gemeinsames Territorium, die beiden Tiere besuchen sich aber selten. Sie sorgen jedoch zusammen für die Jungen und verjagen mittelgroße Raubtiere, vor allem Schakale und Greifvögel. In Zeiten von Nahrungsknappheit ist der Erdwolf sozialer. Mehrere Erdwölfe suchen dann in Gruppen nach Nahrung. Das Territorium markiert er über die Analdrüsen mit einer nach Moschus riechenden Ausscheidung. Die Tragzeit dauert 60 Tage und der Nachwuchs wird am Ende der Regenzeit geboren. Ein Weibchen wirft drei Junge. In Gefangenschaft erreicht der Erdwolf ein Alter von 13 Jahren.

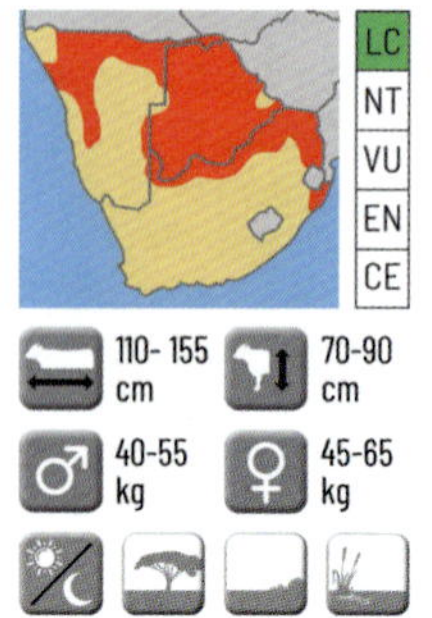

110- 155 cm | 70-90 cm

♂ 40-55 kg | ♀ 45-65 kg

Flecken- oder **Tüpfelhyäne** *(Crocuta crocuta)* **Spotted Hyaena**

Diese Art ist die häufigste Hyäne in Afrika. Ihr Lebensraum erstreckt sich vom Südwesten bis in den Nordosten Afrikas. Sie ist die kräftigste aller Hyänen. Die Weibchen sind größer als die Männchen und es sind die Weibchen, die in der strengen Rudelhierarchie dominieren. Die Genitalien des Weibchens sind denen des Männchens ähnlich. Die Klitoris hat die Form eines Penis. Dieser Pseudo-Penis enthält sowohl die Harnröhre als auch den Geburtskanal. Hyänen sind echte Savannenbewohner und häufig in der Nähe von Wasser, aber auch in dichter Vegetation anzutreffen. Meist leben sie in Gruppen von drei bis mehr als 15 Hyänen.

Die Weibchen bleiben in der Regel bei ihren Familien, die jungen Männchen schließen sich im Alter von etwa 3 Jahren einem anderen Clan an. Ein solcher Clan ist territorial, und das Revier wird mit Urinspuren und Ausscheidungen aus Analdrüsen markiert. Fleckenhyänen jagen am liebsten nachts, aber auch tagsüber sind sie aktiv. In Gruppen sind sie gefürchtete Gegner von Löwen, und es ist durchaus üblich, dass sie Löwen von deren erlegter Beute verjagen. Hyänen sind Räuber und Aasfresser. Ihr sehr starker Kiefer ermöglicht es ihnen, selbst durch dickste Haut zu beißen. Die Hyänen sind evolutionär nah mit den Katzenartigen und den Schleichkatzen verwandt. Ihr Jagdverhalten, das vor allem von Geduld und Schnelligkeit geprägt ist, ähnelt eher dem der Hundeartigen. Der weißgraue Kot der Hyäne zeugt vom Verdauen von Knochen. Der Ruf der Hyäne, oft zu hören bei Sonnenuntergang, ist eines der ersten Geräusche, die aus dem dunklen Busch zu Ihnen dringen werden. Nach ca. 110 Tagen wirft das Weibchen 2 bis 3 Junge. In freier Wildbahn werden Hyänen ca. 20 Jahre alt.

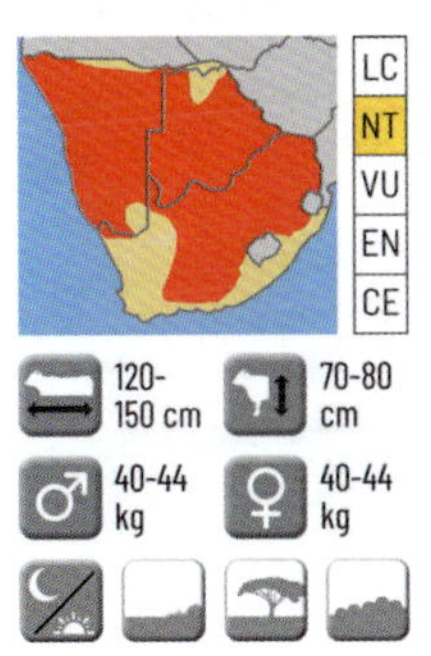

Braune Hyäne *(Hyaena brunnea)* **Brown Hyaena**

Die Braune Hyäne oder Schabrackenhyäne, manchmal auch Strandwolf genannt, hat ein raues, dunkelbraunes bis schwarzes Fell. Unterhalb des dunklen Kopfes hat sie einen hellgelben Kragen. Über die Beine laufen cremefarbene Querstreifen. Der Schwanz ist dunkler. Die Fellhaare richten sich bei Gefahr auf, so dass das Tier wuchtiger wirkt. Männchen werden fast so groß wie Weibchen. Sie sind meist nachts aktiv. Tagsüber ruhen sie in einer Höhle zwischen Felsen. Sie ernähren sich vor allem von Aas, aber auch von Wirbellosen, Eiern und Früchten. Seltener machen sie Jagd auf kleinere Säugetiere. Entlang der Küste Namibias jagen sie Welpen des Südafrikanischen Seebären und fressen angelandete Wale und andere tote Meerestiere. Auf den Müllplätzen von Johannesburg, Pretoria und weiteren großen Städten sind sie ebenfalls anzutreffen. Die Tiere suchen allein nach Nahrung. Dabei können sie Entfernungen von über 50 km zurücklegen und verrottendes Fleisch bereits auf ca. 10 km Entfernung riechen. Braune Hyänen haben keine feste soziale Struktur. Sie leben allein oder in losen Gruppen von bis zu fünfzehn Exemplaren. Manche Tiere bleiben ihr ganzes Leben in derselben Gruppe. Sie markieren ihr Territorium mit Duftmarken und Latrinen. Braune Hyänen pflanzen sich ganzjährig fort. Das Weibchen paart sich mit mehreren Männchen, sowohl mit Gruppenmitgliedern als auch mit herumstreunenden Männchen. Es bekommt nach einer Tragzeit von 120 Tagen zwei bis vier Junge. Meist hat in einer Gruppe nur ein Weibchen ein Nest, aber auch andere weibliche Gruppenmitglieder dürfen sich fortpflanzen. Der Nachwuchs wird bis zum 15. Monat von allen säugenden Weibchen versorgt. Weibliche Tiere sind nach zwei bis drei Jahren geschlechtsreif. Entlang der Atlantikküste Namibias und Südafrikas sowie in der Kalahari sind Braune Hyänen zahlreich vorhanden. In der Wildnis werden sie 10 bis 12 Jahre alt.

Hundeartige *Die Hundeartigen (Canoidae) sind eine Unterordnung innerhalb der Ordnung der Raubtiere. Zu den Hundeartigen (Canidae) in Afrika gehören Füchse, Schakale und Wölfe. Sie zeichnen sich durch einen guten Geruchssinn und ein ausgezeichnetes Gehör aus. Außerdem zeigen sie großes Durchhaltevermögen - ideal, um ihre Beute bis zur Erschöpfung zu hetzen. Dadurch sind sie sehr erfolgreiche Jäger. Die meisten Arten dieser Familie haben lange Beine, fünf Zehen an den Vorderpfoten und vier an den Hinterpfoten. Die Klauen sind nicht wie bei den Katzenartigen einziehbar. Die Hundeartigen sind sowohl Aasfresser als auch Räuber.*

Füchse *Die Füchse der Gattung Vulpes werden "Echte Füchse" genannt. Füchse sind Allesfresser. Es gibt verschiedene Arten. Der Echte Fuchs hat eine unverwechselbare spitze Schnauze, einen langen, buschigen Schwanz und hohe, dreieckige Ohren. Die Bezeichnung der Gattung Otocyon, zu der der Löffelhund gehört, ist abgeleitet von den griechischen Worten "oto" (Ohr) und "cyon" (Hund). Diese Gattung hat nur eine Art, den Löffelhund, der somit kein Echter Fuchs ist.*

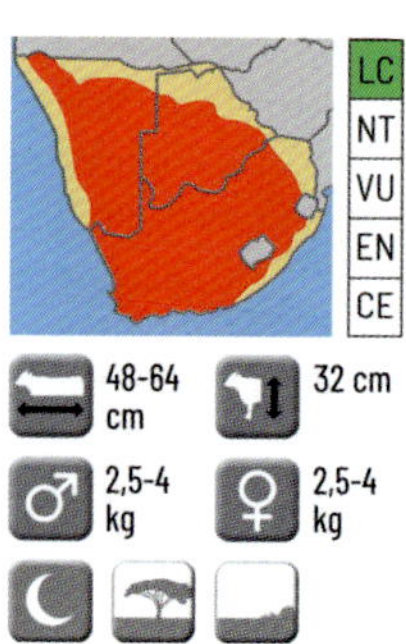

LC | NT | VU | EN | CE

48-64 cm | 32 cm

♂ 2,5-4 kg | ♀ 2,5-4 kg

Kapfuchs *(Vulpes chama)* **Cape Fox**

Der Kapfuchs ist der einzige "Echte" Fuchs, der im südlichen Afrika vorkommt. Er ist ein kleiner Fuchs, der in Savannen und in Halbwüsten lebt. Das Fell ist durchgehend silbergrau mit gelben Akzenten an den Flanken und auf dem Bauch. Die Schwanzspitze ist immer schwarz. Das Tier kann leicht mit einem jungen Schakal verwechselt werden. Er lebt allein, selten wird er in Gemeinschaft gesehen. Genau wie die meisten anderen Füchse ist der Kapfuchs ein Allesfresser und ernährt sich vor allem von kleinen Säugetieren, Reptilien, Aas und Früchten. Manchmal erbeutet er auch ein Lamm oder eine kleine Ziege. Eine hohe Position des Schwanzes verrät seine Aggressivität. Tagsüber schläft er in einer Höhle. Die Tragzeit beträgt 50 bis 52 Tage. Die ein bis fünf Welpen sind bei der Geburt nur 50 bis 100 Gramm schwer und nach einem Jahr ausgewachsen. Die Hauptfeinde sind Raubvögel, Katzenartige, Bauern und Autos.

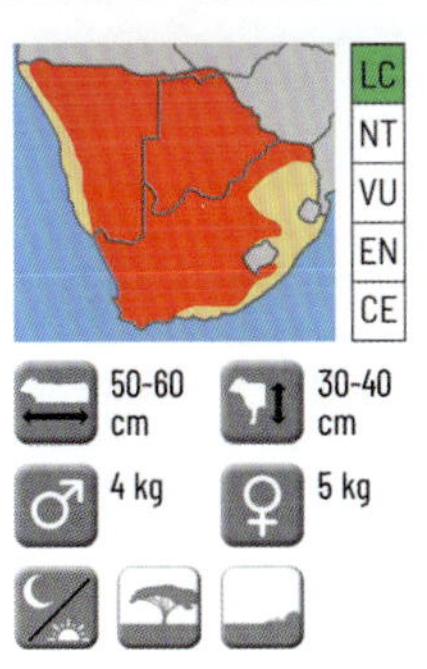

Löffelhund *(Otocyon megalotis)* **Bat-eared Fox**

Der Löffelhund hat Ähnlichkeit mit Schakalen und Füchsen, er ist aber innerhalb der Ordnung der Hundeartigen ein Außenseiter. Das Fell variiert von grau-braun bis rötlich-braun, die Ohren sind auffallend groß, die Beine und der Schwanz sind dunkelbraun bis schwarz. Er ist der einzige hauptsächlich insektenfressende Hundeartige. Seine wichtigste Nahrungsquelle sind Termiten und Mistkäfer, aber er frisst auch andere Wirbellose. Die großen Ohren erlauben es ihm, seine Beute sogar unter der Erde zu lokalisieren. Ab und zu nimmt er auch Eier und Früchte zu sich. Löffelhunde verfügen über scharfe Krallen an den Vorderpfoten und graben ihre Beute sehr schnell aus. Sie leben monogam in kleineren Gruppen. Nach einer Tragzeit von 60-75 Tagen wirft das Weibchen ein bis sechs Welpen. Das dichte Fell schützt sie gegen Angriffe von Termitensoldaten. Auch das Gebiss, bestehend aus kleinen scharfen Zähnen, ist an die Nahrung angepasst. Der Kiefer bewegt sich schnell, wodurch die Termiten rasch getötet werden. Der Löffelhund kommt in zwei voneinander getrennten Populationen vor, eine im Süden Afrikas und die andere in Ostafrika. Er bewohnt trockene, offene Grasebenen, vor allem mit Akazien bewachsene Savannen.

Schakale *Schakale haben einen schlanken Körper mit langen Pfoten und einer spitzen Schnauze. Die Ohren sind groß und spitz. Schakale verfügen über einen ausgezeichnet entwickelten Gehör- und Geruchssinn. Schakale sind Allesfresser. In der Hoffnung, dass sie 'mitessen dürfen', halten sie sich oft in der Nähe größerer Raubtiere auf. Sie fressen vor allem Aas, fangen aber selbst auch kleinere Säugetiere, Vögel und Echsen. Insekten, Früchte und Beeren stehen ebenfalls auf dem Speiseplan. Die monogamen Schakale leben paarweise oder in kleinen Familiengruppen, bestehend aus einem dominanten Pärchen und seinen Jungen aus mehreren Würfen. Nach einer Tragzeit von 57 bis 70 Tagen kommen zwei bis sechs Junge zur Welt. Sie stecken ihr Territorium ab, indem sie Urin und Kot an auffälligen Stellen hinterlassen. Durch durchdringendes Geheul halten die Mitglieder einer Gruppe untereinander Kontakt. Normalerweise werden Schakale nicht älter als 10 Jahre.*

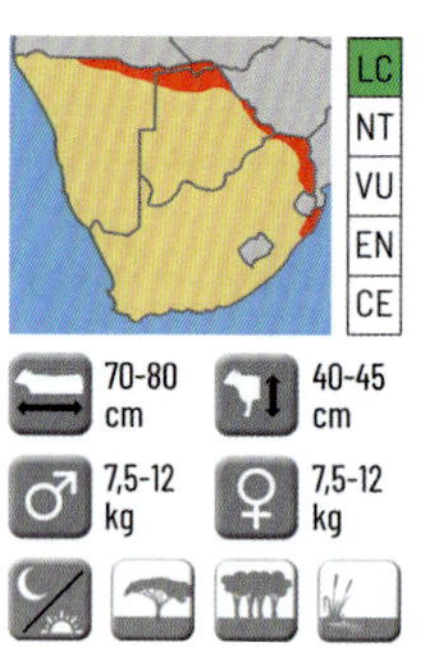

Streifenschakal *(Canis adustus)* **Side-striped Jackal**

Ein heller Streifen zieht sich über die Flanken und in geringerem Maße über die Schultern und den Nacken. Trotz einer gesunden Population und einer Vielzahl von Gebieten, in denen er umherstreift und sogar Dörfer und Städte besucht, wird dieser scheue Schakal nicht oft gesehen. Er vermeidet offene Savannen und trockenere Wüstengebiete. Nicht zu dicht bewaldete Gebiete werden bevorzugt.

Bei der Wahl seiner Nahrung ist er anpassungsfähig. Je nach Jahreszeit und Umgebung ernährt er sich in trockeneren Perioden vor allem von Springhasen und Nagetieren, in feuchteren Perioden hauptsächlich von Pflanzen, insbesondere von Baumfrüchten. Er ist auch ein Aasfresser. Der gestreifte Schakal ist monogam und lebt entweder als Einzelgänger oder er bleibt bei der Familie, die aus nicht mehr als 7 Schakalen bestehen wird. Die Trächtigkeit dauert 57 bis 70 Tage, danach bringt das Weibchen 3 bis 6 Junge zur Welt.

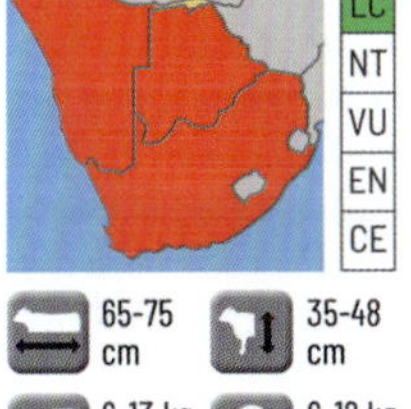

65-75 cm | 35-48 cm

♂ 6-13 kg | ♀ 6-12 kg

Schabrackenschakal *(Canis mesomelas)* **Black-backed Jackal**

Der dunkelgraue Rücken wird als "Sattel" bezeichnet. Schabrackenschakale bewohnen Savannen und trockene, spärlich bewachsene Gebiete bis hin zu Halbwüsten. Fossilien deuten darauf hin, dass die Art seit sehr langer Zeit existiert. Ohne dass dafür ein eindeutiger Grund gefunden wurde, leben seit 1,4 Millionen Jahren zwei getrennte Populationen in Afrika. Er ist eng mit dem etwas größeren Streifenschakal verwandt. Auch der Schabrackenschakal ist monogam und unterhält ebenfalls ein Revier. Dieses begrenzt er, indem er Kot, Urin und Duftfahnen abzusetzt.

Wenn das Paar nicht gemeinsam auf Nahrungssuche ist, sind die beiden weithin hörbar. Durch lautes Heulen halten sie Kontakt zueinander. Schabrackenschakale sind hauptsächlich Allesfresser und nicht wählerisch. Neben Insekten wie Heuschrecken, Tausendfüßlern, Skorpionen und Käfern erbeuten sie auch Nagetiere, Hasen, junge Antilopen, Vögel und Eidechsen. Sie sind aber auch Aasfresser. Oft suchen sie die Nähe zu größeren Raubtieren, um Überreste von deren Beute zu stehlen.

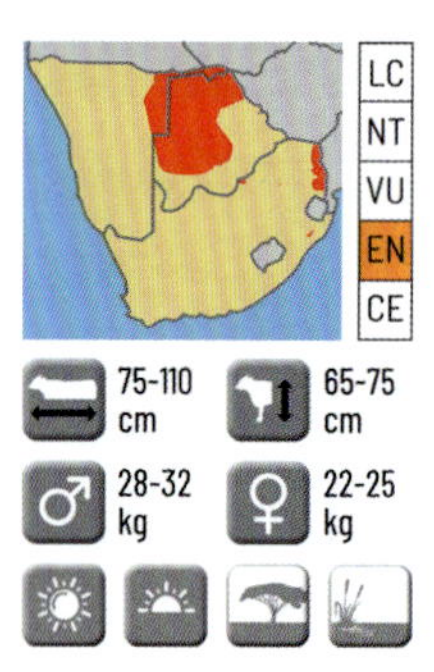

Afrikanischer Wildhund *(Lycaon pictus)* **African Wild Dog**

In Afrika gehört er zu den am stärksten bedrohten Tierarten. Er wurde lange Zeit gejagt, weil er vereinzelt junges Vieh gerissen hat. Außerdem ist der Wildhund anfällig für die Krankheiten der domestizierten Hunde. Die noch existierenden Rudel sind heute so über Afrika verteilt, dass genetische Vermischung kaum noch möglich ist. In verschiedenen Ländern werden die Tiere nun intensiv überwacht. Neben der Wiedereinführung von Wildhunden aus Zuchtprogrammen, vor allem in Südafrika, wurden auch Zoologische Gärten für ihren Schutz gewonnen. Botswana ist eines der wenigen Länder mit einer gesunden Population. Die Größe des Verbreitungsgebietes des Wildhunds, variiert zwischen 400 km^2 und 1500 km^2.

Der Wildhund lebt in Gruppen von 10 bis 30 Familienmitgliedern, wobei die Männchen in der Mehrzahl sind. Erwachsene Weibchen schließen sich manchmal anderen Rudeln an oder gründen ihr eigenes. Es herrscht eine strenge Hierarchie und bestimmt das Alphaweibchen die Rangordnung. Sie ist meist die Mutter der übrigen Familienmitglieder. Stirbt sie, nimmt die dominanteste Tochter ihren Platz ein. Manchmal wird der Rüde durch Rivalen herausgefordert. Verliert er, muss er seine führende Position abgeben. Nur das Alphaweibchen trägt Nachkommen aus, welche nach 70 Tagen geboren werden. Nur sie säugt, andere Rollen bei der Jungenaufzucht werden aber vom ganzen Rudel übernommen. Die meisten Jungen (sieben bis 10) werden am Ende der Regenzeit in einer unterirdischen Höhle geboren Bei ihrer Geburt sind sie blind und hilflos. Nach einem Monat kommen sie dann zum ersten Mal heraus. Ein paar Wochen später wechseln sie von der Muttermilch zu erbrochener Nahrung. Nach 10 bis 14 Wochen gehen sie mit den erwachsenen Hunden auf die Jagd, und nach einem Jahr sind sie bereits ausgewachsen. Der soziale Zusammenhalt ist sehr eng. Wildhunde jagen mit der ganzen Gruppe kleinere Gazellen und scheuen sich auch nicht, größere Antilopen zu reißen. Mit ihrer enormen Ausdauer können sie die Beute bis zu deren Erschöpfung hetzen. Sie sind keine „sanften Killer", wie die Katzenartigen, die ihre Beute ersticken. Wildhunde beißen ihrer Beute in die Weichteile, z. B. in den Bauch oder das Hinterteil, so dass diese durch Schreck und Schmerz in einen Schockzustand gerät und kurz darauf stirbt. Jüngste Forschungen haben angeblich gezeigt, dass die Beute von afrikanischen Wildhunden schneller stirbt als die von Katzenartigen. Afrikanische Wildhunde jagen vor allem in der Dämmerung, aber auch tagsüber. Sie werden normalerweise etwa zehn bis zwölf Jahre alt.

RAUBTIERE - MARDER *Canivora - Mustelidae*

Marder *Die Marder (Mustelidae) sind eine Familie hundeartiger Raubtiere (Canoidea) aus der Ordnung der Raubtiere (Carnivora) und bestehen aus etwa siebzig verschiedenen Arten. Zur Familie gehören Hermeline, Nerze, Wiesel, Marder, Iltisse, Dachse und Otter. In Afrika leben Wiesel, Marder, Dachse und Otter.*
Die Marderarten haben gemeinsam, dass sie Fleischfresser sind, einen langen Körper und kurze Beine mit starken Krallen haben und dass die meisten Arten einen starken Geruch aus ihren Analdrüsen absondern. In der Größe variieren sie von 35 Gramm (einige Wieselarten) bis fast 35 kg (Riesenotter).

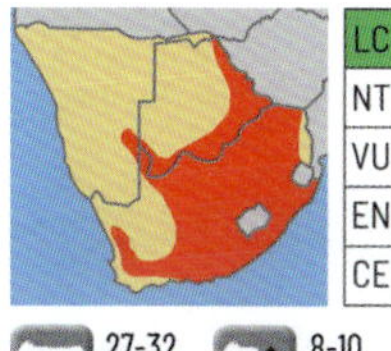

LC
NT
VU
EN
CE

27-32 cm | 8-10 cm

♂ 330 gr | ♀ 250 gr

Weißnackenwiesel *(Poecilogale albinucha)* **African Striped Weasel**
Weißnackenwiesel sind nachtaktiv. Dieser Jäger lebt einzelgängerisch und bevorzugt Savannen mit Buschwerk und Waldrändern. Er jagt kleinere Nagetiere, Vögel und Eidechsen hauptsächlich nach Geruch. Er ist blitzschnell, packt seine Beute am Hals und bricht ihr durch kräftiges Schütteln des Kopfes das Genick. Der Unterkörper ist komplett schwarz, ebenso wie die Beine mit scharfen Krallen, die zum Graben von Verstecken benutzt werden. Auf dem Rücken wird das weiße oder blassgelbe Fell von zwei schwarzen Streifen unterbrochen. Der etwa 18 cm lange Schwanz ist weiß, ebenso wie ein Teil des Kopfes. Trotz seines großen Lebensraums wird das scheue Tier nur selten gesehen. Die Paarungszeit liegt zwischen Frühling und Sommer. Nach etwa 30 Tagen bringt das Weibchen 2 bis 3 Junge zur Welt.

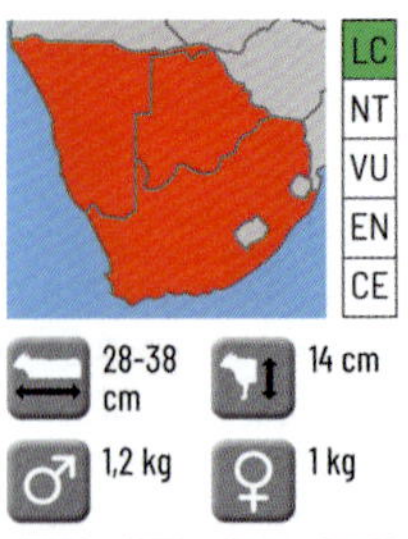

Zorilla *(Ictonyx striatus)* **Striped Polecat**

Das langhaarige Fell des Zorillas ist braun bis fast schwarz, mit vier weißen oder beigen Streifen, die vom Kopf über den Körper bis zum Schwanz verlaufen. Die Unterseite ist schwarz. Der lange Schwanz misst 20 - 30 cm. Es sind einzelgängerische Fleischfresser, die nachts auf die Jagd gehen. Sie jagen so unterschiedliche Arten wie Vögel, Mäuse, Ratten, Feldhasen, Schlangen, große Insekten und kleine Reptilien. Wenn sie sich bedroht fühlen, sondern sie über ihre Analdrüsen eine übelriechende Flüssigkeit ab. Sie leben hauptsächlich in Savannen, sind aber auch in Halbwüsten und waldähnlichen Gebieten anzutreffen. Es gibt eine Symbiose zwischen Zorillas und Grasfressern. Letztere schrecken kleinere Nagetiere auf und davon kann der Zorilla profitieren. In einigen Dörfern halten ihn die Bewohner als Haustier. Man entfernt dann die Analdrüsen. Der Zorilla erweist sich als wirksames Mittel gegen Mäuse- und Rattenplagen, auch wenn er dem Bauern Hühner wegschnappt, falls er die Gelegenheit dazu hat. Tagsüber verstecken sie sich in Felsspalten oder unterirdischen Höhlen. Zu ihrem vokalen Repertoire mit Lauten wie Fiepen, Kreischen und Fauchen gehört auch ein Ruf, mit dem das Weibchen signalisiert, dass es bereit zur Paarung ist. Nach vier Wochen Tragzeit bringt sie 2 bis 5 Junge zur Welt. Die Lebenserwartung beträgt etwa 13 Jahre. Die Größe der Population in Afrika ist schwer zu schätzen. Das Tier ist scheu und zeigt sich selten.

LC
NT
VU
EN
CE

60-80 cm | 23-28 cm
♂ 9-16 kg | ♀ 5-12 kg

Honigdachs *(Mellivora capensis)* **Honey Badger** of **Ratel**

Der Honigdachs hat einen stämmigen Körper, robuste Beine mit starken Krallen und kräftige Kiefer. Sein Fell besteht aus kurzen, rauen Haaren, am Bauch ist es weicher. Das Gehirn des Honigdachses ist im Vergleich zu allen anderen Raubtieren proportional am größten. Honigdachse erweisen sich als sehr widerstandsfähig gegen Schlangengifte, vor allem das von Vipern. Werden sie gebissen, verlieren sie kurz das Bewusstsein. Vermutlich reduzieren sie so die Durchblutung der lebenswichtigen Organe während der Neutralisierung des Giftes. Auch seine dicke, lose hängende Haut schützt den Honigdachs, besonders für Schlangen mit kurzen Reißzähnen.
Seit vielen Jahren wird beim Honigdachs nach den chemischen Stoffen geforscht, die für ihre Immunität verantwortlich sind.
Er kommt in vielen Lebensräumen vor, von offenen Savannen bis zu dichten, tropischen Regenwäldern, am häufigsten ist er jedoch in offenen Wäldern zu finden. Honigdachse sind vor allem nachts aktiv, gelegentlich aber auch schon zur Zeit der Dämmerung. Tagsüber ruhen sie sich in selbst gegrabenen Höhlen aus, die oft über viele Generationen bewohnt werden. Sie leben solitär oder paarweise und haben ein großes Territorium, das sich häufig mit dem anderer Honigdachse überlappt. Die Tiere sind unerschrockene Jäger und gehen keinem Kampf aus dem Weg. Bei Gefahr stößt der Honigdachs einen drohenden, rasselnden Ruf aus. Diesem verdankt er auch den englischen Namen „Ratel". Nach einer Trächtigkeitszeit von sechs Monaten kommen meist zwei bis vier Junge zur Welt. Der Honigdachs kann 24 Jahre alt werden. Er ist ein Allesfresser, frisst Kadaver, jagt aber auch mittelgroße Tiere wie Stachelschweine, Hasen, Schlangen, Schildkröten, Vögel und Fische. Pflanzenwurzeln, Knollen und wilde Früchte gehören ebenfalls zu seiner Nahrung. Er ist spezialisiert auf unterirdisch lebende Tiere. Mit seinen großen Krallen gräbt er sich durch den harten Boden. Honigdachse legen Nahrungsvorräte an.
Es wird manchmal gesagt, dass der Honiganzeiger, ein kleiner Vogel, den Honigdachs zu Bienennestern führt, die der Dachs dann aufbricht, woraufhin sich beide Tiere über Larven, Honig und Bienenwachs hermachen. Bislang ist dieses symbiotische Verhalten nur lokal begrenzt und noch nicht wissenschaftlich bewiesen.

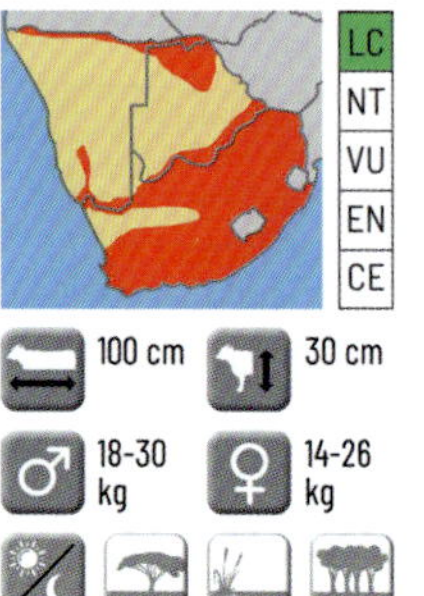

100 cm | 30 cm

♂ 18-30 kg | ♀ 14-26 kg

Kapotter *(Aonyx capensis)* **Cape Clawless Otter**

Die Krallen des Kapotters sind stark zurückgebildet. Zwischen den Fingern und Zehen haben sie Schwimmhäute. Sie bewohnen unterschiedliche Lebensräume und gehen gelegentlich auch über Land auf Suche nach besserer Nahrung. Man findet sie in Bächen und Flüssen mitten in Savannen, Tieflandwäldern und in Lagunen. Sie leben solitär und sind am weißen Unterleib erkennbar. Nur während der Paarungszeit in der Regenzeit suchen sie Kontakt zu Artgenossen. Das Weibchen bringt nach 63 Tagen zwei bis fünf Junge zur Welt. Otter fressen vor allem Fische, Frösche und Krabben.
Sie verbrennen viel Energie und benötigen daher große Mengen an Nahrung. Sie markieren ihr Revier mit Hilfe von Duftdrüsen an der Schwanzwurzel.

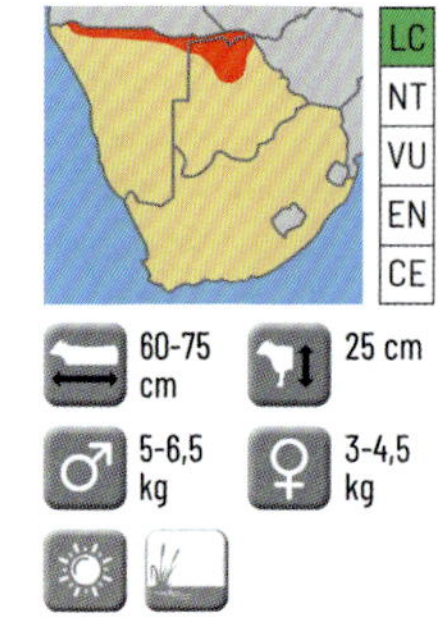

60-75 cm | 25 cm

♂ 5-6,5 kg | ♀ 3-4,5 kg

Fleckenhalsotter *(Lutra maculicollis)* **Spotted-necked Otter**

Dieser kleinere Otter hat ein rötlichbraunes bis dunkelbraunes Fell mit hellen Flecken an Kehle und Nacken. Die Oberschicht besteht aus langen Deckhaaren. Die Luftblasen, die im Fell hängen bleiben, bilden eine isolierende Schicht, die die Tiere im Wasser warm hält. Er besitzt gut entwickelte Klauen. Das Gebiss besteht aus scharfen Zähnen, anders als beim Kapotter. Meist jagen mehrere Tiere gemeinsam. Sie bevorzugen klares Wasser und große Flüsse und Seen. Sie fressen vor allem Fisch, Frösche und Krabben. Da die Jagd und die Fortbewegung im Wasser viel Energie erfordert, brauchen Otter große Mengen an Nahrung. Das Weibchen wirft nach einer Tragzeit von ca. 60 Tagen zwei bis drei Junge. Fischernetze und Überfischung stellen zunehmende Bedrohungen für Otter dar. Ihr größter natürlicher Feind ist die Python, die ruhig am Ufer auf ihre Chance wartet. Junge Otter sind oft eine Beute von Krokodilen und afrikanischen Fischadlern.

Zebras *Das Zebra ist ein Mitglied der Familie der Pferde (Equidae). Ursprünglich aus Afrika stammend, lebte es früher auch in Europa und Asien, ist heute jedoch nur noch in Afrika zu finden. Allgemein sind Zebras sehr soziale Tiere. Verschiedene Harems bilden zusammen eine große Herde. Dem Menschen ist es nie wirklich gelungen, sie zu zähmen, im Gegensatz zu Pferden und Eseln, den nächsten Verwandten. Ein Grund dafür ist der ausgeprägte Panikinstinkt, der sich nicht eindämmen ließ. Das Zebra ist ein Weidetier und oft zusammen mit großen Herden von Gnus zu finden. Diese profitieren davon, dass die Zebras das lange Gras kürzen.*

Viele Naturwissenschaftler erklären das Vorhandensein des Streifenmusters als eine Form der Tarnung. Löwen, ihre Hauptfressfeinde, sind farbenblind. Bei einem Angriff stiebt die Herde auseinander, der Wirrwarr aus Streifen vor einem grauen Hintergrund sorgt bei den Verfolgern für Verwirrung. Außerdem haben neue Studien ergeben, dass die Streifen Stechmücken abwehren. Einige der Unterarten haben zwischen den schwarzen auch noch braune "Schatten"-Streifen. Manchmal laufen die Streifen unter dem Bauch weiter, manchmal enden sie bereits weit oberhalb des Bauchs, so wie bei den Bergzebras. Der "Ballon"-Bauch entsteht durch sich bildendes Gas. Männchen ohne Harem leben vor allem in Junggesellengruppen. Bei hohen Konzentrationen von Raubtieren schließen sich verschiedene Herden zusammen. Das Territorium wird mit großen Misthaufen abgesteckt. Die stärksten Hengste haben ein Revier mit viel Gras in der Nähe des Wassers. Solche nahrungsreichen Gebiete ziehen Weibchen an. Ein dominanter Hengst ist an seinem erhobenen Kopf und den ausgreifenden Schritten zu erkennen. Ein untergeordnetes Männchen hat einen erhobenen Schwanz und einen gesenkten Kopf. Die Weibchen sind etwas kleiner als die Männchen.

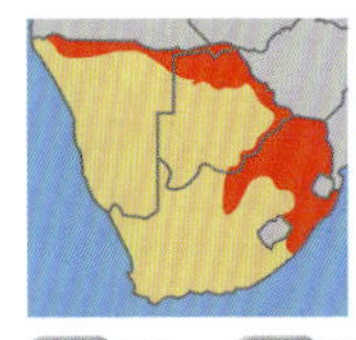

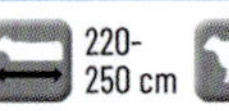 220-250 cm  130-140 cm

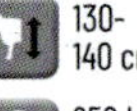

 320 kg  250 kg

Steppenzebra

(Equus quagga) **Plains** oder **Common Zebra** Beim Zebra gibt es wiederum drei Arten. Am zahlreichsten sind die Zebras der Art *Equus quagga*. Über weite Teile Afrikas verbreitete Unterarten sind das **Grant-Zebra** *(E.q. boehmi)*, das mit 75 % aller Zebras am zahlreichsten ist, das **Burchell-Zebra** oder **Damara-Zebra** *(E.q. burchelli)*, das **Mähnenloses Zebra** *(E. q. borensis)*, das **Chapman-Zebra** *(E.q. chapmani)*, **Crawshay-Zebra** *(E.q. crawshayi)* und das **Selous-Zebra** *(E.q. selousi)*. Im Norden Kenias und in einem kleinen Gebiet im Süden Äthiopiens lebt das **Grévyzebra** *(E. grevyi)*, das zu einer anderen Gattung gehört. Schließlich gibt es noch die so genannten Bergzebras der Gattung *Equus zebra*, die auch in diesem Buch beschrieben werden. Zebras der Gattung *Equus quagga* werden im Allgemeinen als Steppenzebras bezeichnet. Es gibt kaum genetische Vielfalt unter ihnen und die Variationen ihres Fells sind durch Anpassung an ihren Lebensraum entstanden. Sie leben in der Regel in Gruppen von sechs bis sechzehn Artgenossen, schließen sich aber auf Wanderungen anderen Herden an. Jedes Zebra hat ein einzigartiges Streifenmuster. Ihr bevorzugter Lebensraum ist eine baumlose Grassavanne, wo sie freie Sicht auf Raubtiere haben. Die Stute bringt nach einer Tragzeit von 375 Tagen ein Jungtier zur Welt. Das Fohlen wiegt bei der Geburt bereits 30 - 35 kg. Das Zebra wird in Gefangenschaft bis zu 30 Jahre alt, in freier Wildbahn oft nicht älter als 12 Jahre. Die Verbreitungskarte zeigt den Lebensraum sowohl des Chapman-Zebras als auch des Burchell- oder Damara-Zebras. Letzteres kommt nur im Etosha in Namibia und in der südafrikanischen Provinz Natal vor. Manchmal überschneiden sich die Lebensräume der beiden Unterarten. Das Burchellzebra bevorzugt trockene, flache Savannen mit Wasserquellen in der Nähe, das Chapmanzebra fühlt sich in rauerem Gelände mit Höhenunterschieden wohler. Äußerlich gibt es kaum Unterschiede. Bei beiden Unterarten reichen die Streifen bis zu den Knien und zwischen den schwarzen Bändern befinden sich hellbraune und weiße Streifen.

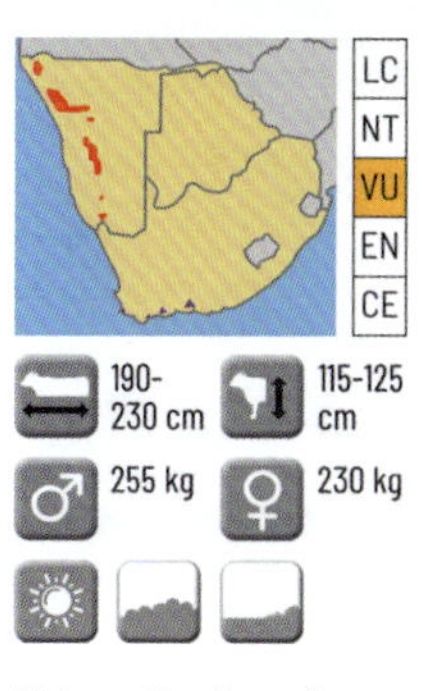

Violett = Kap-Bergzebra
Rot = Hartmann-Bergzebra

Kap-Bergzebra *(Equus zebra zebra)* **Cape Mountain Zebra**

In der Gattung Bergzebras gibt es zwei Arten: das Kap-Bergzebra und das Hartmann-Bergzebra. Im Gegensatz zur Gattung Equus quagga haben Bergzebras keine Streifen auf dem Bauch, dieser ist weiß. Außerdem haben sie breitere Streifen auf dem Hinterteil. Über den Rest des Körpers ziehen sich schmalere Streifen. Bergzebras haben auch einen Nackenlappen. Bemerkenswert ist die Erholung der Kap-Bergzebra-Population. Dieses Zebra war einst sehr zahlreich und in den östlichen und westlichen Kap-Provinzen weit verbreitet. Aufgrund der Bejagung und des Verlusts von Lebensraum war sein Überleben stark gefährdet. Von den vielen Zehntausenden, die dort einst weideten, waren zu Beginn des 20. Jahrhunderts nur noch 60 übrig. Strenge Schutzprogramme haben dazu geführt, dass 2015 in 76 verschiedenen Teilen Südafrikas insgesamt 4872 Bergzebras gezählt wurden. Seitdem hat die Population jedes Jahr um etwa 9 % zugenommen. Zu den Gebieten, in denen Sie dieses Zebra finden können, gehören der Karoo-Nationalpark, das De Hoop Nature Reserve und das Gamkaberg Nature Reserve. Während das etwas größere und vor allem schwerere **Hartmann-Bergzebra** *(Equus hartmannae)* **Hartmann-Mountain Zebra** Teile von Namibia und Angola besiedelt, ist das Kap-Bergzebra in Südafrika endemisch. Bei den Kap-Bergzebras sind die Stuten etwas größer, beim Hartmann-Bergzebra ist dies nicht der Fall. Beide Arten bevorzugen warme, trockene und felsige Gebiete, wie z. B. die Ausläufer der Gebirge, wo verschiedene Gräser wachsen. In Zeiten von geringem Grasangebot fressen sie auch Blätter, Rinde, Zweige, Früchte und Wurzeln. Sie sind auf Wasser angewiesen, sie trinken jeden Tag. In Zeiten von Wasserknappheit graben sie mit ihren Hufen nach Grundwasser. Im Gegensatz zu den Zebras der Gattung Quagga bilden Bergzebras kleine Herden, in der Regel bestehend aus einem Hengst und 1 bis 5 Stuten. Junggesellenmännchen bilden miteinander kleine Herden.

Nashörner *Nashörner gibt es bereits seit prähistorischen Zeiten, seit ca. 60 Millionen Jahren. Damals existierten ca. 160 verschiedene Arten. Sogar in Europa lebten Nashörner. Heutzutage sind nur noch fünf Arten vorhanden: in Asien das Panzernashorn, das Java-Nashorn und das Sumatra-Nashorn, in Afrika das Schwarze und das Weiße Nashorn. Die Farbbezeichnung in den Namen der afrikanischen Nashörner hat nichts mit deren Farbe zu tun, sondern beruht auf einem Missverständnis bei der englischen Übersetzung. Niederländische „Buren", die vor hunderten von Jahren im südlichen Afrika ein Nashorn sahen, nannten das grasende Nashorn wegen seines breiten Mauls "wijd" (weit). "Wijd" wurde verballhornt zu "white". Die blattfressende Art hat spitze Lippen und wurde ohne eine tatsächlich andere Färbung "schwarz", um den Unterschied zwischen den beiden Arten deutlich zu machen.*

Ein für den Erhalt der Art tragischer Irrtum ist die vermeintliche Wirkung der Hornsubstanz. Vor allem in China und Vietnam wird gemahlenes Horn u. a. als potenzsteigerndes Mittel verkauft. Das Horn besteht jedoch größtenteils aus Keratin, das auch in menschlichen Haaren und Nägeln vorkommt. Dieses unlösliche Eiweiß ist vollkommen wirkungslos, so dass derartige uralte Behauptungen jeglicher Basis entbehren. Vielleicht spielt die kraftvolle Ausstrahlung des Nashorns oder die Assoziation mit Sexualität dabei eine Rolle. Und doch sind die Nashörner genau dadurch vom Aussterben bedroht. Wilderer jagen heutzutage von Hubschraubern aus, mit modernsten Waffen. Im Jahr 2016 lag der Preis für ein stattliches Horn bei 1 Million Rand (gut 60.000 €). Auf dem Markt in China wird das gemahlene Horn für 65.000 US$ pro Kilo verkauft. Die beiden Hörner eines erwachsenen Weißen Nashorns wiegen ca. 5-7 kg. Im Jahr 2016 wurden allein in Südafrika 1054 Tiere erlegt. Durch den wachsenden Wohlstand in Asien nimmt die Nachfrage stark zu. Das Schlachten geht unvermindert weiter.

Genau wie das Weiße Nashorn hat das Schwarze Nashorn zwei Hörner, das größere vorn, oberhalb der Nasenlöcher. Diese Hörner werden im Allgemeinen länger als 60 cm. Es sind Exemplare bekannt, die doppelt so lang waren. Ein zweites Horn, das maximal 50 cm misst, steht zwischen den Augen. Die Tiere bekommen ab dem zehnten Monat Hörner. Das Nashorn suhlt sich in Schlammlöchern oder Staubbädern, um Zecken und andere Parasiten loszuwerden. Es trinkt täglich, es sei denn, die Nahrung enthält genügend Feuchtigkeit. In der Trockenzeit gräbt es mit seinen Vorderbeinen in ausgetrockneten Flussbetten nach Wasser. Das Tier leckt zudem regelmäßig Salz. Das Sehvermögen der Nashörner ist sehr eingeschränkt (circa 20 Meter), aber dafür sind Geruchssinn und Gehör ausgezeichnet entwickelt. Außerdem Löwen und der Fleckenhyäne, die manchmal ein Kalb rauben, hat das Nashorn wenig tierische Feinde.

Breitmaulnashorn *(Ceratotherium simum)* **Square-lipped** oder **White Rhinocerus**
Das Breitmaulnashorn, auch Weißes Nashorn genannt, besteht eigentlich aus der südlichen und der nördlichen *(C. s. cottoni)* Unterart. Im Jahr 2018 ist das letzte Männchen der nördlichen Art gestorben. Die beiden verbliebenen Weibchen dieser nördlichen Art leben zur Zeit nur noch in einem einzigen Reservat in Kenia. Fast alle Nashörner, die Sie während ihrer Safari sehen, wurden in Südafrika gezüchtet. Oder es sind Nachkommen von Müttern oder Großmüttern aus einem lokalen Zuchtprogramm. Diese wurden über Spender an verschiedene afrikanische Wildtierschutzgebiete gespendet. Die Kühe leben zusammen mit ihren Jungen in einem Gebiet von 4 bis 12 km^2. Diese Gebiete überlappen

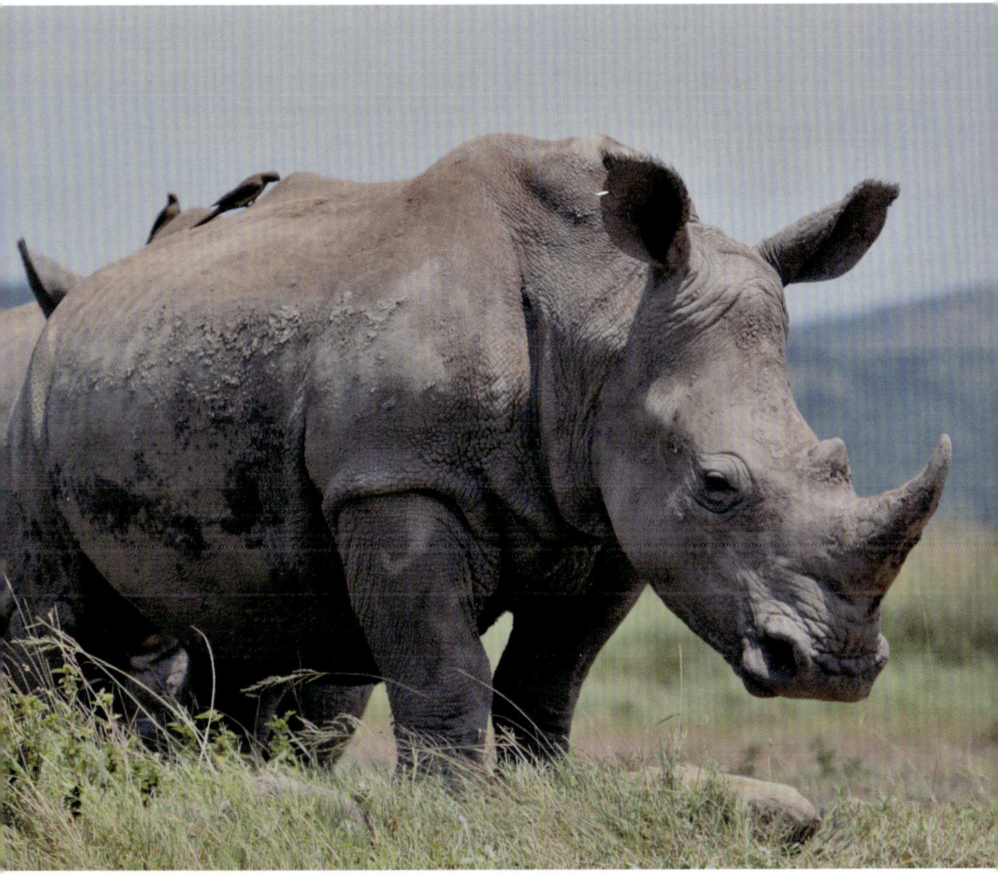

sich. Die Bullen sind um einiges größer als die Weibchen. Den Rekord hält ein Männchen mit über 4500 kg. Weiße Nashornweibchen sind im Unterschied zu Schwarzen viel weniger aggressiv und sehr tolerant gegenüber Artgenossen. Oft sind mehrere Weiße Nashörner zusammen an zu treffen. Männchen sind territorial und bewachen ihr Territorium, indem sie regelmäßig die Grenzen erkunden. Ihre Weidegründe markieren sie mit Kot und Urin und sie erzeugen Duftstoffe, indem sie ihren Körper an Bäumen reiben.
Nach einer Tragzeit von ca. 480 Tagen wird ein einzelnes Junges geboren, das bereits nach zwei Monaten feste Nahrung frisst. Im Alter von zwei bis drei Jahren können sich Nashörner selbst versorgen. Sie werden dann von der Mutter verjagt. Das Weiße Nashorn ist sowohl tagsüber als auch nachts aktiv und ein echtes Weidetier. Es bevorzugt kurze Gräser wie *Cynodon* und *Digitaria* arten, die es mit den breiten Lippen abzupft. Sie können vier bis fünf Tage ohne Wasser auskommen, trinken aber mehrere Male am Tag, wenn Wasser in der Nähe ist. Sie können mehr als 50 Jahre alt werden.

340-380 cm
180 cm
2700 kg
2000 kg

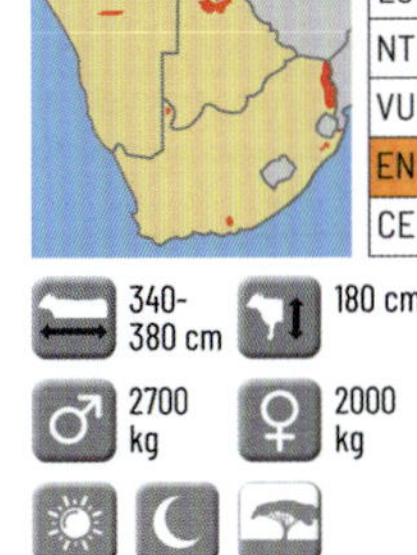

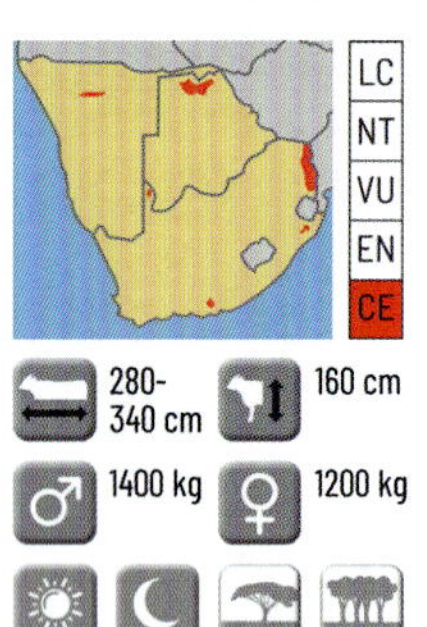

Spitzmaulnashorn *(Diceros bicornis)* **Hook-lipped** oder **Black Rhinocerus**
Das Spitzmaulnashorn, auch Schwarzes Nashorn genannt, lebt in trockenen Strauchsavannen und in offenen Waldgebieten durchgehend hügeliger Gegenden, wo viele Kräuter und holzige Pflanzen wachsen. 1970 schätzte man die Population auf ca. 65 000 Exemplare. Etwa 1992 war diese Zahl auf ca. 2300 dezimiert. Seit 1996, als viele Länder strenge Anti-Wilderei Gesetze erließen, erholt sich der Bestand wieder langsam. Vor allem im Hluhluwe-, iMfolozi-, Krüger- und Etosha-Nationalpark sind sie präsent. Es lebt sedentär (ortstreu) und solitär, kontrolliert aber ein enormes Territorium (ca. 130 km^2). Die Tiere trinken meist gegen Sonnenuntergang und fressen vor allem nachts. Beim Fressen setzen sie ihre spitze Oberlippe als praktisches Werkzeug ein. Sie sind kleiner als das Weiße Nashorn, reagieren aber viel aggressiver auf Angreifer. Das Weiße Nashorn ergreift eher die Flucht. Sollten Sie in einem Auto sitzen, das ein Schwarzes Nashorn "überrascht", wird das Nashorn eher das Fahrzeug angreifen als weglaufen. Vor allem das Verhalten von Weibchen mit Jungen ist unberechenbar. Auf kurze Entfernungen erreicht es eine Geschwindigkeit von 50 km/h. Konfrontationen zwischen zwei Männchen bestehen aus Scheinangriffen, zu echten Kämpfen kommt es kaum. Es gibt keine feste Brunftzeit. Um dem Weibchen zu imponieren, läuft das Männchen durch das Gelände, verspritzt seinen Urin und scharrt mit seinem Horn auf dem Boden. Nach einer Tragzeit von ca. 450 Tagen wirft das Weibchen ein einzelnes Kalb. Innerhalb eines Monats nimmt dieses seine erste feste Nahrung zu sich. Die Stillzeit dauert oft mehr als ein Jahr. Das Junge bleibt bei der Mutter, bis ein neues Junges geboren wird. Ein Weibchen hat alle zwei bis fünf Jahre ein Kalb. Diese langsame Fortpflanzung ist eine der Ursachen dafür, dass das Nashorn anfällig für Überjagung ist. Das Schwarze Nashorn kann mehr als 40 Jahre alt werden.

Schweine *In der englischen Sprache unterscheidet man zwischen „hogs" und „pigs", je nach Familie, welcher die Tiere angehören. Sämtliche Arten der Altweltlichen Schweine (Suidae) sind Allesfresser, den wichtigsten Teil ihrer Nahrung bildet jedoch pflanzliches Futter wie junges Gras, Wurzeln, Knollen, Früchte, Kräuter und Pilze. Die tierische Nahrung besteht vor allem aus Insekten, Schnecken, Vogeleiern, Fröschen, Echsen und Aas. Ihren Bedarf an Mineralien decken sie, indem sie Erde fressen. Säue mit Jungen und Eber sind sehr aggressiv. Zur Überraschung junger, unerfahrener Raubtiere wählen Schweine oft den Angriff als beste Verteidigung. Schweine sind sozial, eine Gruppe besteht aus Weibchen und deren jungen Nachkommen. Meist finden sich enge Verwandte zu Gruppen zusammen. Die Eber bilden Junggesellengruppen. Schweine werden von der lokalen Bevölkerung bejagt. Einerseits dienen sie als Nahrungmittel und andererseits wird dadurch der Verwüstung der Felder entgegengewirkt. Das Elfenbein der Zähne wird verkauft.*

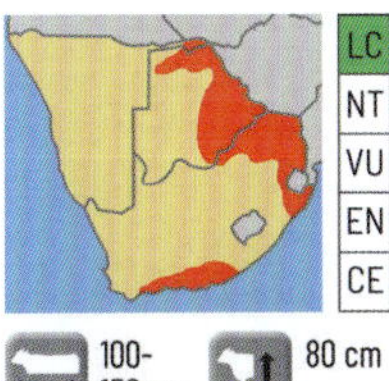

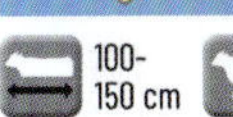

80 cm

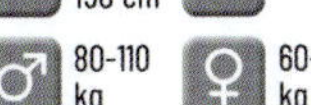

Buschschwein

(Potamochoerus larvatus) **Bushpig**

Das Buschschwein erkennt man an der weiß-grauen Rückenmähne bei beiden Geschlechtern, dem rötlich-braunen Fell, das mit zunehmendem Alter dunkler wird und den spitzen Ohren. Die scharfen Stoßzähne sind nicht sehr lang. Sie sind sehr sozial und kommen in Gruppen von meist zwölf Tieren vor. Der Eber ist aggressiv und dominant, er führt und beschützt die Gruppe. Kämpfe zwischen Ebern können tödlich enden. Nach einer Trächtigkeitsdauer von 120 Tagen werden drei bis vier Ferkel geboren. Buschschweine können sehr aggressiv sein, besonders in jungen Jahren. Ihr Lebensraum umfasst Flusswälder, Schilfgebiete und offene Weideflächen inmitten von Waldgebieten.

Sie finden ihre Nahrung, indem sie mit ihrer muskulösen Schnauze im Boden und in abgefallenem Laub wühlen. Dabei schädigen sie auch landwirtschaftliche Kulturen und geraten in Konflikt mit der lokalen Bevölkerung. Ihr natürlicher Feind ist vor allem der Leopard. Gejagt werden sie auch wegen ihres Fleisches. Ferkel werden oft Opfer von Raubvögeln. Das Waldschwein wird etwa 15 Jahre alt.

Warzenschwein

(Phacochoerus africanus) **Warthog**

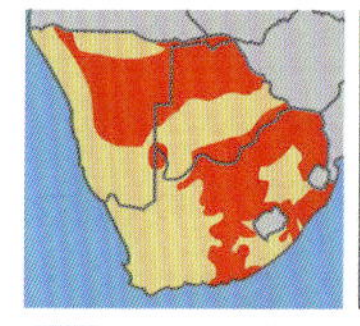

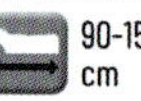

Warzenschweine sind an den an den starken Elfenbeinstoßzähnen zu erkennen, die seitlich weit aus der Schnauze herausragen. Die unteren Eckzähne sind ebenfalls verlängert; sie sind kürzer, aber schärfer. Ihren Namen verdanken sie den vier Warzen unter den Augen und auf der Schnauze. Die Haut ist fast glatt und grau aber häufiger braun, weil sie gerne ein Schlammbad nehmen. Über den Rücken läuft eine Mähne und am Unterkiefer wachsen fahlweiße Borsten. Das Warzenschwein hat einen langen, dünnen Schwanz mit Quaste. Wenn es rennt, hält es seinen Schwanz nach oben gerichtet. Auf der Flucht können sie Geschwindigkeiten von fast 50 km pro Stunde erreichen. Ihre Hauptfeinde sind die größeren Katzen. Größere Raubvögel machen hauptsächlich Jagd auf die Ferkel. Es bevorzugt das Umland von Gewässern und baumreiche Savannen. Um der Hitze und Raubtieren zu entkommen, verstecken sich ganze Familien in Höhlen. Sie halten sich meistens in Wassernähe auf, können aber auch längere Zeit ohne Wasser auskommen. Männchen bleiben so lange bei der Mutter, bis diese sie verjagt. Erwachsene Eber leben allein. Nach einer Trächtigkeit von 160 Tagen bringt die Sau zwei bis drei Ferkel zur Welt. Warzenschweine werden bis zu 15 Jahre alt.

Flusspferde *Das Flusspferd ist eine der zwei noch existenten Arten aus der Familie der Flusspferde (Hippopotamidae). Die zweite Art ist das in seinem Bestand bedrohte Zwergflusspferd. Diese Flusspferde leben entlang der Flussläufe der westafrikanischen Regenwälder. Mit koordinierten Zuchtprogrammen versuchen Zoos diese in Westafrika lebende Art zu erhalten. Trotz seines Namens ist das Flusspferd nicht mit unserem Pferd verwandt. „Hippo" ist das griechische Wort für Pferd, „potamos" für Fluss. Flusspferde haben dieselben Vorfahren wie Wale. Sie sind ein wichtiger Bestandteil des Ökosystems. Es gibt Seen, die ohne Flusspferde biologisch tot wären. Durch ihre Ausscheidungen, die als Dünger wirken, ermöglichen sie anderen Lebewesen deren Existenz. In kleineren Tümpeln mit vielen Nilpferden ist die Menge an Kot kontraproduktiv.*

Flusspferde schützen ihre Haut gegen starke Sonneneinstrahlung, indem sie eine blutähnliche Emulsion absondern. Diese Flüssigkeit wirkt zudem desinfizierend. Das Territorialverhalten der Bullen ist sehr aggressiv. Selbst Huftiere, die am Ufer trinken, werden in der Regel verjagt und manchmal sogar totgebissen. Es herrscht eine strikte Hierarchie, die ältesten Bullen sind dominant. Ihr Territorium umfasst Wasser wie Land, und in diesem haben sie das Recht, sich zu paaren. Im Rang niedriger stehende Männchen werden toleriert. Flusspferde und Menschen geraten regelmäßig in Konflikt. Flusspferde sind viel gefährlicher, als ihre plumpe Erscheinung vermuten lässt. Man sagt, dass diese Tiere, nach der Malariamücke, für die meisten menschlichen Todesopfer verantwortlich sind. Diesbezügliche Statistiken fehlen jedoch. Als besonders unklug erweist es sich, an einem Ufer zwischen einem Flusspferd und dem Wasser zu stehen. Das Flusspferd fühlt sich dann vom Wasser abgeschnitten und greift an. Die Tiere wirken zwar schwerfällig und träge, können jedoch an Land Geschwindigkeiten von über 30 Stundenkilometern erreichen und sind äußerst wendig. Gejagt werden Flusspferde wegen ihres Fleisches und wegen der landwirtschaftlichen Schäden, die sie anrichten. Da ihr Lebensraum schwindet und aufgrund ihrer Anfälligkeit bei langen Dürreperioden, sind die Flusspferdpopulationen in einigen Gegenden bedrohlich geschrumpft.

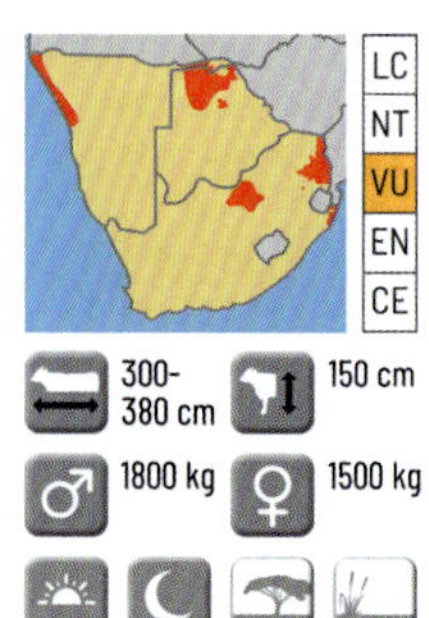

Flusspferd *(Hippopotamus amphibius)* **Hippopotamus**
Augen, Ohren und Nasenlöcher befinden sich oben am Kopf, damit die Tiere mit dem Körper unter Wasser bleiben können. Die Schneidezähne benötigen sie zum Kämpfen. Diese können leicht eine Länge von 50 cm erreichen, sind aus Elfenbein und werden geschliffen, indem Ober- und Unterkiefer aneinander gerieben werden. Männchen sind größer als Weibchen und wiegen um die 2000 kg. In Ausnahmefällen können ältere Männchen weit über 3000 kg erreichen. Nachts verlassen Flusspferde das Wasser, um mit ihren lederartigen Lippen kurzes Gras zu rupfen. Dabei benutzen sie gewöhnlich immer die gleichen Pfade vom Wasser zur Weide. In einer Nacht können Flusspferde dabei acht bis zehn Kilometer zurücklegen. Sporadisch fressen sie auch verwesende Kadaver, manchmal sogar von Artgenossen, aber nur sehr selten lebende Beute. Flusspferde leben in losen Herden von 2 bis 50 Tieren. In der Trockenzeit schließen sich Herden an stehenden Gewässern zusammen.
Die Bullen fordern einander durch Gähnen zum Kampf heraus. Während des Kampfes schlagen sie ihre Unterkiefer gegeneinander. Wenn Flusspferde tauchen, verschließen sie ihre Nasenlöcher. Ein erwachsenes Flusspferd kann so ohne Probleme fünf Minuten unter Wasser bleiben, nachgewiesen sind sogar bis zu fünfzehn Minuten. Flusspferde schlafen meistens im Wasser und kommen schlafend an die Oberfläche, um Luft zu holen. Das geschieht, wie das Atmen selbst, instinktiv. Flusspferde bewegen sich vor allem auf dem Boden laufend. Erwachsene Tiere schwimmen kaum und treiben auch nicht von selbst an die Oberfläche. Während der Paarungszeit versucht der Bulle das Weibchen ins Wasser zu locken, wo sie dann ihre Kiefer gegeneinander schlagen. Anschließend schiebt das Männchen das Weibchen in die Paarungsstellung. Die Paarung findet im Wasser statt und dauert einige Minuten. Nach acht Monaten wird ein einzelnes Junges geboren. Mutter und Junges bleiben zwei Wochen zusammen, bevor sie zur Herde zurückkehren. Während dieser zwei Wochen ist die Mutter sehr wachsam und auch aggressiv. Junge Flusspferde werden an Land und im Wasser gesäugt, die gesamte Stillzeit dauert ca. 8 Monate. Manchmal werden junge Flusspferde von Löwen gejagt, aber das sind Ausnahmen. Andernorts gibt es außer dem Menschen praktisch keine natürlichen Feinde für erwachsene Exemplare. Flusspferde erreichen ein Alter von 40 Jahren.

Giraffe *Der Name Giraffe ist vom arabischen "Xirapha" abgeleitet und heißt "der, der schnell läuft". Giraffe camelopardalis bedeutet sinngemäß Halb-Kamel oder Halb-Leopard. Trotz ihres langen Nackens hat die Giraffe genauso wie der Mensch nur sieben Halswirbel, die aber sehr lang sind. Muskulöse Schultern halten das Genick aufrecht. Elastische Blutgefäße und Klappen in den Gefäßen regulieren den Blutdruck zum Kopf hin. Bei beiden Geschlechtern sitzen auf dem Kopf zwei stumpfe, mit Fell bedeckte Fortsätze. In der Mitte der Stirn befindet sich bei einigen Giraffen ein zusätzlicher Knubbel. Eine dunklere Fellfarbe weist auf ein höheres Alter hin. Die Giraffe hat neun Unterarten (drei davon in den Ländern dieses Reiseführers). Sie finden ihre Nahrung vor allem in den bewaldeten Teilen der Savannen südlich der Sahara. Die Giraffe lebt in Herden von sechs bis zwölf Tieren. Erwachsene Männchen dulden keine Rivalen auf ihrem Territorium. Weibchen dagegen haben kein festes Gebiet und ihr Lebensraum überlappt sich oft mit dem von Artgenossinnen. In der Trockenzeit, wenn Wasser und Nahrung knapp sind, leben sie in größeren Gruppen. Dominante Männchen bestimmen die Rangordnung indem sie sich gegenseitig mit dem Kopf auf Nacken und Körper schlagen. Dies führt manchmal zu ernsthaften Verletzungen. Giraffen sind Passgänger. Das bedeutet, dass sie beide Hufe auf einer Körperseite gleichzeitig anheben. Sie können sich auf diese Art sehr schnell in Bewegung setzen, sie erreichen eine Geschwindigkeit von 55 km/h. Die Giraffe ist ein Wiederkäuer. Sie frisst vor allem Blätter, Schoten, Früchte und Knospen. Blätter greift sie mit der 45 cm langen Zunge und den beweglichen Lippen. Wegen ihrer rauen, harten Zunge hat die Giraffe kein Problem mit den spitzen Dornen der ägyptische Akazie und Kameldorn, deren Blätter viel Wasser enthalten. Eine erwachsene Giraffe frisst pro Tag ca. 65 kg. Sie ist den ganzen Tag über aktiv. Eine halbe Stunde Tiefschlaf pro Nacht reicht ihr. Sie legt sich nieder und beugt ihren Hals nach hinten, sodass der Kopf auf dem Rücken ruht. In der Mittagzeit sucht sie sich einen Schattenplatz. Eine erwachsene Giraffe hat kaum Feinde. Das Tier ist durch seine Schnelligkeit und die Höhe von Kehle und Kopf gut geschutzt. Raubtiere, auch Löwen, werden von erwachsenen Exemplaren durch heftige Tritte auf Abstand gehalten. Von den Neugeborenen erreichen drei Viertel das Erwachsenenalter. Sie ist verwundbar, wenn sie säuft, da sie dann ihre Vorderbeine spreizen muss, um mit dem Kopf das Wasser erreichen zu können. Durch den hohen Wassergehalt der Nahrung braucht sie nur einmal am Tag zu trinken. Ein brünstiges Weibchen zieht die Aufmerksamkeit mehrerer Männchen auf sich. Sie hat einen festen Platz, an dem die Jungen geboren werden. Hierhin kehrt sie immer wieder zurück, um zu kalben. Junge kommen nach einer Tragzeit von 450 Tagen zur Welt. Ein Neugeborenes ist bereits fast 2 Meter hoch, wiegt 5 bis 50 Kilo und kann innerhalb von fünf Minuten stehen. Nach einer Woche schließt sich das Weibchen mit dem Jungen der Herde an. Giraffen werden 25 Jahre alt.*

Angola-Giraffe

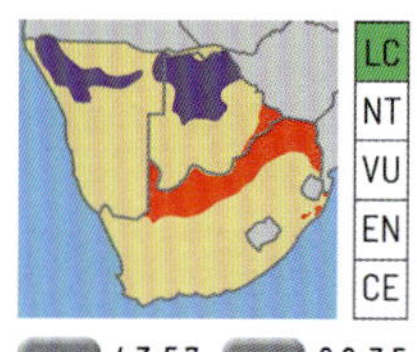

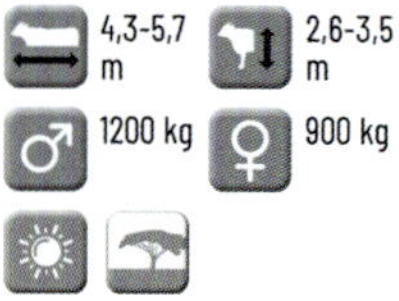

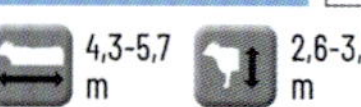

Süd-Giraffe

(Giraffa c. giraffa)

South African Giraffe

Diese Giraffe hat ebenmäßige Flecken, aber vor allem auf Brust und Hinterteil sind die braunen Flecken manchmal teilweise durch gelbbraune Linien 'eingeschnitten'. An den Beinen werden die Flecken kleiner, setzen sich aber bis zu den Hufen fort. Ihr Lebensraum sind offene Waldgebiete im Savannenklima. Die Giraffe bevorzugt Blätter der Gattung *Vachellia*. Diese Bäume haben in der Regel rasiermesserscharfe, lange weiße Nadeln, um die Nahrungssucher zu hindern. Die Giraffe aber hat eine sehr lange und gehärtete Zunge, die sie mühelos an den Dornen entlangbewegen kann, um die grünen Blätter abzureißen.

Die **Angola-Giraffe** *(Giraffa c. angolensis)* **Angolan Giraffe** lebt in Botswana, im südlichen Sambia, im nordwestlichen Namibia und im äußersten Westen Simbabwes. Von ihrer noch südlicher lebenden Cousine, der Süd-Giraffe, ist sie kaum zu unterscheiden. Generell ist die Angola-Giraffe heller gefärbt, die Ränder, die die dunklen Flächen umsäumen, sind bei dieser Giraffe fast weiß. Das Fell der Giraffe wird mit zunehmendem Alter dunkler. Die Lebensräume überschneiden sich nicht.

Hornträger *Die größte Gruppe der Paarhufer ist die Familie der Hornträger (Bovidae). Mindestens 143 Arten verteilen sich auf verschiedene Gattungen und Unterfamilien. Die meisten Arten leben in Afrika, viele aber auch in Europa, Asien und Nordamerika. Zur Gruppe in Afrika gehören die Kuhantilopen (Alcelaphinae), die Büffel (Bovini), die Waldböcke (Tragelaphini), die Gazellenartigen (Antilopini), die Kleinstböckchen (Neotragini), die Ducker (Cephalophinae), Rehantilopen, Riedböcke und Wasserböcke (Reduncinae), die Impalas (Aepycerotinae) und Pferdeböcke (Hippotraginae). Alle diese Hornträger haben unverzweigte Hörner. Bei einigen Arten tragen nur die Männchen Hörner, bei anderen auch die Weibchen, wenn auch kleinere.*

Kuhantilopen *Eigentlichen Kuhantilopen, Gnus und Leierantilopen gehören zur Unterfamilie Alcelaphinae. Den englischen Namen "Hartebeest" gaben der Eigentlichen Kuhantilope einst die Buren in Südafrika, die fanden, dass das Tier einem "hertenbeest" (Hirsch) ähnelt. Später wurde daraus hartebeest (hart = Herz, beest = Tier), wegen der Form der Hörner. Sie leben oft zusammen mit anderen großen Huftieren. Es gibt zwei Unterarten in den Ländern dieses Buches. Beide Geschlechter tragen Hörner. Deren Verbreitungsgebiete überlappen sich nicht.*

Auch die Schultern des Gnus sind höher als seine Hinterbeine. Je nach Unterart ist das Fell dunkelgraubraun bis schieferblau oder hellgrau. Die Schnauze ist bei Bullen schwarz bis zur Stirn und bei Kühen dunkelbraun. Außerdem haben sie eine schwarze, zerzauste, lange Mähne über Hals und Schultern, einen langen schwarzen Schwanz, der fast den Boden berührt, und einen Bart an Hals und Kinn. Beide Geschlechter tragen Hörner. In Südafrika gibt es zwei Gnuarten, das Streifengnu und das Weißschwanzgnu. Das Weißschwanzgnu trägt einen weißlichen „Pferdeschwanz" und hat eine schwarze Fellfärbung. Mit einer Schulterhöhe von bis zu 120 Zentimeter ist das Weißschwanzgnu deutlich kleiner als das Streifengnu. Deren Verbreitungsgebiete überlappen sich ein wenig.

Leierantilopen, in südliches Afrika auch Sassaby genannt, leben in feuchten Ebenen, Strauchsavannen und periodisch überfluteten Grasländern. Sie bevorzugen kurzes oder mittelhohes, frisches Gras. Sie haben den gleichen Körperbau wie Kuhantilopen, hohe Schultern und einen schrägen Rücken. Sie können lange Zeit ohne Wasser auskommen. Sie sind sowohl tagsüber als auch nachts aktiv. Sie bewohnen Savannengebiete, sind aber heute vielerorts auf Schutzgebiete beschränkt.

Kuhantilope

Gnu

Leierantilope

Kuhantilopen *Eigentlichen Kuhantilopen sind große Hornträger mit einem kurzen Hals, einem langen, schmalen Kopf und großen, spitzen Ohren. Die Schultern stehen höher als das Gesäß. Ihr Sehvermögen ist eingeschränkt, aber ihr Geruchssinn und ihr Gehör sind hoch entwickelt. Trotz ihrer Geschwindigkeit von 55 Stundenkilometern fallen vor allem junge Kuhantilopen oft dem Löwe, Tüpfelhyäne und Afrikanische Wildhunde zum Opfer. im Zickzack versuchen sie ihre Angreifer abzuschütteln. Kuhantilopen leben im trockenen Grasland und in licht bewaldeten Savannen, sowohl in Ebenen als auch in hügeligem Gelände. Sie fressen vor allem Gräser und Kräuter. Blätter stellen einen kleinen Teil ihrer Nahrung dar. Wenn Wasser verfügbar ist, trinken sie täglich. Sie können die Trockenzeit aber auch mit der Flüssigkeit aus der Nahrung überleben. Unter besonderen Umständen bestehen die Herden manchmal aus tausenden von Tieren, vor allem in der Trockenzeit. Sie leben oft zusammen mit anderen großen Huftieren. Alte Männchen leben solitär in einem Territorium, junge Männchen ohne Territorium schließen sich zu Junggesellengruppen zusammen. Ein Revier wird durch Kot markiert. In der Brunftzeit bekämpfen sich die Männchen heftig. Nach einer Tragzeit von 240 Tagen wird ein einzelnes Kalb geboren. Die Mutter verteidigt ihre Jungen tapfer vor Raubtieren. Kuhantilopen werden bis zu zwanzig Jahre alt.*

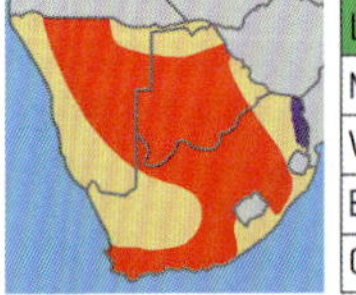

Lichtenstein-Antilope

(Alcelaphus b. lichtensteinii) **Lichtenstein's Hartebeest**

Die Lichtenstein-Antilope lebt im südlichen Afrika hauptsächlich in Mosambik, im östlichen Simbabwe und in weiten Teilen Sambias. In Südafrika ist sie nach einer Wiederansiedlung aus Malawi nur im Krügerpark zu finden. Die Hörner dieser Kuhantilope haben eine einzige Krümmung, die nach innen und dann gerade nach hinten gerichtet ist. Die Hörner sind im Allgemeinen kürzer als die ihrer Artgenossen. Abgesehen von einem etwas dunkleren rotbraunen Sattel auf dem Rücken und einem weißen Hinterteil hat sie keine besonderen Merkmale. Auf dem Kopf fehlt dunkles Fell, nur die Nase ist schwarz. Die Innenseiten der Beine sind weiß. Die **Südafrikanische Kuhantilope** *(Alcelaphus b. caama)* **Red Hartebeest** bewohnt neben den Ländern Südafrika und Namibia auch einen Teil des südlichen Angola. Das „Rot" in der englischen Nomenklatur steht für die Fellfarbe dieser Antilope, aber diese ist eigentlich gelblich-braun bis rotbraun. Sehr auffällig sind die schwarzen Beine, die vor allem bei den Männchen zu sehen sind. Ihr Hinterteil ist beige. Der Kopf ist im Vergleich zu anderen Kuhantilopen langgestreckt. Beide Geschlechter haben sichelförmige, stark geringelte Hörner. Diese Hörner erreichen ihre endgültige Länge und Form erst nach drei Jahren. Beim Weibchen sind sie kürzer und schmaler. Ansonsten gibt es kaum Unterschiede zwischen den Geschlechtern. Die Südafrikanische Kuhantilope ist weniger abhängig von Wasserquellen. Sie erhält viel Wasser durch ihre Nahrung wie wilde Melonen, Wurzeln und Knollen und in der Regenzeit durch Gras. Sie ist etwas schlanker und leichter als die Lichtenstein-Antilope.

Südafrikanische Kuhantilope

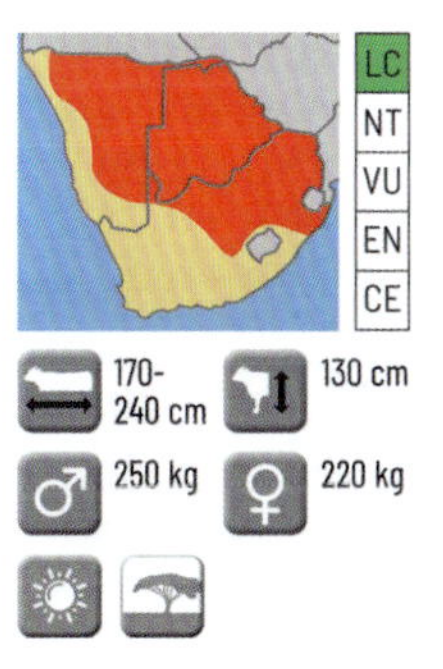

Streifen- oder **Blaues Gnu** *(Connochaetes taurinus)* **Blue Wildebeast**

Das Streifengnu lebt heute wieder in großen Gruppen im östlichen und südlichen Afrika. Es ist wie das Weißschwanzgnu eine der beiden lebenden Arten dieser Gattung. Das Streifengnu wird in fünf Unterarten unterteilt. Eine der Streifengnus *(C. t. taurinus)*, lebt in Angola, Sambia, Namibia, Botswana, Mosambik, eSwatini und Südafrika. Beim Gnu stehen die Schultern höher als die Hinterbeine. Es hat, abhängig von der Unterart, ein dunkles, graubraunes bis schieferblaues Fell. Auffällig sind seine lange schwarze und wirre Mähne auf Hals und Schultern und sein bodenlanger Schwanz. An Hals und Kinn trägt es einen langen Bart. Vom Hals bis zum Hinterteil befinden sich dunkle Querstreifen. Männchen und Weibchen haben Hörner. Streifengnus leben in offenen Savannen und Grasebenen, aber auch in leicht bewaldeten Gebieten. Oft sind sie in Gesellschaft von Zebras, die das lange Gras für die Gnus kürzen. Die Gnus sind immer in einem Umkreis von 20 km zur nächsten Wasserstelle zu finden und trinken mindestens zweimal am Tag. Sie sind den ganzen Tag aktiv, ruhen sich aber während der Mittagshitze im Schatten aus. In Gebieten, wo kurzes Gras oder Wasser saisonabhängig sind, sind die Gnus immer unterwegs. Sie bleiben in einem Gebiet, bis dieses abgegrast ist, und ziehen dann weiter. In Gebieten mit genug Gras, leben die Weibchen in Gruppen mit ihren Jungen. Einzelne Weibchen werden verjagt. Wenn sich die Tiere zusammenfinden und große Herden bilden, das ist normalerweise nach einer Regenperiode, beginnt die Brunftzeit. Die Männchen versuchen sich gegenseitig von den brünstigen Weibchen fernzuhalten. Acht Monate später, wenn die Regenzeit angebrochen ist, werden die Kälbchen geboren. Sie können bereits innerhalb weniger Minuten laufen. Circa achtzig Prozent aller Jungen werden in einem Zeitfenster von drei Wochen geboren. Gnus werden etwa 20 Jahre alt.

LC
NT
VU
EN
CE

170-220 cm
105-120 cm
♂ 130-170 kg
♀ 110-130 kg

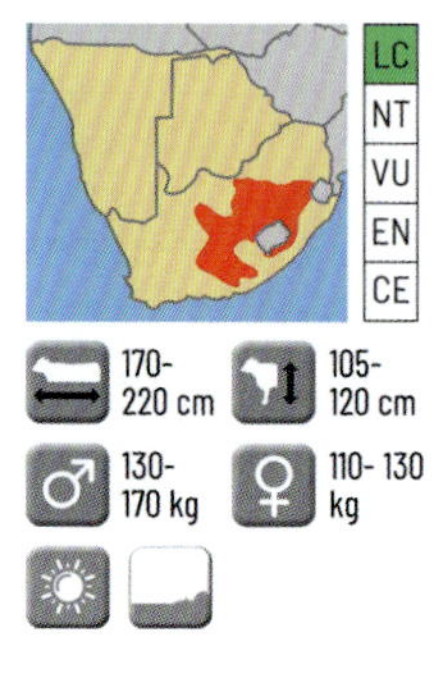

Weißschwanzgnu *(Connochaetes gnou)* Black Wildebeest

Das Weißschwanzgnu lebt seit jeher im südlichen Afrika. Im späten 19. Jahrhundert waren die Bestände durch die intensive Bewirtschaftung des Landes und die Bejagung drastisch zurückgegangen. Zusätzlich erwies sich das Weißschwanzgnu ebenso wie Rinder als sehr anfällig für Milzbrand, ein Bakterium, und für die Maul- und Klauenseuche, eine hoch ansteckende Viruserkrankung, die sich vermutlich durch die zunehmende Anzahl von Rindern ausbreiten konnte. Von den verbliebenen Herden wurden Tiere in privaten Wildreservaten und geschützten Naturparks in Südafrika wie dem Golden-Gate-Highlands-Nationalpark, dem Mountain-Zebra-Nationalpark, dem Karoo-Nationalpark und dem West-Coast-Nationalpark wieder angesiedelt. Dank des Schutzes ist die Population auf 18.000 Tiere angewachsen, von denen 80 % in privaten Wildreservaten leben. Das Weißschwanzgnu ist kleiner als seine Artgenossen. Wo sie zusammenleben, entstehen auch fruchtbare Hybriden. Diese Hybriden leiden an Knochenmutationen, seltsamen Hornformen und Gebissanomalien. Das Weißschwanzgnu kommt in den in diesem Führer beschriebenen Parks nicht vor. Wie das Streifengnu ist auch das Weißschwanzgnu ein Weidegänger par excellence. Sie sind sehr abhängig von Wasser und im Gegensatz zum Streifengnu lebten sie ursprünglich in Gebieten mit wenig oder gar keinem Schatten. Ihr Fell ist hellbraun, auf dem Nacken bis hin zu den Schulterblättern steht eine Mähne und an der Kehle hängt ein Bart. Der lange Schwanz ist weiß.

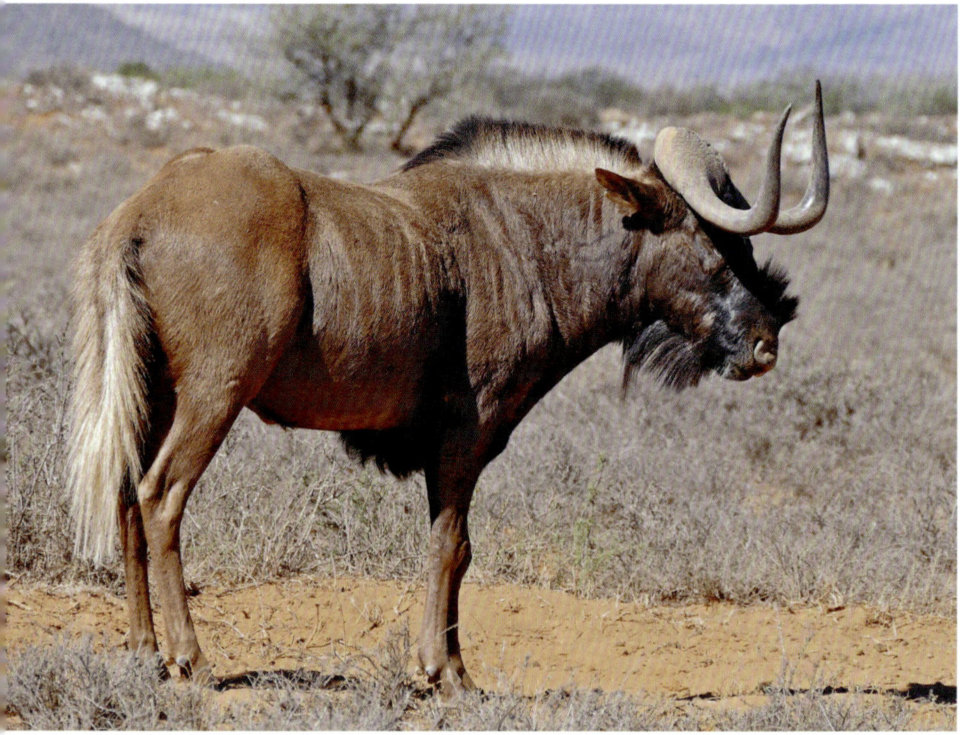

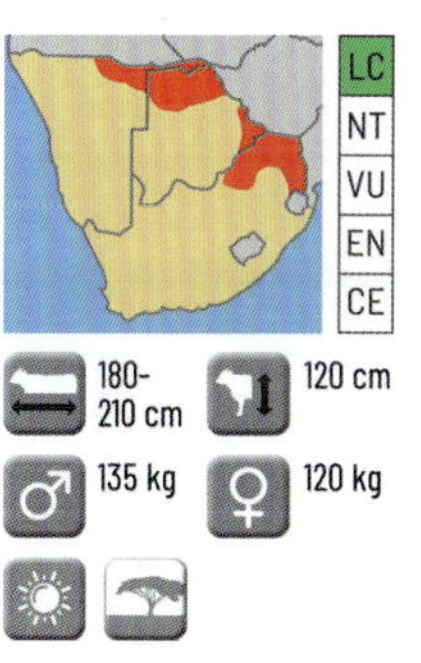

Sassaby *(Damaliscus lunatus lunatus)* **Tsessebe**
Die Südafrikanische Kuhantilope und dieses Sassaby leben normalerweise nicht im Lebensraum des jeweils anderen. Sie ähneln sich jedoch, auch wenn die erstere zu den Eigentlichen Kuhantilopen gehört. Die Hörner der größeren Kuhantilope drehen sich nach außen, die des Sassabys mit einer einzigen Drehung nach innen. Das Fell des Sassabys ist kurz und von gelbbrauner bis mahagoni- oder kastanienbrauner Farbe. Die Unterseite ihrer Beine ist ockerfarben. Über den Gesäß- und Schulterflanken ist das Fell schwarz mit einem lila Schimmer, ebenso von den Augen bis zur Nase. Die gerippten leierförmigen Hörner sind bis zu 60 cm lang. Der lange Schwanz endet in einem schwarzen Büschel. Brünstige Weibchen sammeln sich in Gruppen, die wiederum viele Männchen anziehen. Die Männchen stehen dicht beieinander und formen kleine Arenen. Diese sind nicht größer als 25 Quadratmeter. Am Rand dieser Arenen kämpfen die Männchen um das Recht auf Paarung. Wenn ein Weibchen die Arena verlassen will, schlägt das Männchen "falschen Alarm". Mit einem schnaubenden Geräusch täuscht es das Nahen eines Raubtiers vor und lenkt so das Weibchen ab. Außerhalb der Migrationszeit leben die Tiere in Herden, die aus einem dominanten Männchen, einigen Weibchen und deren Kälbern bestehen. Wenn sie länger an einem Standort bleiben, markieren die Männchen ihr Territorium. Ein Tier hält von einer Anhöhe (z.B. einem Termitenhügel) aus Wache, während die anderen Tiere grasen. Nach einer Tragzeit von 240 Tagen wird ein einzelnes Kalb geboren. Ist das Männchen ein Jahr alt, wird es aus dem Territorium vertrieben. Nach drei oder vier Jahren wird es selbst versuchen, sich eines Harems zu bemächtigen. Sind die Leierantilopen ungefähr 15 Jahre alt, verlieren sie ihre Zähne und sterben infolgedessen.

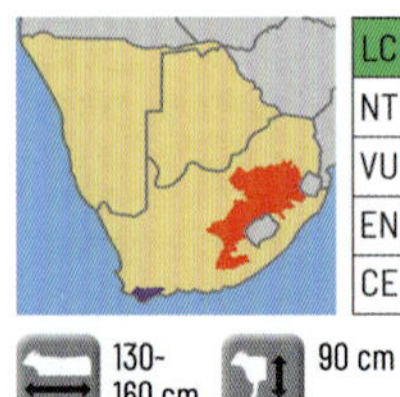

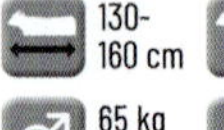

Violett = Buntbock
Rot = Blessbock

Buntbock *(Damaliscus p. pygargus)* Bontebok

Einst bevölkerten Millionen von Bless- und Buntböcken die Landschaften Südafrikas, der Buntbock vor allem im Südwesten der Kapprovinz und der Blessbock in fast ganz Südafrika. Vor allem von den Siedlern wurden die Böcke wegen ihres Fleisches und ihrer Felle so stark bejagt, dass es 1830 nur noch 22 Buntböcke gab. Bis zum Ende des 19. Jahrhunderts war auch der Blessbock fast vollständig ausgerottet. Heute sind beide geschützte Tierarten und 1931 wurde in der Karoo ein Gebiet speziell zum Schutz des Buntbocks ausgewiesen: der Bontebok-Nationalpark. Später wurde dann ein zweiter Park in der Nähe von Swellendam eingerichtet. Die beiden Arten sind so eng miteinander verwandt, dass es in der Vergangenheit bei Überschneidungen der Lebensräume auch zu Hybriden kam. Der natürliche Lebensraum des Buntbocks ist "Fynbos und Renosterveld". Diese lokalen Bezeichnungen beziehen sich auf das Gebiet parallel zur Küste. Bevor ein großer Teil davon landwirtschaftlich genutzt wurde, gab es hier viele Gräser, Kräuter, Blumen und Pflanzen, die für den Buntbock unerlässlich sind.

Der **Blessbock** *(Damaliscus pygargus phillipsi)* **Blesbok** kommt im östlichen Südafrika vor und lebt hauptsächlich in kleinen Wildreservaten, nicht mehr in seinen ursprünglichen Lebensräumen. Beide Geschlechter tragen Hörner. Äußerliche Geschlechtsunterschiede sind kaum sichtbar. Sie sind eine der schnellsten Antilopenarten in Afrika. Der Blessbock hat seinen Namen von dem weißen Fleck auf seiner Nase. Der Buntbock hat ebenfalls eine weiße Blesse, aber sein Fell hat mehr Farbnuancen, daher der Name "Buntbock". Das rötlich-braune Fell des Blessbocks geht an den Flanken in Dunkelbraun über und ist unter dem Bauch weiß. Er weidet auf offenen Ebenen und bevorzugt kürzeres Gras. Der Buntbock paart sich im Februar, der Blessbock im April. Die Tragzeit beträgt acht Monate.

Buntbock *Blessbock*

Gazellen und Verwandte *Zu der Unterfamilie (Antilopinae) der Antilopenarten gehören auch Gazellen. Gazellen oder mittelgroße Antilopen leben vor allem auf grasbewachsenen Ebenen, aber auch in Halbwüsten, in dichten Wäldern und auf felsigen Hügeln sind sie zu finden. Sie sind Pflanzenfresser und ernähren sich hauptsächlich von grünen Pflanzenteilen wie Gräsern, Kräutern, Blättern, jungen Trieben, Knospen und Beeren. Sie sind schnell, aufmerksam und leben in Herden unterschiedlicher Größe. Sie sind in fast ganz Afrika zu finden. Im südlichen Afrika kommt nur eine Antilope vor, die wie eine Gazelle aussieht: der Springbock. Da sich sein Gebiss von dem der Gazelle unterscheidet, gehört er zur Gattung Antidorcas.*

LC | NT | VU | EN | CE

85-100 cm · 75 cm

♂ 30-40 kg · ♀ 26-36 kg

Springbock *(Antidorcas marsupialis)* Springbok

Der Springbock sieht wie eine Gazellenart aus, ist aber keine (sein Gattungsname *Antidorcas* setzt sich zusammen aus *anti* = gegen und *Eudorcas* = Gazelle). Der Begriff Gazelle hat seine Wurzeln übrigens im arabischen Wort „ghazal", das sowohl schnell als auch reinrassig bedeutet. Bis vor kurzem wurden alle Gazellen der Gattung *Gazella* zugeordnet, doch Ende des vorigen Jahrhunderts erkannte man, dass es sich dabei um keine natürliche, monophyletische (von einer Urform abstammende) Gruppe handelt. Als Resultat wurden die Gattungen *Eudorcas* und *Nanger*, zu denen einige der bekanntesten Gazellen gehören, von der Gattung Gazella abgespalten. Beim Springbock wiederum unterscheidet man drei Arten. Die hier gezeigte Art ist die häufigste. Die zweite Art ist etwas dunkler gefärbt und die dritte hat von allen dreien das hellste Fell. Der natürliche Lebensraum ist das trockene Inland des südlichen Afrikas. Das Tier hat seinen Namen den hohen Sprüngen zu verdanken, die es macht, um Raubtieren zu entkommen, und es prahlt mit dieser Fähigkeit! In der Karoo werden Springböcke und andere Antilopenarten auch als Nutztiere gehalten. Ihre Haltung ist für den Naturhaushalt dieser Region weniger belastend als die anderer Tiere. Ganze Herden werden an die zahlreichen privaten Wildparks in Südafrika verkauft. Bei Wassermangel deckt der Wassergehalt der Nahrung normalerweise seinen Flüssigkeitsbedarf. Springböcke leben meist in kleinen Herden. Aber auf der Suche nach guten Weidegründen wachsen die Herden an. Das Weibchen wirft während der Sommermonate, wenn Nahrung im Überfluss vorhanden ist, nach einer Tragezeit von 168 Tagen ein einziges Kalb. Ein Springbock wird für gewöhnlich 9 bis 10 Jahre alt.

Zwergantilopen *Die Zwergantilopen gehören zur Unterfamilie der Gazellenartigen und stellen eine Reihe von Gattungen wie die Dikdik (Madoqua), Moschusböckchen (Neotragus), Klippspringer (Oreotragus), Oribi (Ourebia) und Steinböckchen (Raphicerus).*

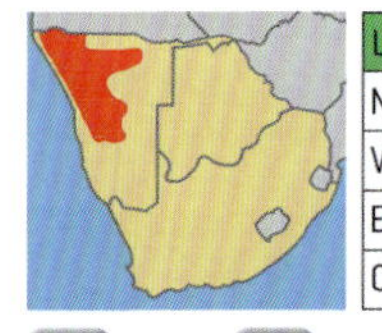

60-70 cm

36 cm

3-4 kg

2,5-3,5 kg

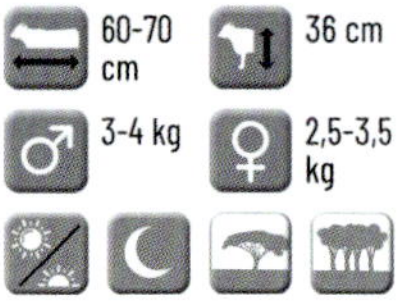

Damara Dik Dik

(Madoqua kirkii)

Kirk's Dik-Dik

Diese kleine Antilope hat ihren Namen nicht ihrer Gestalt, sondern dem Signal zu verdanken, das sie von sich gibt, wenn Gefahr droht. Sie ist ein schlankes, zierliches Tier mit langen Wimpern über relativ großen Augen in einem kleinen Kopf, an dem auch die Nase zu groß wirkt. Nur die Männchen haben kurze, spitze Hörner. Die Hinterbeine sind länger als die Vorderbeine. Dies fällt jedoch nicht sofort auf, wenn man ein Dikdik sieht. Bei drohender Gefahr stehen sie stocksteif mit Spannung in den Hinterbeinen, um mit einem Sprung flüchten zu können. Dikdiks sind paarweise unterwegs und suchen rund um die Uhr in baumreicher Umgebung nach Nahrung, die aus Blättern, Wurzeln, Hülsenfrüchten und Blüten besteht. Das Weibchen gebärt nach einer Tragzeit von ca. 170 Tagen ein Junges. Beide Arten haben auffällig große Tränendrüsen, mit denen sie ihr Territorium markieren. Dies tun sie auch mit Urin und Dung. Ihr Territorium verteidigen sie erbittert.

LC
NT
VU
EN
CE

65-75 cm
54 cm
8-10 kg
8-10 kg

Kap-Greisbock *(Raphicerus melanotis)* **Cape Grysbok**

Der Kap-Greisbock ist in den Sommermonaten hauptsächlich nachts aktiv. In den anderen Monaten sind sie auch am frühen Morgen oder am späten Nachmittag auf Nahrungssuche. Sie sind sehr scheu, und die Chancen, in einem der Naturparks im südlichen Südafrika auf einen Kap-Greisbock zu treffen, sind gering. Zum Ärger der Winzer sieht man sie jedoch häufig in den Plantagen oberhalb von Kapstadt. Dort fressen sie die Blätter von den Rebstöcken. Dieser stämmige Bock hat ein graubraunes Fell, weiß umrandete Augen und das Männchen trägt kurze 4 bis 8 cm lange Hörner. Sie haben einen sehr kurzen Schwanz (4 - 8 cm). Wenn der Kap-Greisbock angegriffen wird, stellt er die Haare auf dem Rücken auf, um größer zu erscheinen. Er macht zunächst ein paar Sprünge in Richtung seines Fressfeindes und flieht dann blitzschnell. Sein natürlicher Lebensraum ist vorzugsweise ein Gebiet mit Sträuchern, an denen kleine Blätter wachsen (Fynbos - ein schmaler Streifen vom Ost- zum Westkap). Nach einer Tragzeit von sechs Monaten werden die Lämmer im Sommer geboren.

Sharpe-Greisbock *(Raphicerus sharpei)* **Sharpe's Grysbok**

Der ausgedehnte Lebensraum des Sharpe-Greisbocks reicht vom Krügerpark bis zu einigen Gebieten im Osten Tansanias. Das Männchen hat kurze, spitze Hörner. Dadurch, dass es ein scheues, vor allem nachtaktives Tier ist und sich gerne in dichtem Gestrüpp aufhält, ist es schwierig, die Größe der Population festzustellen. Seine Nahrung besteht aus Blättern, Gräsern, Früchten. Nach einer Tragzeit von ca. 200 Tagen wirft das Weibchen ein Kalb. Die Männchen markieren ihr Territorium durch ihre Ausscheidungen und zeigen so auch den Weibchen ihre Anwesenheit. Die Art ist eng mit dem Steinböckchen verwandt. Es gibt viele Ähnlichkeiten, aber das Steinböckchen ist etwas größer und hat einen weißen Bauch.

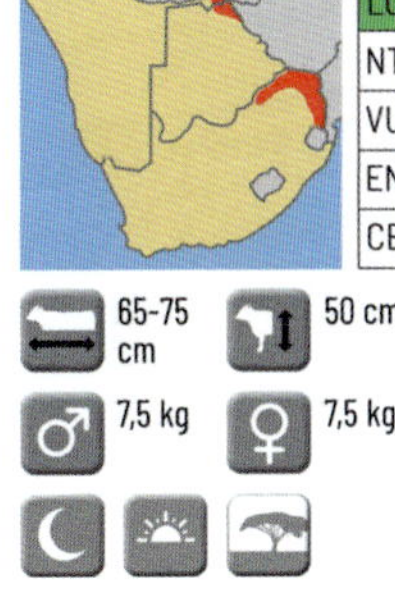

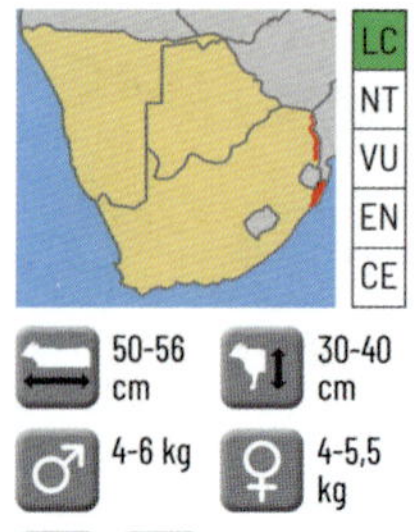

50-56 cm | 30-40 cm
♂ 4-6 kg | ♀ 4-5,5 kg

Moschusböckchen

(Neotragus moschatus) **Suni**

Dieser Suni, wie er auch genannt wird, gehört zu den kleinsten Böckchen. Seinen Namen trägt er aufgrund der auffallenden Duftdrüsen im Gesicht, die stark nach Moschus riechen. Das Fell ist braun bis rotbraun, der Unterkörper ist weiß. Nur das Männchen hat kurze Hörner (8 cm). Ihr Essen besteht aus Blättern, Pilzen, Früchten und Blüten und sie können lange Zeit ohne Wasser auskommen. Wenn er sich bedroht fühlt, bleibt es mäuschenstill liegen, bis sein Angreifer fast auf ihn tritt. Dann rennt er blitzschnell in die dichte Vegetation. Moschusböckchen fallen Schlangen, Greifvögeln und Haushunden zum Opfer. Das Weibchen bringt nach einer Tragzeit von ca. 180 Tagen ein Junges zur Welt. Gelegentlich sind diese kleinen, scheuen Antilopen im Krüger-Nationalpark anzutreffen.

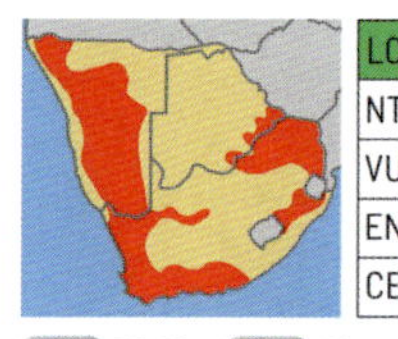

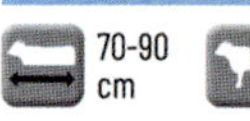

70-90 cm | 60 cm

♂ 10 kg | ♀ 13 kg

Klippspringer

(Oreotragus oreotragus)

Klipspringer

Der Klippspringer kommt vor allem in trockeneren Teilen des Kontinents vor, vorzugsweise dort, wo es Hügel oder Berge gibt. Die Haare des grau-gelben oder graubraunen Fells stehen aufrecht und lassen das Tier größer erscheinen. Das Weibchen ist etwas größer. Unter den Augen befinden sich Drüsen, mit denen sie ihr Territorium markieren. Nur das Männchen hat zwei aufrechtstehende, spitze Hörner von etwa 8 cm (mit Ausnahme einer Unterart in Ostafrika, wo das Weibchen gelegentlich auch Hörner hat). Die charakteristische Gangart des Klippenspringers besteht darin, dass er die Vorderseite der Hufe benutzt. Sie sind Pflanzenfresser (Gräser und Felspflanzen) und trinken nicht oft, der Wassergehalt in den Pflanzen reicht meist aus. Die Tragzeit beträgt ca. 210 Tage, das Weibchen wirft ein Kalb. Meist sieht man die Klippspringer paarweise oder in kleinen Familien. Sie können ca. 15 Jahre werden.

LC
NT
VU
EN
CE

90-110 cm
50-65 cm
♂ 15-22 kg
♀ 13-20 kg

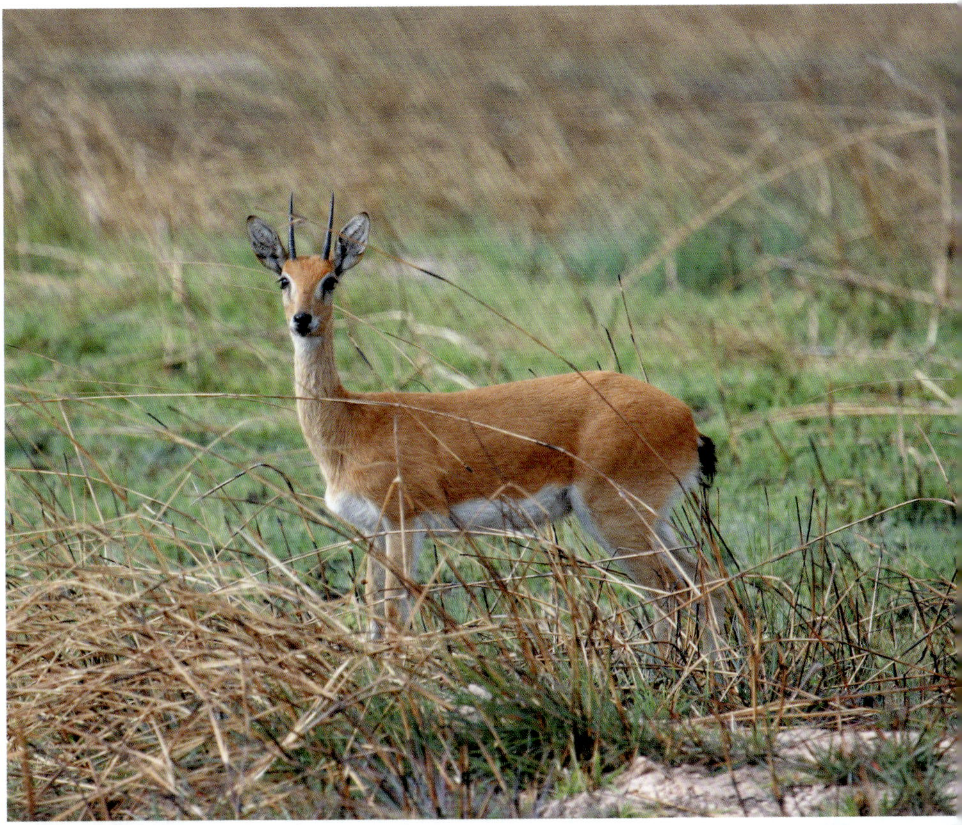

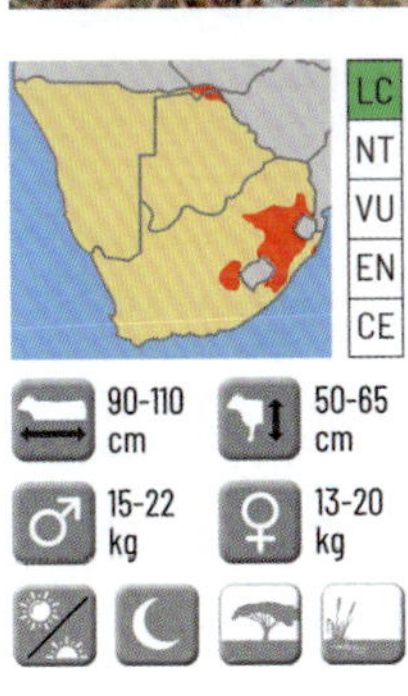

Oribi oder **Bleisböckchen** *(Ourebia ourebi)* **Oribi**

Das Oribi ist die größte der „kleinen" Antilopen in Afrika. Das Fell ist oberseits rostbraun, unterseits weiß. Das kurze Schwänzchen hat eine schwarze Spitze. Nur die Männchen tragen spitze ca. 10-15 cm lange Hörner. Der schwarze Fleck unter den Ohren ist eine der Duftdrüsen. Die anderen befinden sich zwischen den Hufen, in der Leiste, unter dem Auge und unter den Knien und Knöcheln. Ihr Territorium ist mit den Sekreten aus diesen Drüsen und mit den Fäkalien markiert. Das Oribi ist ein Weidetier. Es bevorzugt flache und offene Grasebenen, die durch Waldbrände, starke Beweidung oder nährstoffarmen Boden offen gehalten werden. Wasservorkommen sind weniger wichtig. Das Oribi "versteckt" sich gerne in der Gesellschaft großer Huftierherden. Es ist den ganzen Tag aktiv. Wenn es ruht, liegt es versteckt in hohem Gras oder Buschwerk. Meist leben Oribis paarweise. Eine "Ehe" kann mehrere Jahre lang halten. Während dieser Ehe sind beide nicht unbedingt monogam. Bei Gefahr erzeugt das Oribi ein pfeifendes Geräusch und ergreift springend die Flucht, wobei die Beine steif nach unten zeigen. Nach einer Tragzeit von ca. 210 Tagen wird ein einzelnes Kalb geboren, das sich nach vier Monaten der Herde anschließt. Oribis können bis zu 15 Jahre alt werden.

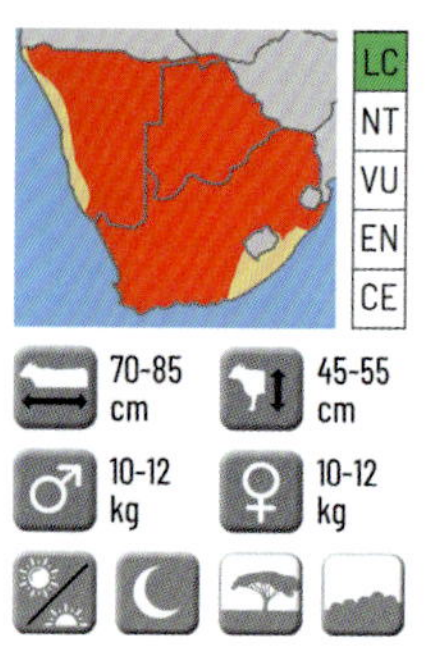

Steinböckchen *(Raphicerus campestris)* **Steenbok**

Das Steinböckchen ist leicht mit anderen kleinen Antilopen oder jungen Exemplaren größerer Arten zu verwechseln. Es ist eine schlanke Antilope mit großen Ohren und langen Gliedmaßen. Nur das Männchen hat Hörner, die spitz, gerade und bis zu 19 cm lang sind. Beide Geschlechter haben meist ein rötliches bis braunes Fell. Der Bauch und die Innenseite der großen Ohren sind weiß. Oberhalb der Augen verläuft ein breiter, weißer Streifen. Sie leben sowohl in trockenen Savannen mit akazienbewachsenem Grasland als auch in offenen Waldgebieten. Vorzugweise auf felsigem Terrain, auf dem sie leichter fliehen können als ihre Verfolger. Sie bevorzugen trockene Gebiete mit genügend Deckung. Ihre Nahrung besteht aus Schösslingen, Zweigen, Blättern und Früchten von Bäumen und Sträuchern. Auch Gras, Pflanzenwurzeln und Knollen, die sie mit ihren scharfen Hufen ausgraben, werden gefressen. Das Steinböckchen deckt seinen Wasserbedarf aus der Nahrung. Bei Gefahr drückt es sich auf den Boden und bleibt still, mit angelegten Ohren, liegen. Nur wenn ein Raubtier zu nahe kommt, flüchtet es schnell. Steinböckchen leben längere Zeit paarweise in einem festen Territorium, werden aber selten zusammen angetroffen. Als Markierung verwenden sie ihre Ausscheidungen und einen Duftstoff aus Drüsen zwischen den Hufen. Wenn sich das Weibchen paaren möchte, wird das Männchen sehr aggressiv und territorial. Das Weibchen kann ganzjährig Junge bekommen, zwei Würfe pro Jahr sind keine Ausnahme. Nach 170 Tagen wirft es ein einzelnes Kalb, das es drei Monate lang säugt. Ein Weibchen ist nach sechs bis acht Monaten geschlechtsreif. Das Steinböckchen wird bis zu 7 Jahre alt.

Büffel *Der Afrikanische Büffel (syncerus) hat in Afrika vier Unterarten, die sich in Größe, Fellfarbe und Lebensraum unterscheiden. Er ist nicht der Vorfahr des domestizierten Viehs, sondern nur ein entfernter Verwandter im Stammbaum der Rinder. Sein Charakter ist eine Mischung aus Unvorhersehbarkeit und Aggressivität. Diese Eigenschaften sowie seine Stärke sind gefährlich für Menschen und Raubtiere.*

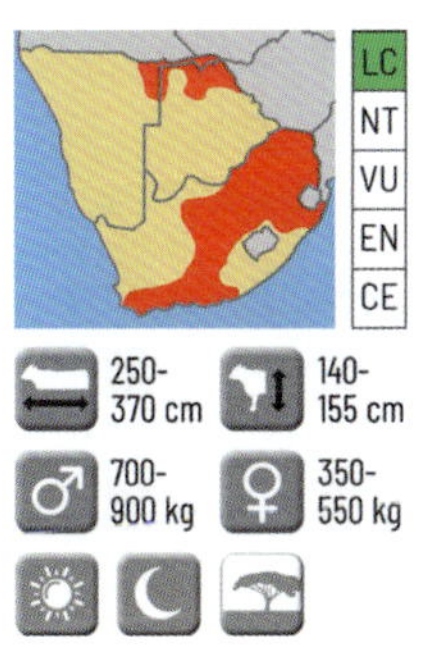

Afrikanische Büffel *(Syncerus caffer)* Cape Buffalo

Der Büffel ist einer der "Big Five", eine Trophäe unter Jägern. Er ist unberechenbar und kann, vor allem wenn er verwundet ist, sehr gefährlich werden. Er ist einer der schwersten Vertreter der Familie der Hornträger. Erwachsene Büffel sind kurzhaarig, meistens graubraun bis dunkelgrau oder schwarz. Jungtiere sind rötlich braun. Die großen Ohren liegen unter den schweren, gedrehten Hörnern. Büffel sehen ziemlich schlecht, das Gehör ist mäßig, aber der Geruchssinn ist gut entwickelt. Sie leben sowohl in dichten Wäldern inmitten von Savannen als auch auf offenen Grasflächen, aber niemals weiter als 20 km von einer Wasserquelle entfernt. Wenn möglich, trinkt er dutzende Liter Wasser am Tag. Er ernährt sich vor allem von Gräsern, ergänzt durch Sumpfpflanzen und ist sowohl tagsüber als auch nachts aktiv. In der Mittagzeit sucht er den Schatten auf. Der Büffel beschmiert sein Fell gern mit Schlamm, um sich gegen Stechmücken zu schützen. Afrikanische Büffel leben in gemischten Herden von zwanzig bis vierzig Tieren. Aber es gibt auch Herden, die aus hunderten Exemplaren bestehen. Der Zusammenhalt ist sehr stark, die erwachsenen Tiere bilden einen "Schutzschild" für die Jungtiere. Es gibt keinen echten Anführer. Ältere Büffel leben allein oder in "Seniorenherden". Ein brünstiges Weibchen zieht mehrere Männchen an. Bullen, die weit oben in der Hierarchie stehen, bekämpfen sich. Dazu stoßen sie ihre Hörner gegeneinander. Auch die Kühe haben eine Rangordnung. Die Kälber werden nach einer Tragzeit von 340 Tagen geboren. Die Büffel können ein Alter von 26 Jahren erreichen.
Erwachsene Büffel fürchten nur Löwen.

Waldböcke *Der Name „Waldböcke" ist nicht besonders exakt, denn keineswegs leben alle Arten in Wäldern. Auch die Systematik innerhalb dieser Gruppe ist umstritten, ursprünglich waren sie als eine Unterfamilie Tragelaphinae zusammengefasst, nach jüngeren Untersuchungen stellen die Waldböcke keine natürliche (monophyletische) Gruppe dar. Waldböcke (Tragelaphini) sind eine Sammlung mittlerer bis großer Antilopen aus der Familie Hornträger. Die meisten Arten haben einen signifikanten sexuellen Dimorphismus (Unterschied zwischen Mann und Frau). Zur Gattung Tragelaphus gehören Nyalas, Bongos, Kudus, Sitatungas und Buschböcke.*

Kudu *Es gibt zwei Arten von Kudus, den Großen und den Kleinen Kudu. Der Große Kudu ist am weitesten verbreitet, bis nach Südafrika. Der andere lebt in viel geringerer Zahl nur in Ostafrika.*

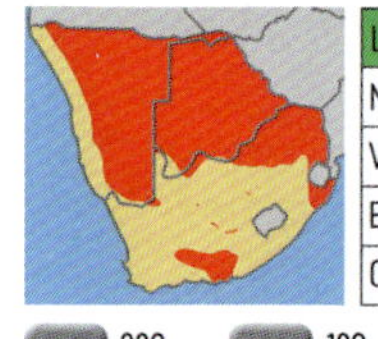

Großkudu

(Tragelaphus strepsiceros)

Greater Kudu

Er hat ein überwiegend graubraunes Fell. Das Fell der Weibchen ist rotbraun, wird aber mit zunehmendem Alter grau. Nur die Männchen tragen Hörner. Er hat eine Mähne am Nacken und an der Halsunterseite. Die Ohren sind groß und bewegen sich ständig, um Gefahren wahrzunehmen. Die Flucht vor großen Raubtieren halten sie nicht lange durch. Daher wählen sie unebenes Gelände, um mit großen Sprüngen zu entkommen. Sie leben in kleinen Gruppen. Nachts begeben sie sich in offene Savannen zum Grasen. In der Trockenzeit ziehen sie sich in Wälder und Gebüsche zurück, manchmal auch ins Gebirge in große Höhen. Blätter, Triebe, Blüten, Früchte und Knollen sind ihre Nahrungsquellen. In der Regenzeit fressen sie auch Gras und Kräuter. Feuchtigkeit beziehen sie hauptsächlich aus ihrer Nahrung. Sie können tagelang überleben, ohne zu trinken. Wenn das Tier allerdings in der Nähe einer Wasserquelle ist," tankt" es auf. Nach etwa 270 Tage, werden die Jungtiere in der Regel in der Regenzeit geboren, wenn es reichlich Nahrung gibt. Nach ca. 6 Jahren sind die Hörner ausgewachsen und die zwei bis drei Drehungen der Spirale fertig ausgebildet. Der Große Kudu wird normalerweise 18 Jahre alt.

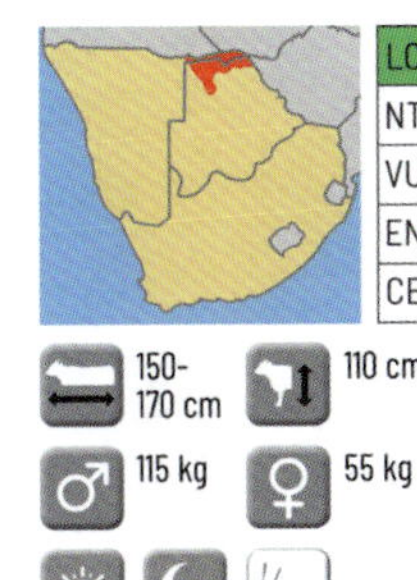

150-
170 cm

110 cm

115 kg

55 kg

Sitatunga

(Tragelaphus spekii)

Sitatunga

Das Männchen ist eine mittelgroße Antilope, das Weibchen ist viel kleiner. Das Fell ist wollig und wasserabweisend und hat kreuzweise verlaufende Bänder. Das Männchen ist dunkelbraun, das Weibchen und die Jungen sind rötlichbraun. Die Hufe sind lang (bis 18 cm) und stehen schräg, wodurch sich die Tiere auf weichem und schlammigem Grund sicher bewegen können. Auf trockenem Boden wirken sie deshalb etwas unbeholfen. Nur die Männchen tragen Hörner. Diese Hörner sind schwer, gedreht und werden ca. 80 cm lang. Die Sitatunga lebt in wasserreichen Gebieten wie Sümpfen und Lagunen und dort vor allem im Schilf. In trockenen Zeiten ist sie an permanente Wasserstellen gebunden. In der Regenzeit lässt sie sich auch im Umfeld von temporären Gewässern sehen. Es ist eine scheue Tierart, die sich meistens in der Ufervegetation verborgen hält. In den Schilf- und Papyrusfeldern verläuft ein Netzwerk aus Pfaden. Hier legt sie ein Bett aus plattgetretenem Schilf an, auf dem sie ruht. Sie entfernt sich selten weit von ihrem Versteck. Gräser, Kräuter und Sträucher frisst sie vor allem in der Dämmerung, aber auch nachts. Die Sitatunga kann gut schwimmen und ist tagsüber oft im Wasser. Bei Gefahr taucht sie ab, so dass nur die Nasenlöcher über der Wasseroberfläche zu sehen sind. Die Tiere sammeln sich gelegentlich in Gruppen zum Grasen, leben ansonsten jedoch allein. Bei Gefahr warnen sie die anderen durch Schnaufgeräusche. Nach einer Tragzeit von 220 Tagen wird ein einzelnes Junges geboren, meist während der Trockenzeit. Das Kalb hat sein "Nest" inmitten dichter Vegetation. Das Weibchen versorgt sein Junges bei kurzen Besuchen. Das Junge ist nach vier Jahren selbständig. Die Sitatunga wird in Gefangenschaft bis zu 20 Jahre alt.

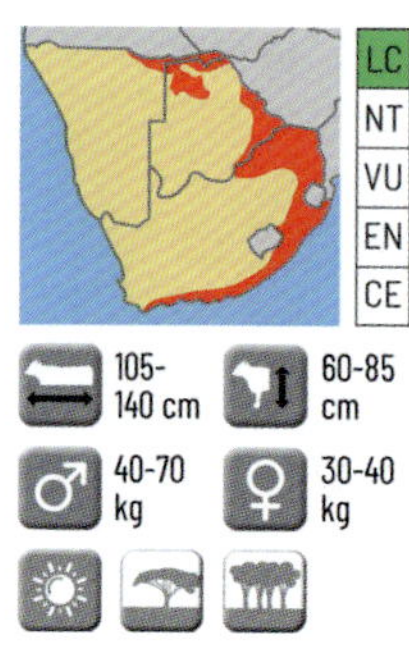

LC NT VU EN CE

105-140 cm | 60-85 cm | ♂ 40-70 kg | ♀ 30-40 kg

Buschbock *(Tragelaphus scriptus)* Bushbuck

Der Buschbock ist eine mittelgroße Antilope, die häufig in Wäldern und Strauchsavannen vorkommt. Er ist ein Weidetier und kann sich gut an sich verändernde Umstände anpassen. Weibchen und Kälber haben im Vergleich zu den Männchen ein helleres Fell. Vor allem an den Flanken und am Rücken tragen beide Geschlechter weiße Flecken. Über dem Maul befindet sich ein schwarzer Strich, auf Wangen und Ohren ein weißer Fleck. Der Buschbock hat einen breitbuschigen, kurzen Schwanz. Dieser ist an der Unterseite weiß, am Ende schwarz. Beim Männchen ist der Bauch dunkel gefärbt. Nur die Männchen tragen Hörner. Diese sind fast gerade, meist mit einer Drehung (vereinzelt auch mit zwei). Die Männchen sind größer als die Weibchen. Seine Nahrung besteht aus einer großen Vielfalt von Pflanzen wie Gras, Kräutern, jungen Trieben und Blättern, ergänzt durch Wurzeln, Knollen und Früchte. Buschböcke folgen auch den Affen und fressen die Früchte, die diese fallen lassen. Männchen leben solitär, in Paaren oder in kleinen Familien. Es besteht eine Altershierarchie. Die Jungen werden nach einer Tragzeit von ca. 180 Tagen geboren. Es gibt 14 Unterfamilien des Buschbocks, fünf von ihnen leben im südlichen Afrika. Sie unterscheiden sich hauptsächlich durch die Farbe des Fells und die Streifen und Flecken. Ihr Lebensraum umfasst den größten Teil Afrikas südlich der Sahara. Buschböcke werden circa 12 Jahre alt.

♂ ♀

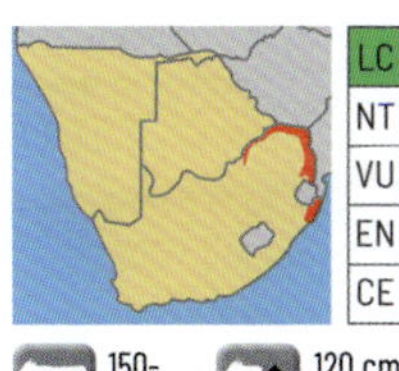

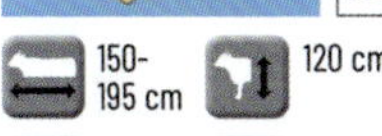

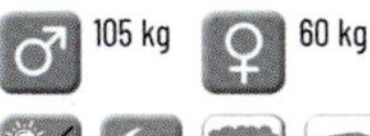

Nyala *(Tragelaphus angasii)* **Nyala**

Die Nyala lebt in einem kleinen Teil des südöstlichen Afrika. Das Tier ist vor allem im Mkhuze-Nationalpark in Südafrika zahlreich vertreten, aber auch im südlichen Malawi. Das Männchen hat ein auffälliges Erscheinungsbild. Das Fell verfärbt sich bei jungen Männchen sehr schnell dunkelbraun. Die weißen Streifen werden weniger, je älter sie werden. Bei den erwachsenen Männchen läuft ein weißer Kamm aus aufgerichteten Haaren bis zum Schwanz. Die rotbraune Farbe, die sowohl das Männchen als auch das Weibchen aufweisen, beschränkt sich bei den Männchen auf die Unterbeine ab dem Kniegelenk. Über der Nase, dicht unter den Augen, verläuft ein breiter, weißer Streifen. Unter dem Hals, dem Bauch und an den Hinterläufen hängen lange Haare. Der Schwanz ist ebenfalls wollig und misst ca. 40 cm. Das Männchen lebt vor allem solitär. Es verfügt über beeindruckende Hörner. Diese sind nach fünf Jahren voll entwickelt. Die Weibchen halten sich in Gruppen auf. Sie haben keine Hörner und ihr Fell ist gänzlich rotbraun mit weißen Streifen bis zum Bauch. Beide Geschlechter haben weiße Kleckse an den Hinterbeinen. Nyala sind sowohl Weidetiere (Gräser) als auch Blattfresser. Sie halten sich in Wäldern und trockenen Savannen auf, immer in der Nähe zu Wasserlöchern und Deckungen. Das Weibchen hat eine Tragzeit von ca. 220 Tagen und wirft ein Kalb. Es gibt zwei Geburtswellen, eine im Mai und eine weitere zwischen August und Dezember. Nyalas werden ca. 17 Jahre alt.

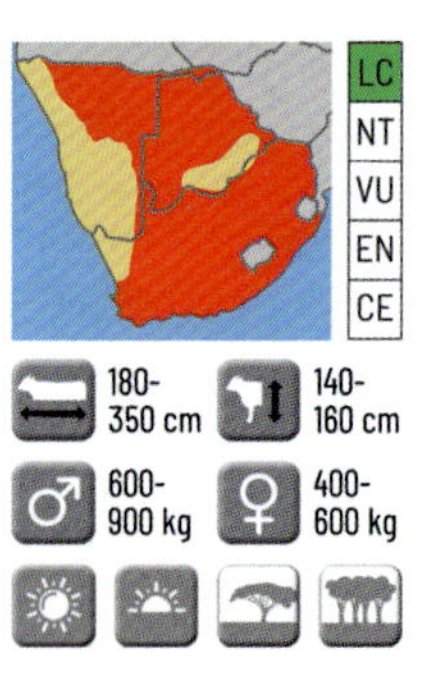

Eland oder Elenantilope *(Taurotragus oryx)* Common Eland

In einigen wissenschaftlichen Artikeln wird die Elenantilope aufgrund ihrer molekularen Phylogenie (Abstammung von gemeinsamen Vorfahren) manchmal auch der Gattung *Tragelaphus* zugeordnet. Es sind große afrikanische Antilopen. Sie leben in den karg bewaldeten Savannen und fressen vor allem Gräser, Kräuter und Samen. Die Nahrung wird durch Blätter und Früchte ergänzt. Knollen graben sie mit den Hufen aus. Die Weibchen und jungen Männchen sind Herdentiere, leben aber in getrennten Herden. Die Weibchen leben mit Jugendlichen ab zwei Jahren zusammen. Die Neugeborenen, die nach einer Tragzeit von 270 Jahren geboren werden, bleiben zwei Jahre in einer Kindergartengruppe. Ältere Männchen leben meist solitär. Wenn frisches Gras im Überfluss vorhanden ist, suchen sich die Herden gegenseitig auf und die Paarungszeit beginnt. Dominante Bullen paaren sich mit mehreren Weibchen. Wenn Gefahr droht, meist durch Löwen, verteidigen die Weibchen gemeinsam ihre Jungen. Elenantilopen erreichen Geschwindigkeiten von 40 Stundenkilometern und springen circa zwei bis drei Meter hoch. Die Bullen haben ein glattes, gelb-braunes bis rötliches Fell, das mit zunehmendem Alter grauer wird. Bei ausgewachsenen Männchen entwickelt sich eine Wamme sowie ein Haarbüschel an der Stirn. Das Fell der Weibchen ist etwas bräunlicher. Männchen werden wesentlich größer als Weibchen. Die Hörner sind spiralförmig gedreht und bei beiden Geschlechtern vorhanden. Die Hörner der Weibchen sind dünner aber etwas länger, bis zu 65 cm. Elenantilopen können bis zu 25 Jahre alt werden. In Afrika, aber seltsamerweise auch an einigen Orten in Russland, wurde die Elenantilope domestiziert. Es gibt Landwirte in Afrika, die die Elanantilope den importierten Rindern vorziehen. Gründe dafür sind der ruhige Charakter, die hochwertige und schmackhafte Milch, die hohe Fleisch- und Fellqualität, aber auch die Tatsache, dass das Tier mit den typischen afrikanischen Bedingungen, wie z. B. lang anhaltenden Dürren, zurechtkommt.

Ducker *Es gibt zwanzig afrikanische Duckerarten. Sie werden auf der Basis ihrer Lebensräume in zwei Hauptgruppen unterteilt: Ducker in dichten Wäldern, die bei weitem die Mehrheit darstellen und Ducker, die in trockeneren Buschsavannen leben. Beiderseits des Mauls und unter den Augen befinden sich Drüsen, langgestreckte schwarze Striche auf dem Fell. Mit dem Sekret aus diesen Drüsen markiert das Tier sein Territorium. Ducker fressen vor allem Blätter, Triebe, Früchte, Samen und Bast. Sie werden oft für den menschlichen Verzehr gejagt. Für die lokale Bevölkerung ist Duckerfleisch eine wichtige Nahrungsquelle. Der Ducker zeichnet sich durch seinen höheren Hinterleib und seine kurzen Vorderbeine aus.*
Alle männlichen Ducker haben kurze, spitze Hörner, die Weibchen bei einigen Arten kurze Stümpfe.
Der Name des Tieres kommt von seinem Fluchtverhalten: sich "duckend".

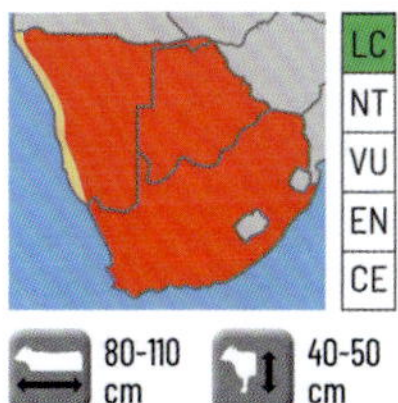

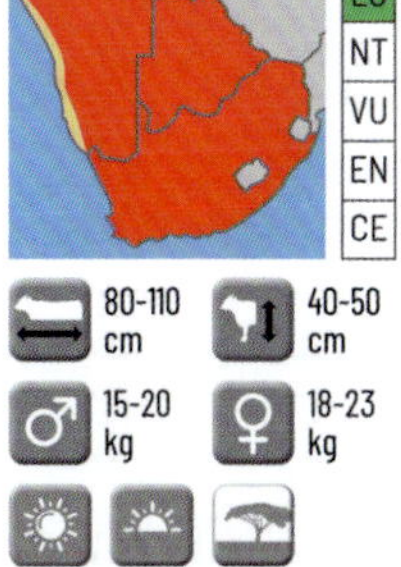

Kronenducker *(Sylvicapra grimmia)* **Common** oder **Grey Duiker**
Der Kronenducker ist ein Außenseiter innerhalb der Ducker-Familie. Diese Art besteht aus 14 Unterarten und kommt praktisch im gesamten subsaharischen Afrika vor. Der Kronenducker lebt in den Baumzonen inmitten der Savannen. Farbe und Dicke des Fells hängen vom jeweiligen Lebensraum und der Unterart ab und variieren von Grau bis Braun, je nach Höhenlage des Lebensraums. Das Weibchen ist etwas größer als das Männchen und nur das Männchen hat kleine Hörner (10 cm). Beide haben einen schwarzen Streifen, der an der Nase beginnt und manchmal ganz bis zur „Krone" (Haarbüschel) reichen kann.

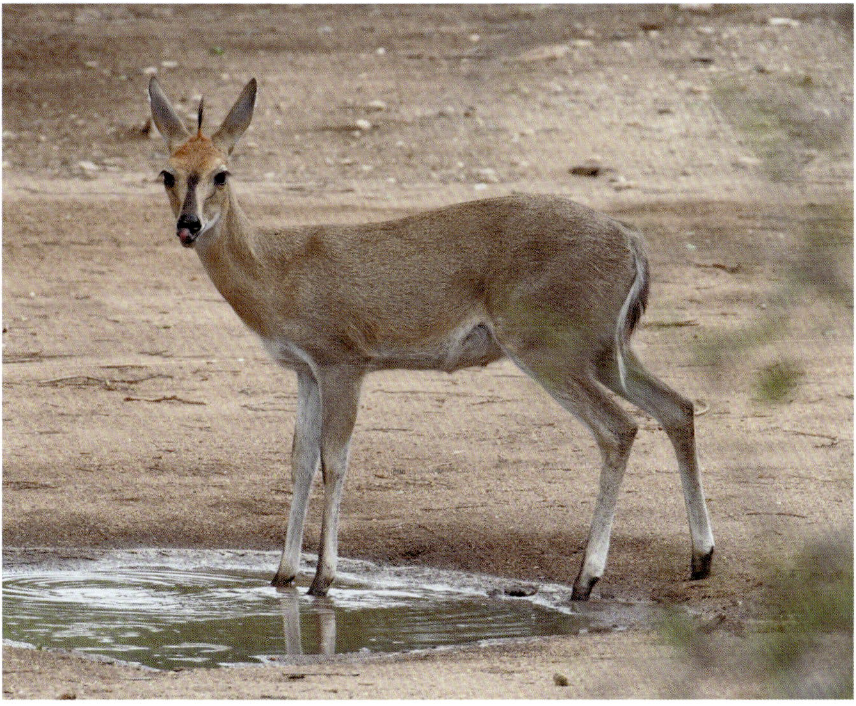

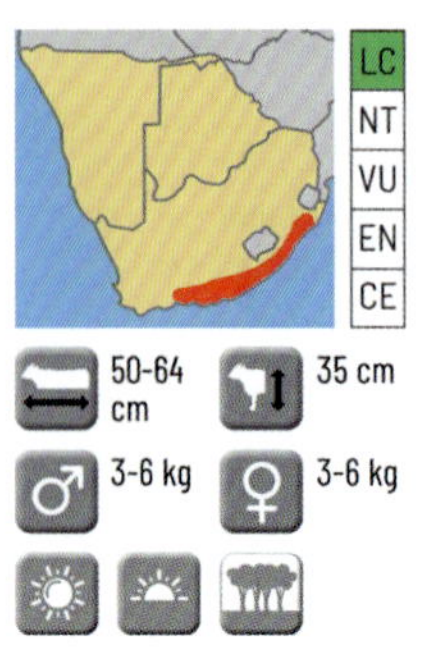

Blauducker

(Philantomba monticola)

Blue Duiker

Der Blauducker ist der kleinste von allen Duckern. Es gibt 12 Unterarten des Blauduckers. Man unterscheidet 6 Unterarten, deren Beine grau sind, und 6 Unterarten, deren Beine rötlich-braun sind. Letztere leben im südlichen Afrika und zwei davon in Südafrika. Seine Fellfarbe variiert von blaugrau bis dunkelbraun, die Beine sind oft dunkler, der Hals ist an der Vorderseite hellgrau oder beige. Er ist wahrscheinlich der artenreichste unter den Duckern, aber er wird aufgrund seiner Scheu und seines unzugänglichen Lebensraums in dichten Wäldern nur selten gesehen. Er flieht beim geringsten Anzeichen von Gefahr. Seine Nahrung besteht hauptsächlich aus Früchten, Blumen, Pilzen und Ameisen, die er vom Boden aufleckt. Beide Geschlechter tragen 3 cm lange Hörner.

Rotducker *(Cephalophus natalensis)* **Red Duiker**

Der Rotducker hat für gewöhnlich ein schönes, rotbraunes Fell. Die Bauchseite ist viel heller. Farbunterschiede gibt es je nach Region. Das Ende des kurzen Schwanzes ist weiß. Er lebt in dichten Wäldern. Der scheue Rotducker ist vor allem tagsüber aktiv. Die Muskeln in seinen längeren Hinterbeinen sind angespannt, wenn er ein Raubtier wittert. Er steht unbeweglich, wartet auf die Reaktion seines Angreifers und springt dann in der charakteristischen Ducker-Tauchbewegung mit hoher Geschwindigkeit in die dichte Vegetation. Schon nach wenigen Sekunden ist er unsichtbar. Seine Nahrung sind Früchte, Blätter und Blütenknospen. Nach circa 210 Tagen bringt das Weibchen ein Kalb zur Welt. Beide Geschlechter tragen 4 bis 7 cm lange Hörner.

Pferdeböcke *Die Pferdeböcke (Hippotraginae) gehören ebenfalls zu den Hornträgern (Bovidae). Diese Unterfamilie umfasst die Pferde-Antilopen, Rappen-Antilopen und Oryx-Antilopen. Sie alle sind kräftige Antilopen. Sie leben hauptsächlich von härteren Gräsern, manchmal ergänzt mit Hülsenfrüchten, Knollen und wilden Melonen. Ihre natürlichen Feinde sind Löwen und Leoparden. Diese jagen vor allem die Kälber.*

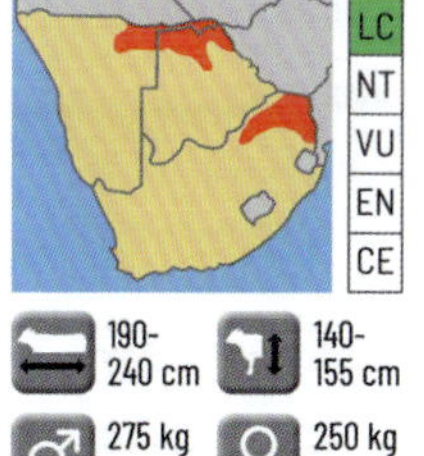

190-240 cm | 140-155 cm

♂ 275 kg | ♀ 250 kg

Pferdeantilope *(Hippotragus equinus)* **Roan Antilope**

Ihr raues Fell ist im Süden ihres Verbreitungsgebiets gelbbraun und in feuchteren Gebieten rötlicher. Der Bauch ist beige. Am Kopf hat sie eine schwarz-weiße Zeichnung. Über den Hals bis zu den Schultern verläuft eine Mähne mit schwarzen Spitzen. Die sichelförmigen Hörner sind geringelt und nach hinten gekrümmt. Sie werden 75 cm lang. Die Hörner der Weibchen sind etwas kleiner. Diese schüchterne Antilope bevorzugt offene und licht bewaldete Gebiete, wo nur wenige andere Gräser und Pflanzenfresser vorkommen. Ihre Hauptnahrung ist kurzes bis mittelhohes Gras, ergänzt durch Blätter und Triebe von Gehölzen. Bereits seit vielen Jahren ringt der Krügerpark um den Erhalt dieser Art.
Die Umsetzung eines Plans für bessere Wasserversorgung hatte einen entgegengesetzten Effekt. Die letzten Exemplare findet man im Südwesten des Parks. Die Tiere wagen sich selten weit vom Wasser weg. Sie leben normalerweise in kleinen Herden von zehn Exemplaren, bestehend aus einem dominanten Bock, mehreren Weibchen und Kälbern. Auf Weidegründen, die reich an nahrhaftem Gras sind, schließen sich Herden manchmal zusammen.
Pferdeantilopen können sich ganzjährig fortpflanzen, die meisten Jungen werden nach 280 Tagen in der Regenzeit geboren. Junge Männchen werden nach drei Jahren von der Gruppe verstoßen und schließen sich Junggesellengruppen an. Später werden sie versuchen, ihren eigenen Harem zu gründen. Pferdeantilopen werden bis 17 Jahre alt.

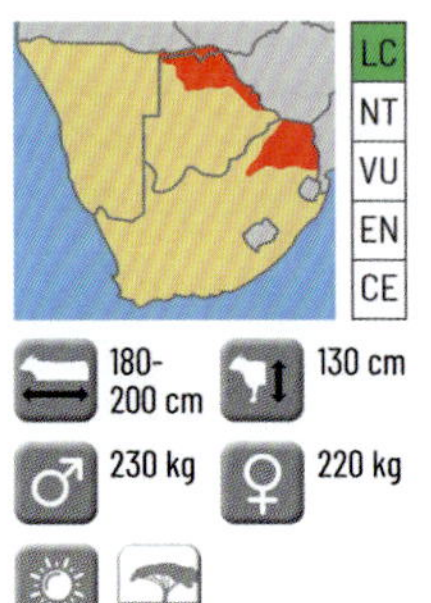

LC
NT
VU
EN
CE

180-200 cm | 130 cm
♂ 230 kg | ♀ 220 kg

Rappenantilope

(Hippotragus niger)

Sable Antilope

Die Rappenantilope hat eine stämmige Statur. Sie hat einen gedrungenen Hals, breite Schultern, eine lange Schnauze, große spitze Ohren und einen langen Schwanz. Die Art gehört zur Tribus der Pferdeböcke und ist eng mit der Pferdeantilope verwandt. Das Fell des erwachsenen Männchens wird glänzend schwarz. Weibchen und junge Männchen sind kastanienbraun. Der Bauch beider Geschlechter ist weiß, genauso wie der Hals und ein Teil des Kopfes. Vom Genick bis zu den Schultern läuft eine Mähne. Die Hörner sind 120 bis 160 cm lang. Sie sind geringelt und nach hinten gebogen. Die Hörner des Weibchens sind kürzer. Rappenantilopen leben in waldreichen Savannen. In der Trockenzeit, wenn die Wälder von Waldbränden heimgesucht werden und lokale Wasserstellen austrocknen, ziehen sie in die von Flüssen durchströmten Täler, bis diese morastig werden. Ihre Nahrung besteht vor allem aus jungem, mittelhohem Gras und Kräutern, aber auch aus Blättern und Trieben. Die Rappenantilope muss jeden zweiten Tag trinken und ist daher selten weit von Wasser entfernt anzutreffen. Sie leben in Herden von zehn bis dreißig Tieren. Tiere verschiedener Gruppen begegnen einander aggressiv. Die Männchen folgen den Gruppen manchmal, leben aber meistens von den Weibchen getrennt in eigenen Territorien. Männchen kämpfen regelmäßig gegeneinander. Sie gehen auf die Knie und ringen mit ihren Hörnern. Nach einer Tragzeit von 240 bis 280 Tagen wird ein einzelnes Kalb geboren. Wenn die Männchen drei Jahre alt sind, werden sie aus der Gruppe verjagt. Sie schließen sich dann Junggesellengruppen an. Weibchen bekommen nach drei Jahren ihr erstes Kalb. Sie werden ungefähr 17 Jahre alt. Shimba Hills in Kenia ist ihr nördlichster Lebensraum. Es gibt vier Unterarten, einer davon lebt im südlichen Afrika *(H.n. niger)*.

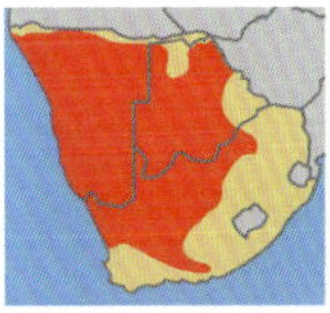

LC
NT
VU
EN
CE

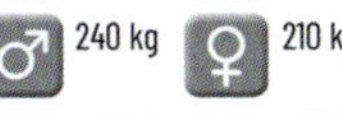

Spießbock *(Oryx gazella gazella)* **Gemsbok**

Die Spießböcke gehören zur Unterfamilie der Pferdeböcke. Von den sechs Spießböcken, die in Afrika vorkommen, lebt nur eine in den Ländern dieses Reiseführers. Der lokal verbreitete Name der Art, neben Oryx, ist auf Deutsch und in anderen Sprachen Gemsbock. Sie bewohnen den südlichen Teil Afrikas und sind besonders zahlreich in Namibia und der Kalahari-Wüste. Es handelt sich um kräftige Tiere, die sich in vielerlei Hinsicht von anderen Antilopen unterscheiden. Ihr prächtiges Äußeres ist nicht mit anderen großen Huftieren zu vergleichen. Bis auf die Unterseite ist der Spießbock bräunlich fahl, mit schwarzen Markierungen an den Flanken und Flecken an den Oberschenkeln, der Kehle und der Keule. Die schwarz-weiße Gesichtsmaske fällt besonders auf. Die Hörner sind durchschnittlich 85 cm lang. Ein Exemplar in Botswana brachte es auf 121,9 cm. Sie sind gerade, spitz, geringelt und wirken wie Spieße. Zudem halten sie sich vor allem in Wüsten oder semiwüstenartigen Gebieten auf. Sie können lange Zeit ihren Wasserbedarf durch Gras, wilde Tsamma-Melonen *(Citrullus lanatus)* und die sogenannten „Spießbockgurken" *(Citrullus naudinianus)* decken. In der Trockenzeit fressen sie auch Blätter von Sträuchern und Baumschößlinge. Der Urin ist dann sehr konzentriert. Wenn Wasser verfügbar ist, trinken die Tiere täglich. Spießböcke sind außerdem in der Lage, ihre Körpertemperatur zu erhöhen, so dass sie weniger schwitzen und somit weniger Feuchtigkeit verlieren. Ihre natürlichen Feinde sind Löwen und Leoparden, die vor allem die Kälber jagen. Die Tragzeit beträgt 264 Tage und die Kälber werden während der Regenzeit geboren. Man trifft die Tiere für gewöhnlich in Herden von rund 30 Exemplaren an. Das älteste Weibchen leitet die Herde. Spießböcke werden im Schnitt 20 Jahre alt.

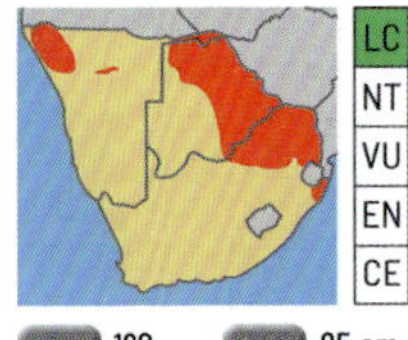

120-150 cm

85 cm

50-70 kg

40-50 kg

Impala *(Aepyceros melampus)* **Impala**

Impalas sind eine der verbreitetsten Antilopenarten in Ostafrika und im südlichen Afrika. Obwohl die Impalas "Bushmeat" für viele Raubtiere sind, überlebt diese Art sehr gut. Sie sind vor allem Weidetiere, aber sie fressen auch Blätter, Samen, Hülsenfrüchte und Kräuter. Die grazile Impala ist eine schlanke, mittelgroße Antilope mit einem rotbraunen Fell, das am untersten Teil der Flanken am hellsten ist. Die Unterseite ist beinahe weiß. Die Ohren sind an den Spitzen schwarz. Nur das Männchen trägt Hörner. Diese Hörner sind schlank, gewunden und deutlich geringelt und können mehr als 90 cm lang werden. Impalas leben in Herden in offenen Ebenen und wenig bewaldeten Gebieten in der Nähe von Wasser. Sie verfügen über ein hervorragendes Gehör und einen sehr guten Geruchssinn. Sie sehen jedoch schlecht. Bei Gefahr geben sie bellende Laute von sich. Wenn sie fliehen müssen, können sie Sprünge von 9 Metern machen, manchmal bis 3 Meter hoch. Die Impalas leben in Herden, bestehend aus einem oder zwei dominanten Männchen und einem Harem von ca. 30 Weibchen sowie den Jungen. Erwachsene Weibchen bleiben ihr Leben lang in derselben Herde, viele der Jugendlichen verlassen die Herde, wenn sie erwachsen sind. Die Männchen leben dann in Junggesellengruppen. Größere Herden von mehr als fünfzig Tieren sind in der Trockenzeit keine Seltenheit. Die Tiere halten miteinander Kontakt, indem sie durch Drüsen in der Ferse Duftspuren hinterlassen. Ein Männchen von vier bis sechs Jahren wird versuchen, seinen eigenen Harem zu gründen. Die jährliche Brunftzeit beginnt am Ende der Regenzeit und dauert drei Wochen. Dann kommt es zu heftigen Kämpfen zwischen den Männchen. Neue dominante Böcke verjagen die schwächeren und übernehmen den Harem. Am Beginn der kurzen Regenzeit, nach einer Tragzeit von ungefähr 200 Tagen, werden alle Jungtiere fast gleichzeitig geboren. Das Weibchen bleibt beim Grasen in der Nähe und sucht das Junge nur auf, um es zu säugen. Nach 4 bis 6 Monaten endet die Bindung zwischen Mutter und Jungtieren. Die Hälfte der Jungen erreicht das Erwachsenenalter. Weibchen sind mit achtzehn Monaten geschlechtsreif. Impalas werden bis zu 15 Jahre alt.

Wasserböcke *In Afrika gibt es sechs Arten von Wasserböcken (Kobus). Die Ellipse-Wasserböcke leben in den Parks dieses Reiseführers. Diese Weidetiere haben ein feuchtigkeitsresistentes Fell. Dieses Fell führt dazu, dass ihr Körper bei heißem Wetter schnell austrocknet, weshalb sie auf Wasser angewiesen sind, in dem sie sich abkühlen können. Savannen oder Grasland in der Nähe von Gewässern, Sümpfen und Überschwemmungs-gebieten bilden ihren Lebensraum. Wasserböcke sind sehr standorttreu und territorial.*

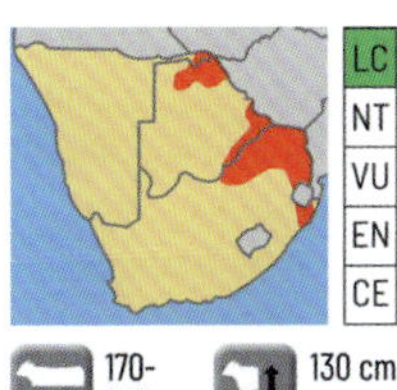

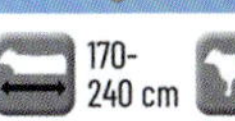

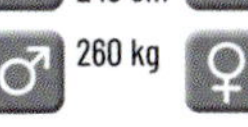

Ellipsen-Wasserbock

(Kobus e. ellipsiprymnus)

Common Waterbuck

Das Fell ist normalerweise bräunlich grau. Um den Schwanz herum befindet sich im Fell ein weißer Ring (in Form einer Ellipse). Die geringelten Hörner werden 50 bis 90 cm lang. Bei Gefahr flieht ein Wasserbock, meistens in hohes Gras oder dichtes Gestrüpp, aber es passiert auch, dass sich das Tier fast vollständig im Wasser versteckt und nur die Nasenlöcher aus dem Wasser herausragen. Nach etwa 8 Monaten bringt das Weibchen ein Jungtier zur Welt. Nach zwei bis fünf Wochen ist es wieder bereit, sich zu paaren. Die Jungen sind nach drei Jahren ausgewachsen und fruchtbar. Dies erklärt auch den Erfolg der Art. Ihre Feinde sind hauptsächlich die Hyäne und der Löwe. Da aber der Geruch der fettigen Substanz, die das Fell wasserabweisend macht, ziemlich übel riecht, muss der Wasserbock in der Regel nur Krokodile fürchten, wenn andere Beutetiere zahlreich sind. Männchen ohne Harem, meistens nicht älter als vier Jahre, leben in Junggesellengruppen. Nach 5 Jahren wird es selbst versuchen, sich eines Harems zu bemächtigen. Wasserböcke werden 14 bis 18 Jahre alt.

LC NT VU EN CE

120-130 cm | 90-100 cm
♂ 100 kg | ♀ 80 kg

Letschwe *(Kobus leche leche)* Red Lechwe

Der Letschwe, Litchi oder Lechwe (alle drei Namen werden für diese Art verwendet) ist eng mit dem Puku und dem Kob, die nördlicher in Afrika vorkommen, verwandt. Es ist eine kräftig gebaute Antilope, deren Hüfte höher steht als die Schultern. Die Hörner sind lang, dünn und gewunden und erreichen eine durchschnittliche Länge von 80 cm. Allein das Männchen trägt Hörner. Die Hufe sind weich, lang und schlank. Somit kann sich das Tier einen Weg durch matschige Sümpfe und über weichen Boden bahnen. Auf festem Untergrund bewegt es sich ungeschickt und langsam. Genau wie andere Wasserböcke bevorzugt der Letschwe wasserreiche Gebiete. Er kommt in Überflutungsgebieten, Sümpfen, in seichten Flüssen und auf überflutetem Grasland vor. In den Sumpfländern von Süd-Sambia, im Caprivizipfel in Namibia und im Norden von Botswana gibt es sie in großer Anzahl, manchmal 1000 St./km^2. Wie bei Antilopenarten üblich, leben die Männchen in unterschiedlich großen „Junggesellen"-Gruppen und die Weibchen mit den Jungtieren in Herden von bis zu 50 Antilopen. In der Brunftzeit wird der Harem von einem dominanten Bock bewacht. Weibchen und Jungtiere leben vor allem an feuchten Stellen von Überflutungsgebieten, Männchen häufig im trockeneren Teil. Sie ernähren sich von jungem Gras, Schilf und Wasserpflanzen. Sie grasen vor allem während der Dämmerung. Bei Gefahr flüchten sie mit unbeholfenem Galopp ins tiefere Wasser. Zwischen Juli und Oktober werden nach einer Tragzeit von 225 Tagen die meisten Jungen geworfen. Letschwe können mehr als 15 Jahre alt werden.

Riedböcke *Riedböcke (Redunca) sind mittelgroße Antilopen. Man unterscheidet drei Arten, zwei Arten leben im südlichen Afrika. Die Männchen tragen Hörner, die gewunden und nach vorn gebogen sind und die je nach Art verschieden lang sind. Alle Riedböcke kommunizieren mittels eines lauten Pfeifgeräuschs. Vor allem nachts und in der Trockenzeit sind viele Pfeifkonzerte zu hören. Bei Gefahr wird der Schwanz nach oben gehalten, wodurch die weiße Unterseite gut sichtbar ist. Während der Trockenzeit leben sie vorübergehend in Gruppen. Die Männchen bilden dann kleine Reviere. Bei seiner Werbung läuft das Männchen um das Weibchen herum und macht ein blökendes Geräusch. Riedböcke leben normalerweise paarweise oder in kleinen Familienverbänden, Männchen ohne Territorium in Junggesellenverbänden. Das Territorialverhalten ist bei Riedböcken nicht stark entwickelt. Männchen sind größer als Weibchen. Riedböcke werden ca. 10 bis 12 Jahre alt.*

LC
NT
VU
EN
CE

100-120 cm
70 cm
30 kg
25 kg

Bergriedbock *(Redunca fulvorufula)* **Mountain Reedbuck**

Er ist der kleinste der drei Riedböcke. Das Fell an den Flanken und auf dem Rücken der Männchen ist zottelig und graubraun. Besonders bei ihm ist der Hals deutlich frischer braun. Der Bauch, die Brust und die Unterseite des Schwanzes sind weiß. Seitlich am Kopf, unter den Ohren, ist eine dunkle Hautdrüse sichtbar. Nur das Männchen trägt kurze, aufrechte Hörner. Der Schwanz ist kurz und dicht. Sie leben im Allgemeinen auf grasbewachsenen Flächen in felsigen Gebieten zwischen 1500 und 5000 Metern Höhe (Kilimandscharo). Der Bergriedbock ernährt sich von Gräsern und Kräutern, Wasser ist für Riedböcke unerlässlich. Eine Familie besteht in der Regel aus nicht mehr als 6 Böcken, dem dominanten Männchen und ein paar Weibchen und Kälbern. Nach einer Tragzeit von 220 Tagen wird ein Kalb geboren.

LC
NT
VU
EN
CE

140-155 cm

85-95 cm

♂ 43-68 kg

♀ 32-51 kg

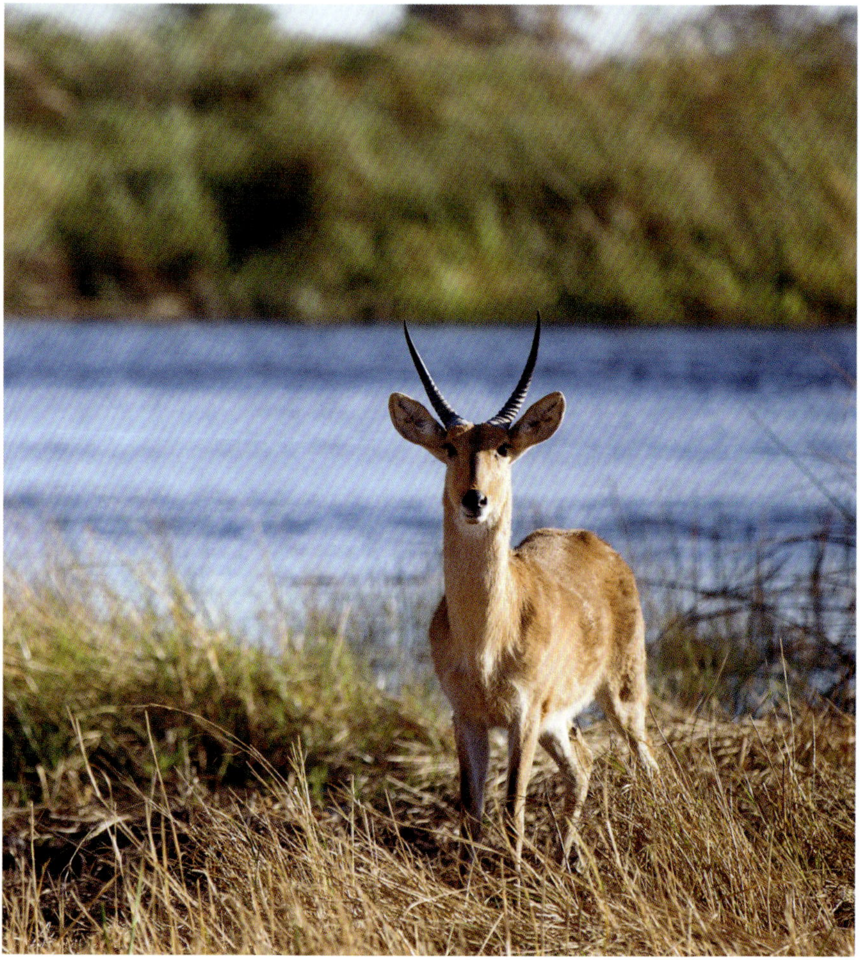

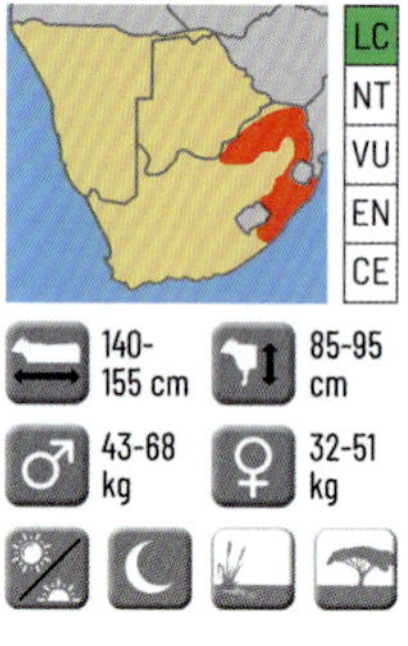

Großriedbock *(Redunca arundinum)* **Southern** oder **Common Reedbuck**
Der Großriedbock ist der größte der drei Riedböcke. Form und Länge der Hörner des Männchens sind markant. Kennzeichnend für den Großriedbock sind der große weiße Fleck am Hals und die Hörner die weit auseinander stehen. Bei seinem Fell fehlt die rostbraune Farbe an Hals und Rücken, die der Bergriedbock hat. Der Schwanz ist genau wie bei den anderen Arten buschig. Der Lebensraum dieses Riedbocks überlappt sich im Nordosten Südafrikas mit dem des Bergriedbocks. Er bevorzugt Gebiete mit hohem Gras und Schilf in der Nähe von stehendem Wasser. Oft lebt er paarweise. Durch einen hohen Pfeifton bleiben die Riedböcke miteinander in Kontakt. Im südlichen Afrika ist die Geburtenrate nach einer Tragzeit von ca. 220 Tagen während der Regenzeit am höchsten.

LC
NT
VU
EN
CE

100-130 cm | 72-75 cm
♂ 20-30 kg | ♀ 20-30 kg

Rehantilope *(Pelea capreolus)* **Grey Rhebok**

Die Rehantilope ist der einzige Vertreter der Gattung Pelea. Diese schlanke und kleine Antilope hat ein wolliges graubraunes Fell, einen weißen Bauch und eine weiße Brust, lange Beine und eine weiße Quaste am Ende des kurzen Schwanzes. Der lange Hals ist manchmal schmutzig weiß, aber normalerweise hat er die gleiche Farbe wie der Rest des Fells. Nur das Männchen trägt Hörner, die etwa 15 bis 25 cm lang sind. Diese Antilope wagt sich gelegentlich in einen der Nationalparks. Sie sind scheu und fühlen sich inmitten von Weideflächen in unwirtlichem Gelände am wohlsten. Rehantilopen bilden Herden von bis zu etwa 15 Weibchen mit einem dominanten Männchen. Während der Paarungszeit sind sie sehr aggressiv. Die Tragzeit beträgt 7 Monate und die meisten Kälber werden in den Monaten November bis Januar geboren. Da Rehantilopen viel Feuchtigkeit mit ihrer Nahrung aufnehmen, sind sie nicht auf Wasserquellen angewiesen.

Reptilien

Nach traditioneller Auffassung sind die Reptilien eine Klasse, die die folgenden Ordnungen mit noch lebenden Vertretern umfasst: Schuppenkriechtiere *(Squamata)* wie Schlangen, Echsen und Doppelschleichen. Schildkröten *(Testudines)*, die sich in Wasser- und Landschildkröten gliedern. Das Krokodil *(Crocodilia)*, von dem es in den Ländern dieses Safariführers nur eine Art gibt und schließlich die Brückenechse *(Sphenodontidae)*, eine uralte Echsenart die nur noch in Neuseeland vorkommt und nicht verwandt ist mit dem Tier, das man heute als Eidechse bezeichnet.

Reptilien sind überall auf der Welt zu finden, außer in sehr kalten Regionen. Es gibt mehr als 10.000 Arten. Mit Abstand die meisten Reptilien leben an Land. Die Haut ist mit Schuppen, Knochenpanzer oder Hornplatten bedeckt, die zum Schutz dienen, aber auch zur Tarnung oder Abschreckung gefärbt sind. Die meisten Reptilien sind Fleischfresser, nur einige Arten (z. B. Landschildkröten) ernähren sich von Pflanzen. Die meisten Reptilien legen Eier. Einige Arten bebrüten die Eier (z. B. Pythons) oder sind lebendgebärend (Vipern und einzelne Chamäleons). Meistens aber werden die Eier vergraben, in warmem Sand oder in Laubhaufen, die verrotten und dadurch Wärme freisetzen. Die Reptilien in diesem Buch sind eine Auswahl von Arten, die in den Nationalparks vorkommen.

Inhalt

Legende

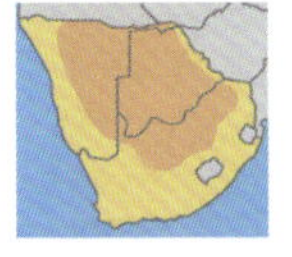

Verbreitungsgebiet

Größen und Gewichte

Volle Länge

 Gewicht Männchen

 Gewicht Weibchen

Aktiv

Tag

 Dämmerung

 Nacht

 Tag und Nacht

Lebensraum

 Savanne

Berge

Wald

Felsen

 Wasser & Sumpf

 Halbwüste

 Wüste

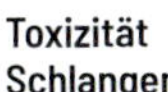

Toxizität Schlangen

 nicht giftig

 leicht gifig

 stark giftig

 extrem giftig

Population

- **LC** = gesund (**L**east **C**oncern)
- **NT** = abnehmend (**N**ear **T**hreatened)
- **VU** = schutzbedürftig (**Vu**nerable)
- **EN** = bedroht (**En**dangered)
- **CE** = kritisch bedroht (**C**ritically **E**ndangered)

SCHILDKRÖTEN - SCHILD- & PELOMEDUSENSCHILDKRÖTEN *Testudines Testudinoidea*

Schild- und Pelomedusenschildkröten *Schildkröten sind eine Ordnung der Reptilien, deren Arten sich alle durch einen stabilen und häufig auch gewölbten Panzer auszeichnen. Es gibt mehr als 300 verschiedene Arten von Schildkröten, verteilt auf über 14 Familien. Schildkröten unterscheiden sich in Größe, Farbe und Lebensweise. Alle haben sowohl auf ihrer Bauchseite (Plastron) als auch auf ihrem Rücken (Carapax) einen knöchernen Panzer, den eine lederartige Hautschicht bedeckt. Der Rückenpanzer ist mit dem Bauchpanzer an den Seiten des Körpers durch eine Knochenbrücke verbunden. Nur außerhalb des Panzers besteht die Körperoberfläche aus flexibler Haut, nämlich am Kopf, an den Füßen und am Schwanz. Die Hornplatten sind einzelne, stark vergrößerte Schuppen. Die dehnbare Haut, die den Rest des Körpers bedeckt, besteht wie bei allen Reptilien aus Hornschuppen. Die Schuppen der Haut werden regelmäßig ersetzt. Alle Schildkröten haben zwei Lungenflügel und acht Halswirbel. Sie können die Luft kontrolliert von einem Lungenflügel in den anderen strömen lassen. Dieses Verfahren wird von im Wasser lebenden Tieren genutzt, um die Balance zu halten. Schildkröten pflanzen sich jährlich fort. In der Jugend wachsen sie schnell, danach entwickeln sie sich langsam weiter. Manche größeren Arten können sehr alt werden. Auf dem Speiseplan stehen, je nach Art, unterschiedliche tierische und pflanzliche Kost. Da sie keine Zähne haben, können Schildkröten ihre Nahrung nicht zermahlen, sie zerschneiden sie mit dem scharfen Rand ihres Schnabels in Brocken. Wie Krokodile und einige Vögel, schlucken sie kleine Steinchen zur Unterstützung der Verdauung. Sie helfen, die Nahrung im Magen zu zerkleinern. Schildkröten sind in der Lage, schwere Verletzungen zu überleben, da sie sich sehr gut regenerieren können. Sie sind aber Gefahren ausgesetzt, gegen die selbst ihr harter Panzer nicht hilft, wie z. B. Bissen von Krokodilen oder Greifvögeln, die die Schildkröten aus großer Höhe fallen lassen. Risse im Panzer heilen nur langsam. Ihr Sehvermögen ist sehr gut, selbst bei Nacht. Unter Wasser können Pelomedusenschildkröten potentielle Feinde bereits am Ufer erkennen, an Land ist ihr Sehvermögen jedoch eingeschränkt. Vor allem im Wasser lebende Schildkröten haben einen gut entwickelten Geruchssinn, der ihnen hilft, Nahrung aufzuspüren. Sowohl lebende Beutetiere als auch im Wasser liegende Kadaver werden erkannt. Sie können aber nicht gut hören.*
Bei vielen Arten steht Aas auf der Speisekarte. Während der Paarungszeit wird der Geruchssinn genutzt, um Artgenossen des anderen Geschlechts zu finden. Wenn sie ein Sonnenbad nehmen, werden sie lebhafter. Zusätzlich beschleunigt eine erhöhte Körpertemperatur, genau wie bei allen anderen Reptilien, die Verdauung. Schildkröten legen Eier. Sie graben eine Kuhle in den warmen Sand, wo die Kleinen je nach Art nach 6 bis 15 Monaten schlüpfen. Nach der Eiablage schenken sie dem Gelege keine Aufmerksamkeit mehr.

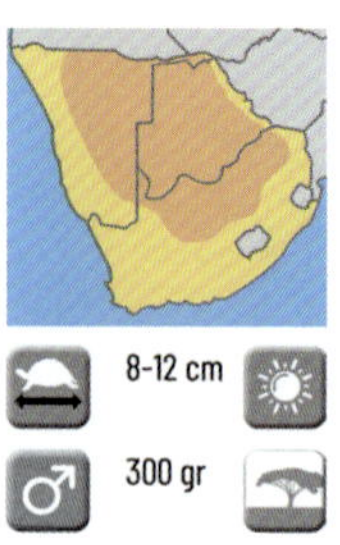

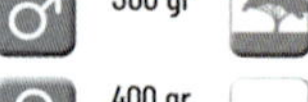
8-12 cm

300 gr

400 gr

LC | NT | VU | EN | CE

Kalahari-Strahlenschildkröte *(Psammobates oculifer)* **Kalahari Serrated Tortoise** oder **Kalahari Tent Tortoise**

Die Kalahari-Strahlenschildkröte die in der englischen Sprache auch "tent tortoise" genannt wird, hat mehrere Unterarten im südlichen Afrika. Schildkröten aus der Familie der *Psammobates* bevorzugen trockenere Savannen und Buschland mit hier und da trockenem Grasland. Diese Landschildkröte erreicht eine Schildlänge von bis zu 15 cm. Der Rückenpanzer besteht aus schwarz umrandeten Flächen mit braunen und beigefarbenen Linien sowie einem braunen Fleck in der Mitte. Diese Flecken ähneln Augen, daher der wissenschaftliche Artname *oculiferus*, was so viel wie "mit Augen versehen" bedeutet. Auffallend sind die Marginalschilde, die in stachelartigen Spitzen enden. Die San verwenden den Panzer seit langem als Tabak- und Duftdose. Da die Art stark bedroht ist, ist der Handel mit diesen "Haustieren" strafbar.

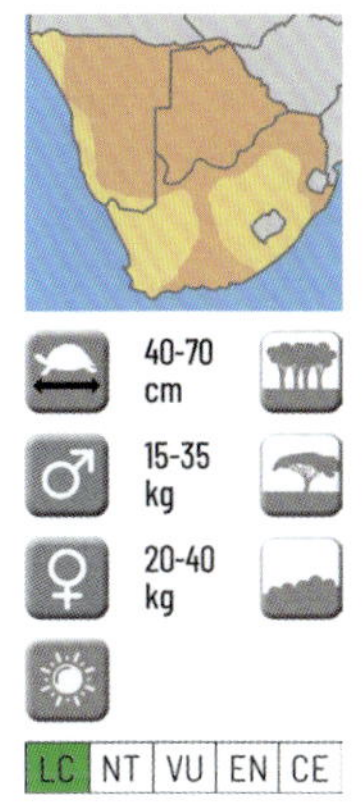

Pantherschildkröte *(Stigmochelys pardalis)* **Leopard Tortoise**

In der Mitte jeder größeren Knochenplatte befindet sich ein fünfeckiger, gelbgrauer Fleck. Die Zeichnung verblasst mit dem Alter. Die Pantherschildkröte hat einen hohen Panzer. Sie sucht hauptsächlich tagsüber nach Nahrung und verbringt die heißeste Zeit des Tages in schattigen Bereichen. Sie meidet feuchte Gebiete. Auf der Speisekarte stehen Pflanzen, Früchte, Blumen, aber vor allem Gräser. Um genügend Kalzium für eine gute Eierschale zu bekommen, nagt sie an Knochen und frisst manchmal den Kot einer Hyäne. Während der Regenzeit ist die Schildkröte am aktivsten, vor allem am Morgen. Nach einem Regenschauer in der Trockenzeit findet man sie an stehengebliebenen Pfützen. Während der Paarungszeit kämpfen die Männchen und drücken sich gegenseitig mit den Schilden weg. Dabei machen sie laute zischende, blasende und grunzende Geräusche. Das Weibchen gräbt ein Loch in den Sand, wo es nachts zwischen 5 und 30 Eier ablegt. Nach etwa 10 Monaten schlüpfen die Jungen. Jungtiere fallen manchmal Greifvögeln zum Opfer, die die Schildkröten aus großer Höhe fallen lassen, wodurch der Panzer bricht. Die Pantherschildkröte wird normalerweise bis zu 50 Jahre alt, manchmal viel älter.

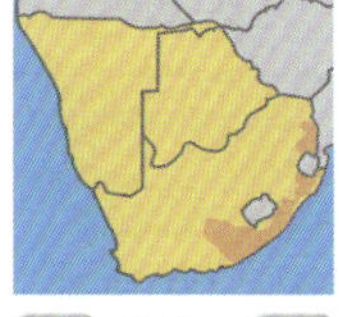

 10-14 cm

 ♂ 650 gr

♀ 700 gr

Natal-Gelenkschildkröte

(Kinixys natalensis)

Natal Hinge-back Tortoise

Gelenkschildkröten haben ein Scharnier, womit sie den hinteren Teil verschließen und damit den Schwanz und die hinteren Gliedmaßen schützen können. Bis eine neue Studie im Jahr 2012 zu anderen Ergebnissen kam, ging man davon aus, dass Gelenkschildkröten in weiten Teilen der Länder südlich der Sahara lebten. Vor allem durch den Handel mit exotischen Haustieren sind die Natal-Gelenkschildkröten heute selten geworden. Ein Parasit (eine Zecke) scheint ihr paradoxerweise beim Überleben zu helfen, da einige Länder wegen dieses Parasiten nun den Import der Natal-Gelenkschildkröte verbieten. Sie lebt in bewaldeten und felsigen Gebieten in Wassernähe. Die Farbe des Panzers ist überwiegend dunkelbraun mit gelben Flecken. Im selben Gebiet lebt auch die **Spekes-Gelenkschildkröte** *(Kinixys spekii)* **Speke's Hinge-back Tortoise**. Die Farbe des Panzers reicht von hell- bis dunkelbraun, mit einem dunklen Fleck in der Mitte jeder Platte.

Schildkröten aus der Familie der *Kinixys* haben am hinteren Teil des Rückenpanzers ein Scharnier. Deshalb können sie diesen Teil in einem 90-Grad-Winkel bewegen und so sowohl den Schwanz als auch die Hinterbeine schützen. Wissenschaftliche Namen in deutscher Sprache wurden bisher nicht anerkannt. Der Lebensraum beider Arten ist weitgehend identisch. Die Natal-Gelenkschildkröte ist jedoch nicht im Krügerpark zu finden.

Spekes-Gelenkschildkröte

17-25 cm
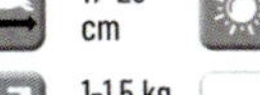
1-1,5 kg

1,5 kg
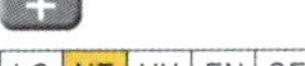

Afrikanische Schnabelbrustschildkröte *(Chersina angulata)* **Angulate Tortoise**

Die Schnabelbrustschildkröte liebt trockenere Savannen und Halbwüsten. Ihren Namen verdankt sie einer Verlängerung des Plastrons in Form einer Spitze unter dem Kopf, die aber nur das Männchen hat. Dadurch scheint es, als wäre das Maul geöffnet. Diesen vorstehenden Kehlschild benutzt das Männchen im Wettbewerb um ein Weibchen, um Konkurrenten wegzustoßen. Diese Schildkröten haben in der Regel schwarze oder dunkelbraune Knochenplatten mit einem rotbraunen oder gelben Fleck in jeder Platte auf dem Rücken. Auf den Marginalschilden befinden sich spitz zulaufende hellgelbe Bänder. Die Augen sind orange oder rot. Sie ernähren sich hauptsächlich vegetarisch, aber gelegentlich wird auch der Verzehr von Schnecken beobachtet. Eine der Bedrohungen für das Überleben dieser Art ist, dass viele Gartenbesitzer in Südafrika die Schildkröte als Haustier halten.

Areolen-Flachschildkröte *(Homopus areolatus)* **Parrot-beaked Tortoise**

Diese Schildkröte hat ein Maul, das an den Schnabel eines Papageis erinnert: schnabelförmig gekrümmt mit einem Knubbel an der Spitze. Kopf und Beine sind meist grüngrau, die Bauchseite ist gelb bis orange. Die Marginalschilde am Rand des Panzers sind rotbraun. Der Rückenpanzer besteht aus 13 gerillten Flächen, die in der Mitte rotbraun und am Rand beige sind und jeweils eine quadratische Vertiefung aufweisen. Diese Schildkröten sind in Gegenden wie trockenen Bergregionen und Savannen recht häufig anzutreffen. Sie ernähren sich hauptsächlich vegetarisch, fressen aber gelegentlich auch Insekten.

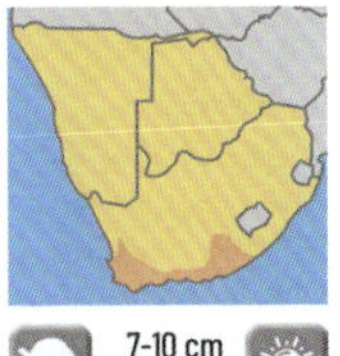
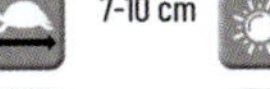
7-10 cm
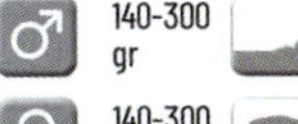
140-300 gr
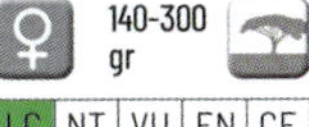
140-300 gr

LC NT VU EN CE

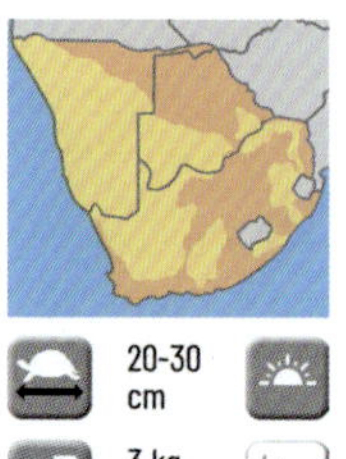

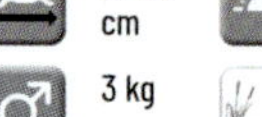
20-30 cm

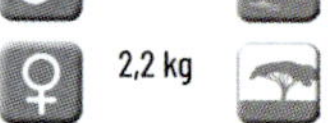
3 kg

2,2 kg

LC | NT | VU | EN | CE

Starrbrust-Pelomeduse

(Pelomedusa subrufa) **African Helmeted Turtle** oder **Marsh Terrapin**
Die Pelomedusenschildkröten *(Pelomedusidae)* sind eine Familie in Süßgewässern lebender Schildkröten. Die Familie enthält nur zwei Gattungen *(Pelomedusa und Pelusios)*. Sie unterscheiden sich durch ein Scharnier im Vorderteil des Plastron von ihren nächsten Verwandten. Saubere Panzer sind bei Jungtieren hellbraun, später grün bis dunkelbraun. Der Kopf und die Beine sind heller gefärbt. Das Plastron ist gelb mit braunen Flecken. Die Form ist länglich und kuppelförmig. Der Hals ist recht lang und wird bei Störungen unter den Schildrand eingezogen. Ihr Lebensraum sind sowohl temporäre als auch permanente Gewässer. Während der Regenzeit zieht diese Schildkröte von Tümpel zu Tümpel, was wahrscheinlich zu ihrer großen Verbreitung geführt hat. Wenn kein Oberflächenwasser mehr vorhanden ist, gräbt sie sich ein und wartet auf Regen. Die Art ist aber nicht vollständig vom Wasser abhängig. In gemäßigten Zonen sind sie oft außerhalb des Wassers auf Nahrungssuche. Auch werden sie häufig am Ufer gesehen, wo sie sich sonnen und aufwärmen. Ihre Nahrung besteht vor allem aus Wassertieren, aber auch aus kleineren Amphibien und Reptilien. Krokodile sind ihre natürlichen Feinde. Sie werden ca. 15 Jahre alt.

Gezackte Pelomeduse *(Pelusios sinuatus)* **Serrated Hinged Terrapin**

Gezackte Pelomedusen schließen ihren Panzer wie einen Karton. Da Wasserschildkröten immer eine dünne Schlammschicht auf ihrem Panzer haben, ist es schwierig, die Arten voneinander zu unterscheiden. Die Farbe des Rückenschildes variiert von grünbraun bis schwarz mit gelben Akzenten.
Der Schild ist etwas buckelig. Die Iris sind weiß. Der mittlere Teil des Bauchpanzers ist gelb und zu den Rändern hin schwarz. Wie ihre Verwandten leben sie in Seen und Flüssen. Da sie wie alle Reptilien kaltblütig sind, liegen sie oft in der Sonne. Zwischen Oktober und Januar legt das Weibchen 7-25 Eier im warmen Sandboden ab, aus denen nach 60-90 Tagen die Jungtieren schlüpfen. Wenn es sich bedroht fühlt, verbreitet sie einen unangenehmen Geruch. Es gibt viele Ähnlichkeiten mit der **Schwarzbauch-Schlammschildkröte** *(Pelusios rhodesianus)* **Variable Mud Turtle**, die mehr oder weniger den gleichen Lebensraum bewohnt.

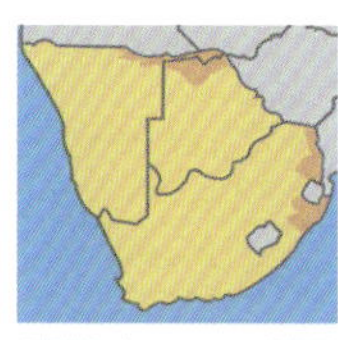

35-45 cm

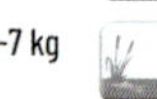
5-7 kg

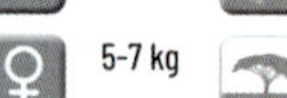
5-7 kg

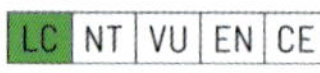
LC | NT | VU | EN | CE

KROKODILE - KROKODILE *Crocodilia - Crocodylidae*

Krokodile *Krokodile sind eine Ordnung der Reptilien. Sie leben in tropischen und subtropischen Gebieten. Es gibt drei Krokodilfamilien: Gaviale, Alligatoren (zu denen auch der Kaiman gehört) und Echte Krokodile. Sie sind ausschließlich Fleischfresser und ernähren sich vor allem von Fisch. Es existieren 22 oder 23 verschiedene Arten, darunter das Nilkrokodil. Die meisten Arten leben in stehenden bis langsam fließenden Gewässern. Der als Paddel verwendete Schwanz ist sehr muskulös und trägt einen deutlichen Kamm aus großen Schuppen. Der gesamte Körper ist mit Schuppen bedeckt. Unter diesen liegt eine Schicht von sich überlappenden Plättchen. Jedes Jahr entsteht eine neue Schicht. So kann man auf das Alter des Tieres schließen. Krokodile wachsen ihr ganzes Leben lang, die Schuppen jedoch nicht, daher müssen die Tiere sie abschaben. Die Schuppen werden nacheinander abgeworfen. Auch die Zähne sind nicht bleibend und werden regelmäßig ausgetauscht.*

Krokodile haben einen regulierbaren Stoffwechsel und einen angepassten Blutkreislauf, sie können z. B. sauerstoffarmes und sauerstoffreiches Blut miteinander vermischen. Das Blut hat eine stark antibakterielle Wirkung. Schwere Verletzungen, selbst von abgerissenen Gliedmaßen, verheilen meist schnell und ohne Infektionen. Die Eiweiße im Blut sind in der Lage, z. B. antibiotikaresistente Bakterien zu töten und sogar das für Menschen tödliche HI-Virus abzubauen. Dank der sehr geringen Bewegungsaktivität bleibt der Energieverbrauch niedrig, so dass die Tiere relativ wenig Nahrung benötigen. Krokodile schlucken regelmäßig Steine, um die Verdauung zu fördern. Ihr Magen ist in zwei Kammern unterteilt. Der erste Magen knetet und der zweite Magen verdaut die Nahrung. Das Krokodil verfügt über die konzentrierteste Magensäure, die in der Tierwelt bekannt ist. Im Magen wird die Beute in ihrer Gesamtheit verdaut, Knochen, Hufe, Hörner oder Federn inklusive. Die Augen haben eine zusätzliche durchsichtige Membran, die sich unabhängig von den Augenlidern schließen kann. Dadurch können Krokodile trotz "geschlossenen" Augen gut unter Wasser sehen. Auch nachts sehen sie hervorragend.

Die Paarung findet immer unter Wasser statt. Krokodile sind nicht monogam. Sie sind so wie alle Reptilien Kaltblüter und können ihre Körpertemperatur nicht selbst erhöhen. Um wärmer zu werden, nehmen sie regelmäßig ein Sonnenbad. Dies dient vor allem dazu, die Verdauung zu beschleunigen. Auch Schwitzen kann ein Krokodil nicht. Um sich trotzdem irgendwie abzukühlen, öffnen sie ihr Maul, wodurch zusätzliches Wasser aus dem Maul verdunsten kann. Krokodile spielen ökologisch eine wichtige Rolle. Sie beseitigen kranke, schwache und unaufmerksame Tiere. Auch Kadaver werden gefressen, wodurch verhindert wird, dass diese verrotten und das Wasser verunreinigen. Außerdem fressen sie große Mengen gefräßiger Raubfische, wie z. B. Welse. Dies wirkt sich auf den Lebensraum anderer Tiere aus. Viele Vögel ernähren sich von Fisch. Wird der Fischbestand zu niedrig, ziehen sie fort. Ihr Kot ist aber eine wichtige indirekte Nahrungsquelle für die Fische. Krokodile bevölkern bereits seit 200 Millionen Jahren unsere Erde.

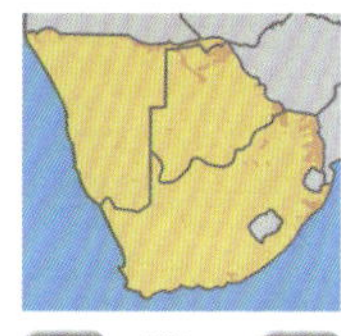

350-600 cm

♂ 225-750 kg

♀ 200-500 kg

LC | NT | VU | EN | CE

Nilkrokodil *(Crocodylus niloticus)* **Nile Crocodile**

Bei erwachsenen Nilkrokodilen verschwinden die gelben Flecken auf dem Rücken, aber ihre Flanken bleiben meist gelblich mit grauen Flecken. Bei hohen Temperaturen verharren die Tiere im Wasser. Das Nilkrokodil gräbt Höhlen ins Ufer, manchmal unterhalb des Wasserspiegels, in die es sich zurückzieht, wenn es zu heiß oder zu trocken wird. Es versteckt sich auch unter großen Steinen und zwischen Baumwurzeln. Krokodile lassen die Anwesenheit von Artgenossen zu, weil sie als Gruppe effizienter jagen können. Die Beute wird auseinandergerissen, indem sich das Krokodil um seine Achse dreht. Nach 12 bis 16 Jahren sind sie geschlechtsreif. Während der Balz berühren sie einander oft, vor allem am Kopf und am Genick. Indem sie mit ihren Nasenlöchern und ihrem Maul das Wasser blubbern lassen, versuchen die Männchen die Weibchen zu beeindrucken. Ein dominantes Männchen kann sich mit bis zu zwanzig Weibchen paaren. Einen Monat nach der Paarung legt das Weibchen 40 bis 60 Eier in eine 50 cm tiefe, warme Sandgrube. Die Temperatur muss mindestens 28 °C betragen. Die Höhe der Temperatur ist entscheidend für das Geschlecht: Bei 32-33 °C entstehen meist Männchen, bei niedrigeren Temperaturen (<31 °C) Weibchen. Da die Temperatur im Nest jedoch niemals überall gleich ist, schlüpfen nach drei Monaten beide Geschlechter. Das Weibchen bleibt in der Nähe, um Nesträuber wie den Nilwaran fernzuhalten. Wenn die Jungen geschlüpft sind, machen sie piepsende Geräusche, die die Mutter veranlassen, sie auszugraben und in ihrem Maul zum Wasser zu transportieren. Räuberische Säugetiere, Vögel, große Fische und Artgenossen sind dann eine Gefahr. Die größte Bedrohung für Krokodile ist der Mensch. Das Töten von Krokodilen im großen Stil findet aus Angst, Unwissenheit oder kommerziellen Gründen statt. Auf Grund der Austrocknung seiner Lebensräume ist das Krokodil bereits in vielen Ländern verschwunden. Meistens werden Nilkrokodile 50 bis 70 Jahre alt, aber unter guten Bedingungen werden einzelne Exemplare auch 100 Jahre alt und älter.

Agamen *Alle Echsen haben einen grundsätzlich ähnlichen Körperbau, die Arten können sich jedoch in Länge, Farbe und Körperform stark unterscheiden. Die Hautfarbe vieler Echsen wird durch Melanin bestimmt, einem organischen Pigment, das von den Melanozyten produziert wird. Dies sind Zellen, die unter der untersten Schicht der Oberhaut liegen. Vor allem bei Agamen kann man dies gut sehen. Agamen sind Teil der Leguanartigen (Agamen, Chamäleons und Leguane) und hier mit den Chamäleons eng verwandt. Die Agamen (Agamidae) bilden eine Familie innerhalb der Ordnung Schuppenkriechtiere. Die Familie umfasst über 350 Arten. Agamen haben relativ häufig einzelne Schuppen die dornartig auf dem Kopf, Genick und Schwanz abstehen. Die meisten Arten bleiben klein, ungefähr 20 bis 30 cm groß. Männchen sind oft spektakulär gefärbt, vor allem während der Paarungszeit. Hierdurch werden manche Arten von der lokalen Bevölkerung zu Unrecht für giftig gehalten und getötet. Einige Arten haben sich an kühlere oder trockenere oder heißere Lebensbedingungen angepasst. In Afrika leben sie in Savannen und in Wüsten. Agamen sind Allesfresser. Außer Insekten fressen sie Gras, Früchte und Blüten. Auch Eier anderer Echsen werden gefressen. Sie selbst werden von Mangusten, Greifvögeln und Schlangen gejagt. Sie haben verschiedene Kommunikationsformen, die bekannteste ist das 'Nicken' mit dem Kopf. Viele Arten können auch ihren Gemütszustand durch die Körperfarbe ausdrücken, genau wie Chamäleons. Bei manchen Arten sind die weniger dominanten Männchen wie die Weibchen gefärbt. Die dominanten Männchen sind oft aggressiv und verteidigen vehement ihr Territorium. Die meisten Agamen legen Eier. Agamen werden 7 bis 17 Jahre alt.*

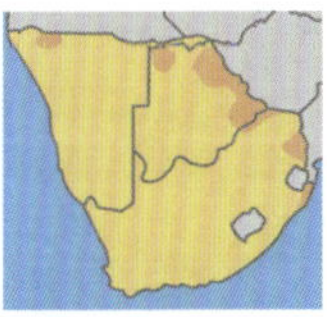

13-16 cm

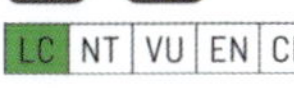

Blaukehlagame

(Acanthocercus atricollis) **Southern Tree Agama**
Diese Agame lebt in Teilen des südlichen Afrikas und bevorzugt Gebiete mit trockenem, von Bäumen bewachsenem Boden. Sie findet ihre Nahrung vor allem auf Bäumen (Johannisbrotgewächse und Akazien), sucht aber auch den Boden zwischen den Bäumen ab. Der Kopf und die Vorderbeine sind blau, ab dem Rücken wird sie gelb und der Schwanz endet wieder blau. Die Flanken sind gelb bis grau. So wie bei Agamen üblich, verändert sie ihre Farbe je nach Gemütszustand. Das etwas kleinere Weibchen ist viel blasser (graubraun). Es legt seine Eier in eine warme, feuchte Höhle, meist zu Beginn der Regenzeit. Der Nachwuchs schlüpft nach ca. 90 Tagen.

AGAMEN

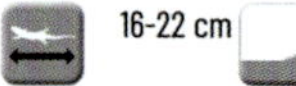

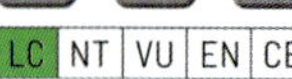

Armata Agame *(Agama armata)* Peter's Ground Agama

Es gibt keinen deutschen Namen für diese Agama, sie wird auch tropical spiny agama genannt. Das lateinische Wort *"armata"* kommt von den Stacheln, die sie auf dem Rücken hat. Sie lebt einzelgängerisch und bevorzugt sandigen Boden mit Steinen, unter denen sie sich verstecken. Wenn das Männchen ein Weibchen beeindrucken oder sich verteidigen will, färbt sich sein Kopf grün oder blau.

Südliche Felsenagame *(Agama atra)* Southern Rock Agama

Diese Agame ist meist in kleinen Gruppen anzutreffen. Während der Paarungszeit, aber auch wenn er seine Dominanz gegenüber einem anderen Männchen zeigt, färbt sich der Kopf blau. Im Falle einer Gefahr verblassen all die leuchtenden Farben. Er hat einen relativ dünnen Schwanz und einen etwas plumpen Körper. Ein weißer Streifen zieht sich über den Rücken und die Flanken und der Schwanz sind leicht orange. Die Weibchen sind in der Regel graubraun, verfärben sich aber auch, wenn sie gestresst sind. Sie bevorzugen felsige Gegenden. Ihre Hauptfeinde sind Katzen, Würger und Schlangen. Sie können unter unterschiedlichen Bedingungen leben, vermeiden aber sandige Böden.

Etosha Agame *(Agama etoshae)* Etosha Agama

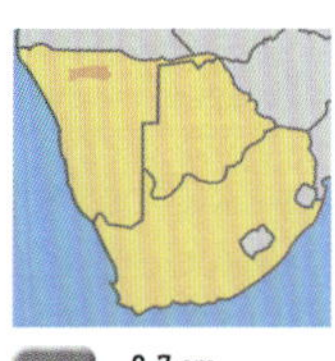

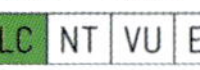

Diese kleine Agame ist im Etosha-Nationalpark und in seiner unmittelbaren Umgebung, wie dem Ovambo- und Kaokoland, endemisch. In Ruhe ist ihr Oberkörper leicht gelblich, über Rücken und Schwanz ziehen sich dunkle Querstreifen. Der Unterkörper ist beige. Der Schwanz des Männchens ist länger als der Körper, während der des Weibchens deutlich kürzer ist. Er bevorzugt sandige Böden in flachem Gelände, wo er sich von Termiten und Käfern ernährt. Während der heißesten Stunden des Tages versteckt er sich unter der Erde. Sie leben hauptsächlich als Einzelgänger, aber manchmal auch paarweise. Das Weibchen legt viele Eier in einem Loch im warmen Boden ab.

SCHUPPENKRIECHTIERE - WARANE *Squamata - Varanidae*

Warane *Warane sind die größten Echsen. Sie kommen in den verschiedensten Lebensräumen vor. Manche Arten leben in trockenen Wüsten, andere haben sich an Gebiete mit Bewuchs angepasst. Einige sind nur im tropischen Regenwald an zu treffen, wo sie sich fast ausschließlich auf Bäumen aufhalten. Im Gegensatz dazu leben unter anderem der Nilwaran und der Weißkehlwaran vor allem auf dem Boden. Von manchen Waranen weiß man, dass sie stark an wasserreiche Umgebungen angepasst sind, Zu ihnen gehört der Nilwaran, der einen seitlich abgeflachten Schwanz hat, um besser schwimmen zu können. Alle Warane haben einen dreieckigen Kopf mit einem relativ spitzen Maul. Sie verfügen über recht gut entwickeltes Gehör und können vor allem tagsüber gut sehen. Die Form der Nase ist vom Lebensraum abhängig. Bei wasserliebenden Waranen sitzt die Nase etwas höher, damit sie beim Schwimmen atmen können. An der Unterseite des Kopfes befindet sich ein Kehlsack für Nahrung. Warane kommen morgens zum Vorschein, um nach Fressbarem zu suchen. Die heißeste Tageszeit verbringen sie in ihrem Versteck, einer Höhle oder zwischen Felsen. Alle Arten sind gute Kletterer, Schwimmer und Läufer. Die Tiere sind notorische Eierdiebe und scheuen sich nicht, das Nest eines Krokodils auszurauben. Am nächsten verwandt sind Warane mit den Schlangen. Sie haben auch einige Merkmale mit Schlangen gemeinsam, wie z. B. die lange, gespaltene Zunge und den stark entwickelten Geruchssinn. Sie können auch ihr Maul weit öffnen um größere Nahrungsbrocken zu schlucken, ein typisches Merkmal aller Schlangen. Sie werden meist 12 bis 17 Jahre alt.*

Weißkehlwaran *(Varanus albigularis)* Rock Monitor

Es gibt drei Unterarten des Weißkehlwarans. Zwei davon leben in einem oder mehreren Ländern dieses Buches. Diese Unterarten unterscheiden sich in Farbe und Größe. Gemeinsam haben sie den gebänderten Schwanz und den helleren Hals. Dieser Waran hat einen ähnlichen Lebensraum wie der Nilwaran. Die beiden Arten sind vor allem daran zu unterscheiden, dass der Weißkehlwaran einen kürzeren Kopf sowie hellere Streifen auf dem Rücken und weniger gelbe Flecken hat. Die Nahrung des Weißkehlwarans ähnelt der seines größeren Cousins. Eigentlich frisst er alles, was in sein Maul passt. Es gibt Weißkehlwarane, die weit über 150 cm groß und erheblich schwerer als üblich sind.

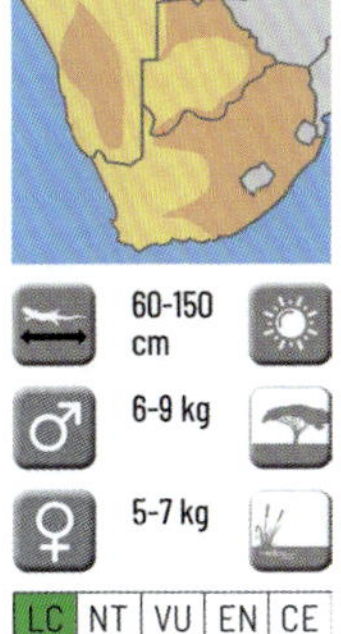

Länge	60-150 cm
♂	6-9 kg
♀	5-7 kg

LC | NT | VU | EN | CE

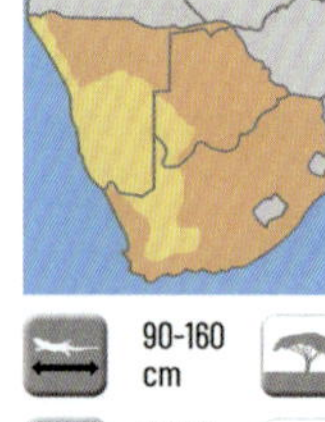

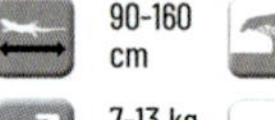

90-160 cm

7-13 kg

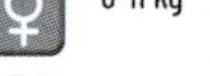

6-11 kg

LC | NT | VU | EN | CE

Nilwaran

(Varanus niloticus)

Nile Monitor

Der Nilwaran ist Afrikas längste Echse aus der Familie der Warane. Er frisst nicht nur Aas, sondern ist auch ein aktiver Jäger. Er frisst allerlei kleine Tiere wie Vögel, Amphibien, Echsen, Schlangen und Weichtiere, aber vor allem Eier, insbesondere die des Krokodils. Er stellt die größte Bedrohung für das Gelege des Nilkrokodils dar. Der Nilwaran liebt trockene, heiße Plätze in sandigen Gebieten (z. B. Savannen und Halbwüsten) mit etwas Vegetation, Wasser und Felsen, zwischen denen er sich in der Mittagshitze verstecken kann. Da er oft das Wasser als Fluchtweg wählt, ist er häufig in der Nähe von Seen und Flüssen zu finden. Die Geschlechter sind schwer auseinanderzuhalten, aber das Männchen hat eine etwas dickere Schwanzwurzel und sein Körper ist etwas größer. In kühleren Gegenden halten die Tiere eine Winterruhe von zwei bis drei Monaten. Der Nachwuchs hat einen schwarzen Körper mit grellgelben Flecken. Bei älteren Tieren verblassen die Farbschattierungen und der Körper wird überwiegend grau oder oliv. Der Nilwaran hat einen launischen Charakter und greift durchaus an, wenn Sie ihm zu nahe kommen. Sie sind blitzschnell. Sowohl die langen, scharfen Krallen, als auch der Schwanz und das Maul werden als Waffen eingesetzt und können Menschen ernsthaft verletzen, abgesehen von den Fäulnisbakterien, die das Maul des Nilwarans bevölkern und eine Gefahr darstellen. Junge Warane fallen oft Greifvögeln zum Opfer. Die Eier werden häufig von Katzenartigen und Ratten ausgegraben. Ein Weibchen legt 16 bis 32 Eier, die nach 6 bis 9 Monaten schlüpfen. Die Jungtiere sind sofort selbstständig. Manchmal gibt es Nilwarane, die größer als 150 cm und auch deutlich schwerer sind.

Schlangen *Von den rund 3.900 verschiedenen Arten töten etwa 600 ihre Beute mit Gift. Zu dieser Gruppe gehören auch Schlangen, deren Gift für den Menschen wenig oder gar nicht gefährlich ist. Als Kaltblüter leben die meisten Arten in wärmeren Gegenden, einige in extrem trockene Umgebungen, andere kommen sogar in kalten Regionen bis zum Polarkreis vor. Es gibt jedoch auch Schlangen, die unterirdisch leben oder sich an ein Leben in wasserreichen Umgebungen angepasst haben. Wenn eine Schlange sich häutet, wird die Haut in einem Stück abgeworfen. Es gibt 18 Schlangenfamilien, von denen viele in Afrika leben. Vier davon appellieren an die Fantasie: Culubridae - Nattern, Pythonidae - Pythons, Elapidae - Giftnattern (Kobras, Mambas) und die Viperdae - Vipern. Alle diese Familien haben wiederum viele Unterfamilien. Ihr wichtigster Sinn ist der Geruchssinn. Schlangen atmen durch die Nasenlöcher, riechen aber mit der Zunge. Sie „wedeln" mit der Zunge, um Duftstoffpartikel aufzufangen. Im Inneren des Mauls führen sie die Zungenspitzen in das Jacobson-Organ. Da die Zunge gespalten ist, können Schlangen in „Stereo" riechen.*
Sie hören nicht wie andere Tiere, aber sie reagieren auf Schallvibrationen. Die meisten Schlangen können nur schlecht sehen und erkennen lediglich bewegliche Objekte. Schlangen sind Fleisch-, aber keine Aasfresser. Sie töten ihre Beute durch Strangulieren, Beißen oder durch Verabreichung von Gift. Sie haben viele Feinde, z. B. andere Schlangen, Krokodile, Schildkröten, Vögel und Säugetiere. Zu letzteren zählen vor allem die Marderarten und Mangusten. Von den großen Katzenartigen, Primaten und Schweinen weiß man, dass auch sie hin und wieder Schlangen fressen. Huftiere zertrampeln Schlangen, um sich selbst zu schützen. Im unwahrscheinlichen Fall eines Schlangenbisses sollten Sie unbedingt versuchen, das Tier zu fotografieren, damit später das richtige Antiserum ermittelt werden kann. Für Hilfe bei Schlangenbissen lesen Sie bitte www.toxinology.com. Das African Snakebite Institute bietet eine kostenlose App an.

Nattern *Die Nattern-Familie (Colubridae) ist in vier Unterfamilien unterteilt. Aufgrund des fortschreitenden Wissens haben viele Arten in den letzten Jahren ihre wissenschaftlichen Namen mehrmals geändert. Oft gibt es nicht einmal einen deutschen Namen für die Art. Mit mehr als 250 Gattungen und über 1800 Arten ist sie die bei weitem größte Familie. Mit Ausnahme einiger weniger Arten (z.B. Boomslang) sind Glattnattern für den Menschen ungefährlich.*

Gefleckte Buschschlange

Grüne Sumpfschlange

Angola-Grünschlange

Grasgrüne Buschschlange

Grüne Eigentliche Nattern

(Philothamnus) **Green Snakes**

In Afrika gibt es viele grüne Schlangen, einige ganz grün oder blaugrün, andere mit schwarzen Flecken oder schwarzen Schuppen gesprenkelt. Im südlichen Afrika gibt es neun grüne Arten, plus Unterarten, von denen sechs zur Gattung *Philothamnus* gehören, von denen vier oder fünf in den Parks vorkommen. Sie sind für den Menschen ungefährlich. Allerdings sind die grünen Schlangen dieser Gattung der Boomslang und auch der grünen Gewöhnlichen Mamba, die giftig sind, sehr ähnlich. Ein Laie wird jedoch nicht sofort erkennen, mit welcher Schlange er es zu tun hat. Junge Exemplare führen auch zu Verwirrung. Eine weit verbreitete Natter ist die **Gefleckte Buschschlange** *(Philothamnus semivariegatus)* **Spotted Bush Snake**. Diese relativ lange und schlanke Schlange ist in dem dichten Grün kaum zu sehen. Als Beutetiere sind sie verletzlich und völlig harmlos. Diese Schlange mit schwarzen Flecken ist auf dem Bauch gelblich bis cremefarben. Die Iris sind leuchtend rot. In nördlicheren Regionen hat diese Buschschlange einen kupferfarbenen Schwanz. Sie haben ein ausgezeichnetes Sehvermögen und sind schnelle Schwimmer. Von der **Grünen Sumpfschlange** *(Philothamnus natalensis & occidentalis)* **Natal Green Snake** (Östliche und Westliche) gibt es zwei Arten. Die Verbreitungskarte zeigt den Lebensraum beider Arten im Osten Südafrikas. Die Bauchseite ist weißlich oder gelb; auch sie sind ausgezeichnete Schwimmer und Kletterer. Die Augen wirken durch den schwarzen Ring um die weiße Iris besonders groß. Sie leben inmitten von Wäldern und Grasland. Sie werden etwa 10 Jahre alt. Die etwas robustere **Angola-Grünschlange** *(Philothamnus angolensis)* **Angola Green Snake** lebt im südlichen Teil der Kunene-Region und im Caprivizipfel in Namibia, im Okavango-Delta in Botswana und, bemerkenswert weit von ihrem eigentlichen Lebensraum entfernt, im Nordosten Südafrikas, unter Mosambik. Im Gegensatz zu seinem grünen Körper mit dunklen Schuppen ist sein Körper normalerweise eher olivgrün. Die Iris sind gelb.

Die **Grasgrüne Buschschlange** *(Philothamnus hoplogaster)* **Green Watersnake** ist entweder ganz hellgrün, manchmal leicht gesprenkelt oder der Rücken ist eher blaugrün. Sie haben einen runden Kopf und die Schnauze ist oft zartgelb. Die Bauchseite variiert von gelb bis grün. Die Iris sind gelb. Alle diese Schlangen sind kaum einen Finger dick und jagen Eidechsen, Kröten, Frösche und Laubfrösche. In wissenschaftlichen Kreisen wurden diesen Schlangen noch keine offiziellen deutschen Namen gegeben.

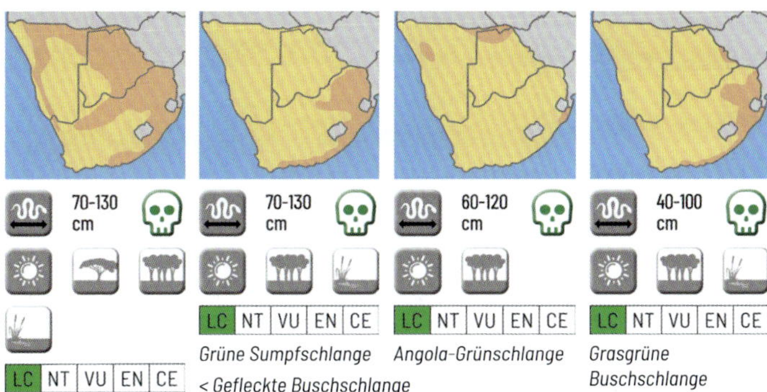

< Gefleckte Buschschlange

Grüne Sumpfschlange

Angola-Grünschlange

Grasgrüne Buschschlange

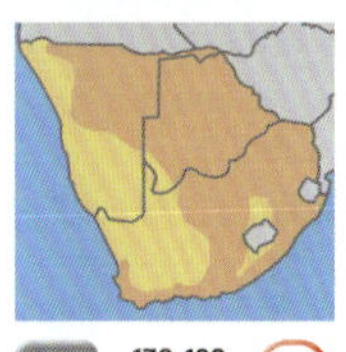

Boomslang *(Dispholidus typus)* **Boomslang**

Die Weibchen und Jungtiere behalten die braungraue Färbung, während die Männchen hellgrün sind, genau wie die Gewöhnliche Mamba, allerdings hat die Boomslang manchmal schwarze Streifen. Die Boomslang hat eine kurze, stumpfe Nase und große Augen. Sie leben in bewaldeten Gebieten inmitten von Savannen, die nicht zu trocken sind. Ihre Nahrung besteht aus Chamäleons, Echsen, Fröschen und ab und zu kleinen Säugetieren, Vögeln und Eiern. Im Gegensatz zu den meisten Nattern ist die Boomslang sehr giftig. Der Giftstoff ist ein Hämotoxin. Das bedeutet, dass das Gift das Hämoglobin (Eiweiß) in den roten Blutkörperchen angreift und zerstört. Dadurch kann das Blut nicht mehr gerinnen und das Opfer stirbt an zahlreichen inneren und äußeren Blutungen. Symptome bei Menschen sind: Kopfschmerzen, Übelkeit, Schlaflosigkeit und Wahnvorstellungen. Die Symptome zeigen sich oft erst nach Stunden. Einerseits hat man so Zeit, ein Antiserum zu besorgen, andererseits läuft man aber Gefahr, den Biss zu vernachlässigen. Eine erwachsene Boomslang hat 4-8 Milligramm Gift. Fünf Milligramm genügen meist, um einen Menschen zu töten. Die scheue Baumschlange beißt nur, wenn man versucht, sie zu fangen. Sie werden oft nicht älter als 8 Jahre.

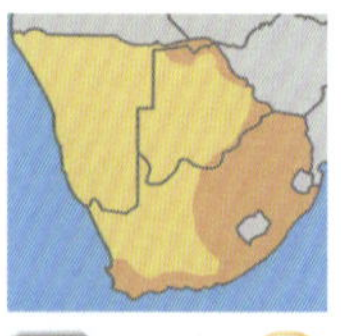

70-100 cm

LC | NT | VU | EN | CE

Weißlippenschlange *(Crotaphopeltis hotamboeia)* **Herald Snake**
Die Weißlippen-Schlange ist in weiten Teilen Subsahara-Afrikas zu finden. Sie ist durchschnittlich 75 cm lang und hat einen hell-orangen und schwarzen Fleck hinter den Augen. Die Farbe der Weißlippen-Schlange variiert von braun bis dunkelgrau mit weißen Punkten. Wegen ihres Aussehens wird sie in Südafrika auch „rooilipslang" („Rotlippenschlange") genannt Der Bauch ist deutlich heller. Die Schlange ist leicht reizbar und reagiert aggressiv, wenn sie gestört wird. Dann zischt sie und greift an. Sie kann auch beißen. Ihr Biss ist jedoch für den Menschen harmlos. Sie bevorzugt sumpfiges Grasland inmitten von Flachlandwäldern. Sie ernährt sich von Kröten, Fröschen, Eidechsen und anderen Schlangen. Untersuchungen zeigen, dass diese Schlange zehn bis 15 Jahre alt wird.

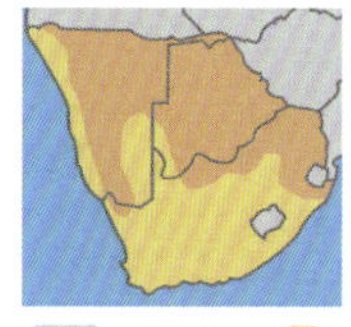

55-80 cm

LC | NT | VU | EN | CE

Getigerte Katzennatter *(Telescopus semiannulatus)* **Common Tiger Snake**
Die Getigerte Katzennatter ist ein farbenfrohes Mitglied der Familie der Nattern *(Culubridae)*. Sie ist eine auffällige Schlange mit einem schlanken Leib und einem relativ großen orangen Kopf mit großen, hervorquellenden, orangen Augen. Ihr Körper ist hellrosa, auf dem Rücken hat sie braunschwarze Flecken (am Bauch nicht, das unterscheidet sie unter anderem von der Südafrikanische Korallenschlange *(Aspidelaps lubricus)*. Sie ist vor allem nachts aktiv und sucht ihre Nahrung auf dem Boden. Sie frisst junge Vögel, Fledermäuse, Echsen und kleine Nagetiere. Sie bewegt sich langsam. Einmal in der Nähe ihrer Beute, schlagt sie mehrmals rasend schnell zu. Ihr Gift ist schwach und für den Menschen ungefährlich. Ihr bevorzugter Lebensraum sind Savannen und Halbwüsten. In Namibia lebt die **Damara-Katzennatter** *(T. finkeldayi)* **Damara Tiger Snake**. Sie ist die kleinste der Tigernattern und heller gelb als ihre Artgenossen. Sie lebt im westlichen Teil von Namibia. Im Südwesten Namibias und im Nordwesten Südafrikas lebt die **Namib** oder **Beetz's Tiger Snake** *(T. beetzi)*. Diese Art wird nicht größer als 65 cm, bleibt aber häufiger kleiner als 50 cm. Da sich ihr Lebensraum teilweise mit dem der Damara-Katzennatter überschneidet, werden die beiden Arten oft verwechselt. Die größere Beetzi-Katzennatter ist in der Regel heller gefärbt. Die Weibchen legen im Sommer alle zwei Monate 6 bis 20 Eier. Diese Schlangen werden etwa 10 Jahre alt. Die Karte zeigt den Lebensraum der drei Arten.

45-90 cm

LC | NT | VU | EN | CE

Gefleckter Schaftecher *(Psammophylax rhombeatus)* **Spotted Skaapsteker**

Alle Schafstecher, von denen es 6 Unterarten gibt, haben einen cremeweißen Unterkörper. Auf der gesamten Länge auf beiden Seiten wo der Rücken beginnt, befindet sich ein rötlich-braunes Muster, das sich mit Weiß und Graubraun abwechselt. Darüber ein brauner Streifen, bestehend aus runden Flecken auf fast schwarzem Grund, und dann weiter oben ist der Rücken vollständig mit zweifarbigen braunen Flecken auf beigem Grund bedeckt. Das Beige kann auch Grau sein. Der flache Kopf hat einen hellbraunen Sattel. Es ist eine blitzschnelle Schlange, die tagsüber Frösche, Eidechsen und kleinere Nagetiere jagt. Sie ist nicht aggressiv und man kann sich ihr problemlos nähern. Ihr Gift ist mild. Für Menschen oder Schafe, auf die ihr Name verweist, ist es kein Problem. Je nach Umständen ist der Schafstecher sowohl ovovivipar (die Eier werden innerhalb des Körpers ausgebrütet und das Weibchen bringt Jungtiere zur Welt) als auch ovipar (das Weibchen legt Eier). Einzelne Exemplare erreichen eine Länge von bis zu 140 cm .

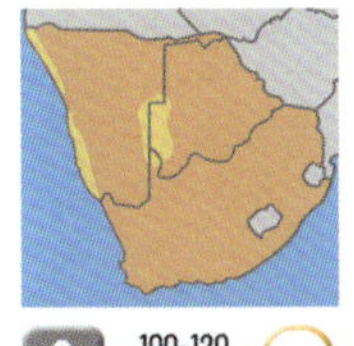

100-120 cm

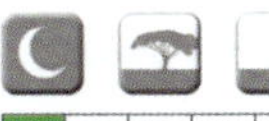

LC | NT | VU | EN | CE

Rhombic Eierschlange *(Dasypeltis scabra)* **Rhombic Egg-eater**

Die Rhombic Eierschlange, die in weiten Teilen Afrikas vorkommt, variiert in der Farbe von hellgrau bis hellbraun mit dunklen, unregelmäßigen Flecken und Streifen auf dem Rücken. Zusammen mit der Indischen Eierschlange sind die Afrikanischen Eierschlangen die einzigen rein oviphagen (eierfressenden) Schlangen der Welt. Sie verschlucken das ganze Ei auf einmal. Die Eierschale wird durch Fortsätze an den Halswirbeln der Schlange zerbrochen, danach beginnt die Verdauung und die Schale wird ausgewürgt. Ein Ei, das dreimal so groß ist wie ihr Kopf, ist für sie kein Problem. Auf der Suche nach Nahrung klettern sie auf Bäume und Sträucher. Ihr Geruchssinn ist gut entwickelt, um Nester aufzuspüren aber sie erkennen auch genau, wann Eier faul oder überentwickelt sind und meiden diese. Am liebsten fressen sie frische Eier von Vögeln, die am Boden nisten. Anders als die meisten Schlangen hat diese Art keine echten Zähne, da diese nur ein Hindernis darstellen würden. Ihr Lebensraum besteht aus feuchten und trockenen tropischen und subtropischen Wäldern, Buschland und Grasland. Die Schlange ist auch in künstlich angelegten Gebieten wie Wiesen, Plantagen und ländlichen Gärten anzutreffen. Sie meiden Wüsten und Regenwälder.

Afrikanische Hausschlange

Kap-Hausschlange

Aurora Hausschlange

Gelbbauch-Hausschlange

Afrikanische Hausschlange

(Boaedon & Lamprophis) **House Snakes**

Viele Schlangen der Gattungen *Boaedon* und *Lamprophis* werden als "Hausschlange" bezeichnet. Beide Gattungen haben ihrerseits verschiedene Arten. Sie alle gehören zur Familie *Lamprophiidae*, kleine bis mittelgroße, natternartige Schlangen und sind im Verhalten ähnlich. Es gibt etwa 25 verschiedene Arten, die zu einer dieser Gattungen gehören. Vertreter beider Gattungen haben im Unterkiefer gekrümmte Zähne, die dem Gebiss der Boas *(Boidae)* ähneln. Einige von ihnen, die in einem oder mehreren Parks in diesem Reiseführer erscheinen, werden hier beschrieben. Es gibt große Farbunterschiede, sogar zwischen denselben Arten in verschiedenen Regionen, und je älter die Schlange wird, desto dunkler wird ihre Hautfarbe. Abgesehen von der Größe der Hausschlange (die meisten sind so dick wie ein Finger) ist es schwierig, eine harmlose "Hausschlange" von einer unreifen Giftschlange zu unterscheiden. Unter anderem durch die vielen Farbvariationen und weil die Anzahl der Schuppen, die in der Regel für Klarheit sorgt, undeutlich ist, gibt es in vielen Fällen auch keinen Konsens darüber, zu welchem Geschlecht die Schlange gehört. Alle Arten sind nachtaktiv und haben vertikal verdunkelte Augen. Sie ernähren sich hauptsächlich von kleinen Nagetieren und Eidechsen am Boden. Sie erwürgen ihre Beute. Die **Braune Hausschlange** *(Boaedon* oder *Lamprophis fuliginosus)* **African** oder **Brown House Snake** ist eine Sammelbezeichnung für mehrere Arten und Unterarten. Sie ist die am weitesten verbreitete Schlange Afrikas und ist auch im südlichen Afrika zahlreich vertreten. *(B.f. mentalis)*. Das 1. Foto zeigt die Braune Hausschlange mit einem graubraunen Körper. Sie können entweder heller oder viel dunkler sein. Die weißen Linien entlang des Kopfes bleiben sichtbar. Das 2. Foto ist die **Kap-Hausschlange** *(Boaedon capensis)* **Common House Snake**. Diese ist auf dem Bild braun, kann aber auch sehr dunkelgrau sein. Sie sind alle an der weißen Linie über dem Kopf und manchmal sogar über dem ganzen Körper zu erkennen. Ihr Lebensraum umfasst

Gefleckte Hausschlange

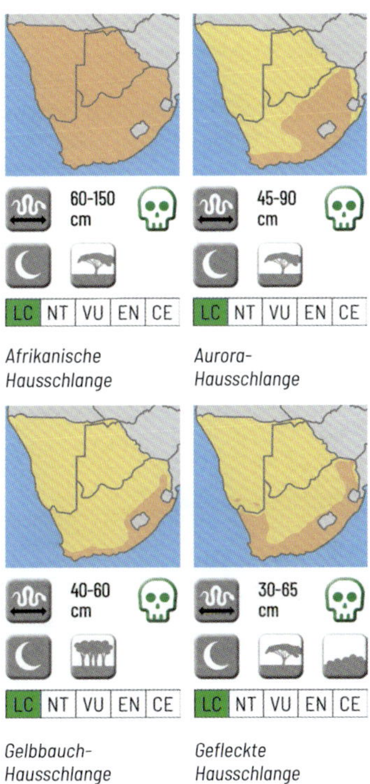

weitgehend die Braune Hausschlange. Eine der anderen Arten ist die **Aurora-Hausschlange** *(Lamprophis aurora)* **Aurora House Snake**, sie ist hell- bis dunkelbraun gefärbt und hat einen orangefarbenen Streifen auf dem Rücken. Eine Art, die hauptsächlich in der südafrikanischen Provinz Natal lebt, ist die **Gelbbauch-Hausschlange** *(Lamprophis fuscus)* **Yellow-bellied House Snake.** Die dunkle Variante dieser Schlange ähnelt am ehesten der braunen Variante der braunen Hausschlange, deren Bauch heller, aber nicht gelb ist. Die **Gefleckte Hausschlange** *(Lamprophis guttatus)* **Spotted Rock Snake** ähnelt der Gehörnten Puffotter, ist aber viel schlanker, kaum einen Finger dick, und hat keine Hörner.

Maulwurfsnatter *(Pseudaspis cana)* Mole Snake

Abgesehen von ihrer Farbe, die von hellbraun über gräulich bis dunkelbraun variieren kann, unterscheidet sich die Maulwurfsnatter von anderen Schlangen durch ihren kurzen stumpfen Kopf, der so breit wie ihr Hals ist. Die Farbe der Schlange wird dunkler, je weiter sie nach Süden wandert, bis hin zu einer fast schwarzen Farbe. Ihr Biss ist nicht giftig, aber schmerzhaft, da ihre Zähne nach hinten gebogen sind, was eine große Fleischwunde verursachen kann. Außerdem besteht die Gefahr einer Infektion. Die Gattung *Pseudaspis* hat nur eine Art und ist im südlichen Afrika weit verbreitet. Sie leben in Grasländern, Buschsavannen und auf Hochebenen. Im Kgalagadi-Transfrontier-Nationalpark sind sie zahlreich vertreten. Trotz ihres Namens jagt sie sowohl Vögel und deren Eier als auch Nagetiere. Das Weibchen ist lebendgebärend, d. h. die Eier sind bereits im Körper ausgebrütet worden.

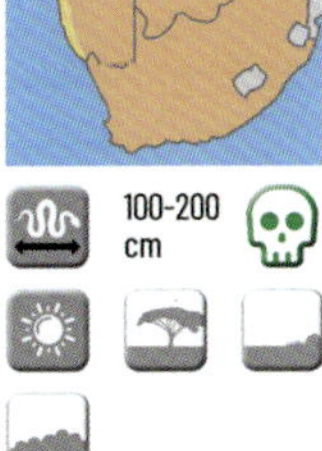

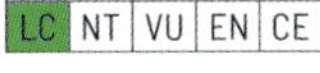

Pythons *Sie gehören zusammen mit den Boas und Anakondas zu den größten Schlangen. Vor allem in abgelegenen Gebieten, in denen sie nicht von Menschen gejagt werden, wurden Pythons gefunden, die 6 Meter oder noch länger waren. Pythons sind Würger und suchen ihre warmblütigen Beutetiere mit Wärmesensoren an der Vorderseite ihres Kopfes. Pythons haben eine besondere Form der Brutpflege: Sie legt die Eier als Haufen ab und windet sich dann um das Gelege. Da Schlangen Kaltblüter sind, kann sie dies nicht mit ihrer Körperwärme tun, aber indem sie ihren Körper durch Muskelkontraktionen in Schwingung versetzt, erhöht sich ihre Körpertemperatur. Das Weibchen ist in dieser Zeit sehr aggressiv.*

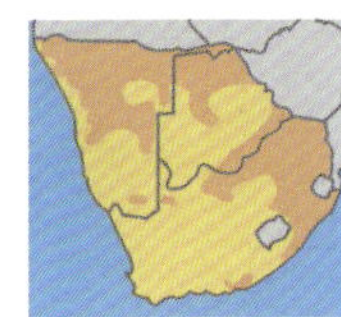

250-600 cm

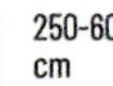

Felsenpython
(Python sebae & natalensis)
African Rock Python

Er ist hellbraun bis grau und hat auf dem ganzen Körper dunkelbraune Flecken. Andere Muster sowie viele hellere Färbungen kommen aber ebenfalls vor. Die Weibchen können eine Länge von mehr als 4 Metern und ein Gewicht weit über 50 Kilo erreichen. Die Männchen bleiben übrigens viel kleiner und werden ungefähr 250 cm lang. Der Felsenpython ist in einem großen Teil Afrikas verbreitet. Sein Lebensraum ist vielfältig: Wälder, Savannen bis hin zu felsigen Umgebungen, aber immer in der Nähe von permanentem Wasser. Er nutzt die Wärmesensoren an seiner Oberlippe, um Beutetiere wie Ratten, Schweine und Affen zu orten. Besonders nachts ist er darauf angewiesen. Wegen ihrer beträchtlichen Länge fressen sie auch viel größere Beutetiere. Sie können durchaus auch eine erwachsene Antilope oder ein junges Krokodil verspeisen. Von einer so großen Beute können sie wochenlang zehren. Obwohl diese Schlangen kräftig zubeißen können, töten sie ihre Beute durch Umschlingen und Erdrücken. Bei anhaltender Trockenheit sucht der Felsenpython Höhlen anderer Tiere für einen Sommerschlaf auf. Dieser Ruhezustand wird erst beendet, wenn die Bedingungen besser werden. Die größte Bedrohung stellt die Bejagung durch den Menschen dar, der die Haut des Pythons zu Schlangenleder verarbeitet. Das Weibchen legt 20 bis 100 Eier, nach 90 Tagen schlüpfen die Jungen. Felsenpythons werden meist 10 bis 15 Jahre alt.

Echte Kobras *Die Echten Kobras (Naja) sind eine Gattung aus der Familie der Giftnattern (Elapidae). Diese Gattung gehört zu der am weitesten verbreiteten Gruppe von Giftschlangen und umfasst 38 Arten. Die taxonomische Einordnung der Gattung wurde in der Vergangenheit mehrfach geändert. Kobras gehören zu den bekanntesten Schlangen der Welt, aber aufgrund ihrer Artenvielfalt gibt es noch viel zu erforschen, insbesondere die in Afrika vorkommenden Unterarten. Übrigens ist der Name Kobra in vielen Fällen keine Artbezeichnung, Kobra bedeutet "Schlange mit Hut".*

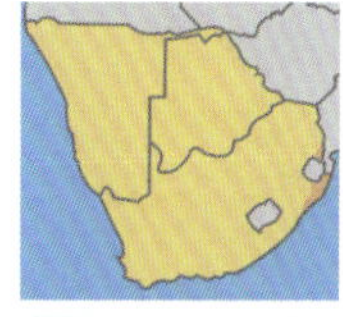

150-270 cm

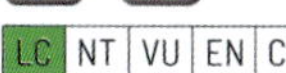

Braune Waldkobra *(Naja subfulva)* Brown Forest Cobra

Diese Kobra hat verschiedene Erscheinungsformen. Sie kann fast vollständig schwarz sein, dann wird sie auch als "Black Cobra" bezeichnet. Oder sie hat am ganzen Körper schwarze Bänder oder Flecken, oder Kopf und Hals sind ockerfarben und der Rest des Körpers ist dunkelbraun bis schwarz, wobei der Hals und die Bauchseite hellbraun sind. Sie ist die längste Kobra der Naja-Gattung und sehr anpassungsfähig und kommt auch in trockeneren Gebieten vor, obwohl sie Tieflandwälder und feuchte Bedingungen in Savannen bevorzugt. Sie kann sehr gut schwimmen. Auf ihrem Speiseplan stehen daher neben kleineren Säugetieren und Reptilien auch Fische. Bei Gefahr hebt sie den Kopf und spreizt ihren Nackenschild. Ihr Gift ist hauptsächlich neurotoxisch und führt bei Beutetieren innerhalb von Minuten zum Tod. Auch für den Menschen ist das Gift tödlich. Begegnungen mit dieser Schlange sind jedoch eher selten. Während des Paarungsrituals richten Rivalen ihren Hals auf und „tanzen" mit ihren Köpfen. Nach 55 bis 70 Tagen legt das Weibchen zwölf bis 26 Eier in einen hohlen Baum, Termitenbau oder ein Erdloch. Mit 28 bis 35 Jahren (in Gefangenschaft) erreichen sie ein für Kobras hohes Alter.

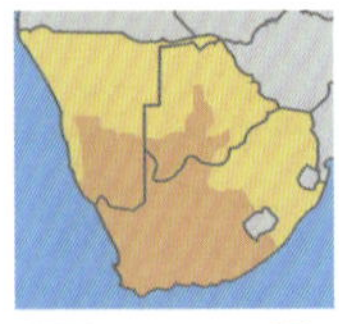

120-170 cm

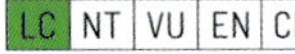

Kapkobra

(Naja nivea)

Cape Cobra

Die Kapkobra ist eine regional sehr häufige Schlange aus der Familie der *Naja*. Sie ist die giftigste Kobra Afrikas. Im Vergleich zu anderen Kobraarten ist sie eine kleine Schlange. Sie hat einen schlanken Körper mit einem flachen Kopf. Ihre Farbe variiert von fast weiß bis schwarz. Creme- bis zitronengelbe Kapkobras sind vor allem in Botswana und im Nordosten Südafrikas, aber auch in anderen Gebieten zu finden. Eine gelb-braun gefleckte Variante kommt auch in der Kalahari vor. Wegen dieser Variationen ist sie im Afrikaans unter zwei Namen bekannt: "geelslang" und "bruinkapel". Die Giftzähne sind im Vergleich zu anderen Kobras relativ kurz. Die Augen haben runde Pupillen, typisch für Reptilien, die hauptsächlich tagsüber aktiv sind. Die Kapkobra lebt auf dem Boden und ist seltener als andere Schlangen auf Bäumen zu finden. Sie sind tagsüber und in der Dämmerung aktiv. Die Beute wird durch einen Biss getötet. Dabei handelt es sich hauptsächlich um Nagetiere, kleine Vögel (insbesondere Weber, für die sie auf kleine Bäume klettert), Amphibien, andere Schlangen und Eidechsen. Sie überwintert zwischen Mai und August. Das Gift der Kapkobra gilt als ebenso gefährlich wie das der Schwarzen Mamba. Es ist hauptsächlich neurotoxisch und tötet die Beute innerhalb von Minuten. Auch für den Menschen ist die Kapkobra extrem gefährlich. Ohne Behandlung führt ein Biss in der Regel innerhalb von zwei bis fünf Stunden zum Tod. Die ersten Symptome sind undeutliches Sprechen, Schluckbeschwerden und hängende Augenlider. Zusätzlich zu den Kreislaufproblemen treten Lähmungen auf, die die Atemmuskulatur beeinträchtigen und zum Ersticken führen. Nach dem Biss kommt es zu Blutergüssen, Schwellungen, Blutbläschen und absterbendem Gewebe. Auch nach der Behandlung braucht die Wunde oft noch Monate, um zu heilen. Die Kapkobra kommt in den Savannen Südafrikas, Botswanas und Namibias vor. Sie leben hauptsächlich bei Flussufern und in der Nähe von Menschen. Sie sind oft in Häusern zu finden, wo sie nach Mäusen suchen. Das Weibchen produziert 8 bis 20 Eier. Die Kapkobra kann ein Alter von 12 bis 15 Jahren erreichen.

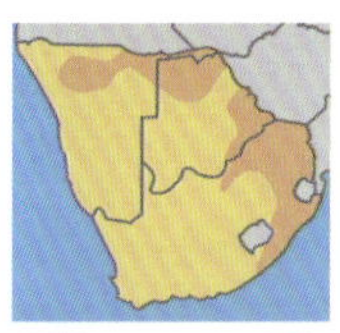

90-130 cm

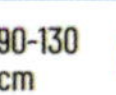

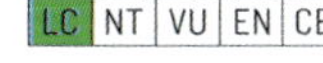

Mozambik Speikobra

(Naja mossambica) **Mozambique Spitting Cobra**

Der Rücken der Speikobra ist hellgrau bis dunkeloliv und ihr Bauch lachsfarben bis gelblich. Am Hals hat sie unregelmäßige schwarze Flecken oder Bänder. Sie sind in der Regel einen Meter lang, seltene Exemplare erreichen 150 cm. Die Mosambik-Speikobra ist die häufigste Kobra in diesem Teil des südöstlichen Afrikas. Sie ist ein nachtaktiver Jäger und frisst Echsen, Nagetiere, Kröten und Heuschrecken. Sie lebt vor allem in offenen Savannengebieten, in der Nähe von Wasser. Tagsüber versteckt sie sich in einem Termitenbau oder einer Grotte, wo die Temperatur nicht allzu hoch wird. Unter anderem wegen ihrer Immunität gegen das Gift der Schwarzen Mamba macht sie auch auf diese Schlange Jagd, manchmal teilt sie sich sogar einen Unterschlupf mit ihr. In den kälteren Wintermonaten werden sie nur selten gesichtet. Manchmal kommt sie in die Nähe von Häusern und jagt dort Ratten und Mäuse. Sie ist eine nervöse und temperamentvolle Kobra.

Diese Schlange richtet sich bei Gefahr auf und kann mit beachtlicher Präzision über eine Distanz von zwei bis drei Metern ihrem Angreifer Gift in die Augen speien. Den Biss setzt sie nur als letzte Maßnahme ein. Ihr Gift besteht größtenteils aus Neurotoxinen, ein weiterer Bestandteil ist Hämotoxin. Das Sekret enthält eine sehr hohe Giftdosis und ist tödlich, wenn nicht schnell behandelt wird. Gerät es in die Augen, verursacht das starke Schmerzen und vorübergehende Blindheit. Werden die Augen nicht schnell behandelt, kann sogar permanente Blindheit die Folge sein. Die Mozambik-Speikobra hat eine besondere Verteidigungstaktik, die sie mit der Ringhalskobra (ebenfalls eine Speikobra) teilt: Sie stellt sich tot. Sie krümmt sich auf den Rücken und bleibt regungslos liegen. Das Weibchen legt 10 bis 20 Eier. Jungtiere sind 20 bis 25 cm lang und jagen hauptsächlich tagsüber. Mozambik-Speikobras werden ca. 12 bis 15 Jahre alt.

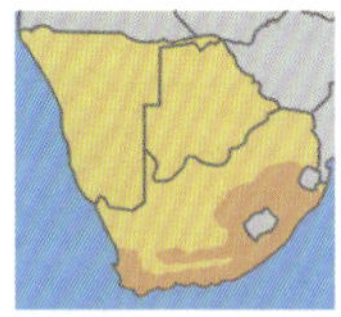

70-110 cm

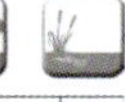

LC NT VU EN CE

Ringhalskobra *(Hemachatus haemachatus)* **Rinkhals**

Die Ringhalskobra ist eine der Schlangen, die als Kobra bezeichnet werden, aber nicht zur Familie der echten Kobras (Naja) gehören. Das macht die Ringhalskobra jedoch nicht weniger gefährlich. Wie die Mosambik-Speikobra spuckt auch diese Kobra ihr Gift. Mit großer Präzision spuckt sie das Gift über 2,5 Meter weit in Richtung der Augen ihres Angreifers. Das Gift ist neurotoxisch und teilweise hämatoxisch. Kopf und Hals, unterbrochen von einem oder zwei weißen oder gelben Bändern quer über die Kehle, sind schwarz, der Körper ist außerdem mit schmalen blassen und fast schwarzen gezackten Bändern durchsetzt. Sie verlassen ihr Versteck in den frühen Morgenstunden. Sie wärmen sich auf und jagen Frösche, Kröten, Eidechsen und kleine Nagetiere am liebsten inmitten von Grasland und manchmal auch in Sümpfen. Eine bemerkenswerte Verteidigungstaktik der Ringhalskobra ist es, sich tot zu stellen. Sie liegt dann mit halb geöffnetem Maul auf dem Rücken. Die Weibchen sind ovovivipar und bebrüten die Eier im Inneren des Körpers.

Südafrikanische Korallenschlange *(Aspidelaps lubricus)* **Coral Snake**

Die Südafrikanische Korallenschlange hat ein schönes Farbmuster. Sie ist überwiegend dunkelorange, durchsetzt mit schwarzen Streifen. Die Bänder laufen auch über den Bauch (nicht so bei der harmlosen Getigerten Katzennatter). Sie wird "Kobra" genannt, gehört aber nicht zu den echten Kobras. Diese Schlange bevorzugt sehr trockene Gebiete, wie Wüsten und sandiges und felsiges trockenes Gelände mit vereinzelten Büschen. Wie echte Kobras hebt die Schlange ihren Hals und flacht ihn ab, wenn sie bedroht wird. Sie jagt nachts und tut dies hauptsächlich über den Geruch. Ihre Hauptbeute sind Eidechsen und manchmal Nagetiere und andere Schlangen. Ihre Brutzeit beginnt, wenn die Temperaturen zum Winter hin sinken. Im Mai oder Juni legt das Weibchen 3 bis 11 Eier ab, die einen Monat später schlüpfen. Die Zusammensetzung des Giftes ähnelt der von echten Kobras.

45-70 cm

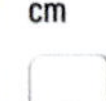

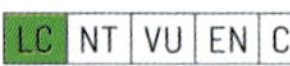
LC NT VU EN CE

Mambas *Wie die Echten Kobras gehören auch die Mambas zur Giftnattern-Familie (Elapidae). Es gibt vier Arten, die alle in Afrika vorkommen. Drei der vier Arten leben in Bäumen. Nur die Schwarze Mamba ist oft am Boden zu finden. Charakteristisch für Mambas ist, dass sie in drohender Position das Maul weit öffnen. Dadurch erweitert sich der Hals, genau wie bei Kobras, nur nicht so stark.*

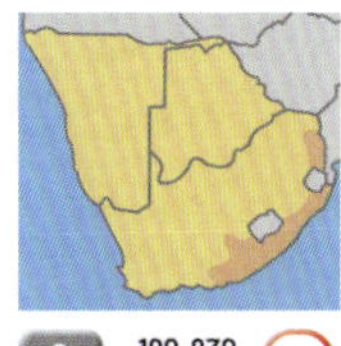

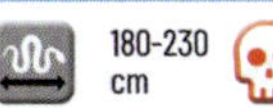

Gewöhnliche Mamba

(Dendroaspis angusticeps) **Eastern Green Mamba**

Diese Mamba lebt in feuchten Waldgebieten mit immergrünen Bäumen. Auf der Rückseite sind sie grün und der Bauch ist gelblich. Der schmale Kopf ist fast genauso dick wie der Körper. Die Augen sind groß und haben runde Pupillen (typisch für tagaktive Schlangen). Die Innenseite des Mauls ist weiß. Es sind Baumbewohner, die sich nur selten auf den Boden wagen. Mit ihrer Farbe sind sie gut getarnt für die Jagd auf Chamäleons, Vögel und andere Baumbewohner. Begegnungen mit Menschen sind selten, das neurotoxische Gift ist jedoch sehr stark und führt ohne sofortige Behandlung meist zum Tod. Das Weibchen legt zehn bis 15 Eier, nach drei Monaten schlüpfen die Jungen. Wie alle Giftschlangen sind sie vom ersten Tag an giftig. Mambas werden etwa 12 bis 15 Jahre alt.

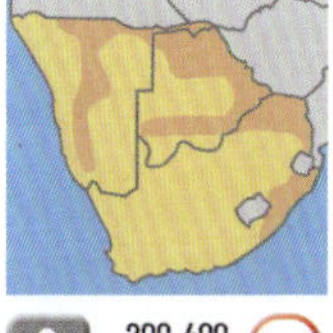

200-400 cm

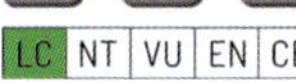

Schwarze Mamba *(Dendroaspis polylepis)* Black Mamba

Die Schwarze Mamba ist schlank und in einigen Fällen über 4 Meter lang. Ihren Namen hat sie wegen der schwarzen Innenseite ihres Mauls. Ihre Körperfarbe variiert zwischen hellgraubraun, braun und bläulich mit einer helleren Bauchseite. Sie hat einen schlanken Kopf mit sehr großen und glatten Schuppen. Es ist die schnellste Schlange der Welt. Sie kann auf kurze Entfernungen 16 bis 20 km/h erreichen. Diese Schlange ist bekannt für ihre extreme Giftigkeit. Das Gift hat lähmende Wirkung und kann zu Atemstillstand führen. Es gibt zwar ein Antiserum, da manche Menschen jedoch allergisch darauf reagieren, kann es nicht immer bedenkenlos verabreicht werden. Schwarze Mambas werden - in die Enge getrieben - aggressiv und greifen dann an. Auf kurze Entfernungen sind diese Schlangen extrem schnell, wodurch es beinahe unmöglich ist zu entkommen. Mit einem einzigen Biss können sie so viel Gift absondern, dass der Tod eines Menschen schon nach 20 Minuten eintritt. Wütende Mambas beißen mehrmals zu. Sie leben in trockeneren und wärmeren Gebieten. Ihre Favoriten sind Felder und Äcker. Sie bewegen sich meistens auf dem Boden. Ihre Nahrung besteht vor allem aus kleinen Säugetieren und Vögeln. Das Weibchen legt 15 bis 25 Eier ab, nach 60 Tagen schlüpfen die Jungen. Sie werden etwa 12 bis 15 Jahre alt.

SCHUPPENKRIECHTIERE - VIPERN *Squamata - Viperidae*

Vipern *Die häufig gedrungenen, massig wirkenden Vipern sind durch einen kurzen Schwanz und einen dreieckigen, meist deutlich vom Hals abgesetzten Kopf gekennzeichnet. Die meisten Vipern sind lebendgebärend, die Eier sind bereits im Mutterleib geschlüpft. Einige Arten legen zwar noch Eier, aber deren Embryonen sind bereits in einem entwickelten Stadium. Vipern bewegen sich langsam. Wenn sie bedroht werden, verhalten sie sich ruhig und verlassen sie sich lange Zeit auf ihre Tarnung. Alle Vipern sind giftig.*

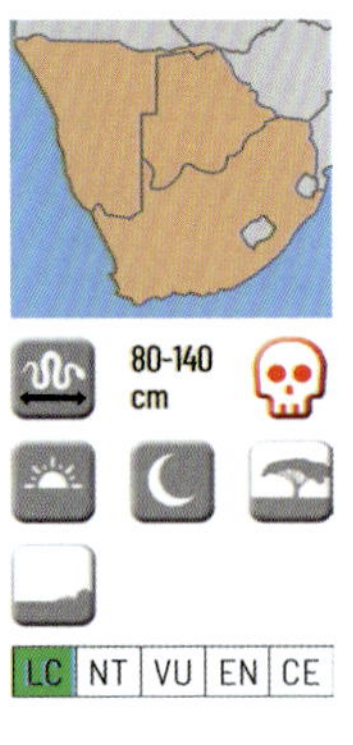

Puffotter *(Bitis arietans)* Puff Adder

Die Puffotter gehört zur Familie der Vipern. Sie lebt in verschiedensten Biotopen in ganz Afrika. Durch ihr starkes Hämotoxin, ihre weite Verbreitung und ihre Bissfreudigkeit wird diese Schlange in Afrika als die gefährlichste aller Giftschlangen angesehen. Die Puffotter ist in Afrika für die meisten Todesopfer verantwortlich Anders als andere Schlangen verlässt sich die Viper lange Zeit auf ihre Tarnung, bis Beute oder Gefahr zu nahe kommen, dann „plustert" sie ihren Körper auf und schlägt zu. Das laute Zischen, das sie ausstößt, wenn sie sich bedroht fühlt, hat so manchem Menschen das Leben gerettet. Ihr Farbmuster unterscheidet sich je nach Region, aber der breite Kopf ist unverkennbar. Puffottern sind gute Schwimmer, klettern auf Bäume und jagen vor allem nachts, z. B. Nagetiere, Echsen und auf dem Boden Frösche oder Kröten. Die Puffotter ist lebendgebärend (die Jungen schlüpfen bereits im Körper). Ein Wurf besteht normalerweise aus 50 bis 60 Jungen. Große Exemplare, vor allem in Ostafrika, bekommen sogar 100 Junge. Puffottern werden zehn bis 14 Jahre alt.

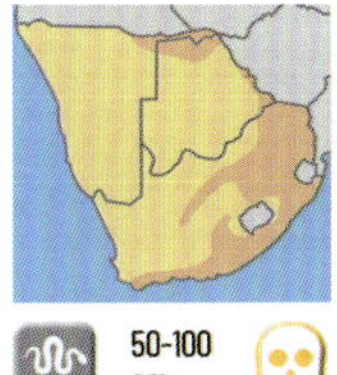

50-100 cm

Gemeine Krötenviper *(Causus rhombeatus)* **Rhombic Night Adder**

Der Name Krötenviper kommt von ihrer Ernährung, denn sie frisst hauptsächlich Kröten. Wie andere Vipern sind auch Krötenvipern hauptsächlich nachtaktiv, aber diese Viper hat runde Pupillen und jagt also auch tagsüber. Ihr Geruchssinn ist besser entwickelt als ihr Sehvermögen. Die dunkle V-Form an der Rückseite des Schädels ist typisch für diese Viper. Hinter den Augen befindet sich ein schwarzes Band auf dem ansonsten blassbraunen Kopf. Der Rest des Körpers ist auf dem Bauch beige und der Rücken hat braune Flecken, unterbrochen von hellbraunen Streifen bis zum Bauch. Nur wenn sie angegriffen werden und keinen Ausweg mehr sehen, werden sie versuchen zu beißen. Obwohl das Sekret relativ mild ist, ist ihr Biss äußerst schmerzhaft.
Sie bevorzugen feuchte Bedingungen mit felsigem Gelände oder ein Gebiet mit Termitenhügeln, wo sie sich verstecken können. Der Schlupf erfolgt drei bis vier Monate nach Eiablage, manchmal auch zweimal im Jahr. Ein Gelege umfasst 12 bis 26 Eier.

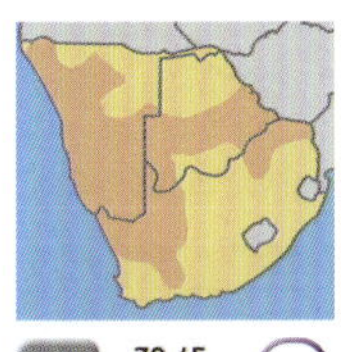

30-45 cm

Gehörnte Puffotter *(Bitis caudalis)* **Horned Adder**

Die Gehörnte Puffotter gibt es in verschiedenen Erscheinungsformen. Die Grundfarbe der Haut ist in der Regel beige, manchmal fast weiß, und sie hat Flecken, die orange, rötlichbraun oder braun sein können. Am leichtesten ist sie jedoch an den beiden weißen, spitzen Hörnern auf dem flachen, breiten Kopf neben den Augen zu erkennen. Ottern jagen aus dem Hinterhalt, sie können lange und geduldig auf ihre Beute warten, bevor sie blitzschnell zuschlagen. Dieser Puffotter hat einen Köder. Die Schwanzspitze sieht aus wie ein Wurm, und wenn sie vibriert, lockt sie Insektenfresser an. Sie leben auf dem Boden inmitten trockener und spärlich bewachsener Gebiete, vorzugsweise in Gebieten mit sandigem Boden und niedrigen Felsen, in denen sie sich verstecken können.

LC | NT | VU | EN | CE

Chamäleons *Die Chamäleons sind eine Familie der Leguanartigen (Iguania). Chamäleons sind Fleischfresser und weisen einige charakteristische Merkmale auf, die sie von anderen Reptilien unterscheiden. Sie haben eine lange, muskulöse Zunge, einen Greifschwanz, sich unabhängig voneinander bewegende Augen mit einem Blickfeld von 342° und zangenartige Beine. Die unterschiedlichen Farben entstehen durch das Zusammenspiel verschiedener Zellarten in der Haut - pigmentierter Zellen und solcher, die das Licht reflektieren. Die Farbe wird heller bei Sonnenlicht, zeigt Stress oder Entspannung an und dient der Kommunikation mit Artgenossen. Das Weibchen zum Beispiel leuchtet auf, um anzuzeigen, dass es bereits befruchtet ist. Chamäleons legen Eier und vergraben sie in flachen Löchern im Boden. Chamäleons, die in großen Höhen leben, wo vor allem nachts kalte Temperaturen herrschen, sind ovovivipar. Die dotterreichen Eier werden im Mutterleib ausgebrütet (wie z.B. bei vielen Vipern). Ihre Nahrung besteht hauptsächlich aus allen Arten von Insekten. Feinde sind zahlreich, sie fürchten sich sogar vor ihrer eigenen Art.*

Lappenchamäleon *(Chamaeleo dilepis)* **Flap-necked Chameleon**
Zwei der 8 Unterarten leben im südlichen Afrika. Die Grundfarbe ist grün, aber die Farbvariationen variieren von fast vollständig grün bis braun, gesprenkelt mit dunkleren und helleren Tönen. Wenn sie provoziert werden, werden einige Unterarten sogar fast schwarz. Was sie alle gemeinsam haben, ist der helle Streifen entlang des Bauches. Im Gegensatz zu den meisten Chamäleons ist das Weibchen größer (etwa 10 cm). Der Kehlsack ist orange, aber nur im aufgeblasenen Zustand sichtbar. Dieses Chamäleon bevorzugt trockeneren Waldgebieten.

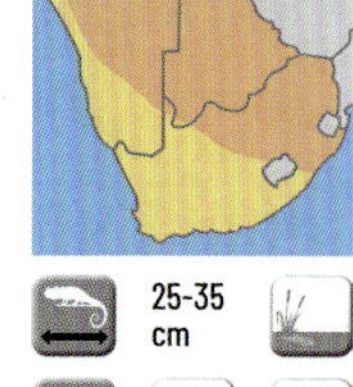

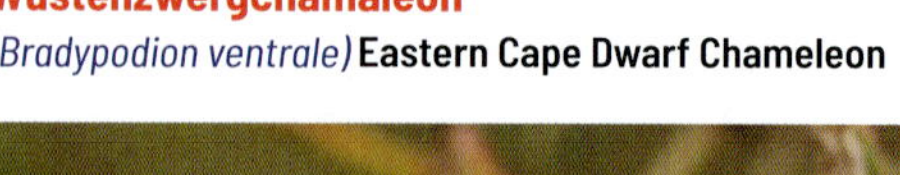

Wüstenzwergchamäleon
(Bradypodion ventrale) **Eastern Cape Dwarf Chameleon**

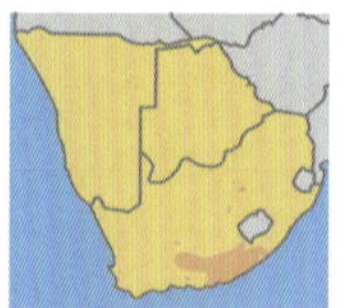

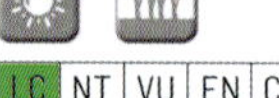

Für ein Zwergchamäleon wird es groß, bis zu 15 cm vom Kopf bis zur Schwanzspitze. Das Wüstenzwergchamäleon hat eine große Bandbreite an Farbnuancen. Seine Grundfarbe variiert von sehr hellem Beige bis Graubraun. Auf den Flanken befinden sich Flecken, die orange-braun werden können. Um diese Flecken herum, unter dem Rücken und über die gesamte Länge der Flanken sind bei Erregung grüne Akzente zu sehen. Der Rücken, der kleine Kamm und der Bart haben Stacheln. In Bezug auf die Färbung ist es sehr anpassungsfähig an seine Umgebung. Das Weibchen legt im Sommer etwa 20 Eier. Sie besuchen gerne Gärten wegen der Vielfalt der Vegetation. Ihre größte Bedrohung sind dort die Katzen.

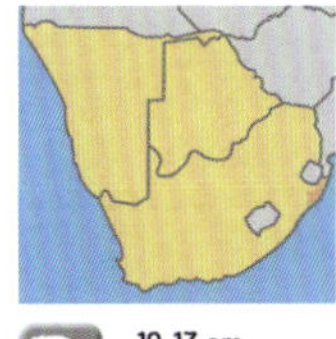

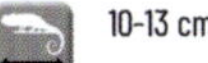

10-13 cm

LC | NT | VU | EN | CE

Setaro Zwergchamäleon

(Bradypodion setaroi)

Setaroi's Dwarf Chameleon

Auch dieses Chamäleon wird nur 130 mm lang. Der Körper ist ohne den Schwanz etwa 5 cm lang. Im entspannten Zustand ist das Setaro Zwergchamäleon fast vollständig braun. Im Falle von Stress sind jedoch grüne und orangefarbene Flecken auf den Flanken zu sehen. Der iSimangaliso-Nationalpark, und dort vor allem auf den Pflanzen und Sträuchern, die mitten in den Dünen wachsen, ist der Ort, an dem sie sich gerne aufhalten. Sie mögen auch Waldränder und Weinberge, wo sie nach Insekten jagen. Einen offiziell anerkannten deutschen Namen gibt es noch nicht.

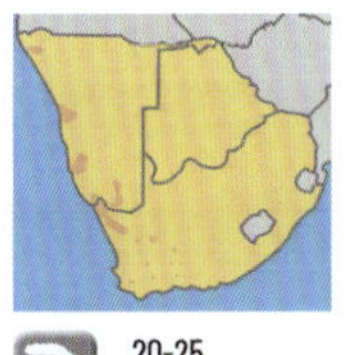

20-25 cm

LC | NT | VU | EN | CE

Wüstenchamäleon

(Chamaeleo namaquensis)

Namaqua Chameleon

Das Wüstenchamäleon kommt in keinem der in diesem Buch enthaltenen Parks vor. Aber wenn Sie auf der Durchreise sind und nach Namibia in das Sossusvlei, den Brandberg oder die Gegend um Swakopmund und in die Kunene-Region, oder nach Südafrika in die Karoo oder das Namaqualand, können Sie diesem Chamäleon begegnen. Die Farbe dieses Chamäleons variiert von fast schwarz, wenn sein Körper kalt ist, bis zu beige, wenn es sich bedroht fühlt. Dunkle, oft braune Flecken ziehen sich über den Rücken. Ihr Lebensraum ist auf trockene Gebiete mit sandigem oder steinigem Untergrund beschränkt, wo sie Insekten, manchmal auch kleine Schlangen und Skorpione erbeuten. Durch den illegalen Export ist der Mensch nun seine größte Bedrohung. Das Weibchen ist etwas größer als das Männchen, aber sein Körper ist etwas robuster. Das Weibchen legt 6 – 20 Eier in ein Loch, die nach etwa 4 Monaten schlüpfen.

Vögel

Die Vogelarten, die Sie in diesem Buch finden, sind in erster Linie nach der Ordnung geordnet, zu der sie gehören. Dann gibt es noch die klassische Auslegung der Taxonomie, die die Reihenfolge bestimmt. Die größte Gruppe sind die Singvögel. Sie unterscheiden sich von allen anderen Vögeln durch einen stärker entwickelten Stimmkopf (Syrinx), der auch als unterer Kehlkopf bezeichnet wird. Dieses Organ befindet sich dort, wo sich die Luftröhre in die beiden Hauptbronchien gabelt. Vögel rufen oder singen. Der Ruf besteht aus kurzen Tönen und unterscheidet sich je nach Situation, z.B. Kontaktlaute, Drohrufe, Flugrufe, Bettelrufe, Alarmrufe. Der Alarmruf besteht aus einer Reihe von sich schnell wiederholenden Elementen. Die Ruftöne werden das ganze Jahr über verwendet. Der längere Gesang hingegen wird hauptsächlich zu Beginn der Brutzeit verwendet. Der Gesang dient einerseits dazu, ein Territorium zu verteidigen und andererseits um Weibchen anzulocken.

Inhalt

SPERLINGSVÖGEL

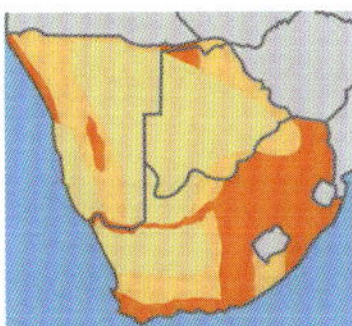

Legende

Verbreitungsgebiet

- = abwesend
- = unregelmäßiger Gast
- = anwesend

Maße und Gewichte

 Flügel-spannweite

 Gewicht Männchen

 Gewicht Weibchen

Aktiv

 Tagsaktiv

 Dämmerungsaktiv

 Nachtaktiv

Monate J F M A M J J A S O N D

- = anwesend
- = Präsenz schwankt
- = brüten
- = brüten manchmal

SA Keine äußerlichen Unterschiede (**S**exes **A**like)

~~SA~~ Geschlechter unterscheiden sich im Aussehen

BU Keine Brutdaten (**B**reeding **U**nknown)

Die folgenden Qualifikationen geben nur den allgemeinen Zustand an. Eine Art kann im südlichen Afrika auf eine kritische verbleibende Anzahl reduziert sein, aber anderswo in Afrika kann gleichzeitig eine gesunde Population leben (LC).

Population

- **LC** = gesund (**L**east **C**oncern)
- **NT** = abnehmend (**N**ear **T**hreatened)
- **VU** = Schützbedürftig (**Vu**nerable)
- **EN** = bedroht (**En**dangered)
- **CE** = kritisch (**C**ritically **E**ndangered)

Handschwingen
Armschwingen
(Flügelspiegel bei Enten)
Rücken
Bürzel
Steuerfedern oder
Schwanz
Unterschwanzdecken
Hosen
Daumen-
fittich
Deck-
federn
Vorder-
rücken
Schulter
Genick
Scheitel
Stirn
Wachshaut
Zügel
Kehle
Brust
Bauch

STRUTHIONIFORMES *Struthioniformes - Struthionidae*

„Laufvögel" *Der Strauß ist der größte Laufvogel der Welt und auch der schnellste (70 km/h). Er ist eng mit anderen großen Laufvögeln, wie dem Nandu, Emu und Helmkasuar, verwandt. Der Hahn ist meist schwarz mit weißen Flügelenden und einem weißen oder braunen Schwanz. Die Henne ist hauptsächlich braun und etwas kleiner. Hähne haben einen Harem mit drei bis sieben Hennen. Dazu gehört auch das Alpha-Weibchen, das sich zusammen mit dem Hahn um das Brüten kümmert. Die anderen Weibchen brüten nicht, sondern legen alle etwa zehn Eier in dasselbe Nest. Bodennester können bis zu 40 oder mehr Eier enthalten, die in etwa 40 Tagen ausgebrütet werden (wegen der Tarnfarben brütet der Hahn nachts und die Henne am Tag). Die Überlebenschancen eines Kükens sind gering und meist überlebt nur ein einziges. Bei Gefahr legen sich Strauße flach auf den Boden. Auch Hals und Kopf sind flach ausgestreckt und so weniger gut sichtbar. Ihr Habitat sind spärlich bewachsene Savannen.*

200 cm

♂ 135 kg

♀ 110 kg

LC | NT | VU | EN | CE

SA

J F M A M J J A S O N D

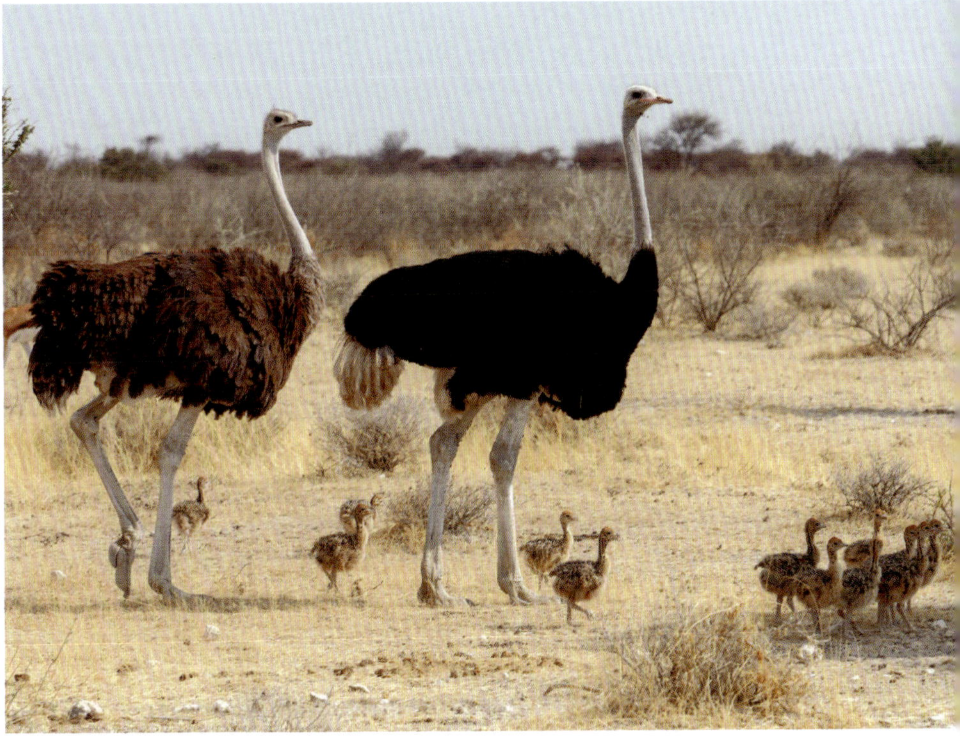

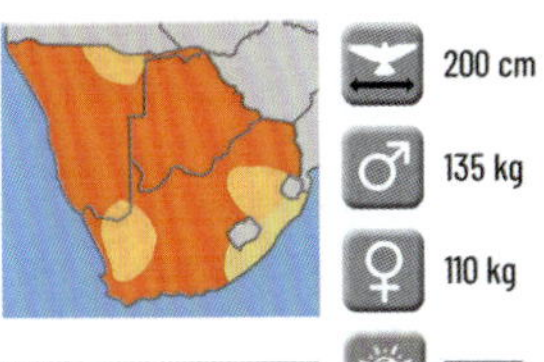

Strauß *(Struthio camelus)* **Common Ostrich** *(250 cm)*
Der Hals und die Beine des Hahns sind rosafarben, aber während der Brutzeit sind sie noch stärker ausgeprägt. Die kleineren Hennen sind braun und ihre Haut ist blasser. Dieser Strauß lebt in Savannen. Strauße fressen hauptsächlich Gräser und Kräuter, aber auch Eidechsen und Frösche, die sich zwischen den Pflanzen verstecken, werden gerne verspeist. Er bezieht seine Feuchtigkeit aus der Nahrung und ist daher nicht sehr abhängig von der Wasserversorgung.

PODICIPEDIFORMES *Podicipediformes - Podicipedidae*

Lappentaucher *Die Familie der Lappentaucher, zu der auch der Zwergtaucher gehört, umfasst 23 Arten. Diese Vögel sind ausgezeichnete Taucher. Dank der Schwimmlappen sind sie unter Wasser sehr beweglich, was die Jagd auf Fische, Frösche, Eidechsen und Wasserinsekten und ihre Larven erleichtert. Sie fliegen nachts, um andere Gewässer zu erreichen. In der Regel bauen sie Schwimmnester aus Pflanzen.*

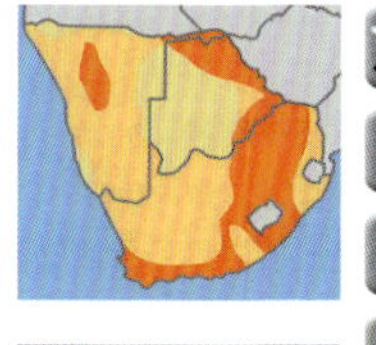

Zwergtaucher

(Tachybaptus ruficollis)

Little Grebe *(29 cm)*

Die Farbe des Zwergtauchers ist während der Brutzeit an Kopf, Rücken und Brust dunkel, fast schwarz. Kehle, Wangen und Halsseiten sind rotbraun. Hinter dem Schnabel bis zu den Augen sieht man eine weiße Fleck. Die Unterflügel sind weiß mit dunklen Schwungfedern. Im Winterkleid sind Kopf, Hals und Oberkleid blassbraun und beigefarben. Der Unterkörper ist beige oder braun. Sie leben in Süß- und Brackwasser, wo sie sich von Insekten und Larven sowie kleinen Fischen und Amphibien ernähren.

SULIFORMES *Phalacrocoracidae & Anhingidae*

Suliformes *Zu den Suliformes (es gibt noch keine deutsche Bezeichnung für diese Vogelgruppe) gehören unter anderem Kormorane und Schlangenhalsvögel. Ihre vierzehigen Füße sind mit Schwimmhäuten versehen. Gänse, Enten und andere Schwimmvögel haben nur drei Zehen mit Schwimmhäuten. Sie leben in Wassernähe und ernähren sich hauptsächlich von Fisch. Während der Kormoran unter Wasser jagt, fischt der Schlangenhalsvogel wie ein Reiher. Die Brutzeiten variieren je nach Region.*

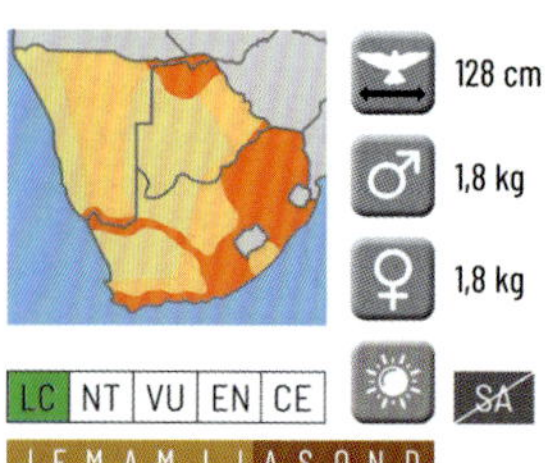

128 cm

1,8 kg

1,8 kg

LC NT VU EN CE

SA

J F M A M J J A S O N D

Afrika-Schlangenhalsvogel *(Anhinga rufa)* **African Darter** *(90 cm)*

Schlangenhalsvögel haben einen längeren Hals als Kormorane. Mit ihrem spitzen Schnabel spießen sie ihre Beute, z. B. Fische, Amphibien, Wasserschlangen und kleine Wasserschildkröten, unter Wasser auf. Ein langer weißer Augenstreifen trennt die rotbraune Vorderseite des Halses von der dunkelbraunen Hinterseite. Flügel und Schwanz sind anthrazitfarben mit kleinen silbernen Akzenten. Der Unterkörper ist schwarz. Beim Weibchen ist dieses braun, ebenso wie Kopf, Hals und Beine. Stehendes Wasser ist ihr bevorzugt, aber man findet sie auch in Flüssen, wobei nur der Hals und der Kopf sichtbar sind.

SULIFORMES

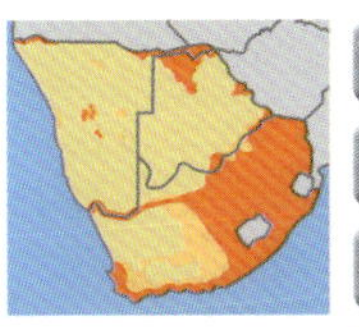

90 cm

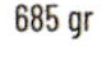
685 gr

600 gr

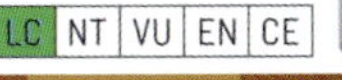

SA

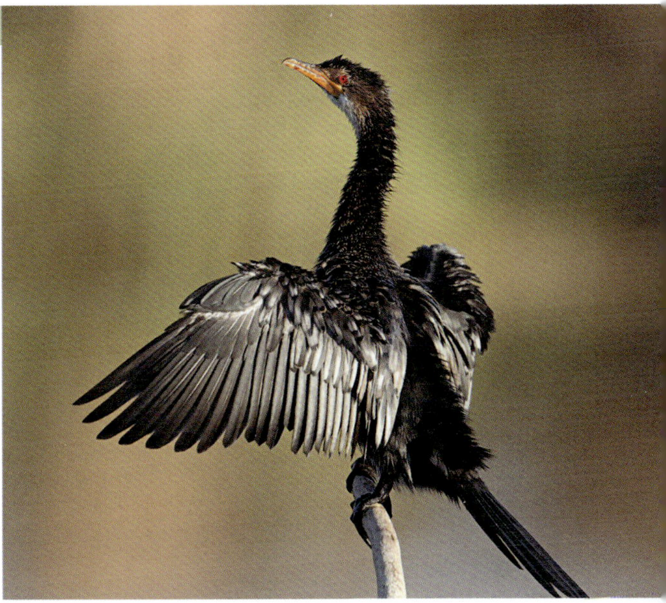

Riedscharbe

(Microcarbo africanus)

Long-tailed oder **Reed Cormorant** *(60 cm)*

Dieser kleine Kormoran kommt zahlreich vor und sein Verbreitungsgebiet ist groß. Er hat einen langen Schwanz, ein silbernes bis schwarzes Federkleid und einen gelben Schnabel. Die Augen sind leuchtend rot. Man findet ihn in allen Feuchtgebieten. Die Jungen haben eine weiße Brust. Riedscharben bevorzugen Süßwasser: langsam fließende Flüsse, Lagunen und Sümpfe. Die Brutzeiten variieren je nach Region.

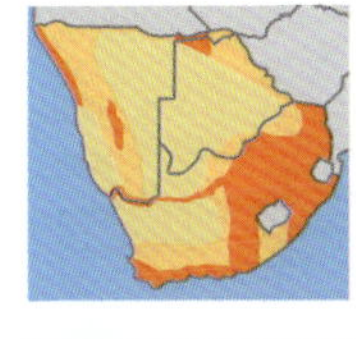

160 cm

2,8 kg

2,4 kg

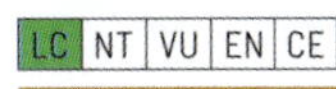

SA

J F M A M J J A S O N D

Weißbrustkormoran

(Phalacrocorax lucidus)

White-breasted Cormorant *(95 cm)*

Alle Kormorane haben einen charakteristischen sehr biegsamen Hals. Diese Art hat gelbe Haut am Schnabel. Der Hals ist von vorne weiß, die Brust teilweise weiß. Die Augen sind türkisfarben. Mantel und Flügel sind dunkelviolett-braun. Während der Brutzeit ziert ein weißer Punkt die Oberschenkel und ein roter Punkt die Stelle über dem Schnabel. Die Brutzeiten variieren.

PELECANIFORMES *Pelecaniformes - Pelecanidae*

Pelikane *Von den acht Pelikanarten leben zwei in diesem Teil Afrikas. Pelikane jagen in Gruppen nach Fischen. Indem sie mit ihren Flügeln heftig auf die Wasseroberfläche schlagen, treiben sie Fischschwärme in seichtes Wasser. Mit dem großen Schnabel und dem Kehlsack schöpfen sie die Fische aus dem Wasser. Beim Anheben des Kopfes fließt das Wasser ab und der Fisch bleibt zurück. Sie brüten dicht beieinander in Kolonien. Pelikane gehören zu den größten flugfähigen Vögeln und werden bis zu 35 Jahre alt.*

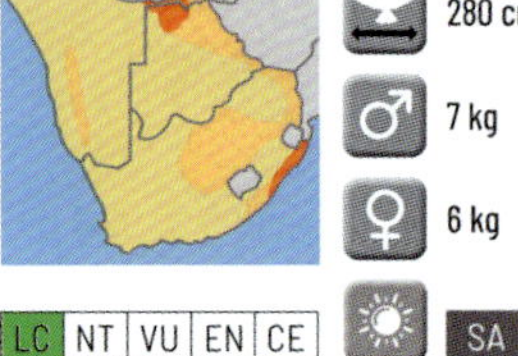

Rötelpelikan

(Pelecanus rufescens)

Pink-backed Pelican *(130 cm)*

Der Vorderrücken dieses kleineren Pelikans hat einen sanften rosafarbenen Schimmer. Sein Gefieder ist überwiegend grau, Schnabel, Flanken und Beine sind rosa. In der Brutzeit trägt er auf dem Scheitel Prachtfedern und die Brust wird manchmal strohgelb. Er lebt an flachen Gewässern (Süß- und Salzwasser) sowie in Mangrovenwäldern an der Küste und nistet in Bäumen. Der Rötelpelikan fischt meist allein.

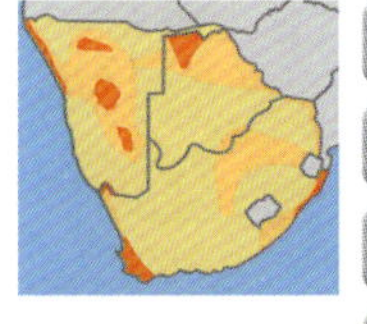

Rosapelikan

(Pelecanus onocrotalus)

Great White Pelican *(170 cm)*

Die größte der beiden in Afrika vorkommenden Arten. Sie sind am gelben Unterschnabel und der weißen oder rosa Haut um die Augen erkennbar (zur Brutzeit gelb bis orange; beim Weibchen meist orangefarben). Das Schwarz der Federn ist im Ruhezustand kaum sichtbar. Sie leben an Seen (Brack- und Süßwasser), langsam fließenden Flüssen und an der Küste. Das ältere der beiden Küken wird das andere töten, um genug Futter zu bekommen. Nur ein kleiner Teil der Population ist dauerhaft in einem dieser Länder. Die Mehrheit hält sich während des Sommers in Südosteuropa und Kleinasien auf.

Reiher *Die 67 Reiherarten gehören in die Ordnung der Ruderfüßer. Ihre Nahrung besteht hauptsächlich aus Fischen, Fröschen und anderen Wassertieren sowie Insekten und Larven, aber manchmal auch kleinere Säugetiere. Diese finden sie meist im flachen Wasser (Flüsse, Tümpeln, Mangrovenwälder). Je nach Habitat und Umständen fängt der Reiher auch Krabben, junge Wasserschildkröten, Muscheln und kleine Schlangen. Männchen sind meist etwas größer, ansonsten gibt es kaum geschlechtsspezifische Unterschiede. Die Brutzeit vieler Reiherarten in Afrika hängt vom Beginn der Regenzeit ab.*

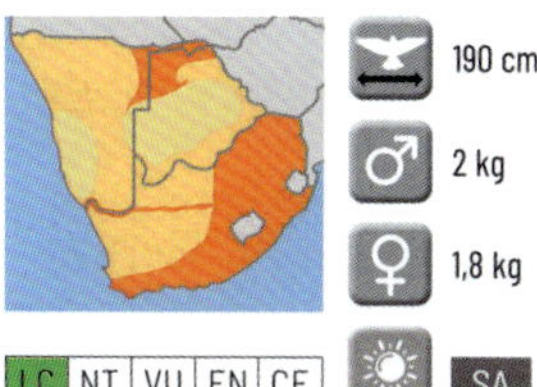

190 cm
♂ 2 kg
♀ 1,8 kg
LC NT VU EN CE
SA
J F M A M J J A S O N D

Graureiher *(Ardea cinerea)*

Grey Heron *(98 cm)*

Der Graureiher ist auch in Afrika weit verbreitet. Seine Rückenpartie ist überwiegend grau mit schwarzen Flecken auf den Schultern, die Bauchpartie ist weiß mit einem schwarzen Streifen bis zum Hals, der Schnabel gelb, die Beine gelblich bis grün. Während der Brutzeit färben sich die Beine orange, der Schnabel wird rot, und auf dem Scheitel liegen lange, schwarze Schopffedern.

Schwarzhalsreiher *(Ardea melanocephala)* **Black-headed Heron** *(94 cm)*

Sein Gefieder ist überwiegend grau. Nacken und Schopffedern sind dunkelgrau, Wangen und Kehle weiß. Unter der Kehle ist der weiße Hals schwarz gesprenkelt, manchmal ganz schwarz. Zügel und Iris sind gelb, Beine und Füße grau. Die Flügelunterseite ist weiß mit schwarzen Arm- und Handschwingen. Im Gegensatz zu den meisten Reihern ist dieser für seine Nahrung wie Nagetiere, Eidechsen, Würmer und Insekten (insbesondere Heuschrecken) nicht auf Wasser angewiesen.

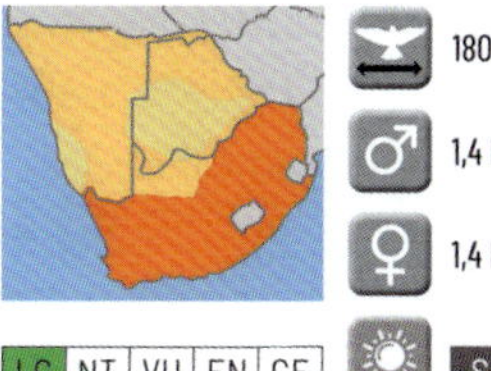

180 cm
♂ 1,4 kg
♀ 1,4 kg
LC NT VU EN CE
SA
J F M A M J J A S O N D

Goliathreiher

(Ardea goliath)

Goliath Heron

(150 cm)

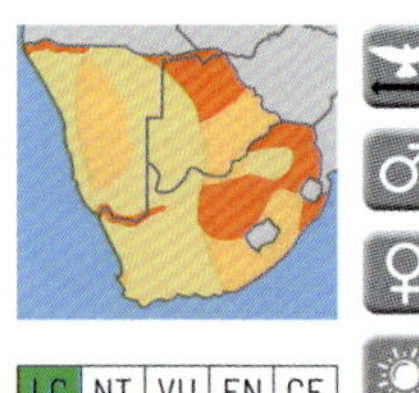

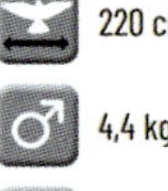

220 cm

♂ 4,4 kg

♀ 4 kg

LC NT VU EN CE

SA

J F M A M J J A S O N D

Ein Riese unter den Reihern. Aus der Ferne ähnelt er stark dem Purpurreiher, ist aber fast doppelt so groß. Er hat einen langen rotbraunen Hals (vorne grau gesprenkelt) und eine überwiegend graue Rückenpartie. Brust und Bauch sind rostbraun. Die Unterseite der Flügel ist rostbraun und grau. Weibchen sind etwas kleiner und haben einen kurzen Schnabel. Sie sind seltener als andere Reiher und bevorzugen flaches Wasser am Ufer von Flüssen.

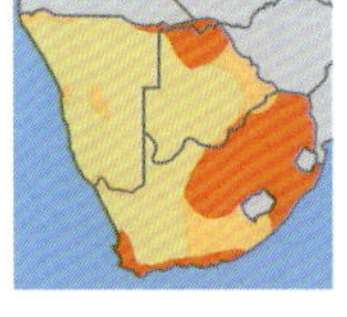

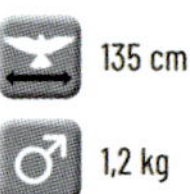

135 cm

♂ 1,2 kg

♀ 1,1 kg

SA

LC NT VU EN CE

J F M A M J J A S O N D

Purpurreiher *(Ardea purpurea)*

Purple Heron *(85 cm)*

Das Gefieder ist überwiegend rostbraun und grau. Der rostbraune, teils weiße, relativ lange Hals hat hinten und an den Seiten schwarze Streifen. Weibchen sind etwas blasser, ihr Rücken und die Flügel schimmern olivgrün. Sie fischen mit ihrem spitzen Schnabel am liebsten in klarem Wasser nach Fisch, Amphibien, Schlangen und vielen Insektenarten. Im südlichen Afrika ist der Purpurreiher ein Standvogel.

Silberreiher *(Ardea alba)* **African Great Egret** *(100 cm)*

Er ist der größte weiße Reiher. Sein Schnabel ist gelb-orangefarben (manchmal teils schwarz), die Zügel sind grün-gelb. Beine und Zehen sind schwarz. Er watet langsam am Ufer von Süßwasserflüssen und Sümpfen entlang oder steht dort bewegungslos und sucht nach Fröschen, Fischen, Reptilien und kleinen Vögeln. Während der Brutzeit prahlt er gerne mit den 50 cm langen Rücken- und Brustfedern, die er dann radförmig spreizt.

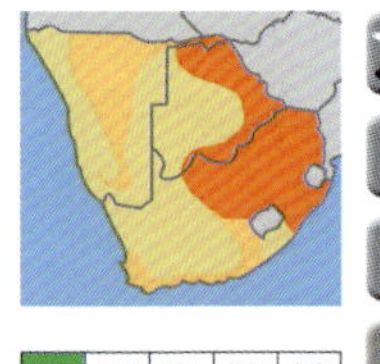

170 cm

♂ 1,7 kg

♀ 1,4 kg

SA

LC NT VU EN CE

J F M A M J J A S O N D

Afrikamittelreiher

(Ardea intermedia brachyrhyncha) **Yellow-billed Egret** *(70 cm)*
Wie sein Name schon sagt, ist dieser Afrikamittelreiher größer als der Seidenreiher und deutlich kleiner als der Silberreiher. Wie der Silberreiher ist sein Schnabel außerhalb der Brutzeit orange-gelb, färbt sich aber zu Beginn der Brutzeit rot oder schwarz. Die Wachshaut färbt sich dann grün und es hängen weiße Federn über Rücken und Brust. Die Beine sind zunächst rot und enden, wie die Zehen, in Schwarz. Sie bevorzugen Süß- und Salzwasserseen, Sümpfe und sumpfiges Grasland.

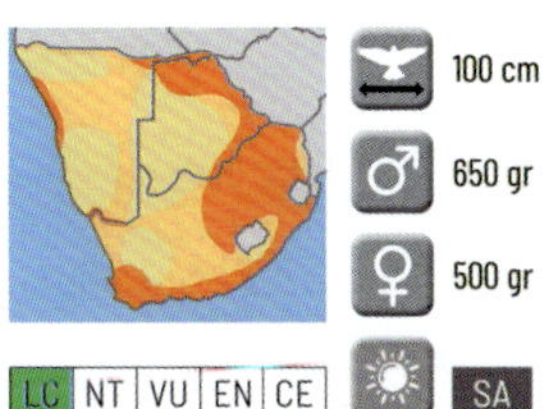

Seidenreiher *(Egretta garzetta)* **Little Egret** *(65 cm)*
Der Seidenreiher ist deutlich kleiner als der große Silberreiher. Die Beine und der Schnabel sind schwarz und die Zehen gelb. Zur Brutzeit trägt das Männchen Prachtfedern auf Kopf und Brust. Der Zügel verfärbt sich dann von blau zu gelb-grau und die Zehen werden heller gelb. Sobald er einen Partner hat, werden die Zehen wieder blasser. Er lebt meist solitär, sein Habitat sind Feuchtgebiete. Auf seinem vielseitigen Speiseplan stehen Insekten und kleine Reptilien.

Glockenreiher *(Egretta ardesiaca)* **Black Heron** *(56 cm)*
Auf Nahrungssuche breitet der Glockenreiher seine Flügel schirmartig aus bis über den Kopf und sucht im Wasser nach Fischen, Amphibien und Insektenlarven. Dieser Reiher hat volles, schiefergraues bis anthrazitfarbenes Gefieder, Beine und Zehen sind gelb. Zur Brutzeit trägt erlange Prachtfedern und ein dunkelgraues Brustfederkleid. Die Beine werden dann komplett schwarz, die Zehen bleiben gelb.

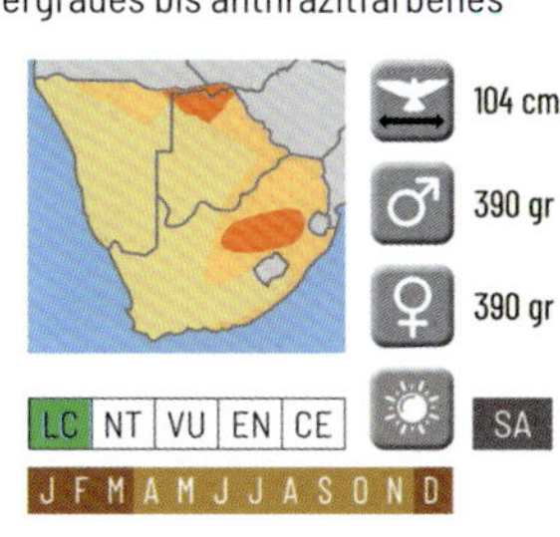

Kuhreiher

(Bubulcus ibis)

Cattle Egret *(56 cm)*

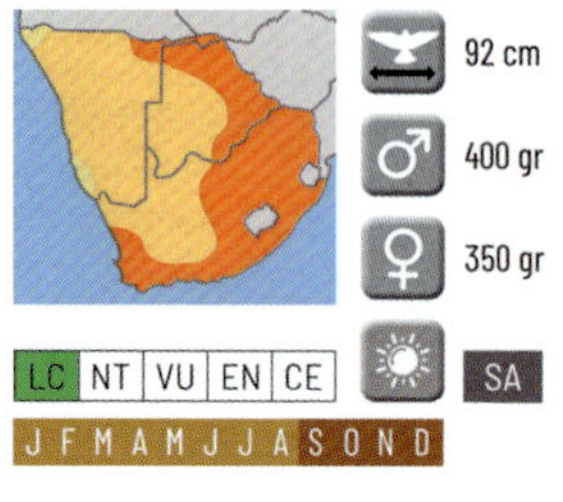

92 cm
♂ 400 gr
♀ 350 gr

LC | NT | VU | EN | CE

SA

J F M A M J J A S O N D

Es ist der kleinste der weißen Reiher und weit verbreitet. Man sieht ihn vor allem in der Nähe von großen Weidegängern, wo er Insekten und kleine Reptilien aus dem umgewühlten Boden pickt. Das bevorzugte Habitat sind Teiche und Süßwassermoore. Diese Reiher haben einen gelben Schnabel, die Beinfarbe variiert von grau bis rosafarben. Zum Prachtkleid der Männchen in der Brutzeit gehören rosafarbene Beine und eine rötliche bis rotbraune Brust.

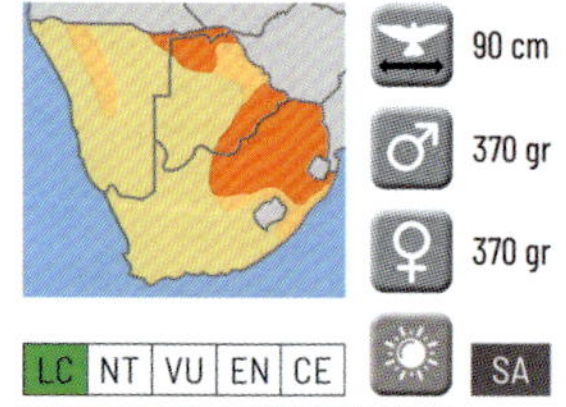

90 cm
♂ 370 gr
♀ 370 gr

LC | NT | VU | EN | CE

SA

J F M A M J J A S O N D

Rallenreiher

(Ardeola ralloides)

Squacco Heron *(47 cm)*

Außerhalb der Brutzeit ist sein Gefieder weiß und strohgelb. Das Brutgefieder ist deutlich bunter. Der gelb-graue Schnabel wird blau mit einer schwarzen Spitze und über Scheitel und Nacken wachsen braune und schwarz-weiße Prachtfedern. Er bevorzugt Süßwassergebiete und ernährt sich hauptsächlich von Insektenlarven, frisst jedoch auch Fische, kleine Vögel und Amphibien.

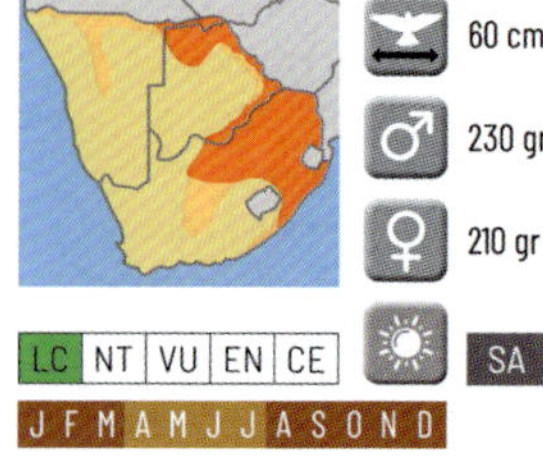

60 cm
♂ 230 gr
♀ 210 gr

LC | NT | VU | EN | CE

SA

J F M A M J J A S O N D

Mangrovereiher

(Butorides striata)

Striated Heron *(45 cm)*

Es gibt weltweit 36 Arten Mangrovenreiher. Der *B.S. atricapilla* ist in diesem Teil Afrikas zu

Hause. Der spitze schwarze Oberschnabel und der teils gelbe Unterschnabel enden in gelb-schwarzen Zügeln und gelben Augen. Von der weißen Kehle verläuft ein weißer Streifen über die graue Bauchpartie. Der Rücken glänzt grünlich. Der Mangrovenreiher ist ein ausgezeichneter Fischer. Der Nacken und die gelben Beine sind länger als sein stämmiger Körper erkennen lässt. Er geht in Mangrovenwäldern und Süßwasser auf Nahrungssuche.

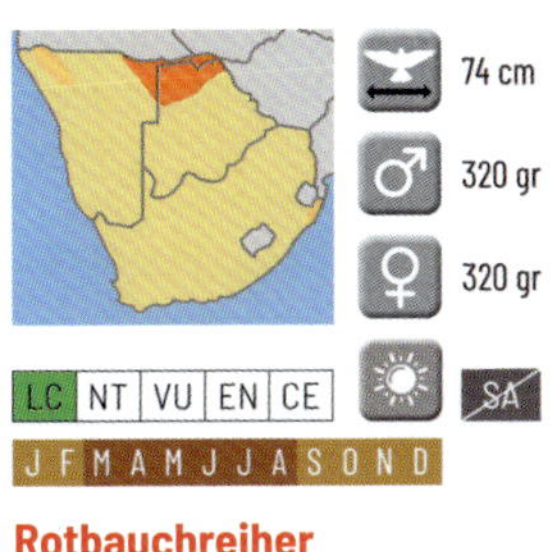

Rotbauchreiher
(Ardeola rufiventris)
Rufous-bellied Heron *(38 cm)*
Sein Gefieder ist überwiegend schiefergrau bis fast schwarz, Bauch und Flanken sind kastanienbraun. Die Beine sind leuchtend gelb, ebenso wie der Schnabel, der in Schwarz endet. Das Weibchen ist blasser und hat schmutzig weiße Streifen an Kehle und Brust. Dieser Reiher ist besonders häufig im Okavango-Flussbecken anzutreffen, wo er seine Nahrung sucht.

Nachtreiher *(Nycticorax nycticorax)* **Black-crowned Night-Heron** *(65 cm)*
Der Nachtreiher hat eine gedrungene Statur. Während der Brutzeit trägt er Prachtfedern auf dem Scheitel. Vorderrücken und Rücken sind dunkelgrau, Flanken und Flügel hellgrau. Die Iris ist leuchtend rot, die Beine sind gelb. Die Bauchpartie ist weiß. Nachtreiher jagen nachts, während der Brutzeit auch tagsüber. Das Weibchen ist kleiner und heller.

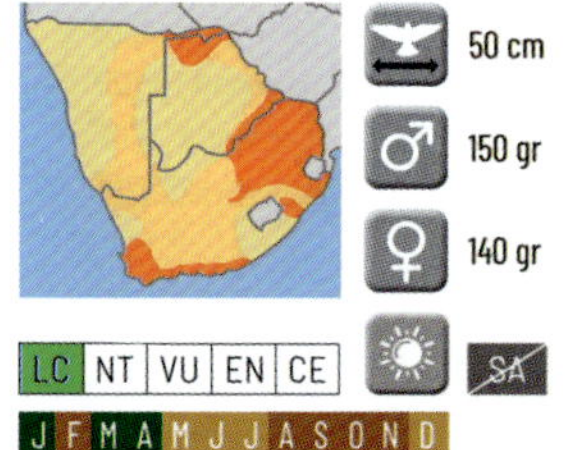

Zwergdommel *(Ixobrychus minutus)* **Little Bittern** *(34 cm)*
Die Zwergdommel *(I.m. minutus)* migriert von Süd- und Osteuropa nach Afrika. Die Zwergdommel *(I.m.payesii)* im südlichen Afrika wandert innerhalb Afrikas. Beide haben einen scharfen, gelben Schnabel, kurze, gelbliche Beine (beim Weibchen grüner) mit relativ großen Zehen. Der Hals ist beige und der Kopf hat eine schwarze Stirn. Die Brust ist beige oder zart grau und weiß, manchmal gestreift. Beim Weibchen trennt ein weißer Kragen das Rückengefieder und den Hals. Der Bauch ist weiß und die Flügel sind schiefergrau beim Männchen, beim Weibchen ist es ein Mix von Brauntönen. Ihr schiefergraues Untergefieder ist meist etwas heller als das ihrer afrikanischen Cousine. Brütende Paare sind die *I.m.payesii*, vorzugsweise in sumpfigen Gebieten und inmitten von Schilfgebieten.

♀

♂

Graurückendommel *(Ixobrychus sturmii)* **Dwarf Bittern** *(30 cm)*
Sommergast. Sie gehört zu den kleinsten Reihern. Das Obergefieder ist schiefergrau, die Brust bis zur Unterseite ist blass weiß oder gelblich, unterbrochen von länglichen schiefergrauen Streifen. Die Beine sind grünlich-gelb und die Iris variiert von rötlich-braun bis rot. Der Bauch des Weibchens ist häufiger rostbraun. Sie finden ihre Nahrung, wie Insekten, Heuschrecken, Spinnen, Fische, Schnecken und Reptilien, indem sie sich vorsichtig durch Grasfelder bewegen.

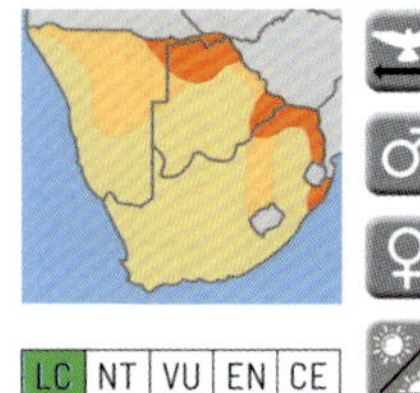

PELECANIFORMES *Pelecaniformes - Scopidae*

Hammerkopf *Der Hammerkopf gehört auch zur Ordnung der Ruderfüßer. Er ist der einzige Vertreter der Familie Scopidae. Die Familie besteht aus einer Gattung mit nur einer Art, die in zwei Unterarten unterteilt ist.*

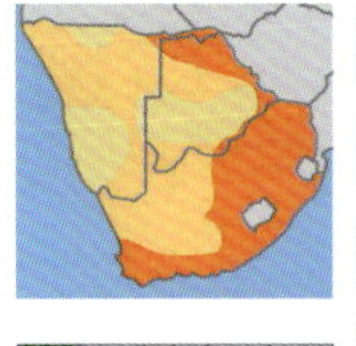

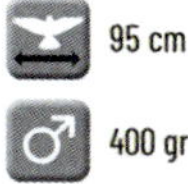

Hammerkopf *(Scopus umbretta)*
Hamerkop *(56 cm)*
De zware snavel is donkergrijs. Die Art hat einen langgezogenen Schnabel sowie eine nach hinten gerichtete Federhaube. Der Schnabel ist dunkelgrau und der Kopf ist hammerförmig. Er baut drei bis fünf Mal jährlich große Nester, jedoch nicht unbedingt zum Brüten. Diese oft vorkommenden Vögel sind nicht scheu. Fische, Amphibien, kleine Nagetiere und Frösche bilden die Hauptnahrung, die sie in allen Gewässern finden, sofern Bäume in der Nähe sind.

PELECANIFORMES *Pelecaniformes - Threskiornithidae*

Ibisse und Löffler *Ibisse und Löffler sind eine Vogelfamilie mit 34 Arten. Man unterscheidet Ibisse aus der Alten und der Neuen Welt. Mit ihren langen, gebogenen Schnäbeln suchen sie tagsüber im Boden nach Wirbellosen, Würmern und anderen Weichtieren. Der Löffler bewegt seinen Schnabel auf der Suche nach Beute durch flaches Wasser. Dabei „löffelt" und filtert er mit einer Siebmembran in seinem Schnabel seine Nahrung heraus.*

Hagedasch *(Bostrychia hagedash)* **Hadada Ibis** *(76 cm)*
Je nach Unterart schwankt die Grundfärbung des Gefieders zwischen grau und olivbraun, die Oberflügeldecken schimmern metallisch grün. Der ibisartig nach unten gekrümmte Schnabel ist ähnlich gefärbt wie das Gefieder. Der Oberschnabel hat eine rote, längliche Brücke. Ein heller Streifen akzentuiert die Wangen. Weideland, Savannen und Auenwälder sind sein Habitat. Beim Fliegen macht er viel Lärm. Dieser Ibis kann bis zu viermal im Jahr brüten.

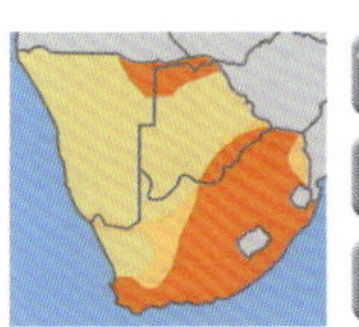

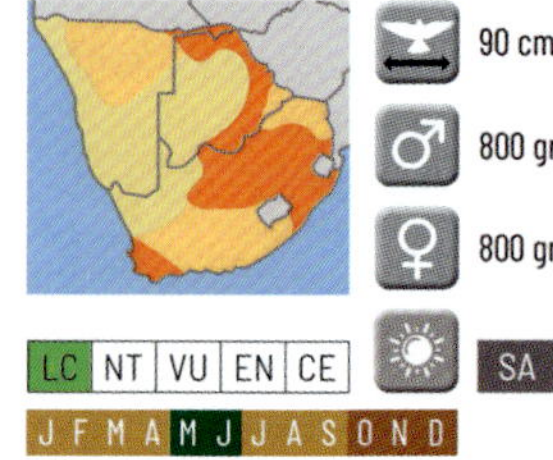

Braunsichler *(Plegadis falcinellus)* **Glossy Ibis** *(65 cm)*

Außerhalb der Brutzeit ist sein Gefieder hellbraun und grau-grün. Im Brutgefieder ist der Kopf bis zu Vorderrücken, Brust und Bauch rotbraun, der Schnabel hellgrau, und die Flügel bekommen einen grünen, irisierenden Glanz. Zu seinem Lebensraum gehören Süßwasserseen, sumpfige Felder und Sümpfe. Im Winter wird dieser Teil Afrikas auch von einer Population besucht, die sich in Südwest- und Südosteuropa aufhält.

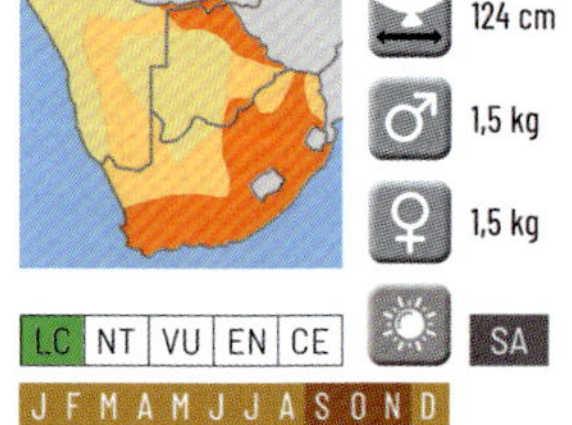

Heiliger Ibis

(Threskiornis aethiopicus)
Sacred Ibis *(88 cm)*

Der Heiliger Ibis ist sofort an seinem schwarz-weißen Gefieder und dem schwarzen, flauschigen Schwanz, dem schwarzen Nacken und dem Kopf mit dem langen, gebogenen schwarzen Schnabel erkennbar. Das Habitat umfasst süßwasserreiche Gebiete sowie flache Meeresabschnitte. Vor der Brutzeit sind sie nomadisch. Die Bestände in Ägypten, wo er einst als heiliger Vogel verehrt wurde, sind heute erloschen.

Kahlkopfibis *(Geronticus calvus)* **Southern Bald Ibis** *(78 cm)*

In vollem Sonnenlicht schillert das Gefieder von grün bis hellblau. Der nackte Scheitel und der Schnabel beider Geschlechter sind rot (beim Männchen ist der Schnabel etwas länger). Ihr Lebensraum ist Grasland in höheren Lagen zwischen 1.200 und 1.850 Metern, vor allem dort, wo Weideland vor kurzem abgebrannt oder umgepflügt wurde. Hier suchen sie nach Grashüpfern, Würmern, Schnecken und Fröschen. Sie bauen ihre Nester an Klippen in der Nähe von Flüssen und Wasserfällen.

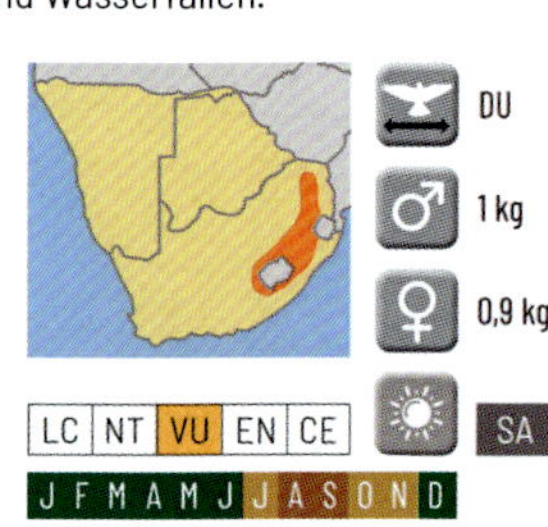

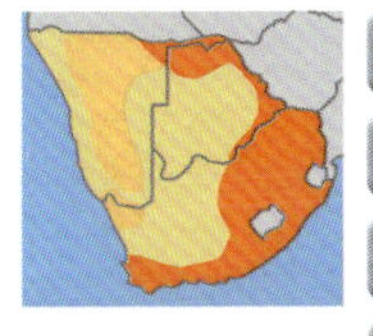

130 cm

1,7 kg

1,6 kg

SA

Afrikanischer Löffler
(Platalea alba)
African Spoonbill *(90 cm)*
Der Afrikanische Löffler ist erkennbar an dem blaugrauen, löffelförmigen, langen Schnabel, der roten Haut hinter den Augen und den rosa Beinen. Dieser Löffler ist weit verbreitet und zum Teil sehr zahlreich in Süßwasser- und Sodaseen sowie an der Küste in flachen Lagunen. Bei der Futtersuche (Fische, Amphibien) schwenken sie den Kopf hin und her und waten langsam durch das flache Wasser.

STÖRCHE *Ciconiiformes - Ciconiidae*

Störche *Störche sind die einzige Familie der Ciconiidae mit 6 Gattungen und 19 Arten. Das Futter besteht hauptsächlich aus Fröschen und großen Insekten, aber auch aus Jungvögeln, Eidechsen, Fischen und Nagetieren. Viele Störche sind Zugvögel, die mithilfe der Thermik lange Strecken zurücklegen können (über dem Meer kürzere). Sie haben ein „Radar", das sie zu Orten mit Insektenplagen leitet. Sie fliegen mit gestrecktem Hals. Weil ihnen die Kehlmuskeln fehlen, klappern sie mit dem Schnabel um zu kommunizieren. Geschlechtsspezifische Merkmale gibt es kaum.*

Marabu *(Leptoptilos crumenifer)* **Marabou Stork** *(150 cm)*

Er hat einen fast kahlen Kopf mit hängendem Kropf und einen großen gelblichen Schnabel. Flügel und Schwanz sind schiefergrau, der Unterkörper ist weiß. Er frisst auch Aas und wird oft zusammen mit Geiern gesehen. Er ist weit verbreitet, und auf der Suche nach Nahrung trifft man ihn oft auch in Städten und Dörfern.

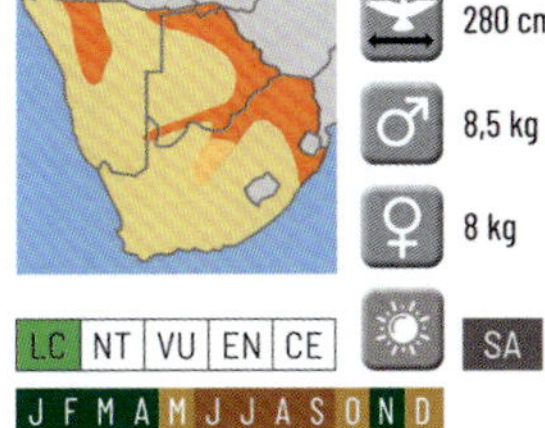
280 cm
8,5 kg
8 kg
LC NT VU EN CE
SA
J F M A M J J A S O N D

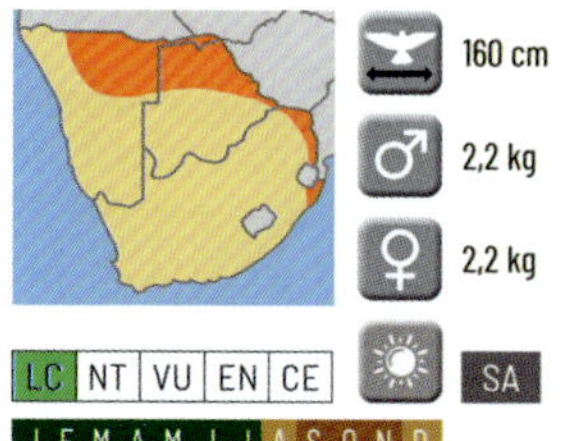

160 cm
2,2 kg
2,2 kg
LC NT VU EN CE
SA
J F M A M J J A S O N D

Afrika-Wollhalsstorch

(Ciconia episcopus) **African Woolly-necked Stork** *(90 cm)*
Dieser Storch hat mehrere Unterarten. Einer von ihnen *(C.e. microscelis)* lebt im tropischen Afrika. Er bevorzugt Savannen mit ständigen Wasservorkommen. Die Flügel leuchten in der Sonne graugrün, die Brust lila. Vom Scheitel bis zum Hals ist er wollig und weiß. Der Schnabel ist grau mit einer roten Spitze. Die Stirn ist schwarz. Wollhalsstörche leben normalerweise solitär und häufig findet man sie dort, wo es gebrannt hat.

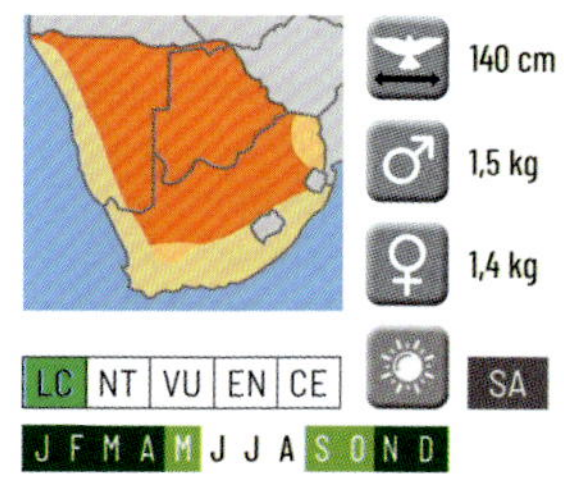

140 cm
1,5 kg
1,4 kg
LC NT VU EN CE
SA
J F M A M J J A S O N D

Abdimstorch *(Ciconia abdimii)*

Abdim's Stork *(80 cm)*
Sommergast. Ein mittelgroßer Storch mit einem grauen Schnabel und einem blauen Gesicht. Die Beine des Abdimstorchs sind grau und haben rosafarbene Mittelfußknochen und Zehen. Er ernährt sich hauptsächlich von Heuschrecken, Raupen und anderen großen Insekten in trockeneren Gebieten. Sie brüten zu Beginn der Regenzeit und migrieren in Afrika dorthin, wo die Regenzeit beginnt.

Nimmersatt *(Mycteria ibis)*

Yellow-billed Stork *(105 cm)*

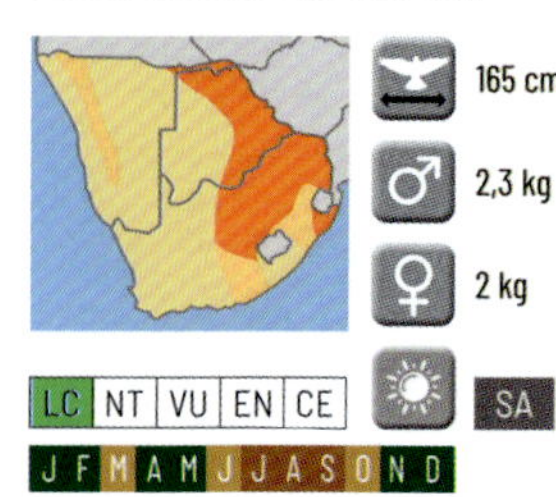

165 cm
2,3 kg
2 kg
LC NT VU EN CE
SA
J F M A M J J A S O N D

Der Nimmersatt ist an seinem langen gelben Schnabel, dem roten Kopf und den roten Beinen zu erkennen. Er bevorzugt Sümpfe und sumpfiges Grasland, ist aber auch häufig an den Ufern von Flüssen und Bächen anzutreffen. Sie sind in der Regel Einzelgänger und ernähren sich von Amphibien und Fischen, die in ihren Schnabel geraten, den sie im flachen Wasser offen halten.

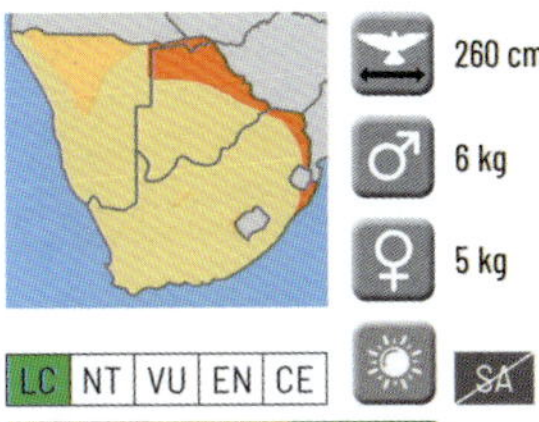

J F M A M J J A S O N D

Sattelstorch

(Ephippiorhynchus senegalensis)

Saddle-billed Stork *(150 cm)*

Ein großer Storch mit rotschwarzem Schnabel, gelbem Sattel und unter dem Schnabel zwei gelben Kehllappen (Männchen). Das Weibchen hat gelbe, das Männchen braune Augen. Beide haben einen nackten, roten Fleck auf der Brust. Ein weit verbreiteter Storch, der hauptsächlich Fische, Amphibien, Muscheln und große Wasserinsekten frisst. Er ist wenig nomadisch, eher ein Einzelgänger, oder das Paar bleibt über einen längeren Zeitraum zusammen. Sie bevorzugen Feuchtgebiete, flache Seen und überflutetes Grasland.

Weißstorch *(Ciconia ciconia)* **White Stork** *(100 cm)*

Sommergast. Störche haben ein bemerkenswertes „Radar" in Bezug auf Heuschreckengeburten, Raupen bestimmter Nachtfalter, Waldbrände und Gebiete mit starken Regenfällen. Wegen Ihres vielseitigen Speiseplans kann man sie in den unterschiedlichsten Gebieten finden. Aufgrund milderer Winter in Europa migrieren Weißstörche oder Klapperstörche immer seltener von Westeuropa nach Afrika. Die Populationen, die sich im südlichen Afrika niederlassen, bleiben in größeren Gruppen zusammen.

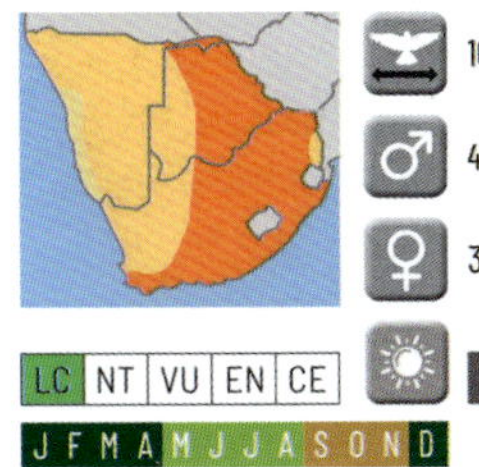

J F M A M J J A S O N D

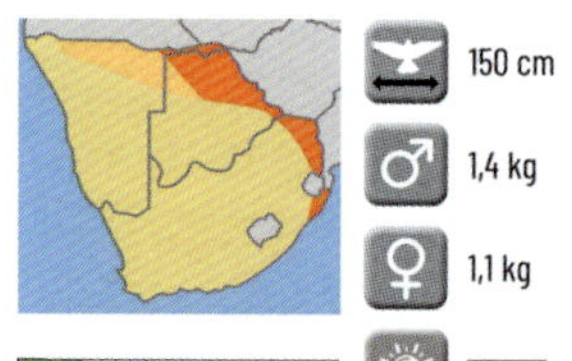

LC | NT | VU | EN | CE   SA

J F M A M J J A S O N D

Klaffschnabel

(Anastomus lamelligerus)

African Openbill Stork *(86 cm)*

Ein mittelgroßer Storch mit braun-schwarzem Gefieder und schwarzen Beinen. Der klaffende Schnabel ist optimal zum Zertrennen des Muskels aquatischer Schnecken, der wichtigsten Nahrung der Storchküken. Daneben essen sie Süßwassermuscheln, Frösche, Krabben und Würmer. Seine Brutzeit ist deshalb abhängig vom Niederschlag und dem damit verbundenen Angebot an Schnecken. Sie brüten gemeinsam, manchmal hundert Brutpaare zusammen. Häufig vorkommend in Feuchtgebieten wie Überschwemmungsgebieten, Sümpfen, feuchten Stellen in Grassavannen und kürzlich abgebrannten Weideflächen bis zu 1500 m.

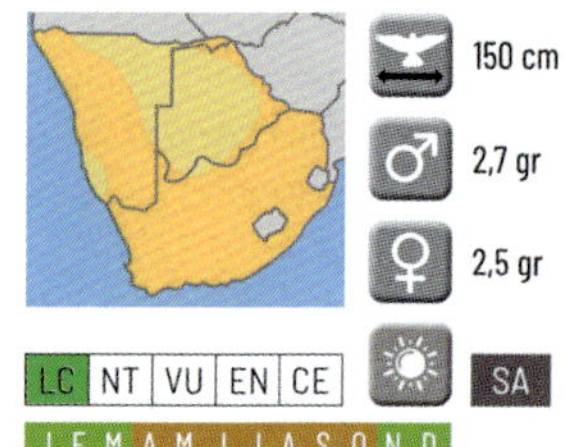

Schwarzstorch

(Ciconia nigra)

Black Stork *(100 cm)*

Der Schwarzstorch verlässt Europa und Asien und überwintert unter anderem in Westafrika. Der im südlichen Afrika vorkommende Schwarzstorch brütet hauptsächlich in Sambia, Malawi und Simbabwe. Sie migrieren weiter nach Süden, wenn die Flüsse und Tümpel zu tief werden. Die Haut um die Augen, der lange Schnabel und die Beine sind rot. Der Unterkörper ist weiß und das Gefieder des Oberkörpers glänzt metallisch grün und violett. Sie halten sich bevorzugt in offenen Wäldern auf und finden ihre Nahrung, die aus Fischen, Amphibien, Insekten und Schnecken besteht, in Bächen und kleineren Teichen. In Südafrika findet man sie oft zusammen mit dem etwas kleineren, ebenfalls weitgehend schwarzen Abdimstorch.

FLAMINGOS *Phoenicopteriformes - Phoenicopteridae*

Flamingos *Es gibt sechs Arten von Flamingos, von denen zwei in Afrika leben und oft zusammen gesehen werden. Die ersten zwei Jahre ihres Lebens sind sie grau. Danach werden sie überwiegend weiß mit rosa Akzenten. Flamingos stehen oft auf einem Bein im Wasser, so kühlen sie ihren Körper. Mit dem anderen Bein ziehen sie sich aus dem Schlamm heraus. Nur wenn sie die Flügel spreizen, ist das Schwarz an den Flügelenden sichtbar. Mit ihren gebogenen Schnäbeln filtern sie Algen und kleine Krustentiere aus dem Wasser heraus.*

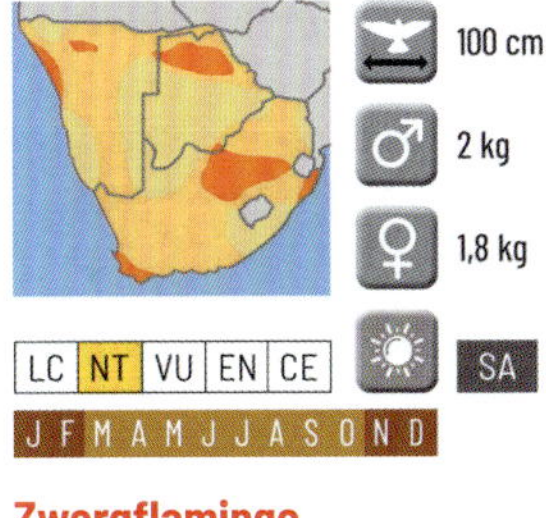

Zwergflamingo

(Phoeniconaias minor)

Lesser Flamingo *(90 cm)*

Der Zwergflamingo hat einen dunkelroten Schnabel mit schwarzer Spitze. Er ernährt sich fast ausschließlich von Cyanobakterien *(Spirulina platensis)*, Kieselalgen und Salinkrebsen, die in Salzwasserseen (bis zu 50 % Salz) und Sodaseen (hohe Karbonatkonzentration) leben. Sie verlassen ihre Futterplätze, sobald die Nahrung knapp wird. Diese Migrationen, bei denen sie manchmal Strecken von mehreren hundert Kilometern zurücklegen, finden in der Regel nachts statt.

Rosaflamingo *(Phoenicopterus roseus)* **Greater Flamingo** *(140 cm)*

Dieser größere Rosaflamingo hat einen rosafarbenen Schnabel mit Streifen und schwarzer Spitze. Er filtert seine Nahrung aus dem Schlamm und frisst Fische, Algen, Insekten, Larven und Krustentiere. Letztere verleihen ihm seine rosa Farbe. Das Brutverhalten hängt von der Wassertiefe ab. Flamingos sind daher sehr nomadisch und ständig auf der Suche nach geeigneten Brutplätzen. Brutplatztreue ist mit dem Bruterfolg verbunden. Sie bauen Nester aus Schlamm oder Steinen in Bassins.

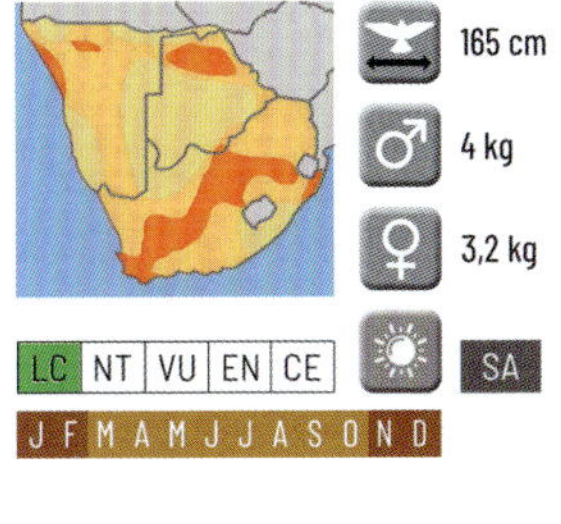

Gänsevögel *Zur Ordnung der Gänsevögel (Anseriformes) gehören über 170 Arten. Enten und Gänse, die zur gleichen Familie gehören, sind wiederum in viele Unterarten eingeteilt. Gänse haben längere Beine und einen längeren Hals als Enten und sind meist Weidetiere. Enten fressen hauptsächlich Wasserpflanzen, Gras, Fische und Insekten. Beide haben einen abgeflachten Schnabel und die Füße haben Schwimmhäute. Bei den Enten trägt das Männchen (Erpel) ein buntes Federkleid. Enten sind Standvögel. Sie brüten dort, wo sie leben. Eine Besonderheit bei Erpeln ist ihr Penis, denn die meisten anderen Vögel haben keinen. Weibliche Enten haben ein spiralförmiges Geschlechtsorgan, das ein Eindringen des relativ langen Penis des Erpels nur zulässt, wenn sie dies auch wollen.*

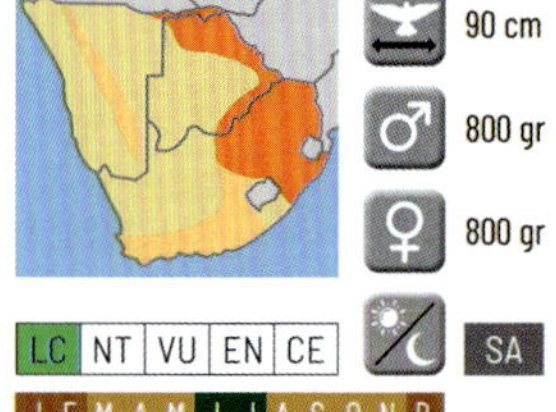

Witwen-Pfeifgans

(Dendrocygna viduata)

White-faced Whistling-Duck

(48 cm)

Diese große Ente hat einen weißen Hals und bis zum Scheitel weiße Kopffedern. Der Hinterkopf ist schwarz bis zum braunmelierten Vorderrücken. Die Flanken sind weiß und schwarz geschuppt, die Brust ist rostbraun, der Bauch ist schwarz. Durch häufige lange Pfiffe bleiben sie mit ihren Artgenossen in Gebieten mit Seen, Flüssen und Tümpeln in Kontakt. Sie sind ausgezeichnete Taucher, die ihre Nahrung (besonders nachts) meist unter Wasser finden. Der Speiseplan ist überwiegend vegetarisch, zum Teil aber mit Insektenlarven.

Gelbbrust-Pfeifgans *(Dendrocygna bicolor)* **Fulvous Whistling-Duck** *(53 cm)*
Die Gelbbrust-Pfeifgans hat einen hauptsächlich hellbraunen Unterkörper. Die dunkelbraunen Federn des Vorderrückens haben rotbraune Streifen. Der Schnabel ist grau. Mit ihrem häufigen langen Pfeifen halten sie Kontakt zu Artgenossen in Gebieten mit Seen, Flüssen und Tümpeln, auch in trockeneren Regionen. Sie ernähren sich fast ausschließlich vegetarisch. Die Brutsaison kann sich nach Region und von Jahr zu Jahr stark unterscheiden.

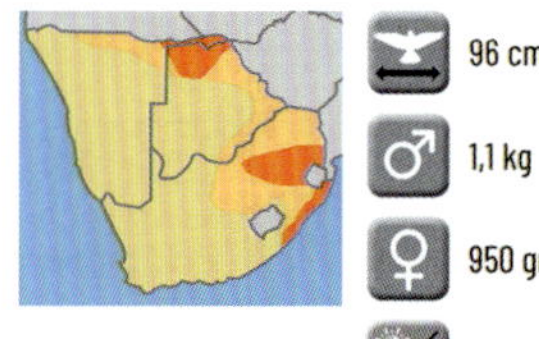

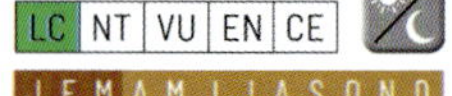

Afrikazwergente
(Nettapus auritus)
African Pygmy-goose *(31 cm)*

Zwergenten leuchten in wunderschönen Farben: gelber Schnabel mit schwarzer Spitze, weißer Kopf, dunkelgrüner Scheitel und grüner Nacken. Erpel haben hellgrüne Wangen (Weibchen einen schwarzen Augenstreifen und Flecken auf den Wangen) und einen dunkelgrünen Vorderrücken, ansonsten rötlich-braunes Gefieder, abgesehen von einer weißen Bauchpartie. Diese scheuen Vögel leben oft zusammen mit der Weißrücken-Pfeifgans in Sümpfen und flachen Seen. Sie fressen vor allem die Samen von Seerosen sowie Wasserinsekten und kleine Fische.

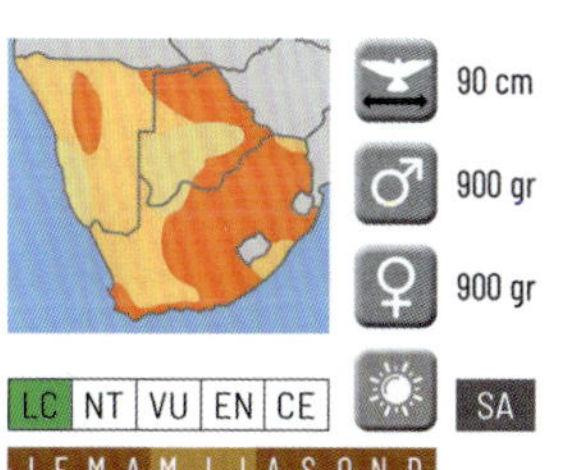

Rotschnabelente
(Anas erythrorhyncha)
Red-billed Teal *(48 cm)*

Diese Ente ist in Afrika weit verbreitet. Sie hat ein gezeichnetes, creme und braungeschupptes Federkleid sowie einen rotbraunen Schnabel. Die Unterseite des Kopfes ist weiß, die Oberseite ist bis zum Hals graubraun. Der helle Unterkörper ist braun gesprenkelt. Sie sind Allesfresser und ernähren sich von Pflanzen und Wasserinsekten. Sie bevorzugen kleine, ruhige Süßwasserseen.

Gelbschnabelente *(Anas undulata)* **Yellow-billed Duck** *(60 cm)*

Eine große Ente mit einem einheitlich gefärbten Federkleid. Sie hat blaugrünen Flügelspiegel in den Armschwingen. Der dunkelbraune Rücken und Bauch sind cremebraun geschuppt. Der Schnabel ist gelb. Sie lebt in wasserreichen Gebieten, wie Sümpfen, Salzpfannen und Seen. Sie sind Allesfresser.

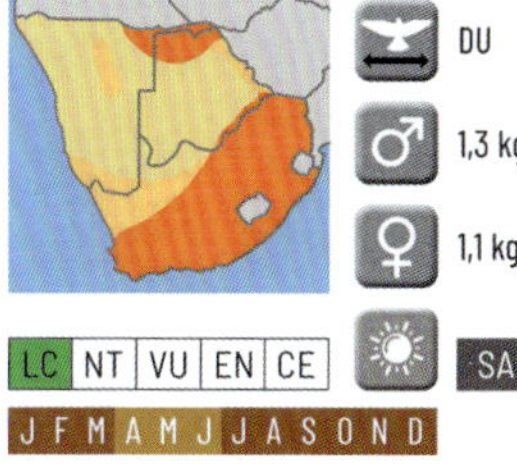

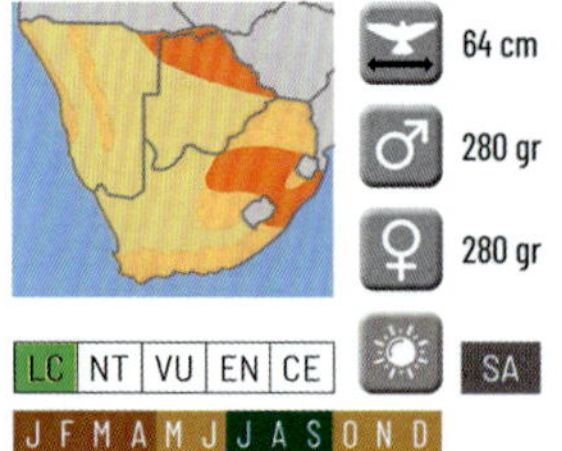

Hottentottenente *(Spatula hottentota)* **Hottentot Teal** *(36 cm)*
Eine kleine Ente mit beigebraun gesprenkeltem Federkleid. Der Scheitel ist dunkelbraun, darunter ist sie cremeweiß. Der Schnabel hat ein silbriges Blau. Diese Ente ist bis 3000 m Höhe weit verbreitet. Sie besucht auch Sodaseen. Das Federkleid des Weibchens ist blasser als das des Männchens. Die Hottentottenente ist Allesfresser, isst aber hauptsächlich Seerosen.

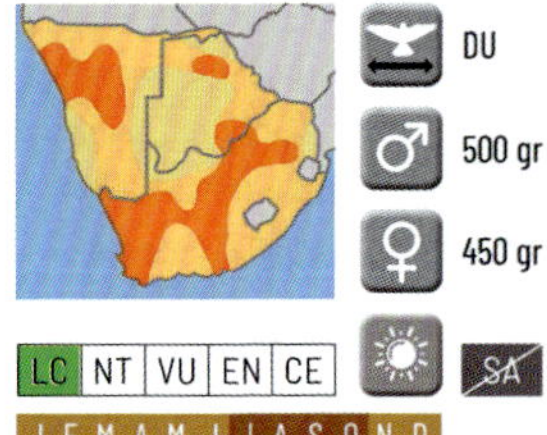

Fahlente
(Anas capensis)
Cape Teal *(46 cm)*
Sein Kopf ist schmutzig weiß, der Schnabel rosa und die Iris sind rot. Ihr Kopf ist dunkler und ihr Schnabel tendiert eher zu Rosa. Bei beiden Geschlechtern ist der gesamte Unterkörper cremefarben mit schwarzen Flecken (kleinere Flecken auf der Brust). Ihre Nahrung, sowohl Pflanzen als auch Wasserinsekten, suchen sie bevorzugt in flachen Lagunen, Brack- oder Salzwasser, einschließlich Salzpfannen, Lagunen und Überschwemmungsgebieten.

Afrikanische Rotaugenente *(Netta erythrophthalma)* **Southern Pochard** *(50 cm)*
Der Erpel ist dunkelbraun, er hat rostbraune hellere Seiten, rote Augen und einen silbrigen Schnabel. Das Weibchen ist überwiegend rotbraun. Auch ihr Rückengefieder ist deutlich dunkler. Ihr Hals ist weiß, ebenso die Wangenstreifen. *N. e. brunnea* ist die afrikanische Unterart. Ihr Lebensraum sind wasserreiche Gebiete.

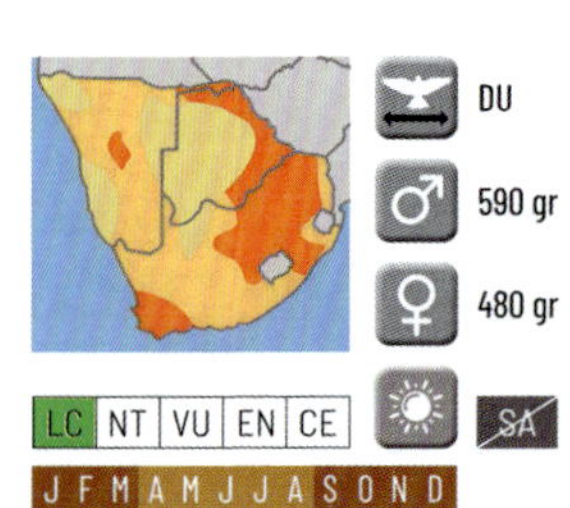

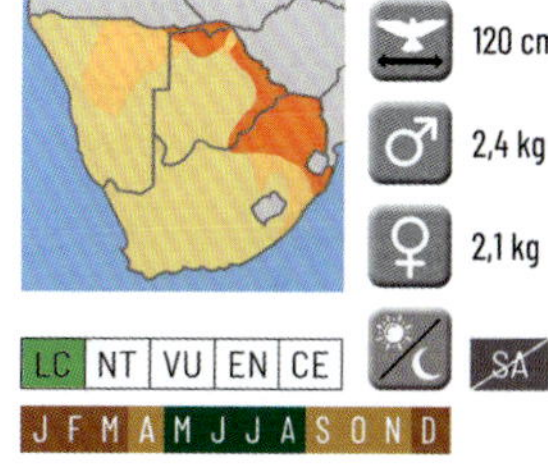

120 cm

♂ 2,4 kg

♀ 2,1 kg

LC NT VU EN CE

SA

J F M A M J J A S O N D

Glanzente

(Sarkidiornis melanotos)

Comb oder **Knob-billed Duck** *(76 cm)*

Eine große Ente mit weißem Kopf und darauf schwarzen Sprenkeln, grau- weißem Unterkörper und dunkelgrauen Flügeln mit grün und lila schillerndem Glanz.

Der Erpel hat eine markante, hohe, schmale, braune Ausstülpung auf dem grauen Schnabel. Es sind Standvögel, jedoch nomadisch, wenn Feuchtgebiete austrocknen. Erpel verteidigen zwei bis fünf Weibchen gegen Rivalen. Weibliche Enten legen ihre Eier oft in ein gemeinsames Nest. Die Nahrung ist vorrangig pflanzlich.

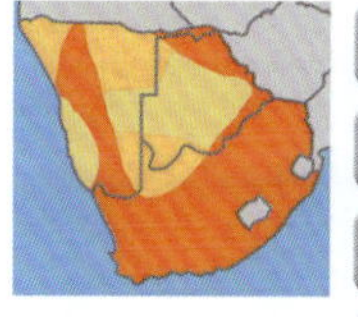

146 cm

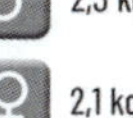

♂ 2,3 kg

♀ 2,1 kg

SA

Nilgans

(Alopochen aegyptiaca)

Egyptian Goose *(73 cm)*

Die Nilgans hat ein schönes Federkleid, vor allem der braune Rand um die Augen und die beigefarbenen Wangen sind auffällig. Rücken und Vorderrücken sind braun, die Brust beige, der Spiegel grün und die Füße sind rosafarben. Sie ist in Feuchtgebieten und Grasland zu Hause. Nilgänse sind vorrangig Weidetiere, fressen jedoch auch Samen, Blätter und gelegentlich Würmer und Termiten. Das Weibchen ist etwas kleiner und hat einen schlankeren Hals.

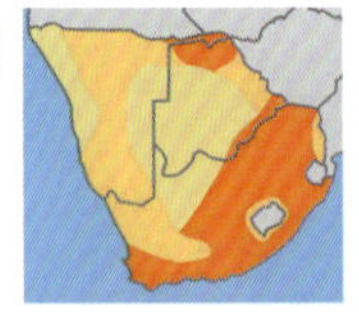

170 cm

6,5 kg

5,2 kg

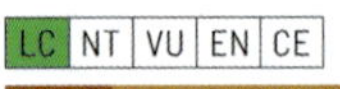

Sporngans

(Plectropterus gambensis)

Spur-winged Goose *(100 cm)*

Eine große Gans, insbesondere der Gänserich. Langer Hals, meist weißer Kopf *(P.g. niger)* und rosafarbene bis rote Wachshaut und Schnabel. Das Gefieder glänzt in der Sonne grün. Von der Brust bis zum Unterschwanz sind sie weiß. Man sieht diese Gänse an von Bäumen umgebenen Seen, in Sümpfen und überflutetem Grasland. Männchen und Weibchen unterscheiden sich äußerlich kaum, abgesehen von einem Knoten über dem Schnabel des Gänserichs. Am Daumenfittich haben sie Sporen. Sie essen gelegentlich Fisch, ernähren sich aber hauptsächlich vegetarisch.

Schwarzente

(Anas sparsa)

African Black Duck *(55 cm)*

Eine überwiegend braune bis anthrazitfarbene Ente mit weiß geschuppten Federrändern an Flügeln, Schwanz und Rücken. Der Spiegel ist grün, die Beine sind orange. Sie bevorzugt schnell fließende Flüsse inmitten von Waldgebieten in den Bergen.

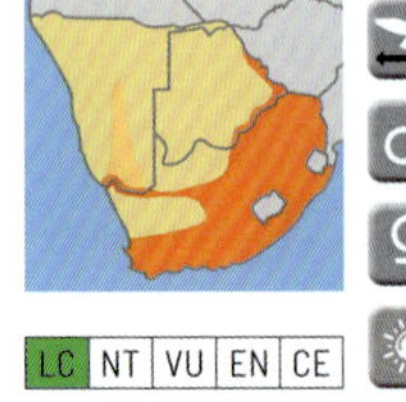

76 cm

1 kg

0,9 kg

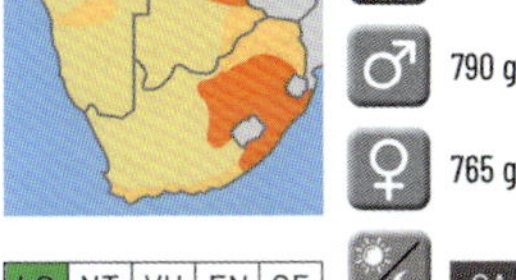

90 cm

790 gr

765 gr

SA

Weißrücken-Pfeifgans

(Thalassornis leuconotus) **White-backed Duck** *(42 cm)*
Der weiße Rücken ist unter den rötlich-braun und schwarz gesprenkelten Flügeln verborgen. Der Unterleib ist heller und rötlichbraun. Der Hals ist rotbraun und am Ansatz des schwarzen Schnabels mit Haken befindet sich ein weißer Fleck. Sie bevorzugen ruhige Süßwasserseen oder Teiche, wo sie sich hauptsächlich von Seerosen und Seekanne ernähren. Sie bewegen sich hauptsächlich nachts.

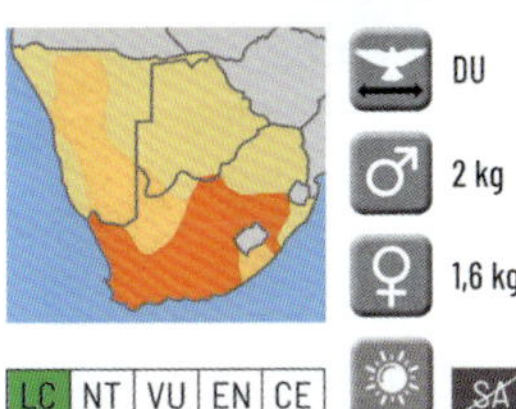

DU

2 kg

1,6 kg

SA

Graukopfkasarka *(Tadorna cana)* South African Shelduck *(62 cm)*

Der Graukopfkasarka hat ein schönes Federkleid. Während Brust, Bauch und Unterschwanzdecken beige sind, sind der Rücken und ein Teil des Flügels zimtfarben. Die Schultern sind dunkelbraun, der Spiegel ist grün. Das Männchen hat einen graubraunen Kopf, das Weibchen ein weißes Gesicht und eine graue Krone. Ihre Brust ist rostbraun. Im November-Dezember wandern sie in Gebiete mit tiefen Seen und Teichen, wo sie sich in großer Zahl zur Mauser versammeln.

GREIFVÖGEL

Zu den Greifvögeln werden die Falken, die Eulen und die Habichtartigen (darunter auch die Geier) gezählt. Greifvögel sind Fleischfresser. Sie jagen und fangen ihre Beute auf dem Boden, in der Luft oder im Wasser. Manche fressen Aas. Im Flug kann man die Vögel an folgenden Merkmalen erkennen.

Bussarde:
besitzen breite Flügel mit breiten, abgerundeten, aber kurzen Steuerfedern. Am Flügelende befinden sich meist fünf Schwingenspitzen. Er hat einen kleineren, gedrungenen Kopf und Schnabel als der Adler. Man kann ihn oft in langsamem Zirkel- bzw. Segelflug sehen.

Habichte:
sind oft etwas kleiner als die Bussarde. Sie haben schlankere, abgerundete Flügel und längere, gerade Steuerfedern. Sie fliegen mit hoher Geschwindigkeit nah über dem Boden und werfen sich auf die Beute.

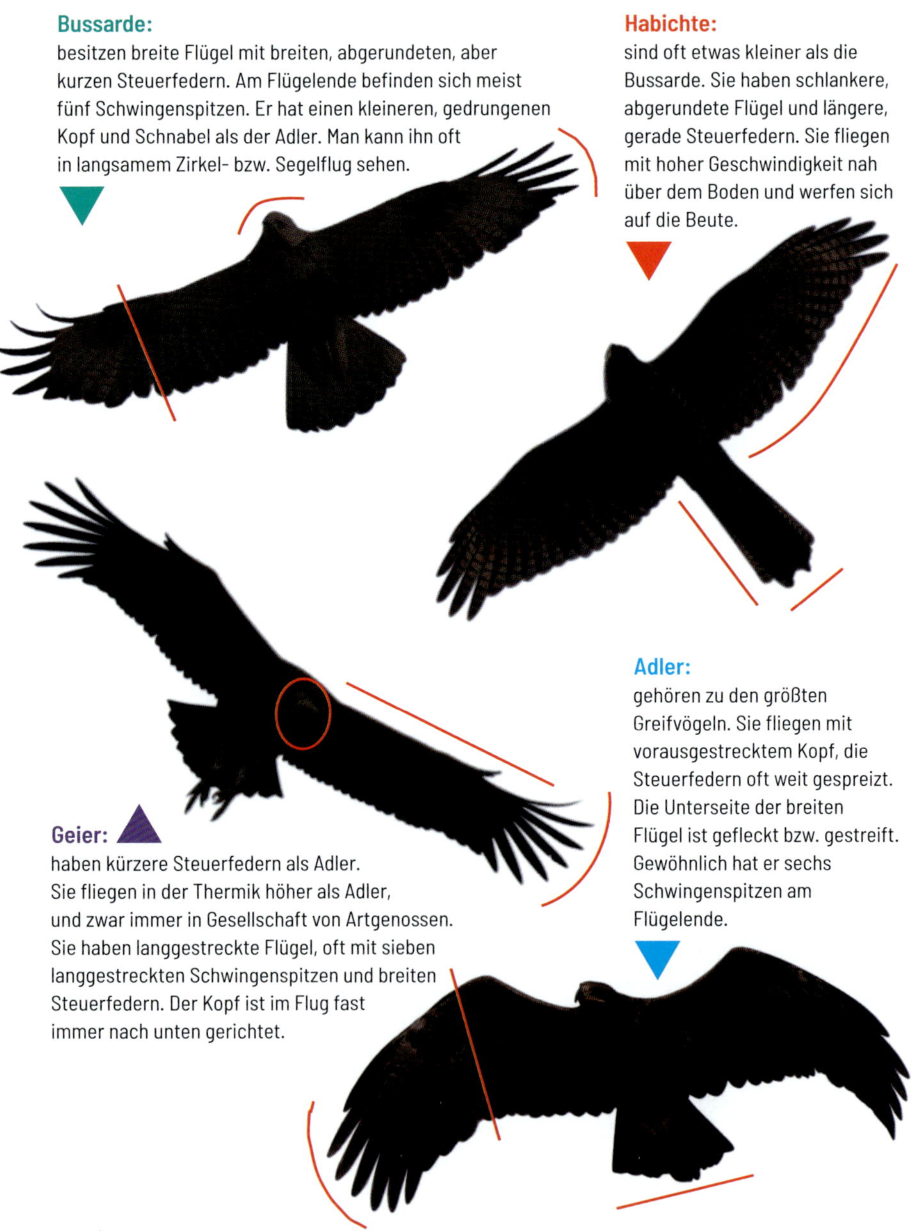

Adler:
gehören zu den größten Greifvögeln. Sie fliegen mit vorausgestrecktem Kopf, die Steuerfedern oft weit gespreizt. Die Unterseite der breiten Flügel ist gefleckt bzw. gestreift. Gewöhnlich hat er sechs Schwingenspitzen am Flügelende.

Geier:
haben kürzere Steuerfedern als Adler. Sie fliegen in der Thermik höher als Adler, und zwar immer in Gesellschaft von Artgenossen. Sie haben langgestreckte Flügel, oft mit sieben langgestreckten Schwingenspitzen und breiten Steuerfedern. Der Kopf ist im Flug fast immer nach unten gerichtet.

Sperber:

jagen vor allem im Flug, indem sie in niedriger Höhe über Wälder fliegen und sich auf kleine Vögel und Bodenbewohner stürzen. Sie haben eine breitere Brust als Weihen und kurze, abgerundete Flügel mit geraden Steuerfedern.

Weihen:

sind schlanke Vögel. Manche Arten haben schmale, abgeknickte Flügel, oftmals mit langen rautenförmigen Steuerfedern. Man kann fünf Schwingenspitzen erkennen. Weihen fliegen meist "wippend" in niedriger Höhe und sind oft mit Artgenossen zusammen.

Milane:

haben lange, breite und abgeknickte Flügel sowie gegabelte Steuerfedern. Man kann sie häufig mit Artgenossen im sanften Gleitflug dabei den Kopf nach unten gerichtet, beobachten. Oft sind die gelben Beine sichtbar.

Falken:

haben kurze Beine. Im Flug sind die Schulterfedern gebogen, der Schwanz ist schmal und kantig. Im Rüttelflug sind die Steuerfedern aufgefächert. Einige Arten sind Einzelgänger.

Eulen:

jagen vor allem nachts, schlagen ihre Beute für gewöhnlich auf dem Boden. Ihr Flug ist nahezu lautlos. Sie haben breite, abgerundete Flügel mit kurzen, breiten Steuerfedern, einen gedrungenen Habitus und einen breiten Kopf.

GREIFVÖGEL *Accipitriformes - Pandionidae*

Fischadler *Zu dieser Familie (Pandionidae) gehört nur eine Gattung. Innerhalb dieser einen Gattung der Fischadler gibt es vier Unterarten, die fast überall auf der Welt vorkommen. DNA-Forschung zur Taxonomie des Fischadlers zeigt seine Ausnahmestellung im Vergleich zu anderen Raubvögeln. Die Krallen sind das markanteste Beispiel: Alle vier Zehen des Fischadlers sind gleich lang und können nach vorne zeigen. Bei Habichtartigen, zu denen die Adler gehören, steht immer eine Zehe nach hinten.*

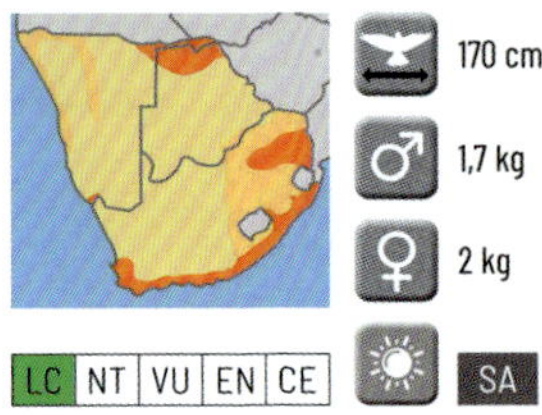

170 cm
♂ 1,7 kg
♀ 2 kg

LC NT VU EN CE — SA

J F M A M J J A S O N D

Fischadler
(Pandion haliaetus)
Western Osprey *(62 cm)*
Sommergast *(P. h. haliaetus)*. Auffallend sind der weiße Scheitel und die dunklere Maske, die bis zum Vorderrücken reicht. Von der Kehle bis zum Unterschwanz ist er weiß, die Flügel und der Vorderrücken variieren von Grau bis Braun. Die Beine sind weiß mit grauen Zehen. Sie fressen fast ausschließlich Fisch. Von einem Aussichtspunkt aus behält er die Wasseroberfläche genau im Auge. Über dem Wasser rüttelt er und stößt dann mit vorgestreckten Füßen ins Wasser, wo er mit seinen Krallen den Fisch ergreift. Mit kräftigen Flügelschlägen erhebt er sich dann wieder vom Wasser.

GREIFVÖGEL *Accipitriformes - Sagittariidae*

Sekretär *Der Sekretär ist ein Raubvogel und der einzige lebende Vertreter der Familie der Sagitariidae. Sein Name ist entweder auf seine langen Kopffedern zurückzuführen, die an (früherer verwendete) Schreibfedern erinnern, oder auf die Übersetzung des arabischen Worts saqr et tair: Jagdvogel. Der Schlagflug ist träge, langsam und wenig fördernd. Ohne ausreichende Thermik ist er ein ungeschickter Flieger.*

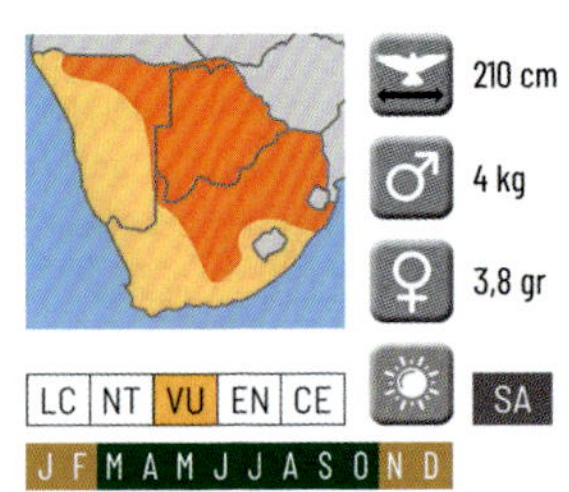

210 cm
♂ 4 kg
♀ 3,8 gr

LC NT VU EN CE — SA

J F M A M J J A S O N D

Sekretär
(Sagittarius serpentarius)
Secretarybird *(150 cm)*
Der Sekretär sucht seine Nahrung

auf dem Boden inmitten von Savannen mit kurzem Gras. Neben Schlangen und Eidechsen, die er mit seinen kräftigen Krallen tötet, frisst er vor allem Heuschrecken und Käfer. Je nach Lebensraum gibt es Farbvariationen, aber in der Regel sind Sekretäre grau. Sie leben meist solitär.

GREIFVÖGEL *Accipitriformes - Accipitridae*

Milane *Diese Art ist in Afrika stark verbreitet. Sie gehören zur Familie der Habichtartigen. Das Essen sammeln sie auch in Städten und Dörfern. Der gegabelte Schwanz ist typisch für Milane. Männchen und Weibchen sind äußerlich nicht zu unterscheiden. Sie ernähren sich hauptsächlich von Aas, aber auch von kleinen Reptilien, Vögeln, Fledermäusen und Fischen.*

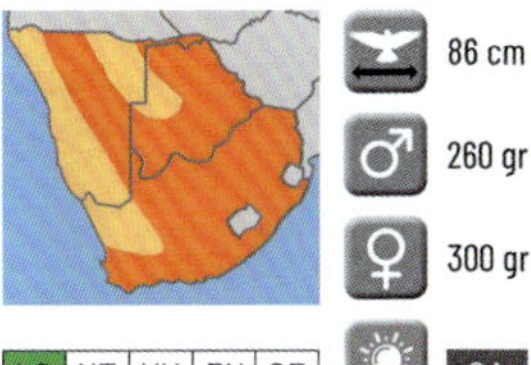

86 cm
♂ 260 gr
♀ 300 gr

LC | NT | VU | EN | CE — SA

J F M A M J J A S O N D

Gleitaar *(Elanus caeruleus)*
Black-shouldered Kite *(36 cm)*
Ein kleiner und monogamer Milan. Beim Gleitaar sind Kopf, Wangen, Brust und Beinfedern weiß. Die Schultern sind schwarz und vom Scheitel abwärts hat er ein leicht graues Gefieder. Der Schwanz ist kurz. Die gelben Beine und roten Augen sind typisch für diese Art. Er hält sich in Grasland und Savannen auf. Der Gleitaar ist stark nomadisierend und legt lange Strecken zurück, um bessere Nahrungsgebiete zu erreichen.

Kuckucksweih *(Aviceda cuculoides)* **African Cuckoo-Hawk** oder **Baza** *(40 cm)*
Der Kuckucksweih gehört zur Unterfamilie Wespenbussarde *(Perninae)*. Sein Gefieder ähnelt dem eines Kuckucks, aber vor allem im Flug ist er an seinen breiteren Flügeln und dem sanften Gleitflug zu erkennen. Dieser Milan bevorzugt Wälder mit Laubbäumen, oft inmitten von Savannen. Sie ernähren sich hauptsächlich von Insekten, Chamäleons und Eidechsen. Sie suchen sie oberhalb des Laubes. Im Tiefflug suchen sie am Boden nach Nagetieren, Fröschen und Schlangen. Die Iris des Männchens sind rötlich-braun, die des Weibchens sind gelb.

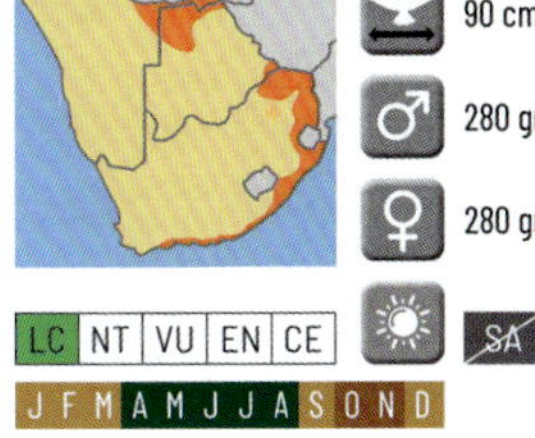

90 cm
♂ 280 gr
♀ 280 gr

LC | NT | VU | EN | CE — SA

J F M A M J J A S O N D

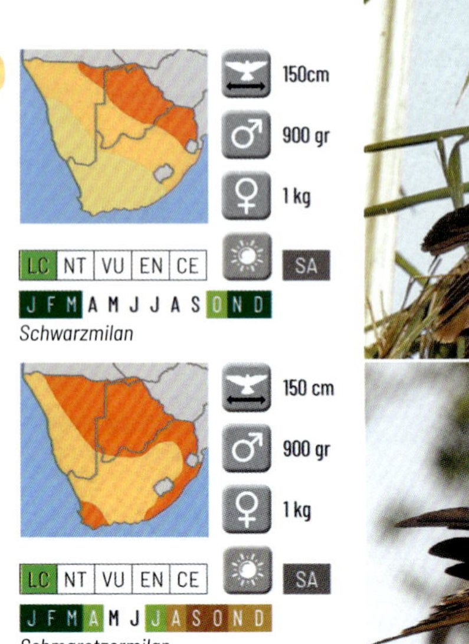

Schwarzmilan

Schmarotzermilan

Schwarzmilan

Schmarotzermilan

Schwarzmilan

(Milvus migrans)

Black Kite *(62 cm)*

Der Schwarzmilan lebt auf allen bewohnten Kontinenten und wird oft mit den **Schmarotzermilan** *(Milvus aegyptius)* **Yellow-billed Kite** *(62cm)* zusammen gesehen. Das Gefieder des Schwarzmilans ist an den Flanken oft etwas dunkler braun, der größte Unterschied besteht jedoch im teilweise schwarzen Schnabel der einen und im Gegensatz dazu vollständig gelben Schnabel der anderen Art. Letztgenannte hat im Flug einen tief gegabelten Schwanz. Sie bewohnen die gleichen Gebiete. In Dörfern und Städten suchen diese Vögel nach Speiseresten, anderswo ernähren sie sich von Nagetieren und Vögeln.

Fledermausaar *(Macheiramphus alcinus)* Bat Hawk *(50 cm)*

Im Flugbild ähnelt der Fledermausaar mittelgroßen Falken, aber er unterscheidet sich von diesen durch seine viel längeren Flügel. Sein Gefieder ist meist dunkelbraun. Nur die Kehle, ein Teil der Brust und der Bauch sind weiß. Die Iris ist leuchtend gelb, der kurze, gebogene Hakenschnabel ist schwarz. Tagsüber ruhen sie in dichten Wäldern, oft in der Nähe von Kalkstein. Sobald es dunkel wird, jagen sie vor allem kleinere Fledermäuse.

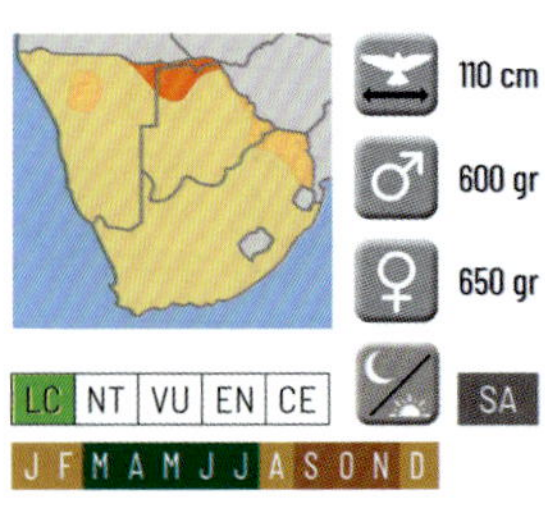

Geier *Geier sind Greifvögel aus der Familie der Habichtartigen. Sie sind in der Regel Aasfresser, die größeren Arten erbeuten jedoch auch geschwächte mittelgroße Säugetiere. Aus großer Höhe suchen sie die Ebenen nach Kadavern ab. Einen ein Meter großen Kadaver können sie bereits aus einer Entfernung von sechs Kilometern ausmachen. Einige Arten spüren ihre Nahrung auch über den Geruch auf. Mit ihren großen Flügeln nutzen sie die Thermik zum Segeln. Die meisten Arten leben in Gruppen. Der Geier ist im Allgemeinen eher gefährdet. Die Gründe dafür sind vielfältig, wie z. B. die Verschlechterung des Lebensraums durch Intensivierung der Viehhaltung, die zum Verschwinden der Wildpopulationen von Huftieren führt. Die Jagd auf und der Handel mit lebenden Geiern stellen ebenfalls eine Bedrohung dar. Vor allem aber führt ein in der Viehhaltung verwendetes entzündungshemmendes Mittel nach dem Fressen von Kadavern behandelter Tiere bei Geiern zu Nierenversagen. Eine weitere Ursache für das Massensterben sind Kadaver vergifteter Tiere, die Wilderer (bei der Jagd nach Fellen, Elfenbein, Hörnern) zurücklassen.*

Palmgeier *(Gypohierax angolensis)*

Palm-nut Vulture *(65 cm)*

In Größe und Gefieder gleicht er auf den ersten Blick dem Schreiseeadler. Dieser Geier ist weiß bis zum Unterschwanz und hat rosa Beine. Um die Augen mit der gelben oder rosafarbenen Haut ist er kahl. Schnabel und Krallen sind gelb. Die weißen Spitzen der Handschwingen sind schwarz. Er ist ein Allesfresser und ernährt sich neben Fisch, Krabben, Insekten und Amphibien vor allem von Ölpalmennüssen *(Elaeis guineensis)*. Sein Lebensraum sind die Ränder tropischer Wälder, entlang der großen Flüsse, Seen und Mangroven. Er kommt gelegentlich im iSimangaliso-Wetlandpark vor.

Kappengeier *(Necrosyrtes monachus)* Hooded Vulture *(56 cm)*

Er lebt in der Regel in kleinen Gruppen mit Artgenossen. Auffällig ist der rosa Kopf mit einem beigefarbenen Flaum. Dieser verläuft vom Scheitel bis hinter den kurzen Nacken. Die Kehle ist bis zum Brustbein weiß oder rosa. Das übrige Gefieder dieses kleineren Geiers ist dunkelbraun. Die Beine sind ebenso wie die Zehen grau oder weiß. Ihre Bestände sind stark rückläufig. Sie stehen am unteren Ende der Hackordnung.

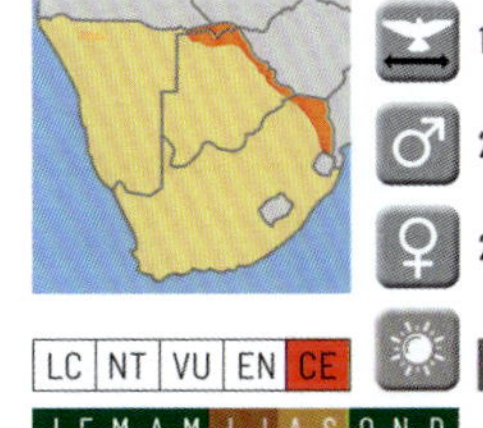

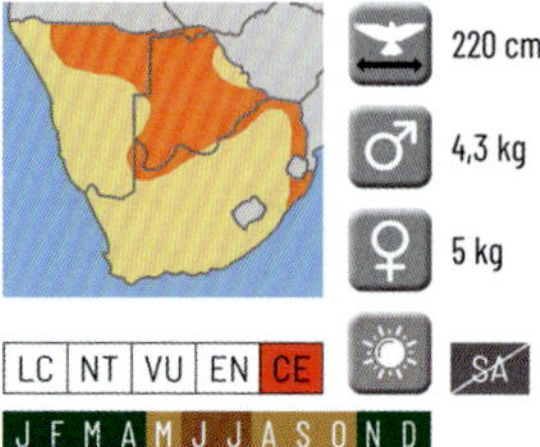

220 cm
♂ 4,3 kg
♀ 5 kg

LC | NT | VU | EN | CE
SA

J F M A M J J A S O N D

Wollkopfgeier *(Trigonoceps occipitalis)*
White-headed Vulture *(85 cm)*
Auffällig sind der blaugraue Schnabel mit rotem Haken und der rosa Kopf mit dem flauschigen Scheitel in Creme bis Gelb. Seine Brust ist dunkelbraun, der Bauch weiß bis zu den roten Beinen. Die Flügel sind weiß und dunkelbraun. Nur das Weibchen hat weiße Armschwingen. Von den größeren Geiern ist diese Art am wenigsten verbreitet und ernsthaft in ihrer Existenz bedroht. Wenn man ihn überhaupt einmal mit anderen großen Geiern bei einem Kadaver sieht, muss er geduldig warten, bis er an der Reihe ist. Savannen-Bewohner.

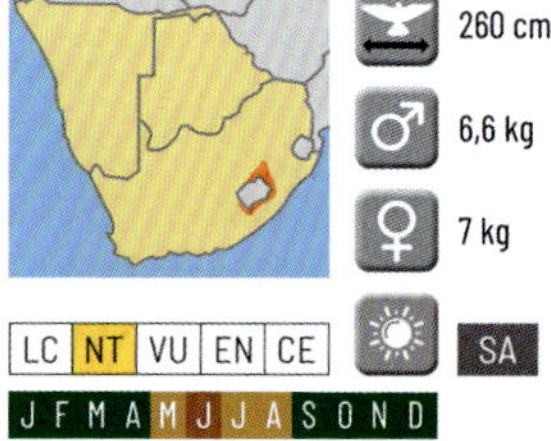

260 cm
♂ 6,6 kg
♀ 7 kg

LC | NT | VU | EN | CE
SA

J F M A M J J A S O N D

Bartgeier
(Gypaetus barbatus)
Bearded Vulture oder **Lammergeier** *(110 cm)*
Er ähnelt vom Körperbau her einem Adler. Er hat kürzere Beine mit Hosen und keinen kahlen Hals wie die meisten Geier. Die helle, rostbraune Brust und der weiße Kopf mit schwarzem, in einem kurzen Bart endendem Streifen, sind für diese Art typisch. Bartgeier brüten in steilen Klippen. Sie leben in hohen Bergen und ernähren sich vor allem vom Knochenmark der Kadaver. Der hohe Säuregehalt des Magens verdaut die Knochen.

Weißrückengeier
(Gyps africanus)
White-backed Vulture *(94 cm)*
Einst einer der häufigsten Geier Afrikas, nehmen die Bestände

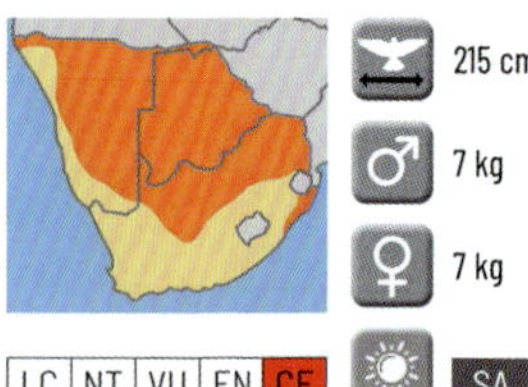

215 cm
♂ 7 kg
♀ 7 kg

LC | NT | VU | EN | CE
SA

J F M A M J J A S O N D

jedoch so stark ab, dass die Art vor allem in Westafrika stark bedroht ist. Der gräulich-weiße Nacken endet bei einem schmutzig weißen Kragen. Das Gefieder variiert von beigefarben bis dunkelbraun (je älter desto heller). Kehle, Kopf und Schnabel sind dunkelgrau bis schwarz. Die Brust ist in der Regel bis zum Unterschwanz hellbraun. Die Schultern sind heller als die dunkelbraunen Handschwingen. Dieser Geier ähnelt dem Kapgeier, sein Schnabel ist jedoch von sehr dunklem Grau.

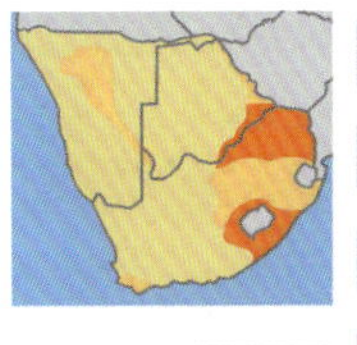

250 cm

9 kg

9,5 kg

SA

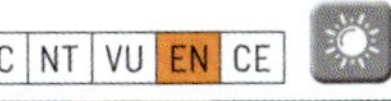

Kapgeier *(Gyps coprotheres)*
Cape Griffon oder **Vulture**
(110 cm)

Dieser Geier ist dem etwas kleineren Weißrückengeier sehr ähnlich, aber das Gefieder des Kapgeiers ist heller, meist beige. Ein weiteres Unterscheidungsmerkmal ist die leicht blaue Farbe von Hals und Augenhöhlen beim Kapgeier. Sie ruhen und nisten auf Klippen und ernähren sich in den angrenzenden Trockensavannen und Graslandschaften hauptsächlich von toten Schafen und Ziegen. Nahrungskonkurrenz gibt es vor allem durch den Weißrückengeier, der in größerer Zahl bei Aas zu finden ist, und durch den Ohrengeier, der gegenüber allen anderen Geiern dominant ist. Ihr Vorkommen in Namibia ist stark rückläufig.

Ohrengeier *(Torgos tracheliotos)* **Lappet-faced** oder **Nubian Vulture** *(115 cm)*

Der stärkste und aggressivste Geier. Sein Schnabel durchtrennt auch dickste Häute. Der kahle Kopf ist rosafarben, die Intensität der Farbe verrät seinen Gemütszustand. Hals und Brust sind reinweiß mit braunen Federn, Rücken und Flügel sind dunkelbraun. Die Zehen sind grauweiß. Sie folgen anderen Geiern, bevor sie sich beim Kadaver einfinden. Ihr Habitat sind Savannen und Halbwüstengebiete. Sie sind nomadisierend und vermeiden die Regenzeiten. Die Ohrengeier im südlichen Afrika sind wesentlich schwerer als anderswo in Afrika.

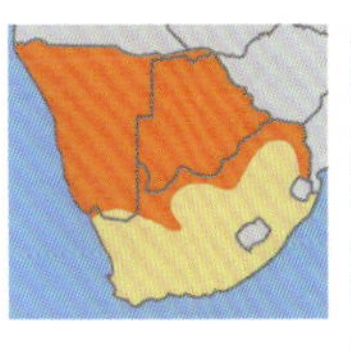

280 cm

7 kg

7 kg

SA

Schlangenadler *Zur Unterfamilie Circaetus gehört der Schlangenadler. In Afrika gibt es 7 Arten. Sie sind die etwas kleineren und schlankeren Adler. Sie sind territorial und monogam. Die Weibchen kümmern sich um die Brut, die Männchen um die Nahrung. Offene Gebiete mit spärlichem Baumbestand und trockenere Savannen bilden ihren Lebensraum. Sie ernähren sich von Schlangen, Eidechsen, kleineren Säugetieren und Vögeln. Die Geschlechter unterscheiden sich im Aussehen nicht, die Weibchen sind ein wenig größer.*

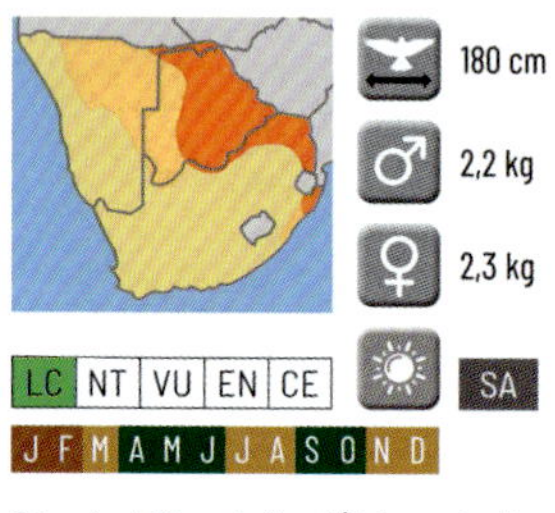

Einfarb-Schlangenadler

(Circaetus cinereus)

Brown Snake-Eagle *(74 cm)*

Das Gefieder ist braun. Schnabel und Wachshaut sind grau, ebenso die Beine und die Zehen. Der Schwanz hat cremefarbene Bänder. Die Unterseite der Flügel ist, abgesehen von den braunen Schultern und Handschwingenspitzen, weiß. Auffallend ist die leuchtend gelbe Iris. Von Baumkronen aus suchen sie mit Rundumblick die Umgebung nach Nahrung ab. Sie sind Standvögel (leben dort, wo sie auch brüten).

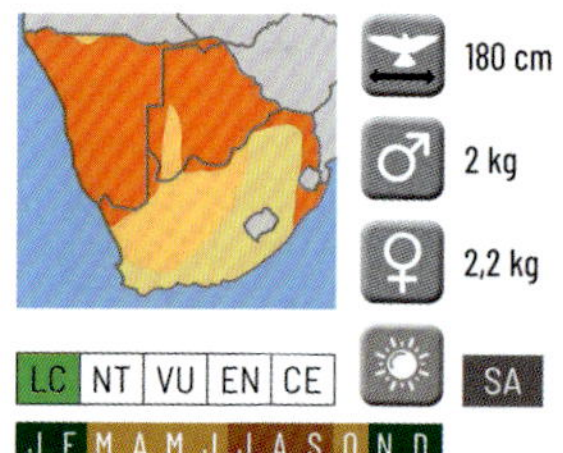

Schwarzbrust-Schlangenadler

(Circaetus pectoralis)

Black-chested Snake-Eagle *(68 cm)*

Mit Ausnahme des Bauchs und eines Teiles der Brust, die weiß sind, ist er dunkelbraun. Die Krallen und Beine sind grau. Die Unterseite der Flügel ist weiß und sie haben drei schwarze Streifen entlang der Hand- und Armschwingen. Auffallend sind die leuchtend gelbe Iris und die langen Flügel, die in der Ruhephase bis zum Schwanzende reichen. Sein Lebensraum ist vielfältig, aber er meidet zu dichte Waldgebiete.

Weihen *Weihen sind schlanke, mittelgroße Greifvögel. Weltweit gibt es dreizehn Arten, die zusammen innerhalb der Unterfamilie Circinae die Gattung Circus (Circus = kreisförmiger Balzflug) bilden. Die Höhlenweihe gehört zur Gattung Polyboroides. Weihen unterscheiden sich von den anderen Greifvögeln, da sie fast ausnahmslos am Boden brüten und durch eine schlanke Silhouette und lange, breite Flügel. Dicht über dem Boden fliegend jagen sie kleine Nagetiere, Eidechsen und Vögel, am liebsten im offenen Grasland. Die äußeren Unterschiede zwischen den Geschlechtern sind groß.*

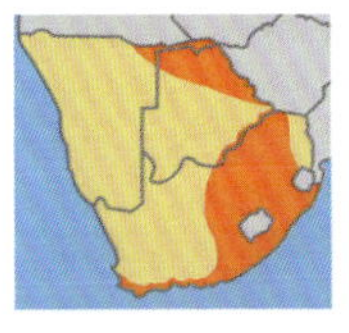

125 cm

500 g

550 gr

Froschweihe *(Circus ranivorus)* **African Marsh-Harrier** *(47 cm)* Froschweihen haben kein einheitliches Federkleid. Die Intensität des überwiegend braunen Gefieders variiert je nach Individuum und Alter. Die Akzente auf und unter den Flügeln sind auch nicht einheitlich. Allerdings hat die Froschweihe immer gelbe Beine und gelbe Iris. Das Gesicht der Weibchen ist in der Regel weiß, das der Männchen ist meist braun. Die Weibchen werden größer und schwerer als die Männchen. Man findet sie in sumpfigem Grasland, Sümpfen und Seen. Gelegentlich besuchen die **Rohrweihe** *(Circus aeruginosus)* **Western Marsh-Harrier** *(54 cm)* und die **Steppenweihe** *(Circus macrourus)* **Pallid Harrier** *(48 cm)* in unseren Wintern auch den Süden Afrikas.

Höhlenweihe *(Polyboroides typus)* **African Harrier-Hawk** oder **Gymnogene** *(66 cm)* Diese Art kann zwischen Habicht und Weihe eingeordnet werden. Äußerlich sieht sie dem Singhabicht sehr ähnlich. Die Höhlenweihe hat gelbe Beine und gelbe Haut um die Augen herum bis zum Schnabel (rosafarben bei Erregung). Die Brust hat meist ein Zebramuster. Die Finger der Handschwingen sind auf der Unter- und Oberseite dunkler grau. Sie leben an Flussufern, in Hügellandschaften und in Savannen. Im Gegensatz zur echten Weihe nistet diese in Bäumen. Sie ernährt sich von Vögeln, Eiern, Küken, Fledermäusen und Eidechsen

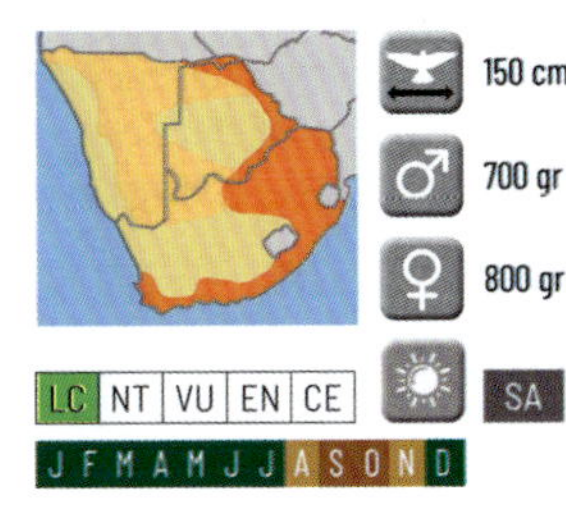

Habichte und Sperber *Im Vergleich zum Bussard ist der Habicht etwas kleiner und vor allem schlanker, der Schwanz ist hingegen länger. Abgesehen davon, dass das Weibchen viel größer ist, unterscheiden sich die Geschlechter im Aussehen kaum. Sie sind monogam und bewachen ein Revier. Die Nahrung besteht aus Vögeln bis zur Größe von Perlhühnern und Frankolinen, aus Eidechsen, kleinen Nagern, manchmal auch Zwergmangusten und Insekten. Wie der Bussard jagen sie oft von der Spitze eines Baumes aus, von dem aus sie eine gute Sicht haben. Die Sperber in Afrika sehen den Singhabichten sehr ähnlich. Ihr Flug ähnelt dem von größeren Falken, schnell und zielstrebig. Sie jagen vor allem Vögel.*

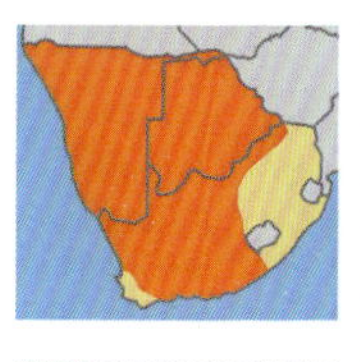

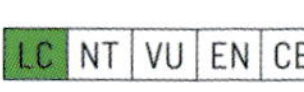

J F M A M J J A S O N D

Großer Singhabicht

(Melierax canorus) **Pale Chanting Goshawk** *(58 cm)*
Der Große Singhabicht hat rote Beine, einen roten Schnabel mit einem schwarzen Haken und roter Wachshaut und er ist durchweg blasser als der kleinere Graubürzel Singhabicht. Er teilt seinen Lebensraum mit jenem im Norden des südlichen Afrikas. Er bevorzugt trockenere Savannen und Halbwüsten. Im Flug sieht man, dass die Handschwingen auf beiden Seiten fast schwarz sind.

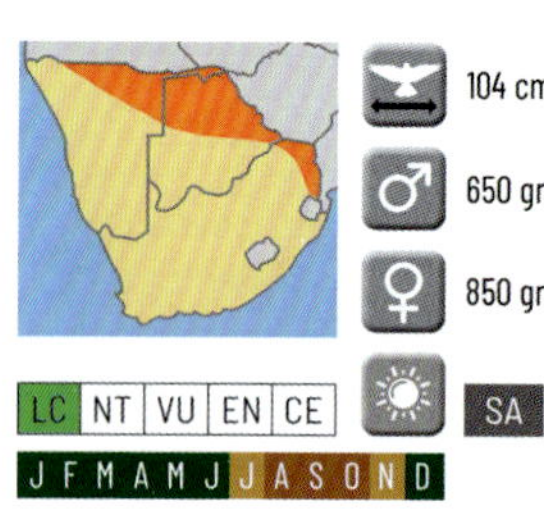

Graubürzel-Singhabicht

(Melierax metabates)
Dark Chanting Goshawk *(50 cm)*
Der Graubürzel Singhabicht hat rote Beine, einen roten Schnabel mit schwarzem Haken und eine rote Wachshaut. Kopf und Kehle sind grau. Von der Brust bis zum Unterschwanz wird das Grau von schmalen weißen Bändern durchzogen. Er kommt in baumreichen Teilen von Savannen vor. Eidechsen, Schlangen und Vögel bis zur Größe von Perlhühnern dienen ihm als Nahrung. Gelegentlich fängt er auch kleine Mangusten und Nagetiere.

Gabarhabicht

(Micronisus gabar) **Gabar Goshawk** *(34 cm)*
Er hat einen grauen Kopf und eine grau-weiß gestreifte Brust. Die Beine sind rosa, die Wachshaut ist rot und der Schnabel schwarz. Er ist an seiner geringen Größe und den vier dunklen Bändern auf dem grauen Schwanz erkennbar. Es gibt auch eine dunkel-anthrazitgrauen Variante. Er besucht Dornen-

wälder und dünn bewachsene Savannen sowie die Ränder von Halbwüsten mit Flüssen.

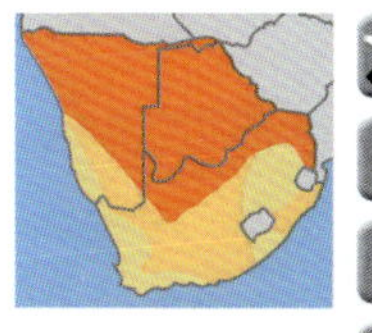

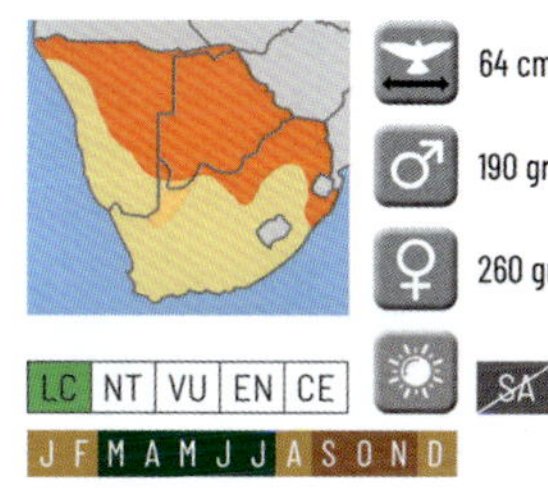

Schikrasperber

(Accipiter badius) **Shikra** *(40 cm)*
Die Rückenpartie ist hellgrau, die Finger an den Handschwingen sind dunkelgrau. Die Bauchpartie ist bis zum Unterschwanz meist weiß. Die Brust ist mit rostbraunen Linien gestreift. Die Schwanzfedern sind grau mit dunklen Bändern. Die Iris des Männchens ist rot, bei den größeren und etwas dunkleren Weibchen ist sie gelb. Wachshaut und Beine sind bei beiden gelb. Sie bewohnen Savannen und Wälder mit dichter Belaubung und jagen Eidechsen, Vögel und Nagetiere. Wandert sowohl innerhalb Afrikas als auch nach Asien.

Afrikahabicht *(Accipiter tachiro)* **African Goshawk** *(40 cm)*

Die braunen bis rotbraunen Querstreifen über Brust und Bauch, die weißen Unterschwanzdecken und seine gelben Beine und gelben Augen sind die auffälligsten Merkmale im Vergleich zu anderen Habichten. Oft hat er braune Flügel und einen langen Schwanz mit mehreren, weißen Bahnen. Die Flanken sind oft rotbraun. Die Farbe des Rückens und der Flügel variiert von braun bis grau. Das größere Weibchen ist immer braun. Sie sind weit verbreitet.

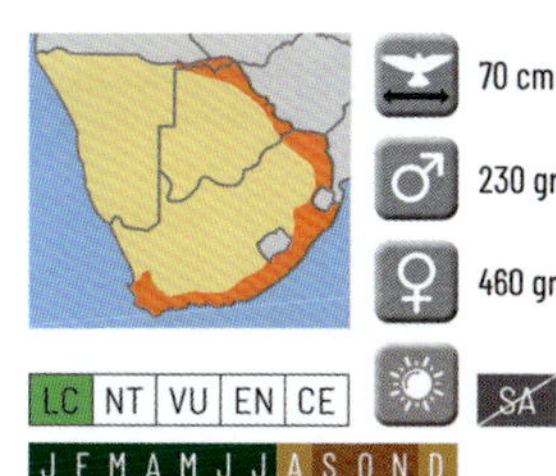

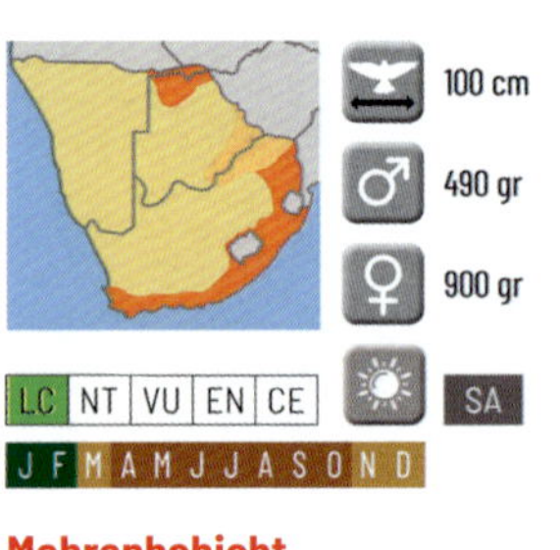

Mohrenhabicht

(Accipiter melanoleucus)

Black Goshawk oder **Sparrowhawk** *(56 cm)*

Ein schöner Habicht mit dunklem Kopf, Rücken und Flügeln. Kehle, Brust und Bauch sind weiß. Manchmal erscheint auf der Brust ein dunkler Farbton.Sie haben einen gelben Augenring, rote Iris, gelbe Beine und eine gelbe Wachshaut. Der gelbliche Schnabel hat einen schwarzen Haken. Sie ziehen es vor, Tauben zu jagen.

Zwergsperber

(Accipiter minullus)

Little Sparrowhawk *(23 cm)*

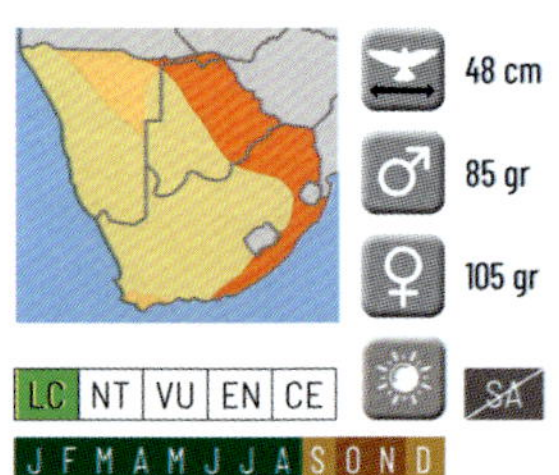

Er ist der kleinste Sperber der Gattung *accipiter*. Das Gefieder ist schiefergrau, der Schwanz ist weiß gebändert. Die Kehle ist weiß, wobei das Weiß durch rötlich-braune Flanken und schmale Streifen unterbrochen wird. Sie sind auf dem größeren Weibchen besser sichtbar. Sie hat gelbe Augenränder, beim Männchen sind sie eher orange. Sie jagen kleine Vögel, gelegentlich Fledermäuse, Insekten und Eidechsen in offenen Waldgebieten, oft auch entlang von Flüssen.

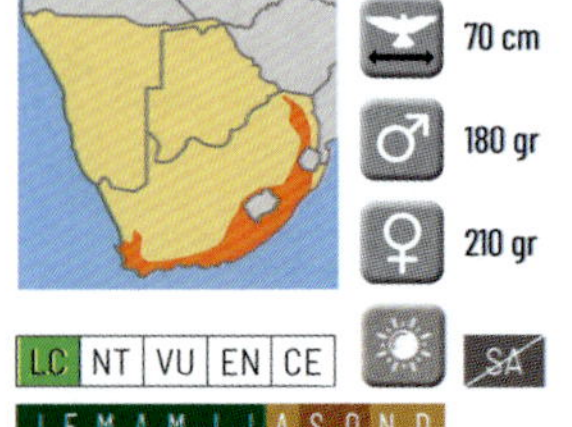

Rotbauchsperber

(Accipiter rufiventris)

Rufous-chested Sparrowhawk *(43 cm)*

Vor allem das Weibchen hat eine rötlich-braune Brust bis zu den Wangen, das Männchen ist blasser. Die Kehle ist weiß, ebenso der Unterschwanz. Der Hakenschnabel ist grau und die Wachshaut ist gelb. Die Iris sind gelb und die Schwanzfedern sind dunkel- und hellgrau gebändert. Dieser Sperber hat keine Streifen auf der Brust. Das Gefieder ist bis zum Scheitel anthrazitfarben. Er ernährt sich hauptsächlich von Tauben, Fledermäusen und Echsen.

Bussarde *Bussarde sind breitflügelige, kurzschwänzige Schwebeflieger. Der Bussard jagt in offenem Gelände, nistet jedoch an Waldrändern. Er erbeutet meist kleine Säugetiere, Reptilien und Vögel, frisst aber auch Aas. Im Kreis- oder Segelflug erkundet er die Umgebung und fällt seine Beute dann blitzschnell an. Er gehört zu den mittelgroßen Greifvögeln. Die Weibchen sind etwas größer und blasser.*

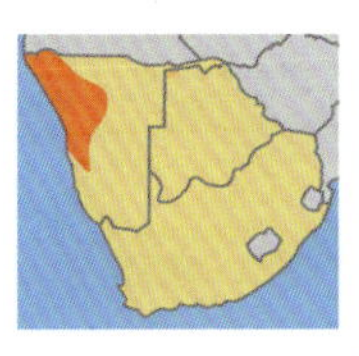

140 cm

1,1 kg

1,3 kg

LC NT VU EN CE

SA

J F M A M J J A S O N D

Augurbussard *(Buteo augur)*

Augur Buzzard *(58 cm)*

Der Augurbussard ist während der Regenzeit vor allem in bewaldeten Gebieten anzutreffen. Der Unterkörper ist ganz weiß, von den Wangen bis zu den Flügeln ist er fast schwarz. Die Schulterdeckfedern sind sowohl von unten als auch von oben grau, die weißen Arm- und Handschwingen haben einen grauen Rand. Der Schwanz ist rostbraun. Obwohl er felsige Gebirgslandschaften bevorzugt, ist der Augurbussard auch inmitten von Grasflächen mit Baumbewuchs zu finden.

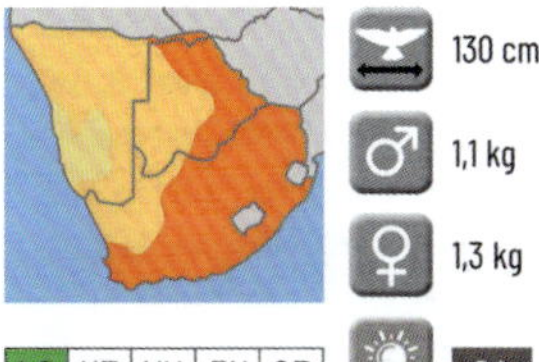

130 cm

1,1 kg

1,3 kg

LC NT VU EN CE

SA

J F M A M J J A S O N D

Falkenbussard

(Buteo buteo vulpinus)

Steppe Buzzard *(50 cm)*

Sommergast. Sein Gefieder ist überwiegend braun. Brust und Bauch sind heller, manchmal gefleckt. Kurzer, gelbe Wachshaut, gelbe Beine und Klauen. In Südafrika gibt es von Oktober bis April viele migrierende Falkenbussarde. Fliegt innerhalb Afrikas große Distanzen, aber migriert auch nach Nordeuropa. Man kann ihn oft in langsamem Zirkel- bzw. Segelflug sehen. Vor allem Aasfresser, jagt aber auch kleine Nagetiere und Käfer.

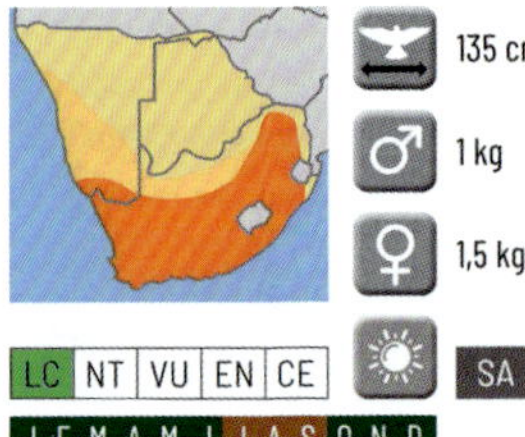

Felsenbussard
(Buteo rufofuscus)
Jackal Buzzard *(52 cm)*
Aufgrund der auffälligen rostbraunen Brust- und Unterschwanzdecken, der fast schwarzen Rückenfedern und der weitgehend weißen Unterseite der Flügel, des grauen Bauches und des schwarzen Kopfes, ist er kaum mit anderen großen Greifvögeln zu vergleichen. Sein Schnabel, Wachshaut und die Beine sind gelb. Das Weibchen ist wesentlich größer. Er schreckt nicht davor zurück, größere Beutetiere wie Schlangen, Schliefer, Hasen und Bodenvögel zu erbeuten. Er bevorzugt hügelige Landschaften mit Grasland. Solange es Nahrung gibt, verlässt er seinen Lebensraum nicht so leicht.

Sperberbussard *(Kaupifalco monogrammicus)* **Lizard Buzzard** *(36 cm)*
Diese Art sieht einem kleinen Singhabicht ähnlicher als einem Bussard. Auf der Brust fein schwarz-weiß gestreift, sonst überwiegend hellgrau. Beide Geschlechter haben einen markanten schwarzen vertikalen Streifen über der weißen Kehle, rote Krallen und einen roten Schnabel mit schwarzem Haken. Auf dem Schwanz erkennt man ein weißes Band. Sie leben in Wäldern mit Laubbäumen, an Flussufern und in angrenzenden Savannen. Nach der Brutzeit und während der Mauserzeit bevorzugen sie trockenere Gebiete. Ihre Nahrung besteht hauptsächlich aus Heuschrecken und Käfern, aber sie jagt auch Eidechsen, kleinere Schlangen, Kröten und Nagetiere.

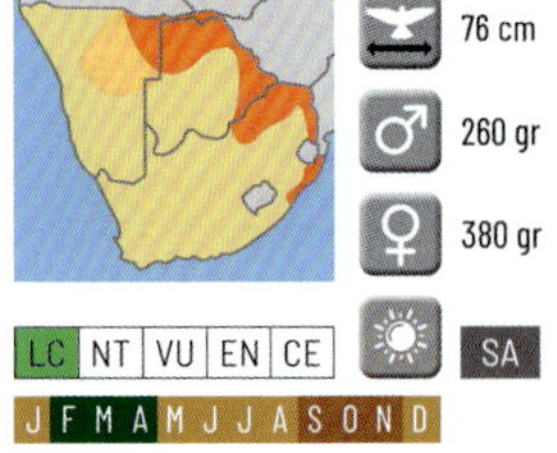

Adler *Adler haben, mit Ausnahme von Schlangenadler und Gaukler, gefiederte Beine („Hosen") und meist gelbe Zehen. Es sind tagaktive Greifvögel, bei denen kaum geschlechtsspezifische Unterschiede zu erkennen sind. Die Weibchen sind jedoch meist größer als die Männchen. Adler sehen dreimal besser als Menschen. Mit ihrem schweren Hakenschnabel können sie das Fleisch von ihrer Beute abreißen. Viele Adler legen nur ein Ei. Im Falle eines zweiten Kükens wird das ältere in vielen Fällen das andere töten.*

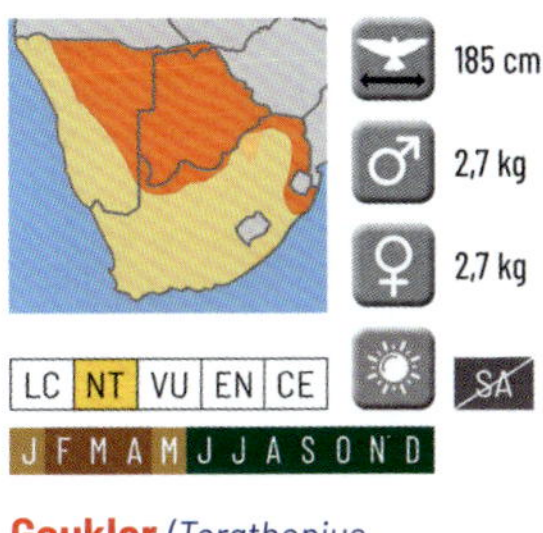

Gaukler *(Terathopius ecaudatus)* **Bateleur** *(70 cm)*
Er ist leicht an seinem gedrungenen Körperbau, der roten Wachshaut und den Zehen zu erkennen. Kopf, Rücken und Brust sind schwarz, die Flügel grau und schwarz. Im Flug sind die weißen Flügel mit schwarzen Hand- und Armschwingen von unten sichtbar. Der schwarze Teil ist dort beim Weibchen deutlich kleiner. Manchmal ist beim Männchen der Vorderrücken weiß statt braun. Er ist ein Thermikakrobat und jagt kleine Säugetiere, frisst jedoch hauptsächlich Aas. Sie leben in offenen Waldgebieten und Savannen. Jungvögel sind braun.

Schreiseeadler *(Haliaeetus vocifer)* **African Fish-Eagle** *(75 cm)*
Stark verbreitet. Beim Schreiseeadler sind Kopf, Rücken und Brust weiß, der schwere Schnabel ist gelb mit grauem Haken. Die Flügel sind an den Schultern rostbraun und ansonsten anthrazitfarben. Die Hose und der Bauch sind ebenfalls rostbraun, die Zehen gelb. Sie leben paarweise und rufen einander immer wieder mit einem hohen Kehllaut. Sie fischen im Tiefflug stoßen auf ihre Beute herab und reißen sie mit den großen Krallen aus dem Wasser. Zu ihrer Beute gehören kleine Krokodile, Frösche, Fische und Nagetiere. Er raubt häufig die Beute anderer Vögel.

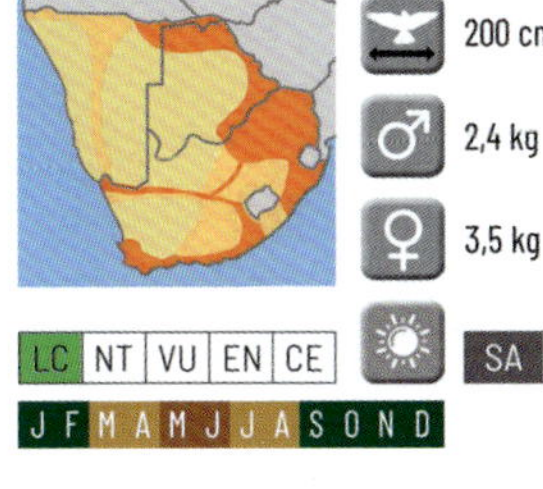

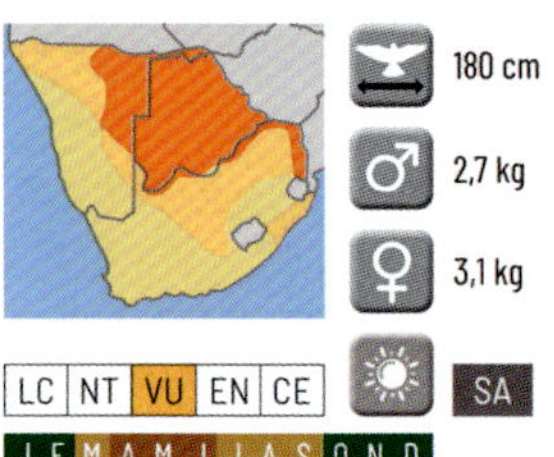

Raubadler *(Aquila rapax)* **Tawny Eagle** *(74 cm)*
Das Gefieder des Raubadlers variiert von dunklen Brauntönen bis beigefarben (siehe beide Fotos), manchmal ist die Brust gefleckt. Die Spitzen der Hand- und Armschwingen sind dunkelbraun. Die Oberseite der graubraunen Schwanzfedern ist gebändert. Er hat einen gelben Schnabel mit schwarzem Haken, Wachshaut, Iris und Zehen sind ebenfalls gelb. Er jagt am Boden Hasen, kleine Antilopen, Bodenvögel und Eidechsen. Abgesehen von Wüsten und dichten Wäldern ist sein Lebensraum sehr vielfältig.

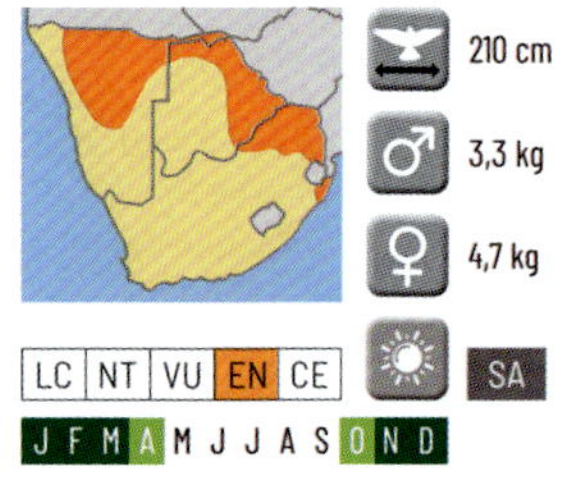

Steppenadler
(Aquila nipalensis)
Steppe Eagle *(80 cm)*
Sommergast. Er ist leicht mit dem etwas kleineren Raubadler zu verwechseln, aber es gibt ein deutliches Unterscheidungsmerkmal: Der gelbe Schnabelwinkel läuft bei ihm im Gegensatz zum Raubadler weiter bis unter die Augen. Noch ein anderer Unterschied kann manchmal wahrgenommen werden: Es ist die intensivere Färbung der Steppenadler. Das Federkleid beim Raubadler ist oft blasser. Auch fehlen beim Steppenadler die hellen Flächen der Armschwingen auf der Unterseite der Flügel. In Afrika jagt er Nagetiere, manchmal aus der Luft aus einer Höhe von 150 bis 200 m oder er wartet geduldig an einem Loch.

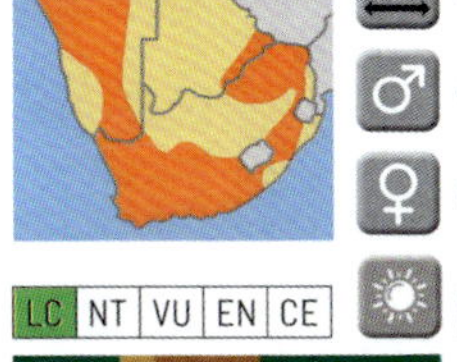

215 cm | 4 kg | 5,6 kg

LC NT VU EN CE | SA

J F M A M J J A S O N D

Klippenadler

(Aquila verreauxii) **Verreaux's** oder **Black Eagle** *(90 cm)*

Dieser größte afrikanischen Adler trägt ein weißes "V" auf dem Rücken. Er hat eine große, gelbe Wachshaut auf dem ansonsten grauen Hakenschnabel. Die gelben Beine werden von einer schwarzen Hose bedeckt. Er brütet an Felswänden. Schliefer sind seine Hauptnahrung. Klippenadler legen in der Regel zwei Eier. Das zuerst geschlüpfte Küken tötet das andere.

Afrikanischer Habichtsadler

(Aquila spilogaster) **African Hawk-Eagle** *(62 cm)*

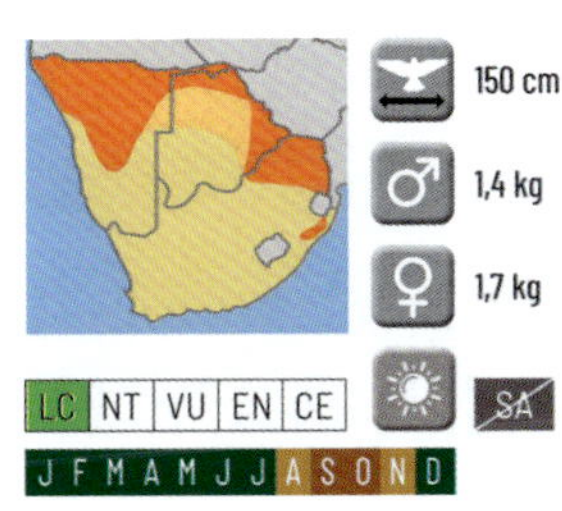

150 cm | 1,4 kg | 1,7 kg

LC NT VU EN CE | SA

J F M A M J J A S O N D

Die Männchen haben weniger und kleinere dunkle Flecken auf der weißen Brust als die Weibchen. Die Flügel sind auf der Oberseite schiefergrau bis dunkelbraun und auf der Unterseite weiß mit einem dunklen Rand an Schultern, Arm- und Handschwingen. Die Hose ist weiß. Zehen und Iris sind gelb. Der Schnabel ist grau mit einem schwarzen Haken. Sie leben vorzugsweise in offenen waldreichen Gebieten. Als Nahrung dienen Bodenvögel, Hasen und Schlangen.

Kampfadler *(Polemaetus bellicosus)* **Martial Eagle** *(96 cm)*

Die Rückenpartie dieses großen Adlers ist überwiegend braun, die weiße Brust bis zum Unterschwanz dunkel gefleckt. Auf der Kopfrückseite hat er eine kleine Haube. Über die Schwanzfedern laufen dunklere Bänder. Die Zehen sind grauweiß. Er erbeutet kleine bis mittelgroße Säugetiere und Bodenvögel. Jungtiere sind überwiegend weiß, der Vorderrücken und die Flügel sind schiefergrau. Der Kampfadler bevorzugt lichte Wälder und Waldränder.

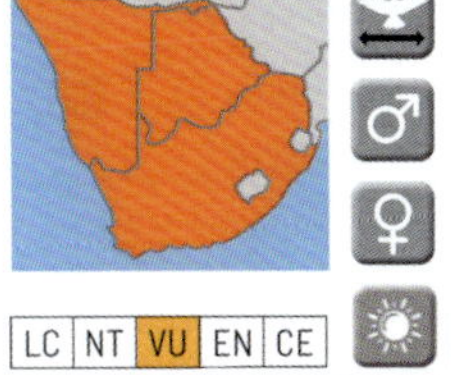

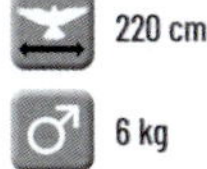

220 cm

6 kg | 6 kg

LC NT VU EN CE | SA

J F M A M J J A S O N D

Schopfadler

(Lophaetus occipitalis)

Long-crested Hawk-Eagle *(58 cm)*

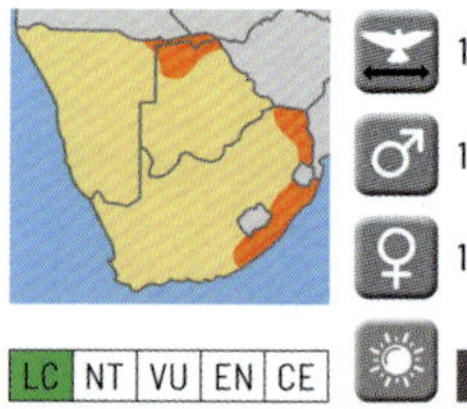

125 cm

♂ 1,2 kg

♀ 1,5 kg

LC NT VU EN CE

SA

J F M A M J J A S O N D

Sie sind überwiegend dunkelbraun, sowohl die Brust als auch die Flügel. Die Unterseite der Flügel ist teilweise weiß mit braunen Streifen. Die Hosen sind weiß, die Krallen, der Schnabel mit schwarzem Haken und die Iris sind gelb. Die langen Federn am Kopf kann er aufstellen, beim Männchen sind sie länger. Er ernährt sich hauptsächlich von Nagetieren, ab und an auch von Bodenvögeln, und hält sich gerne an Waldrändern auf, die an Sümpfe und Weideland grenzen.

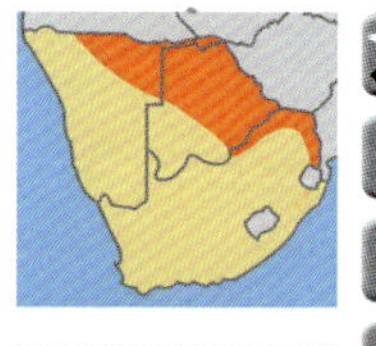

160 cm

♂ 1,4 kg

♀ 2,2 kg

LC NT VU EN CE

SA

J F M A M J J A S O N D

Schreiadler

(Clanga pomarina)

Lesser Spotted Eagle *(66 cm)*

Sommergast. Bis zu den gelben Krallen hat dieser Adler ein dunkel- und hellbraunes Gefieder. Er ist etwas schlanker als der Silberadler. Im Flug ist auf der Oberseite der Flügel ein längliches weißes Band zu sehen, das beim Silberadler fehlt. Auch das weiße Band auf den Oberschwanzdecken fehlt beim Silberadler. Der gelbe Schnabelwinkel zieht sich beim Schreiadler bis weit unter die Augen, beim Silberadler nur bis zum Auge. Der Bürzel ist weiß.

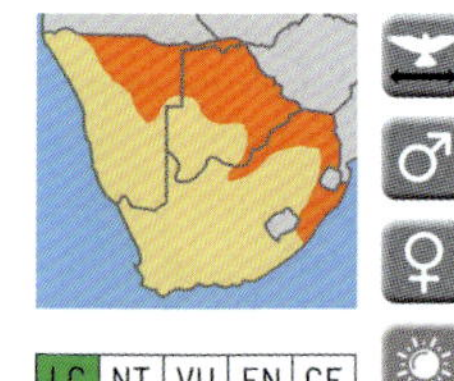

140 cm

♂ 800 gr

♀ 1,4 kg

LC NT VU EN CE

SA

J F M A M J J A S O N D

Silberadler

(Hieraaetus wahlbergi)

Wahlberg's Eagle *(60 cm)*

Der gelbe Schnabelwinkel endet

beim Silberadler an den Augen. Das Gefieder ist komplett braun, an den Flügelenden etwas dunkler. Er hat eine kleine Haube auf dem Kopf. Seltene Varianten sind dunkelgrau und weiß, eine davon hat einen dunkelbraunen Kopf. Er meidet allzu trockene Gebiete und dichte Wälder. Er ernährt sich hauptsächlich von Eidechsen und manchmal von Schlangen und Vögeln. Er hat befiederte Läufe und gelbe Krallen.

Kronenadler *(Stephanoaetus coronatus)* **Crowned Hawk- Eagle** *(96 cm)*

Der Kronenadler zeigt ein schönes, markantes Gefieder, besonders im Flug, wenn auf der Flügelunterseite die rostbraunen Schultern, die schwarzen Streifen und die weißen Flächen sichtbar werden. Die Federkrone auf seinem braunen oder graubraunen Kopf fällt auf, wenn der Wind sich in den Federn fängt. Die Brust ist schwarz-weiß gefleckt, auf der Hose verblasst die Musterung. Die Oberseite ist dunkelgrau. Die Zehen sind gelb, die Iris fast weiß. Sein Schwanz und hat drei weiße und drei schwarze Bänder. Er jagt Affen, Klippschliefer, Antilopen und Nagetiere.

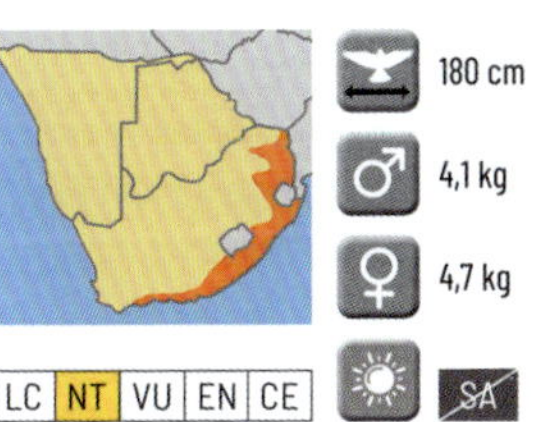

180 cm

♂ 4,1 kg

♀ 4,7 kg

LC NT VU EN CE

SA

J F M A M J J A S O N D

Zwergadler *(Hieraaetus pennatus)* **Booted Eagle** *(48 cm)*

Der Zwergadler hat zwei Erscheinungsformen: eine überwiegend braune Variante und eine mit einem fast beigen Gefieder, bei der der Unterkörper sogar weiß ist. Was sie gemeinsam haben, sind die dunklen Schwanzfedern und Arm- und Handfedern. Trotz des kürzeren und relativ breiteren Schwanzes werden sie oft mit dem etwas größeren Silberadler verwechselt. Im Flug ist der Unterschied deutlich an den dunklen Schultern des Silberadlers zu erkennen. Die Haube der Silberadler fehlt bei den Zwergadlern. Er jagt normalerweise in offenen oder bewaldeten Gebieten und fängt seine Beute wie kleine Nagetiere, Reptilien und Vögel meist am Boden.

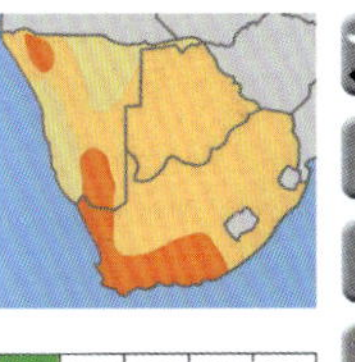

130 cm

700 gr

1,1 kg

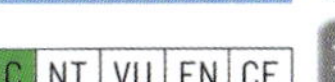

Falken *Falken gehören zu einer separaten Ordnung. Taxonomische Untersuchungen zeigen, dass Falken eher mit Papageienartigen als mit Greifvögeln verwandt sind. Diese Luftakrobaten haben lange spitze Flügel, um ihre Beute blitzschnell jagen zu können. Viele Arten „schlagen" ihr Opfer in der Luft. Manche Falken „rütteln" über dem Boden während sie dort nach kleinen Nagetieren suchen. Einige Arten zeigen geschlechtsspezifische Unterschiede. Die Weibchen sind in der Regel größer. Falken sind üblicherweise monogam und territorial, manchmal wird jedoch einer der Partner von einem Rivalen verjagt.*

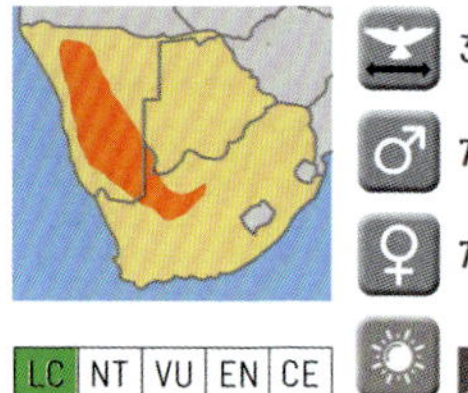

38 cm
♂ 70 gr
♀ 70 gr

LC | NT | VU | EN | CE

SA

J F M A M J J A S O N D

Halsband-Zwergfalke

(Polihierax semitorquatus)

Pygmy Falcon *(20 cm)*

Er ist einer der kleinsten Falken. Der Kopf hat eine graue Stirn, die Zügel und Augenränder sind rot. Von den Wangen bis zum Unterkörper sind sie weiß. Bei ihm sind Rücken und Vorderrücken grau, bei ihr sind sie rostbraun. Die Flügel sind grau und schwarz. Die Beine sind rosa. Sie bevorzugen halbtrockene Savannen mit einzelnen hohen Bäumen, sind aber auch in feuchteren Gebieten anzutreffen. Sie ernähren sich von Eidechsen und größeren Insekten. Sie nutzen die Nester von Webern und Staren.

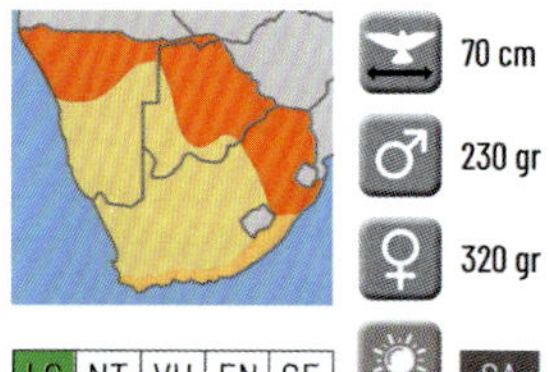

70 cm
♂ 230 gr
♀ 320 gr

LC | NT | VU | EN | CE

SA

J F M A M J J A S O N D

Boomvalk *(Falco subbuteo)* **Eurasian Hobby** *(36 cm)*
Sommergast. Im Flug so ungestüm wie der Wanderfalke. Schieferfarbene Federn auf Flügeln und Rücken. Weiße Kehle und Wangen, unterbrochen durch den Bartstreif. Hose und Unterschwanz sind kastanienbraun. Der **Afrikanische Baumfalke** *(Falco cuvierii)* **African Hobby** ist beige bis rötlich braun auf dem Unterkörper. Dieser Baumfalke migriert innerhalb Afrikas. Sein Lebensraum befindet sich in dem des Baumfalken und zwar hauptsächlich im Caprivi-Streifen und im Okavango-Delta.

Falco subbuteo

Falco cuvierii

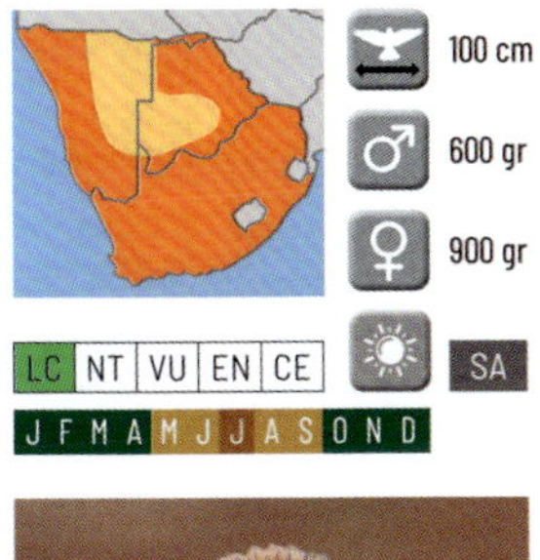

Lannerfalke *(Falco biarmicus)*

Lanner Falcon *(48 cm)*

Er gehört zu den größten Falken.

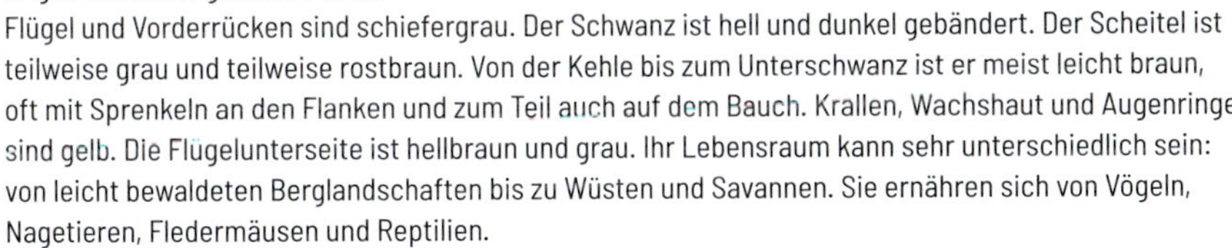

Flügel und Vorderrücken sind schiefergrau. Der Schwanz ist hell und dunkel gebändert. Der Scheitel ist teilweise grau und teilweise rostbraun. Von der Kehle bis zum Unterschwanz ist er meist leicht braun, oft mit Sprenkeln an den Flanken und zum Teil auch auf dem Bauch. Krallen, Wachshaut und Augenringe sind gelb. Die Flügelunterseite ist hellbraun und grau. Ihr Lebensraum kann sehr unterschiedlich sein: von leicht bewaldeten Berglandschaften bis zu Wüsten und Savannen. Sie ernähren sich von Vögeln, Nagetieren, Fledermäusen und Reptilien.

Wanderfalke *(Falco peregrinus)* **Peregrine Falcon** *(50 cm)*

Sommergast. Er gehört mit 19 Unterarten zu den größten Falken und kann verschiedene Farbtöne aufweisen. Gewöhnlich sind Kopf, Flügel, Hals und Vorderrücken schiefergrau. Die Kehle ist weiß, manchmal hellbraun, die Brust weiß mit gelegentlichen dunklen Flecken, zum Bauch hin und an den Flanken können die Flecken in schmale Streifen übergehen. Schwarze Bartstreifen, manchmal mit einem ebenso dunklen Kopf. Augenrand, Wachshaut und Zehen sind gelb. Er erbeutet Vögel und Fledermäuse und ab und zu Nagetiere. Im Sturzflug erreicht er Geschwindigkeiten von bis zu 300 km pro Stunde. Vielfältiger Lebensraum.

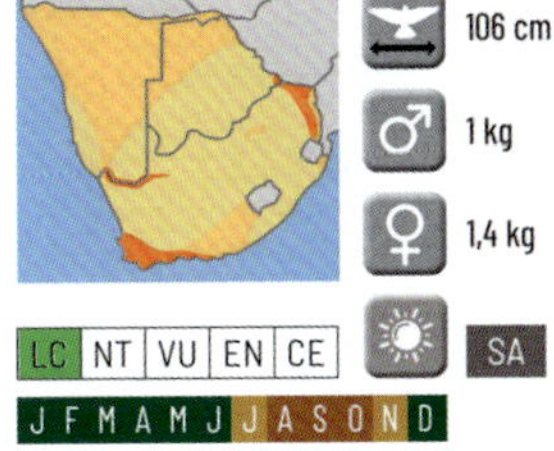

Amurfalke

(Falco amurensis)

Amur Falcon *(30 cm)*

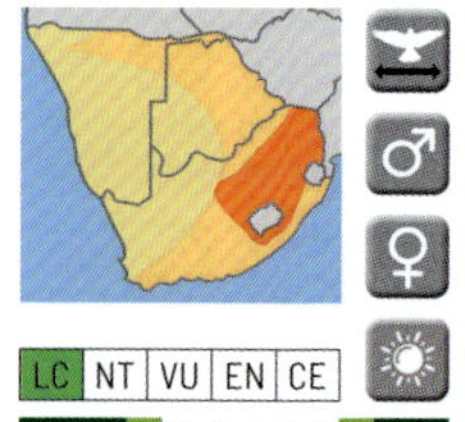

68 cm
♂ 140 gr
♀ 170 gr
LC NT VU EN CE
SA
J F M A M J J A S O N D

Sommergast. Brütet in Nord-China und Sibirien und migriert von Indien aus in drei Tagen über den Indischen Ozean nach Ostafrika, von wo aus sie weiter nach Süden in Afrika fliegen. Beim Terzel ist die Unterseite der Flügel grau und weiß, beim Weibchen schwarz-weiß gestreift. Beim Terzel sind die Brust, der Kopf und die Flügel dunkelgrau, der Schnabel und die Augenränder rot. Das Weibchen hat eine helle Brust mit schwarzen Sprenkeln und weiße Wangen.

Rotkopffalke

(Falco chicquera horsbrughi)

Red-necked Falcon *(36 cm)*

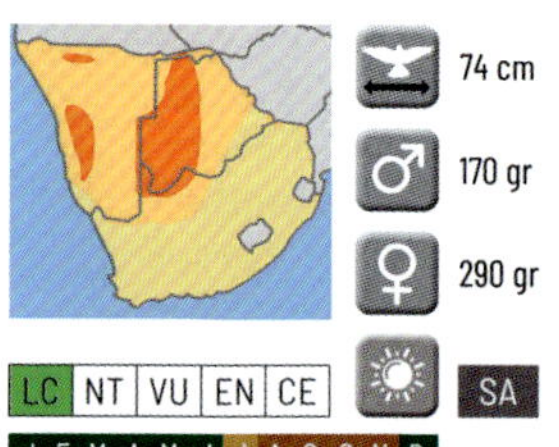

74 cm
♂ 170 gr
♀ 290 gr
LC NT VU EN CE
SA
J F M A M J J A S O N D

Ein Falke mit bräunlich roter Stirn und Hals und einer schwarz-weiß gestreiften Brust unter einer weißen Kehle (manchmal mit einem rotbraunen Band umrandet). Über die Augen verlaufen die rostbraunen bis manchmal schwarzen Bartstreifen. Wie die meisten Falken hat der Rotkopffalke leuchtend gelbe Beine, Augenringe und Wachshaut. Er bevorzugt Savannen und Wälder mit Palmyra-Palmen. Ihre Hauptbeute sind Vögel.

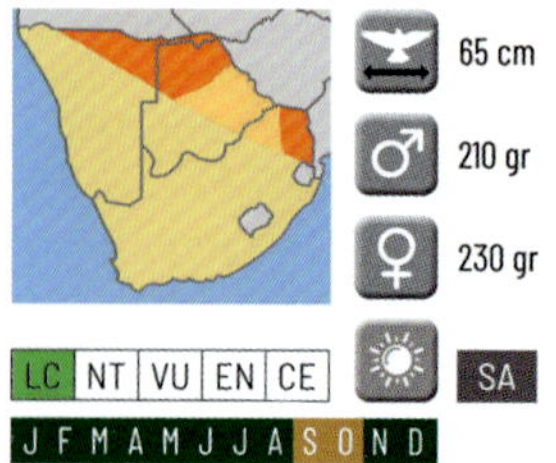

65 cm
♂ 210 gr
♀ 230 gr
LC NT VU EN CE
SA
J F M A M J J A S O N D

Schwarzrückenfalke *(Falco dickinsoni)* **Dickinson's Kestrel** *(30 cm)*

Der Schwarzrückenfalke ist einer der kleineren Falken. Sein Rücken, Vorderrücken und Flügel sind meist grau, der Kopf ist weiß und die Augenränder sowie die Wachshaut und die Beine sind gelb. Seine Brust ist fast weiß mit schwachen grauen Linien. Seine Nahrung besteht aus kleinen Vögeln, Eidechsen, Chamäleons, kleinen Schlangen und Insekten. Er sucht diese vor allem in Waldgebieten innerhalb von Savannen und Palmenwäldern auf. In den Wintermonaten wandert ein Teil der Population in nördlichere Regionen Afrikas.

♀

♂

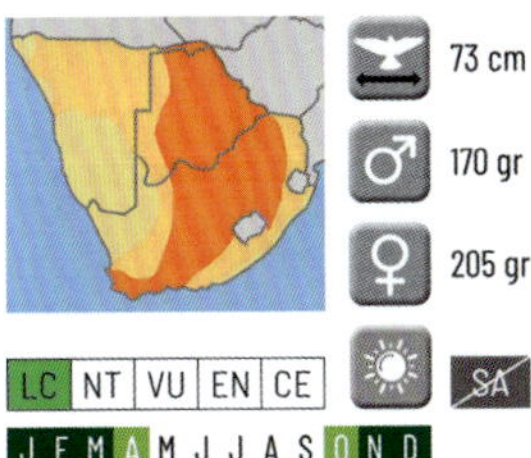

73 cm
♂ 170 gr
♀ 205 gr
SA

LC | NT | VU | EN | CE

J F M A M J J A S O N D

Rötelfalke *(Falco naumanni)* **Lesser Kestrel** *(32 cm)*
Sommergast. Vorderrücken (ohne Flecken), Rücken und ein Teil der Flügel sind beim Terzel rostbraun. Brust und Bauch sind beigefarben mit dunklen Flecken. An seinem grauen Kopf ist ein Bartstreif erkennbar. Der Schnabel ist gelb mit schwarzem Haken. Die Arm- und Handschwingen sind oben dunkelbraun bis schwarz und unten beigefarben. Ihr Kopf ist rötlich und weiß mit dunklem Bartstreif. Die Schwanzfedern enden bei beiden Geschlechtern mit einer schwarzen Endbinde, und die Zehen, Augenränder und die Wachshaut sind gelb. Insekten sind die Hauptnahrung.

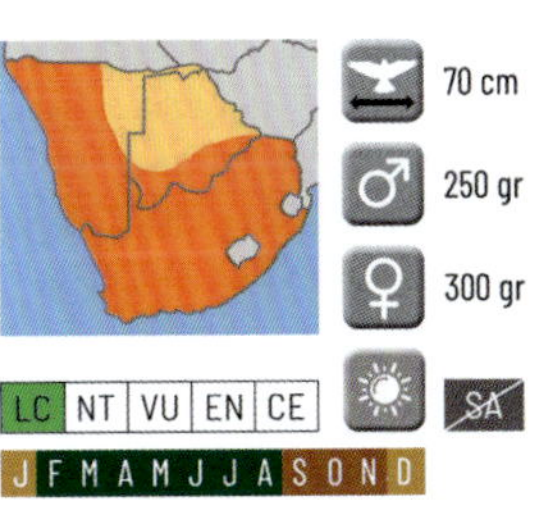

70 cm
♂ 250 gr
♀ 300 gr
SA

LC | NT | VU | EN | CE

J F M A M J J A S O N D

Felsenfalke *(Falco rupicolus)* **South African Kestrel** *(33 cm)*
Nur ein geschultes Auge kann den Felsenfalken vom Rötelfalken unterscheiden.

Die Unterschiede sind der gleichmäßig braune Mantel und Rücken des Rötelfalken, die beim Felsenfalken gesprenkelt und dunkler sind, und die Kehle, die beim Felsenfalken normalerweise viel heller ist. Die Schwanzfedern sind dunkler grau und leicht gebändert. Beide Weibchen sehen sich auffallend ähnlich. Sehr anpassungsfähig an unterschiedliche Lebensräume.

Steppenfalke *(Falco rupicoloides)* **Greater Kestrel** *(36 cm)*
Im Flug erkennt man diese Falken von unten an den beigen bis weißen Flügeln, der hellbraunen Brust und den schwarzweiß gestreiften Steuerfedern. Kopf, Rücken und Flügel sind hellbraun oder gräulich braun bis rostbraun und mit schwarzen Flecken versehen. Die Arm- und Handschwingen sind dunkelbraun. Der Schwanz ist schwarz und grau gebändert.

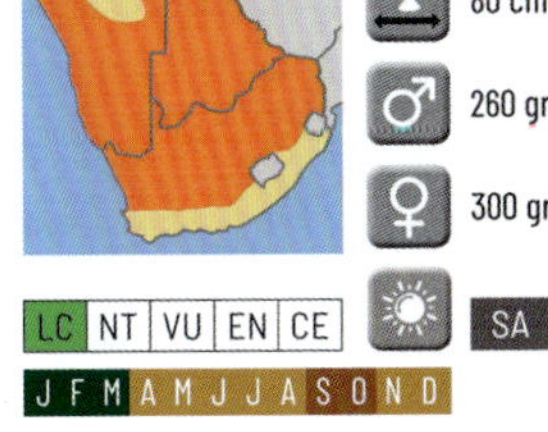

80 cm
♂ 260 gr
♀ 300 gr
SA

LC | NT | VU | EN | CE

J F M A M J J A S O N D

HÜHNERVÖGEL *Galliformes: Phasianidae & Numididae*

Hühnervögel *Frankoline, Wachteln und Perlhühner bilden eine Vogelordnung. Sie picken ihre Nahrung vom Boden auf. Bei Gefahr fliegen sie auf oder verstecken sie sich im Gebüsch. Sie brüten auf dem Boden und schlafen in Bäumen. Trotz ihres Tarngefieders sind sie eine wichtige Beute für Greifvögel und kleinere Katzenartige. Alle Hühnervögel sind Nestflüchter (Junge verlassen das Nest früh). Die Hennen der Frankoline haben keine oder kleinere Sporen.*

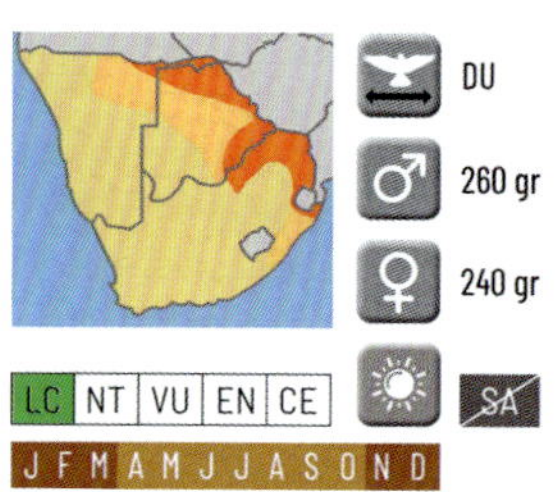

Coquifrankolin

(Peliperdix coqui)

Coqui Francolin *(25 cm)*

Auf Hals und Brust hat er ein Zebramuster (manchmal in Weiß übergehend). Charakteristisch für diesen Frankolin ist die schöne Zeichnung auf dem Kopf der Henne, bis zum Hals laufende dunkle Streifen über und unter dem Auge. Beim Hahn fehlen sie und das Zebramunster reicht bis zum gelben Kopf. Der Coquifrankolin lebt in Graslandschaften die von Sträuchern gesäumt werden.

Schopffrankolin

(Dendroperdix sephaena) **Crested Francolin** *(34 cm)*

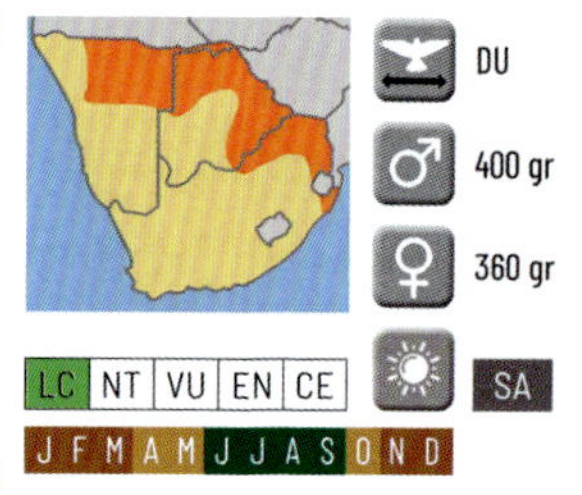

Ein etwas eintönig aussehender Frankolin. Er hat schwarze Flecken auf der hellbraunen Brust und dem Bauch. Er hat braun melierte Flügel, einen dunklen Schnabel, weiße Streifen über den Augen sowie rote Füße. Sie sind recht weit verbreitet. Er lebt in dichter Vegetation, sowohl in trockenen als auch in feuchten Gegenden.

Natalfrankolin *(Pternistis natalensis)* **Natal Spurfowl** *(36 cm)*

Er ist bei Tagesausklang oft an Waldesrändern und auf Pfaden zu sehen. Auffällig sind der rosa Schnabel und die roten Läufe. Der Unterkörper hat dunkelbraune Flecken, der Oberkörper ist hell- und dunkelbraun. Natalfrankoline sind auf der Suche nach Samen, Früchten, jungen Trieben und Wirbellosen sehr laute Scharrvögel.

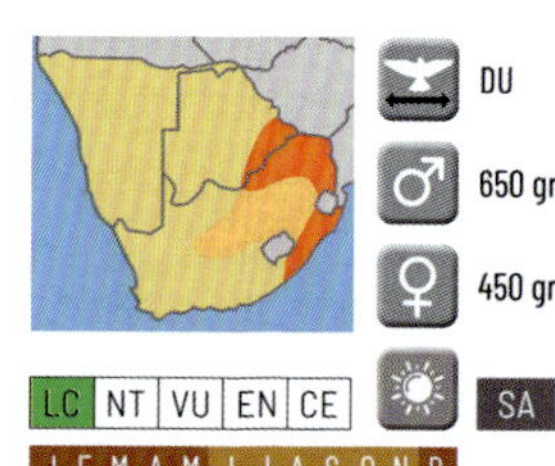

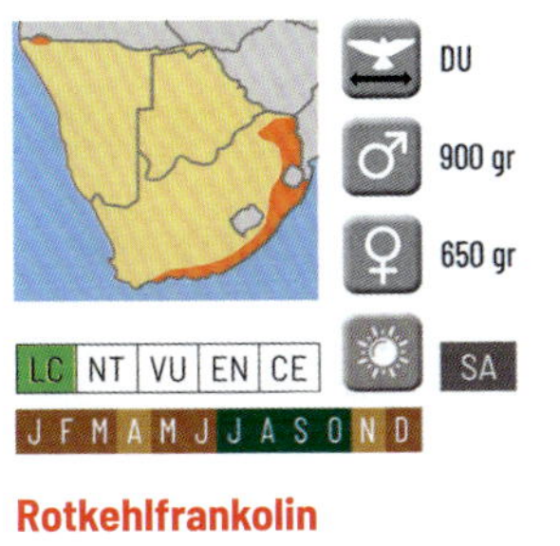

Rotkehlfrankolin

(Pternistis afer)

Red-necked Spurfowl *(38 cm)*

Die auffälligsten Akzente sind die rote Kehle, der Schnabel und der Augenrand. Die Läufe sind ebenfalls rot (beim Swainsonfrankolin sind sie schwarz).Sein Gefieder ist insgesamt dunkel, am Unterkörper schwarz mit grauen und weißen Streifen. Der Rotkehlfrankolin im Norden Namibias ist viel blasser und hat einen fast weißen Hals und Mantel. Das scheue Tier wuselt in Gebieten herum, die viel Schutz bieten.

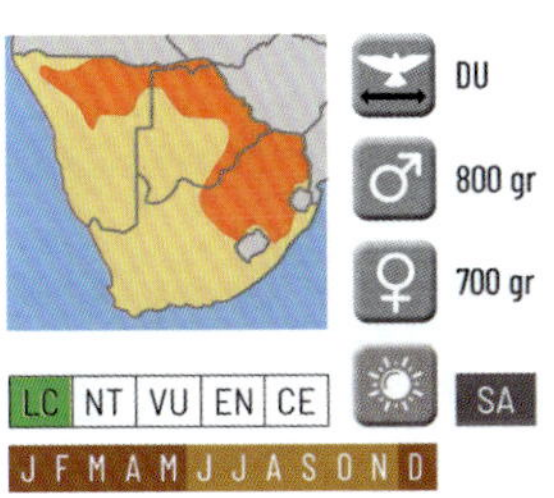

Swainsonfrankolin

(Pternistis swainsonii)

Swainson's Spurfowl *(38 cm)*

Er hat ein hell- bis dunkelbraunes Federkleid und ist der einzige braune Frankolin mit schwarzgrauen Beinen (darin unterscheidet er sich vom Nacktkehlfrankolin). Um die Augen herum und an einem Teil des Halses ist er leuchtend rot. Dieser Frankolin lebt in kleinen Gruppen von drei bis fünf Individuen. Savannen, aber auch Kulturlandschaften gehören zu seinem Lebensraum.

Shelley Frankolin *(Scleroptila shelleyi)* Shelley's Francolin *(34 cm)*

Viele Frankoline haben mehr oder weniger ausgeprägte dunkle Flecken auf dem Bauch. Beim Shelley Frankolin sind diese unter einer rostbraunen Brust deutlich sichtbar. Die weißliche Kehle ist mit Schwarz gesäumt. Ein beiger bis rötlich-brauner Augenstreifen verläuft bis zu den Vorderrücken. Zwischen den schwarzen Wangen- und Halsstreifen ist sein Hals rostbraun, die Stirn bis zum Nacken ist dunkler braun. Die Läufe sind gelb.

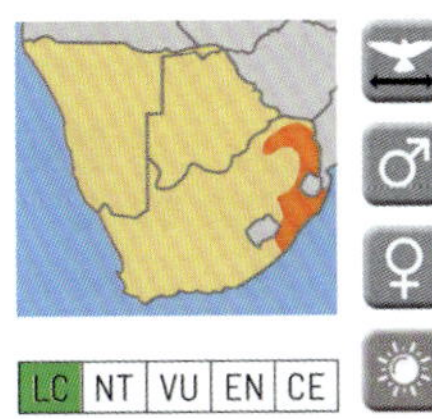

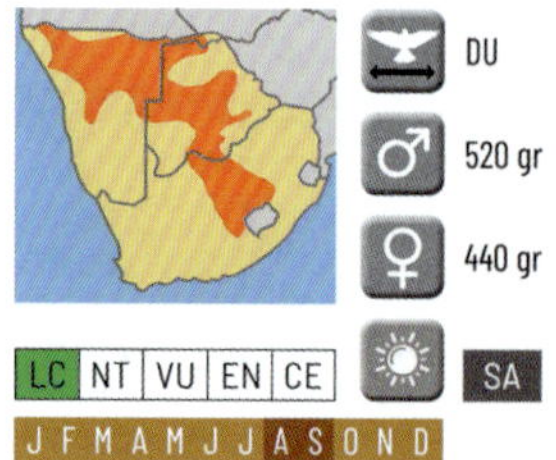

Archerfrankolin

(Scleroptila gutturalis)
Orange River oder **Archers Francolin** *(34 cm)*
Archer- und Shelleyfrankolin leben nicht im Lebensraum des jeweils anderen, sonst wäre es schwierig, sie voneinander zu unterscheiden. Der Unterschied sind die schwarzen Streifen am Bauch, die beim Archerfrankolin fehlen. Seine weiße Kehle ist ebenfalls mit einem schwarzen Halsstreif gesäumt, und seine Läufe sind gelb. Ihr Lebensraum ist Grasland mit Sträuchern, oft an den Ausläufern höherer Hügel.

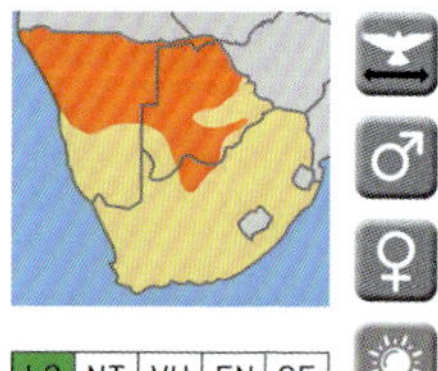

Rotschnabelfrankolin

(Pternistis adspersus)
Red-billed Francolin *(38 cm)*
Dieser Rotschnabelfrankolin hat, wie sein Name vermuten lässt, einen roten Schnabel und auch rote Läufe, wobei das Männchen meist einen einzelnen kleinen Sporn hat. Die Augenränder sind hellgelb, die Iris dunkelbraun. Die Flügel und Schwanzfedern sind braun, der Unterkörper ist dünn schwarz und weiß gestreift. Er lebt sowohl in trockeneren Savannen als auch in sumpfigen Graslandschaften.

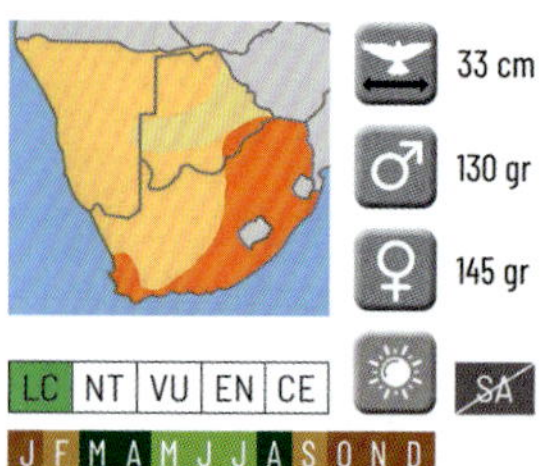

Wachtel *(Coturnix coturnix)* **Common Quail** *(19 cm)*

Sommergast. Die Wachtel ist hell bis dunkel gefärbt mit weißen Streifen an Kopf und Flügeln. Die Wangen des Hahns sind brauner als die der Henne, ihre Kehle ist gesprenkelt. Sie fühlt sich in grasbewachsenen Landschaften wohl, meidet aber Wälder und Feuchtgebiete. Abgesehen von einer kleinen Population im Norden Namibias sind die meisten Wachteln im südlichen Afrika Sommergäste.

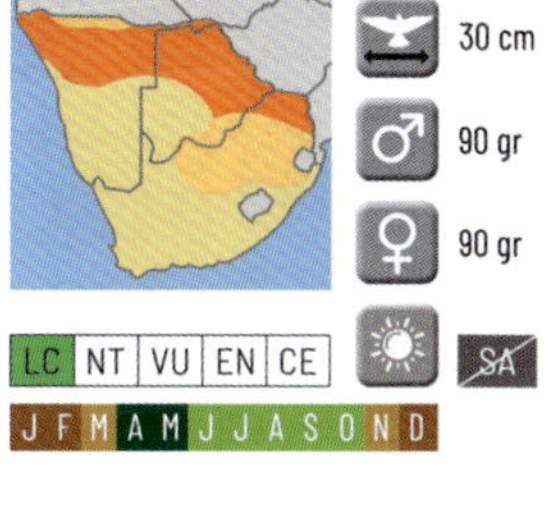

Harlekinwachtel *(Coturnix delegorguei)* **Harlequin Quail** *(18 cm)*
Sommergast. Der Hahn hat ein dunkles grau-braunes Rückengefieder. Ab der weißen Kehle mit schwarzen Streifen ist das untere Federkleid rostbraun bis schwarz. Bei der Henne ist es gelbbraun. Diese Wachtel bevorzugt Wälder inmitten von Savannen und überschwemmtem Grasland. Örtlich zahlreich, aber sehr scheu.

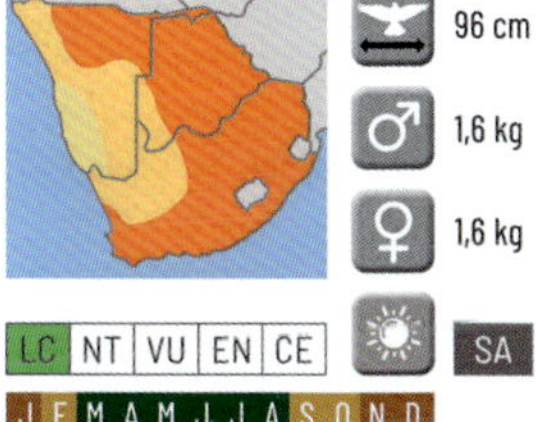

Helmperlhuhn
(Numida meleagris)
Helmeted Guineafowl *(61 cm)*
Es gibt es neun Unterarten, die sich nur wenig voneinander unterscheiden. Charakteristisch ist der Helm - ein gelbbraunes Horn auf dem Kopf. Das Gefieder ist schwarzgrau mit kleinen weißen Sprenkeln. Sie leben in großen Gruppen und sind nicht wählerisch hinsichtlich des Lebensraums, aber niemals weit von Wasser entfernt. Das Bild zeigt eine der drei vorkommenden Unterarten der *meleagris*-Gruppe

Kräuselhauben-Perlhuhn *Guttera edouardi)* **Crested Guineafowl** *(54 cm)*
Dieses Perlhuhn lebt mit mehreren Unterarten vor allem in waldigen Gebieten. Das vollständig anthrazitfarbene bis schwarze Federkleid weist weiße, kleine, runde Flecken auf. Typisch sind die schwarzen, haarigen Federn auf dem Kopf. Die Art *G. p. pucherani* im östlichen Afrika hat einen roten Bereich rund um die Augen und einen blauen Hals. Ein dunkelblauer Kopf mit feuerroten Iris und ein teils weißbeiges Genick sind Merkmale des *G. p. edouardi* im südlichen Afrika (siehe Abbildung).

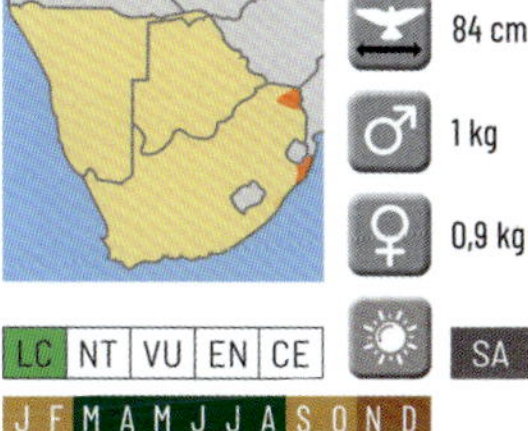

KRANICHVÖGEL *Gruiformes – Heliornithidae*

Binsenrallen *Die Binsenrallen (Heliornithidae) werden auch Binsenhühner genannt. Es handelt sich um eine kleine Vogelfamilie, die zwischen Haubentaucher und Blässhuhn eingeordnet werden kann.*
Es existieren drei Arten, von denen eine mit wiederum drei Unterarten in Afrika lebt. Ihre Nahrung besteht aus Samen, Wasserinsekten, Krustentieren, Schnecken und kleinen Kröten.

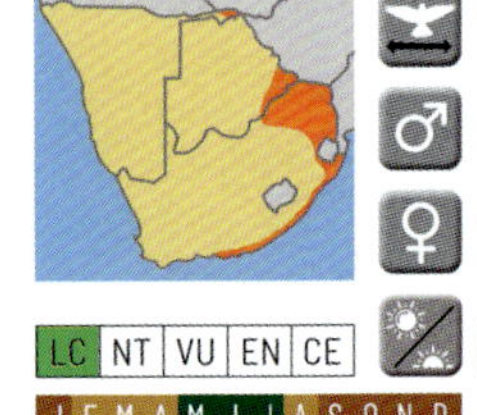

LC | NT | VU | EN | CE

SA

J F M A M J J A S O N D

Binsenralle
(Podica senegalensis)
African Finfoot *(55 cm)*
Die Binsenralle *(P.s. petersii)* in diesem Teil Afrikas hat orangerote Zehen mit Schwimmlappen und einen orangefarbenen Schnabel. Der Bauch ist weiß, sonst ist der Vogel braun bis dunkelgrau mit weißen Punkten auf dem Vorderrücken und an den Flanken. Es verläuft ein weißer Streifen beidseitig des schlanken Halses bis zum Vorderrücken. Das kleinere Weibchen ist deutlich heller, ihr Hals ist fast weiß. Außerhalb der Brutzeit sind Männchen und Weibchen fast gleichfarbig. Dieser scheue Vogel bewohnt bewaldete Ufer, Mangroven, Teiche und Seen. Im Flug ähnelt er dem Kormoran.

KRANICHVÖGEL *Gruiformes – Rallidae*

Rallen, Bläss- und Teichhühner *Diese Arten sind eine Familie von Vögeln in der Ordnung der Kraniche (Gruiformes). Zu dieser Familie (Rallidae) allesfressender Sumpf und Wasservögel gehören 131 Arten. Die Blässhühner sind kräftiger gebaut als Rallen, haben aber einen kleinen Kopf und lange Zehen. Sie unterscheiden sich von den Rallen durch das Stirnschild. Die Nahrung besteht aus Wasserinsekten sowie aus Früchten und jungen Blatttrieben.*

Kammblässhuhn
(Fulica cristata)
Red-knobbed Coot *(42 cm)*
Das Huhn hat ein fast schwarzes Federkleid, einen weißen Schnabel mit weißer Blesse

und (in der Brutzeit) auf der Stirn zwei dunkelrote Knubbel. Sein Lebensraum sind alle wasserreichen Gebiete mit Ausnahme schnell fließender Flüsse. Es ist ein Allesfresser, es pickt Samen und Pflanzenteile und taucht nach Muscheln und Schnecken.

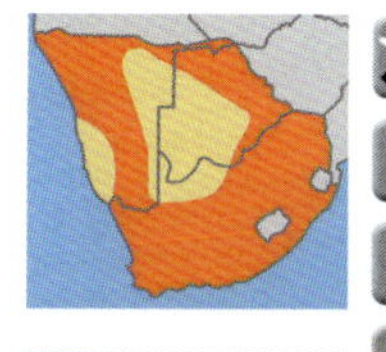

80 cm

900 gr

800 gr

SA

LC | NT | VU | EN | CE

J F M A M J J A S O N D

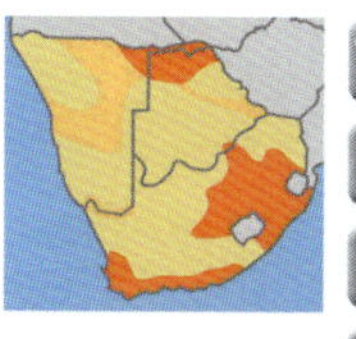

100 cm

900 gr

800 gr

SA

LC | NT | VU | EN | CE

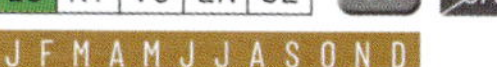

J F M A M J J A S O N D

Smaragdhuhn

(Porphyrio madagascariensis)

Purple Swamphen *(46 cm)*

Das Smaragdhuhn ist mit seinem irisierenden Gefieder das schönste der vielen Blässhühner. Der Kopf ist bis zur Brust glänzend blau, Hinterkopf und Hals, Bauchpartie und Vorderrücken sind indigofarben, Rücken und Flügel sind bronzegrün. Der rote Schnabel geht in den Scheitel über (beim Weibchen kleiner), die Beine sind rosafarben bis rot. Der Unterschwanz ist weiß und flauschig. Es hält sich gerne in Schilflandschaft und an dicht bewachsenen Ufern von Seen und Flüssen (Brack- und Süßwasser) auf. Ein Allesfresser, der sich jedoch vorrangig vegetarisch ernährt von Pflanzentrieben, Wurzeln, Blüten, Insekten, Fischen und Fröschen.

Bronzesultanshuhn *(Porphyrio alleni)* **Allen's Gallinule** *(24 cm)*

Sommergast. Es gibt viele Ähnlichkeiten mit dem Smaragdhuhn, aber das Bronzesultanshuhn ist halb so klein und der rote Schnabel endet auf dem Kopf mit einem hellblauen Stirnschild. Im Okavango-Delta leben sie Seite an Seite inmitten von Sümpfen und Schilfgebieten. Eine kleine Population lebt dort dauerhaft, aber ein großer Teil folgt der Regenzeit nach Norden. Junge Pflanzentriebe, Wurzeln, Blätter und Blüten, gelegentlich auch Insekten, stehen auf dem Speiseplan.

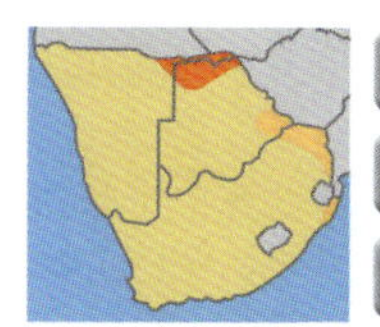

50 cm

160 gr

125 gr

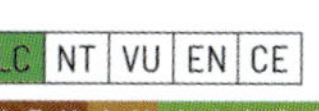

LC | NT | VU | EN | CE

J F M A M J J A S O N D

SA

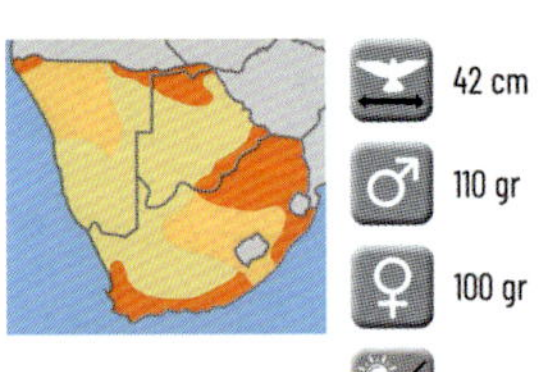

LC NT VU EN CE

J F M A M J J A S O N D

Schwarzkielralle *(Zapornia flavirostra)* **Black Crake** *(23 cm)*
Die Schwarzkielralle hat ein schwarzes Gefieder und einen gelben Schnabel, rote Augen und lange rote Beine. Sie hält sich im Schilf, Sumpf und an Ufern von Wassertümpeln auf. Auf ihrem Speiseplan stehen Würmer, Schnecken, Garnelenähnliche, Insektenlarven, kleinere Fische, Kröten und Frösche. Dazu fressen sie Pflanzliches wie Samen und Jungtriebe von Wasserpflanzen. Gelegentlich stehlen sie Vogeleier. In der Dämmerung sind sie sehr laut. Während der Brutzeit sind beide Geschlechter sehr aggressiv.

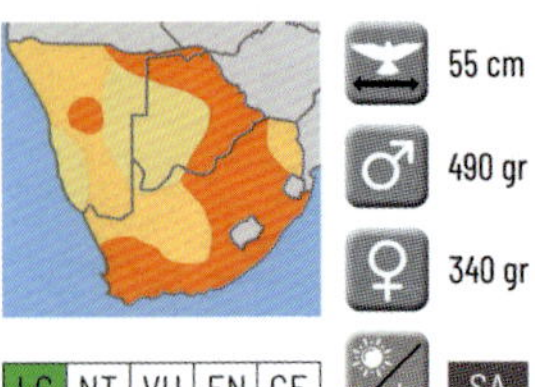

LC NT VU EN CE

J F M A M J J A S O N D

Teichhuhn *(Gallinula chloropus)* **Common Moorhen** *(36 cm)*
In Afrika ist das Teichhuhn eine sehr verbreitete Art, insbesondere, wenn sich dort auch die Sommergäste niederlassen. Sie halten sich häufig in großer Anzahl in Feuchtgebieten auf. Ihr überwiegend braunes bis dunkelgraues Gefieder hat einige weiße Akzente an den Flanken. Die Flügel sind braun, der Unterschwanz weiß und die Beine gelb. Das Rot des Schnabels (mit gelber Spitze) verläuft bis zum Kopf. Sie ernähren sich von Pflanzen, Amphibien, Insekten, Fische, Würmer und Vogeleier.

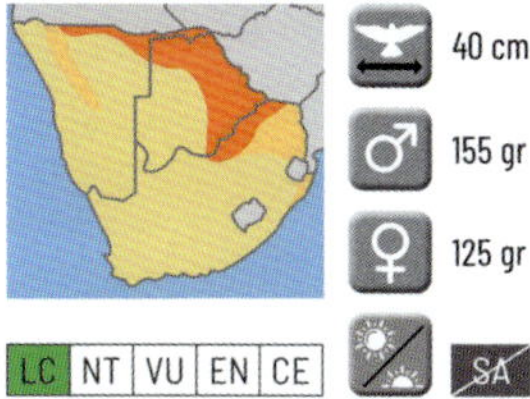

Zwergteichhuhn *(Paragallinula angulata)* **Lesser Moorhen** *(23 cm)*
Sommergast. Beim Zwergteichhuhn ist der Schnabel bis auf ein schmales rotes Stirnschild vollständig gelb (beim Teichhuhn ist er rot mit gelber Spitze). Das Weibchen ist viel blasser. Diese Art besucht Süßwasserseen, Teiche und Sümpfe. Die Nahrung ist hauptsächlich pflanzlich, wird aber durch Amphibien- und Fischeier, Insektenlarven, Fische, Würmer und Vogeleier ergänzt.

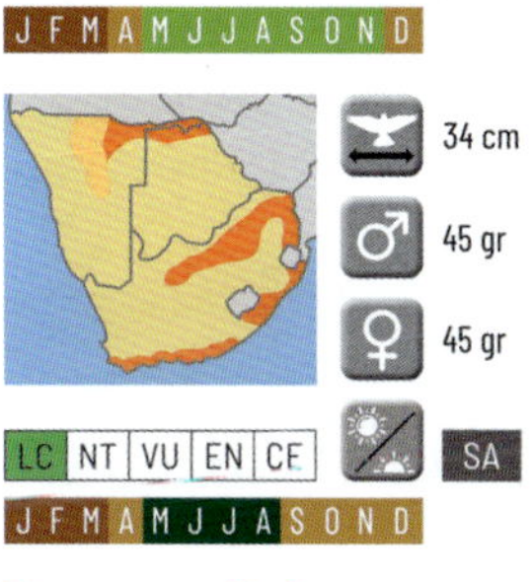

Zwergsumpfhuhn
(Zapornia pusilla)
Baillon's Crake *(18 cm)*
Es hat eher die Merkmale einer Ralle. Sein Gefieder sieht beinahe so aus wie das der Kapralle: grauer Unterkörper und brauner Oberkörper, in seinem Fall braun gesprenkelt. Allerdings ist der Schnabel des Zwergsumpfhuhns grau und türkis, die Iris leuchtend rot und die Beine gelblich. Außer in Süßwasser ist es auch in stärker alkalischen Natron-Seen zu finden.

Kapralle *(Rallus caerulescens)* **African Rail** *(28 cm)*
Die dunkelbraune und graue Kapralle hat einen langen roten Schnabel, mit dem sie sich auf der Suche nach Insekten, Krebsen und anderen kleinen Wassertieren in den sumpfigen Boden gräbt. Besonders laut sind sie in den frühen Morgenstunden. Die meisten Kaprallen bleiben das ganze Jahr über am selben Ort.

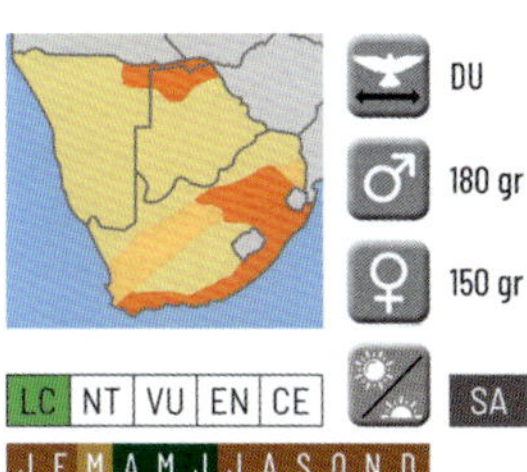

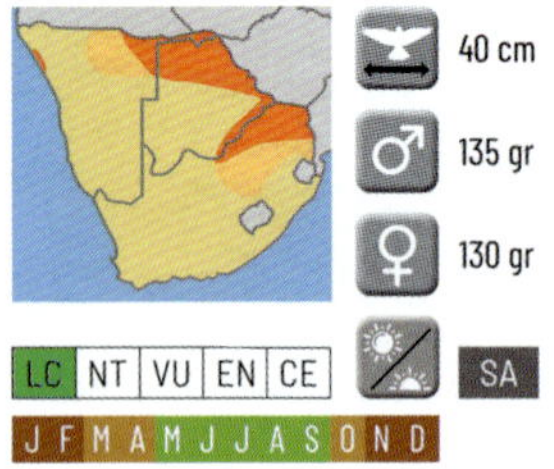

Savannenralle

(Crecopsis egregia)

African Crake

(23 cm)

Sommergast. Sie hat viel Ähnlichkeit mit Wachteln, ist aber nicht mit ihnen verwandt. Zu erkennen ist diese wasserliebende Ralle an den Zebrastreifen am Unterleib, den rot umrandeten Augen am grauen Kopf und an den dunkelbraunen Flügeln mit hellen Federkanten. Sie sucht in hohem Grasland, oft in Wassernähe nach Nahrung.

KRANICHVÖGEL *Gruiformes - Gruidae*

Kranichvögel *Zur Familie der Kraniche (Gruidae) gehören 15 Arten, von denen drei in südliches Afrika leben. Kraniche sieht man oft paarweise und in Gruppen. Alle Kraniche sind durch menschliche Aktivitäten wie z. B. den Bau von Staudämmen, Viehzucht und den Einsatz von Pestiziden bedroht. Aus Studien geht hervor, dass die Verlangsamung der Entwässerung von überschwemmtem Grasland in bestimmten Gebieten den Kranichen ihre Nahrungssuche erleichtern könnte.*

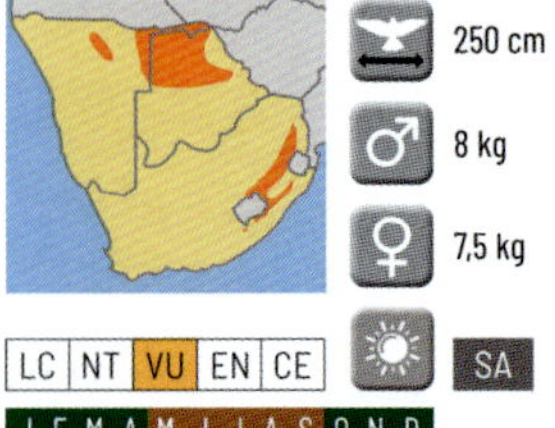

Klunkerkranich *(Grus carunculata)* **Wattled Crane** *(175 cm)*

Den Klunkerkranich gibt es in einigen Teilen Tansanias, vor allem aber im Okavango-Delta. Schätzungen zufolge leben dort etwa 1000 Tiere der gesamten noch verbliebenen Klunkerkranich-Population (etwa 8000). Da sie nur 1 oder 2 Eier legen und ein zweites Küken nur selten die Geschlechtsreife erreicht, ist die Art trotz der Betreuung durch das Brutpaar auch durch Prädatoren bedroht. Die Jungtiere sind erst nach 100 bis 150 Tagen flugfähig. Von allen Kranichen sind sie am meisten auf sumpfigen Boden angewiesen. Er ist weiß von der Brust bis zum Kehlsack, der an der Vorderseite rot gefärbt ist. Die Vorderseite des Kopfes ist ebenfalls rot. Die grau-schwarzen Schwanzfedern enden fast auf dem Boden. Sie bleiben meist an denselben sumpfigen Stellen, sofern diese feucht bleiben.

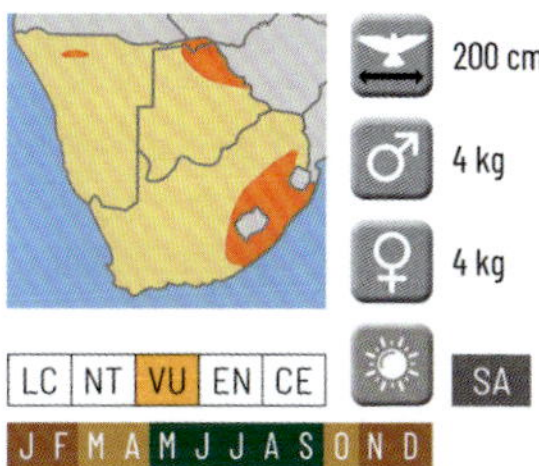

Grauhals-Kronenkranich

(Balearica regulorum) **Grey Crowned Crane** *(110 cm)*
Dieser Kranich hat eine schöne pflaumenartige goldene Haube auf dem Kopf. Die Stirn ist schwarz, die weißen Wangen sind schwarz gesäumt und die Kehle ist rot. Sein Ober- und Untergefieder ist grau, seine Flügel sind grau und weiß. Die Schwanzfedern sind strohgelb und rostbraun. Sie bevorzugen sumpfiges Grasland, wo sie auf der Suche nach Nahrung wie Sämereien, jungem Grasschnitt und verschiedenen Insekten- und Amphibienarten sind. Sie verhalten sich hauptsächlich sesshaft (sedentär), bis der Boden zu trocken wird und sie sich auf die Suche nach neuen Futterplätzen machen.

Paradieskranich *(Grus paradisea)* **Blue Crane** *(120 cm)*

Er ist der Nationalvogel Südafrikas. Das Gefieder ist überwiegend schiefergrau mit weißem Gesicht, hellorangem Schnabel und langem schwarzen Schwanz. Ihr Lebensraum sind Graslandschaften, wo sie Gras, frische Pflanzentriebe, Heuschrecken und Reptilien fressen. Sie leben während der Brutzeit in kleinen Gruppen und außerhalb der Brutzeit in großer Zahl. Die Art ist in ihrem Bestand ernsthaft bedroht.

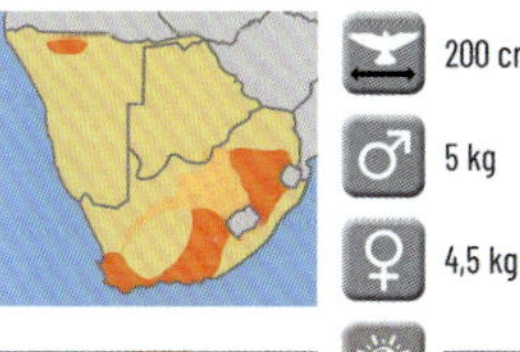

Trappen *Zur Ordnung der Otidiformes gehört nur eine einzige Familie, bestehend aus 26 Trappenarten. Die meisten Arten leben in Afrika, zwei davon auch in Europa. Manche Arten leben vorzugsweise in Savannen, andere in bewaldeten Gebieten. Sie haben kräftige Beine, einen langen Hals und breite Flügel. Es sind Bodenbrüter, was ihre Brut und die Küken zu einer einfachen Beute für Raubtiere macht. Trappen sind Allesfresser. Die Mehrzahl der Arten hat ein polygynes Fortpflanzungssystem.*

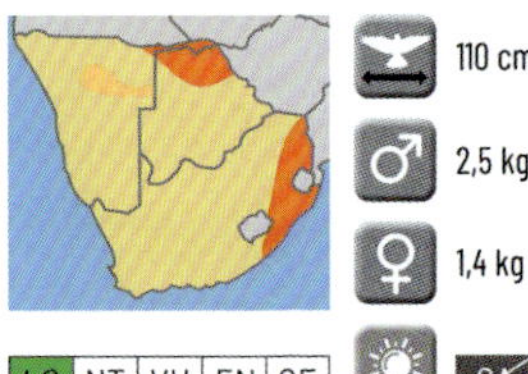

Schwarzbauchtrappe

(Lissotis melanogaster)

Black-bellied Bustard *(60 cm)*

Das Gesicht des Männchens ist grau und vom Scheitel bis zum Vorderrücken ist er hellbraun. Der Hals ist schwarz, und diese Farbe setzt sich bis zum Unterschwanz fort. Brauntöne und schwarze Flecken zeichnen die Flügel und Schwanzfedern. Die langen Beine sind gelb. Dem Weibchen fehlt das Grau und das Schwarz, außer auf den Flügeln, die wie beim Männchen schwarz gefleckt sind. Ihr Hals ist hellbraun und der Bauch beige. Ihre Nahrung suchen sie auf großen Grasebenen und leicht bewaldeten Savannen.

Rotschopftrappe *(Lophotis ruficrista)* **Red-crested Bustard** oder **Korhaan** *(50 cm)*

Die rote Haube zeigt das Männchen nur, wenn es balzt. Von der Brust bis zum Schwanz sind beide Geschlechter schwarz, die Flügel sind braun meliert und auf der Brust haben sie zwei weiße Flecken. Hals und Kopf sind bei ihm grau, bei ihr hellbraun (bei der Schwarzbauchtrappe schwarz). Lebt in trockenen, dünn bewaldeten Gebieten. Im Vorfeld der Brutzeit sind sie sehr laut. Um zu prunken, fliegt der Hahn 15 Meter in die Höhe und lässt sich dann wie ein Fallschirm fallen.

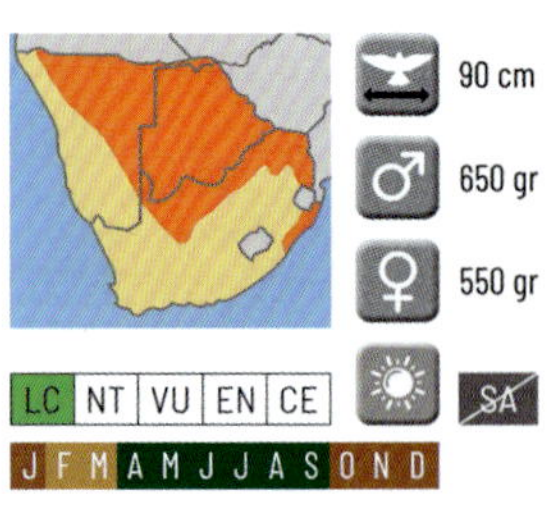

Savannentrappe *(Neotis denhami)*
Denham's Bustard *(100 cm)*

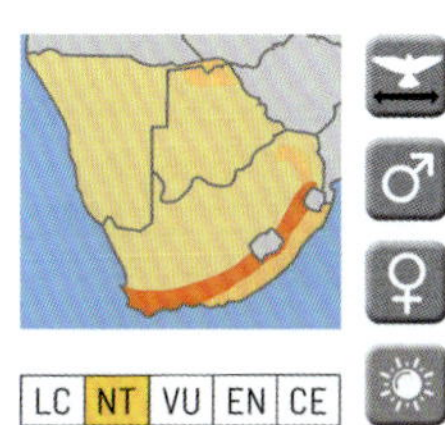

Eine große, mehrfarbige Trappe. Das Weibchen ist etwas heller und kleiner, unterscheidet sich jedoch ansonsten nicht vom Männchen. Der Scheitel ist schwarz mit einem Augenstreif hinter dem Auge und einem Wangenstreif darunter. Sonst ist der Kopf weiß oder grau und geht auf der Halsvorderseite in helleres Grau über, die Halsrückseite verläuft rotbraun bis zum blassbraunen Vorderrücken und den Flügeln. Die Flügel sind größtenteils schwarz mit großen weißen Flecken. Brust und Bauch sind weiß, die Beine sandfarben. Ihr Hauptnahrungsmittel sind wirbellose Tiere, Blütenknospen und junge Pflanzentriebe. Die Population im Norden Botswanas migriert in nördlichere Gebiete Afrikas. Die südliche Population bleibt dauerhaft dort.

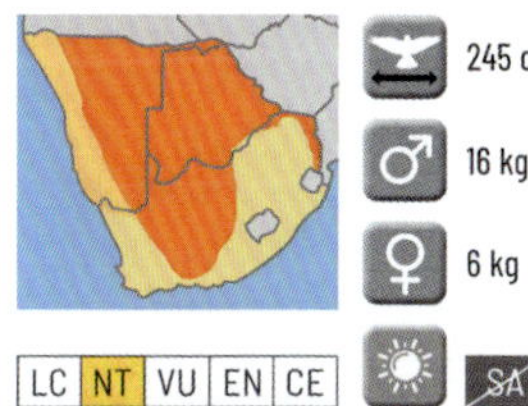

Riesentrappe *(Ardeotis kori)*
Kori Bustard *(120 cm)*
Kräftig gebaute Trappe mit schwerem Körper auf gelben Beinen, einem dicken, grauen Hals und einer kurzen, flachen Haube auf der Rückseite des Kopfes. Die Armschwingen sind weiß und schwarz gefleckt. Sie ist der schwerste flugfähige Vogel Afrikas. Männchen wiegen bis 19 kg, Weibchen meist die Hälfte. Neben Pflanzen und Wurzeln frisst sie auch Echsen, Schlangen und Nagetiere. Ihr Lebensraum sind vor allem trockenere, karg bewachsene Savannen. In der Brutzeit balzt das Männchen mit aufgeblasenem Kehlsack und mit fächer-förmig angeordneten Schwanzfedern.

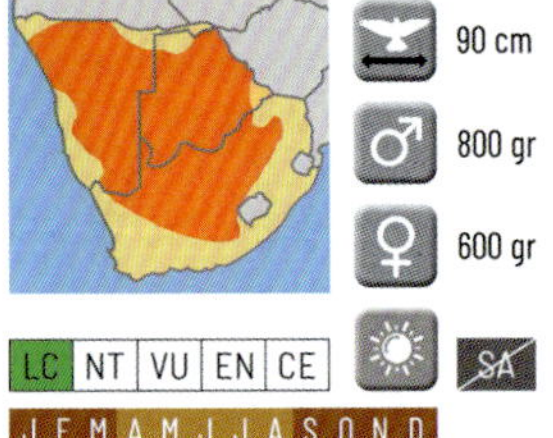

Weißflügeltrappe *(Afrotis afraoides)*
White-quilled Bustard oder **Northern Black Korhaan** *(50 cm)*
Das Männchen der Weißflügeltrappe ist aufgrund seines auffälligen Gefieders leicht zu erkennen. Der Kopf ist schwarz, mit weißen Wangen und einem roten Schnabel mit weißer Spitze. Der Unterkörper ist schwarz. Am Ende des Halses ist ein weißer Kragen und weiße Flanken. Der Rücken und die Flügel sind braun und weiß marmoriert. Ein Teil der Schulterdeckfedern ist oben weiß und unten schwarz. Die Beine sind gelb. Das Weibchen ist nur über dem Bauch schwarz. Ihr Lebensraum sind trockene, niederschlagsarme Gebiete mit spärlicher Vegetation wie Gräsern und Kräutern. Insekten sind ihre Hauptnahrungsquelle.

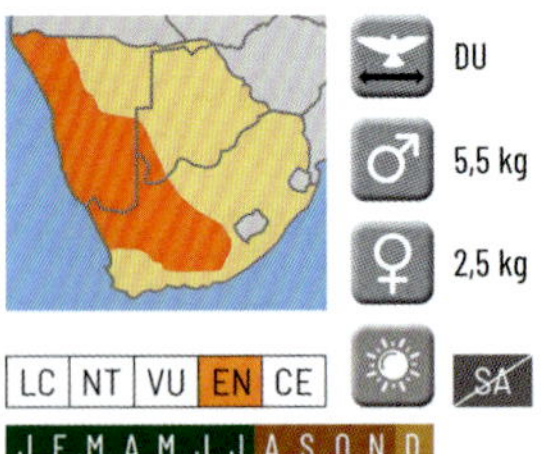

Ludwigtrappe *(Neotis ludwigii)* **Ludwig's Bustard** *(80 cm)*
Der Kopf, die Kehle und der Hals sind dunkelbraun bis schwarz. Die Rückseite des Halses ist orange. Der Bauch ist weiß, der Schnabel braun und die Beine gelblich. Das viel kleinere Weibchen ist blasser, ihr Hals ist graubraun. Zu ihrem Lebensraum gehören Halbwüsten wie die Karoo und die Kaokoveld-Wüste. Sie folgen den Regenperioden, um sich von den Geburten der Grillen und Heuschrecken zu ernähren. In ihrem natürlichen Lebensraum werden immer mehr Strommasten errichtet. Der Vogel hat ein schlechtes Sehvermögen und wird daher oft Opfer von Kollisionen mit den Stromleitungen. Darüber hinaus hat die Jagd und insbesondere das Auslegen von Fallen negative Auswirkungen auf die Population.

Säbelschnäbler *Zu dieser Familie gehören zehn Arten. Der Schnabel ist je nach Gattung entweder gerade geformt oder nach oben gekrümmt. Sie haben lange Beine, deren Vorderzehen teilweise gelappt sind. Die Hinterzehe ist schwach entwickelt oder fehlt. Ihre Nahrung besteht aus kleinen Krustentieren, Würmern und Insekten. Diese werden durch Hin- und Herbewegen des Schnabels im Schlamm erbeutet.*

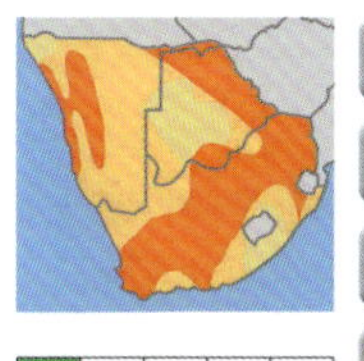

76 cm

200 gr

200 gr
SA

J F M A M J J A S O N D

Stelzenläufer

(Himantopus himantopus)

Black-winged Stilt *(38 cm)*

Der Stelzenläufer ist ein eleganter Vogel mit langen roten Beinen, einem spitzen schwarzen Schnabel und einem weißen Kopf. Von der Brust bis zum Schwanz ist er weiß. Die Flügel sind schwarz. Beim Weibchen ist der Rücken meist eher braun als schwarz. Sie leben in der Nähe von Seen, Sümpfen und Schlickflächen, in tropischen Gebieten und auch in gemäßigten Zonen. Sie suchen sowohl in Salz- als auch in Süßwasser nach Nahrung.

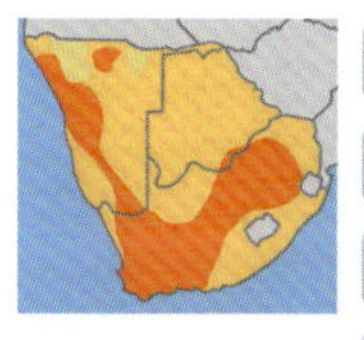

80 cm

390 gr

390 gr
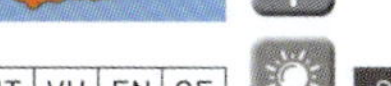

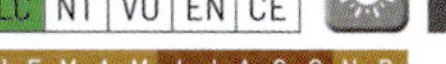

Säbelschnäbler

(Recurvirostra avosetta)

Pied Avocet *(43 cm)*

Den Säbelschnäbler trifft man sowohl in Soda- als auch in Süßwasserseen. Er ist überwiegend weiß, das Schwarz des Scheitels sctzt sich auf dem Hinternacken fort. Die Flügel sind schwarz und weiß, die langen Beine grau. Auffällig ist der nach oben gebogene Schnabel. Beim Weibchen ist dieser kürzer. Junge Säbelschnäbler unter einem Jahr migrieren nicht immer nordwärts. Aufgrund der milderen Winter migrieren Säbelschnäbler heute kaum weiter als bis nach Spanien. Ein Teil der Population lebt dauerhaft in südliches Afrika.

Blatthühnchen *Die Blatthühnchen gehören zur Ordnung der Regenpfeiferartigen (Charadriiformes). Zu dieser Familie zählen acht Arten. Ein typisches Merkmal sind die langen Zehen. Die Spannweite der Füße ist fast so groß wie der Vogel selbst. Das ermöglicht ihnen, über schwimmende Wasserpflanzen laufen. Die Weibchen sind größer als die Männchen. Wasserinsekten sind das Hauptnahrungsmittel.*

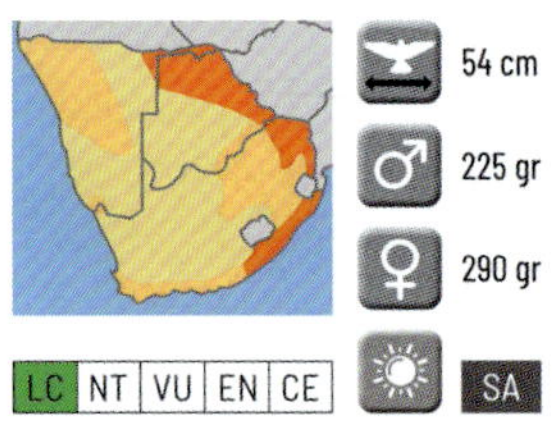

J F M A M J J A S O N D

Blaustirn-Blatthühnchen

(Actophilornis africanus) **African Jacana** *(31 cm)*

Das Blaugrau des Schnabels zieht sich weiter über einen Teil des Scheitels. Darunter liegt eine schwarze Maske, die im Nacken bis zum Vorderrücken verläuft. Kehle, Hals und Wangen sind weitgehend weiß und werden von einem gelben Kragen auf der Brust abgegrenzt, wo das rotbraune Gefieder beginnt. Die langen Beine sind grau. Ihr Lebensraum beschränkt sich auf süßwasserreiche Gebiete. Die Brutpflege liegt bei ihm.

Zwergblatthühnchen *(Microparra capensis)* **Lesser Jacana** *(15 cm)*

Auf dem Kopf hat es einen rotbraunen Scheitel, darunter liegt ein langgestreckter, weißer Augenstreif sowie eine dunkle Augenmaske. Vom Hals und von der Brust bis zu den Unterschwanzdecken ist es weiß. Die Flanken des langen Halses sind gelblich braun. Am Anfang des Rückens befindet sich ein rötlich-braunes Band, und der kurze Schwanz ist ebenfalls rötlich-braun. Die langen Beine sind grün.

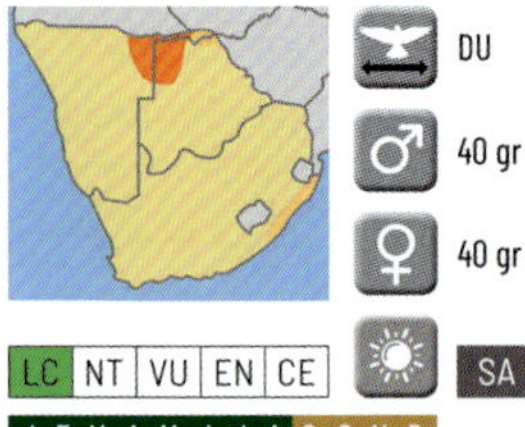

J F M A M J J A S O N D

Triele *In der Ordnung der Regenpfeiferartigen bildet die Familie der Triele (Burhinidae) eine einzige Gattung (Burhinus) mit acht Arten. Zu ihren Hauptmerkmalen gehören die großen Augen mit gelber Iris und lange gelbe Beine. Diese monogamen, bodenbewohnenden Vögel fressen Insekten, Wirbellose und kleine Krustentiere. Sie sind in der Dämmerung und vor allem nachts aktiv.*

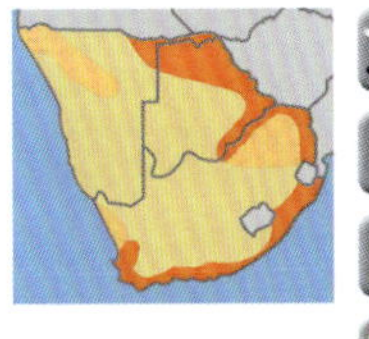

 80 cm

 300 gr

 300 gr

Wassertriel

(Burhinus vermiculatus)

Water Thick-knee *(41 cm)*

Obwohl der Triel nachts aktiv ist, kann man tagsüber oft Paare am Rand von Flüssen finden. Ihr Körperbau wirkt etwas gedrungen, vor allem wenn sie auf ihren Laufgelenken (beim Menschen die Fußgelenke) sitzen. Der Kopf ist relativ groß, vom Schnabel gehen zwei weiße Linien aus. Die Iris sind gelb. Zwei dunkelbraune Streifen verlaufen über die braun gesprenkelten Flügel. Der Unterkörper ist weiß.

Kaptriel *(Burhinus capensis)* Spotted Thick-knee *(42 cm)*

Die Rückenpartie und ein Teil der Bauchpartie des Kaptriels ist auf beigem Untergrund an Kehle, Flanken, Flügel und Rücken dunkelbraun gefleckt. Der Scheitel ist braun, die Beine sind gelb. Sie meiden Feuchtgebiete und halten sich gerne in offenen Waldgebieten, Grasland und Savannen auf. Die Brutzeit fällt meist in die Trockenzeit. Triele sieht man meistens paarweise.

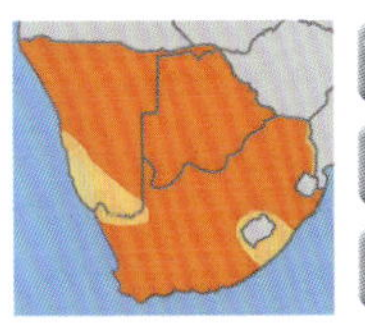

 80 cm

 550 gr

 550 gr

Brachschwalbenartigen *Die Brachschwalbenartigen (Glareolidae) sind eine Vogelfamilie in der Ordnung der Regenpfeiferartigen. Die Familie besteht aus 17 Arten. Sie bevorzugen trockene und warme Lebensräume. Rennvögel können schnell laufen, bei Gefahr stellen sie sich jedoch kerzengerade hin, meist mit dem Rücken zum Angreifer. Dank ihrer Tarnfarben sind sie dann fast unsichtbar. Im Notfall können sie auf diese Weise schnell von der Gefahr weg fliegen. Sie ernähren sich von Insekten (Larven, Käfer, Heuschrecken, Termiten usw.), die sie mit ruckelnden Bewegungen aus der Erde picken. Es gibt keine äußerlichen Unterschiede zwischen den Geschlechtern. Die Brachschwalben gehören zur gleichen Familie wie die Rennvögel, ist aber eine eigene Gattung (Glareola) mit sieben Arten. Ihr Verhalten ähnelt stark dem der Rennvögel.*

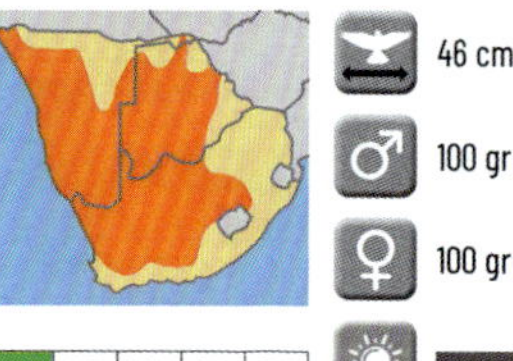

LC | NT | VU | EN | CE — SA

J F M A M J J A S O N D

Doppelband-Rennvogel

(Rhinoptilus africanus)

Double-banded Courser *(24 cm)*

Dieser Rennvogel ähnelt stark dem Bindenrennvogel, der gelegentlich im Caprivizipfel beobachtet wird. Er hat aber zwei deutliche schwarze Streifen auf der beigen Brust. Er hat eine langgestreckte, blassschwarze Augenmaske und graue Beine. Während des Flugs sind die kastanienbraunen Federn auf der Unterseite seiner Flügel sichtbar. Die Farbintensität kann von Unterart zu Unterart leicht variieren.

Temminckrennvogel *(Cursorius temminckii)* **Temminck's Courser** *(21 cm)*

Der Scheitel und teilweise auch die Wangen sind kastanienbraun. Oberhalb der Augen verlaufen lange weiße Augenbrauen über der schwarzen Maske. Von der Kehle bis zur rostbraunen Brust ist er beigefarben. Die darunterliegende schwarze Zeichnung verjüngt sich zu den Beinen hin. Die Flanken beim Bauch sind weiß, die Flügel gräulich braun. Er bevorzugt abwechslungsreiches Gelände mit kurzem Gras, Akazien und Palmen.

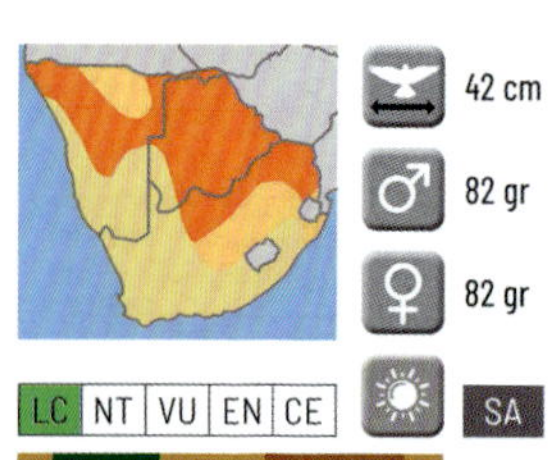

LC | NT | VU | EN | CE — SA

J F M A M J J A S O N D

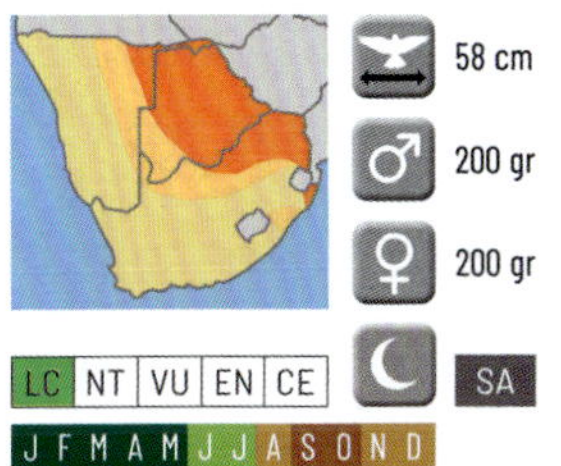

Amethystrennvogel *(Rhinoptilus chalcopterus)* **Bronze-winged** oder **Violet-tipped Courser** *(28 cm)*
Er ist an den roten Beinen und dem kurzen, teils roten, teils schwarzen Schnabel erkennbar. Rücken und Flügel sind sanft rostbraun bis eintönig grau. Über die weiße Brust läuft ein dunkelbrauner Streifen, oberhalb der großen Augen hat er breite, weiße Augenstreife. Er ist ein Nachttier und ruht tagsüber unter Büschen. Er lebt in trockenen und bewaldeten Gebieten. Er erinnert an den Kronenkiebitz *(Vanellus coronatus).*

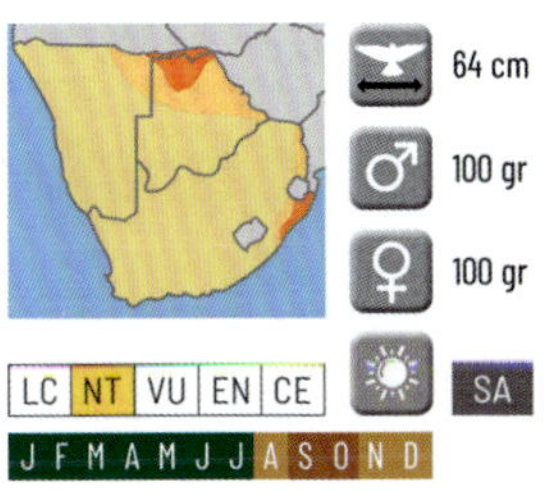

Rotflügel-Brachschwalbe *(Glareola pratincola)*
Collared Pratincole *(25 cm)*
Sommergast. Ein Teil der Population lebt dauerhaft in Afrika (wandert mit Kleinasien und dem Balkan). Diese Brachschwalbe hat ein überwiegend graubraunes Gefieder, einen dunkelbraunen Schwanz, einen weißen Bauch, eine graue oder cremefarbene Brust und graue Beine. Typische Merkmale dieser Art sind der rote Fleck auf dem Schnabel und die cremegelbe Kehle, die (während der Brutzeit) von einem schmalen schwarzen Streifen abgegrenzt wird. Im Flug sind die tiefe „Gabel" im Schwanz und das Rotbraun unter den Schulterflügeln sichtbar. Häufig in flacher Landschaft mit karger Vegetation in Wassernähe zu sehen.

Schwarzflügel-Brachschwalbe *(Glareola nordmanni)* **Black-winged Pratincole** *(25 cm)*
Sommergast. Dieser Regenpfeifer ähnelt der Rotflügel-Brachschwalbe während der Brutzeit, aber die Unterseite seiner Flügel ist dunkelbraun statt rostbraun wie bei der anderen Art. Das Foto zeigt die Schwarzflügel-Brachschwalbe im Winterkleid. Gemeinsam mit Artgenossen jagt sie im Flug Insekten. Sie besucht das südliche Afrika von November bis April.

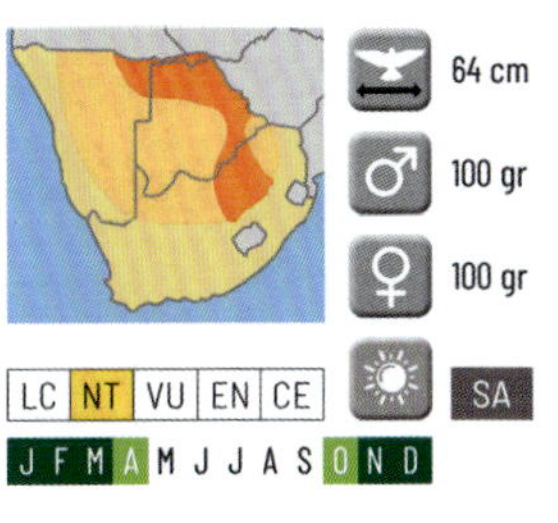

Goldschnepfen *Die Goldschnepfen sind eine Familie in der Ordnung der Regenpfeiferartigen. Goldschnepfen bilden eine eigene Familie mit nur drei Arten. Sie werden in einer anderen Familie als echte Schnepfen (Scolopacidae) eingeordnet. Die Goldschnepfe erbeutet mit ihrem gerillten Schnabel Würmer, Insekten sowie Krusten- und Weichtiere aus dem Schlamm.*

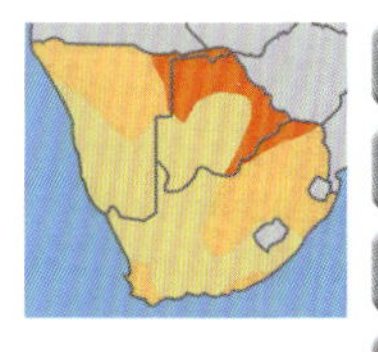

52 cm

200 gr

200 gr

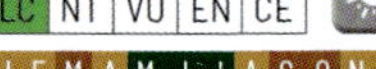

LC NT VU EN CE

J F M A M J J A S O N D

Goldschnepfe

(Rostratula benghalensis)

Greater Painted-snipe *(26 cm)*

Bei beiden Geschlechtern läuft ein weißes Band über den Vorderrücken, das an der weißen Brust endet. Die Beine sind olivgrün. Sie leben in verschiedenen süßwasserreichen Gebieten. Das Weibchen hat mehrere Männchen (*„Polyandrie"*). Das Nest wird vom Männchen gebaut, es übernimmt auch das Brüten und kümmert sich um die Küken. Der Name Goldschnepfe bezieht sich auf die goldenen Akzente an den Flügeln. Das Weibchen ist viel farbenfroher.

REGENPFEIFERARTIGE *Charadriiformes - Scolopacidae*

Schnepfen und Strandläufer *Die Familie der Schnepfenvögel (Scolopacidae) besteht aus 20 verschiedenen Gattungen und 92 Arten. Sie leben immer in Wassernähe, manche Arten auch am Salzwasser. Das Prachtkleid ist rotbraun gefärbt. Das Winterkleid ist während ihrer Zeit in Afrika meist braun und grau. Mit ihrem spitzen Schnabel stochern sie im weichen Boden nach Würmern, kleinen Wassertieren und Insekten. Außerhalb der Brutzeit unterscheiden sich die Geschlechter äußerlich nicht voneinander.*

Afrikabekassine *(Gallinago nigripennis)* **African Snipe** *(29 cm)*

Dieser Bekassine hat ein braunmeliertes Gefieder, die Flügel sind dunkler. Vor allem aber ist sie an ihrem langen Schnabel erkennbar. Diese Schnepfe ist auf den Flanken entlang des weißen Bauchs gefleckt. Die Ränder der Deckfedern und Armschwingen sind weiß. Ihr kurzer Schwanz ist leicht rotbraun. Ihr Lebensraum ist variabel, sie bevorzugt jedoch sumpfiges Kulturland (Reisfelder, Plantagen), wo sie nach Würmern und verschiedenen Insektenarten sucht.

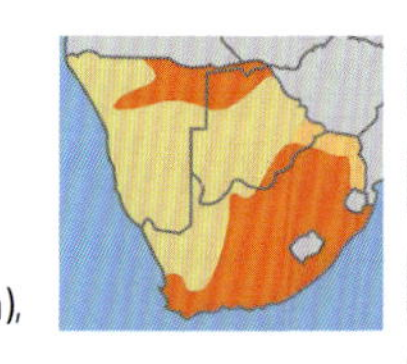

47 cm

170 gr

170 gr

LC NT VU EN CE

J F M A M J J A S O N D

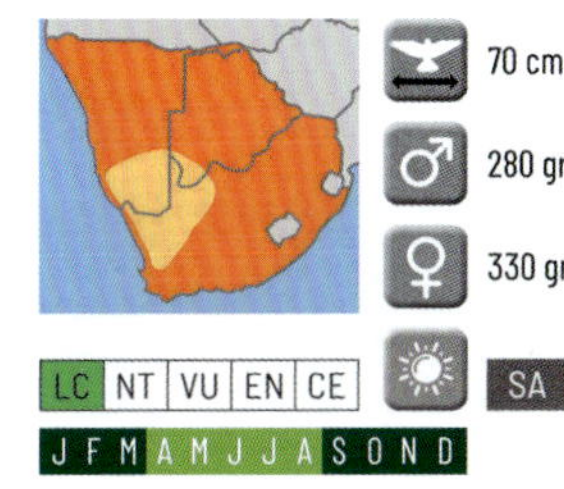

Grünschenkel *(Tringa nebularia)* **Common Greenshank** *(33 cm)*
Hauptsächlich Sommergast. Graubraun meliertes Gefieder, der Hals ist leicht gesprenkelt, Kehle, Brust und Bauch sind weiß. Der lange, spitze Schnabel ist grau und leicht nach oben gebogen. Er sieht dem Teichwasserläufer sehr ähnlich, dieser hier hat jedoch grüne und keine gelben Beine. Man trifft die beiden oft gemeinsam an. Sie bevorzugen sumpfiges Grasland, Lagunen und Gezeitenflächen.

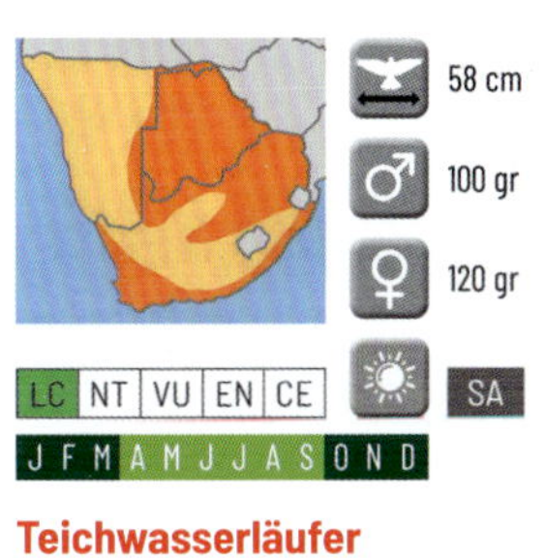

Teichwasserläufer
(Tringa stagnatilis)
Marsh Sandpiper *(26 cm)*
Hauptsächlich Sommergast. Migrationsverhalten im südlichen Afrika ist schwer vorhersehbar. Manchmal lassen sie sich in großer Zahl nieder, in anderen Jahren, insbesondere bei milden Wintern in Südeuropa, sieht man sie hier nur selten. Außerhalb der Brutzeit ist die Rückenpartie überwiegend graubraun, die Federn haben weiße Ränder. Er sieht dem Grünschenkel sehr ähnlich, beim Teichwasserläufer ist der Schnabel jedoch gerade und nicht leicht nach oben gebogen. Sie bevorzugen sumpfiges Grasland, Lagunen und Gezeitenflächen.

Bruchwasserläufer *(Tringa glareola)* **Wood Sandpiper** *(23 cm)*
Sommergast. Scheitel und Gefieder sind braun und dunkelbraun sowie schmutzig weiß meliert. Der Bauch ist bis zum Unterschwanz weiß. Ein weißer Augenstreif verläuft vom Schnabel bis zum Hals. Auf gelben Beinen laufen sie durch das Wasser. Er schwenkt Kopf und Schnabel und sucht in seichtem Wasser und Schlammpfützen nach Nahrung.

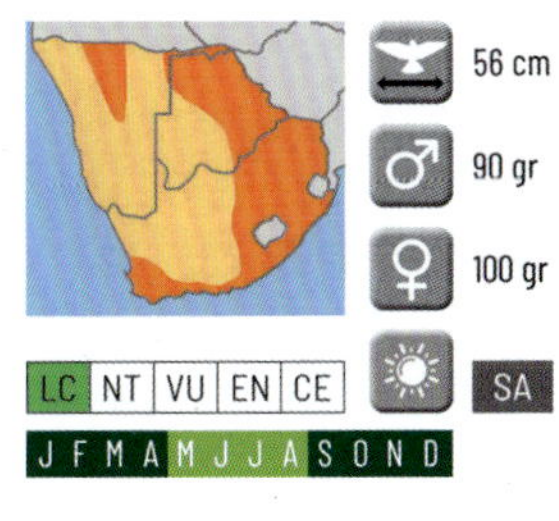

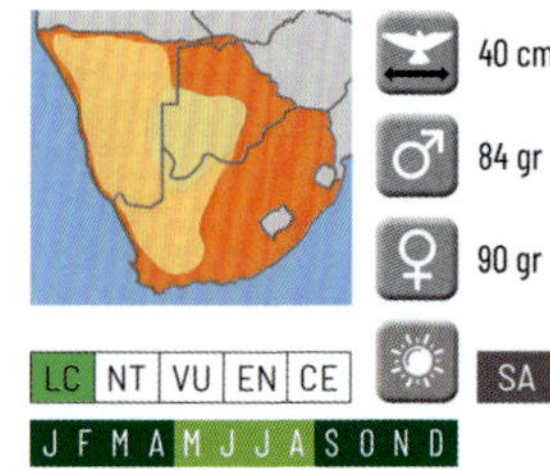

Flußuferläufer *(Actitis hypoleucos)* **Common Sandpiper** *(20 cm)*
Sommergast. Der braune Kopf, die gesprenkelte Kehle und ein Teil der Brust gehen bis zum Unterschwanz in Weiß über. Die weißen Augenränder unterbrechen eine braune Maske und weiße Augenlinie. Die Beine sind gelbgrün. Rücken und Flügel sind braun. Man sieht ihn in Tümpeln und an Flussufern.

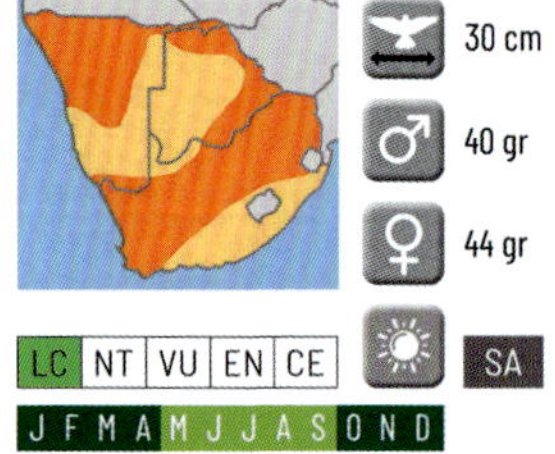

Zwergstrandläufer
(Calidris minuta)
Little Stint *(14 cm)*
Sommergast. Er unterscheidet sich im Winterkleid nur durch seine geringe Größe von anderen Strandläufern. Die Beine sind schwarz, Bauch und Brust sind weiß mit einem beigen Kragen entlang der weißen Kehle. Er hat einen kurzen schwarzen Schnabel, und sein Gefieder ist graubraun und cremefarben meliert. Sie ernähren sich von Wasserinsekten und Pflanzenmaterial in Süß- und Salzwasser.

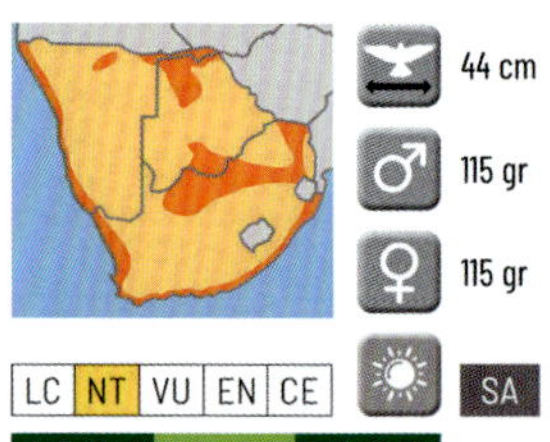

Sichelstrandläufer
(Calidris ferruginea) **Curlew Sandpiper** *(22 cm)*
Hauptsächlich Sommergast. Die Beine sind schwarz, Bauch und Brust weiß, der Kragen entlang der Kehle ist beigefarben. Der schwarze Schnabel ist nach unten gebogen. Im Winterkleid ist die Rückenpartie graubraun und cremefarben meliert. Das Weibchen hat einen etwas längeren Schnabel. Daumenfittiche, Arm- und Handschwingen sind viel dunkler als der Rest der Flügel. Sie ernähren sich von Wasserinsekten und Pflanzenmaterial in Süß- und Salzwasser.

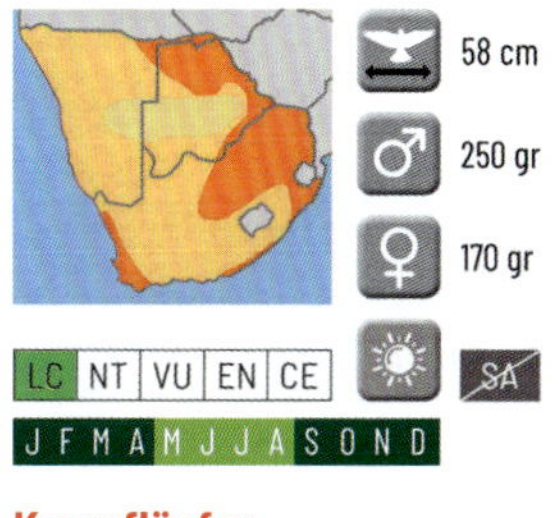

Kampfläufer
(Calidris pugnax) **Ruff** *(32 cm)*
Hauptsächlich Sommergast. Das Schlichtkleid unterscheidet sich von Vogel zu Vogel stark. Kopf, Hals, Brust und Bauch können weiß, aber auch überwiegend graubraun-beigefarben meliert sein. Die Beine kommen in Farben von Orange bis Grau vor, die Flügel von gefleckt Hellbraun bis Dunkelbraun. Die Männchen sind etwas größer. An schlammigen Ufern, in Sümpfen und auf Gezeitenflächen suchen sie nach Wasserinsekten, Würmern, Fröschen und kleinen Fischen.

REGENPFEIFERARTIGE *Charadriiformes - Charadriidae*

Regenpfeifer und Kiebitze *„Plovers" und „Lapwings", im Englischen werden beide Benennungen verwendet, im Allgemeinen ist jedoch der Regenpfeifer (Plover) kleiner als der Kiebitz (Lapwing). Die Arten sind miteinander verwandt und gehören zur Ordnung der Regenpfeiferartigen. Einige Kiebitze bevorzugen Feuchtgebiete, andere wiederum Trockengebiete. Sowohl die Regenpfeifer als auch die Kiebitze ernähren sich hauptsächlich von Insekten, Würmern, Weichtieren, Krustentieren und Pflanzen. Einige Kiebitze haben Sporen auf ihrem Daumenfittich (Alula). Viele Arten sind durch zunehmenden Verlust ihres Lebensraumes bedroht.*

Sandregenpfeifer *(Charadrius hiaticula)* **Common Ringed Plover** *(20 cm)*
Sommergast. Das dunkelbraune bis schwarze Band umringt den weißen Hals und grenzt die weiße Brust ab. Die Beine sind orange-gelb, wie auch in der Brutzeit ein Teil des Schnabels (das Winterkleid ist blasser und der Schnabel ist schwarz). Der Scheitel hat die gleiche Farbe wie die hellbraunen Flügel und der Vorderrücken. Auf der Stirn hat er einen weißen Fleck. Insekten, Larven und Würmer dienen ihm als Nahrung. Im Flug ähnelt dieser Sandregenpfeifer einer großen Schwalbe. Sein Futter sucht er in Schlammpfützen und im Unterholz.

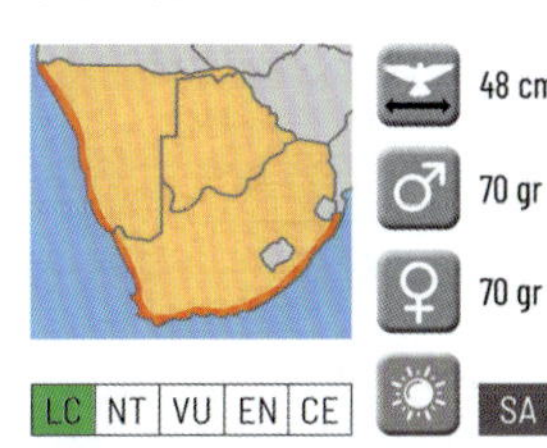

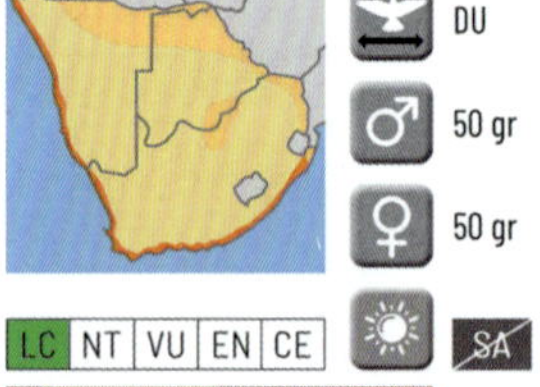

Weißstirn-Regenpfeifer *(Charadrius marginatus)* **White-fronted Plover** *(17 cm)*
Er sucht vor allem die Sandstrände entlang der Küste nach Insektenlarven, kleinen Krebstieren und Würmern ab. Im Landesinneren sucht er während der Regenzeit die Strände entlang der Salzpfannen und Flussmündungen auf. Das Bild zeigt den Weißstirn-Regenpfeifer im Schlichtkleid, während der Brutzeit bekommt er einen schwarzen Augenstreif, ihrer ist braun.

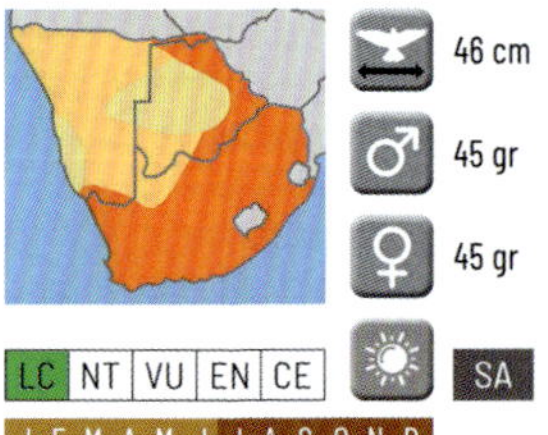

Dreibandregenpfeifer *(Charadrius tricollaris)* **Three-banded Plover** *(18 cm)*
Der Dreibandregenpfeifer hat zwei schwarze Bänder, unter der weißen Kehle und über der weißen Brust. Das 3. Band ist wahrscheinlich der weiße, langgezogene Augenstreif. Sie haben auffallend rote Augenlider und einen roten Schnabel mit einer schwarzen Spitze. Die Flügel sind hellbraun. Sie bevorzugen Schlammflächen und Lagunen.

Hirtenregenpfeifer *(Charadrius pecuarius)* **Kittlitz's Plover** *(14 cm)*
Der braune Scheitel wird von einem weißen Rand gesäumt. Darunter sieht man eine rundum laufende schwarze Maske (nur in der Brutzeit - sonst dunkelbraun). Die weiße Kehle geht in eine bräunliche Brust über, der Bauch ist bis zum Schwanz weiß (in der Brutzeit leicht orangefarben). Der Schnabel ist schwarz, die Beine sind grau. Das Weibchen hat eine etwas schmalere Krone und hellere Körperunterseite. Als Lebensraum dienen flaches, mageres Grasland, Schlammtümpel und Lagunen. Das Nest wird mit einer Sandschicht bedeckt, wenn das Weibchen es verlässt.

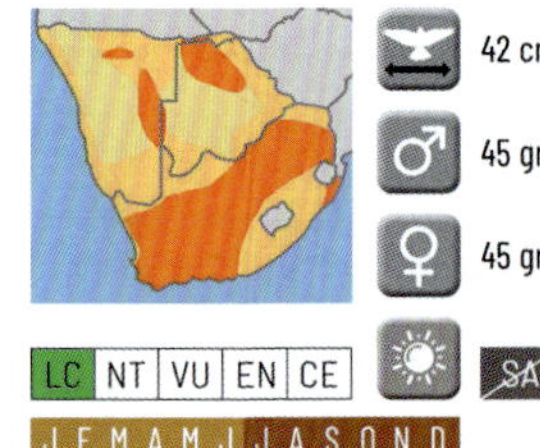

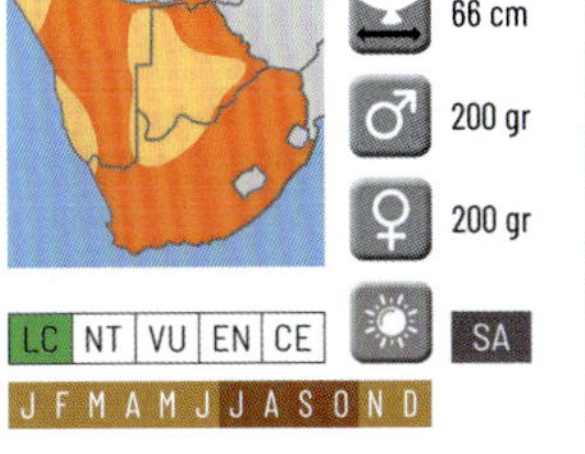

66 cm
♂ 200 gr
♀ 200 gr
LC | NT | VU | EN | CE
SA
J F M A M J J A S O N D

Schmiede- oder **Waffenkiebitz** *(Vanellus armatus)* **Blacksmith Lapwing** *(31 cm)*
Ein erkennbarer Kiebitz mit schwarzem, weißem und grauem Gefieder auf hohen schwarzen Beinen. Die Augen sind dunkelrot und der Scheitel ist weiß. Sehr häufig, vor allem auf trockenem Boden in der Nähe von Seen und großen Teichen, sowohl in Soda- als auch in Süßwasserseen. Sie sind monogam und territorial. Beide Geschlechter haben lange Sporne am Daumenfittich.

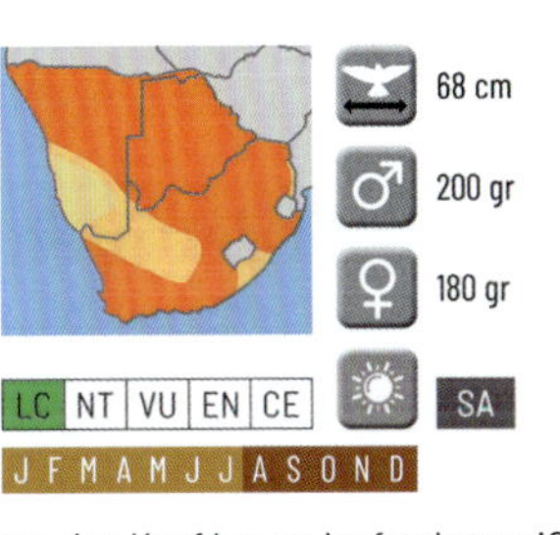

68 cm
♂ 200 gr
♀ 180 gr
LC | NT | VU | EN | CE
SA
J F M A M J J A S O N D

Kronenkiebitz *(Vanellus coronatus)* **Crowned Lapwing** *(32 cm)*
Durch den auffälligen um den Kopf herum laufenden weißen Streifen wird die schwarze Krone auf dem Kopf hervorgehoben. Hals, Brust und Flügel sind hellbraun. Der Bauch und die Flanken unter den Flügeln sind bis zum Schwanz weiß. Die Flügelenden sind schwarz. Rosa Beine. Er sucht seine Nahrung auf dünn bewachsenem trockenem Boden.

Langzehenkiebitz *(Vanellus crassirostris)* **Long-toed Lapwing** *(31 cm)*
Er ist vom Scheitel bis zum graubraunen Vorderrücken schwarz. Dort läuft diese Farbe weiter bis über die Brust. Kopf und Hals sind weiß. Die Augen sind rot, der Schnabel ist teilweise rosa. Der Bauch ist bis zum Schwanz weiß. Die Beine sind rot. Er lebt in Gebieten, in denen ständig Wasser vorhanden ist. Beide Geschlechter haben Sporen auf dem Daumenfittich und sind in der Brutzeit aggressiv.

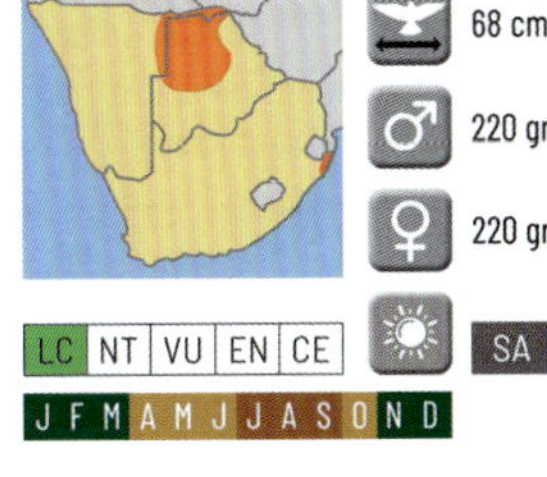

68 cm
♂ 220 gr
♀ 220 gr
LC | NT | VU | EN | CE
SA
J F M A M J J A S O N D

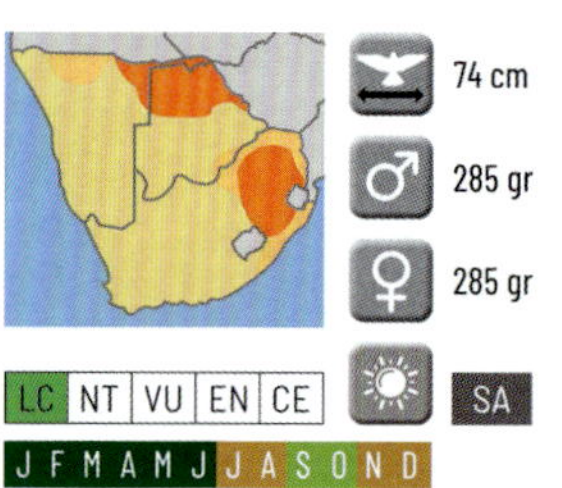

Senegalkiebitz *(Vanellus senegallus)* **Wattled Lapwing** *(34 cm)*
Der Senegalkiebitz gehört zu den größeren Kiebitzen. Ein typisches Merkmal sind die gelben Hautlappen neben dem Schnabel und seine rot-weiße Stirn. An Hals und Wangen sind die Federn bis zum braungrauen Scheitel dunkel auf hellem Untergrund. Der Vorderrücken und die Flügel sind gräulich bis leicht braun. Brust und Bauch sind etwas heller als die Flügel. Er hat gelbe Beine und kleine Sporen auf dem Daumenfittich. Er lebt meist in Sumpfgebieten, aber auch auf trockenen Böden, wo er Insekten jagt.

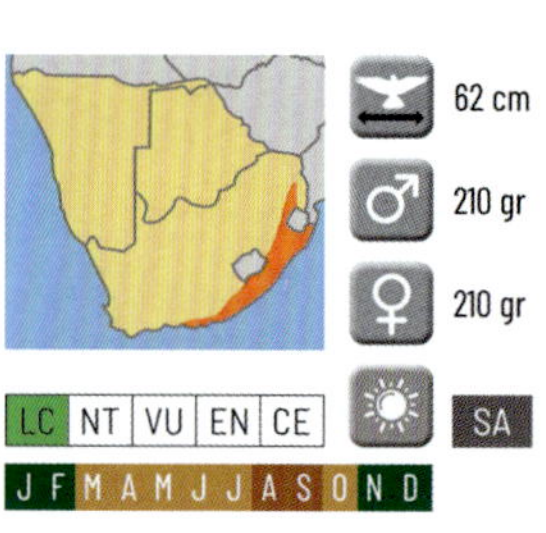

Schwarzflügelkiebitz
(Vanellus melanopterus)
Black-winged Lapwing *(27 cm)*
Er hat kurze Beine, weiße Stirn, einen rötlichen Augenring, rote Beine und einen breiten schwarzen Unterbruststreifen. Die Rückenseite und Flügel schimmern bronze- bis purpurfarben. Der Unterkörper ist weiß. Die Iris sind gelb. Sie suchen inmitten offener und trockener Savannen mit Gras und Berghängen nach Nahrung. Wandert in andere Gebiete um Brutplätze zu finden. Die Art lebt monogam.

Weißscheitelkiebitz *(Vanellus albiceps)* **White-headed Plover** *(32 cm)*

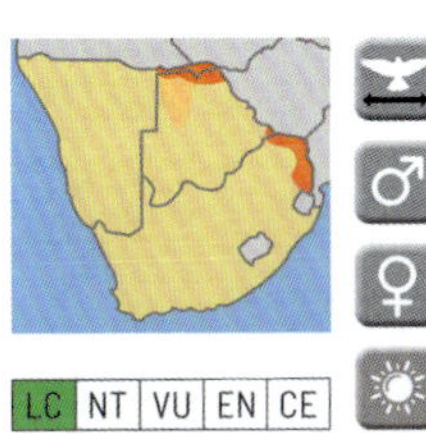

74 cm
♂ 210 gr
♀ 210 gr
LC | NT | VU | EN | CE
SA
J F M A M J J A S O N D

Ein schöner Regenpfeifer, der sofort an seinem weiß-grauen Kopf und den gelben Lappen erkennbar ist. Seine Flügel sind weitgehend weiß, die Handschwingen schwarz ebenso wie die Enden der Schwanzfedern. Die langen Beine sind gelb. Der gelbe Schnabel hat eine schwarze Spitze. Auf dem Daumenfittich hat er Sporen. Das Weibchen hat einen braunen Rand an der weißen Stirn. Seine Nahrung besteht aus Krustentieren, Muscheln und Würmern. Er sucht sie vor allem an ausgetrockneten Flussufern und Ufern nach einer Regenzeit.

Die Liste der Seevögel, die entweder ständig in diesem Teil des südlichen Afrikas aufhalten oder gelegentlich beobachtet werden, ist sehr lang. In diesem Buch werden nur diejenigen Arten erwähnt, die außer an einem schmalen Küstenstreifen auch im Landesinneren zu finden sind.

REGENPFEIFERARTIGE *Charadriiformes - Laridae*

Möwenverwandten *Möwen sind Meeresvögel der Laridae-Familie und gehören zur Ordnung der Regenpfeiferartigen. Es gibt 102 Möwenarten. Diese mittelgroßen bis großen Vögel sind meist grau oder weiß und haben am Kopf oft schwarze Akzente. Der kräftige Schnabel ist lang und die Zehen sind durch Schwimmhäute verbunden. Möwen sind opportunistische Allesfresser. Seeschwalben haben meist ein grau-weißes Gefieder und oft einen schwarzen Scheitel. Auch die Zehen der Seeschwalben sind durch Schwimmhäute verbunden, obwohl sie nur selten schwimmen. Die meisten jagen Fische, indem sie tauchen. Dabei rütteln sie oft erst über der Wasseroberfläche, um ihre Beute ausfindig zu machen. Seeschwalben nisten in großen, dichten Kolonien. Je nach Art und Habitat nisten sie in kleinen Bodenmulden oder bauen mit Zweigen „unordentliche" Nester in Bäumen oder auf schwimmenden Wasserpflanzen.*

Graukopfmöwe *(Chroicocephalus cirrocephalus)* **Grey-headed Gull** *(45 cm)*
Kopf und Flügel sind gräulich, Schnabel und Beine rot. Der Schwanz ist schwarz. Während der Brutzeit wird der graue Kopf des Männchens dunkler und das Grau von einem schwarzen Rand eingefasst. Diese Möwe streift an Flüssen entlang, man sieht sie jedoch hauptsächlich in Küstennähe an Mangroven, Lagunen und Meeresarmen. Ein Teil der Population migriert nach Europa.

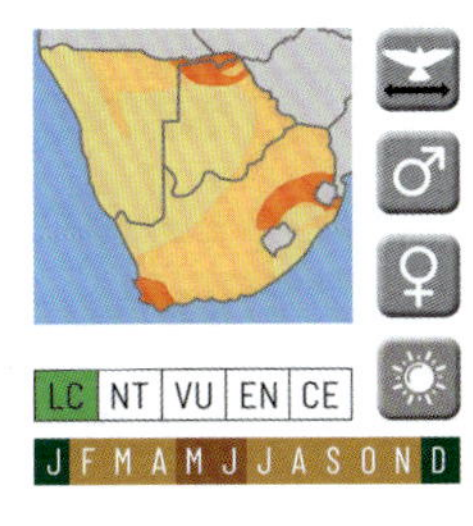

100 cm
♂ 360 gr
♀ 360 gr
LC | NT | VU | EN | CE
SA
J F M A M J J A S O N D

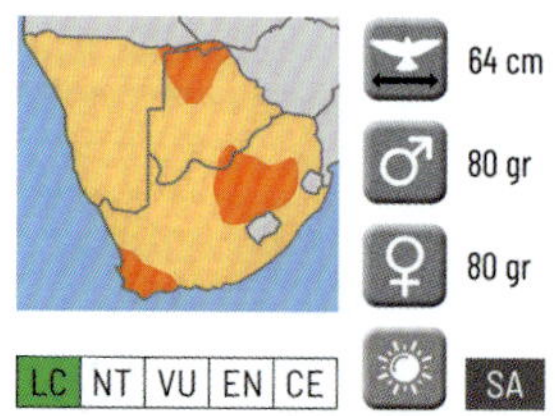

64 cm

♂ 80 gr

♀ 80 gr

LC NT VU EN CE

SA

J F M A M J J A S O N D

Weißflügelseeschwalbe

(Chlidonias leucopterus)

White-winged Tern *(27 cm)*

Sommergast. Im Winterkleid (weiß und hellgrau, schwarzer Schnabel und schwarzer Fleck hinter dem Auge) sieht diese Seeschwalbe ganz anders aus als in ihrem schwarz-grauen Prachtkleid mit rotem Schnabel. Ihre Nahrung wie Wasserinsekten, Libellen und gelegentlich Kröten und kleine Fische, sucht sie in Mangroven, Lagunen und Flüssen. Das Brutgebiet reicht vom Fernen Osten bis nach Mitteleuropa.

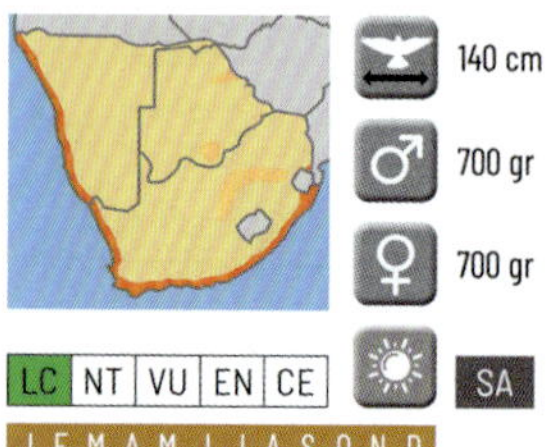

140 cm

♂ 700 gr

♀ 700 gr

LC NT VU EN CE

SA

J F M A M J J A S O N D

Raubseeschwalbe *(Hydroprogne caspia)* **Caspian Tern** *(56 cm)*

Diese Seeschwalbe mit einem roten Schnabel, schwarzem Scheitel (grau außerhalb der Brutzeit), schwarzen Beinen und grauen Schwanzfedern findet ihre Nahrung (Fisch, manchmal auch Eier anderer Vögel) vor allem an der Küste. Ein großer Teil der Raubseeschwalben des südlichen Afrikas wohnt dort dauerhaft. Sie ist die größte Seeschwalbe im südlichen Afrika. Eine kleine Population brütet und hält sich dauerhaft an der Küste auf.

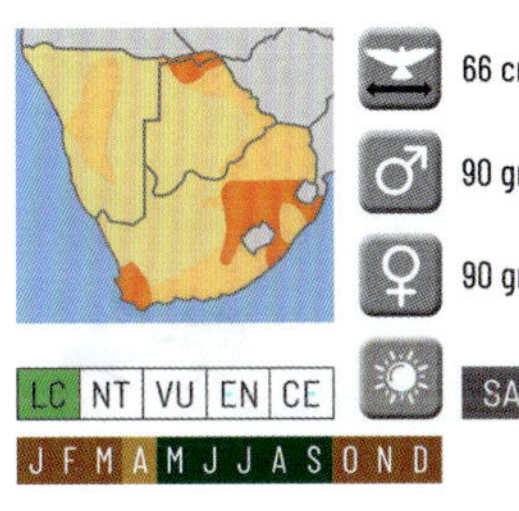

66 cm

90 gr

90 gr

LC NT VU EN CE

SA

J F M A M J J A S O N D

Weißbartseeschwalbe

(Chlidonias hybrida) **Whiskered Tern** *(29 cm)*

Außerhalb der Brutzeit ist ihr Scheitel weniger schwarz. Der Schnabel wird schwarz, die Beine sind dann gräulich. Brust und Bauch sind weiß, die Flügel leicht grau. In diesem Teil Afrikas findet man die *C. h. delalandii*, eine der drei Unterarten der Weißbartseeschwalbe. Das Weibchen ist wesentlich kleiner. Vor allem in sumpfigen und feuchten Gebieten jagen sie in einem „falkenähnlichen" Flug Boden- und Wasserinsekten, Kröten, Krabben und kleine Fische. Ihr Lebensraum erstreckt sich bis nach Ostafrika und Madagaskar.

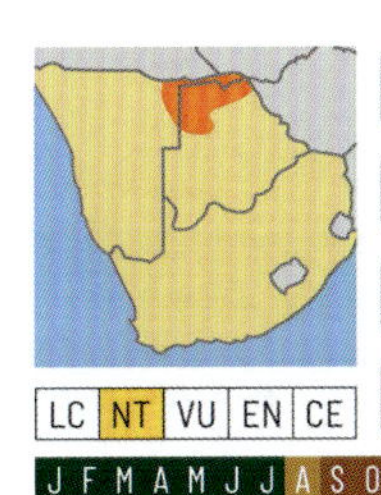

106 cm

200 gr

170 gr

LC NT VU EN CE

SA

J F M A M J J A S O N D

Afrikanischer Scherenschnabel

(Rynchops flavirostris)

African Skimmer *(40 cm)*

Stirn, Wangen, Kehle, Brust und Bauchpartie sind weiß. Vom Scheitel bis zu den Schwanzfedern ist das Gefieder dunkelbraun bis schwarz. Das auffälligste Detail ist der lange orangefarbene Schnabel mit dem verlängerten Unterschnabel. Beim Jagen fliegt er mit nach unten gerichtetem Unterschnabel tief über die Wasseroberfläche. So schöpft er kleine Fische aus dem flachen Wasser. Er hält sich in Feuchtgebieten und auch an der Küste auf. Die Population in Afrika geht zurück, insbesondere im südlichen Afrika. Flutwellen von Staudämmen die die Nester wegspülen, Pestizide zum Schutz der Ernten und zur Bekämpfung von Malariamücken und Tsetsefliegen. Vergiftetes Grundwasser verringert die Fruchtbarkeit der Fische und damit die Fischbestände.

Flughühner *Flughühner bilden eine Familie mit 16 Arten. Auch wenn sie Hühnern ähnlich sehen, bilden sie eine eigene Ordnung (Pterocliformes). Sie leben in trockenen Gebieten. Obwohl sie gut in trockenen Regionen leben können, müssen sie mindestens einmal am Tag trinken. Erwachsene Tiere fliegen mühelos zur nächsten Trinkstelle. Küken können dies jedoch nicht. Die Hähne tauchen ihre Brustfedern ins Wasser sodass sie durchtränkt werden. Anschließend fliegen sie zum Nest zurück (manchmal lange Strecken bis zu 80 km), um dort ihren Jungen „die Brust" zu geben. Flughühner fressen vor allem Samen.*

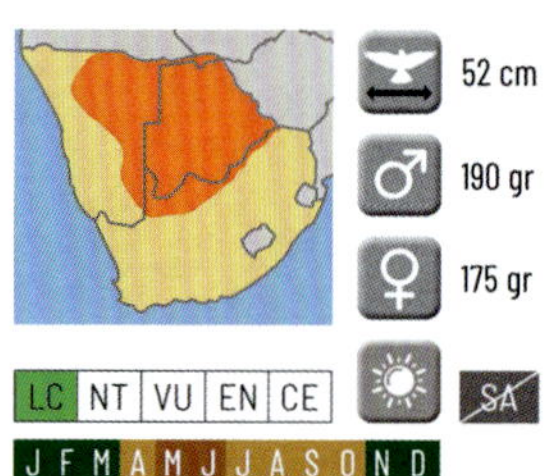

52 cm
♂ 190 gr
♀ 175 gr
LC NT VU EN CE
SA
J F M A M J J A S O N D

Fleckenflughuhn

(Pterocles burchelli) **Burchell's** oder **Spotted Sandgrouse** *(25 cm)*
Das Gefieder des Hahns ist zimtfarben bis rostbraun mit weißen Punkten und graubraunen Flecken. Die Wangen und der Hals sind bei ihm grau. Die Henne ist, abgesehen von einem hellgrauen Fleck um die Augen herum, dunkelbraun. Das Fleckenflughuhn ist ab der Dämmerung aktiv (2 bis 4 Stunden nach Sonnenaufgang), wo sie sich in großer Zahl an Tümpeln versammeln. Sie bevorzugen trockenere, offene Ebenen mit kurzem Gras.

Nachtflughuhn *(Pterocles bicinctus)* **Double-banded Sandgrouse** *(25 cm)*

Das Gefieder ist zimtfarben, Rücken und Flügel sind weiß gesprenkelt und über der Brust ein weiß-schwarzes Band. Auf dem Scheitel befinden sich weiße und schwarze Flecken. Die großen, schwarzen Augen sind gelb umrandet. Die Weibchen sind etwas matter und es fehlen die Bänder. Sie leben in kleinen Gruppen (2-5 Exemplare), hauptsächlich inmitten von Savannen mit Mopane-Bäumen und sind vor allem in der Dämmerung und in der Nacht aktiv.

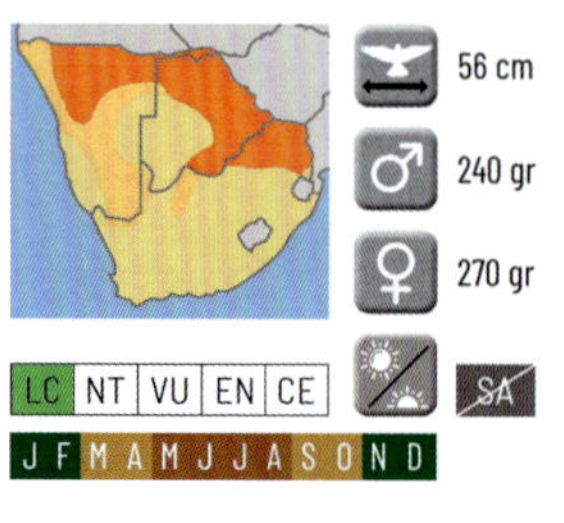

56 cm
♂ 240 gr
♀ 270 gr
LC NT VU EN CE
SA
J F M A M J J A S O N D

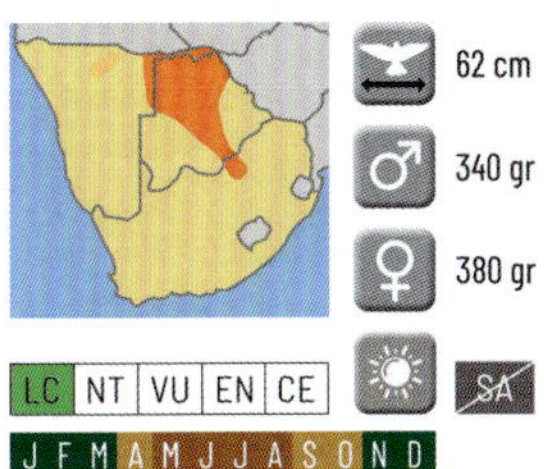

Gelbkehl-Flughuhn

(Pterocles gutturalis) **Yellow-throated Sandgrouse** *(30 cm)*
Beim Hahn ist die strohgelbe Kehle mit einem schwarzen Band gesäumt. Beim Weibchen fehlt es. Die Flügel des Hahns sind rostbraun und grau gesprenkelt. Das Federkleid der Henne ist beige mit dunkelbraunen Flecken. Sie suchen auf trockenem Boden in der Nähe von Flüssen und Sümpfen mit kurzem Gras nach Samen. Die beste Gelegenheit, dieses Flughuhn zu sehen, ist am Morgen zwischen sieben und zehn Uhr an den Wasserstellen.

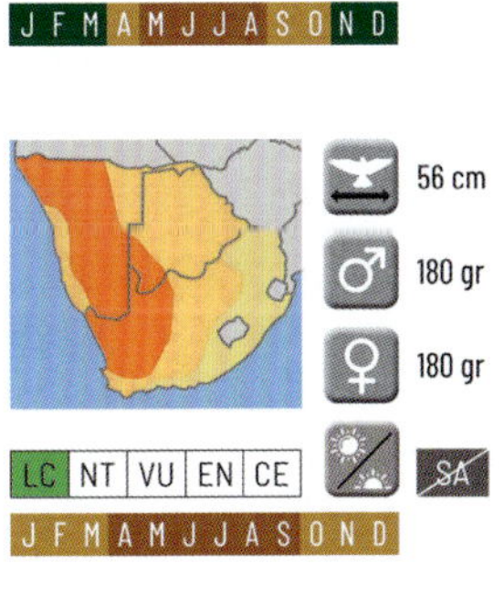

Namaflughuhn

(Pterocles namaqua) **Namaqua Sandgrouse** *(28 cm)*
Das Gefieder des Namaflughuhns hat in der Regel dieselben Farben wie auf den beigefügten Fotos. Es gibt jedoch einige Exemplare, bei denen die Flügel eine Mischung aus Beige und Blaugrau statt Braun und Beige sind. Halbwüsten und Wüstenränder mit Gras und Gestrüpp bilden seinen Lebensraum. Innerhalb seines Lebensraums gibt es nur wenige Wasserstellen, so dass es nicht ungewöhnlich ist, frühmorgens Hunderte von Flughühnern an spärlichen Quellen zu sehen. Dort lauern Falken und andere Raubvögel.

Tauben *Zur Ordnung der Taubenvögel (Columbiformes) gehören über 300 Arten. Im Englischen wird zwischen „Dove" und „Pigeon" unterschieden. Wobei „Pigeon" die allgemeine Bezeichnung für Tauben ist und „Dove" eher im poetischen Sinne verwendet wird. Bei fast allen Arten sind kaum geschlechtsspezifische Unterschiede wahrnehmbar. Im Gegensatz zu den meisten Vögeln heben Tauben ihre Köpfe zum Trinken nicht an, sondern saugen das Wasser auf. Sie ernähren sich hauptsächlich von Samen und Früchten. Neugeborene Tauben wachsen schnell, viele Arten verlassen bereits nach zwei Wochen das Nest.*

Guineataube

(Columba guinea)
Speckled Pigeon
(33 cm)

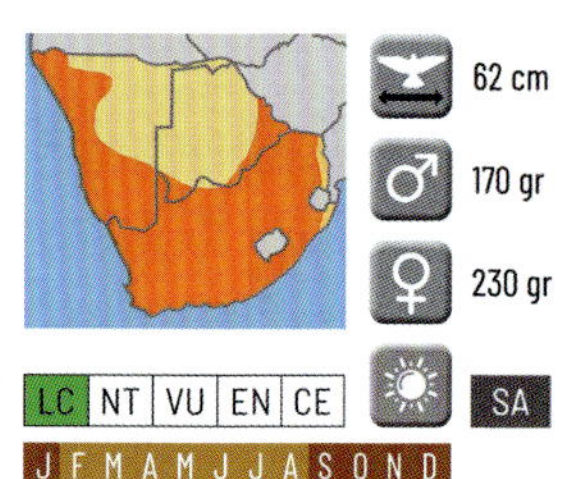

Kräftige Taube mit einem grauen Kopf, rot umrandeten Augen und rostbraunen Flügeln mit weißen Punkten. Der Schwanz ist grau und schwarz gebändert. Der Kopf ist gesprenkelt, der Rest der Bauchpartie grau. Ihr Lebensraum ist sehr vielfältig. Man findet sie in Savannen, offenen Wäldern, aber auch in der Stadt fühlt sie sich wohl.

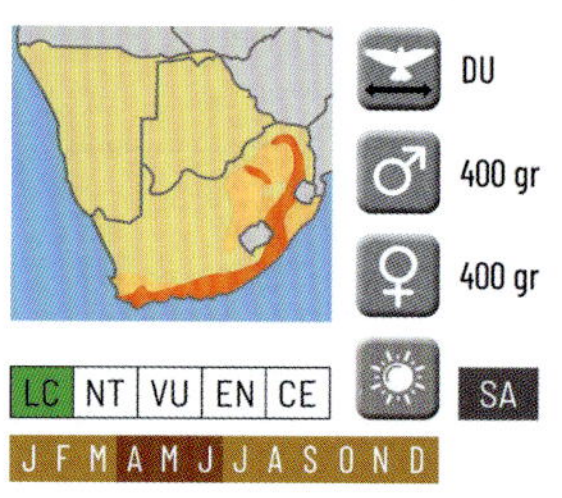

Oliventaube *(Columba arquatrix)*

African Olive-Pigeon of **Rameron Pigeon** *(40 cm)*
Der Kopf ist schiefergrau, der Schnabel, Augenring und die Füße sind blassgelb. Die Brust ist silberfarben bis mauve blau. Der Hinterkopf, der Nacken sowie die hintere Seite des Halses sind silbergrau. Der Mantel und die kleineren Flügeldecken mit weißen Tupfen sind dunkel purpur. Der hellere Hals und die Brust wirken dagegen matt dunkel getupft. Sie bevorzugen Wälder mit belaubten Bäumen. Früchte und Insekten sind ihre Hauptnahrung.

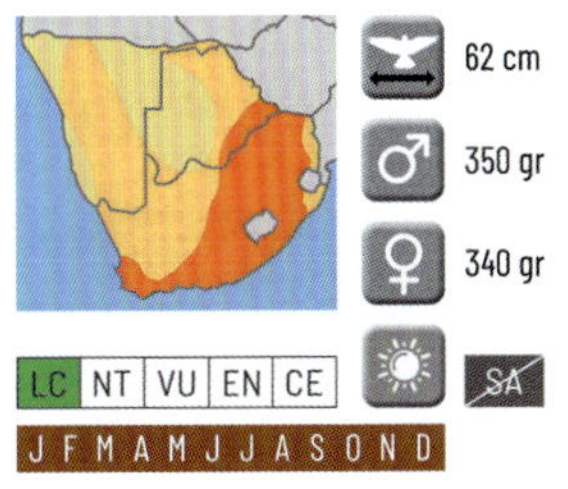

62 cm
♂ 350 gr
♀ 340 gr

LC NT VU EN CE

SA

J F M A M J J A S O N D

Felsentaube *(Columba livia)* **Rock Pigeon** *(33 cm)*
Sie ist der Urahn der zahmen Taube, wie sie auch in Deutschland vorkommt. Auch wenn es viele verschiedene Muster gibt, besonders auf den Flügeln. Sie ist meist am grauen Federkleid mit zwei schwarzen Streifen quer über die Flügel mit lila-grünem Schimmer an Hals und an Teilen des Rückens zu erkennen. Das Federkleid von verwilderten Stadttauben ist variantenreich. Die Felsentaube ist oft in Städten anzutreffen.

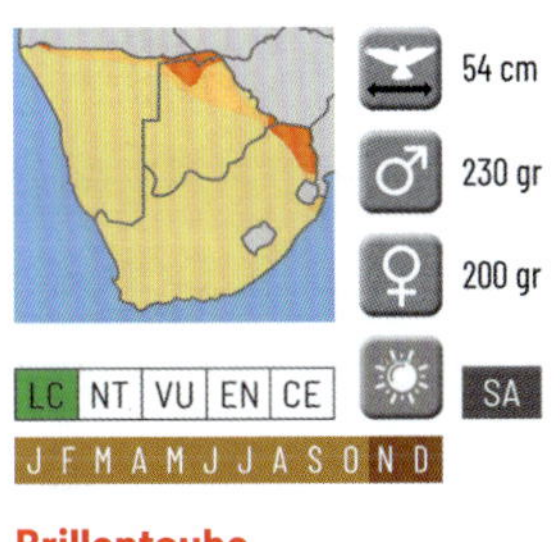

54 cm
♂ 230 gr
♀ 200 gr

LC NT VU EN CE

SA

J F M A M J J A S O N D

Brillentaube
(Streptopelia decipiens)
Mourning Collared Dove *(28 cm)*
Die Brillentaube ist mit sechs Untersorten in ganz Afrika verbreitet. Sie hat einen blaugrauen Kopf mit einem auffälligen roten Augenring und einem halben schwarzen Kragen. Sie hat graubraune Deckfedern, graue kleine Flügeldeckfedern und rote Beine. Arm- und Handschwingen sind fast schwarz. Von der Kehle bis zum Unterschwanz ist sie beigefarben oder auch blassrosa. Bevorzugt werden Wälder und Savannen in Wassernähe. Die Taube links auf dem Foto ist die Halbmondtaube.

Halbmondtaube *(Streptopelia semitorquata)* **Red-eyed Dove** *(32 cm)*
Diese Taube hat ein graubraunes Gefieder und wie die Brillentaube einen halben schwarzen Kragen (ohne weißen Rand) und einen roten Augenring. Abgesehen vom dunklen Band über dem Schwanz und den grauen Unterschwanzdecken ähnelt sie stark der Brillentaube. Sie ist die größte Taubenart mit einem halben Kragen und hält sich gerne in Uferwäldern, Mangroven und dichten Wäldern in Wassernähe auf.

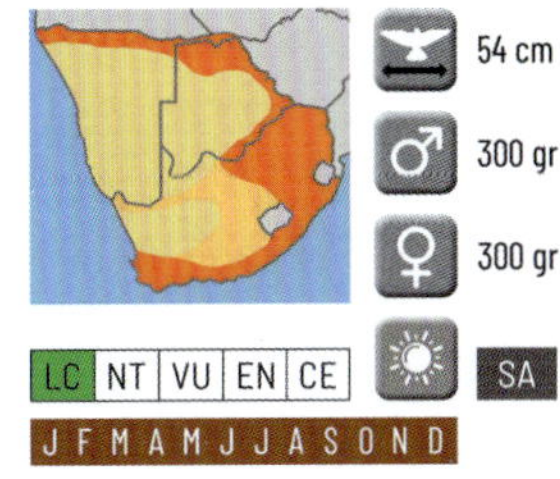

54 cm
♂ 300 gr
♀ 300 gr

LC NT VU EN CE

SA

J F M A M J J A S O N D

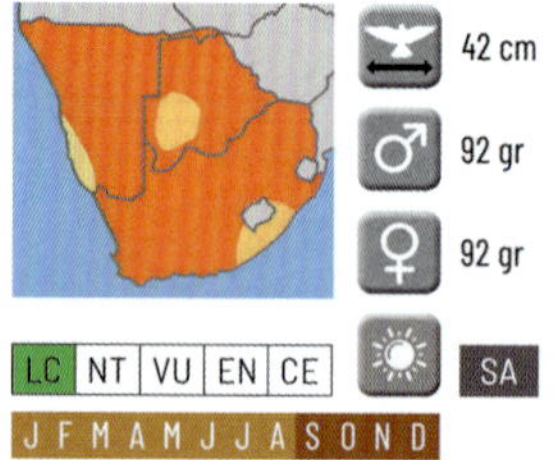

Palmtaube *(Spilopelia senegalensis)* **Laughing Dove** *(25 cm)*
Die Palmtaube kommt in Afrika mit vielen Unterarten häufig vor, in offenen Savannen und auch in Städten. Kopf und Brust sind rosafarben. Der Kropf ist gesprenkelt. Der Vorderrücken ist rostbraun, der Rücken grau bis zum Bürzel. Der Bauch ist weiß. Die kleinen und großen Flügeldeckfedern sind blaugrau und rostbraun und die Beine rot. Farblich ist das Weibchen etwas fahler. Sie bevorzugen dünn bewaldete Savannen und Trockengebiete (max. 10 km von Trinkwasser entfernt).

Gurrtaube *(Streptopelia capicola)* **Cape Turtle-Dove** oder **Ring-necked Dove** *(26 cm)*

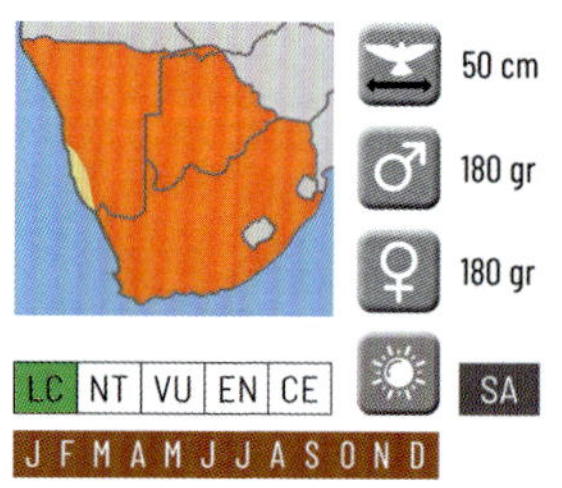

Sie ist die zahlenmäßig am weitesten verbreitete Taube Afrikas. Sie hat große Ähnlichkeit mit der Brillentaube, ist aber am Kopf heller und insgesamt blasser gefärbt. Zudem fehlt ihr der rote Augenring. Auch die Gurrtaube hat einen halben schwarzen Kragen im Nacken. Der Unterkörper variiert von grau bis lachsrosa. Drei der 6 Unterarten leben in diesen Ländern.

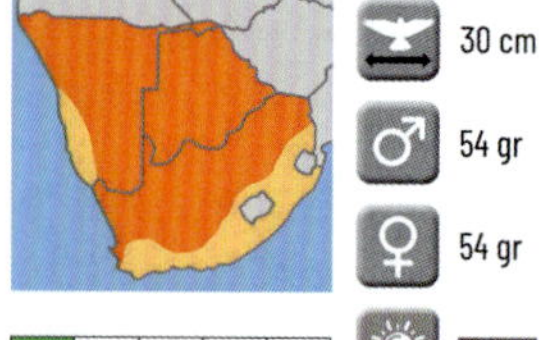

Kaptäubchen *(Oena capensis)* **Namaqua Dove** *(28 cm)*
Beim Täuber ist der Kopf auf der Vorderseite bis zur Brust schwarz, die Handschwingen sind rostbraun. Ansonsten ist das Gefieder überwiegend braun und grau. Das Weibchen hat keine Maske und ihr Gefieder ist hellbraun. Der Schnabel des Männchens ist orangefarben mit violettem Ansatz. Beide Geschlechter haben violette bis schwarze Flecken auf beiden Flügeln. Sie bevorzugen trockene Gebiete mit sandigem Boden.

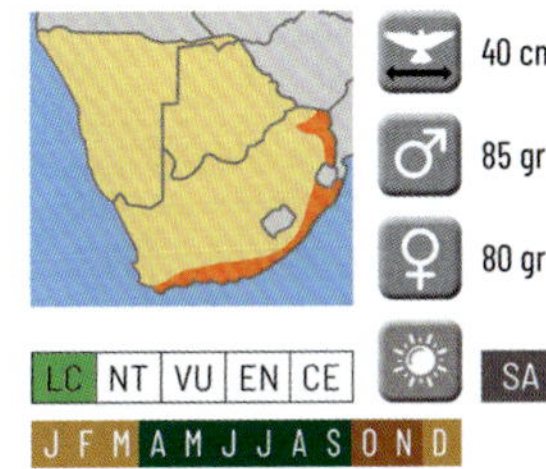

Tamburintaube *(Turtur tympanistria)* **Tambourine Dove** *(23 cm)*
Eine kleine schöne Taube. Der Kopf hat einen braunen Scheitel, darunter eine weiße Stirn und weiße Augenbrauen. Der Unterkörper ist weißlich. Die Flügel sind braun mit einigen dunklen Flecken, die Unterseite der Flügel ist rostbraun. Das Untergefieder und die Stirn der Täubin sind schmutzig weiß bis grau.

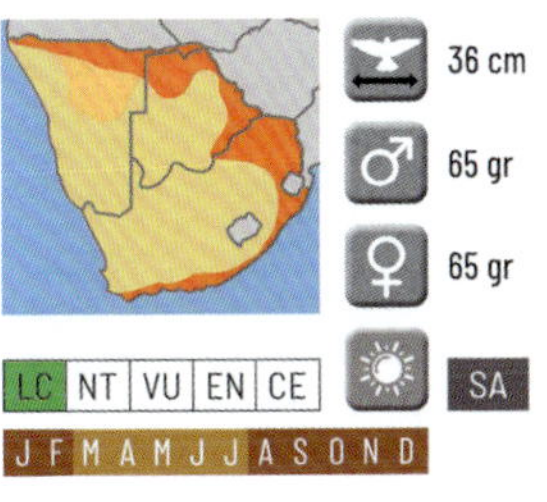

Bronzeflecktaube *(Turtur chalcospilos)* **Emerald-spotted Wood-Dove** *(20 cm)*
Sie wird im Englischen auch "green-spotted dove" genannt. Sie lebt gewöhnlich in trockenen Gebieten, aber auch in kultivierten Zonen bis 2100 m. Sie besitzt einen hellgrauen Scheitel, einen fast weißen Bauch und graubraune Flügel mit grünglänzenden Flecken, Hals und Brust sind violett. Die Unterseite der Flügel ist rötlich braun und dunkelbraun gesäumt. Der Bürzel ist dunkelbraun und weiß gestreift. Der Schnabel ist rot und weist eine schwarze Spitze auf.

Rotnasen-Grüntaube *(Treron calvus)* **African Green Pigeon** *(30 cm)*
Es gibt 16 Unterarten dieser Grüntaube, die wegen ihres bunten Gefieders oft mit Papageien verwechselt wird, zumal sie auch mit dem Kopf nach unten an Ästen hängen kann. Sie gleicht stark der Waaliataube, Kopf und Bauchpartie dieser Taube sind jedoch grün. Die Unterschwanzdecken sind weiß-grün gestreift. Ihre Flügel haben dasselbe Olivgrün wie die Waaliataube. Der Schnabel ist grau mit roter Wachshaut. Ihr Lebensraum umfasst mehrere Waldsorten und bewaldete Savannen, sofern es dort Feigenbäume gibt.

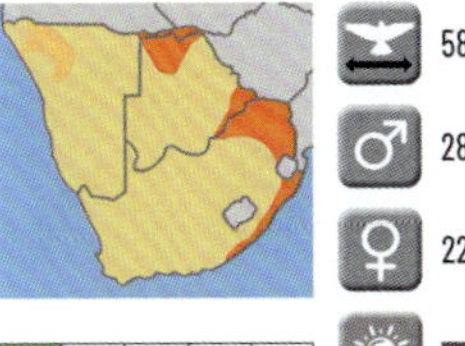

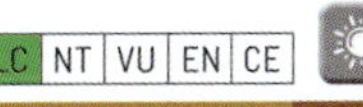

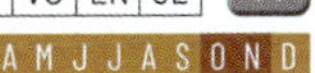

PAPAGEIEN *Psittaciformes: Psittacidae & Psittaculidae*

Papageien und Unzertrennliche *Zur Familie der Eigentlichen Papageien (Psittacidae) zählen alle Papageienarten, außer den Kakadus. Der Papagei hat keine Haube. Für ihn charakteristische Merkmale sind: kräftiger, krummer Schnabel, vier Zehen (zwei nach vorn und zwei nach hinten), durchweg sehr bunte Färbung und Monogamie. Die wichtigste Nahrung sind Samen und Früchte. Die Unzertrennlichen gehören zu den kleinsten Papageien. Ihr Name rührt von ihrer starken Paarbindung her.*

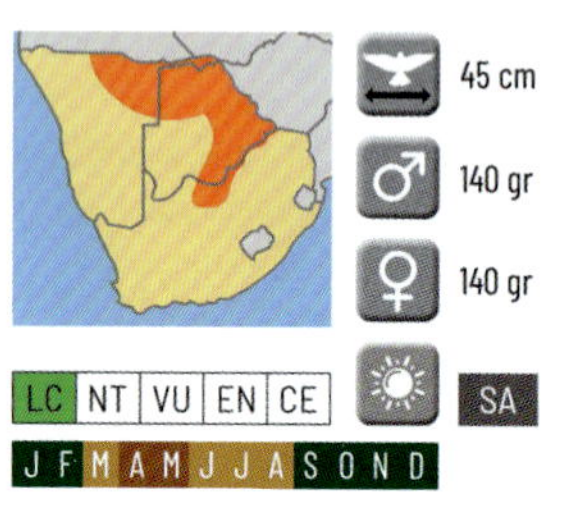

Goldbugpapagei

(Poicephalus meyeri) **Meyer's** oder **Brown Parrot** *(25 cm)*

Es ist die zahlreichste und am weitesten verbreitete Papageienart in Afrika. Er ist größtenteils schmutzig braun mit gelben Flecken auf den Schulterfedern, manchmal auch auf der Stirn. Die Brust ist smaragdgrün. Der Schnabel ist grau. Der Goldbugpapagei ist ein regelmäßiger Besucher von Tümpeln in dichten Wäldern.

Braunkopfpapagei

(Poicephalus cryptoxanthus) **Brown-headed Parrot** *(25 cm)*

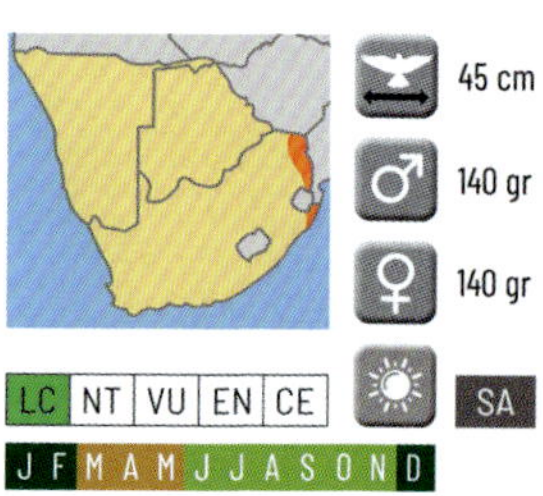

Ein überwiegend grüner Papagei mit einem graubraunen Kopf. Die Unterseite der Flügel hat leuchtend gelbe Flecken. Sie leben in großen Gruppen und halten durch lautes Kreischen ständig Kontakt miteinander. Vor allem im Frühjahr und im Sommer sind sie im Südwesten des Krügerparks zahlreich vertreten.

Rosenköpfchen *(Agapornis roseicollis)* **Rosy-faced Lovebird** *(17 cm)*

Dieser grüne Unzertrennliche mit roter Stirn und rosa Kehle und blauem Bürzel (Farbabweichungen sind möglich), bewohnt trockene Laubwälder auf felsigem Terrain, wo Wasser in der Nähe ist. Seine Nahrung besteht aus Samen und Beeren. Solange es Nahrung gibt, bleiben sie lange Zeit am selben Ort.

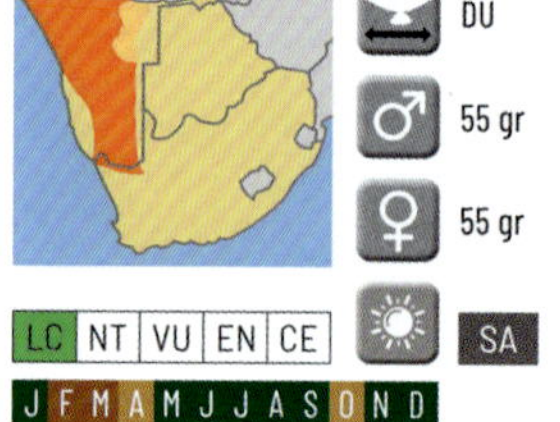

Turakos *Die Turakos (Musophagidae) gehören zur Ordnung der Musophagiformes (wörtlich: Bananenfresser). Im Englischen werden Turakos manchmal auch „Louries“ und „Go-away-birds“ genannt. Letztere sind nach ihrem Alarmruf benannt, den sie bei Gefahr von sich geben. Turakos und Lärmvogel leben in waldreichen Gebieten und ernähren sich hauptsächlich von Früchten und Blumen. Sie sind flinke Kletterer, die sich mit drei Zehen nach vorne und einer Zehe nach hinten gedreht an Äste klammern können.*

Helmturako

(Tauraco corythaix)

Knysna Turaco *(46 cm)*

Er ist überwiegend grün. Der Bereich um die Augen ist rot, nach unten hin durch einen dünnen weißen Streifen abgegrenzt. Bei erwachsenen Vögeln endet die grüne Haube in Weiß. Die Brust ist grün, der Rücken und die Flügel sind blau bis lila. Die Unterseiten der Flügel sind tomatenrot. Der kleine Schnabel ist orange bis rot. Der Helmturako ist ein Küstenbewohner des südlichen Afrikas, wo er in dichten, immergrünen Wäldern lebt. Er frisst vor allem Früchte und Knospen und füttert seine Jungen wegen der Proteine mit Wirbellosen.

Glanzhaubenturako *(Tauraco porphyreolophus)* **Purple-crested Turaco** *(46 cm)*

Einer der schönsten Turakos und dazu noch einer, der sich im Gegensatz zu anderen bunten Turakos öfter sehen lässt. Die Brust und ein Teil des Rückens sind orange. Die Flügel sind tiefblau, an der Unterseite grellrot. Die roten Augenränder werden von smaragdgrünen Rändern flankiert und der Kopf weist einen violetten Kamm und einen grauen Schnabel auf. Der Vogel bevorzugt wasser- und waldreiche Lebensräume mit immergrünen Bäumen. Im Krüger-Nationalpark ist er zahlreich und macht sich oft mit lauten kehligen Schreien bemerkbar.

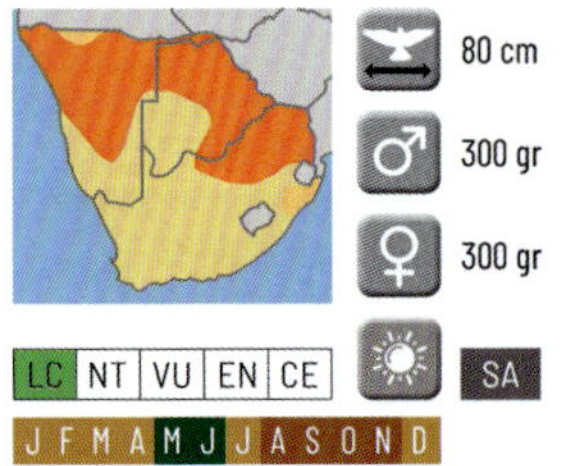

Graulärmvogel *(Corythaixoides concolor)* **Grey Go-away-bird** *(50 cm)*
Der Graulärmvogel hat ein vollständig graues Gefieder und einen hochstehenden Schopf. Sogar der Schnabel und die Beine sind grau. In Savannen und anderen offenen Landschaften ist die Art zahlreich. Bei Gefahr stößt er den markanten Alarmruf "Gu-way" aus. Er ernährt sich vor allem von Früchten.

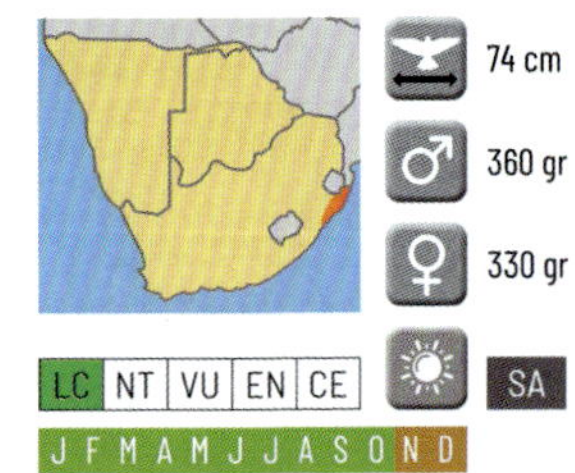

Livingstoneturako
(Tauraco livingstonii)
Livingstone's Turaco *(45 cm)*
Der Livingstoneturako und der Schalowturako leben nicht im Lebensraum des jeweils anderen, können also nicht miteinander verwechselt werden. Diese Turakos sind sich sehr ähnlich. Der einzige sichtbare Unterschied ist der Kamm, der beim Livingstoneturako niedriger ist. Die beiden Fotos lassen vermuten, dass auch die Farben unterschiedlich sind. Dies ist aber nur der Effekt, den das Sonnenlicht auf die Luftbläschen im Keratin der Federn hat, die unterschiedlich schillern. Wie bei allen anderen "grünen" Turakos sind die Unterseiten der Flügel rot, die Mantel- und Schwanzfedern smaragdgrün bis tiefblau. Der Livingstoneturako ist im iSimangaliso Wetlands National Park in Südafrika zu finden, die meiste Zeit hält sich dieser Turako in nördlicheren Landstrichen auf.

Schalowturako *(Tauraco schalowi)* **Schalow's Turaco** *(43 cm)*
Der nördliche Teil von Botswana und Namibia ist der südlichste Lebensraum des Schalowturako. Der einzige sichtbare Unterschied zum Langschopfturako ist der Kamm, der beim Schalowturako höher ist, und manchmal sind die Schwanzfedern mehr violett als blau. Sie bevorzugen dichte Wälder mit vielen fruchttragenden Bäumen.

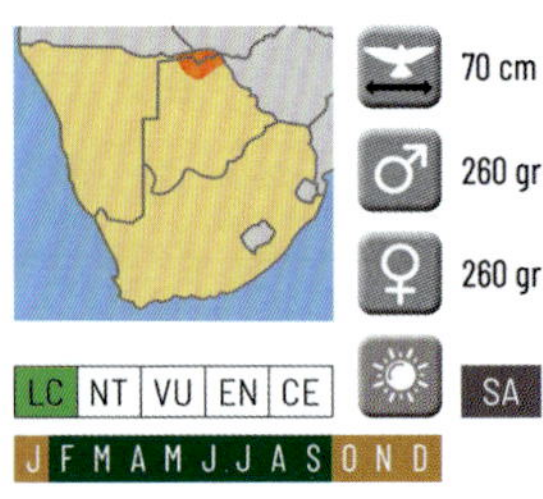

KUCKUCKSVÖGEL *Cuculiformes - Cuculidae*

Kuckucke und Spornkuckucke *Zur Familie (Cuculidae) zählen etwa 150 verschiedene Arten. Etwa 60 Arten der Unterfamilie Cuculinae sind Brutparasiten. Das Kuckucksjunge entfernt die Eier und Jungvögel der Wirtseltern und wächst allein im Nest heran. Es sind schlanke Vögel, die in allen gemäßigten und warmen Regionen der Welt vorkommen. Sie haben einen langen Schwanz und spitze Flügel. Insekten sind ihre Hauptnahrung, z.B. behaarter Raupen, die von anderen Vögeln gemieden werden. Bei einigen Arten gibt es äußerliche Unterschiede zwischen den Geschlechtern. Spornkuckucke sind robuster und haben alle rostbraune Flügel und einen schweren schwarzen Schnabel. Sie suchen ihre Nahrung meist am Boden und sind nicht allzu scheu. Bei fast allen Arten übt das Männchen den größeren Teil der Brutpflege aus.*

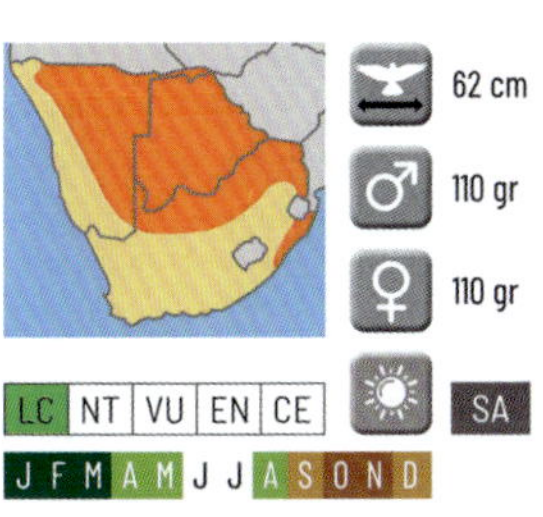

62 cm
♂ 110 gr
♀ 110 gr

LC NT VU EN CE

SA

J F M A M J J A S O N D

Afrikakuckuck
(Cuculus gularis)
African Cuckoo *(32 cm)*

Diese Art gehört so wie "unser" **Kuckuck** *(Cuculus canorus)* **Common Cuckoo** *(32 cm)* zu den sogenannten "grauen" Kuckucken. Sein Schnabel endet jedoch fleckig gelb und nicht schwarz wie beim afrikanischen Kuckuck. Kopf, Kehle, Vorderrücken und Flügel sind grau. Seine graue Brust hat schwarze, horizontale Streifen. Beim Weibchen ist die Kehle zum Teil rötlich braun. Sie ernähren sich hauptsächlich von haarigen Raupen, aber auch von anderen Insekten. Die beide Arten sind in offenen Waldgebieten und Savannen weit verbreitet und wandern innerhalb Afrikas ("unser" Kuckuck von Dezember bis März). Sie legen ihre Eier in die Nester von Trauerdrongos und Gelbschnabelwürgern.

Einsiedlerkuckuck *(Cuculus solitarius)* **Red-chested Cuckoo** *(30 cm)*

Sommergast. Er ist einer der ersten Vögel, der sich mit drei aneinandergereihten Tönen von hoch nach tief bei Tagesanbruch bemerkbar macht. Er ist oft zu hören, aber schwer zu finden. Die Kehle ist rostbraun. Brust und Bauch haben "Zebrastreifen". Die gelben Flächen auf Flügeln und Unterschwanzdecken sind im Flug erkennbar. Er bewohnt Waldränder und vereinzelt bewaldete Savannen. Brutschmarotzer ist er bei bestimmten Fliegenschnäppern und Drosseln.

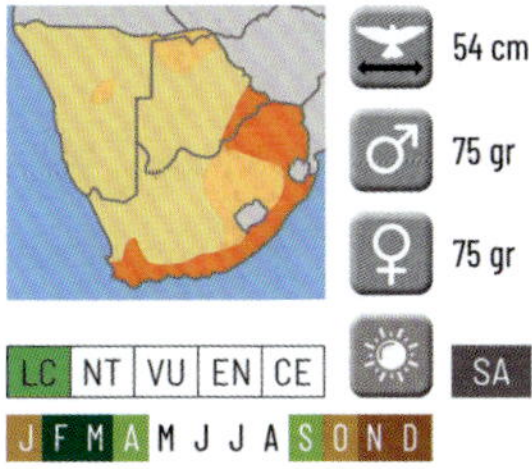

54 cm
♂ 75 gr
♀ 75 gr

LC NT VU EN CE

SA

J F M A M J J A S O N D

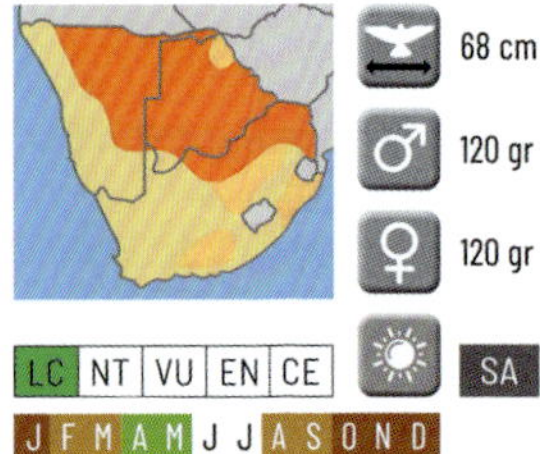

Häherkuckuck *(Clamator glandarius)* **Great Spotted Cuckoo** *(38 cm)*
Sommergast. Ein schöner Kuckuck mit cremefarbener Kehle und blaugrauem Kopf. Von der Brust bis zum Schwanz ist er weiß, die braungrauen Flügel haben ein weißes Fleckenmuster. Er ist weit verbreitet und nicht auf einen bestimmten Lebensraum beschränkt, bevorzugt jedoch halbtrockene offene Waldgebiete und Savannen mit Felsformationen. Seine Nahrung besteht hauptsächlich aus haarigen Raupen, Heuschrecken und kleine Eidechsen. Seine Eier legt er in Nester von Rabenvögeln.

Kapkuckuck *(Clamator levaillantii)* **Levaillant's Cuckoo** *(40 cm)*

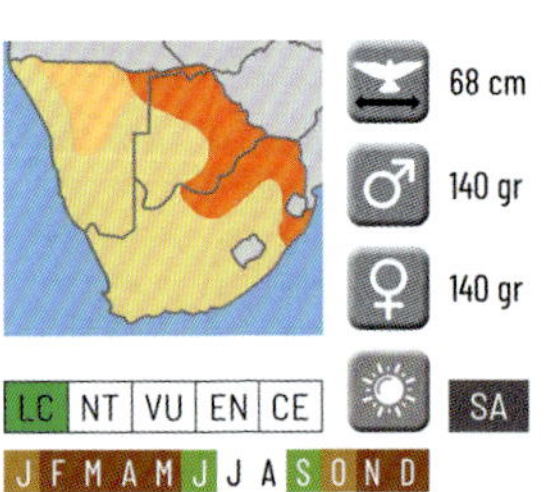

Die Kopffedern des Kuckucks aus der *Clamator*-Familie stehen leicht in die Höhe. Der Kapkuckuck ist groß, seine irisierende Rückenpartie ist grün bis tiefblau. Über der weißen Brust und Kehle hat er kleine schwarze Federn. Ein Teil der Handdeckfedern sowie Bauch, Beinfedern und der Rand des Schwanzes sind weiß. Der Kapkuckuck kann auch ganz schwarz sein. Seine Nahrung besteht hauptsächlich aus haarigen Raupen, Termiten, Käferlarven und Heuschrecken. Offene Waldgebiete und Savannen werden bevorzugt. Er legt seine Eier zu Beginn der Regenzeit gerne in Nester von Bülbüls und Drosslinge.

Jakobinerkuckuck *(Clamator jacobinus)* **Jacobin** oder **Pied Cuckoo** *(34 cm)*
Sommergast. Er kommt in vielfältigen Wäldern vor, aber auch an trockeneren Orten. Das Gefieder ist von der Kehle bis zur Unterschwanzdecke fahlweiß. Von der Haube bis zum langen Schwanz ist er dunkelblau bis fast schwarz. Er stellt wenig Ansprüche an seinen Lebensraum, er ist weit verbreitet. Sie lassen sich dort nieder, wo in der Regenzeit viele Raupen sind. Brutparasiten bei bestimmten Bülbülarten.

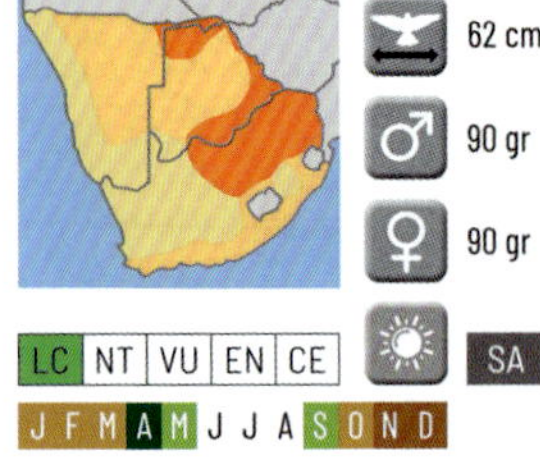

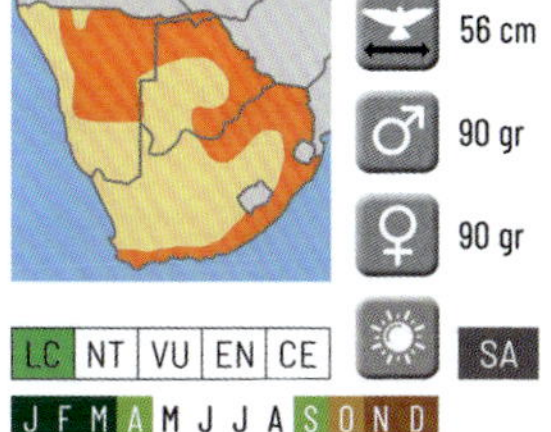

Schwarzkuckuck *(Cuculus clamosus)* **Black Cuckoo** *(30 cm)*
Sommergast. Er hat ein schwarzes Gefieder mit grauen Flecken auf dem Schwanz und an der Unterseite der Flügel. Er gehört zu den kleineren Kuckuckarten, die nicht oft zu sehen sind. Die Art selbst ist häufig, vor allem in bewaldeten Gebieten, wo es viele Raupen gibt. Brutparasiten bei bestimmten Würgern.

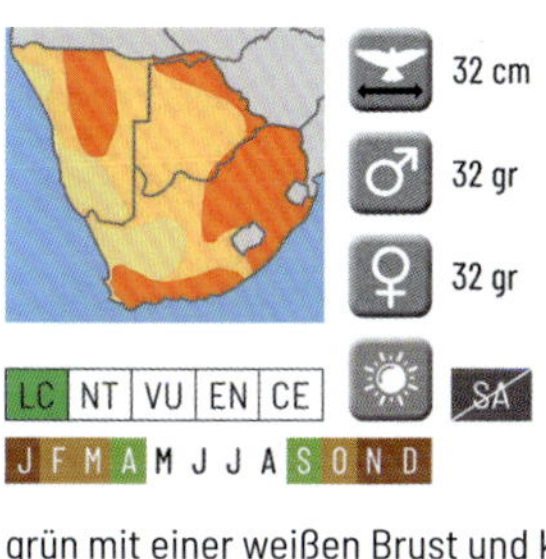

Goldkuckuck *(Chrysococcyx caprius)* **Dideric Cuckoo** *(19 cm)*
Sommergast. Sein Gefieder ist größtenteils gemischt glänzend bronzefarben und grün mit einer weißen Brust und kurzen Zebrastreifen an den Flanken. Die Augen des Männchens sind leuchtend rot mit einem weißen Streifen hinter dem Auge. Das Weibchen hat die gleiche Zeichnung, bei ihr ist jedoch das Helle von Kopf und Brust beigefarben bis hellbraun, auch die Flügel zeigen mehr Brauntöne. Hinsichtlich des Lebensraums sind sie nicht wählerisch. Ihre Eier legen sie in Nester von Webervögeln.

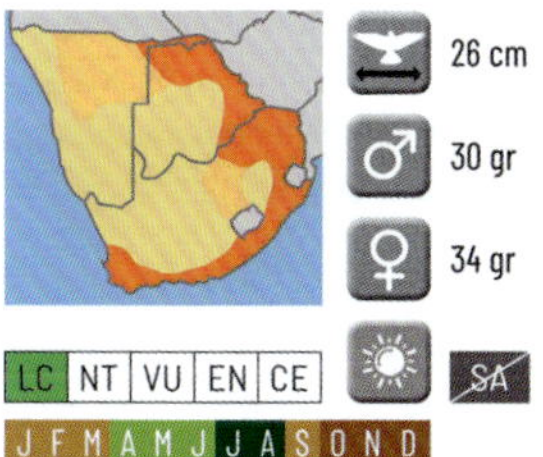

Klaaskuckuck *(Chrysococcyx klaas)* **Klaas's Cuckoo** *(18 cm)*
Er gehört zu den kleineren Kuckucken. Das Gefieder des Männchens ist überwiegend grün. Das Weibchen hat einen graubraunen Kopf und hellbraune Streifen von der Kehle über die Flanken bis zum Unterschwanz. Über ihre braunen und grünen Flügel laufen gelbbraune Linien. Beim Männchen sind Kehle, Brust und Bauch weiß. Er ist stark verbreitet, jedoch schwer auszumachen. Raupen, Schmetterlinge, Termiten und andere kleine Wirbellose dienen ihm als Nahrung. Seine Eier legt er in Nester von Nektarvögeln und Drosselrohrsängern. Offene Wälder, Waldränder und Savannen mit Büschen bilden seinen Lebensraum.

34 cm
38 gr
38 gr
LC NT VU EN CE
SA
J F M A M J J A S O N D

Smaragdkuckuck

(Chrysococcyx cupreus) **African Emerald Cuckoo** *(20 cm)*
Sommergast. Das Weibchen hat Zebrastreifen über Brust und Bauch, die Oberseite des Kopfes, der Vorderrücken und die Flügel sind rostbraun und grün. Das Männchen glänzt smaragdgrün. Kräftiges Gelb kennzeichnet seinen Bauch. Sie halten sich vor allem in tief gelegenen, wasserreichen Waldgebieten auf. Auf ihrem Speiseplan stehen vor allem haarige Raupen, Termiten, Heuschrecken, Schnecken, Vogeleier und manchmal auch Früchte. Als Brutparasit legt er seine Eier in Nester von Bülbüls, Nektarvögeln und Webervögeln.

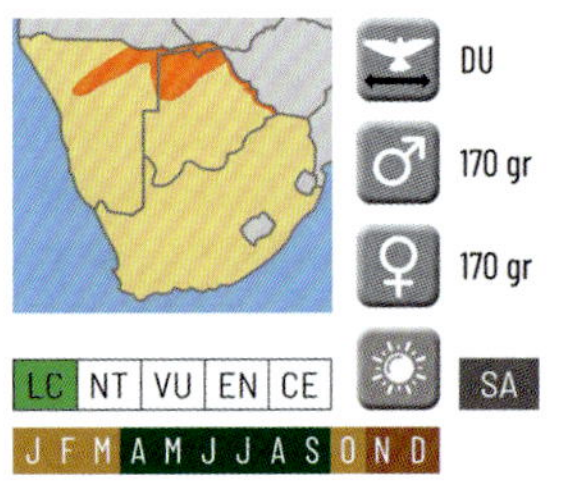

DU
170 gr
170 gr
LC NT VU EN CE
SA
J F M A M J J A S O N D

Senegal-Spornkuckuck

(Centropus senegalensis) **Senegal Coucal** *(40 cm)*
Dieses Spornkuckuck hat drei Unterarten, die Unterart *C. s. flecki* hat im südlichen Afrika ein weißes Untergefieder, schwarzen Kopf mit leuchtend roten Iris, schwarzen Nacken, schwarze Schwanzfedern, rostbraune Flügel und rostbraune Rückengefieder. Sie suchen in hohem Gras und dichtem Gestrüpp nach Wirbellosen und kleinen Reptilien, jedoch nicht nur in Wassernähe, wie die meisten Spornkuckucke. Im Chobe-Nationalpark sind sie zahlreich vertreten.

Weißbrauenkuckuck

(Centropus superciliosus) **White-browed Coucal** *(40 cm)*
Er hat eine weiße Brust mit schwarzen schmalen Federn über Brust und Nacken. Die Brust ist bis zum Unterschwanz weiß. Der Vorderrücken und die Flügel sind rostbraun. Über den roten Augen befinden sich weiße Augenbrauen. Seine Nahrung besteht vor allem aus jungen Vögeln, Reptilien und Wirbellosen. Er treibt sich am liebsten in dichter Vegetation und hohem Gras entlang von Flüssen herum.

DU
160 gr
180 gr
LC NT VU EN CE
SA
J F M A M J J A S O N D

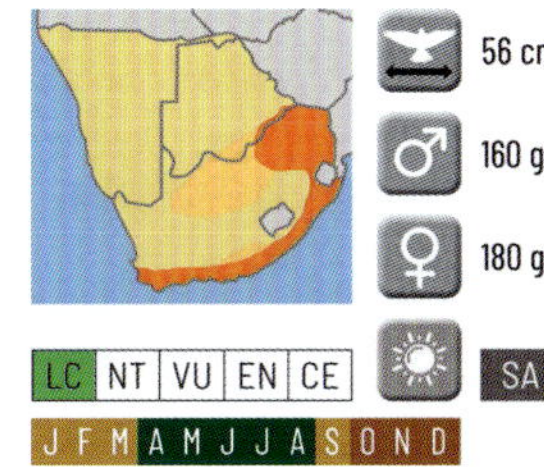

Burchellkuckuck *(Centropus burchellii)* **Burchell's Coucal** *(41 cm)*
Wie der Senegal-Spornkuckuck und der Kupferschwanzkuckuck hat auch er einen schwarzen Kopf vom Schnabel bis zum Hals. In der Regel ist der Burchellkuckuck weiter südlich beheimatet. Die Brust ist bis zum Unterschwanz weiß. Vorderrücken und Flügel sind ebenfalls rostbraun. Sie bevorzugen halbhohe Bäume, von deren Krone aus sie den Boden nach Reptilien, Wirbellosen und Jungvögeln absuchen.

Grillkuckuck *(Centropus grillii)*
African Black Coucal *(34 cm)*
Sommergast. Das Weibchen ist deutlich größer, sonst gibt es keine äußeren Unterschiede. Das Gefieder beider Geschlechter wird während der Brutzeit schwarz und kastanienbraun. Außerhalb dieses Zeitraums gleichen sogar die Jungen ihren Eltern, nur sind bei ihnen die Bänder auf den Flügeln und dem Schwanz ausgeprägter. Sie ernähren sich von Heuschrecken, Käfern, Spinnen und auch von kleinen Reptilien, in hohem Gras in Flussbetten, Schilfgürteln und Süßwassersümpfen.

Kupferschwanzkuck *(Centropus cupreicaudus)* **Coppery-tailed Coucal** *(48 cm)*
Er hat viel Ähnlichkeit mit dem Senegal-Spornkuck, nur dass der Kupferschwanzkuck wesentlich größer ist und das Schwarz im Genick etwas weiter geht. Sümpfe, sumpfiges Grasland, Flussvegetation und langes Gras sind die bevorzugten Futterplätze des Kupferschwanzkucks, der den Boden nach vielen Arten von Insekten, Krebsen, Fischen, Fröschen, Eidechsen, Schlangen und kleinen Vögeln absucht. Im Chobe-Nationalpark sind sie zahlreich.

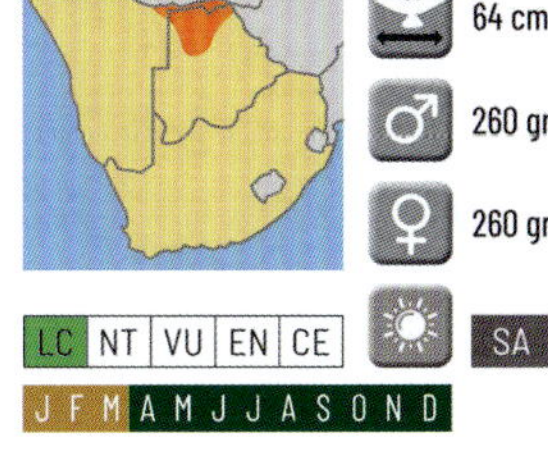

Eulen *Auch wenn Eulen Greifvögel sind, bilden sie doch eine eigene Ordnung (Strigiformes). Sie haben ein rundes, abgeflachtes Gesicht mit großen, nach vorne gerichteten Augen. Da diese nicht beweglich sind, muss die Eule stets den Kopf drehen (max. 270°). Die großen Augen werden auch als „Fernglas" genutzt und helfen, den Abstand zur Beute zu messen. Der Schnabel hat an der Spitze einen Haken. Eulen fliegen lautlos und erbeuten nachts oft von zwei oder drei festen Stellen aus ihre Beute. Tagsüber ruhen sie. Eulen nisten in hohlen Bäumen, auf dem Boden oder in Gebäuden. Aus der Nähe sehen sie sehr schlecht, deshalb können sie kaum selber Nester bauen und übernehmen oft Nester von anderen Vögeln. Es gibt keine äußerlichen Unterschiede zwischen den Geschlechtern, das Weibchen ist lediglich viel größer. Eulen sind ausschließlich Fleischfresser. Sie ernähren sich vor allem von Nagetieren, fressen aber auch Insekten, Reptilien und Vögel.*

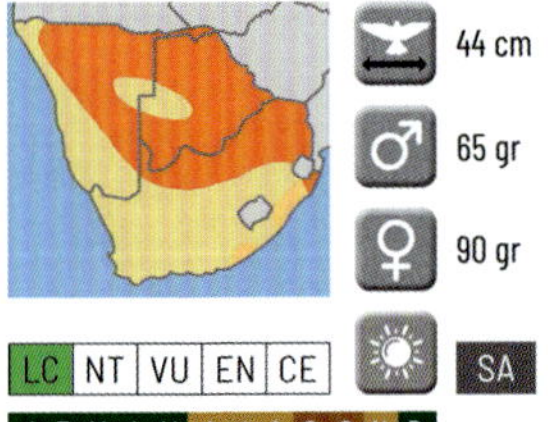

44 cm

♂ 65 gr

♀ 90 gr

LC NT VU EN CE

SA

J F M A M J J A S O N D

Afrika-Zwergohreule
(Otus senegalensis)
African Scops-Owl *(18 cm)*
Diese Art gehört zu den kleinsten Eulen. Erwachsene Exemplare sind nicht größer als eine Hand. Wenn die Ohrbüschel nicht nach hinten anliegen, stehen sie hoch über den Kopf hinaus. Diese Eule ist überwiegend grau mit einigen dunklen Flecken. Es gibt auch eine rostbraune Farbvariante. Bei beiden ist das Gefieder eine gute Tarnung. Der Schnabel ist grau, die Augen sind gelb. Sie bevorzugt Waldränder entlang trockener Savannen. Man sieht sie gelegentlich auch tagsüber, manchmal wochenlang am selben Ort, dann insbesondere inmitten tief hängender Äste mit dichtem Laub oder in der Rindenöffnung eines Baums.

Südbüscheleule *(Ptilopsis granti)* **Southern White-faced Owl** *(23 cm)*
Diese mittelgroße Eule hat Ohrbüschel, orangefarbene Augen und einen grauen Schnabel. Der weiße Kopf ist schwarz umrandet. Die Flügel sind grau oder braun, Brust und Bauch sind weiß oder beigefarben mit schwarz melierten oder graubraunen Federchen. Über den Vorderrücken und Flügeln hat er diagonale weiße Akzente.
Sie bevorzugen Halbwüsten und Savannen mit Akazien wo es wenig Unterholz gibt und Flusswälder.

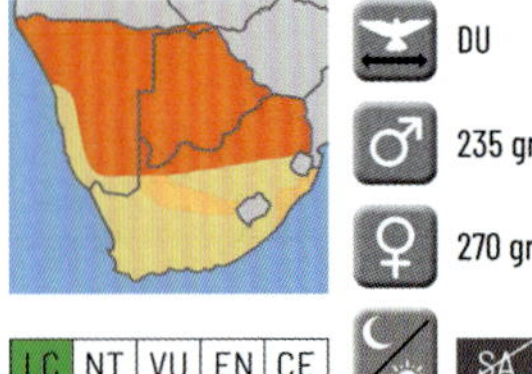

DU

♂ 235 gr

♀ 270 gr

LC NT VU EN CE

SA

J F M A M J J A S O N D

Fleckenuhu
(Bubo africanus)
Spotted Eagle-Owl *(44 cm)*

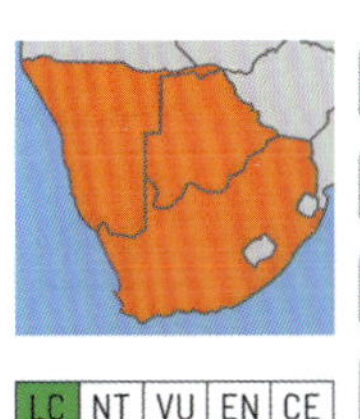

110 cm

600 gr

800 gr

SA

LC NT VU EN CE

J F M A M J J A S O N D

Der Fleckenuhu ist die häufigste Eule im südlichen Afrika. Er kennt zwei Erscheinungsformen, eine mit braunem und eine mit grauem Federkleid. Beide haben weiße Flecken, die über die Flügel laufen. Sowohl das Rückengefieder als auch der Unterkörper ist eine Mischung aus hell- und dunkelbraunen Flecken. Dieser Uhu hat Federohren und gelbe Augen. Er jagt bevorzugt von Bäumen auf Hügeln, die an grasbewachsene Flächen angrenzen.

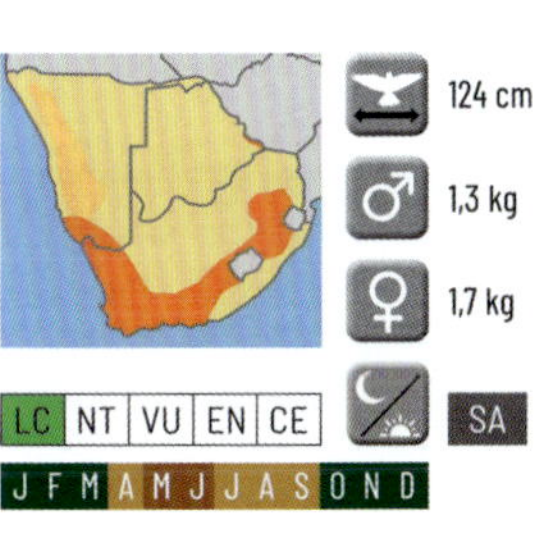

124 cm
1,3 kg
1,7 kg
SA

LC NT VU EN CE

J F M A M J J A S O N D

Kapuhu
(Bubo capensis)
Cape Eagle-Owl
(55 cm)

Der Kapuhu hat entweder braune oder graue Wangen. Seine Iris sind orangegelb, wodurch er sich, abgesehen von seiner größeren Statur, vom Fleckenuhu unterscheidet. Sein Unterkörper ist weiß, auf der Brust befinden sich dunkelbraune Flecken, weiter unten auf der Brust und auf dem Bauch gehen diese in horizontale Bänder über. Sein Rückengefieder ist eine Mischung aus dunkelbraunen, hellbraunen und fast weißen Flecken. Ihr Lebensraum sind hauptsächlich bewaldete Täler, Schluchten und felsiges Gelände. Sie ernähren sich von Säugetieren wie Hasen, Klippschliefern und Nagetieren.

Blassuhu *(Bubo lacteus)* **Verreaux's** oder **Giant Eagle-Owl** *(65 cm)*
Die größte Eule Afrikas, wuchtig und mit Ohrbüscheln. Auch tagsüber oft in Waldgebieten am Rande von Savannen und Flussufern zu sehen. Ihr Gefieder ist auf der Vorderseite cremefarben. Die Flügel sind braun meliert. Der Kopf ist groß mit schwarzen Augen und rosa Augenlidern. Schwarze Ränder umranden die Wangen.

Diese gefürchteten Räuber schrecken nicht davor zurück, mittelgroße Affen, Ferkel oder Ginsterkatzen vom Boden zu greifen und in Bäume hoch zu heben.

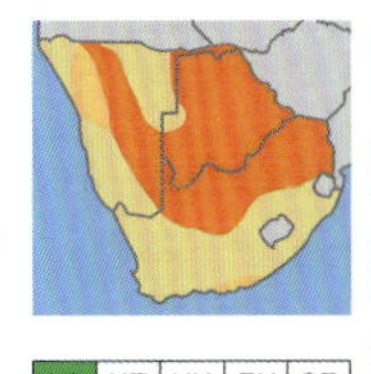

160 cm

2 kg
3 kg

SA

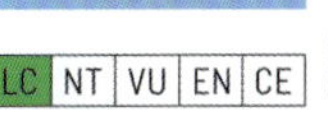

LC NT VU EN CE

J F M A M J J A S O N D

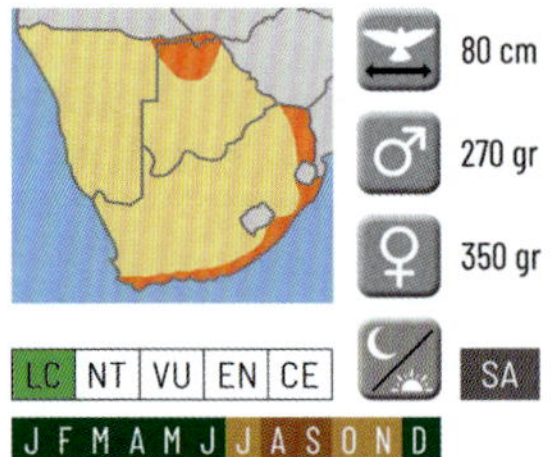

Afrikanischer Waldkauz

(Strix woodfordii)

African Wood Owl *(35 cm)*

Von den vier Unterarten dieses Waldkauzes sieht man in diesem Teil Afrikas die *S. w. woodfordii*. Diese mittelgroße Eule hat einen dunkelbraunen Kopf mit weißen, kleinen Sprenkeln. Die Augenränder sind weiß und die Brust ist rotbraun gebändert. Schnabel und Zehen sind gelb. Sie bevorzugen dicht bewaldete Hügel in Küstengebieten und tropischen Wäldern, wo sie kleinere Reptilien und Vögel jagen.

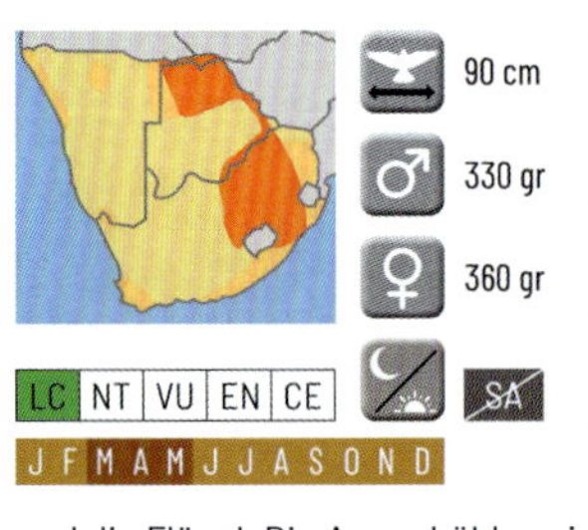

Kapohreule

(Asio capensis)

African Marsh Owl *(36 cm)*

Die Kapohreule hat ein komplett fast einheitlich braunes Rückengefieder, die Brust ist cremeweiß bis hellbraun. Der typische runde Eulenkopf ist viel heller als der Rücken und die Flügel. Die Augenhöhlen sind schwarz und die Augen dunkelbraun. Auf dem Kopf befinden sich kleine Ohrbüschel. Die Unterseiten der Flügel sind weiß mit langen schwarzen Streifen. Das größere Weibchen ist dunkler als das Männchen. Manchmal kann man sie auch tagsüber sehen. Ihre Nahrung sind Insekten, Nagetiere und Vögel, nach denen sie besonders inmitten von Feuchtwiesen, Reisfeldern und waldarmen Savannen suchen.

Bindenfischeule *(Scotopelia peli)* **Pel's Fishing Owl** *(61 cm)*

Diese Eule ist nicht mit anderen Eulen zu verwechseln. Das rostbraune Gefieder wird von schwarzen und hellbraunen kleinen Federn durchbrochen. Man sieht diese Eulen nicht allzu oft, manchmal aber sogar tagsüber, ruhend in hohen Bäumen mit dichtem Laub, an langsam fließenden Flüssen, Sumpfufern und Seen. Sie ernährt sich vor allem von Fisch, aber auch Frösche, Krabben und Muscheln werden von ihr erbeutet. Farblich ist das Weibchen etwas fahler.

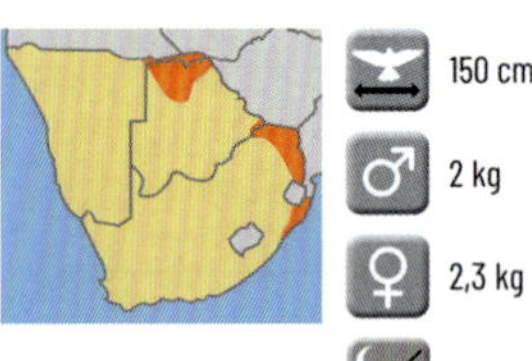

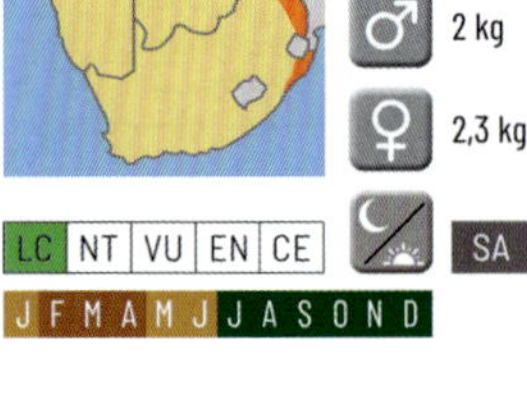

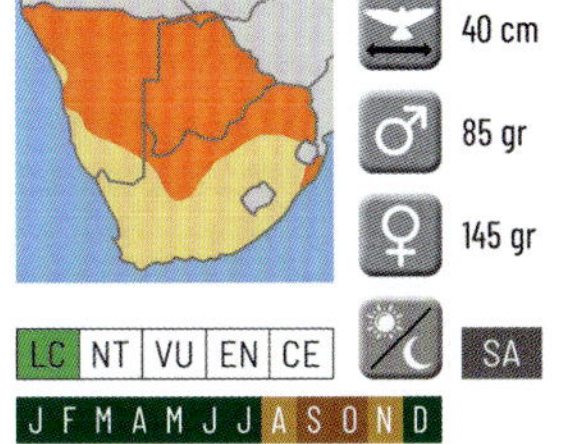

40 cm
85 gr
145 gr
SA

Perlzwergkauz *(Glaucidium perlatum)* **Pearl-spotted Owlet** *(19 cm)*
Eine kleine Eule mit braunem Gefieder mit weißen Akzenten. Brust und Bauch sind braun meliert und gebrochen weiß. In der Mitte der schwarzen Augenränder liegt die leuchtend gelbe Iris. Auch der kleine Schnabel ist gelb. Ihre „Perlen" sind weiße Flecken am rostbraunen Kopf. Sie sind auch häufig tagsüber zu beobachten, in geringer Höhe auf Ästen mit freier Sicht. Sie hält sich gerne in Savannen mit Akazien auf, ihre bevorzugte Beute sind Gliederfüßer, aber auch Mäuse oder Eidechsen.

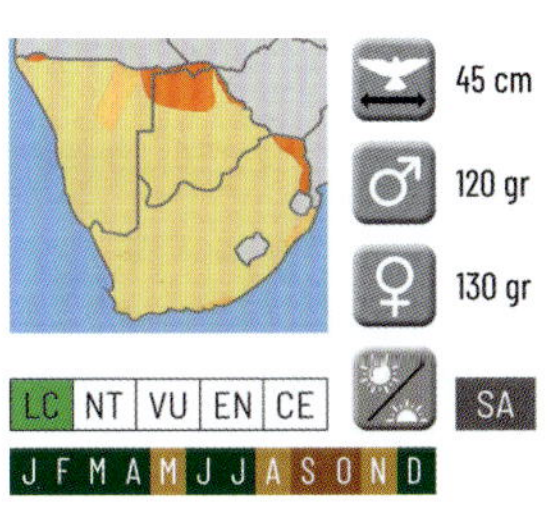

45 cm
120 gr
130 gr
SA

Kapzwergkauz
(Glaucidium capense)
African Barred Owlet *(21 cm)*
Der Kapzwergkauz fällt sofort durch seinen cremeweißen Unterkörper mit dunkelbraunen Flecken auf. Zwei weiße Streifen verlaufen diagonal über die kastanienroten Flügel. Das gesamte Rückengefieder ist von der Stirn bis zu den Schwanzfedern mit schmalen weißen Linien bedeckt. Tief in dem braunen Köpfchen liegen die leuchtend gelben Iris. Auch sein hakenförmiger Schnabel ist gelb. Sie bevorzugen unkultivierte Waldgebiete, wo sie sich hauptsächlich von Käfern, Heuschrecken und Raupen ernähren. Sie scheuen sich jedoch nicht, gelegentlich Eidechsen, Frösche oder Vögel zu fangen. Vögel zu fangen.

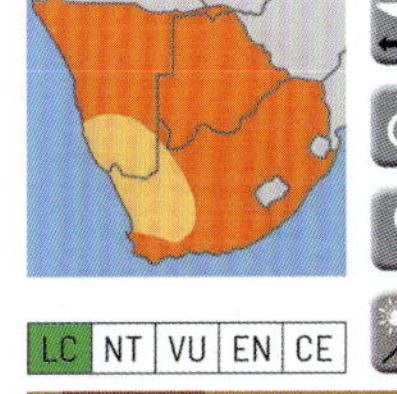

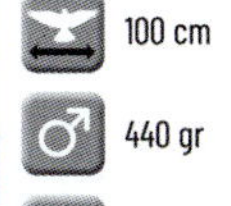

100 cm
440 gr
470 gr

SA

Schleiereule *(Tyto alba)*
Barn Owl *(44 cm)*
Die Schleiereule kommt in 28 Unterarten auf allen bewohnten Kontinenten vor. In diesem Teil Afrikas lebt die Unterart *T.a. affinis*. Sie hat ein weißes Gesicht, einen weißen Scheitel und eine grau und rostbraun gefleckte Rückenpartie. Die weiße Brust zieren kleine schwarze Flecken. Die Farbe der Beine unterhalb der weißen Hose ist rosa. Weibchen sind in der Regel etwas dunkler. Diese Eule meidet dichte Vegetation und jagt gelegentlich auch tagsüber kleinere Nagetiere und wenn es diese gibt, ist sie nicht an bestimmte Lebensräume gebunden.

Nachtschwalben *Tagsüber, wenn sie sich am Boden zwischen Blättern verstecken, bietet ihr Federkleid ihnen eine sehr gute Tarnung. Wenn sie bedroht werden, verlassen sie sich lange Zeit auf ihre Tarnung und schließen sogar die großen Augen. Sie ernähren sich nachts von Käfern, Nachtfaltern und anderen Nachtinsekten, die sie in ihrem Kehlsack verstauen. Nachtschwalben bauen kein Nest, sondern entfernen allenfalls etwas Gras. Wenn das Nest während dieser Zeit von einem Feind angegriffen wird, bleiben die Jungen still und reglos sitzen. Für Nachtschwalben ist das Gehen sehr mühsam. Die Männchen haben weiße oder beige Flecken auf ihrem Gefieder, diese sind bei den Weibchen weniger auffällig. Die meisten Arten sind sehr schwer voneinander zu unterscheiden. Sie sind nicht mit der Schwalbe oder dem Segler verwandt.*

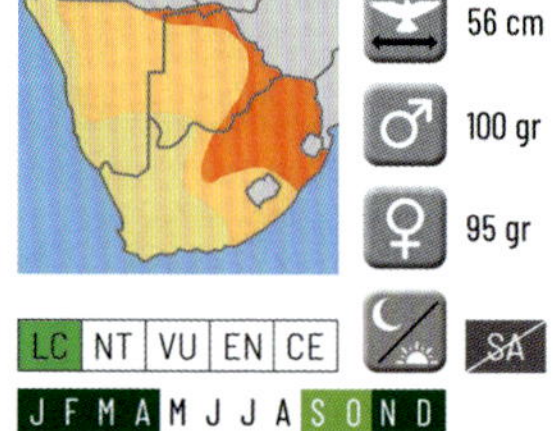

Ziegenmelker

(Caprimulgus europaeus)

European Nightjar *(27 cm)*

Sommergast. Das Federkleid des Ziegenmelkers kann überwiegend grau oder braun sein. Es ist eine Kombination aus vielen Braun-, Grau- und Cremetönen. Das Männchen hat einen großen weißen Bartstreif und weiße Flecken auf den Flügelspitzen, die beim Weibchen manchmal fehlen. Im Ruhezustand liegen die großen Flügel meist neben dem Körper. Sein Lebensraum sind Wälder und Buschland. Seine Hauptbedrohung ist, wie bei den meisten Vögeln, der starke Rückgang der Insekten durch den Einsatz von Pestiziden.

Pfeifnachtschwalbe *(Caprimulgus pectoralis)* **Fiery-necked Nightjar** *(25 cm)*

Die Pfeifnachtschwalbe ist eine der Arten, die sich dauerhaft in Afrika aufhalten. Das Gefieder ist, typisch für Nachtschwalben, dunkelbraun gesprenkelt mit helleren Flecken auf den Flügeln. Ihre nördlicheren Verwandten sind etwas heller gefärbt. Die rostbraunen Wangen, Unterkörper und Hals sind typisch für diese Nachtschwalbe. Ein rasselndes mechanisches Geräusch verrät die Anwesenheit des Ziegenmelkers. Sie ist in den Ländern dieses Buches weit verbreitet.

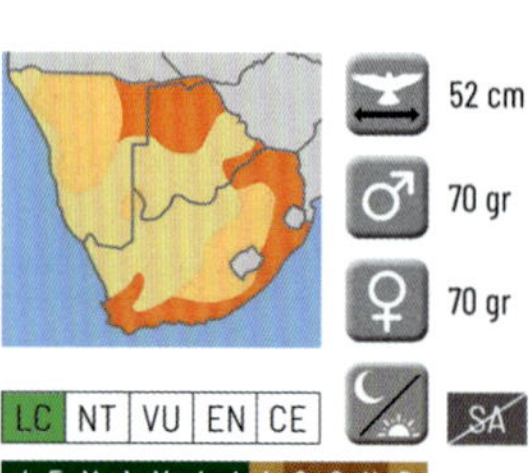

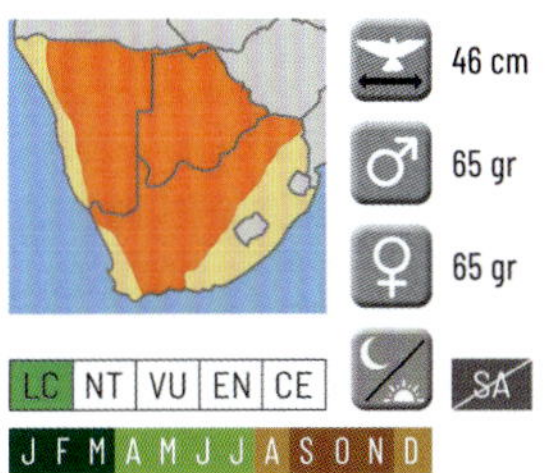

Rostwangenachtschwalbe *(Caprimulgus rufigena)* **Rufous-cheeked Nightjar** *(23 cm)*
Sommergast. Die Wangen dieser Nachtschwalbe sind häufiger braun als rötlich braun. Das Gefieder variiert von überwiegend grau mit helleren Flecken bis hin zu dunkelbraun mit beigen oder rötlichbraunen Streifen auf den Flügeln. Dem Weibchen fehlen die weißen Flecken auf den Flügeln oder sie sind viel kleiner. Halbwüsten, trockene Akazien- und Buschsavannen bilden ihren Lebensraum.

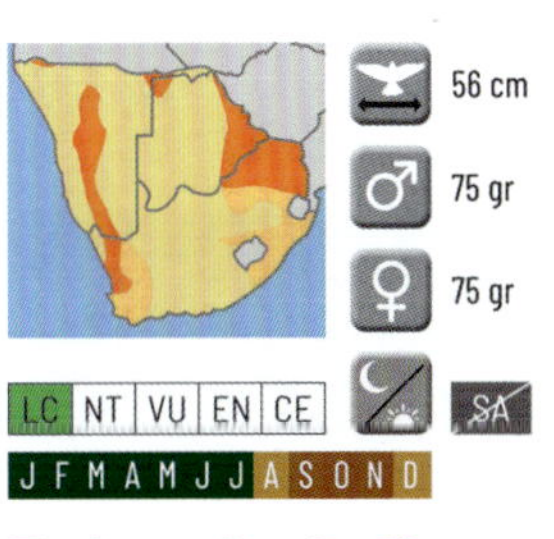

Fleckennachtschwalbe
(Caprimulgus tristigma)
Freckled Nightjar *(27 cm)*
Sie ist ein großer dunkler, graubrauner Vogel, die Oberseite einschließlich der Oberflügel ist schwarzbraun mit diffusen feinen grauen oder gelbbraunen Flecken. An der Kehle finden sich kleine weißliche Flecken. Beim Männchen zeigen sich im Fluge weiße Flecken auf den vier Handschwingen und auf den Steuerfedern kleine weiße Ecken, der Schwanz ist dunkelbraun auf braun gestreift. Dem Weibchen fehlen die Schwanzflecken. Fleckennachtschwalben sind nicht unbedingt nur in felsigem Gelände anzutreffen, sondern kommen auch in Städten wie Pretoria vor. Die graue Variante ist jedoch aufgrund ihrer hervorragenden Tarnung häufiger auf halbhohen kahlen Hügeln zu sehen.

Welwitschnachtschwalbe *(Caprimulgus fossii)* **Square-tailed Nightjar** *(24 cm)*
Die Welwitschnachtschwalbe ist im Ruhezustand an der weißen Linie über den Flügeln (im Flug in der Mitte der Handschwingen) und in vielen Fällen an einem verlängerten weißen Wangenband zu erkennen. Das Gefieder ist sehr vielfältig und reicht von blauschwarz bis strohgelb mit Exemplaren in verschiedenen Brauntönen dazwischen. Der Schwanz ist rautenförmig. Abgesehen von dichten Wäldern ist ihr Lebensraum sehr vielfältig. Wie alle Nachtschwalben fangen sie fliegende Insekten in einem schnellen und wendigen Flug.

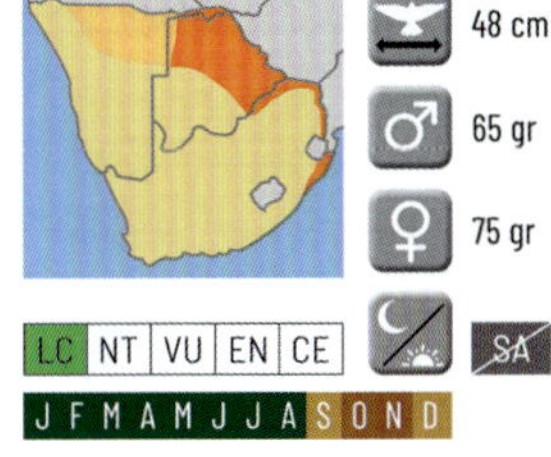

Segler *Segler (Apodidae) bilden eine Familie innerhalb der Ordnung der Seglervögel. Sie leben vor allem in der Luft und fangen fliegende Insekten. Obwohl sie gewöhnlichen Schwalben ähnlichsehen, sind sie nicht mit diesen verwandt. Die Beine des Seglers sind während des Fluges nicht oder kaum sichtbar (Altgriechisch: ápous - Lateinisch: a poda = ohne Beine). Mit den scharfen Krallen können sie sich an vertikalen Objekten, z. B. Felswänden oder Wänden, festkrallen. Sie landen nie horizontal und fast ausschließlich während der Brutzeit. Sogar Schlaf und Paarung finden bei vielen Arten im Fliegen statt.*

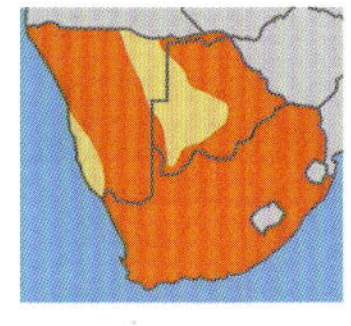

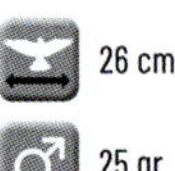

26 cm

25 gr

25 gr

Haussegler *(Apus affinis)* **Little Swift** *(12 cm)*
Ein kleiner Segler, stämmig und mit kurzem Schwanz. Überwiegend hellbraun, weiße Kehle und weißer Bürzel. Man sieht ihn über verschiedenen Gebieten, jedoch seltener dort, wo es sehr trocken ist. Fliegen, Ameisen, Termiten, Käfer und Heuschrecken fängt er, wie alle Segler, im Flug.

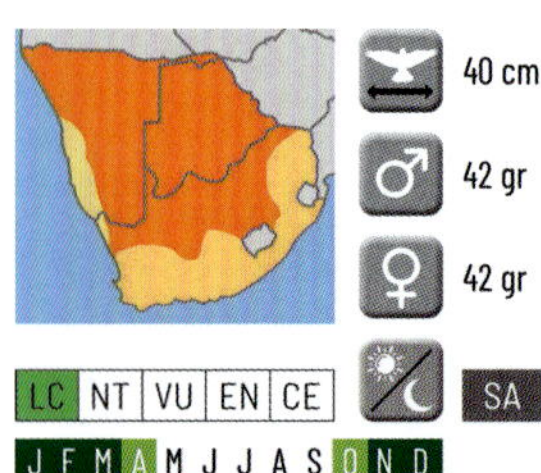

Mauersegler *(Apus apus)* **Common Swift** *(17 cm)*
Sommergast. Das Gefieder ist fast schwarz, das Kinn und die Kehle sind weißlich. Die langen, sichelförmigen Flügel haben einen bläulichen Schimmer. Der Schwanz ist relativ kurz und gegabelt.
Der Schnabel ist klein, kann aber weit geöffnet werden, um Insekten im Flug zu fangen (Schätzungen: 15.000 Insekten pro Tag).
Der Flügelschlag ist sehr schnell, der Flug ist kreisend, rollend und gleitend.

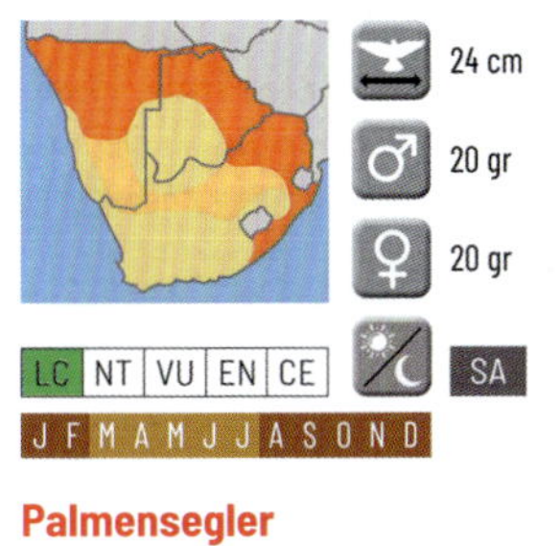

Palmensegler
(Cypsiurus parvus)
African Palm Swift *(16 cm)*
Der lange, tief gegabelte Schwanz lässt diesen Segler größer erscheinen. Er ist jedoch mit kaum 20 Gramm klein und schlank. Blasses Braungrau bestimmt sein Gefieder, die Flügel sind etwas dunkler und die Unterseite deutlich heller. Er lebt in Palmen, insbesondere Fächerpalmen in Regenwaldgebieten. Fliegende Termiten, Ameisen und Käfer sind seine Hauptnahrung.

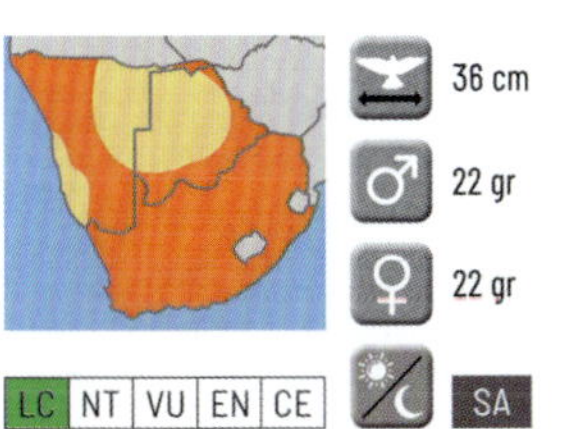

Weißbürzelsegler
(Apus caffer) **White Rumped Swift** *(14 cm)*
Sommergast. Die weiße Kehle und das schmale weiße Band auf dem Rücken fallen bei diesem eleganten kleinen graubraunen Segler auf. Wenn er die Schwanzfedern im Flug nicht zusammenhält, ist auch der tief gegabelte Schwanz sichtbar. Er ernährt sich hauptsächlich von fliegenden Ameisen. Ein Teil der Population migriert nach Südeuropa oder innerhalb Afrikas.

Alpensegler *(Tachymarptis melba)* **Alpine Swift** *(20 cm)*
Er ist einer der größeren Segler und ist an seinem fast vollständig weißen Unterkörper zu erkennen, nur Unterschwanz und Kehle sind braun. Während der Sommermonate wird die Population *(T.m. marjoriae)* durch Zuwanderer *(T.m. africanus)* aus nördlicheren Regionen ergänzt. Sie mischen sich oft mit anderen Seglern und bilden große Schwärme.

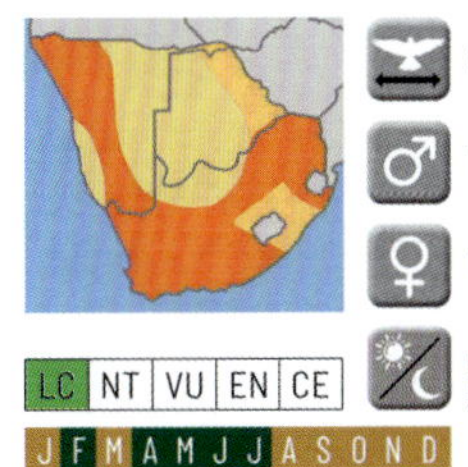

MAUSVÖGEL *Coliiformes - Coliidae*

Mausvögel *Zur Ordnung der Mausvögel (Coliiformes) gehört eine Familie mit sechs Arten. Den Namen haben sie bekommen, weil sie an Mäuse erinnern, so, wie sie sich in den Bäumen bewegen. Alle Mausvögel haben eine Haube und leben in Gruppen. Sie bewohnen Wälder in Savannen und vorzugsweise Waldränder. In Stadtparks besuchen sie Obstbäume. Früchte, Blätter, Nektar und Insekten bilden ihre Nahrung. Sie leben in Gruppen. Die Geschlechter gleichen sich äußerlich.*

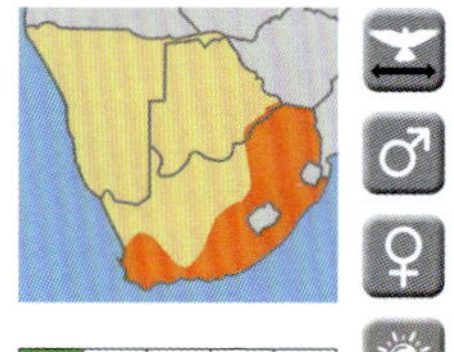

36 cm

55 gr

55 gr

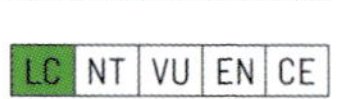

J F M A M J J A S O N D

Braunflügel-Mausvogel

(Colius striatus)

Speckled Mousebird *(11-22 cm)*

Dieser Mausvogel hat wieder 17 Unterarten. Drei davon kommen in den Ländern dieses Reiseführers vor. Es gibt kleine Farbnuancen, aber was ihnen allen gemeinsam ist, sind die beige Haube, der lange braune Schwanz, schwarze Beine, die graubraunen Flügel und der beige Unterkörper. Einige Unterarten haben weiße Wangen. Sie sind territorial und leben in Gruppen in allen Arten von Wäldern, solange es dort Obstbäume gibt. Sie sind in der Regel dunkler als der Weißrücken-Mausvogel.

Rotzügel-Mausvogel *(Urocolius indicus)* **Red-faced Mousebird** *(11-22 cm)*

Dieser Mausvogel ist an der roten Haut um die Augen zu erkennen. Kopf, Flügel und der lange Schwanz sind schiefergrau. Sein Unterkörper ist cremefarben. Die fünf Unterarten weisen leichte Farbnuancen auf. Drei von ihnen leben in einem oder mehreren Ländern dieses Reiseführers. Sie bewohnen Savannen mit Akazien, trockenes Buschland und Flusswälder. Sie meiden dicht bewaldete Gebiete.

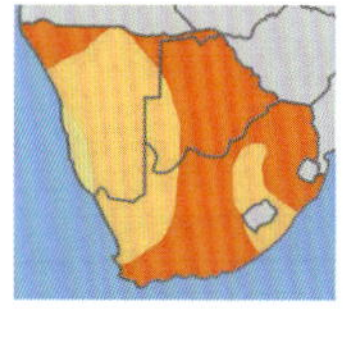

36 cm

55 gr

55 gr

J F M A M J J A S O N D

Weißrücken-Mausvogel *(Colius colius)* **White-backed Mousebird** *(11-22 cm)*
Er hat, anders als der Braunflügel-Mausvogel, nie blasse Wangen. Sein Kopf und die Haube sind grau. Seine Flügel und sein langer Schwanz sind eine Nuance dunkler. Der Unterkörper ist hellbraun, die Beine sind rosa oder fast schwarz. Der Bürzel ist schwarz und ein Teil des Schwanzansatzes ist kastanienbraun. Waldgebiete aller Art sind sein Lebensraum, sofern es dort viele fruchttragende Bäume gibt.

TROGONE *Trogoniformes - Trogonidae*

Trogone *Die Ordnung der Trogoniformes umfasst nur eine Familie mit 39 Arten. Fossile Überreste datieren die Trogone auf ein Alter von ca. 49 Millionen Jahren. Trogon bedeutet im Altgriechischen "nagend" und bezieht sich auf das Nagen an Baumstämmen, um ein Nest zu bauen, und das Picken in der Rinde, um Insekten zu fangen. Feuchte tropische Wälder an Berghängen bis zu 3000 m sind ihr bevorzugter Lebensraum. Sie ernähren sich von Insekten, insbesondere von glatten Raupen, Motten und Käfern.*

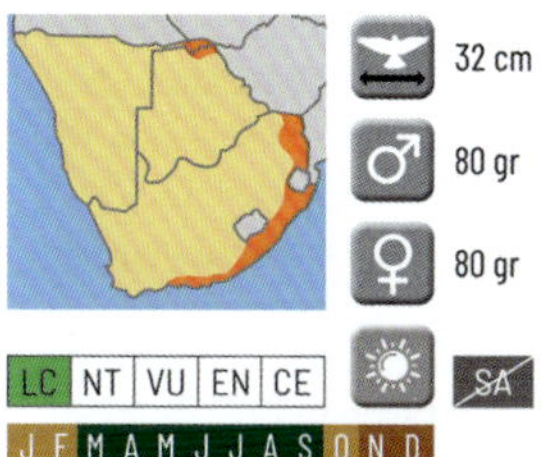

Narinatrogon *(Apaloderma narina)* **Narina Trogon** *(30 cm)*
Der grünlich blaue Kopf mit gelbem Schnabel und gelbem Schnabelstreifen hat einen gelben Fleck unter den Augen. Sein Rücken ist hell blaugrün. Die Brust und der Bauch sind rot. Die Arm- und Handschwingen sind dunkelbraun und einige der Flügelfedern sind grau. Der Schwanz tendiert eher zu Blau als zu Grün. Beim Weibchen sind das Gesicht und die Kehle grau. Die Brust ist schmutzig weiß. Das Grün des Rückengefieders beginnt bei ihr am Hinterkopf und das Rot an der Brust. Ihr Lebensraum sind immergrüne Wälder.

Eisvögel *Die meisten Eisvögel lieben das Wasser. Sie gehören zur Ordnung der Rackenvögel (Coraciiformes). Mit seinem bunten Gefieder und dem langen, spitzen Schnabel ist der Eisvogel eine markante Erscheinung. Die meisten Arten leben in den Tropen. Der Name stammt aus dem Altdeutschen: „Eisan" bedeutet „Glanz". Und das von „Eisan" abgeleitete „Eis" bezieht sich auf den schimmernden metallischen Glanz des Gefieders. Seine Beute fischt der wasserliebende Eisvogel im Tauchflug aus dem Wasser. Manche Arten fressen ausschließlich Landinsekten. Die Geschlechter sind äußerlich identisch oder unterscheiden sich nur sehr wenig. Viele Arten stehen in ständigem Kontakt miteinander, sie jagen solitär und brüten mehrmals im Jahr.*

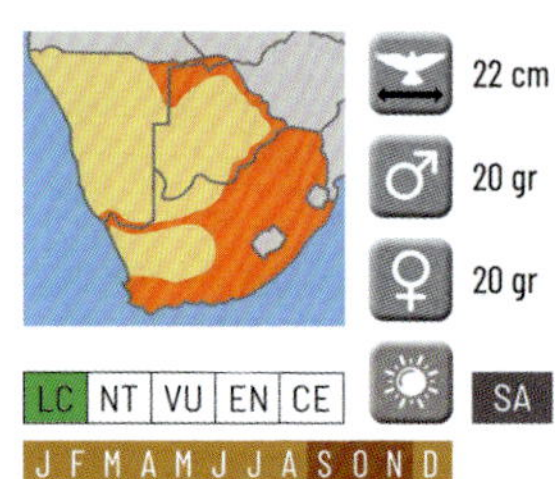

Haubenzwergfischer
(Corythornis cristatus)
Malachite Kingfisher *(13 cm)*

Haubenzwergfischer gehören zu den kleinsten Eisvögeln. Brust, Bauch und Wangen sind orangefarben. Die Flügel sind stahlblau, die Beine und der lange Schnabel rot und die Kehle sowie die Wangenstreifen sind weiß. Das Blau des Scheitels reicht bis zu den Augen. Lagunen, Schilfgelände, Sümpfe und langsam strömende Gewässer bilden seinen Lebensraum. Er frisst hauptsächlich Fische und Wasserinsekten. Ihre Nester sind in der Regel gegrabene Tunnel in Flussufern oder Böschungen.

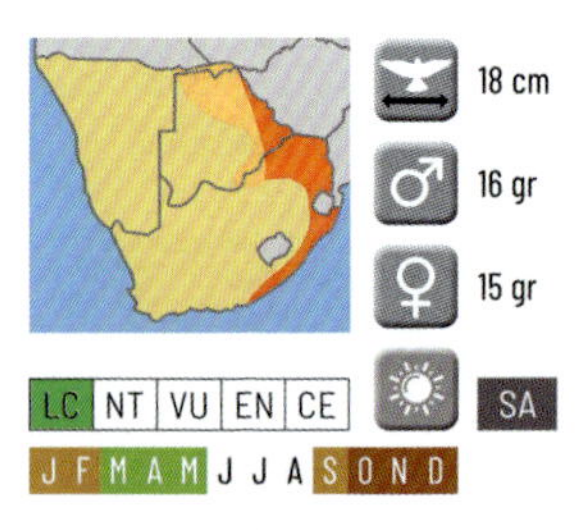

Natalzwergfischer
(Ispidina picta)
African Pygmy Kingfisher *(12 cm)*

Sommergast. Er sieht dem Haubenzwergfischer sehr ähnlich. Ins Auge stechen die schöne orangefarbene Brust und der Bauch sowie die stahlblauen Flügel. Beide Arten haben eine weiße Kehle. Beim Natalzwergfischer reicht der blaue Scheitel nicht bis zu den Augen, sondern wird von einem orangefarbenen Augenstreifen unterbrochen. Der rote oder violett-rosafarbene Fleck hinter den Augen fehlt beim Haubenzwergfischer. Ihre Nester bauen sie in 30 bis 60 cm langen Tunneln in Uferböschungen an Flüssen oder in Erdwällen.

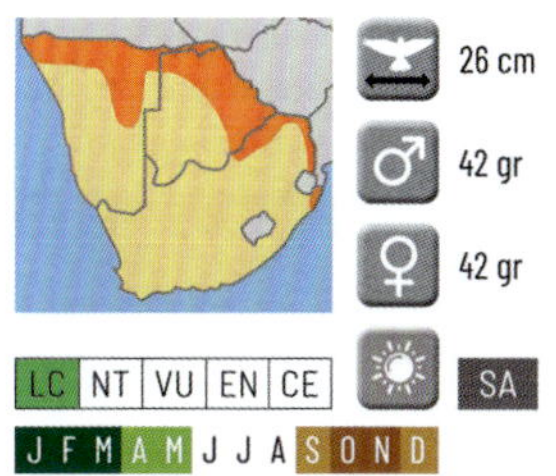

Graukopfliest *(Halcyon leucocephala)* **Grey-headed Kingfisher** *(22 cm)*
Sommergast. Er hat einen orangefarbenen Schnabel und eine schwarze Rückenpartie. Der Kopf ist grau, der Bauch rostbraun. Der Schwanz und die Armschwingen sind cyanfarben. Die Weibchen sind etwas blasser. Ihre Nahrung besteht vor allem aus Heuschrecken und anderen großen Insekten, manchmal auch kleinen Reptilien und Fischen. Sie leben in Wäldern in Wassernähe und graben zum Nisten meist kleine Tunnels in Uferböschungen an Flüssen und in Erdwälle, gelegentlich nisten sie auch in Baumhöhlen.

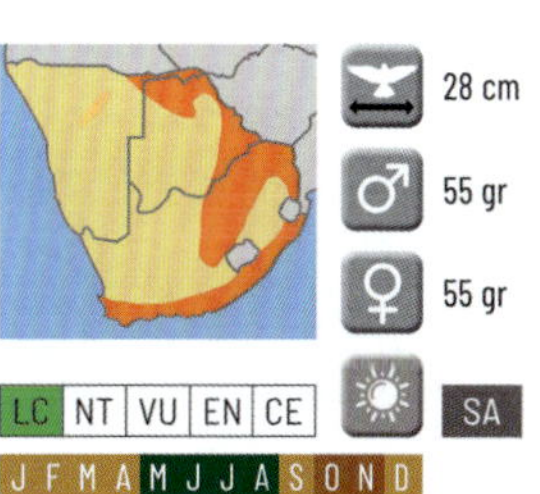

Braunkopfliest
(Halcyon albiventris)
Brown-hooded Kingfisher *(22 cm)*
Er ist leicht zu verwechseln mit dem Graukopfliest. Wie dieser hat er einen orangen Schnabel, jedoch ist dessen Spitze schwarz. Beide haben türkis-schwarzes Gefieder. Doch der Braunkopfliest hat einen dunkleren Kopf, einen weißen Kragen und auf der Brust ist er meist weiß oder sehr hellorange mit dunklen Flecken. Die Flügel sind auf der Unterseite orange. Er frisst große Insekten, kleine Reptilien und manchmal Fische.

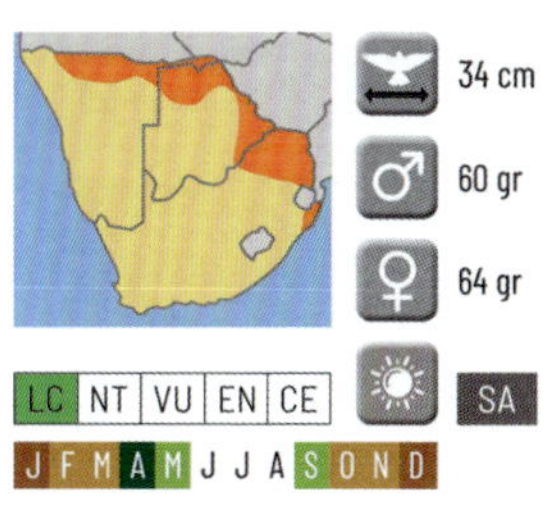

Senegalliest
(Halcyon senegalensis)
Woodland Kingfisher *(23 cm)*
Sommergast. Das Federkleid des Senegalliesten ist türkis und cyanfarben. Hand- und Armschwingen sowie der Unterschnabel sind schwarz, der Oberschnabel orange oder rot. Kehle, Brust und Bauch sind weiß, der Scheitel ist hellgrau. Sie fressen große Insekten, Fische, Reptilien und kleine Vögel. Sie sind sehr gut hörbar, insbesondere in der Brutzeit, und leben in verschiedenartigen Wäldern in Wassernähe. Baumhöhlen dienen ihnen als Nistplätze.

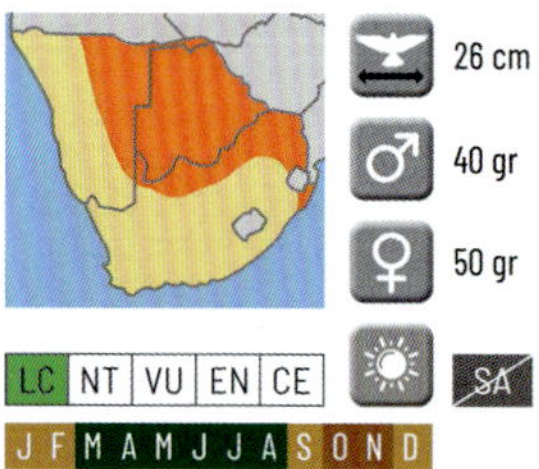

Streifenliest *(Halcyon chelicuti)* **Striped Kingfisher** *(17 cm)*
Der rote Schnabel endet in einer schwarzen Spitze, oder nur der Unterschnabel ist rot. Eine schmale braune Maske führt bis zum Hinterkopf. Der Scheitel ist graulich braun, ebenso der Vorderrücken und ein Teil der Flügel. Wangen und Kehle sind weiß, die Brust ist gedeckt weiß mit braunen Streifen. Das Weibchen hat weniger Streifen und die Flanken sind leicht rotbraun. Schwanz und Handschwingen sind cyanfarben. Als Lebensraum bevorzugen sie Savannen mit Wäldern in See- oder Flussnähe. Sie fressen vor allem Heuschrecken und andere große Insekten. Ihre Nester bauen sie in Baumhöhlen.

Kobalteisvogel *(Alcedo semitorquata)* **Half-collared Kingfisher** *(18 cm)*
Zwei Blautöne, Cyan und Kobalt, sind im Gefieder des Kobaltzeisigs zu finden. Der Kopf, die Wangen, die Flanken des Halses, die Flügel und der Rücken sind eine Mischung aus Cyan und Kobalt. Besonders der Rücken ist oft türkisfarben. Die Kehle ist weiß und der Unterkörper hellorange. Das Männchen hat einen orangefarbenen Fleck an der Basis des schwarzen Schnabels, das Weibchen nicht. Schilfgebiete, langsam fließende Bäche, bewaldete Lagunen und Sümpfe sind sein Lebensraum. Er ernährt sich hauptsächlich von kleinen Fischen, Fröschen und Wasserinsekten. Ihre Nester sind in Uferwände gegrabene Tunnel.

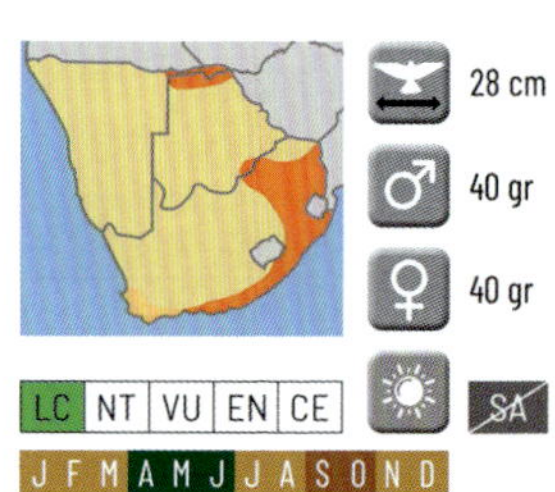

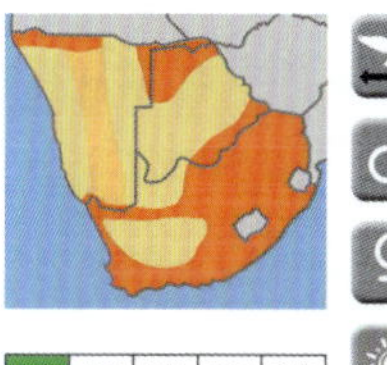

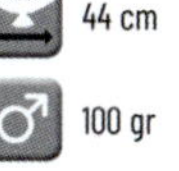

44 cm

100 gr

110 gr

SA

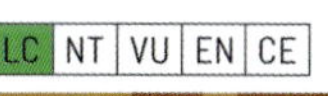

J F M A M J J A S O N D

Graufischer *(Ceryle rudis)* **Pied Kingfisher** *(28 cm)*
Das Federkleid ist komplett schwarz-weiß. Er rüttelt oft über der Wasseroberfläche, bevor er im Sturzflug seine Beute fängt. Bei den Männchen führen zwei schwarze Bänder über die Brust, bei den Weibchen und Jungtieren ist es nur eines und nicht durchgehend. Sie halten sich gerne in wasserreichen Gebieten, Mangroven, Sümpfen und bei Flüssen auf. Graufischer nisten in kleinen Tunneln, die sie in Flussböschungen oder Erdwälle etwas abseits des Wassers graben.

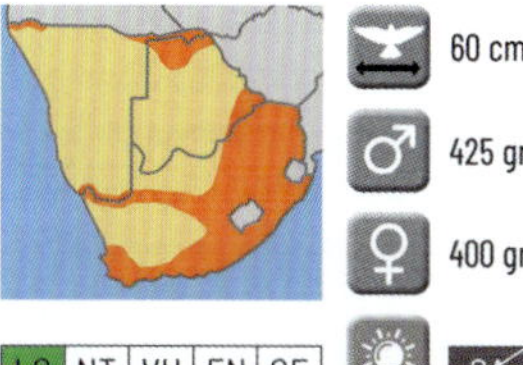

J F M A M J J A S O N D

Riesenfischer *(Megaceryle maxima)* **Giant Kingfisher** *(44 cm)*
Sein Kopf ist dunkelgrau, die Flügel sind wie der Bauch grauweiß gesprenkelt, die Brust ist rotbraun. Die Brust und Kehle des Weibchens sind grau gefleckt, der Bauch ist bis zum Schwanz rotbraun. Sie sind die größten Eisvögel Afrikas. Fische, Frösche und Krabben sind ihre Hauptnahrung. Sie halten sich häufig in wasser- und waldreichen Gebieten auf, am liebsten an stark strömenden Flüssen. Gräbt zum Nisten oft kleine Tunnels in Uferböschungen an Flüssen.

Bienenfresser *Bienenfresser (Meropidae) gehören zu den Rackenvögeln (Coraciiformes). Diese Familie umfasst 26 Arten, eingeteilt in drei Gattungen. Es sind sehr farbenprächtige Vögel bei denen grüne, blaue und gelbe Tönungen dominieren. Man sieht sie fast immer paarweise oder in Gruppen. Im Flug fangen sie Bienen und Wespen als Hauptnahrung. Um deren Stachel zu entfernen, schlagen sie diese gegen etwas Hartes. Bienenfresser haben einen relativ langen, nach unten gebogenen Schnabel und eine ähnliche Flugtechnik wie Schwalben. Die Geschlechter unterscheiden sich äußerlich nicht (einige Arten haben verlängerte Steuerfedern, die bei den Weibchen kürzer sind). Die Jungtiere sind blasser. Sie rufen ständig und halten so Kontakt zueinander. Sie nisten in Gruppen in selbstgegrabenen Tunneln in Flussböschungen oder Erdwällen.*

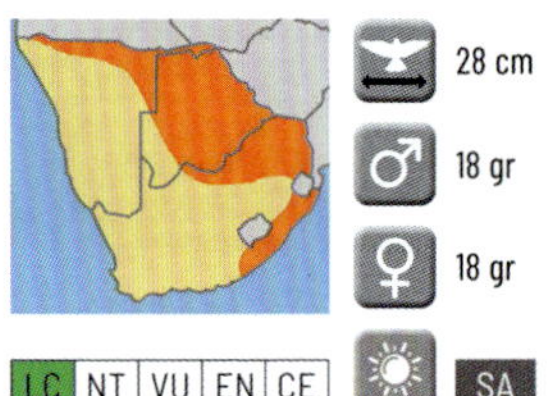

J F M A M J J A S O N D

Zwergspint

(Merops pusillus)

Little Bee-eater *(16 cm)*

Vom Scheitel bis über die Flügel und den Schwanz ist dieser kleinste Bienenfresser grün (die Ränder der Arm- und Handschwingen sind braun). Vom Schnabel verläuft eine schwarze Maske bis weit hinter die roten Augen mit schmalen, blauen Augenbrauen. Die Kehle ist gelb mit einem dunkelbraunen Fleck. Die Brust leuchtet gelb und orangefarben. Am häufigsten halten sie sich in Wassernähe auf.

Schwalbenschwanzspint

(Merops hirundineus) **Swallow-tailed Bee-eater** *(23 cm)*

Wegen seiner im Flug auffälligen gegabelten Steuerfedern wird er oft mit einer Schwalbe verwechselt. Dieser Spint ist überwiegend grün. Unter der schwarzen Maske mit roter Iris und blauer Augenbraue, ist sein gelber Hals blau umrandet. Die Flügel sind rötlich braun, die Ränder der Armschwingen sind dunkelbraun. Bauch und Steuerfedern sind blaugrün, die Unterschwanzdecken blau. Bewaldete Savannengebiete, Halbwüsten und Flusswälder bilden seinen Lebensraum.

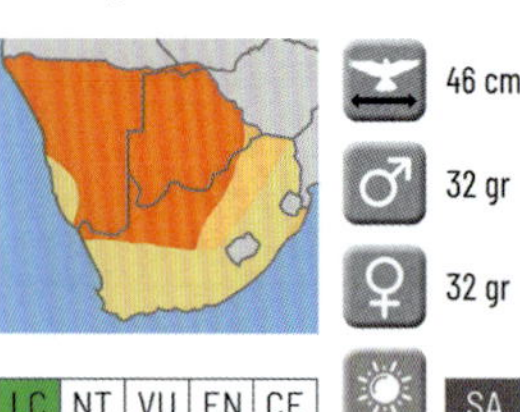

J F M A M J J A S O N D

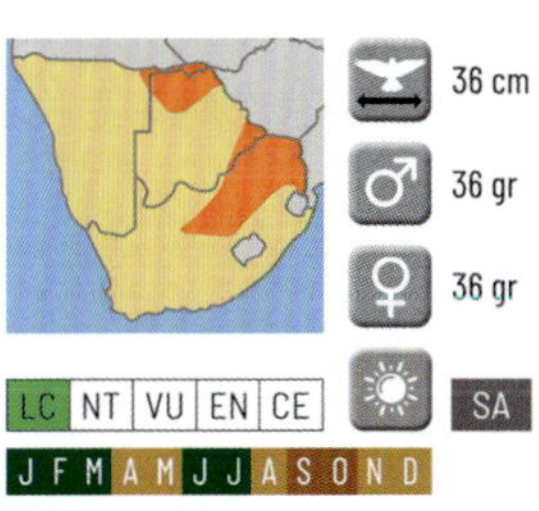

Weißstirnspint

(Merops bullockoides) **White-fronted Bee-eater** *(23 cm)*
Dieser Spint hat eine weiße Stirn, Hinterkopf, Brust und Bauch sind orange-braun. Die Kehle ist rot. Unter der Maske ist ein Teil des Halses weiß. Die Unterschwanzdecken sind blau. Der Vorderrücken ist heller grün als die Flügel. Die Unterseite der Schwanzfedern ist dunkelblau bis schwarz. Sein Lebensraum umfasst abwechslungsreiche Wälder entlang von Flüssen oder Bächen und felsige Hügel mit Buschland.

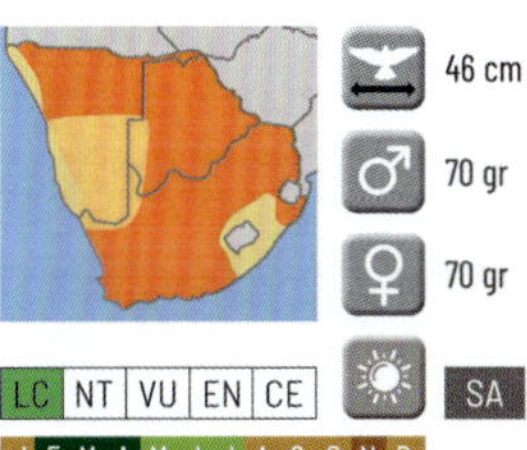

Bienenfresser

(Merops apiaster)
European Bee-eater *(28 cm)*
Meist Sommergast. Ihr Gefieder ist auffallend vielfarbig: ab dem Bauch blau bis zu einem schwarzen Band unter der gelben Kehle. Über den roten Augen hat er blaue Augenbrauen und eine schwarze Maske. Sie sind vom Scheitel bis zu ihrem gelben Rücken rostbraun, Flügel und Schwanz rostbraun und blau. Ihr Lebensraum ist vielfältig, bevorzugt werden jedoch Savannen mit blattbehaltenden Bäumen. Sie sind sehr gute Flieger, wirken hingegen auf dem Boden eher unbeholfen. Die Farbe des Weibchens kann etwas blasser sein. Die Jungvögel sind immer blasser. In Teilen Südafrikas und Namibias gibt es eine kleine dauerhafte Population.

46 cm
♂ 55 gr
♀ 55 gr
LC NT VU EN CE
SA
J F M A M J J A S O N D

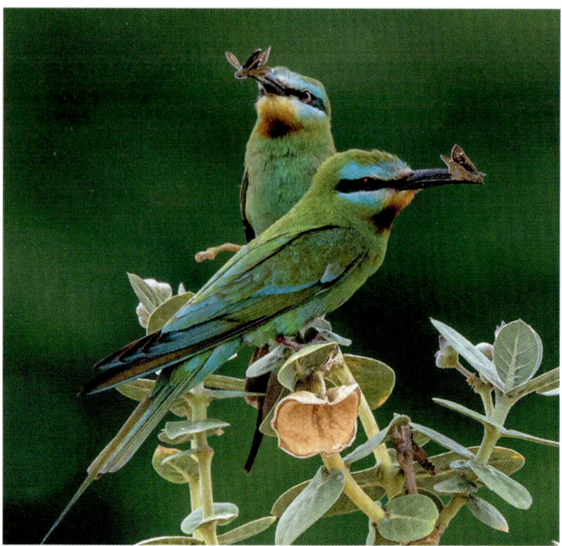

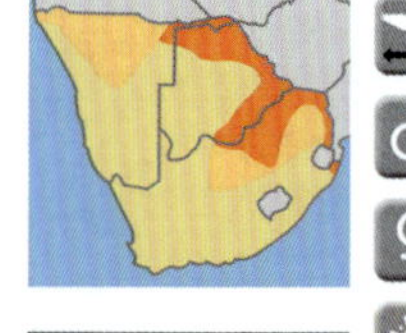

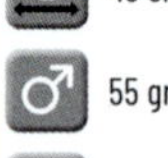

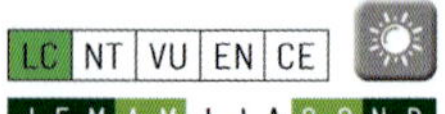

Blauwangenspint

(Merops persicus)

Blue-cheeked Bee-eater *(24 cm)*

Sommergast. Über und unter der für Bienenfresser typischen schwarzen Maske sind die Federn bis zum grünen Scheitel hellblau. Die Kehle ist gelb und unten orangefarben. Die Rücken- und Bauchpartie ist überwiegend grün, ebenso wie der Schwanz mit den 7 cm langen Steuerfedern. Die Iris des Weibchens ist eher orangefarben als rot, die Schwanzfedern sind etwas kürzer. Diese Art migriert über große Distanzen hinweg. Das Brutgebiet liegt hauptsächlich in Kleinasien. Sie lieben Libellen als Nahrung.

46 cm
♂ 55 gr
♀ 55 gr
LC NT VU EN CE
SA
J F M A M J J A S O N D

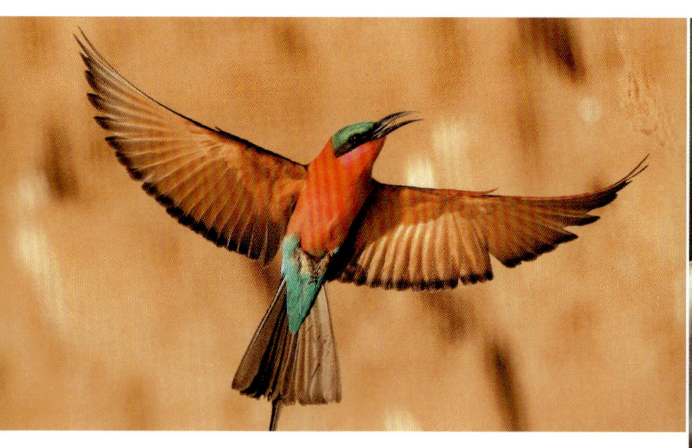

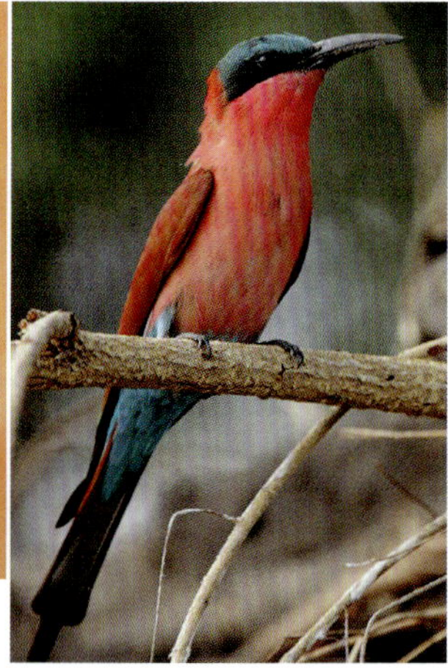

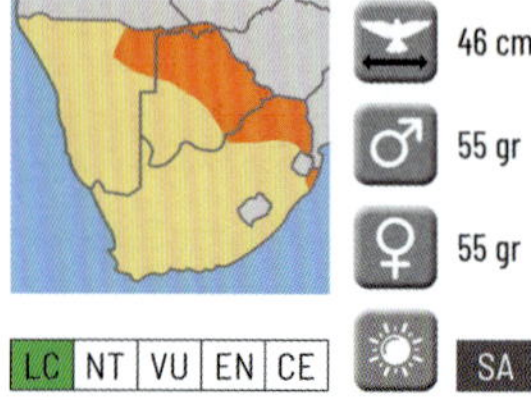

Südlicher Karminspint

(Merops nubicus)

Southern Carmine Bee-eater *(26 cm)*

Sommergast. Er ist karminrot, von der Brust bis zu den blauen Unterschwanzdecken. Der Scheitel ist blau. Vorderrücken und Flügel sind dunkler rot. Arm- und Handschwingen sind dunkelbraun.
Der Bürzel ist blau. Der lange Schwanz mit den 8 cm langen Steuerfedern ist rotbraun. Sie suchen ihre Nahrung, vorzugsweise Heuschrecken und Bienen, in bewaldeten Gebieten in Savannen. Für ihre Nester machen sie Löcher in Flussböschungen.

Racken *Racken (Coraciidae) sind bunte Vögel, die in zwei Gattungen und zwölf Arten unterteilt sind. Der englische Name „Roller" bezieht sich auf ihre Flugkapriolen in der Paarungszeit. Männchen und Weibchen sind äußerlich nicht zu unterscheiden. Rackenvögel ernähren sich hauptsächlich von Heuschrecken, Grillen und fliegenden Käfern. Zum Jagen suchen sie von einem Ast aus die Umgebung ab und stürzen sich dann blitzschnell auf ihre Beute. Sie leben monogam.*

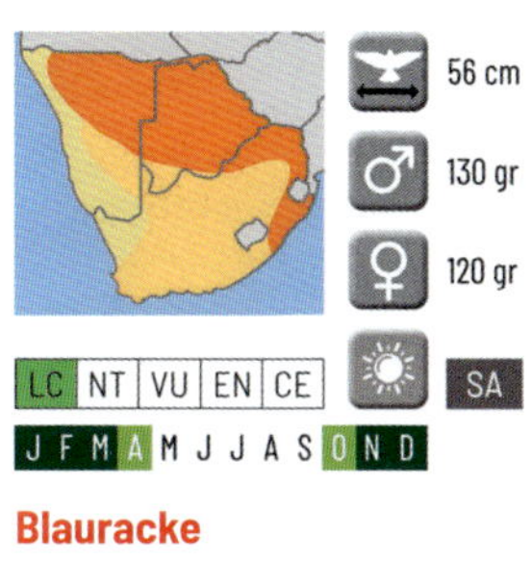

56 cm
♂ 130 gr
♀ 120 gr

LC NT VU EN CE

SA

J F M A M J J A S O N D

Blauracke

(Coracias garrulus)

European Roller *(31 cm)*

Sommergast. Der rostbraune Rücken endet in einem blauen Bürzel. Kopf und unteres Gefieder sind hellblau. Die Flügel sind azurblau, hellblau und kobaltblau. Sie lebt in Savannen und ernährt sich von großen Insekten, die sie von einem Ansitz aus ausspäht und am Boden erbeutet. Nach dem afrikanischen Sommer migriert sie nach Süd- und Osteuropa. Ihr Gewicht ist dann 40 g leichter als während ihrer Anwesenheit in den Brutgebieten.

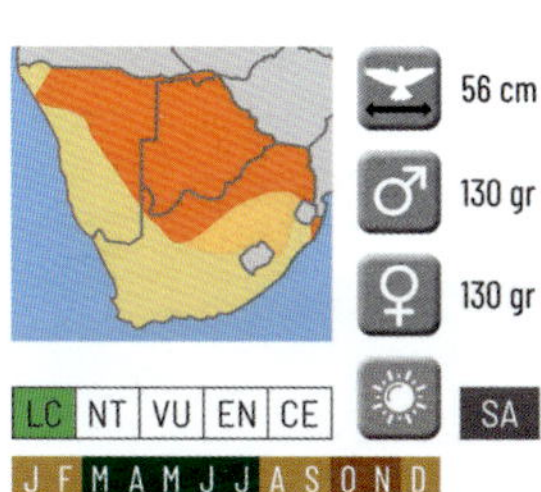

56 cm
♂ 130 gr
♀ 130 gr

LC NT VU EN CE

SA

J F M A M J J A S O N D

Gabelracke

(Coracias caudatus) **Lilac-breasted Roller** *(30 cm)*

Die Gabelracke ist eine weit verbreitete Racke. Ihr Gefieder ist außerordentlich bunt gefärbt: Die Brust und Nacken sind violett, der Bauch hellblau. Der Scheitel und Kehle sind weiß. Die Wangen sind manchmal orangefarben. Die Flügel eher bräunlich. Im Flug sind die kräftig blauen Flügel mit lilablauem Rand zu sehen. Der Schwanz hat 8 cm lange Schwanzfedern. Savannenbewohner.

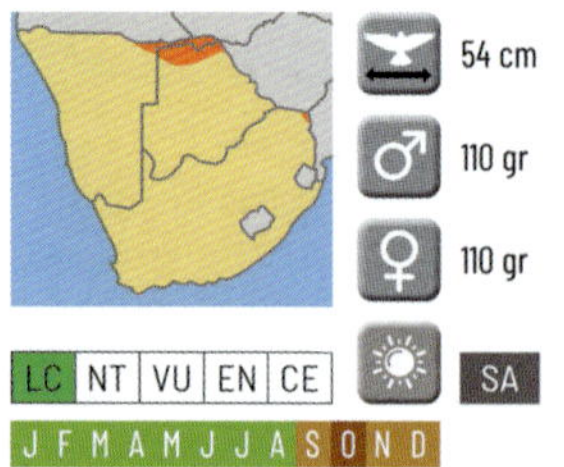

Spatelracke *(Coracias spatulatus)* **Racquet-tailed Roller** *(30 cm)*
Die Spatelracke hat viele Ähnlichkeiten mit der Blauracke (Weiß an Stirn und Kinn mit hellem Überaugenstreif), aber die Spatelracke hat Schwanzfedern, die in zwei Wimpeln enden. Ihr bevorzugter Lebensraum sind die Miombo-Savannen, weshalb sie in Sambia so häufig vorkommt. Sie kommt gelegentlich im nördlichen Botswana (Chobe-Nationalpark) und im Caprivizipfel in Namibia vor.

Strichelracke *(Coracias naevius)* **Purple Roller** *(38 cm)*

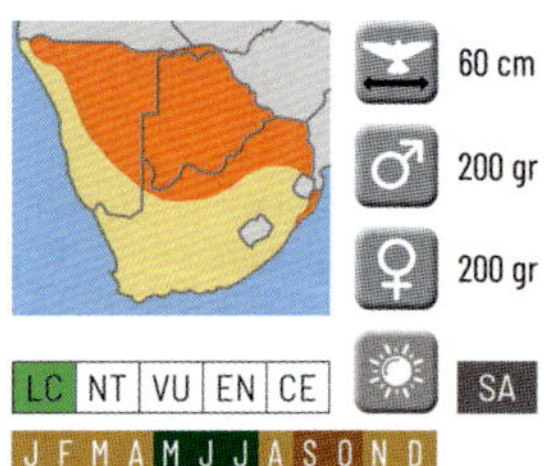

Unter einem rostbraunen Scheitel verlaufen breite weiße Augenbrauen zum schweren, dunkelgrauen Schnabel hin. Brust und Bauch sind violett-braun mit weißen, zerzausten Federn. Die Schultern sind oft blau. Der Vorderrücken ist leicht graubraun. Die Enden der Arm- und Handschwingen sind blau und grau, die großen Flügeldeckfedern rostbraun. Sie leben in kleinen Gruppen in Savannen mit felsigem Gelände. Man sieht sie nur selten paarweise. Sie nisten in natürlichen Höhlungen in Bäumen.

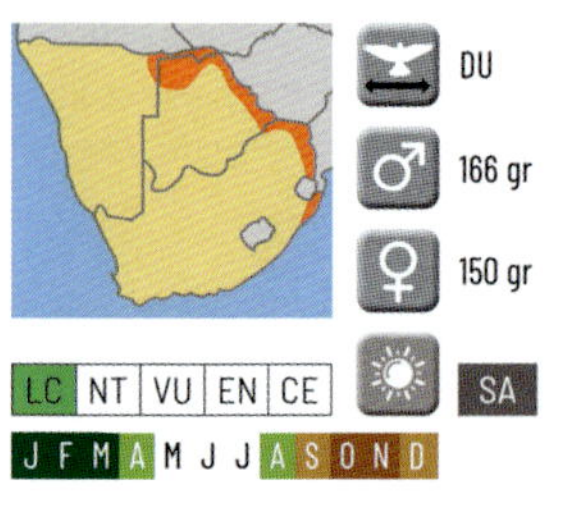

Zimtracke *(Eurystomus glaucurus)* **Broad-billed** oder **Cinnamon Roller** *(28 cm)*
Sommergast. Sie hat einen kurzen Schwanz, einen gelben Schnabel und hellviolette Wangen. Scheitel, Vorderrücken und Deckfedern sind rostbraun, der Rest der Flügel blau. Kehle, Brust und Bauch sind purpurrot oder lila. Unterschwanzdecken und Schwanzunterseite sind hellblau. Sie hält sich gerne in Wassernähe in waldreichen Gebieten und Savannen auf.

HORNVÖGEL & HOPFE *Bucerotiformes - Upupidae*

Wiedehopfe *Wiedehopfe (Upupidae) sind eine Familie die zur Ordnung der Bucerotiformes gehört. Die drei Arten dieser Familie haben wiederum verschiedene Unterarten, die sich jedoch nur wenig voneinander unterscheiden. Es besteht kein Konsens darüber, ob es sich bei allen um Unterarten von Upupa epops handelt. Sie ernähren sich von größeren Insekten, Larven, Insektenpuppen, Grillen und verschiedenen Käferarten. Obwohl das Federkleid des Weibchens etwas blasser ist, gibt es keine äußeren Unterschiede.*

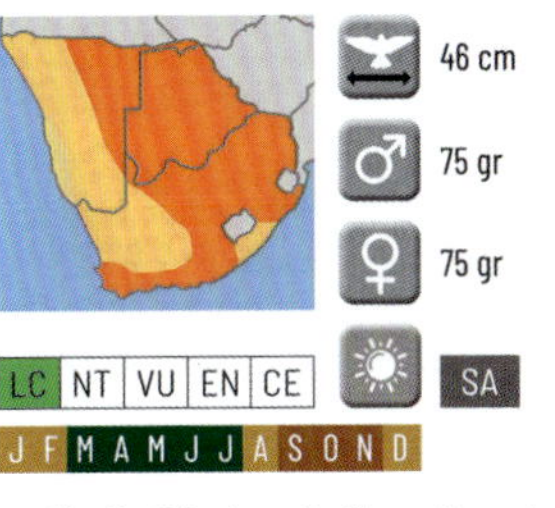

Afrikanischer Hopf

(Upupa africana)
African Hoopoe
(28 cm)
Er ist überwiegend rötlich braun, hat eine schwarz gefleckten Haube und helle Bänder, die über die schwarzen Flügel laufen. Er bevorzugt trockenere bewaldete Savannen. Er frisst hauptsächlich Insekten und Larven. Mit ihren langen Schnäbeln stochern sie im Boden und in Baumstämmen.

HORNVÖGEL & HOPFE *Bucerotiformes - Phoeniculidae*

Baumhopfe *Zur Ordnung der Bucerotiformen gehört die Familie der Baumhopfe (Phoeniculidae). In Afrika kommen neun verschiedene Arten von Baumhopfen vor. Bis auf die Größe und den kürzeren Schnabel des Weibchens, gibt es nur kleine äußerliche Unterschiede zwischen den Geschlechtern. Sie fressen Insekten, Termiten, Grillen, Larven und Spinnen, aber auch Früchte und Samen. Sie sind monogam und man sieht sie meist in lauten Gruppen. Einige Baumhopfe werden auch als „Kakelaare" bezeichnet.*

Baumhopf *(Phoeniculus purpureus)* **Green Woodhoopoe** *(38 cm)*
Der Scheitel und ein Teil des Rückens sind blau oder blaugrün und haben oft einen violetten Schimmer. Sie haben einen roten gekrümmten Schnabel und der Schwanz ist auf der Unterseite weiß gebändert. Über die Flügel verlaufen ebenfalls weiße parallele Bänder. Baumhopfe machen viel Lärm und leben in Familien von etwa zehn Vögeln in waldreichen Gebieten, sie vermeiden jedoch zu trockene Zonen. Wenn das Essen knapp ist, nistet nur das dominante Paar, der Rest der Familie kümmert sich um die Nahrungsbeschaffung. Im Nordwesten Namibias lebt der **Steppenbaumhopf** *(Phoeniculus damarensis)* **Violet Wood-Hoopoe** *(38 cm)*, dessen Kopf und Vorderrücken violett statt blaugrün gefärbt sind.

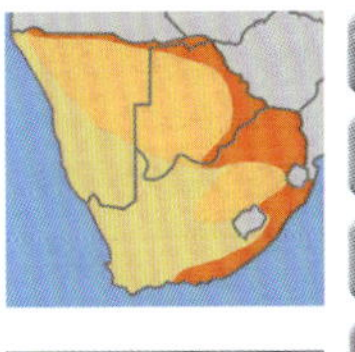

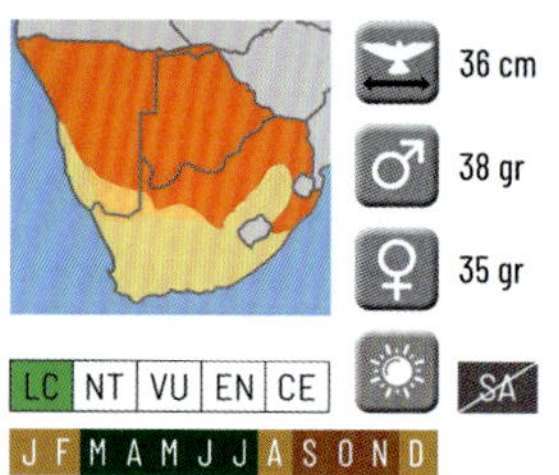

Sichelhopf

(Rhinopomastus cyanomelas) **Common Scimitar-bill** *(30 cm)*
Es sind die Underarten *R. c. schalowi* und *R.c. cyanomelas* die Sie in diesen Ländern finden können. Baumhopfe haben einen langen gebogenen Schnabel (scimitar-bill). Das Rückengefieder ist dunkel und schillert in verschiedenen Blau- und Magenta-Tönen. Der Unterkörper ist fast schwarz. Er hat weiße Flecken auf den Armschwingen und auf der Unterseite der Schwanzfedern. Das etwas kleinere Weibchen ist an Bauch und Wangen braun. Abgesehen von ein paar Flecken hat ihr Schwanz keine weißen Streifen. Die Deckfedern der Handschwingen haben ein weißes Band und die Finger sind schmutzig weiß.

HORNVÖGEL & HOPFE *Bucerotiformes - Bucerotidae*

Nashornvögel *Diese Vögel gehören zur Ordnung der Hornvögel und Hopfe (bucerotiformes). Sie alle haben einen auffallend schweren Schnabel. Die Geschlechter unterscheiden sich nur geringfügig. Sie fressen Insekten, Beeren, Früchte, Larven und auch Frösche und andere kleine Reptilien. Man sieht sie oft in Gruppen. Besonders die Hornvögel leben meist monogam. Die meisten Arten suchen ihre Nahrung auf dem Boden. Den meisten Arten ist gemein, dass sich das Weibchen in der Bruthöhle bis auf einen schmalen Spalt „einmauert". Das Männchen bringt dann über lange Zeit das Futter.*

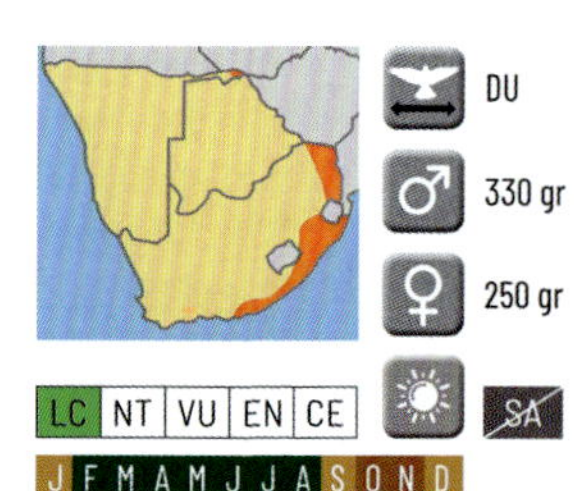

Kronentoko

(Tockus alboterminatus)
Crowned Hornbill *(50 cm)*
Der Kronentoko ist in Bezug auf den Lebensraum wählerischer als die übrigen Tokos. Er bevorzugt Küstengebiete sowie wasserreiche Gegenden bis 2600 m Höhe. Sie meiden zu trockene Savannen. Er hat einen roten oder orangen Schnabel und weiße Brustfedern. Rücken- und Flügel sind braun. Die kurze Haube ist schwarz-weiß gesprenkelt. Ein weiteres Merkmal ist der gelbe Rand an der Schnabelwurzel.

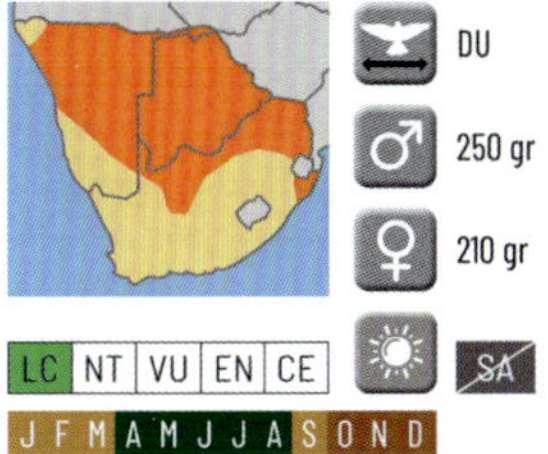

Grautoko *(Lophoceros nasutus)* **African Grey Hornbill** *(48 cm)*
Der einzige Toko mit hellbraunem Gefieder, nur an Hals und Kopf ist er grau. Sein Schnabel ist überwiegend schwarz, beim Weibchen rot und gelb. Die Flügel sind hell- und dunkelbraun geschuppt. Beide haben lange weiße Augenbrauen. Von der Brust bis zum Unterschwanz sind sie beigefarben. Spärlich bewachsene Savannen und Laubwälder, Halbwüsten und Weidefelder bilden ihren Lebensraum. Blattverlust ist ihr Auftakt zur Migration, und er bestimmt auch ihr Vorkommen und die Brutzeit. Bei der Unterart *(L. n. epirhinus)*, unterscheidet sich das Männchen durch den beigen statt des weißen Flecks auf dem Oberschnabel.

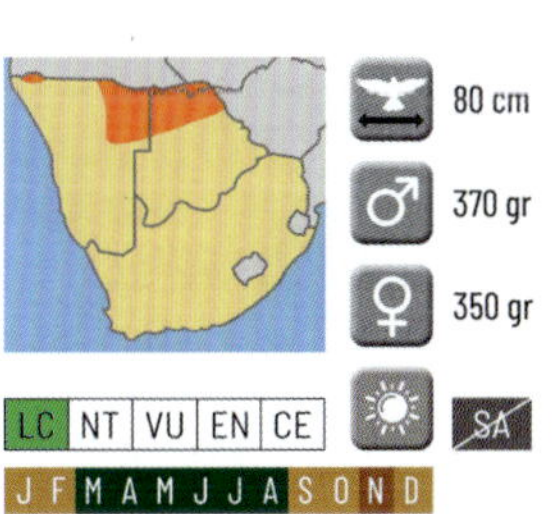

Felsentoko
(Lophoceros bradfieldi)
Bradfield's Hornbill *(50 cm)*
Wie der Kronentoko hat auch der Felsentoko einen orangefarbenen Schnabel (ohne Brücke), der am Anfang gelb ist. Er ist überwiegend grau mit hellbraunen Akzenten. Der Unterkörper ist schmutzig weiß. Ihr Schnabel ist etwas schmaler, und die länglichen hellgrauen Augenstreife am Hals des Männchens sind bei ihr kaum sichtbar. Sie bevorzugen verschiedene Arten von Wäldern auf sandigem Boden.

Monteirotoko *(Tockus monteiri)* **Monteiro's Hornbill** *(50 cm)*
Der lange orangefarbene Schnabel des Männchens endet in einem türkisfarbenen Kehlfleck (beim Weibchen fehlt der Fleck). Dieser Toko ist endemisch im Nordwesten Namibias und in einem kleinen Teil Angolas. Trockene Buschsavannen, z. B. im Etosha-Nationalpark, vor allem in der Nähe von felsigen Hügeln, sind sein bevorzugter Lebensraum. Wie alle Tokos ist auch der Monteiro-Toko ein Höhlenbrüter.

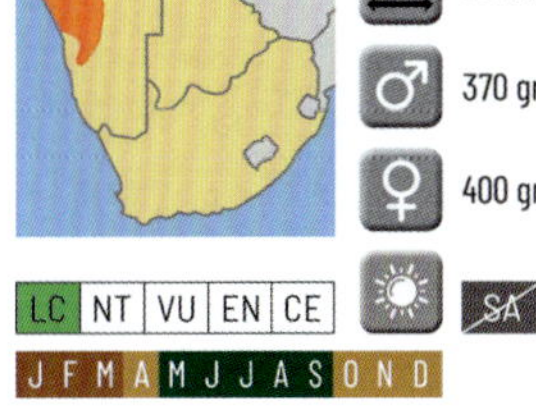

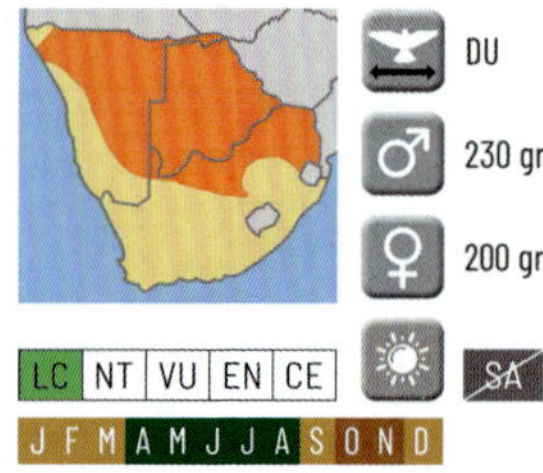

Südlicher Gelbschnabeltoko

(Tockus leucomelas) **Southern Yellow-billed Hornbill** *(40 cm)*
Er ist sehr weit verbreitet und bevorzugt trockenere Gebiete bis 1400 m Höhe. Der schwere Schnabel ist bei beiden Geschlechtern überwiegend gelb. Ein flacher First verläuft entlang des Oberschnabels, der bei den Weibchen kürzer ist. Die Tokos sind relativ zahm und echte "Krachmacher". Außerhalb der Brutzeit leben sie in der Regel als Einzelgänger. Sie kümmert sich um die Brut, er verteidigt verbissen sein Revier und bringt den ganzen Tag über Futter ins Nest. Sie wiederum hält das Nest sauber, indem sie alle Ausscheidungen sorgfältig entfernt.

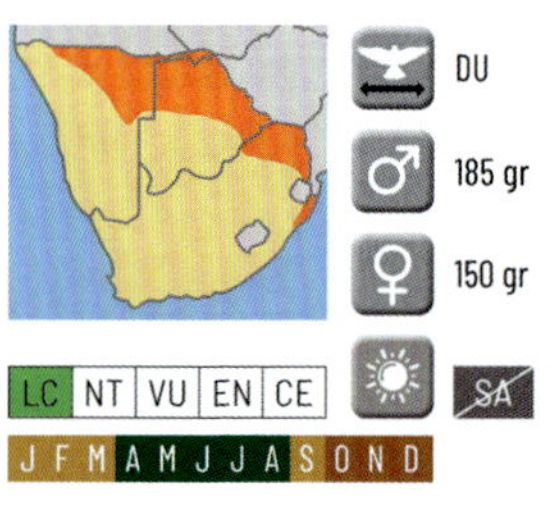

Südlicher Rotschnabeltoko

(Tockus erythrorhynchus)
Red-billed Hornbill *(35 cm)*
Er ist der kleinste Toko. Sein gebogener Schnabel ist rot und schwarz (beim Weibchen viel weniger). Die geschuppten Flügelfedern sind schwarz und weiß. Seine Federn sind am Hals und an der Brust gräulich und über dem Bauch bis zum Schwanz weiß. Er bevorzugt niedrig bewachsene Gebiete wie Savannen mit trockenen dornigen Sträuchern.

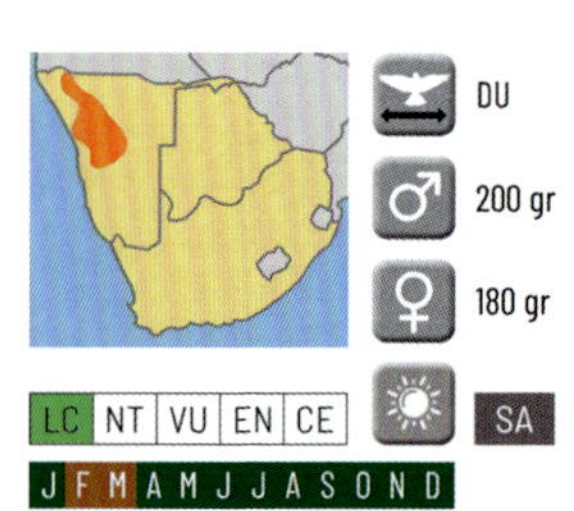

Damara-Rotschnabeltoko

(Tockus damarensis) **Damara Red-billed Hornbill** *(35 cm)*
Er sieht aus wie der Rotschnabeltoko und wurde lange Zeit als

Unterart angesehen. Weitere Untersuchungen ergaben, dass der Schnabel und die Flügel länger sind und ein weißer Kopf beim Damaratoko eher die Regel als die Ausnahme ist. Auch die vom Damaratoko ausgetauschten Laute unterscheiden sich von denen des Rotschnabeltokos. Er unterscheidet sich vom Monteirotoko dadurch, dass seine Brust weiß ist, nicht fast schwarz. Er bevorzugt trockene Gebiete mit spärlicher Vegetation im Süden Angolas und im zentralen und nördlichen Namibia.

Trompeterhornvogel *(Bycanistes bucinator)* **Trumpeter Hornbill** *(55 cm)*
Ein mittelgroßer Nashornvogel. Das Gefieder ist dunkelblau bis schwarz. Der Schnabel ist dunkelgrau bis schwarz (beim Weibchen sind das Schnabelhorn und der Schnabel kürzer). Die Haut um die Augen ist in beiden Fällen rot. Die Brust ist schwarz und der Bauch ist weiß. Sie sind in bewaldeten Gebieten anzutreffen, die von Küstengebieten und Flusswäldern bis zu Berghängen in einer Höhe von bis zu 2200 m reichen. Sie bauen ihre Nester in großen Gruppen, manchmal bis zu 100 Brutpaare. Ihre Hauptnahrung besteht aus Früchten, insbesondere Feigen.

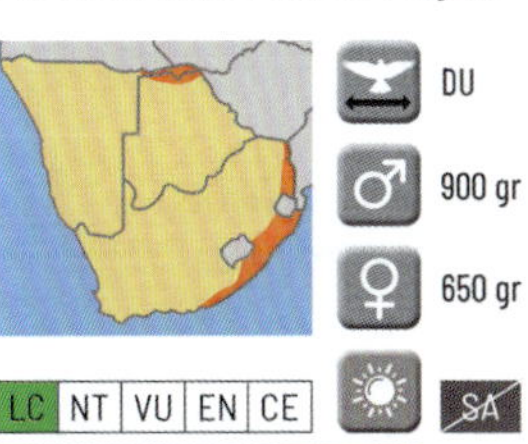

DU
900 gr
650 gr
SA

LC | NT | VU | EN | CE

J F M A M J J A S O N D

Südlicher Hornrabe *(Bucorvus leadbeateri)* **Southern Ground-Hornbill** *(100 cm)*
Der Südliche Hornrabe hat einen roten Kehlsack und einen roten Ring um die Augen. Bei den Weibchen ist der Kehlsack zum Teil blau. Ihr Gefieder ist dunkelbraun, die Beine sind grau. Ein Teil der Arm- und Handschwingen ist weiß. Sie scharren in Gruppen von etwa 5 bis 8 Familienmitgliedern in etwas feuchterem Grasland bis 3000 m hoch. Ihre Nahrung besteht aus Samen und Insekten bis hin zu Reptilien und Hasen. Alle Familienmitglieder unterstützen das Alphapaar bei der Brutpflege.

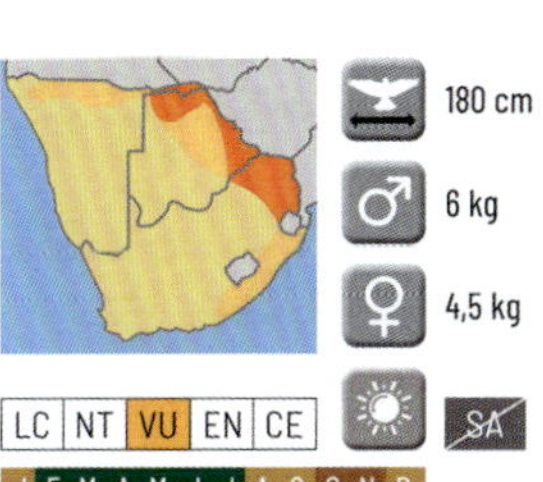

180 cm
6 kg
4,5 kg
SA

LC | NT | VU | EN | CE

J F M A M J J A S O N D

Honinganzeiger *Sie gehören zur Ordnung der Spechtvögel. Die meisten Arten lassen sich nur durch ihren Gesang und ihre Größe voneinander unterscheiden. Seine Strategie zur Beschaffung von Bienenwachs und Bienenlarven ist einzigartig. Mit seinen lauten Rufen und kurzen Flugmanövern führt er Menschen, Paviane, Honigdachse oder Mangusten zu Bienennestern, wartet, bis diese die Nester öffnen, und frisst danach das Wachs und die Larven. Wissenschaftliche Belege für dieses Verhalten stehen noch aus, weil dies lokal auftritt und nicht auf die Art im allgemeinen Sinne zurückgeführt werden kann. Sie ziehen ihre Jungen nicht selbst auf, sondern legen die Eier in das Nest anderer insektenfressender Vogelarten.*

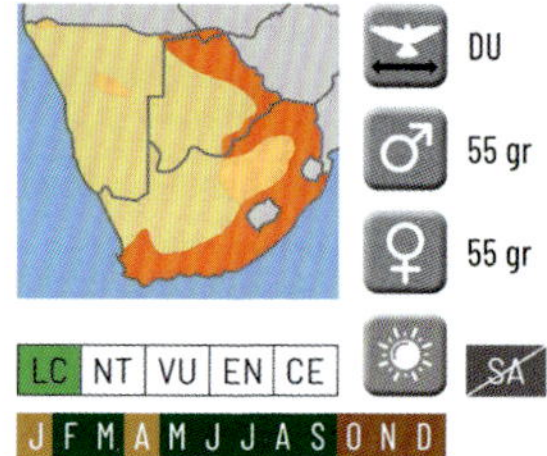

DU
♂ 55 gr
♀ 55 gr
LC NT VU EN CE
SA
J F M A M J J A S O N D

Schwarzkehl-Honiganzeiger

(Indicator indicator)

Greater Honeyguide *(20 cm)*

Der einzige Honiganzeiger, bei dem das erwachsene Männchen einen hellrosafarbenen Schnabel hat. Die Wangen sind weiß und die Kehle ist schwarz und er hat einen kleinen gelben Fleck auf der Schulter. Von der Brust bis zum Schwanz ist er gebrochen weiß. Die Beine sind schwarz. Das Weibchen hat einen schwarzen Schnabel, Kopf, Rücken und Flügel sind überwiegend graubraun. Von der Kehle bis zum Unterschwanz ist sie gebrochen weiß. Ihr Lebensraum umfasst Wälder, Auwälder, Trockengebiete mit Sträuchern und Plantagen. Die Brutzeit hängt von ihren Vogelwirten ab, wählerisch sind sie diesbezüglich nicht.

DU
♂ 40 gr
♀ 40 gr
LC NT VU EN CE
SA
J F M A M J J A S O N D

Nasenstreif-Honiganzeiger

(Indicator minor)

Lesser Honeyguide *(15 cm)*

Es kommen acht Unterarten des Honiganzeigers über ganz Afrika verteilt vor. Wie alle anderen Honigsucher hat auch dieser *(I. m. conirostris* und *I.m. riggenbachi)* eine cremefarbene Brust und ein olivgrün-gelbliches Gefieder bis zum Unterschwanz. Kopf und Vorderrücken sind überwiegend grau. Der Schnabel ist schwarz mit einem dunklen Schnabelstreifen bis zu den Wangen. Sie halten sich meist in der Nähe von Grasland und an Waldrändern auf, wo die Bäume nicht zu dicht stehen.
Der etwas größere **Strichelstirn-Honiganzeiger** *(Indicator variegatus)* **Scaly-throated Honeyguide** *(18 cm)* bewohnt etwa das gleiche Gebiet. Er unterscheidet sich durch die gefleckte Kehle vom Nasenstreif-Honiganzeiger.

SPECHTVÖGEL *Piciformes - Lybiidae*

Bartvögel *Afrikanische Bartvögel bilden eine Vogelfamilie (Lybiidae) mit 42 Arten aus der Ordnung der Spechtvögel. Sie sind eher stämmig gebaut und haben einen relativ großen Kopf und einen schweren Schnabel. Bei manchen Arten sind die Schnabelkanten gezackt. Nur wenige von ihnen haben einen „Bart" (Federn unter dem Schnabel). Die meisten Arten findet man oft in Feigenbäumen und in anderen fruchttragenden Bäumen. Aber auch Insekten, Wirbellose und Samen gehören zu ihrer Nahrung. Die meisten Bartvögel hacken ein Nest aus altem Holz. Die kleineren Arten wie die Zwergbärtlinge ernähren sich hauptsächlich von Mistelbeeren, Früchten, Nektar und Insekten. Manche Paare singen im Duett. Dieses Verhalten dient nicht dazu, sich gegenseitig zu erfreuen, sondern andere Paare von ihrem Territorium fernzuhalten. Die Geschlechter sind äußerlich identisch oder unterscheiden sich nur wenig.*

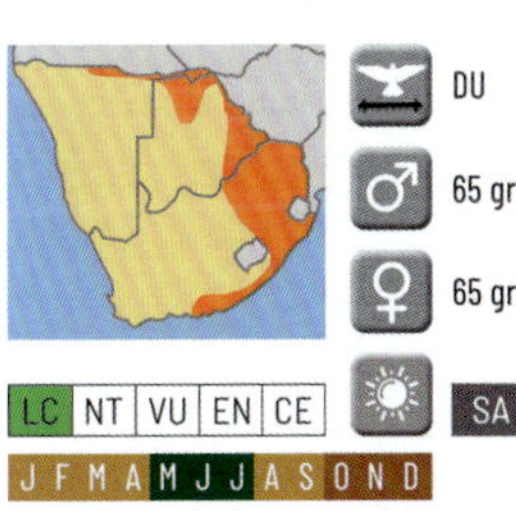

Halsband-Bartvogel

(Lybius torquatus) **Black-collared Barbet** *(19 cm)*
Das Rot zieht sich von der Stirn über die Wangen bis hinunter zum Hals. Vom Hinterkopf bis zur Brust ist er schwarz. Die Flanken und der Bauch sind schmutzig weiß oder gelblich. Es gibt auch seltenere Varianten mit rot-orangem Kopf und gelbem Kopf. Dieser Bartvogel zählt zu den Arten mit gezahntem Schnabel. Sie bevorzugen eine Umgebung mit fruchttragenden Bäumen. Sie meiden übermäßig trockene Gebiete und dichte Wälder.

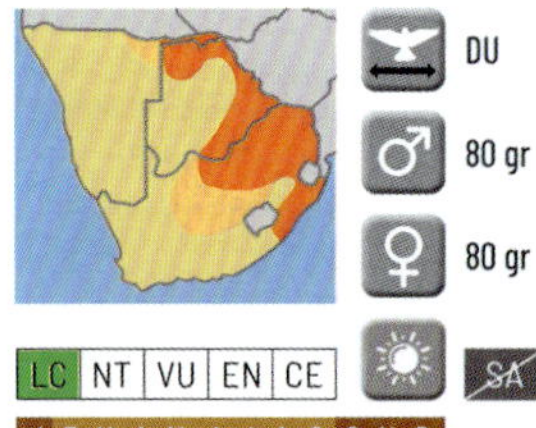

Hauben-Bartvogel

(Trachyphonus vaillantii)

Crested Barbet *(24 cm)*

Auf dem gelben Kopf mit rosiger Stirn und rosigen Wangen haben beide Geschlechter eine schwarze Haube (bei ihr kleiner). Der Hinterkopf ist schwarz bis zum Vorderrücken und dieser hat weiße Akzente. Die schwarzen Flügel haben auch weiße Akzente. Brust und Bauch sind gelb, der Bürzel ist rot und über den Schwanz verlaufen weiße Streifen. Hauben-Bartvögel bewohnen sehr unterschiedliche Lebensräume: waldreiche Gebiete, Savannen und Gärten am Rand von Städten und Dörfern. Die Art ist weit verbreitet. Der Hauben-Bartvogel hat einen ungezahnten Schnabel.

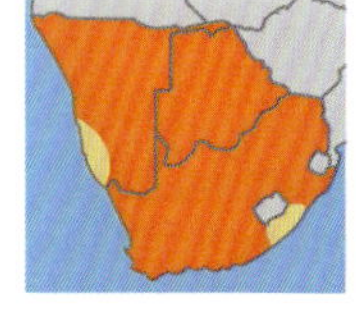

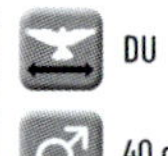

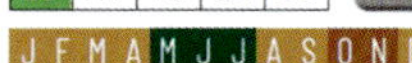

Rotstirn-Bartvogel

(Tricholaema leucomelas)

Acacia Pied Barbet *(17 cm)*

Unter der schwarzen Kehle ist der Unterkörper bis zum Schwanz schmutzig weiß. Das Schwarz des Rückens läuft über den Scheitel bis zu einem roten Fleck oberhalb des Schnabels. Er hat oberhalb einer schwarzen Maske weiße und gelbe Augenstreife und auf den Flügeln gelbe Akzente. Er besucht Obstplantagen und Parks, in der Wildnis ist er ein Savannenbewohner. Gehört zu den Arten mit ungezahntem Schnabel.

Feuerstirn-Bartvogel

(Pogoniulus pusillus)

Red-fronted Tinkerbird *(11 cm)*

Er sieht aus wie der Gelbstirn-Bartvogel, hat aber einen roten Fleck auf der Stirn. Ansonsten hat er das charakteristische Gefieder des Zwergbärtlings:

18 cm
18 gr
18 gr

LC NT VU EN CE SA

J F M A M J J A S O N D

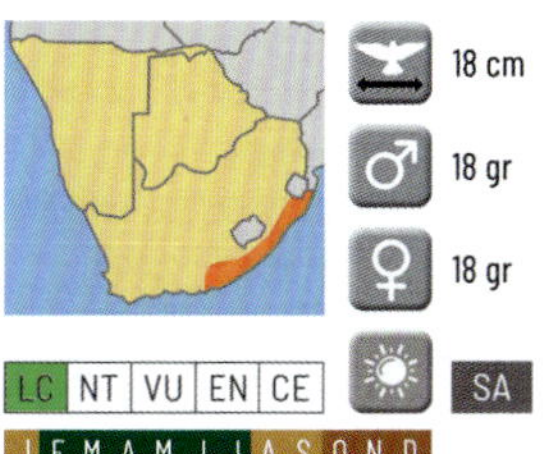

kurzer Schwanz, breite schwarze Streifen quer über den Kopf und in diesem Fall ein weißer bis zartgelber Unterkörper und gelbe Akzente auf den Flügeldeckfedern. Sie ernähren sich von Früchten und kleinen Insekten, die sie vor allem in trockenen Waldgebieten und entlang der Flussvegetation in Halbwüsten suchen.

18 cm
18 gr
18 gr

LC NT VU EN CE SA

J F M A M J J A S O N D

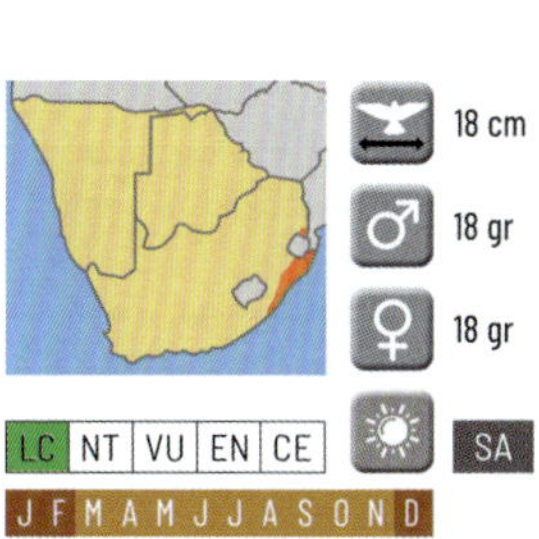

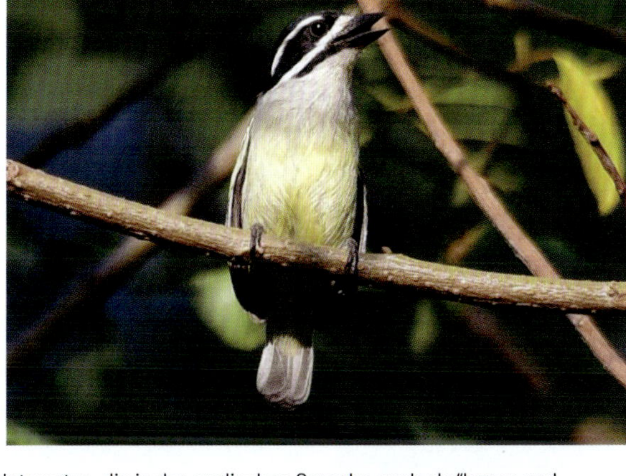

Goldbürzel-Bartvogel

(Pogoniulus bilineatus)

Yellow-rumped Tinkerbird

(11 cm)

Dieser Zwergbärtling hat mehrere Unterarten, die in der englischen Sprache auch als "lemon und "golden-rumped" bekannt sind. Sie alle haben einen gelben Bürzel. Die Rückenpartie ist fast schwarz mit gelben Akzenten auf den großen und kleinen Flügeldeckfedern. Die Kehle ist weiß, die Brust hellgrau und wird zum Bauch hin bis zum Unterschwanz cremig gelb. Besonders Waldränder sowie Ufer mit Wäldern und Sträuchern bilden ihren Lebensraum. Sie ernähren sich hauptsächlich von Früchten.

18 cm
18 gr
18 gr

LC NT VU EN CE SA

J F M A M J J A S O N D

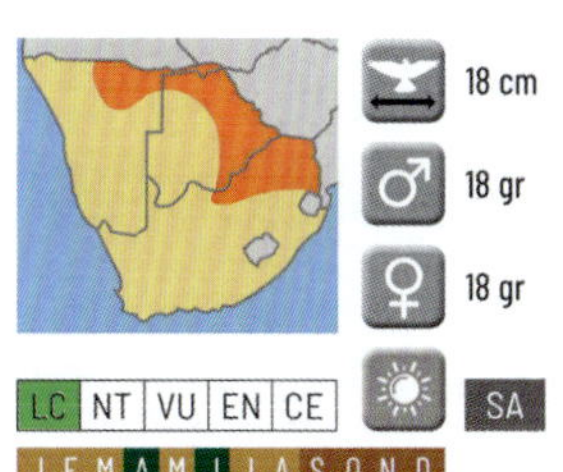

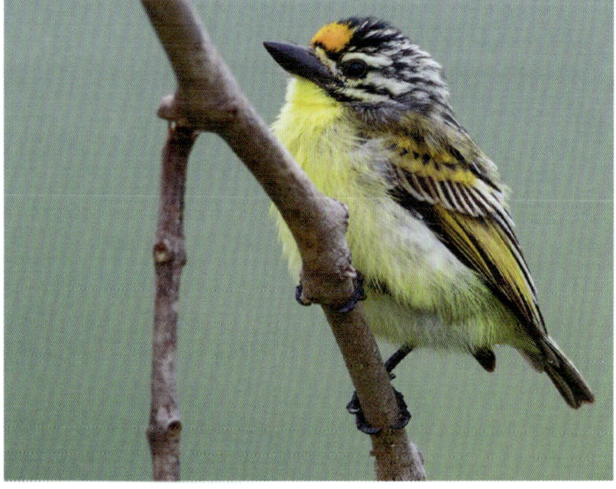

Gelbstirn-Bartvogel

(Pogoniulus chrysoconus)

Yellow-fronted Tinkerbird

(11 cm)

Auch dieser Zwergbartvogel gleicht seinen Artgenossen, unterscheidet sich jedoch durch seine gelbe Stirn. Im Übrigen hat er das typische Gefieder des Zwergbärtlings: kurzer Schwanz, breite schwarze Streifen über den Kopf und der Unterkörper ist gelb. Sie bewohnen Trockengebiete mit Sträuchern, spärlich bewachsene Waldgebiete und bewaldetes Grasland. Sie ernähren sich hauptsächlich von Obst und kleine Insekten.

Spechte *Spechte sind eine Familie von kleinen bis mittelgroßen Vögeln mit scharfen Schnäbeln. Ihre beiden mittleren Zehen zeigen nach vorne, die beiden äußeren nach hinten. Sie leben meist in Bäumen und benutzen ihren scharfen Schnabel und ihre lange, klebrige Zunge zur Erbeutung von Insekten aus Baumrinden. Ihr steifer Schwanz dient dabei als Stütze. Sie leben meist paarweise und hacken ihr Nest aus einem Baumstamm. Zu dieser Familie gehören drei Unterfamilien: Wendehals, Zwergspechte und Echten Spechte. Es werden derzeit circa 225 Arten zur Familie der Spechtvögel gerechnet. Geschlechtsspezifische Merkmale gibt es kaum. Bei den Weibchen fehlt die rote Markierung am Kopf oft ganz oder teilweise.*

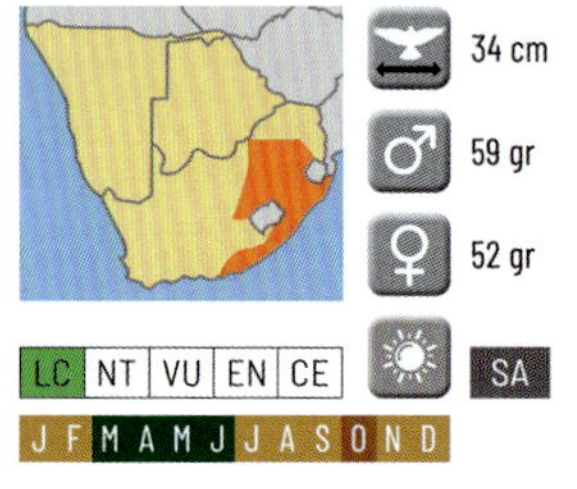

Braunkehl-Wendehals

(Jynx ruficollis) **Red-throated** oder **Rufous-necked Wryneck** *(19 cm)*

Der typische Spechtkopf mit dem auffälligen Schnabel fehlt bei diesem Wendehals. Hals und Unterschwanzdecken sind rotbraun. Brust und Bauch sind weiß mit kleinen schwarzen Flecken. Kopf, Rücken und Flügel sind braun. Die Flügel sind zudem mit dunklen Flecken versehen. Er ernährt sich vor allem von Ameisen. Diese sucht er am liebsten inmitten trockener Savannen mit Baumwuchs.

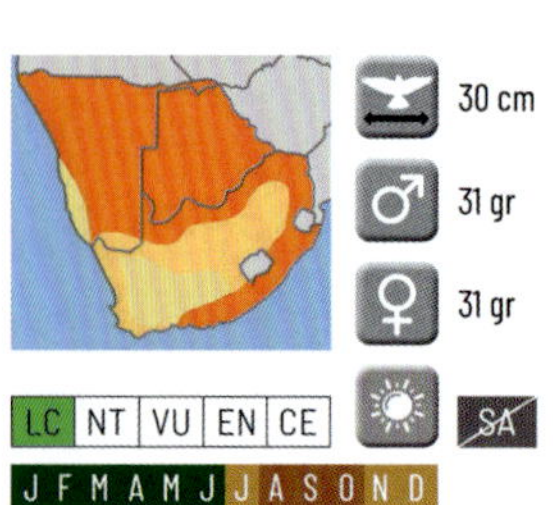

Kardinalspecht

(Dendropicos fuscescens)

Cardinal Woodpecker *(15 cm)*

Es gibt neun Untersorten des Kardinalspechts. Mehrere dieser Spechte findet man in diesem Teil Afrikas. Er gehört zu den kleinsten Spechten und ist der meistvorkommende Specht Afrikas. Das Männchen hat einen halben roten Scheitel bis zum Nacken. Die Vorderseite des Scheitels ist, wie größtenteils der Vorderrücken, gelblichbraun. Flügel und Rücken haben cremefarbene Flecken. Auf den Flügeln sind die Flecken gelber. Ab der Kehle bis zu den Unterschwanzdecken sind sie cremeweiß mit dunkleren Flecken. Der Bürzel ist rotbraun. Das Weibchen hat einen dunkelbraunen Scheitel. Sie ernähren sich vor allem von Käferlarven, Raupen und Termiten.

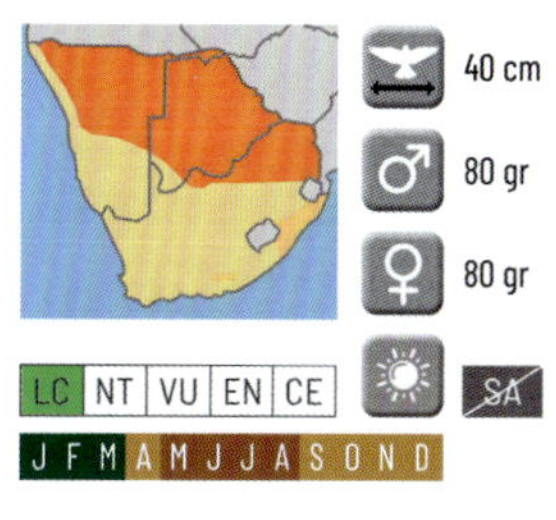

Namaspecht

(Chloropicus namaquus)

Bearded Woodpecker *(23 cm)*

Dieser Specht ist an seinem schwarzen Wangenstreifen, der Maske über den leuchtend roten Augen und dem roten Scheitel zu erkennen, den aber nur das Männchen besitzt. Das Gefieder ist dunkel olivgrün mit beigen Akzenten. Die Stirn ist schwarz und weiß gesprenkelt. Beim Weibchen ist die gesamte Krone schwarz und weiß gesprenkelt. Er ist weit verbreitet und in vielen Waldgebieten zu finden. Das Futter besteht aus Insekten und ihren Larven, insbesondere Holzkäfern.

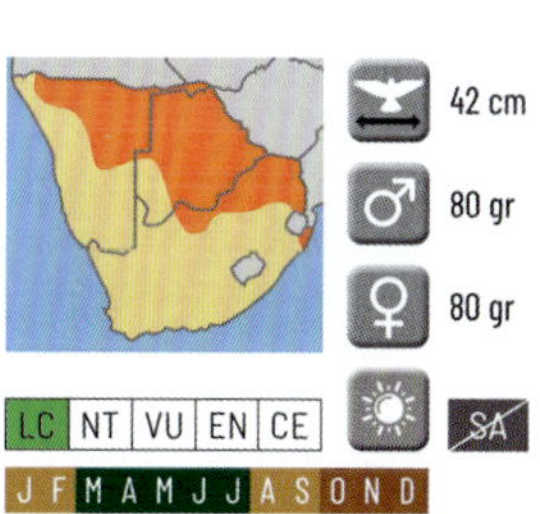

Bennettspecht

(Campethera bennettii)

Bennett's Woodpecker *(24 cm)*

Dieser gehört ebenso wie der Goldschwanzspecht zu den Fleckenspechten *(Campethera)*. Die Brust und der Bauch sind cremefarben und mit braunen Flecken gesprenkelt (die Brust des Goldschwanzspechts ist häufiger gestreift). Diese Spechte sind schwer voneinander zu unterscheiden. Die Männchen haben rote Kopffedern (die Weibchen haben eine schwarz-weiß gesprenkelte Stirn und sind vom Scheitel her rot), rote Bartstreife (Weibchen haben braune, ebenso wie die Kehle), brauner bis grünlich-gelber Rücken mit gelb gesäumten Federn. Inmitten von älteren Waldgebieten und trockenen Akazienwäldern suchen sie hauptsächlich nach Ameisen, Termiten und deren Eiern.

Goldschwanzspecht *(Campethera abingoni)* **Golden-tailed Woodpecker** *(22 cm)*

Das Männchen hat rote Kopffedern und rote Bartstreife. Die Weibchen haben eine schwarz-weiß gesprenkelte Stirn und sind vom Scheitel her rot. Ihr fehlt der Bartstreif und ihre Kehle ist gesprenkelt.

Von der Brust an ist die Zeichnung eher gestreift als gesprenkelt, vom Bauch bis zum Unterschwanz ist sie auf beigefarbenem Grund gefleckt. Der Vorderrücken und die Flügel sind auf einem braunen, leicht olivgrünen Hintergrund eher gestreift als gefleckt. Die Schwanzfedern haben eine goldene Farbe. Ihr Lebensraum ist sehr vielfältig: Solange es Nahrung wie Insekten und deren Larven, Termiten und Tausendfüßler gibt, bleiben sie lange Zeit in einem Gebiet.

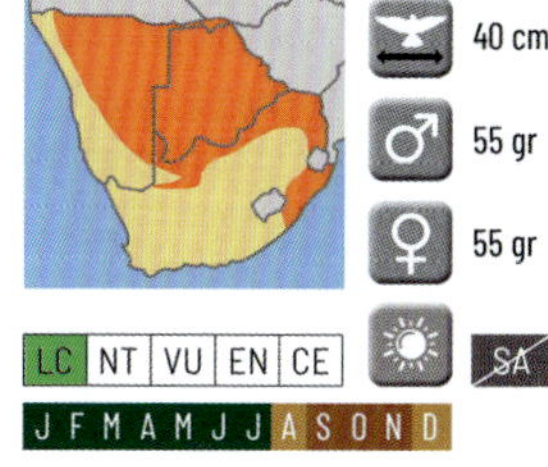

Lerchen *Aufgrund ihres erdfarbenen Federkleides, das bei beiden Geschlechtern oft gleich ist, sind viele Arten schwer voneinander zu unterscheiden. Man kann sie besser an ihrem Gesang als an ihren äußeren Merkmalen erkennen. Oft tragen sie eine Haube, die sie während des Balzens und Singens aufrichten. Lerchen haben relativ lange Flügel. Die Familie umfasst 98 Arten, die alle auf dem Boden nisten. Sie rennen oder gehen, hüpfen jedoch nicht. Der Speiseplan wird von Insekten und Samen bestimmt.*

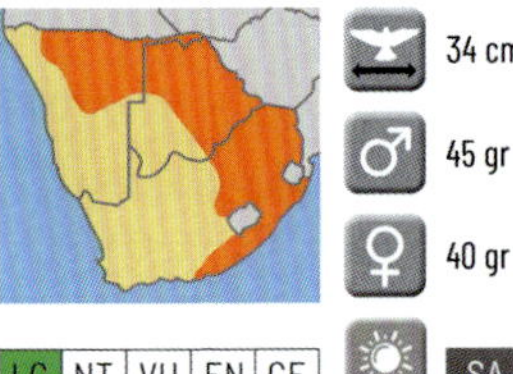

Rotnackenlerche

(Mirafra africana)

Rufous-naped Lark *(18 cm)*

Eine weit verbreitete Lerche. Es gibt 22 afrikanische Unterarten, die sich in Farbschema und Farbintensität stark unterscheiden. Sie haben einige Aspekte gemeinsam: eine braune bis rötlich-braune Haube und einen weißlichen oder beigen Kopf und Hals. Das Gefieder ist hellbraun bis dunkel- oder rotbraun, wobei die Flügel in Brauntönen meliert sind und Brust und Bauch einfarbig beige bis rotbraun sind. Einige Unterarten haben braune Flecken auf der Brust.

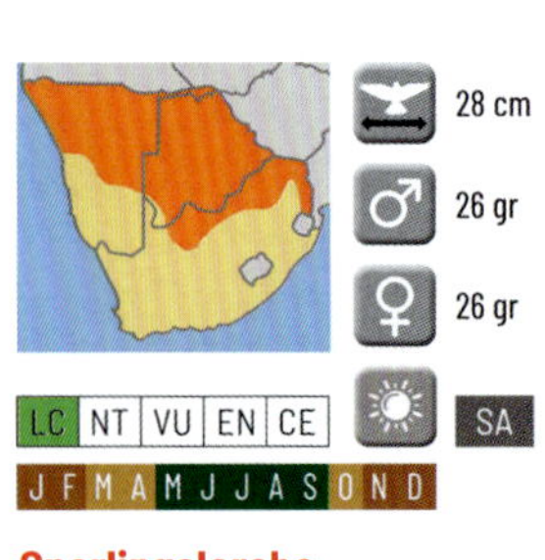

Sperlingslerche

(Mirafra passerina)

Monotonous Lark *(14 cm)*

Die Sperlingslerche hat auch eine Haube, ihr Rückengefieder variiert von blassbraun mit weißen Schuppenfedern bis rötlichbraun mit beigen Federrändern. Die Brust ist gefleckt, der Rest des Untergefieders ist beige bis weiß. Sie bevorzugen Trockensavannen mit Akazien und Mopane-Bäumen (Bäume mit schmetterlingsförmigen Blättern).

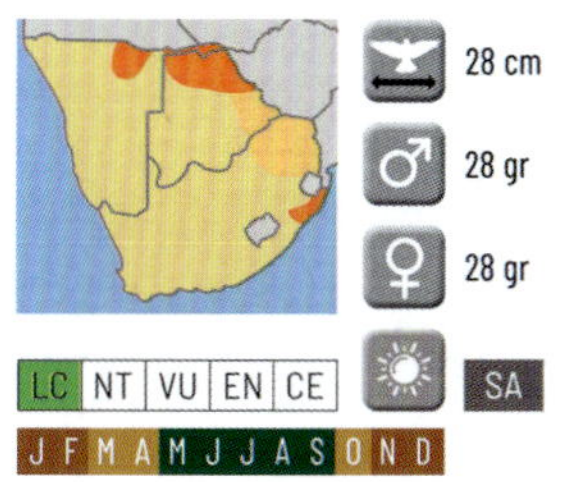

Baumklapperlerche *(Mirafra rufocinnamomea)* **Flappet Lark** *(15 cm)*
Auch diese Lerche hat ein erdfarbenes Gefieder, das je nach Umgebung von beige mit braunen Akzenten bis rotbraun (im Norden von Namibia und Botswana) variiert. Die südlicheren Populationen sind viel dunkler, insbesondere der Mantel und die Flügel haben mehr Schwarz als bei anderen Lerchen. Sie lieben offene Wälder, Buschland und sumpfiges Grasland.

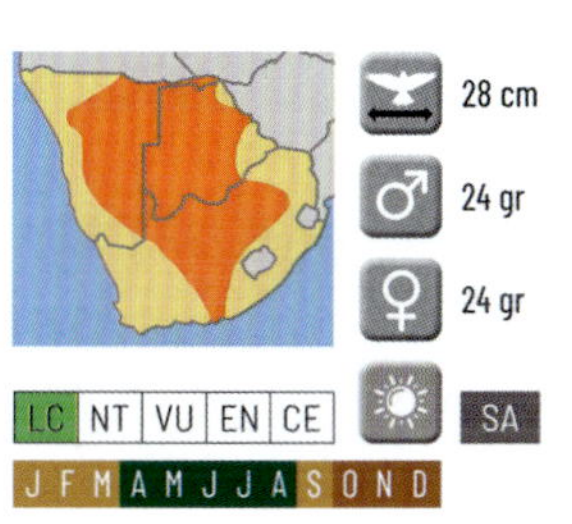

Ostklapperlerche
(Mirafra fasciolata)
Eastern Clapper Lark *(14 cm)*
Ihr Gefieder variiert von hellgrau mit dunkelgrauen Akzenten auf dem Rücken und einem cremefarbenen Untergefieder bis hin zu einem rötlich-braun gesprenkelten Obergefieder und rötlichem Unterkörper. Die Kehle und die Brust sind grau bzw. rötlich-braun gesprenkelt. Während der Balz steigt diese Lerche in fast senkrechtem Flug mit hörbarem klappernden Flügelschlag auf, lässt sich dann fallen und endet mit einem langen, hohen, zweitönigen Ruf. Sie bevorzugen grasbewachsene Flächen mit hohen Gräsern, oft in felsigem Gelände, einschließlich der kargen Grasstreifen um die Salzpfannen der Kalahari-Wüste.

Rotkappenlerche *(Calandrella cinerea)* **Red-capped Lark** *(15 cm)*
Auffallend an dieser Lerche sind das rotbraune Kopfgefieder sowie rote Flecken an beiden Seiten der Brust. Über den Augen hat sie weiße Augenstreife. Vom Hals bis zum Schwanz ist sie weiß (die Rotnackenlerche ist etwas rötlich). Das Braun der Flügel und des Rückens wirkt als Tarnfarbe. Die Gefiederfarbe variiert je nach Verbreitungsgebiet von sandfarben bis ins Rötliche. Sie ist weit verbreitet. Sechs Unterarten leben in verschiedenen Lebensräumen, hauptsächlich im Norden und Süden Südafrikas.

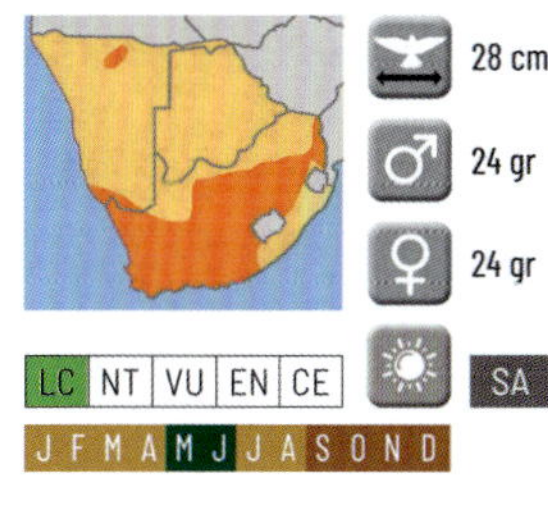

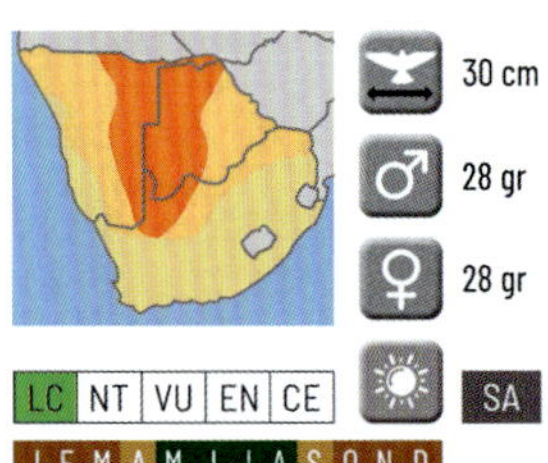

Steppenlerche

(Calendulauda africanoides) **Fawn-colored Lark** *(16 cm)*
Die typischen Tarnfarben der Steppenlerche sind Brauntöne zwischen Hell- und rostbraun. Weitere Merkmale sind die weißen Augenstreife, der weiße Hals und rosa Beine. Die Steppenlerche ist insgesamt rötlicher als die Sabotalerche aber heller auf der Brust. Das Untergefieder ist von der Kehle abwärts weiß und nicht gesprenkelt. Der Scheitel und ein Teil der Unterseite der Flügel sind rostbraun. Die Unterart in der Kalahari-Wüste ist viel blasser. Sie bevorzugt sandige Böden in trockeneren Savannen, in denen es Laubwälder gibt.

Sabotalerche *(Calendulauda sabota)* **Sabota Lark** *(15 cm)*

Die weißen Augenbrauen und der weiße Rand der Wangen sowie die weiße Kehle und der Bauch sind die markantesten Merkmale dieses ansonsten in verschiedenen Brauntönen gefärbten Vogels. Die Brust ist gesprenkelt. Sein Lebensraum ist das Grasland inmitten von Savannen. Die im Nordwesten und Norden Namibias vorkommenden Unterarten sind viel blasser bis zu grau gesprenkelt auf dem Obergefieder.

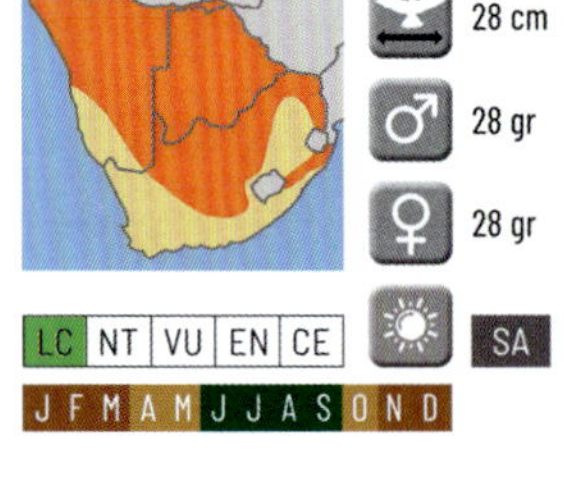

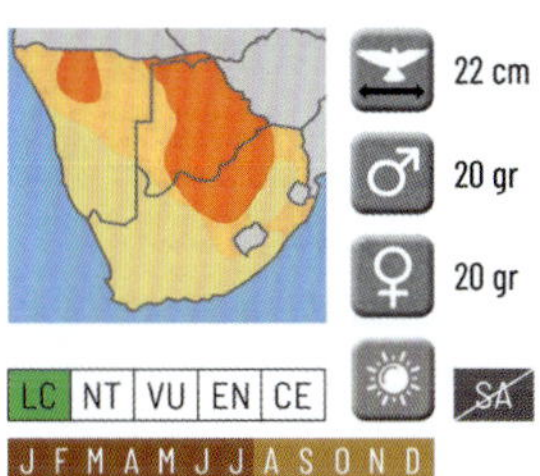

Weißwangenlerche

(Eremopterix leucotis) **Chestnut-backed Sparrow-lark** *(14 cm)*
Das Männchen ist am schwarzen Kopf mit den weißen Wangen, an den rostbraunen Körperfedern und am schwarzen Unterkörper zu erkennen. Die Kloake ist weiß. Das Weibchen hat um den Hals einen weißen Kragen, der die rotbraune Krone vom Vorderrücken trennt. Ihre Brust ist gesprenkelt. Ihre Anwesenheit hängt stark mit den Regenzeiten zusammen. Sie suchen Samen und kleine Insekten in Grasland mit kurzem Gras. Diese Lerchen ähneln Finken.

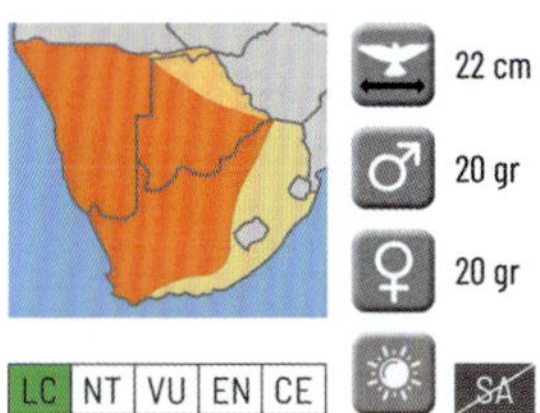

Graurückenlerche

(Eremopterix verticalis)
Grey-backed Sparrow-lark
(13 cm)
Vorderrücken und Rücken sind ein Mix von Brauntönen und Weiß. Er hat weiße Wangen, während der Rest des Köpfchens beinah schwarz ist. Der Unterkörper ist dunkelbraun. Der Schnabel ist silberfarben. Bei ihr fehlt das Schwarz, um die Augen ist sie rötlichbraun. Sie bevorzugen grasbewachsene Ebenen und trockene Ebenen mit Buschbewuchs.

Schwalben *Sie bilden eine Familie mit 88 Arten. Sie sind schnelle Flieger, die im Flug Insekten jagen. Die ähnlichen Segler gehören nicht zu dieser Familie und auch nicht zur gleichen Ordnung. Sie sehen Schwalben ähnlich, haben aber längere Flügel, die sie im Flug steifer halten. Schwalben und Segler sind gute Beispiele für eine konvergente Evolution (gleiche Eigenschaften in nicht verwandten Gruppen). Schwalben haben keine äußerlich unterscheidbaren Geschlechtsmerkmale, nur der Schwanz ist bei den Weibchen etwas kürzer. Ihre Lebensräume sind in der Regel Feuchtgebiete, aber sie sind dabei nicht wählerisch.*

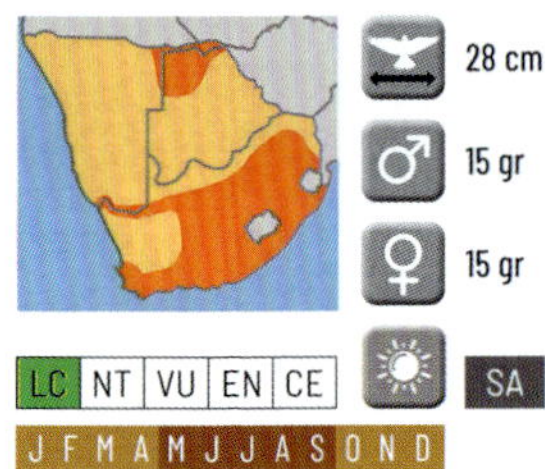

Braunkehl-Uferschwalbe *(Riparia paludicola)* **Brown-throated** oder **Plain Martin** *(12 cm)* Uferschwalben sind in Afrika zahlreich. Sie haben alle hellbraune Körperfedern und ein weißen oder beigen Unterkörper. Einige Unterarten haben einen weißen Kragen und weißen Hals. Die Unterarten sind schwer voneinander zu unterscheiden. Sie legen die Eier in Mulden, die sie in hohe Ufer oder Erdmauern graben. Die abgebildete Braunkehl-Uferschwalbe hat ein breites braunes Band über der Brust und befindet sich ständig im südlichen Afrika. Bei der **Steinschwalbe** *(Ptyonoprogne fuligula)* **Rock Martin** *(13 cm)* fehlt der braune Gürtel. Auch sie ist im südlichen Afrika, mit Ausnahme der Kalahari und des nordöstlichen Namibia, ganzjährig anzutreffen. Die Sommergast und etwas größere **Weißbrauen-Uferschwalbe** *(Riparia cincta)* **Banded Martin** *(17 cm)* hingegen hat dieses Band wiederum schon. Sie kommt hauptsächlich im Norden Botswanas und im Osten Südafrikas vor. Die **Uferschwalbe** *(Riparia riparia)* **Sand Martin** *(13 cm)* ist Sommergast. Er hat auch ein braunes Band. Sein Lebensraum ist hauptsächlich der westliche Teil Namibias und Südafrikas sowie der östliche Teil Botswanas und Südafrikas.

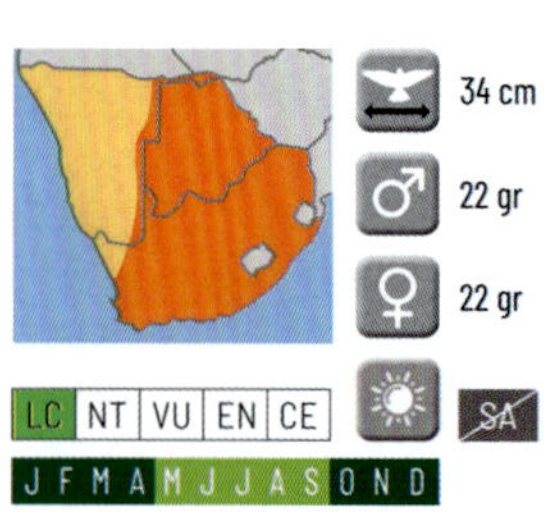

Rauchschwalbe *(Hirundo rustica)* **Barn Swallow** *(18+10 cm)* Sommergast. Diese kleine Weltreisende fliegt 10.000 km, um einen Teil des Jahres in Afrika zu verbringen. Messungen anhand von implantierten Chips zeigen, dass manche dieser Vögel über 200.000 km pro Jahr fliegen. Der tief gegabelte Schwanz ist typisch für diese metallisch blaue Schwalbe. Scheitel und Kehle des Männchens sind rotbraun, mit einem blauen Band unter der Kehle. Es hat eine weiße Brust (manchmal sanft rotbraun) und eine weiße Bauchpartie. Außerhalb der Brutzeit ist das Männchen viel blasser wie das Weibchen. Ihr Futter besteht aus Insekten und Akaziensamen.

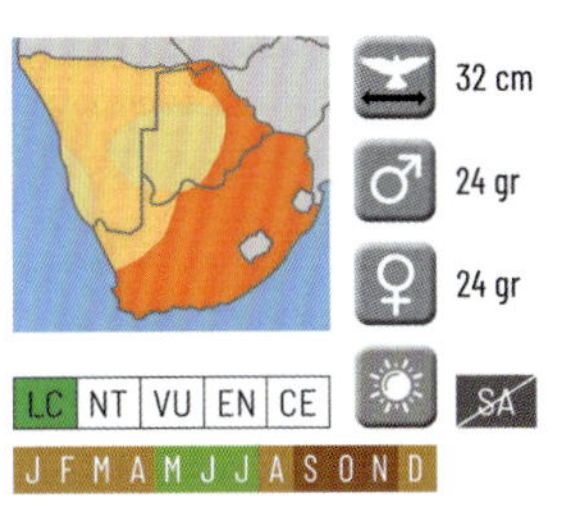

32 cm
24 gr
24 gr

LC NT VU EN CE SA
J F M A M J J A S O N D

Weißkehlschwalbe

(Hirundo albigularis) **White-throated Swallow** *(16 cm)*
Die Weißkehlschwalbe hat eine rötlich-braune Stirn, die Kehle ist weiß, ebenso wie die Brust, die auf dem ansonsten weißen Unterkörper mit einem blauen Band gesäumt ist. Das Rückengefieder ist blau mit metallischem Schimmer. Auch diese Schwalbe hat äußere Schwanzfedern. In unmittelbarer Nähe von Gewässern sind sie auf Wiesen, in offenen Wäldern und Überschwemmungsgebieten zu finden.

32 cm
15 gr
15 gr

LC NT VU EN CE SA
J F M A M J J A S O N D

Rotkappenschwalbe

(Hirundo smithii)
Wire-tailed Swallow
(18 cm)
Eine mittelgroße und zahlreiche Schwalbe mit überwiegend stahlblauem Obergefieder und rotbraunem Scheitel. Der Unterkörper ist ganz weiß. Er hat zwei dünne, relativ lange äußere Schwanzfedern, diese sind beim Weibchen viel kürzer. Man findet sie oft in der Nähe von Gewässern, vor allem mitten in Grassavannen. Sie ist eine der am schnellsten fliegenden Schwalben.

Mehlschwalbe

(Delichon urbicum) **Northern House-Martin** *(14 cm)*
Sommergast. Eine der wenigen Schwalben mit einen komplett weißen Unterkörper. Rücken und Scheitel sind metallisch blau, Flügel und Schwanz graubraun. Der Schwanz ist kurz und gegabelt. Sie fressen ausschließlich kleine Insekten, und man kann sie gut frühmorgens in Gruppen beobachten.

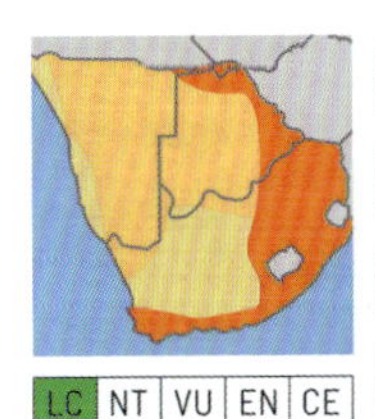

28 cm

22 gr

22 gr

LC NT VU EN CE SA
J F M A M J J A S O N D

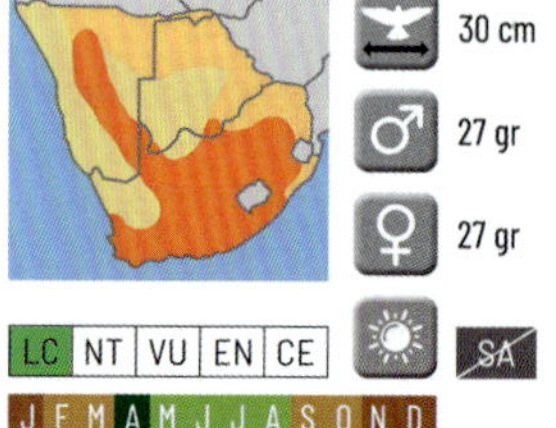

Kapschwalbe *(Cecropis cucullata)* **Greater Striped Swallow** *(20 cm)*
Die Kapschwalbe ist der Maidschwalbe sehr ähnlich, sie ist etwas größer und unterscheidet sich vor allem durch die Streifen auf Brust und Bauch, die bei der Kapschwalbe viel kleiner sind. Der Rücken ist blau, die Flügel sind graubraun. Der Schwanz und äußere Schwanzfedern sind beim Weibchen kürzer. Sie bevorzugen baumlose Grasflächen in Halbwüsten, wo es in der Nähe Wasser gibt.

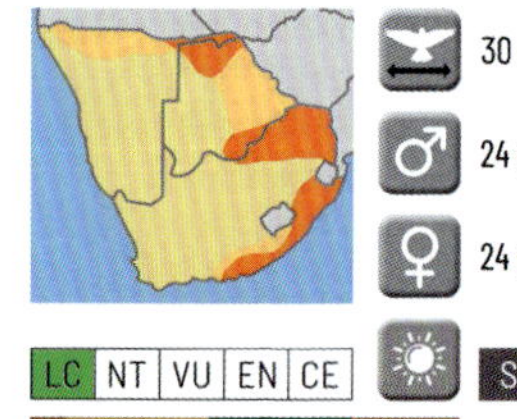

Maidschwalbe
(Cecropis abyssinica)
Lesser Striped Swallow *(18 cm)*
Eine schöne Schwalbe: Brust und Hals sind auffällig gesprenkelt, Kopf, Nacken und Bürzel sind rotbraun. Sie sind häufig in großer Zahl in der Nähe von Wasser anzutreffen. Sie suchen ihre Nahrung wie Insekten, aber manchmal auch Früchte und Samen, vor allem inmitten der Grassavanne. Sie bauen ein schüsselförmiges Nest aus getrocknetem Schlamm.

Rotbrustschwalbe *(Cecropis semirufa)* **Rufous-chested Swallow** *(24 cm)*
Kopf und Flügel der Rotbrustschwalbe sind metallisch blau. Der Unterkörper ist komplett rotbraun. Diese Schwalbe hat einen tief gegabelten Schwanz. In Begleitung von Artgenossen fängt sie fliegende Ameisen, Fliegen und Käfer. Sie hat keinen bestimmten Lebensraum, doch viele Rotbrustschwalben jagen über frisch abgebrannten Grasflächen. Ihre Eier legen sie in eine Brutröhre aus getrocknetem Schlamm, Gras und Federn. Man kann sie gut frühmorgens in Gruppen beobachten.

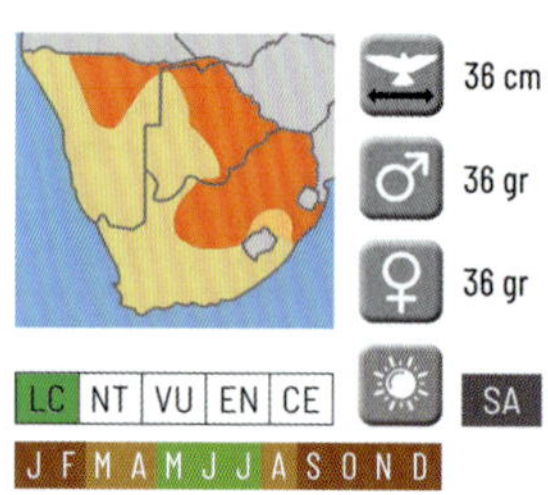

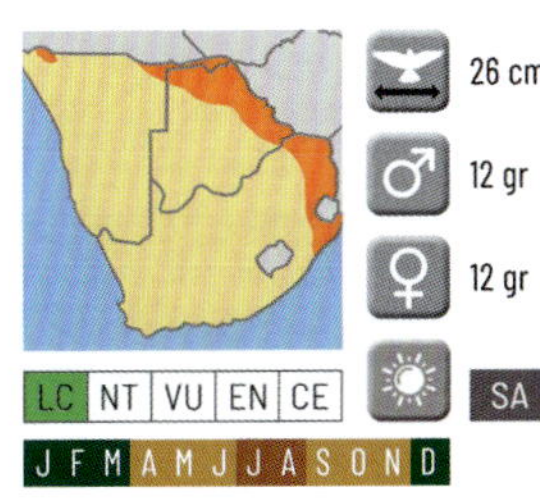

Graubürzelschwalbe *(Pseudhirundo griseopyga)* **Grey-rumped Swallow** *(14 cm)*
Im südlichen Afrika gibt es drei Unterarten. Sie haben den grauen Bürzel gemeinsam, die Zeichnung am Kopf variiert von einer länglichen weißlichen Augenbraue, die die braune Kappe umrandet, bis zu einem komplett braunen Kopf und Hinterkopf. Das obere Federkleid variiert von metallisch blau bis braun. Der Unterkörper ist weiß. Örtlich kommen sie in Gebieten mit Gras- und Wasserflächen vor.

Senegalschwalbe
(Cecropis senegalensis)
Mosque Swallow *(24 cm)*
Eine große Schwalbe mit einer rotbraunen Brust und weißer Kehle. Die Schulterfedern sind an der Unterseite weiß. Vom Kopf bis zu den Armschwingen ist sie blau, die Handschwingen sind graubraun. Der Schwanz ist gegabelt. Sie leben in kleinen Gruppen und legen ihre Eier in Nester aus getrocknetem Schlamm, Gras und Federn. Ihr Lebensraum umfasst Grasland und Savannen, insbesondere dort, wo die Mopane wächst (der Baum mit den schmetterlingsförmigen Blättern).

Perlbrustschwalbe *(Hirundo dimidiata)* **Pearl-breasted Swallow** *(14 cm)*
Beim Männchen sind der Kopf und der Vorderrücken leuchtend blau. Seine Flügel sind graublau. Der Unterkörper ist weiß und der Schwanz ist gegabelt. Das Weibchen ist grünlicher gefärbt und hat einen kürzeren Schwanz. Die Brust ist manchmal sehr schwach gesprenkelt oder hat nur einen einzigen schwarzen Punkt. Ihr Lebensraum sind Savannen und Grasland.

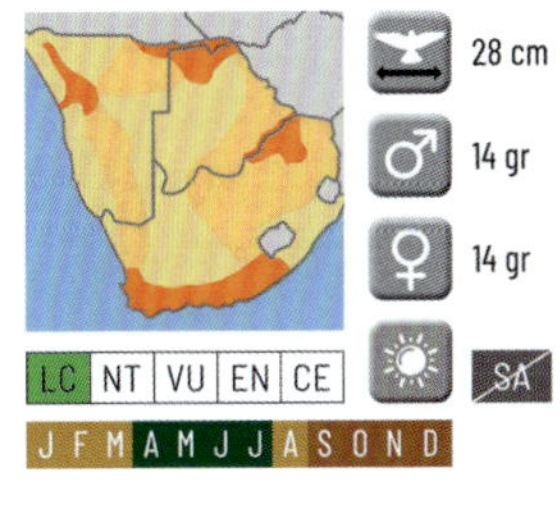

Stelzen und Pieper *Stelzen sind an ihrem relativ langen Schwanz zu erkennen, der ständig auf und ab wippt. Ihre Nahrung besteht vor allem aus Insekten, vorzugsweise Fliegen. Sie sind monogam, territorial, und die Geschlechter sind äußerlich identisch. Ihr Lebensraum umfasst vorzugsweise sumpfige Grasflächen, Sümpfe und Schilfbetten, in denen sie am Boden nach Insekten suchen. Pieper sind sowohl auf offenem Grasland als auch in bewaldeten Gebieten zu finden. Sie sehen aus wie Drosseln, sind jedoch etwas schlanker und haben längere Beine. Geschlechtsspezifische Merkmale gibt es kaum. Pieper der Gattung Macronyx sind auffällige Vögel und haben den gleichen schlanken Körperbau. Sie finden ihr Futter hauptsächlich auf dem Boden, setzen sich jedoch auf Äste, um Insekten besser ausmachen zu können. Sie sind monogam und territorial. Das Weibchen ist etwas blasser.*

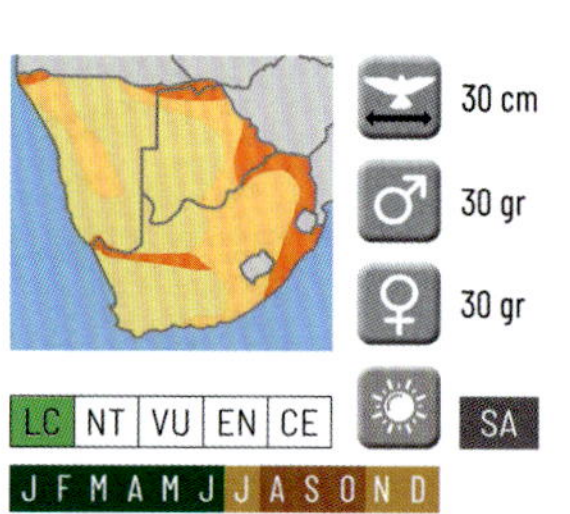

Witwenstelze *(Motacilla aguimp)* **African Pied Wagtail** *(20 cm)* Die einzige völlig schwarzweiße Stelze, alle anderen Arten haben auch Grau in ihrem Gefieder (außerhalb der Brutzeit verblasst das Gefieder). Sie sind in feucht-tropischen Gebieten bis zu einer Höhe von 3000 m weit verbreitet. Neben Insekten fressen sie auch Fische und Samen. Ihre Nester werden manchmal von einigen Kuckucksarten parasitiert.

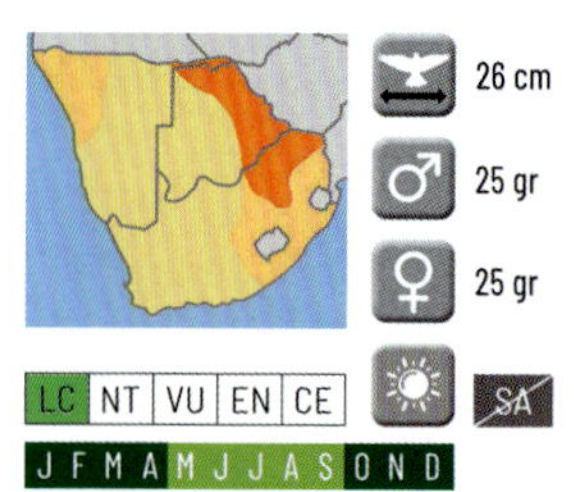

Schafstelze *(Motacilla flava)* **Yellow Wagtail** *(16 cm)* Sommergast. In den europäischen Wintermonaten sind 3 bis 5 Unterarten der Schafstelze hier anzutreffen. Die äußerlichen Unterschiede sind vor allem am Kopf sichtbar, die Farbskala reicht von Olivgrün bis Blaugrau. Außerhalb der Brutzeit haben die Männchen mehr oder weniger das gleiche Gefieder wie die Weibchen während der Brutzeit. Dann ist nur der Bauch gelb. Der Kopf wird dann grau und die Brust schmutzig weiß. Die Nahrung besteht aus allen Arten von Insekten, Wasserlebewesen, Samen und Pflanzenmaterial.

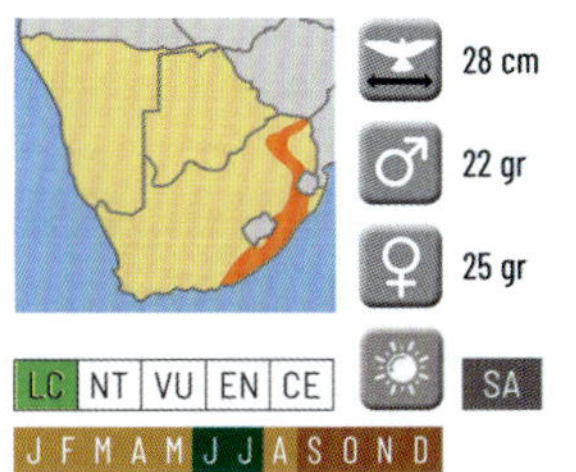

Langschwanzstelze *(Motacilla clara)* **Mountain Wagtail** *(18 cm)*
Die Langschwanzstelze hat einen grauen Kopf. Auch Vorderrücken und Rücken sind grau. Die Flügeldecken sind braun, fast schwarz mit weißen Akzenten. Der Unterkörper und die Schwanzfedern sind weiß und schwarz. Das dunkle Band über der Brust ist schmal. Ihr Lebensraum besteht hauptsächlich aus bewaldeten Bergregionen mit Bächen.

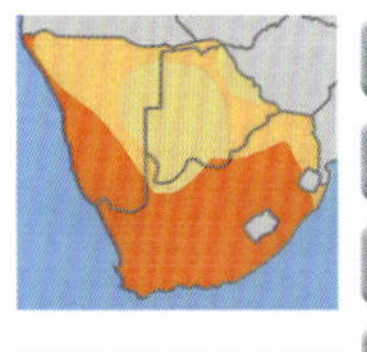

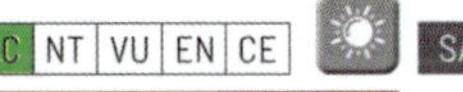

Kapstelze
(Motacilla capensis)
Cape Wagtail *(19 cm)*
Der Kapstelze fehlt das Schwarz der anderen Stelzen. Ihr Gefieder ist überwiegend grau mit braunen Flügeln. Die weiße Kehle ist durch ein dunkelgraues V-förmiges Band von der Brust getrennt. Der Rest des Gefieders ist schmutzig weiß bis weiß. Sie haben schmale weiße Augenbrauen. Diese Art jagt kleine Fische und Kaulquappen.

Zimtspornpieper *(Anthus cinnamomeus)* **African Pipit** *(17 cm)*
Mit 15 Unterarten ist der Zimtspornpieper wahrscheinlich der häufigste Pieper in Afrika. Die Unterarten unterscheiden sich vor allem in der Farbintensität des Bauches. Die Farbe variiert von fast weiß bis dunkel zimtfarben. Wenn das Untergefieder dunkler ist, ist auch der Rücken dunkler. Auf der Brust befinden sich blasse braune Sprenkel. Schwarz karierte Flecken liegen über dem Daumenfittich. Sein Lebensraum ist sehr vielfältig, ausgenommen sind nur Wüstengebiete.

26 cm
30 gr
30 gr
LC NT VU EN CE
SA
J F M A M J J A S O N D

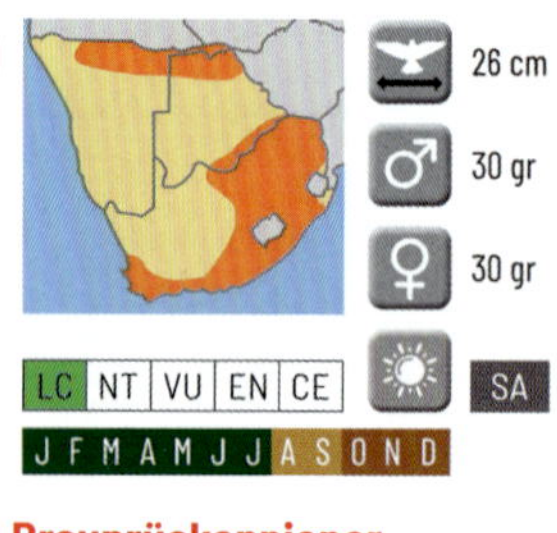

Braunrückenpieper
(Anthus leucophrys)
Plain-backed Pipit *(16 cm)*
Dies sind zwei *(A. l. tephridorsus & leucophrys)*, der vielen Unterarten die in diesem Teil Afrikas vorkommen. Ein hellbrauner Überaugenstreif unterbricht das Braun des Scheitels. Die Kehle ist weiß, die Brust hell- und dunkelbraun gestreift, der Bauch beigefarben und der Unterschwanz etwas dunkler. Der Vorderrücken ist fast gleichmäßig braun. Die Nahrung besteht aus Insekten, Larven, Schmetterlingen und Heuschrecken. Sie bevorzugen Savannen mit einzelnen Bäumen und offenes Grasland.

Buschpieper
(Anthus caffer)
Bush Pipit *(13 cm)*

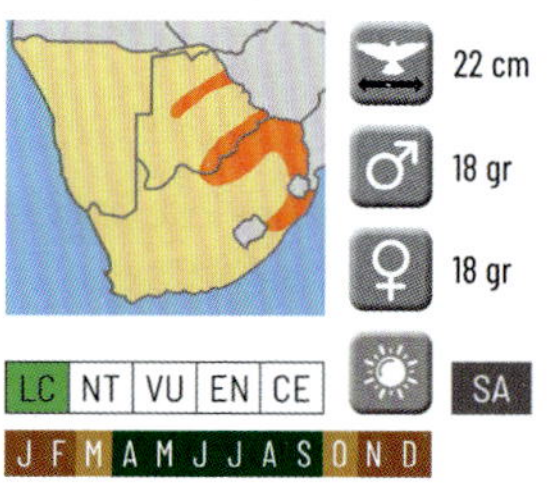

Der kleine Buschpieper ist in der Regel heller als seine Artgenossen. Sein Rückengefieder ist beige, cremefarben und braun. Unter der weißen Kehle hat er einen schwarzen Fleck. Die Brust ist beige und hat dunkelbraune Flecken, der Rest des Unterkörpers ist weiß. Sie bevorzugen vor allem Wälder und Buschland mit wenig Unterholz und sandigen Böden.

Baumpieper *(Anthus trivialis)* Tree Pipit *(15 cm)*
Sommergast. Er ist dem Savannenpieper sehr ähnlich. Auch er hat eine beigefarbene Brust mit dunkelbraunen Sprenkeln, doch fehlt ihm der schwarze Kehlfleck. Sein Unterkörper ist ebenfalls weiß und seine Flügel sind hellbraun, durchsetzt mit dunkelbraunen Federn und weißen Rändern. Während der Sommermonate halten sie sich in bewaldeten Gebieten auf, vor allem im Norden Botswanas.

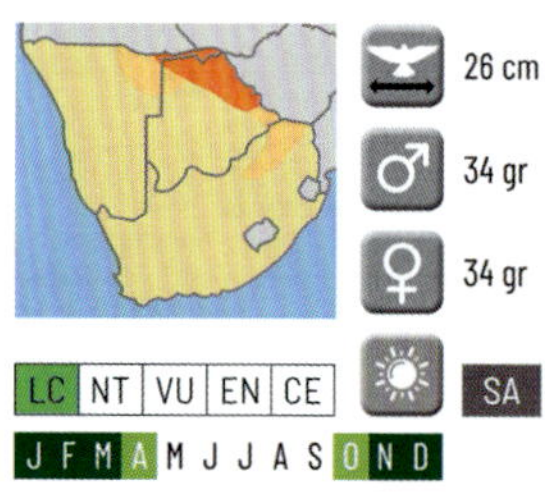

Kappieper

(Macronyx capensis)

Cape Longclaw *(15 cm)*

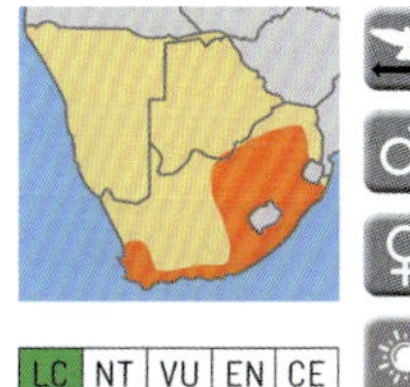

Dieser Kappieper hat eine orangefarbene Kehle und orangefarbene Augenbrauen. Die Kehle und die Wangen sind mit schwarzen V-förmigen Bartstreifen umrandet. Die Brust und der Bauch sind meist gelb und die Flügel sind überwiegend graubraun (grauer als die der Rubinkehlpieper). Die Farben des Weibchens sind weniger ausgeprägt und ihre Bartstreifen sind braun. Ihr Lebensraum ist eine Landschaft mit kurzem Gras, oft auf feuchtem Boden und oft in der Nähe von Dämmen und Deichvorland.

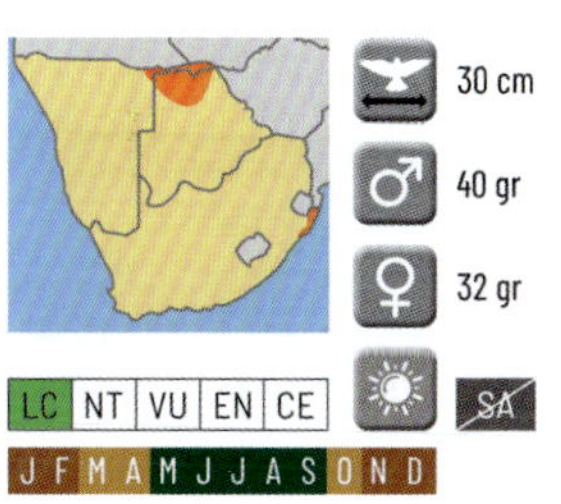

30 cm
40 gr
32 gr

LC NT VU EN CE
SA
J F M A M J J A S O N D

Rubinkehlpieper

(Macronyx ameliae)

Rosy-throated Longclaw *(20 cm)*

Er hat eine rubinrote Kehle (der Kappieper hat eine orangefarbene Kehle), Brust und Bauch sind hellorange. Der Hals ist beim Weibchen nur ein wenig, beim Männchen ganz schwarz. Die Flügel sind dunkel- und hellbraun meliert. Die Augenbrauen sind beim Rubinkehlpieper weiß. Bevorzugt offenes Grasland. Die Gattung *Macronyx* zeichnet sich durch eine sehr lange und gebogene Hinterzehe aus.

Gelbkehlpieper *(Macronyx croceus)* **Yellow-throated Longclaw** *(22 cm)*

Erkennbar ist er an der gelben Kehle und der gelben Brust, die durch ein schwarzes „V" voneinander abgegrenzt sind. Die Flügelfarbe besteht aus Gelb-, Braun- und Olivgrüntönen. Die Zeichnung des Weibchens ist identisch, nur blasser. Die Lebensräume sind vielfältig, wobei offene Graslandschaften bevorzugt werden. Als Nahrung dienen Heuschrecken, Nymphen, Käfer und deren Larven.

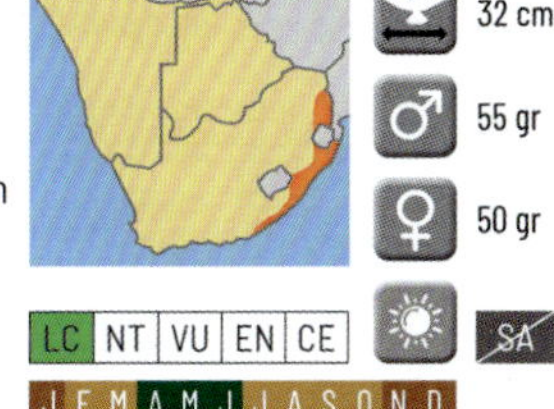

32 cm
55 gr
50 gr

LC NT VU EN CE
SA
J F M A M J J A S O N D

Raupenfänger *Die Gattung Campephaga besteht aus vier Arten von Raupenfängern oder Stachelbürzlern. Diese Vögel ernähren sich hauptsächlich von Raupen. Diese Art lebt nur in Afrika. Den Zusatz „cuckoo" (Kuckuck) im englischen Namen verdanken sie den Streifen auf der Brust, die einige Sorten haben, "shrike" (Würger) bezieht sich auf die Form des Schnabels. Sie sind mit keiner der beiden Arten verwandt.*

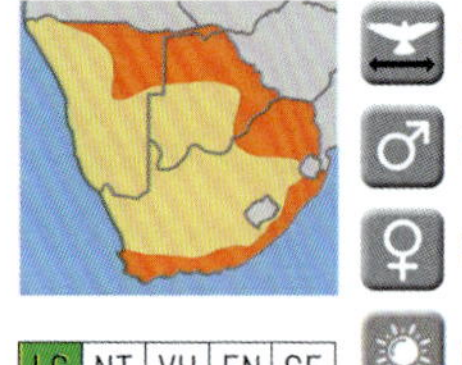

30 cm
♂ 36 gr
♀ 36 gr
LC NT VU EN CE SA
J F M A M J J A S O N D

Kapraupenfänger

(Campephaga flava)

Black Cuckoo-shrike *(22 cm)*

Der Kapraupenfänger ist vollständig mit einem tiefblauen Gefieder bedeckt, das im Sonnenlicht ins Violette und Grüne verblassen kann. Auffällig ist der kleine orangefarbene Fleck am Schnabelansatz. Das Weibchen ist ganz anders, ihr Untergefieder ist weiß mit Zebrastreifen oder schwarzen Flecken, Rücken und Flügel sind gelblich und olivfarben. Ihre Nahrung besteht hauptsächlich aus glatten und behaarten Raupen, Schmetterlingen, Termiten, Spinnen und Ameisen. Sie suchen diese hauptsächlich in bewaldeten Gebieten, seltener inmitten von Savannen.

Weißbrust-Raupenfänger *(Ceblepyris pectoralis)* White-breasted Cuckoo-shrike *(26 cm)*

Weiß, Grau und Schwarz sind die Farben des Weißbrust-Raupenfängers. Das Rückengefieder ist bei ihm hellgrau, die Zügel und Arm- und Handschwingen sind schwarz, der Unterkörper von der Brust aufwärts ist weiß. Ein weißer Augenring verläuft um die großen dunklen Augen. Das Weibchen hat eine weiße Kehle und wird zur Brust hin etwas grauer. Bewaldete Gebiete mit Mopane- und Teakbäumen sind sein bevorzugter Lebensraum, wo er nach Schmetterlingen, Ameisen, Termiten und Raupen sucht. Der **Waldraupenfänger** *(Ceblepyris caesius)* **Grey Cuckoo-shrike** *(26 cm)* lebt weiter südlich. Seine Kehle und sein Unterkörper sind dunkelgrau. Auch die Flügel und Schwanzfedern sind deutlich dunkler grau als bei ersterem. Die Weibchen sind einander sehr ähnlich.

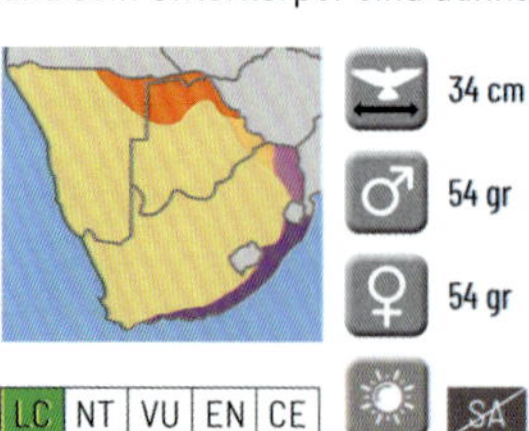

34 cm
♂ 54 gr
♀ 54 gr
LC NT VU EN CE SA
J F M A M J J A S O N D

Orange = Weißbrust-Raupenfängers
Violett = Waldraupenfänger
Rosa = Überlappungsbereich

Bülbüls *Die Familie (Pycnonotidae) besteht aus 148 Arten, von denen 50 in Afrika leben. Sie ernähren sich von Insekten, Früchten, Nektar, Blumen und manchmal Samen. Aufgrund der enormen Artenzahl, der vielen Unterarten und weil diese oft kaum voneinander zu unterscheiden sind und manchmal sehr lokal vorkommen, beschränkt sich dieses Buch auf fünf Beispiele. Wenn Sie einen braunen Vogel, manchmal mit etwas Gelb und Weiß auf dem Untergefieder und oft mit einem etwas dunklen Kopf, zwischen den belaubten Büschen umherwuseln sehen, handelt es sich meist um eine der vielen Bülbül-Arten.*

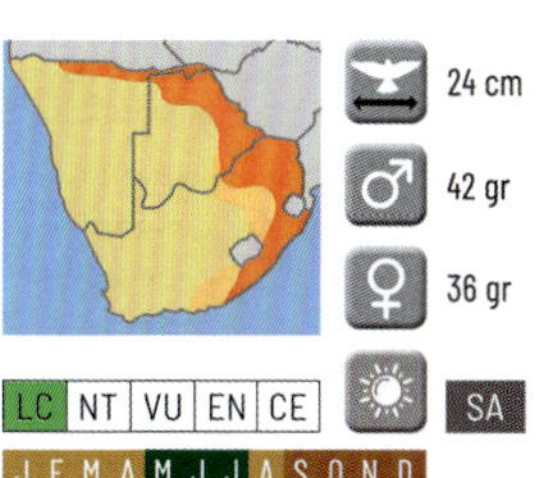

24 cm
♂ 42 gr
♀ 36 gr
SA

LC NT VU EN CE

J F M A M J J A S O N D

Rußkopfbülbül
(Pycnonotus tricolor)
Dark-capped oder
Common Bulbul *(18 cm)*

Von den zahlreichen Bülbül-Arten in Afrika haben die Arten *P. layardi* und *P. tricolor* einen gelben Bürzel. Der Kopf ist fast schwarz, die Kehle und ein Teil der Brust sind braun und der Bauch ist weiß. Der Vorderrücken ist hellbraun. Die Flügel sind etwas dunkler braun als die Kehle und die Brust. Die Augen sind dunkelbraun. Sein Lebensraum umfasst alle Waldtypen.

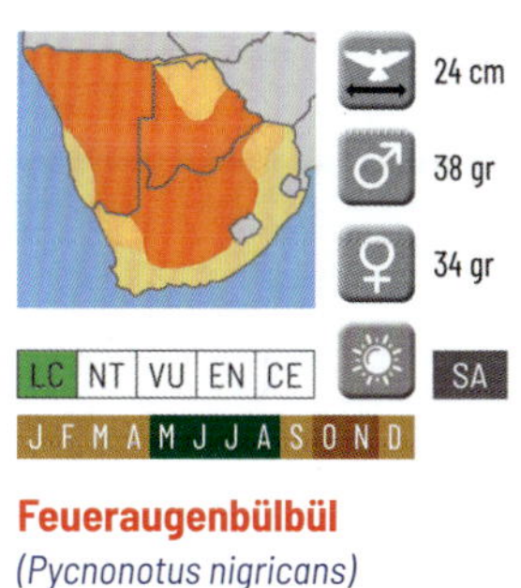

24 cm
♂ 38 gr
♀ 34 gr
SA

LC NT VU EN CE

J F M A M J J A S O N D

Feueraugenbülbül
(Pycnonotus nigricans)
Red-eyed Bulbul *(20 cm)*

Der Feueraugenbülbül hat ebenfalls einen gelben Bürzel, einen dunklen Kopf, eine braune Brust und dunkelbraune Flügel. Um die dunkle Iris herum hat er jedoch einen auffälligen roten Augenring. Sein Unterkörper variiert von beige bis weiß. In den Ländern dieses Reiseführers gibt es zwei Arten: den *P. nigricans* und den *P. superior*. Letzterer ist etwas größer und in der Regel eine Nuance dunkler. Bevorzugt werden Trockenwälder, Busch- und Akazienwälder sowie Flusswälder.

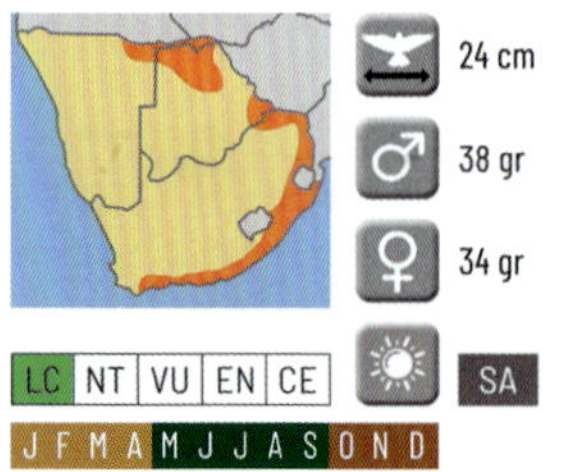

Laubbülbül *(Phyllastrephus terrestris)* **Terrestrial Brownbul** *(18 cm)*
Der Laubbülbül bewegt sich in Gruppen von bis zu fünf Artgenossen, mit denen er ständigen Stimmkontakt hält. Es sind unscheinbar gefärbte Bülbüls, das Graubraun des Scheitels erstreckt sich bis zu den Flügeln und Schwanzfedern. Der Unterkörper ist schmutzig weiß, die Kehle ist weiß und die Iris sind braun. Ihre Nahrung wie Insekten, kleine Eidechsen, Samen und Früchte finden sie auf dem Boden oder tief im Gebüsch in dichten Waldgebieten wie Flusswäldern.

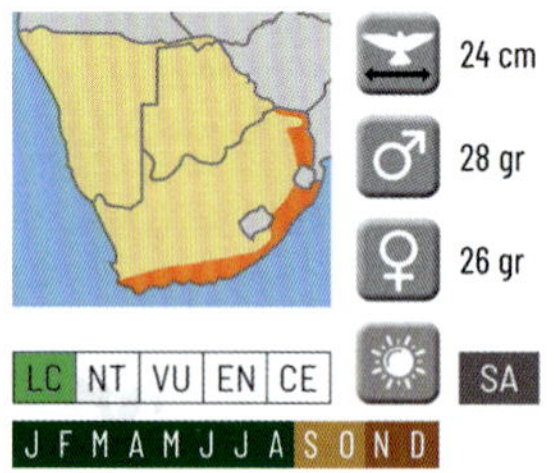

Dunkelbülbül *(Andropadus importunus)* **Sombre Greenbul** *(16 cm)*
Der Dunkelbülbül hat viele Ähnlichkeiten mit dem Gelbbauchbülbül, was vor allem aufgrund des gemeinsamen Lebensraums zu Verwechslungen führt. Beide Arten unterscheiden sich durch einige Merkmale: die ausgeprägte weiße Iris des Dunkelbülbüls und den dunkleren Scheitel und die gelberen Flügel des Gelbbauchbülbüls. Der Dunkelbülbül sucht auch in dichten Waldgebieten, z. B. in Flusswäldern, am Boden oder tief im Gebüsch nach Nahrung.

Gelbbauchbülbül *(Chlorocichla flaviventris)* **Yellow-bellied Greenbul** *(20 cm)*
Er hat einen schönen gelben Unterkörper. Seine Kopffedern sind gelblich-braun, ebenso wie der Vorderrücken. Die Flügel sind gelb. Die Iris sind rötlich-braun. Die Augen haben einen weißen Augenring. Sein Schwanz ist relativ lang. Er sucht nach Früchten, Samen, Blumen, aber auch Insekten in dicht belaubten Bäumen, entlang von Flussufern und Sanddünen sowie in dichten Wäldern inmitten von Savannen.

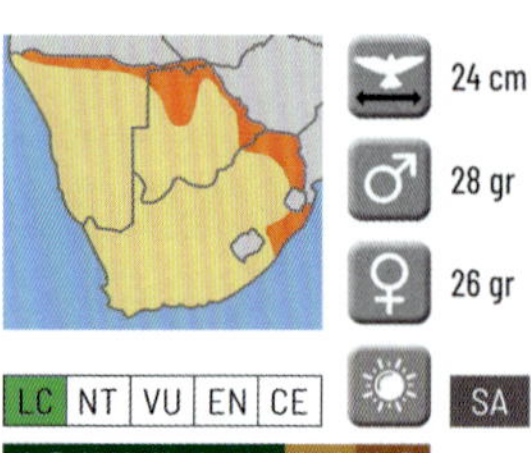

Drosseln *Drosseln sind überschwängliche Sänger. Sie suchen am Boden nach Nahrung und picken an der Oberfläche Insekten, Schnecken und andere Wirbellose auf. Sie graben auch Regenwürmer und Larven aus. Sie fressen auch Beeren und Früchte. Sie sind monogam und territorial. Es gibt Vogelarten, die im Deutschen als Drosseln bezeichnet werden, aber nicht zur Familie Turdidae gezählt werden.*

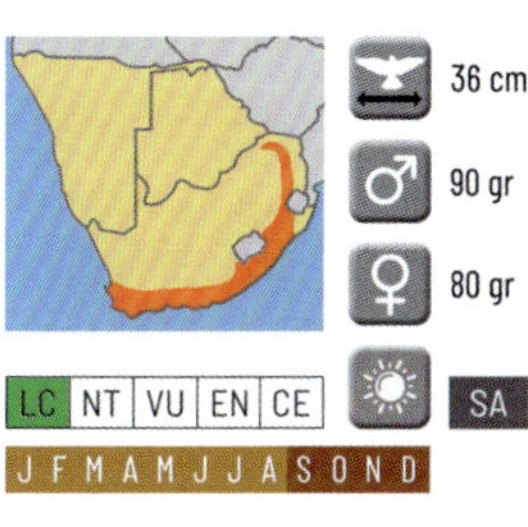

36 cm
♂ 90 gr
♀ 80 gr
SA

Kapdrossel

(Turdus olivaceus)

Olive Thrush *(23 cm)*

Die Kapdrossel hat einen orangefarbenen Bauch, eine graue, oft gesprenkelte Kehle und Brust und ein dunkles schiefergraues Gefieder. Die Unterschwanzdecken sind gesprenkelt. Der Schnabel und die Beine sind orange. Sie lebt sowohl in höher als auch in tiefer gelegenen Waldtypen.

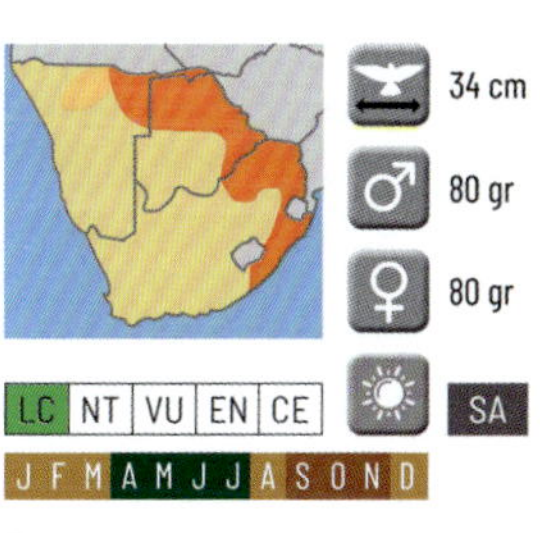

34 cm
♂ 80 gr
♀ 80 gr
SA

Rotschnabel-drossel

(Turdus libonyana)

Kurrichane Thrush *(22 cm)*

Es gibt wenige Unterschiede zwischen den vielen Arten der *Turdus*-Familie. Zusätzlich zu ihrem markanten Gefieder hat die Rotschnabeldrossel orangefarbene Augenringe und einen dunklen Schnabelstreif, der unter den Wangen verläuft. Entlang des weißen Bauches ist sie orange. Sie bevorzugt bewaldete Hügel, Flusswälder und offene Waldgebiete.

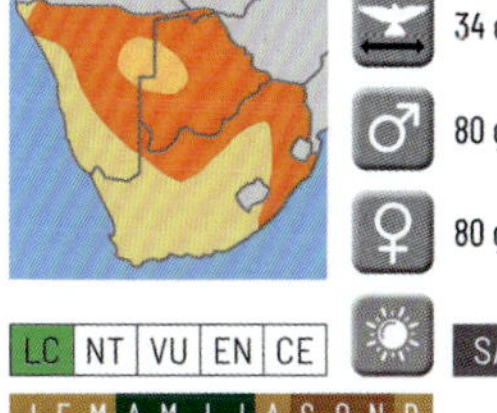

34 cm
♂ 80 gr
♀ 80 gr
SA

Akaziendrossel

(Turdus litsitsirupa)

Groundscraper Thrush *(22 cm)*

Viele junge Drosseln haben Pünktchen auf der Brust. Bei dieser Art sind sie dauerhaft von der Kehle bis zum Bauch auf einem beigen Unterkörper. Zwei schwarze Streifen verlaufen quer über den Kopf, einer senkrecht über den Augen. Der Schnabel ist gelb und grau.
Vom Scheitel bis zu den Schwanzfedern ist sie graubraun. Ziemlich häufig in trockeneren Gebieten.

Halmsängerartige *Halmsängerartige (Cisticolidae), zu denen unter anderem Prinien und Eremomelas gehören, sind kleine Insektenfresser mit abgerundeten Flügeln und langen, oft runden und kurzen Schwänzen. Sie haben dünne Beine und einen scharfen Schnabel. Viele dieser Halmsänger sind nur schwer zu unterscheiden. Aus diesem Grund werden in diesem Buch nur die häufigsten erwähnt. Sie leben in Wäldern, Savannen, Grasland, Sümpfen und Büschen in trockenen und semi-ariden Gebieten. Das Gefieder ist hell bei Arten, die im Wald leben, und dunkler bei Arten in eher offenen Gebieten. Während der Brutzeit werden die Farben dieser Sänger bei einigen blasser, bei anderen intensiver.*

14 cm
10 gr
8 gr

LC | NT | VU | EN | CE

SA

J F M A M J J A S O N D

Zistensänger
(Cisticola juncidis)
Zitting Cisticola *(13 cm)*

Allein von diesem Zistensänger gibt es 18 Unterarten, der *(C.j. terrestris)* lebt in diesem Teil Afrikas. Beim Weibchen ist der rotbraune Scheitel dünn gestreift, bei ihm zartbraun. Die Flügel haben Beige-, Braun- und Schwarztöne. Die Kehle ist weiß, ebenso wie Brust und Bauch. Sie bevorzugen Grasebenen, einschließlich sumpfiger Umgebungen. Hier suchen sie vor allem nach Insektenlarven, Libellen, Motten und Schmetterlingen. Während der Brutzeit sind die Farben des Grassängers etwas kräftiger.

Rotscheitel-Zistensänger *(Cisticola chiniana)* **Rattling Cisticola** *(14 cm)*

Dieser Zistensänger hat auch viele Unterarten, 4 der 17 kommen in einem oder mehreren Länder dieses Buches vor. Die am häufigsten anzutreffenden Unterarten haben einen rötlich-braunen Scheitel- und Hinterkopf (meist dunkler als der Zistensänger). Der Rücken ist weiß mit dunkelbraunen Linien. Die dunkelbraunen Flügel haben weiße Federkanten.
Die Beine sind meist orange. Der Unterkörper ist weiß.

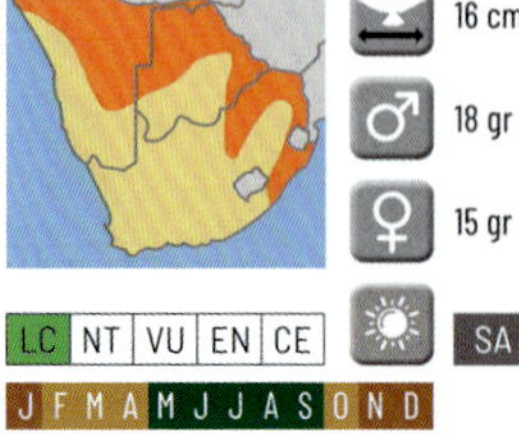

16 cm
18 gr
15 gr

LC | NT | VU | EN | CE

SA

J F M A M J J A S O N D

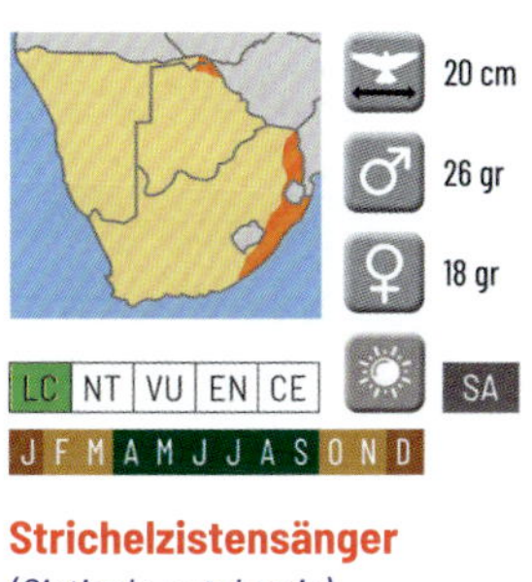

Strichelzistensänger

(Cisticola natalensis)

Croaking Cisticola *(16 cm)*

Die meisten Zistensänger haben ein Gefieder mit verschiedenen Brauntönen. Der Strichelzistensänger, der größte aller Zistensänger, hat ein eintöniges braunes Rückengefieder mit weiß gesäumten Federn. Die Kehle und der Unterkörper sind weiß. Inmitten von hohem Gras und an den Rändern von saisonalen Überschwemmungsgebieten mit Büschen und Bäumen suchen sie nach kleineren Insekten.

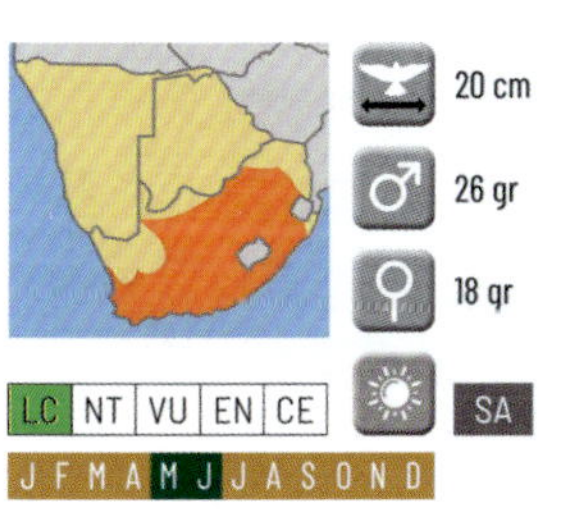

Vleyzistensänger

(Cisticola tinniens)

Levaillant's Cisticola *(13 cm)*

Der Vleyzistensänger unterscheidet sich von anderen Zistensängern durch seinen schwarz-weißen Vorderrücken, den rostbraunen Scheitel und die rostbraunen Arm- und Handschwingen. Von der Kehle bis zu den Unterschwanzdecken ist er weiß, oft schwarz gesprenkelt an Bauch und Flanken. Bevorzugt werden Gras- und Seggenböden und feuchtes Grasland.

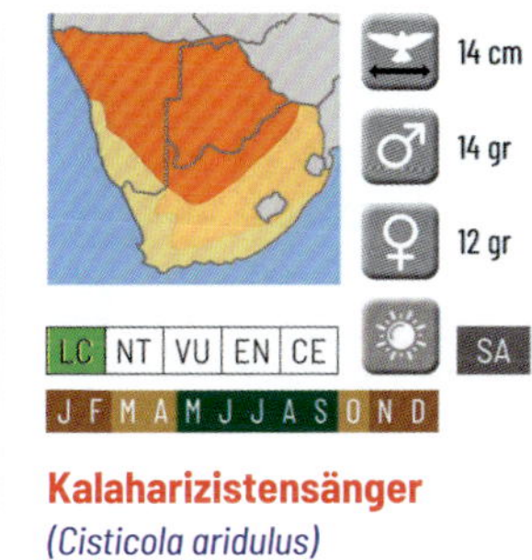

Kalaharizistensänger

(Cisticola aridulus)

Desert Cisticola *(10 cm)*

Dieser kleine Zistensänger bevorzugt Trockenrasen mit kurzen Gräsern. Besonders zahlreich sind sie in den Salzwiesen der Kalahari-Wüste. Sein Gefieder ist graubraun gesprenkelt auf schmutzig weißem Grund, das Untergefieder ist von der Kehle abwärts weiß.

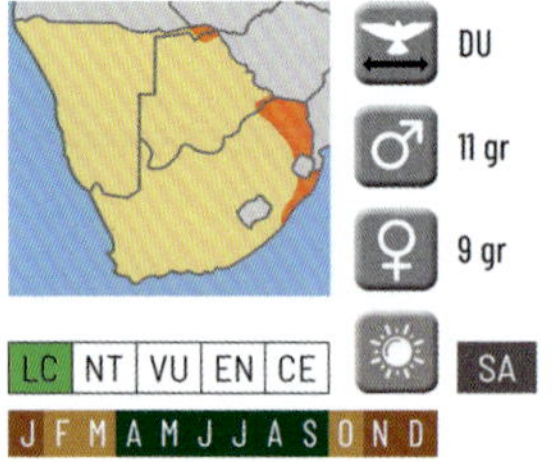

Rotgesicht-Zistensänger *(Cisticola erythrops)* **Red-faced Cisticola** *(14 cm)*
Die Wangen und die Stirn dieses Zistensängers *(C. e. nyasa)* sind rötlich braun. Scheitel, Vorderrücken, Flügel und Schwanz sind einheitlich graubraun. Der Unterkörper ist beige oder weiß, die Flanken sind rötlich. Seine Beine sind rosa und sein leicht gebogener Schnabel ist silbern bis schwarz. Er ernährt sich von kleinen Insekten, die er im Laub der hohen Sträucher sucht.

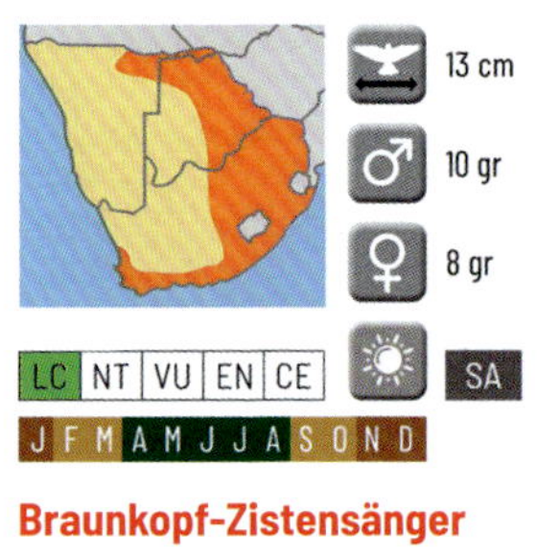

Braunkopf-Zistensänger *(Cisticola fulvicapilla)* **Piping Cisticola** oder **Neddicky** *(11 cm)*
In diesem Teil des südlichen Afrikas gibt es 7 Unterarten dieser Zistensänger. Daher gibt es erhebliche Unterschiede im Aussehen. Entweder ist nur die Stirn rötlichbraun, oder er ist rötlichbraun von Stirn bis Hinterkopf. Vom Scheitel bis zum Schwanz ist er meist einheitlich beige, dunkelbraun oder graubraun. Der Unterkörper ist weiß, rötlich oder grau, die Unterschwanzdecken sind weißlich oder grau. Die Beine und der Schnabel sind rosa. Sein Lebensraum ist vielfältig.

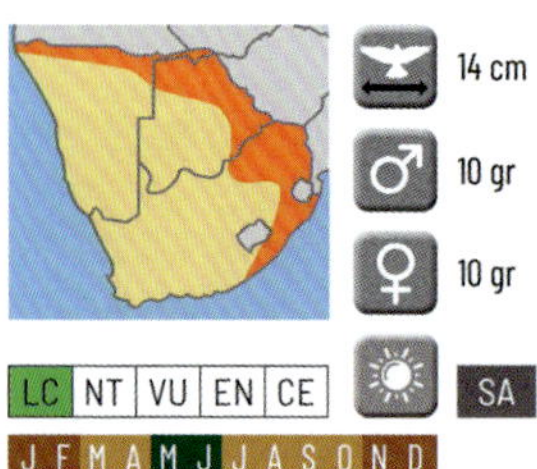

Rahmbrustprinie
(Prinia subflava)
Tawny-flanked Prinia *(11 cm)*
Drei der 10 Unterarten dieses Prinie kommen in diesen Ländern vor. Prinien sind schlanke Sänger, die häufig den Schwanz heben. Ihre Beine sind relativ lang, ebenso der Schnabel. Die Iris sind auffällig rotbraun. Er ist erkennbar an ihrem weißen Überaugenstreif und der weißen Kehle und Brust. Die Flanken sind oft zart rotbraun. Die Rückenpartie ist graubraun. Die Flügel sind orangefarben oder rotbraun.

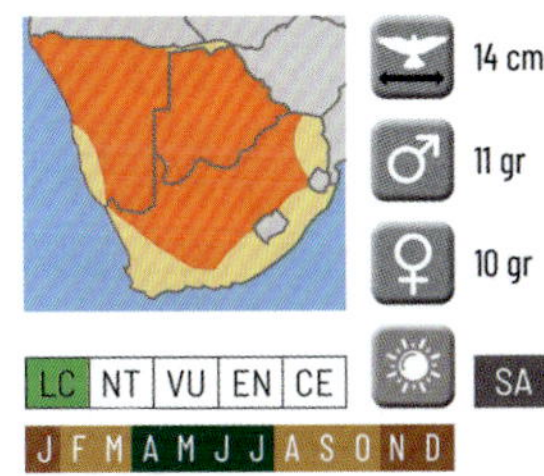

Brustbandprinie *(Prinia flavicans)* **Black-chested Prinia** *(12 cm)*
Diese Prinie hat nur während der Brutzeit einen schwarzen Kragen über der Brust (beim Weibchen ist er schmaler). Außerhalb dieses Zeitraums sind nur noch wenige Flecken vorhanden oder das Schwarz ist vollständig verschwunden. Die Kehle ist weiß, ebenso wie die verlängerte Augenbraue. Das Schmutzigweiß der Brust verläuft nach Gelb. Das Rückengefieder ist fast einheitlich braun.

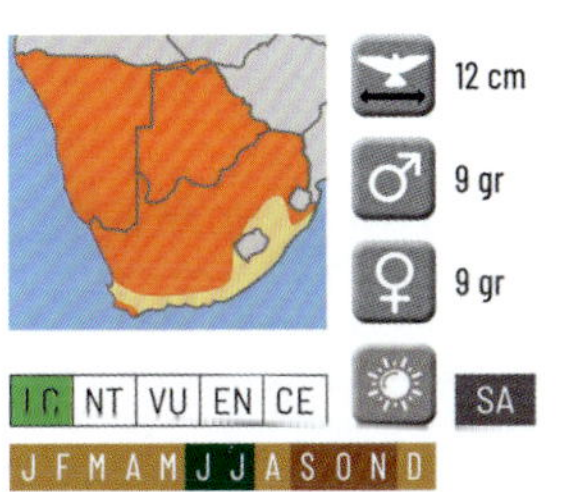

Gelbbauch-Eremomela
(Eremomela icteropygialis)
Yellow-bellied Eremomela *(10 cm)*
Bei dieser Gelbbauch-Eremomela ist nur der Bauch gelb. Kopf, Flügel und Rücken sind graubraun (manchmal hellgrau), Hals und Brust sind weiß. Ihre Beine sind fast schwarz. Eine der Unterarten, die vor allem in Südafrika vorkommt (E.i. saturatior), hat einen etwas rötlich-brauneren Vorderrücken. Die Arten jagen Insekten in Buschsavannen an Waldrändern, entlang von Bächen und kleineren Flüssen. Fünf der 10 Unterarten leben in einem oder mehreren Ländern in diesem Buch.

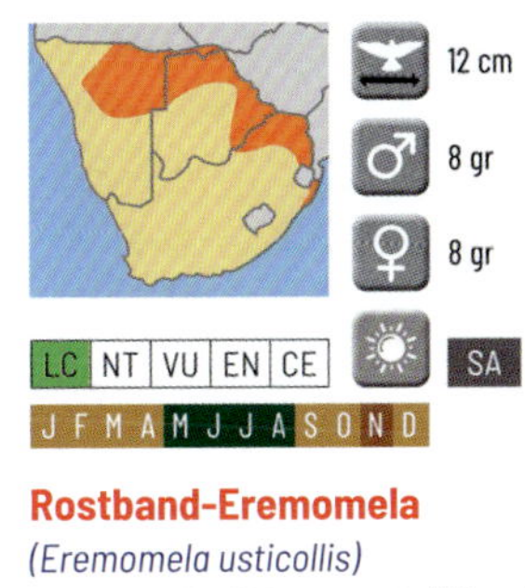

Rostband-Eremomela
(Eremomela usticollis)
Burnt-necked Eremomela *(10 cm)*
Sie unterscheidet sich von der Gelbbauch-Eremomela vor allem durch den rostbraunen Rand unter der Kehle. Die Iris sind weiß und der Unterkörper ist ganz gelb oder fast weiß. Das Rückengefieder und die Flügel sind grau. Die Beine sind schwarz, die Zehen rosa. Sie bevorzugt fast alle Waldtypen in Tälern mit fließenden Flüssen.

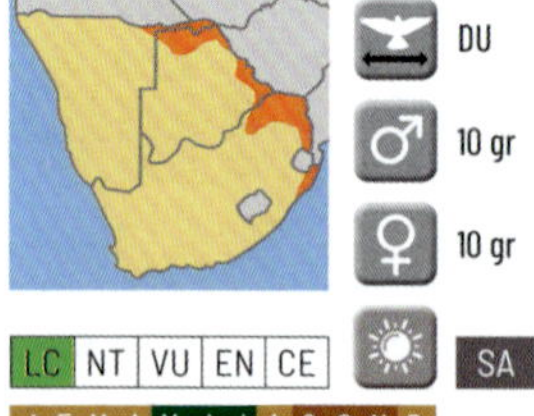

DU
♂ 10 gr
♀ 10 gr

LC NT VU EN CE

SA

J F M A M J J A S O N D

Grünkappen-Eremomela

(Eremomela scotops)

Green-capped Eremomela *(11 cm)*

Der Scheitel ist eine Mischung aus Grün, Gelb und Grau. Die Iris sind weiß und um die Augen befindet sich ein rötlich-brauner Augenring. Die Kehle und die Brust sind gelb, zum Bauch hin heller gelb. Die Flanken sind weiß. Der Schnabel ist schwarz. Das Gefieder ist grau bis graubraun. Sie fühlt sich in fast allen Waldtypen zu Hause. Sie sucht vor allem in den Wipfeln hoher Bäume nach Insekten.

Graurücken-Camaroptera

(Camaroptera brevicaudata)

Grey-backed Camaroptera *(11 cm)*

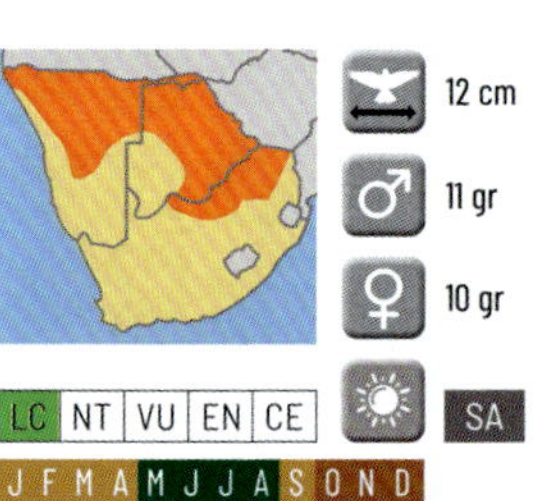

12 cm
♂ 11 gr
♀ 10 gr

LC NT VU EN CE

SA

J F M A M J J A S O N D

Bogenflügel *(Camaroptera)* sind an ihrem kurzen, häufig hochstehenden Schwanz zu erkennen. Es sind kleine, unruhige Sänger, die von Ast zu Ast springen. Sie sind überwiegend grau, nur die Flügel und einige Federn am Beinansatz sind gelblich oder olivgrün. Während der Brutzeit bekommt er einen graubraunen Scheitel. Im dichten Unterholz von Wäldern, Waldrändern und Vegetation an Bächen und Flüssen suchen sie nach Schmetterlingen, Ameisen und anderen kleinen Insekten. Der Graurücken-Camaroptera wird auch als eine Unterart des Grünmantel-Bogenflügels angesehen.

Grünmantel-Bogenflügel *(Camaroptera brachyura)* **Green-backed Camaroptera** *(11 cm)*

Sie sind überwiegend grau, nur die Flügel sind olivgrün. Der Unterkörper ist weiß. Es gibt 15 sehr ähnliche Unterarten, von denen elf in einem oder mehreren dieser Länder vorkommen. Es sind kleine, unruhige Sänger, die von Ast zu Ast hüpfen. Im dichten Unterholz von Wäldern und an Bächen und Flüssen suchen sie nach kleinen Insekten. Bogenflügel sind an ihrem kurzen, häufig hochstehenden Schwanz zu erkennen.

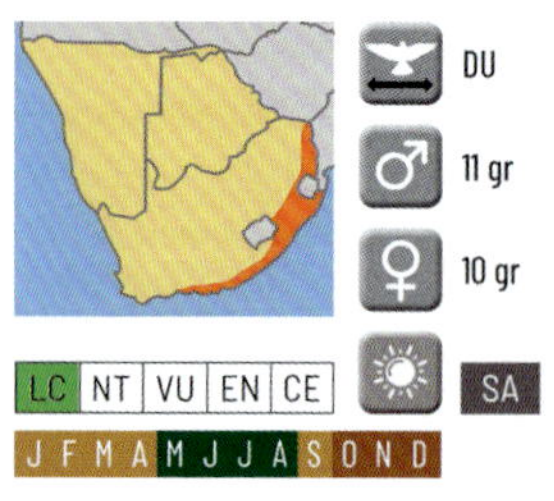

DU
♂ 11 gr
♀ 10 gr

LC NT VU EN CE

SA

J F M A M J J A S O N D

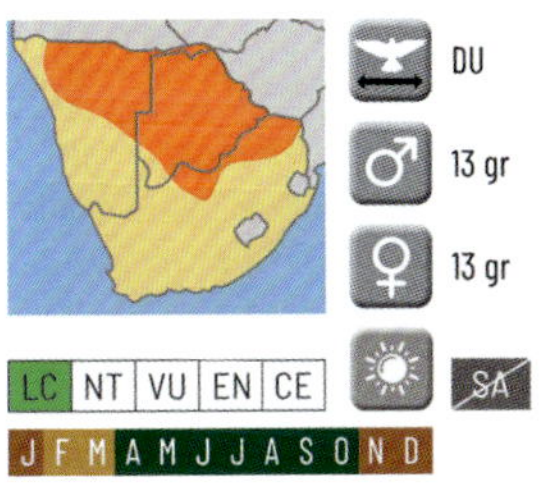

Damarabindensänger

(Calamonastes fasciolatus) **Barred Wren-Warbler** *(14 cm)*
Außerhalb der Brutzeit sind beide Geschlechter einander sehr ähnlich. Danach wird seine Brust braun und die Scheitel und der Vorderrücken etwas rötlicher braun. Bei beiden Geschlechtern sind Brust und Bauch braun und weiß gestreift. Zwei weiße Streifen verlaufen über die Schulterdecken bei ihm, einer bei ihr. Ihr Hals und ihre Brust bleiben weiß. Sie halten ihren Schwanz oft steil nach oben. Ihr bevorzugter Lebensraum sind Halbwüsten (Kalahari) und Akaziensavannen mit Büschen und Unterholz.

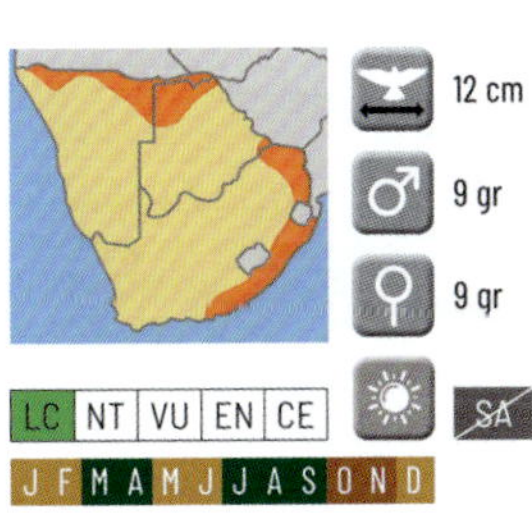

Gelbbrust-Feinsänger

(Apalis flavida)
Yellow-breasted Apalis *(12 cm)*
Vom Gelbbrust-Feinsänger leben acht Unterarten in Afrika. Der Kopf ist grau, Kehle und Bauch sind weiß, die Brust ist gelb und die Rückenpartie olivgrün. Die Iris leuchtet rotbraun. Manchmal hat das Männchen einen schwarzen Fleck auf der Brust, der beim Weibchen jedoch fehlt. Sie bevorzugen Wälder mit dichtem Laub und Mangrovenwälder. Ihre Nahrung besteht aus zahlreichen Insektenarten.

Halsband-Feinsänger

(Apalis thoracica)
Bar-throated Apalis *(12 cm)*
Der Halsband-Feinsänger ist an der weißen Kehle zu erkennen, die von einem schwarzen Band umrandet ist (beim Weibchen schmaler). Die Farbe des Kopfes ist gewöhnlich grau, die Iris weiß und der Unterkörper gelb. Die Beine sind rosa bis fast rot. Sie suchen in verschiedenen Waldgebieten und in den Dünen entlang der Küste in Sträuchern nach kleineren Insekten, Raupen, Larven und kleinen Heuschrecken.

Rohrsänger- und Laubsängerartigen *Die meisten Singvögel dieser Familie werden im Englischen „Warblers" genannt. Die Familie (Acrocephalidae) ist mit anderen Arten der Überfamilie Sylvioidea verwandt. Es sind meist unscheinbare kleine Singvögel, die leichter zu hören als zu sehen sind. Viele Arten ähneln sich sehr stark, nur an ihrem Ruf und Gesang kann man sie unterscheiden. Sie haben alle ein braunes oder graubraunes Rückengefieder, der Unterkörper ist entweder beige oder gelb. Sie bevorzugen Feuchtgebiete.*

Acrocephalus baeticatus

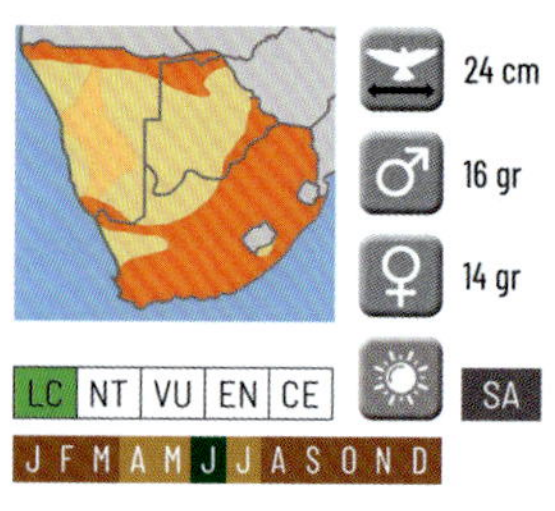

Kaprohrsänger

(Acrocephalus gracilirostris) **Lesser Swamp Warbler** *(18 cm)*
Zwei der acht Unterarten leben in den Ländern dieses Buches. Jede der Unterarten hat schmale helle Augenbrauen. Die Farbe des Kopfes und der Körperfedern variiert von braun über graubraun bis hin zu weichem Olivgrün. Der Unterkörper ist ab der Kehle und manchmal auch ab den Wangen meist weiß bis beige. Das 2. Foto zeigt den **Gartenrohrsänger** *(Acrocephalus baeticatus)* **African Reed-Warbler** *(13 cm)* der mehr oder weniger das gleiche Gebiet abdeckt. Der Unterschied liegt vor allem in der Farbe von Schwanz und Arm- und Handschwingen.

Gelbspötter *(Hippolais icterina)* **Icterine Warbler** *(13 cm)*

Sommergast. Der Gelbspötter ist dem Gartenrohrsänger sehr ähnlich, aber er ist am Bauch gelb und an den Flanken weiß. Außerdem hat der Gelbspötter eine gelbe Augenpartie. Er ist in der Regel auch etwas grauer. Sie haben eine Vorliebe für offenere Waldgebiete mit viel Unterholz.

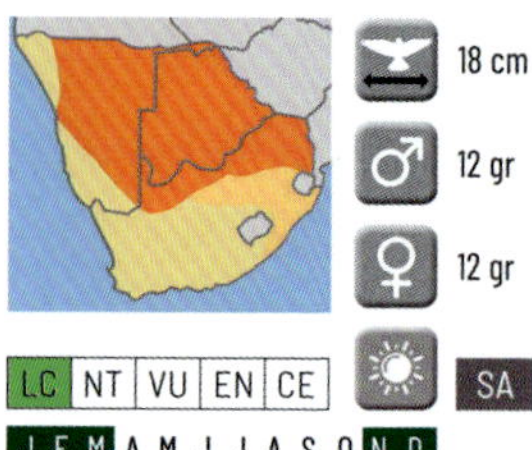

P. t. acredula

P. t. yakutensis

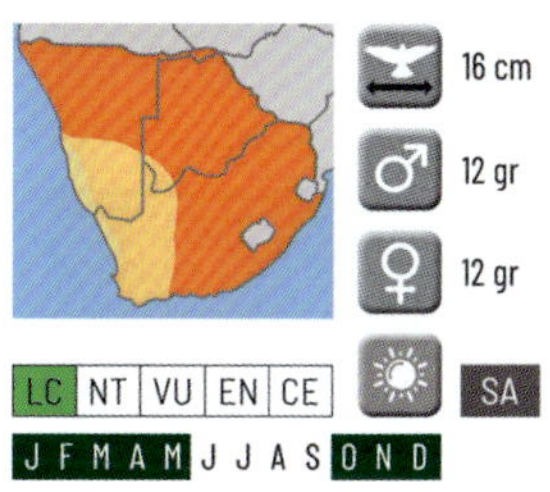

Fitis *(Phylloscopus trochilus)* **Willow Warbler** *(12 cm)*
Sommergast. Es handelt sich hier um die Unterart *P. t trochilus*, die auch in Deutschland brütet und die *P. t. yakutensis*, die aus Sibirien migriert. Scheitel und Vorderrücken sind olivgrün, Überaugenstreif, Kehle und ein Teil der Brust sind bei der einen Unterart gelb, bei der anderen schmutzig weiß. Die Bauchpartie ist bis zum Schwanz weiß. Arm- und Handschwingen sind graugrün. In Afrika lebt er bevorzugt in Sumpfgebieten, Flusswäldern und Mangroven. Ihre Nahrung besteht aus Insekten und Larven sowie Pflanzenmaterial.

Rotscheitel-Laubsänger *(Phylloscopus ruficapilla)* **Yellow-throated Woodland-Warbler** *(11 cm)*
Der Scheitel ist rotbraun, darunter eine gelbe Augenbraue und ein dunkler Augenstreif. Gesicht, Brust und Analbereich sind gelb. Der Bauch ist weiß. Das Rückengefieder ist olivgrün. Der zweifarbige Schnabel (bei fast allen „Warblers") ist rosa und grau. Der Schwanz ist kurz. Er bevorzugt leicht feuchte Wälder mit belaubten Bäumen.

Schnäpperrohrsänger *(Iduna natalensis)* **Dark-capped Yellow Warbler** *(13 cm)*
Abgesehen von dem braunen Kopf und Scheitel, den braunen Flügeln und dem olivbraunen Vorderrücken, ist er gelb. Um den Kopf herum hat er einen schmalen gelben Kragen. Die Iris sind dunkelbraun, die Beine und der Schnabel rosa. Sein Lebensraum sind dichte Wälder in feuchten Gebieten mit Unterholz, entlang von Seen, Dämmen und Flüssen.

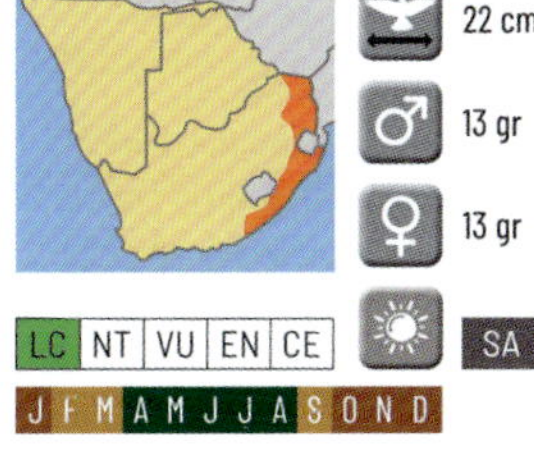

Fliegenschnäpper *Dieser Name wird hauptsächlich für Arten aus der Überfamilie Muscicapidae verwendet. Hier handelt es sich nicht um eine exklusive Eigenschaft, denn es gibt viele Arten, die entweder im Flug oder im Gebüsch Fliegen fangen. „Muscicapidae" ist ein Sammelbegriff diverser Vögel, deren Zusammenstellung nicht eindeutig ist, was zu permanenten Studien bzgl. des tatsächlichen Stammbaums führt. Vögel aus der Familie der Platysteiridae gehören nicht zu dieser Überfamilie, werden aber trotzdem den Schnäppern zugerechnet. Auch im Gefieder unterscheiden sich diese Arten deutlich vom „echten" Fliegenschnäpper. Übrigens ernähren sich die sogenannten Schnäpper nicht nur von Fliegen. Viele Insektenarten, Würmer, Larven und gelegentlich auch Früchte stehen ebenfalls auf dem Speiseplan.*

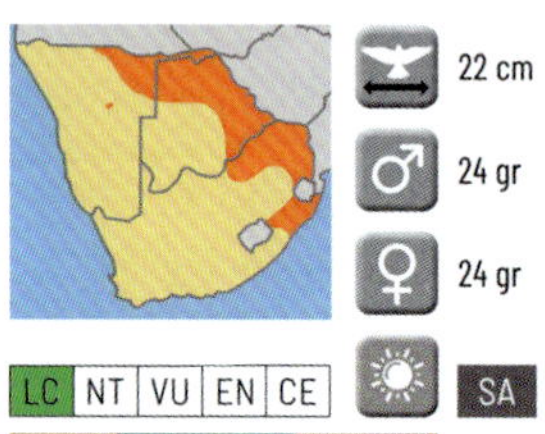

Fahlschnäpper

(Bradornis pallidus)

Pale Flycatcher *(16 cm)*

Es gibt 13 Unterarten dieses Fliegenschnäppers, die in verschiedenen Lebensräumen in weiten Teilen Afrikas vorkommen. Vier davon kommen in den Ländern dieses Reiseführers vor, und eine davon *(M.m. aquaemontis)* ist auf dem Waterberg-Plateau in Namibia endemisch. Von der Stirn bis zu den Schwanzfedern ist das Rückengefieder graubraun bis braun. Von der Kehle abwärts ist er schmutzig weiß, an den Flanken manchmal etwas rötlich. Er besucht sowohl Akaziensavannen als auch Wälder mit Laubbäumen.

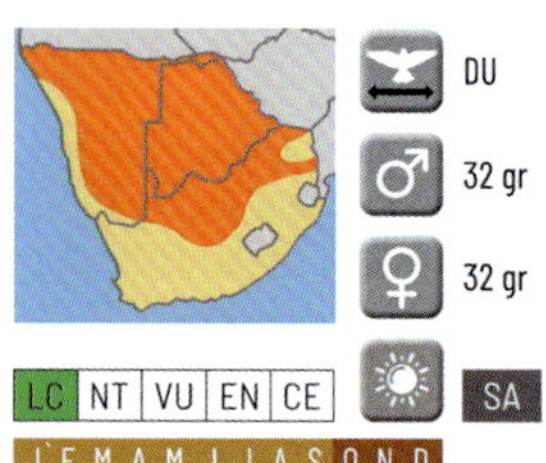

Maricoschnäpper

(Melaenornis mariquensis)

Mariqua Flycatcher *(18 cm)*

Der Maricoschnäpper ist vom Fahlschnäpper kaum zu unterscheiden. Er ist etwas größer, die braunen Farben des Rückengefieders sind im Allgemeinen intensiver und der Unterkörper eine Nuance weißer. Die Unterseite des Schwanzes ist bei den Fahlschnäppern dunkelbraun und bei den Maricoschnäppern graubraun.

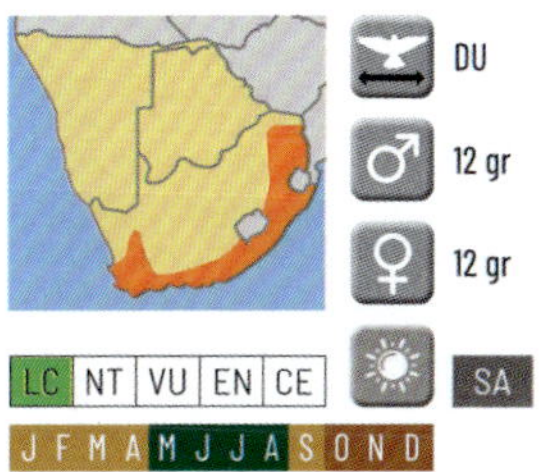

Dunkelschnäpper *(Muscicapa adusta)* **African Dusky Flycatcher** *(13 cm)*
Von den 10 Unterarten leben zwei in Südafrika. Sie unterscheiden sich voneinander, indem sie das Grau *(M.a.fuscula)* des Obergefieders gegen Graubraun *(M.a.subadusta)* austauschen. Das Untergefieder ist schmutzig weiß, manchmal sehr leicht gesprenkelt. Der **Grauschnäpper** *(Muscicapa striata)* **Spotted Flycatcher** *(15 cm)* ist im Sommer von Oktober bis April im südlichen Afrika. Sein Lebensraum erstreckt sich über alle drei Länder und er ist kaum vom Dunkelschnäpper zu unterscheiden.

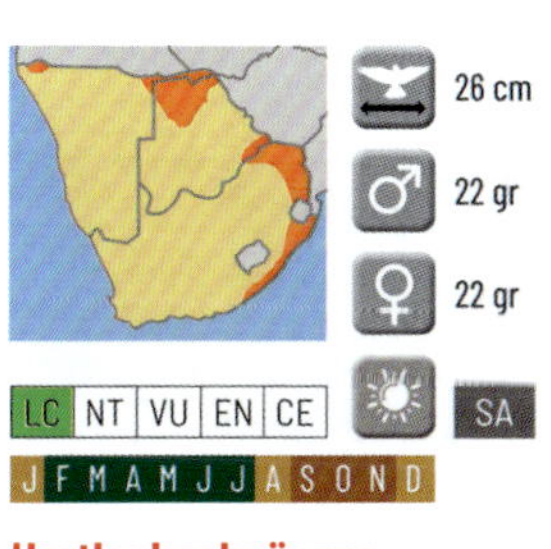

Hartlaubschnäpper *(Muscicapa caerulescens)* **Ashy Flycatcher** oder **Alseonax** *(14 cm)*
Die Farbe von Kopf und Vorderrücken variiert von aschgrau bis bläulichgrau. Ab der Kehle ist der Unterkörper weiß, die Flügel und der Rücken sind graubraun. Um die Augen befindet sich ein weißer Ring. Die Beine sind grau, ebenso wie der für echte Fliegenschnäpper typische spitze Schnabel. Sein Lebensraum umfasst viele Waldtypen.

Glanzdrongoschnäpper *(Melaenornis pammelaina)* **Southern Black Flycatcher** *(21 cm)*
Dieser ganz schwarze Schnäpper, dessen Gefieder dunkelblau und violett schimmert, ähnelt dem etwas größeren Trauerdrongo. Nicht nur wegen seiner Farbe und der braunen Unterseite seiner Flügel, sondern auch wegen seiner aufrechten Haltung, wenn er sich auf einem Ast ausruht. Dieser Glanzdrongoschnäpper hat schwarze Iris, während die des Drongos rot sind. Das Weibchen ist weniger schwarz, eher ein sehr dunkles Braun. Er bevorzugt offene Waldgebiete mit Akazien, Hülsenfrüchtler und Mopane.

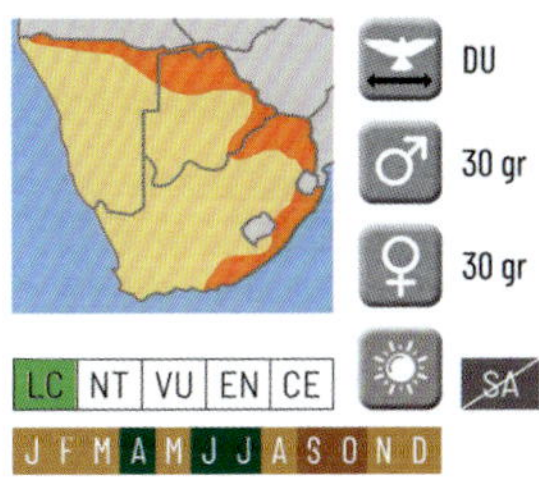

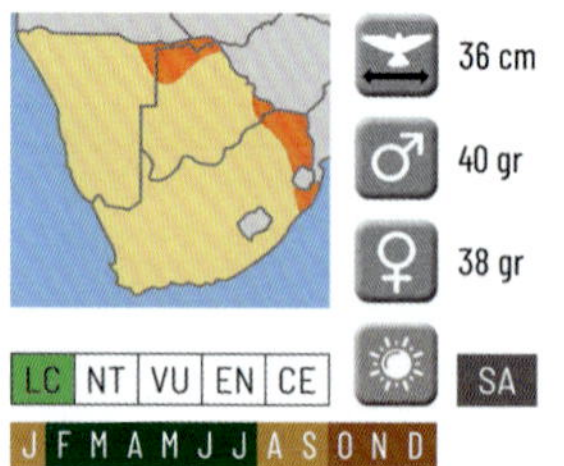

Weißbrauenrötel *(Cossypha heuglini)* **White-browed Robin-chat** *(19 cm)*
Der Weißbrauenrötel hat lange, breite, weiße Augenstreifen, die vom Schnabel bis zum Hals reichen. Die Wangen und der Scheitel sind schwarz, der Vorderrücken ist grau-orange. Der Unterkörper und die Flügel sind blaugrau. Er bevorzugt dichtes Unterholz in dichten Wäldern mit Wasserquellen (Flüsse, Bäche), wo er seine Nahrung wie Ameisen und Käfer sowie Früchte sucht.

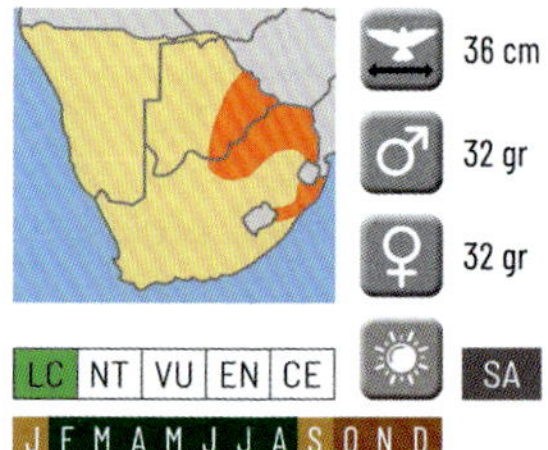

Weißkehlrötel
(Cossypha humeralis)
White-throated Robin-Chat
(18 cm)
Der Weißkehlrötel ist leicht zu erkennen. Weiße lange Augenbrauen ziehen sich über den schwarzen Kopf, der Vorderrücken ist dunkelgrau, mit einem parallelen weißen Streifen auf beiden Seiten. Der Unterkörper ist bis zum orangefarbenen Analbereich weiß. Die unteren Schwanzfedern sind orange, die oberen fast schwarz. Er bevorzugt Gebiete mit viel Unterholz in Wäldern, nicht unbedingt in der Nähe von Gewässern.

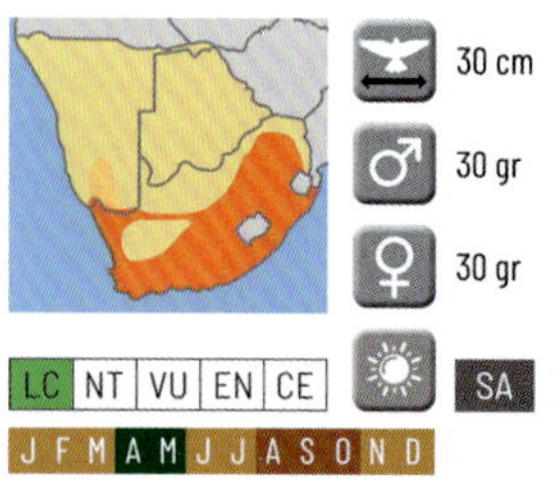

Kaprötel
(Cossypha caffra)
Cape Robin-Chat
(17 cm)
Der Kaprötel hat weiße Augenstreifen und einen blass braungrauen Kopf. Der Hals und ein Teil der Brust sind orange. Das übrige Gefieder ist bis zu den orangen Unterschwanzdecken grau, die Flügel sind graubraun. Zu finden an Waldrändern, an Berghängen mit vielen Baum- und Pflanzenarten, in Gärten und in dichten Strauchgewächsen bis 3400 m. Lautstarker Sänger mit verschiedenen Melodien.

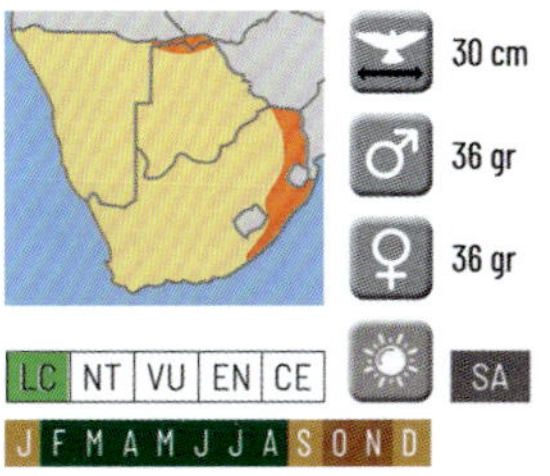

Natalrötel

(Cossypha natalensis)
Red-capped Robin-chat
(16 cm)

Dieser schöne Rötel ist eher scheu und es wird daher nicht leicht sein, ihn in bewaldeten Gebieten in dichtem Laub und insbesondere entlang von Schluchten und in Dünenwäldern zu finden. Sein Scheitel ist dunkler als der orangefarbene Kopf und der Unterkörper. Der Vorderrücken hat die gleiche Farbe wie der Scheitel, die Flügel sind glänzend blaugrau, ebenso die oberen Schwanzfedern, die Unterseite des Schwanzes ist orange.

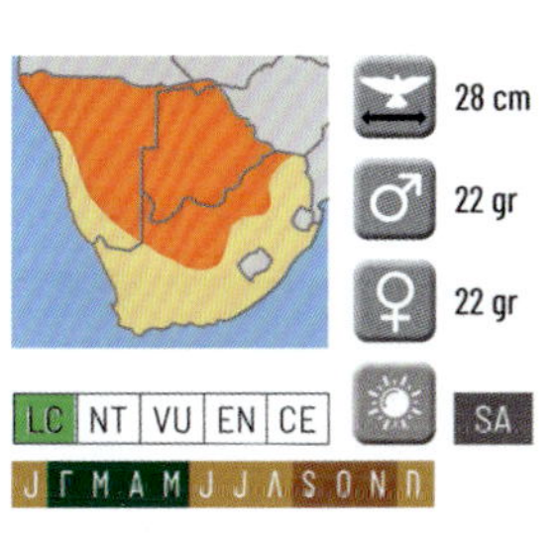

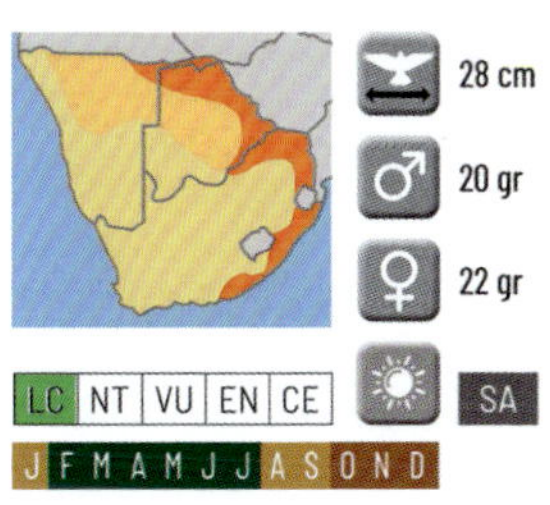

Kalahariheckensänger

(Cercotrichas paena)
Kalahari Scrub-Robin *(16 cm)*

Der graue Scheitel wird von weißen Augenbrauen flankiert und eine schwarze Maske verläuft über den Augen. Der Unterkörper ist weiß, das Rückengefieder rotbraun bis zum Schwanz, der in Schwarz endet. Die Flügel sind eine Mischung aus Grau, Schwarz und Braun. Inmitten des trockenen, kahlen Bodens mit ein paar Büschen und einem einzelnen Baum, in den sie sich flüchten können, suchen sie nach Termiten.

Weißbrauen-Heckensänger

(Cercotrichas leucophrys) **White-browed Scrub-Robin** *(15 cm)*

Heckensänger mit dem englischen Namen Scrub-Robin weisen viele Ähnlichkeiten auf. Charakteristisch sind die weißen Augenbrauen, der Fächerschwanz und Bartstreifen. Der Schwanz und Bürzel sind meist rötlichbraun. Der Unterschwanz ist weiß. Dem etwas dunkleren **Natalheckensänger** *(Cercotrichas signata)* **Brown Scrub-Robin** *(15 cm)* fehlt der rote Bürzel. Ihr Lebensrum überschneidet sich mit dem der anderen nur entlang der Küste. Bevorzugt werden bewaldete Gebiete, in denen blühende Pflanzen wachsen und Bäume, die duftendes Harz produzieren.

Cercotrichas signata

Klippenrötel

(Monticola rupestris) **Cape Rock Thrush** *(21 cm)*
Die Männchen haben einen grauen bis blaugrauen Kopf und einen grauen bis schwarzen Schnabel. Der Unterkörper, einschließlich eines Halsbandes, ist orange. Das Obergefieder ist eine Mischung aus Orange und Braun. Das Gefieder der Weibchen ist eine schwache Nachbildung des Gefieders der Männchen, ihr Unterkörper ist heller. Der Kopf, der Vorderrücken und die Flügel sind graubraun. Rötel bevorzugen Berg- und Hügellandschaften mit vereinzelten Bäumen und grasbewachsenen Flächen in felsiger Umgebung.

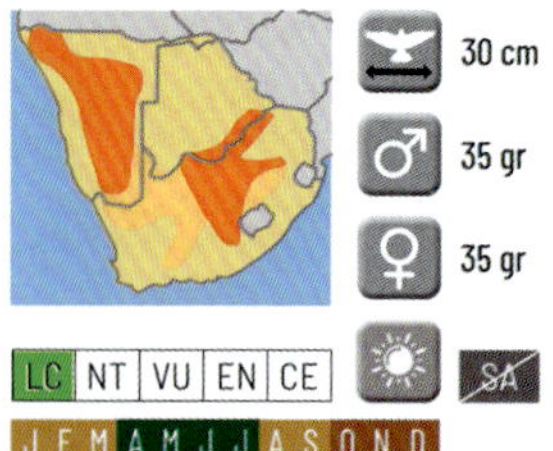

Kurzzehenrötel

(Monticola brevipes) **Short-toed Rock-Thrush** *(18 cm)*
Das Männchen dieses Rötels hat einen weißen Scheitel, schwarzen Wangenfleck und einen grauen Vorderrücken. Die Flügel sind dunkelbraun. Das Untergefieder ist von der Brust bis zum kurzen Schwanz orange. Das Weibchen hat einen braunen Kopf, die Kehle ist weiß und schwarz gesprenkelt. Inmitten von trockenen Hügeln mit verstreuten Bäumen und Büschen suchen sie nach Insekten wie Termiten, Samen, Früchten, kleineren Geckos und Skorpionen.

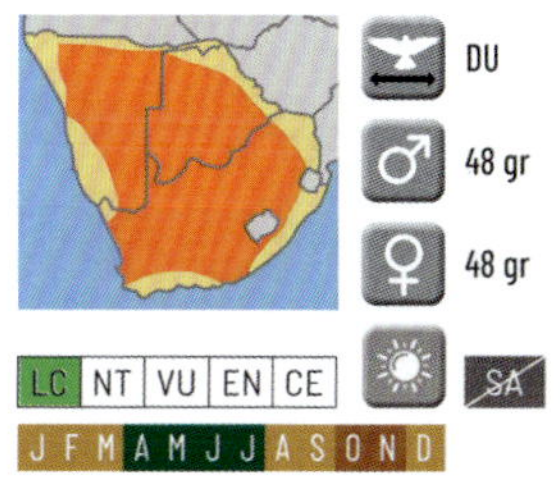

DU
♂ 48 gr
♀ 48 gr
SA

LC | NT | VU | EN | CE

J F M A M J J A S O N D

Termitenschmätzer *(Myrmecocichla formicivora)* **Southern Anteater-Chat** *(18 cm)*

Schmätzer zeichnen sich durch ihre aufrechte Haltung aus: mit der Brust nach vorne auf ihren relativ langen grauen Beinen. Das Ober- und Untergefieder ist sehr dunkelbraun (viel heller beim Weibchen, siehe Abb.). Das Weiß auf den Schulterfedern bei den Männchen ist bei einigen Exemplaren ins Auge springend und bei anderen kaum vorhanden. Auf trockenem und offenem Grasland, vorzugsweise inmitten von sanften Hügeln, suchen sie nach Insekten und Samen.

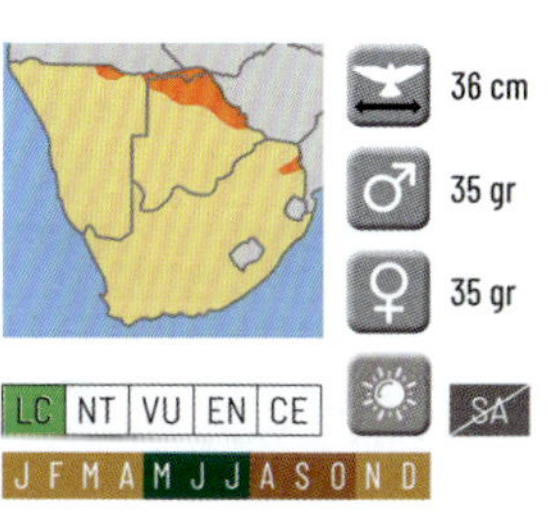

36 cm
♂ 35 gr
♀ 35 gr
SA

LC | NT | VU | EN | CE

J F M A M J J A S O N D

Arnottschmätzer *(Myrmecocichla arnotti)* **White-headed** oder **Arnot's Black-Chat** *(17 cm)*

Das Männchen ist bis auf die weiße Kappe und teilweise die Schulterfedern komplett schwarz. Das Weibchen hat eine weiße Kehle und weiße Wangen. Auch die Schultern sind teilweise weiß. Ihr Federkleid ist oft eher dunkelbraun als schwarz. Inmitten von verschiedenen Waldtypen mit spärlichem Unterholz suchen sie nach Ameisen, Käfern, Spinnen, Larven und Schmetterlingen.

Erdsteinschmätzer *(Oenanthe pileata)* **Capped Wheatear** *(17 cm)*

Die weißen Augenstreifen unterbrechen das Schwarz des Scheitels, die Stirn und Wangen. Die Brust ist fast schwarz, der Rest des Unterkörpers hell rotbraun bis weiß. Die Flügel sind graubraun. Der Schnabel ist, entsprechend der insektivoren Ernährungsweise, zierlich und schlank. In Afrika ab 1400 m Höhe ein recht verbreiteter Schmätzer, insbesondere auf intensiv beweideten Grasebenen.

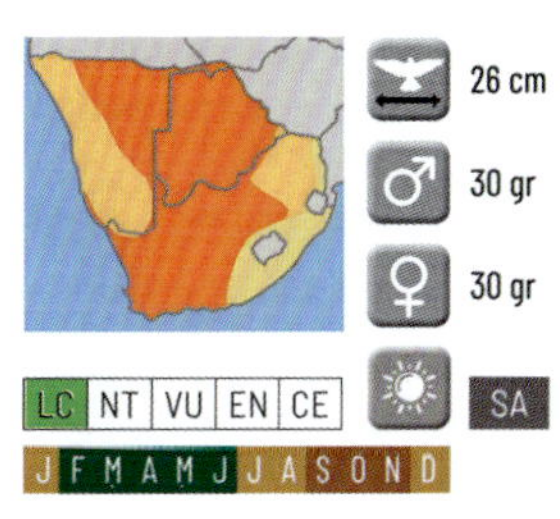

26 cm
♂ 30 gr
♀ 30 gr
SA

LC | NT | VU | EN | CE

J F M A M J J A S O N D

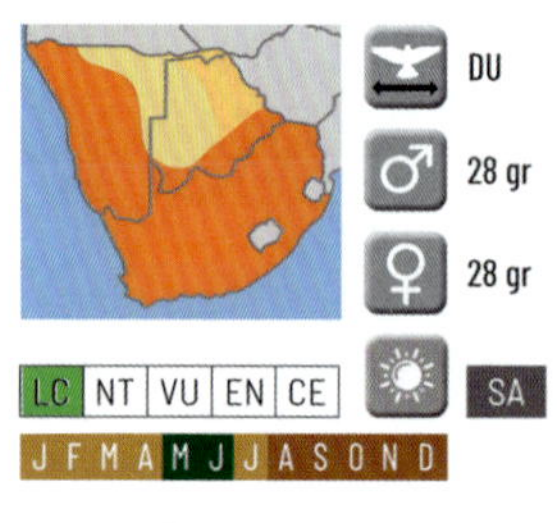

DU

28 gr

28 gr

LC NT VU EN CE

SA

J F M A M J J A S O N D

Rostschwanz-Steinschmätzer

(Oenanthe familiaris)
Familiar Chat
(15 cm)

Er hat einen schönen rotbraunen Fächerschwanz, der mit einem dunkelbraunen Rand versehen ist. Die Oberseite des Körpers ist graubraun. Die Flügel sind eine Mischung aus Hell- und Dunkelbraun. Das Untergefieder ist beige, die Wangen sind rostbraun gefleckt

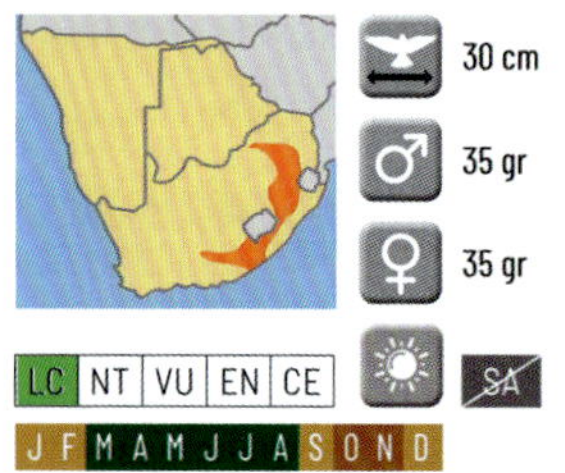

30 cm

35 gr

35 gr

LC NT VU EN CE

SA

J F M A M J J A S O N D

Fahlschulterschmätzer

(Campicoloides bifasciatus) **Buff-streaked Chat** *(16 cm)*

Scheitel und Vorderrücken sind braun, das Gesicht ist schwarz mit weißen Augenbrauen. Der Unterkörper ist weißlich, die Beine schwarz. Bei beiden Geschlechtern sind die Flügel schwarz. Bevorzugt werden Regionen, in denen die Trockenheit weniger Einfluss auf die Grasarten hat. Diese "sauren" Gräser speichern ihre Nährstoffe in den Blättern und nicht in den Wurzeln und bleiben so für Insekten attraktiv.

♂

♀

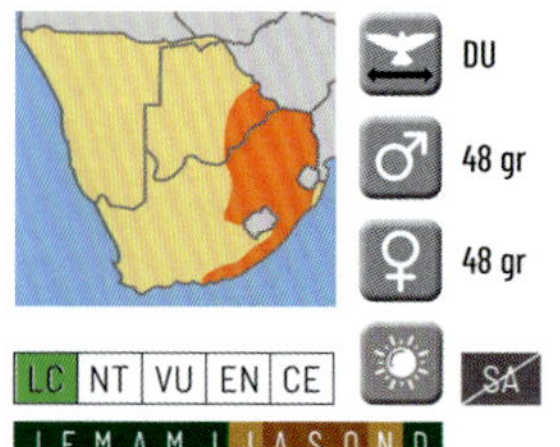

DU

48 gr

48 gr

LC NT VU EN CE

SA

J F M A M J J A S O N D

Rotbauchschmätzer

(Thamnolaea cinnamomeiventris) **Mocking Cliff Chat** *(20 cm)*

Das Männchen ist bis auf die weißen Schulterfedern und die orangefarbenen Unterpartien schwarz. Dem Weibchen fehlt das Weiß.
Ihr Gefieder ist viel grauer, abgesehen von einem Teil der rötlichbraunen Brust und des Bauches. Ihr Lebensraum umfasst Felsen, Klippen und halbhohe, mit Feigenbäumen bewachsene Felshügel. Abgesehen von Feigen fressen sie alle Arten von Insekten.

♂

♀

19 cm
♂ 15 gr
♀ 15 gr
LC NT VU EN CE
SA
J F M A M J J A S O N D

Afrikanisches Schwarzkehlchen

(Saxicola torquatus)

African Stonechat *(12 cm)*

Das Männchen hat einen schwarzen Kopf und einen weißen Kragen. Die Flügel sind schwarz, Brust und Bauch rostfarben, jeweils mit weißen Farbakzenten. Das Weibchen ist überwiegend braun, mit einer leicht rötlich-braunen Brust und weißen Wangenstreifen. Bei beiden ist der Bürzel weiß. Man findet sie in Trockenwiesen mit niedrigem Buschwerk. Vier oder fünf der 14 Unterarten leben in einem oder mehreren der in diesem Buch beschriebenen Länder. Die Unterarten im südlichen Afrika unterscheiden sich kaum voneinander.

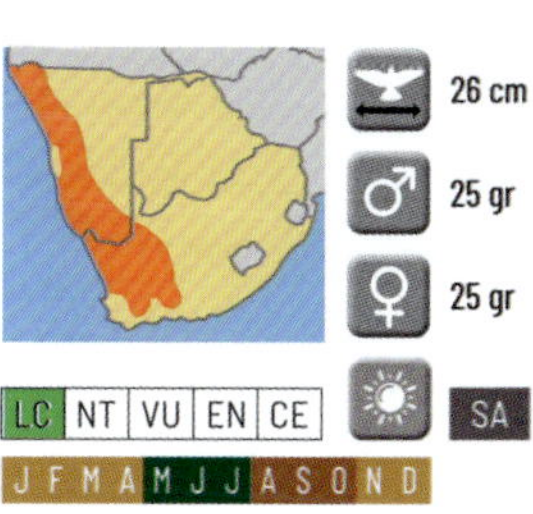

26 cm
♂ 25 gr
♀ 25 gr
LC NT VU EN CE
SA
J F M A M J J A S O N D

Oranjeschmätzer

(Emarginata tractrac)

Tractrac Chat *(15 cm)*

Dieser blasse Schmätzer mit weißem Unterkörper und schmutzig weißem Kopf und Rücken, dessen Arm- und Handschwingen bei einigen Unterarten dunkelbraun sind, hat vom Schnabel bis zum Hinterkopf einen braunen Augenstreif. Sie ernähren sich von Heuschrecken und Käfern und sitzen auf einem niedrigen Ast, bis sie ihrer Beute nachlaufen. Sie bevorzugen die trockenen Bedingungen von Wüsten und Halbwüsten (Karoo) mit gelegentlichem Buschland.

Sternrötel *(Pogonocichla stellata)* White-starred Robin *(16 cm)*

Der Sternrötel ist schön gefärbt. Auffällig sind der schiefergraue Kopf und der grellgelbe Unterkörper. Der Rücken ist olivgrün bis braun, die Arm- und Handschwingen sind oft metallisch blau. Sehr scheu, lebt in Wäldern des Hochlandes oberhalb von 1600 m, vorzugsweise in feuchten Waldgebieten, wo u.a. Bambus wächst. Der Stern im Namen ist ein weißer Fleck am Kopf. Der weiße Hals wird beim Singen sichtbar.

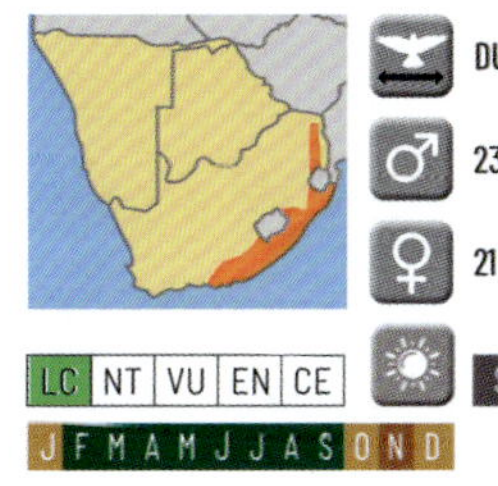

DU
♂ 23 gr
♀ 21 gr
LC NT VU EN CE
SA
J F M A M J J A S O N D

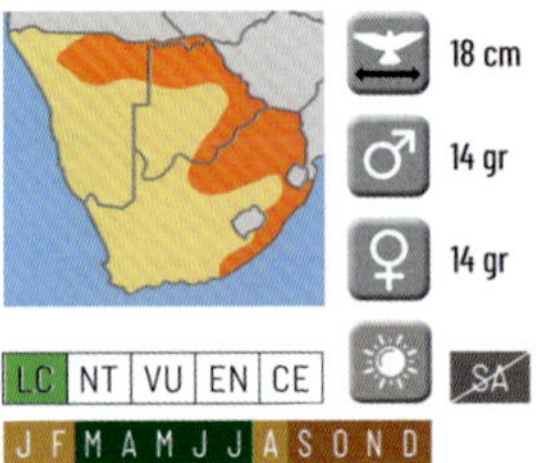

Weißflankenschnäpper *(Batis molitor)* **Chin-spot Batis** *(12 cm)*
Zur Familie der Afrikaschnäpper *(Platysteiridae)* gehören 19 verschiedene Wollschnäpper. Es sind kleine, gedrungene Vögel, die sich ähneln. Der Weißflankenschnäpper ist am stärksten verbreitet. Das Männchen hat ein schwarzes Band quer über der Brust, beim Weibchen ist es ebenso wie auch der Hals braun. Beide Geschlechter haben eine hellgelbe Iris. Weißflankenschäpper suchen vor allem im dichten Blattwerk inmitten der Savannen nach Nahrung. Insekten werden meist in Flug gefangen.

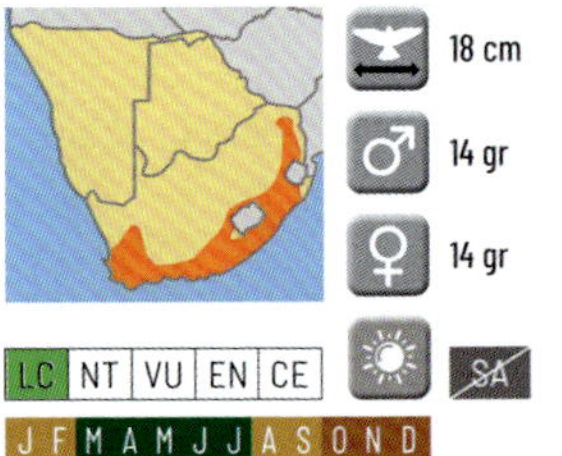

Kapbatis *(Batis capensis)*
Cape Batis *(12 cm)*
Während der Weißflankenschäpper ein völlig weißes Untergefieder hat, sind die Flanken bei beiden Geschlechtern des Kapbatis rötlich braun. Dieses Rotbraun ist teilweise auch auf den Flügeln vorhanden. Der Vorderrücken ist bei beiden weiß und graubraun. Sie bevorzugen die Ränder von dichten Waldgebieten mit Kiefern entlang von Flüssen und Schluchten.

Piritschnäpper *(Batis pririt)* **Pririt Batis** *(11 cm)*
Der Unterschied zum Männchen des etwas größeren Weißflankenschnäppers ist kaum wahrnehmbar. Die Flanken des Piritschnäppers weisen manchmal schwache schwarze Akzente auf. Die Brust des Weibchens ist eher orange-gelb und an der Kehle fehlt das Schwarz. Bevorzugt werden Gebiete mit Akaziendornbäumen und Tamarisken in Trockensavannen, oft entlang trockener Flussbetten.

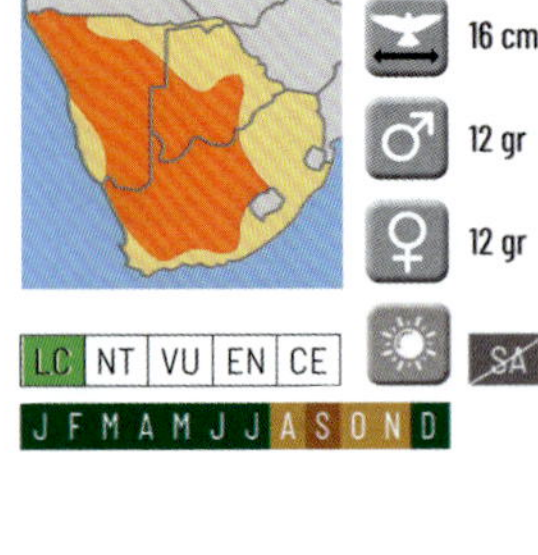

Monarchen *Diese Vögel gehören zur Überfamilie der Corvoidae. Monarchen aus die Gattung der Terpsiphone sind auffällige Singvögel, bei denen beide Geschlechter einen Kopfhaube tragen. Die Männchen entwickeln während der Brutzeit einen langen Schwanz. Sie ernähren sich von Gliederfüßern (Außenskelett), wie Spinnen, Käfern und Heuschrecken, aber auch von Beeren. Es sind wunderschöne und kleine auffällige Vögel.*

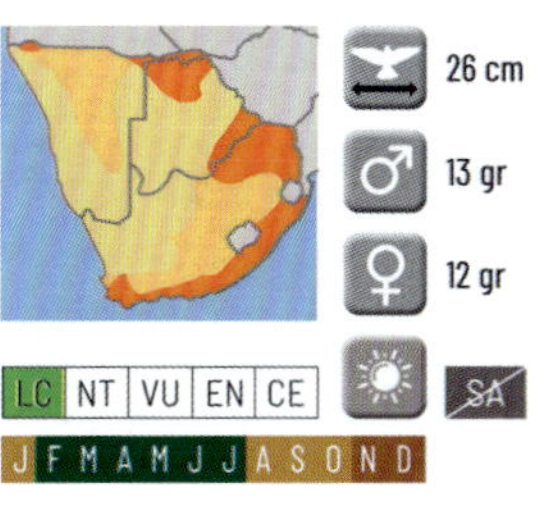

Graubrust-Paradiesschnäpper

(Terpsiphone viridis) **African Paradise-Flycatcher** *(18 cm)* Zwei der 10 Unterarten (*T. v. plumbeiceps* und *T.v. granti*) kommen in diesem Teil Afrikas vor. Beide Geschlechter haben einen blauschwarzen Kopf mit einer Kopfhaube (beim Weibchen kleiner) und eine graublaue Brust. Das Rückengefieder und der Schwanz sind rostbraun. Bei der Unterart *T.v. granti* sind der Kopf und die Brust des Männchens dunkler. Während der Brutzeit wächst dem Männchen ein bis 18 cm langer Schwanz. Sie haben keine besondere Vorliebe für bestimmte Waldtypen, meiden aber dichte Wälder und Gebiete mit spärlichem Buschwerk.

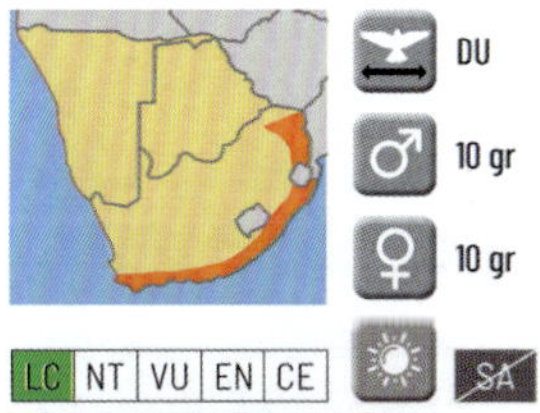

Blaumantel-Haubenschnäpper

(Trochocercus cyanomelas) **Blue-mantled Crested Flycatcher** *(13 cm)* Beim Männchen sind der Kopf, ein Teil der Brust und der Vorderrücken dunkelblau schillernd, die Wangen sind schwarz. Der Rücken ist teilweise weiß und die Flügel sind graubraun, bei den Weibchen eine Nuance heller. Der Unterkörper ist bei beiden weiß. Ihre Kehle kann leicht gesprenkelt sein, ihre Stirn ist hellblau. Beide haben Kopfhauben. Sie bevorzugen dichtes Gestrüpp in feuchtem Klima.

Drosselhäherling *Im Jahr 2018 wurde eine umfassende Studie veröffentlicht, in der der Stammbaum überarbeitet wurde. Die Gattung Turdoides wurde aufgeteilt und mehr als die Hälfte der Arten der Gattung Argya zugeordnet. Drosselhäherlinge haben einen langen Schwanz und ein eher langweiliges graues oder braunes Gefieder. Diese soziale Art ist sehr ruffreudig und sucht in Gruppen nach Nahrung.*

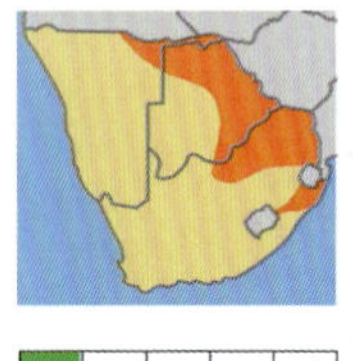

28 cm

75 gr

75 gr

SA

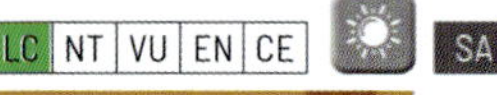

Weißstrichel-Drosselhäherling

(Turdoides jardineii)

Arrow-marked Babbler *(22 cm)*

Die leuchtenden klaren Farben der Iris sind das bunteste an diesem Drosselhäherling. Die Körperfedern sind graubraun. Der Unterkörper mit zerzausten weißen Federn ist schmutziggrau. Diese Federn hat er auch auf dem Kopf. Die Beine sind grau, der Schnabel ist schwarz. Diese lauten Vögel suchen ihre Nahrung am liebsten in Büschen und am Boden. Ihre Nesten werden häufig vom Kapkuckuck parasitiert.

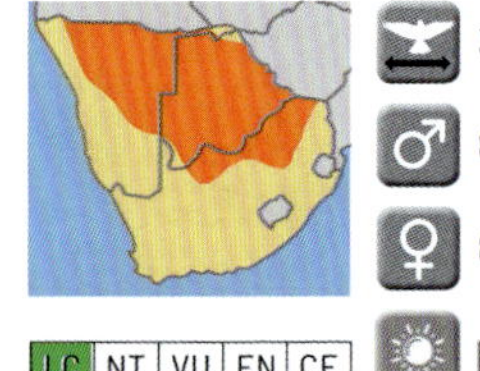

34 cm

85 gr

85 gr

LC NT VU EN CE

SA

J F M A M J J A S O N D

Elsterdrossling

(Turdoides bicolor)

Southern Pied Babbler *(25 cm)*

Dieser auffällige weiß-schwarze Drosselhäherling mit schwarzem, gebogenem Schnabel und gelb-orangefarbener Iris bevorzugt halbtrockene und trockene Savannen mit offenen Ebenen, oft in Gebieten mit Korkeichen, wo er zahlreiche Insektenarten wie Käfer und deren Larven, Raupen von Schmetterlingen und Motten, Heuschrecken und Zecken erbeutet.

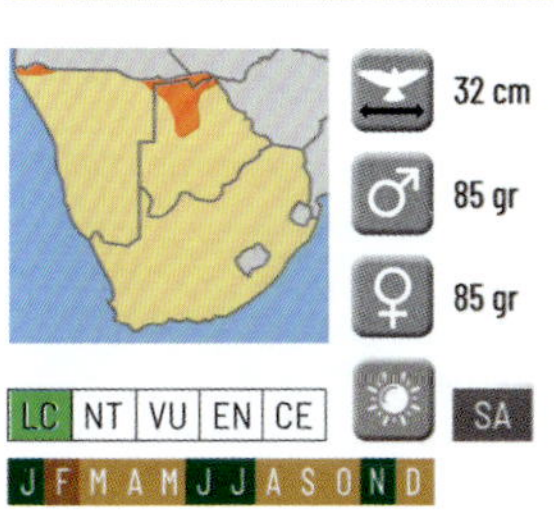

Hartlaubdrossling

(Turdoides hartlaubii) **Hartlaub's Babbler** *(24 cm)*
Er hat viele Ähnlichkeiten mit dem Weißstrichel-Drosselhäherling. Der Kopf ist jedoch in der Regel heller, die Zügel sind dunkelbraun, die Iris sind meist komplett rot und die beigefarbene Brust ist gesprenkelt. Der Bürzel ist schmutzig weiß. Das Rückengefieder ist rostbraun. Bevorzugt werden durch Bäche getrennte Landstreifen zwischen dichtem Buschwerk und Akazienwäldern.

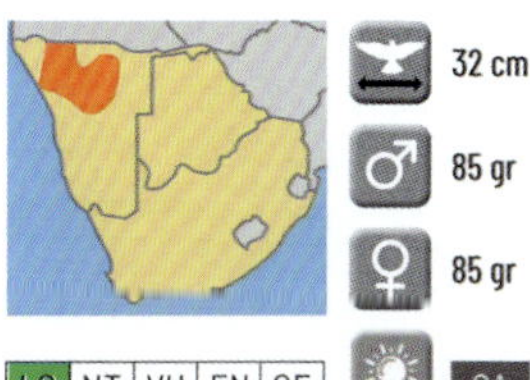

Nacktwangendrossling

(Turdoides gymnogenys)
Bare-cheeked Babbler *(24 cm)*
Der schwarze Fleck auf dem weißen Kopf ist die nackte Haut. Sein Kragen ist rostbraun und diese Farbe geht auf dem Vorderrücken in Hellbraun über. Auf dem Rücken und den Flügeln wird das Braun dunkler. Der Unterkörper ist komplett weiß, ebenso die Iris. Er bevorzugt das Unterholz von Fluss- oder Tamariskenwäldern in offener Landschaft.

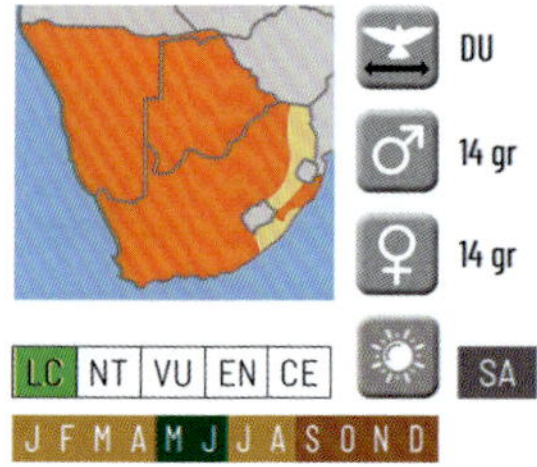

DU
♂ 14 gr
♀ 14 gr
LC NT VU EN CE
SA
J F M A M J J A S O N D

Meisengrasmücke

(Curruca subcoerulea)

Chestnut-vented Warbler *(13 cm)*

Die Meisengrasmücke ist ein grauer Vogel mit rötlich-braunem Unterschwanz, einem spitzen schwarzen Schnabel und weißen Iris. Ihre Flügel sind grau oder graubraun. Der Kopf ist meist etwas dunkler als der Vorderrücken. Die Kehle ist blass und gestreift. Wälder inmitten von Savannen mit Buschwerk und Felsen werden bei der Suche nach Insekten, Samen und Früchten aller Art bevorzugt.

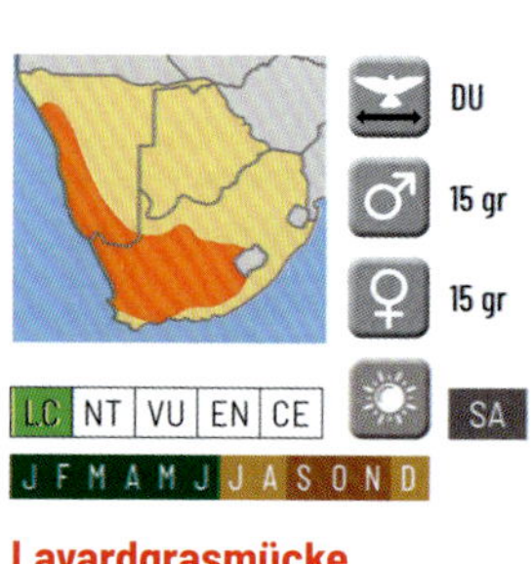

DU
♂ 15 gr
♀ 15 gr
LC NT VU EN CE
SA
J F M A M J J A S O N D

Layardgrasmücke

(Curruca layardi)

Layard's Tit-Babbler *(13 cm)*

Diese Grasmücke ist der Meisengrasmücke sehr ähnlich. Unter der weißen Kehle hat sie weniger auffällige Streifen und ihr fehlt der rötlich-braune Unterschwanz. Das Untergefieder ist heller grau als das Obergefieder. Die Iris sind weiß. Sie suchen hauptsächlich Raupen, gelegentlich auch Feigen in verschiedenen Waldtypen.

Langschnabelsylvietta

(Sylvietta rufescens)

Long-billed Crombec *(11 cm)*

Die Sylviettas sind kleine, sehr

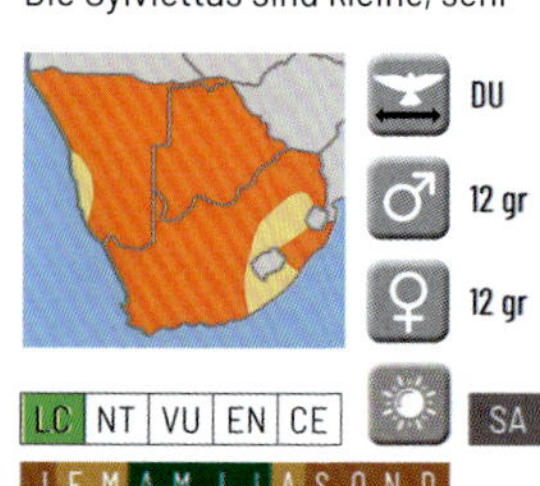

DU
♂ 12 gr
♀ 12 gr
LC NT VU EN CE
SA
J F M A M J J A S O N D

kurzschwänzige Vögel. Vom leicht gebogenen Schnabel verlaufen dunkelbraune Zügel zu den Augen. Oberhalb der Augen haben sie weiße Augenbrauen. Scheitel und Vorderrücken sind hell graubraun. Am Unterkörper wechselt die Farbe des Gefieders von Beige auf der Brust zu einem sanften Rötlichbraun auf dem Bauch. Inmitten von Trockensavannen ernähren sie sich von Insekten und Grassamen.

SPERLINGSVÖGEL *Passeriformes - Zosteropidae*

Brillenvögel *Brillenvögel (Zosteropidae) gehören zu einer großen Familie. Die Familie hat 125 Arten, die in Südasien, Afrika und Australien vorkommen. Ihren Namen verdanken sie dem markanten Ring aus weißen Federn rund um das Auge. Sie fressen Früchte, trinken Nektar und suchen in Bäumen nach Insekten. Es sind kleine, sehr bewegliche Vögel, die ihr kompaktes Nest in Astgabeln bauen.*

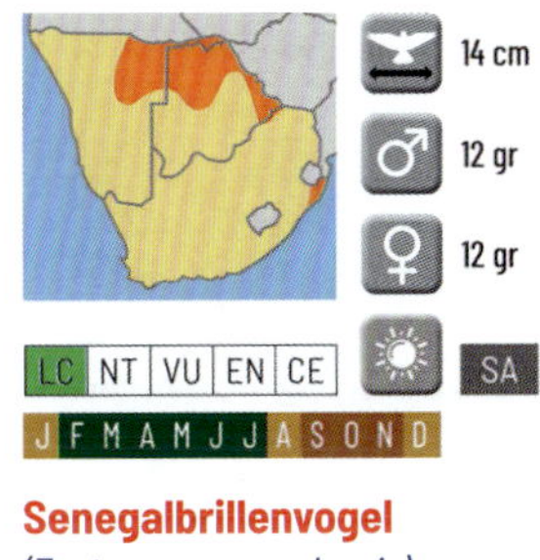

Senegalbrillenvogel
(Zosterops senegalensis)
African Yellow White-eye
(11 cm)

Es gibt etwa zehn Unterarten der Senegalbrillenvögel, zwei davon in den Ländern dieses Reiseführers. Die meisten Unterarten sind endemisch. Die Bauchpartie ist gelb, die Farbe an Kopf und Vorderrücken tendiert zu Olivgrün. Die Flügel sind olivgrün mit dunklen Federkanten. Sie sind nicht an bestimmte Lebensräume gebunden, vermeiden aber übermäßig feuchte und sehr trockene Zonen.

Kapbrillenvogel *(Zosterops virens)* **Green White-eye** *(12 cm)*

Nach weiteren Untersuchungen besteht der Kapbrillenvogel aus zwei Unterarten. Die Farbe variiert von grünlich-gelb bis olivfarben vom Kopf über den Vorderrücken bis zu den Flügeln. Die Kehle ist gelb, ab der Brust ist er grau mit einem rötlichen Schimmer an den Flanken *(Z.v. capensis)*. Die andere Unterart *(Z.v. virens)* hat einen komplett gelben Unterkörper. Sie leben Seite an Seite im Südosten von Botswana und im Süden und Osten Südafrikas.

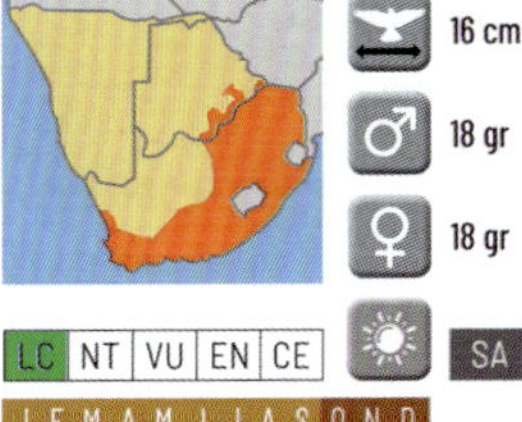

Honigvögel *Die Honigvögel sind eine Sperlingsvögelgattung, die mit zwei Arten im südlichen Afrika vorkommt. Sie wurden früher mit drei anderen Arten in einer Familie zusammengefasst. Molekulargenetische Untersuchungen haben jedoch gezeigt, dass die Gattung Promerops überhaupt nicht eng mit den drei Sopranisten verwandt ist. Honigvögel sind auf die Nektarsuche spezialisiert, fangen aber auch ab und zu Insekten. Sie sind monogam und die Männchen sind stark revierbildend und sehr aggressiv gegenüber anderen Männchen, vor allem zu Beginn der Brutzeit.*

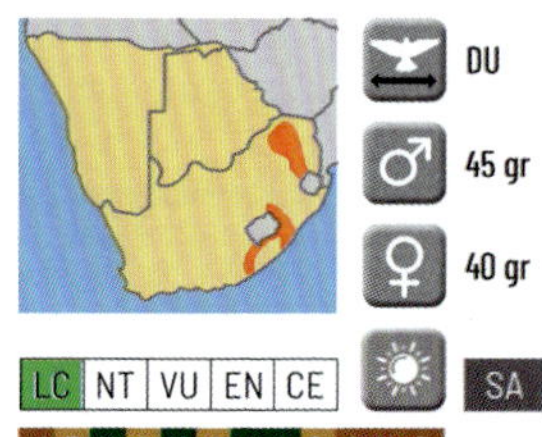

Natalhonigfresser

(Promerops gurneyi)

Gurney's Sugarbird *(28 cm)*

Scheitel und Brust des Natalhonigfressers sind rötlich-braun. Der Unterkörper ist bis auf den gelben Analbereich weiß. Der Rücken, die Flügel und der lange Schwanz sind graubraun. Es gibt kleine Unterschiede zwischen den Geschlechtern, z. B. einen kürzeren Schnabel und Schwanz beim Weibchen. In den Wintermonaten bevorzugen sie die Süße der Zuckerbüsche, was ihr Vorkommen in höheren Lagen (Marakele-Nationalpark) erklärt. Aloe und Eukalyptus sind ebenfalls beliebte Nahrungsquellen, die sie auch in niedrigeren Höhenlagen finden. Sie ernähren sich zusätzlich von Käfern, Bienen, Ameisen und Spinnen, um den Eiweißgehalt ihrer Nahrung zu erhöhen.

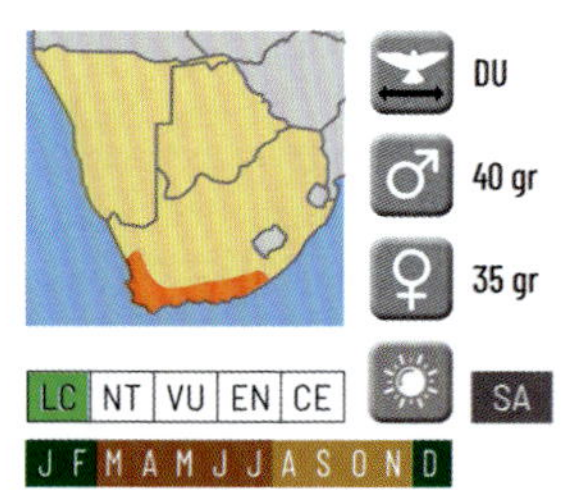

Kaphonigfresser

(Promerops cafer)

Cape Sugarbird *(26 cm)*

Der Kaphonigfresser sieht dem Natalhonigfresser sehr ähnlich, aber seine Brust ist nur leicht rötlich-braun. Der Scheitel ist grau-braun wie das Rückengefieder. Der Schwanz des Männchens ist meist viel länger als der des Natalhonigfressers, der etwas weiter nördlich lebt. Dieser Schwanz kann sogar eine Länge von 38 cm erreichen. Kaphonigfresser sind auch in Gebieten mit Zuckerbüschen und Eukalyptus zu finden. Auch Agave steht auf ihrer Speisekarte.

Nektarvögel *Die meisten Nektarvögel ernähren sich von Nektar, fangen aber auch Insekten, vor allem, um ihre Jungen zu füttern. Beeren sind bei einigen Arten ebenfalls ein fester Bestandteil der Nahrung. Ihr Flug ist schnell und direkt; im Rüttelflug saugen sie mit ihren Zungen den Nektar aus den Blütenkelchen. Der lange Schnabel ist abwärts gebogen. Das Keratin in den Federn enthält Luftblasen. In Kombination mit der blauen Strukturfarbe und dem gelben Pigment sowie dem Licht, das sich in den Luftblasen bricht, schillern die Farben vieler Arten bis hin zum Smaragd. Die äußeren Unterschiede zwischen Männchen und Weibchen sind groß, den Weibchen fehlt meist das Farbmuster, welches das Männchen das ganze Jahr über ziert. Ihr Gefieder leuchtet in der Regel beige, gelb und braun. Gepflegte Gebiete wie Parks oder Gärten mit vielen blühenden Pflanzen sind in der Regel die besten Orte, um Nektarvögel zu finden.*

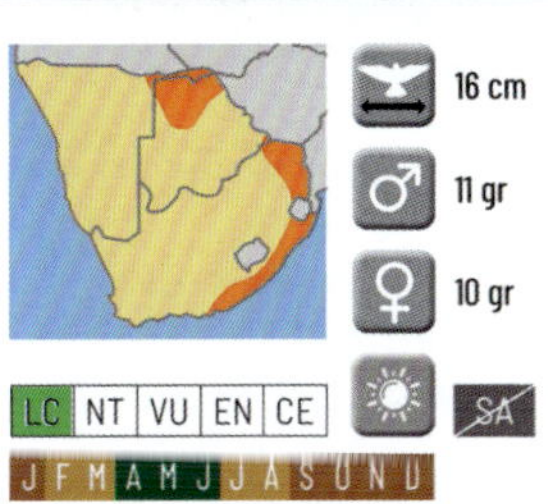

Waldnektarvogel

(Hedydipna collaris) **Collared Sunbird** *(10 cm)*

Der smaragdgrüne Kopf des Männchens ist durch ein blauviolettes Band auf der Brust mit der gelben Bauchpartie verbunden. Das Weibchen hat eine gelbe Kehle, ein Kragen fehlt. Ihr kurzer Schwanz leuchtet grün. Im Gegensatz zu den meisten Nektarvögeln frisst dieser Nektarvogel hauptsächlich Insekten, Schnecken, Samen und Kleinfrüchte. Wenn sie jedoch den Duft von Feigensaft aus den Löchern der Feigenwespe einfangen, sind sie nicht mehr zu halten. Der Vogel lebt vornehmlich an Waldrändern.

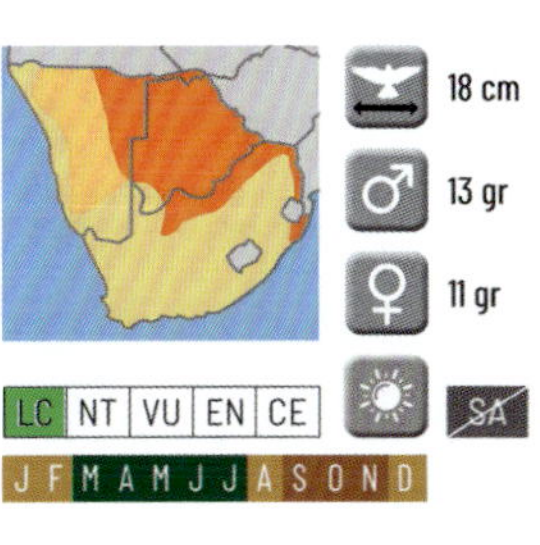

Bindennektarvogel

(Cinnyris mariquensis)

Marico Sunbird *(13 cm)*

Es gibt mehrere Nektarvögel mit einem dunkelbraunen bis fast schwarzen Bauch und einem rot-blauen oder rot-violetten Band auf der Brust. Beim Bindennektarvogel hingegen sind die Schulterfedern smaragdgrün, ebenso wie der Vorderrücken und der Bürzel. Das Weibchen hat braune Körperfedern und einen weißen Unterkörper. Sie bevorzugen Akazien-Savannen und Ränder von Flusswäldern und feuchten Waldgebieten.

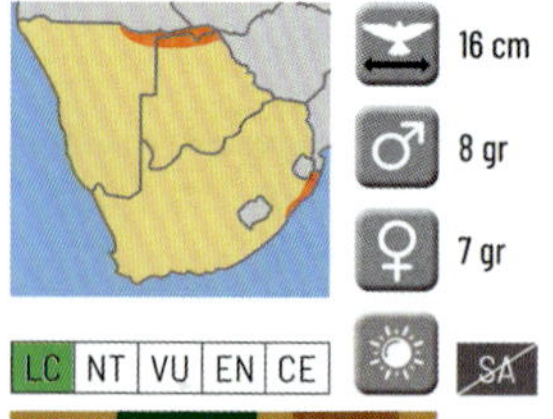

16 cm
♂ 8 gr
♀ 7 gr

LC | NT | VU | EN | CE
SA
J F M A M J J A S O N D

Porphyrnektarvogel

(Cinnyris bifasciatus) **Purple-banded Sunbird** *(11 cm)*

Auch dieser Nektarvogel hat einen smaragdgrünen Kopf und Vorderrücken. Die Kehle ist mit einem blauen und darunter mit einem violetten Band von Brust und Bauch, die fast schwarz sind, abgesetzt. Die Flügel haben die gleiche Farbe wie der Unterkörper. Der Bürzel ist blau-grün. Das Weibchen hat einen gelben bis cremeweißen Unterkörper und hellbraunes Rückengefieder, wobei Kopf und Vorderrücken heller sind. Sie bevorzugen Flussufer und Miombo-Savannen.

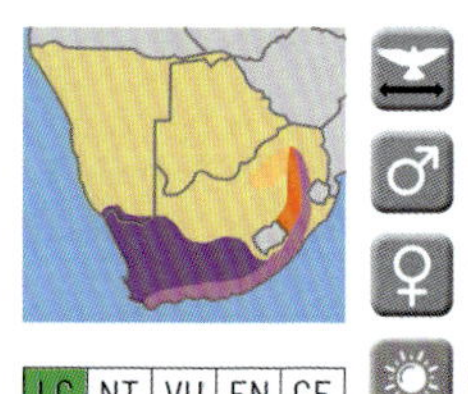

16 cm
♂ 18 gr
♀ 14 gr

LC | NT | VU | EN | CE

J F M A M J J A S O N D

Orange = Doppelband-Nektarvogel
Violet = Halsbandnektarvogel
Rosa = Überlappungsbereich

Doppelband-Nektarvogel

(Cinnyris afer)

Greater Double-collared Sunbird *(13 cm)*

Dieser Nektarvogel mit smaragdgrünem Kopf und Vorderrücken hat ein schmales blau-violettes Band auf der Brust und darunter ist er rot. Der Bauch ist schmutzig weiß. Die Flügel sind meist dunkelbraun, ebenso die Schwanzfedern. Unter den Schultern befindet sich ein gelber Fleck. Der **Halsband-Nektarvogel** *(Cinnyris chalybeus)* **Southern Double-collared Sunbird** *(12 cm)* ist seinem etwas größeren Neffen sehr ähnlich, hat aber ein viel schmaleres rotes Band über der Brust. Beide Arten ernähren sich von Nektar und Insekten und bevorzugen verschiedene Arten von Wäldern mit blühenden Pflanzen.

Weißbauch-Nektarvogel *(Cinnyris talatala)* **White-bellied Sunbird** *(11 cm)*

Im südlichen Afrika bis in den Süden Tansanias sind Weißbauch-Nektarvögel weit verbreitet. Der Kopf

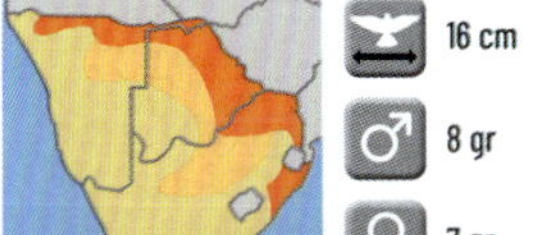

16 cm | ♂ 8 gr | ♀ 7 gr | SA

LC NT VU EN CE

J F M A M J J A S O N D

ist glänzend smaragdgrün mit leuchtend blauen Schattierungen an der Kehle. Das Smaragdgrün verläuft über den Vorderrücken und wird allmählich blau. Das Blau endet an den graubraunen Flügeln. Die blaue Kehle ist durch ein violettes und braunes Band von der weißen Bauchseite getrennt. Der Bürzel ist ebenfalls blau. Die Weibchen schmücken sich mit weißem Gefieder, Flügel und Kopf sind graubraun. Sie leben in trockeneren Wäldern und Savannen, auch im Krüger-Nationalpark.

♀

♂

14 cm | ♂ 9 gr | ♀ 7 gr | SA

LC NT VU EN CE

J F M A M J J A S O N D

Rußnektarvogel

(Cinnyris fuscus)

Dusky Sunbird *(10 cm)*

Das Bild rechts zeigt das Männchen außerhalb der Brutzeit. Während der Brutzeit färbt sich sein Gefieder auf Brust und Vorderrücken dunkelbraun und der Daumenfittich wird teilweise orange. Sie suchen meist paarweise in trockenen Landschaften, Sanddünen, Akazien-Savannen entlang von Wasserläufen und in Gärten mit blühenden Pflanzen nach Nektar und Insekten.

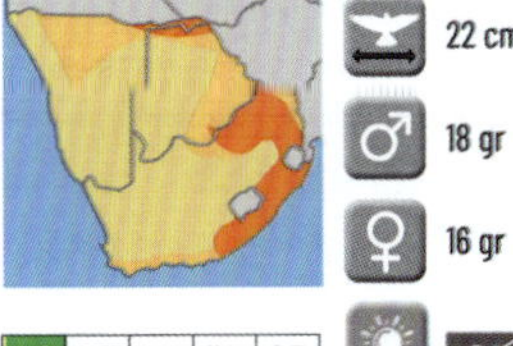

22 cm | ♂ 18 gr | ♀ 16 gr | SA

LC NT VU EN CE

J F M A M J J A S O N D

Amethyst-Glanzköpfchen

(Chalcomitra amethystina) **Amethyst** oder **Black Sunbird** *(14 cm)*

Ein überwiegend purpurbrauner Nektarvogel mit smaragdgrünem Scheitel. Kehle und Schnabelstreife sind violett. Auch Daumenfittich und Bürzel sind manchmal violett. In hellem Sonnenlicht leuchtet das dunkle Gefieder violett. Das Weibchen hat das typische Federkleid, das fast alle Nektarvogel haben. Sie bevorzugen Waldränder in Savannen, Gärten und Hügeln, in denen Aloe und Zuckerbüsche blühen .

♀

♂

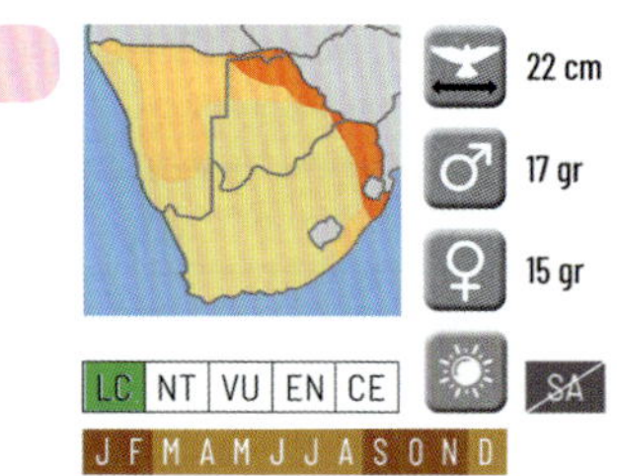

Rotbrust-Glanzköpfchen

(Chalcomitra senegalensis) **Scarlet-chested Sunbird** *(15 cm)*
Typisch für diesen Nektarvogel sind die feuerrote Brust und die grün schillernden Scheitel- und Kehlstreife. Kopf, Vorderrücken und Unterbauch sind dunkelbraun bis schwarz, Flügel und Schwanz hellbraun. Das Weibchen ist überwiegend braun mit Flecken auf Brust und Bauch. Sie sind oft an orangefarbenen Lippenblütlern *(Leonotis)* zu finden, deren Nektar sie trinken. Zudem fressen sie Insekten und Spinnen. Trockenere Waldgebiete mit Akazien und Sträuchern werden bevorzugt, solange es dort Nektar gibt.

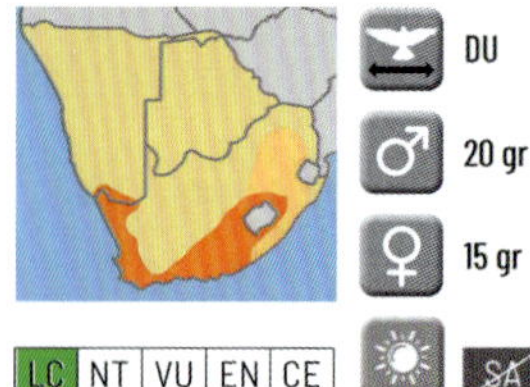

Malachitnektarvogel

(Nectarinia famosa) **Malachite Sunbird** *(24 cm)*
Sein Gefieder ist in der Regel frischgrün, obwohl einige Exemplare auch grün-orange oder grün-blau sind. Die Handschwingen sind fast schwarz. Ab dem Bauch wird das Grün blau bis fast schwarz bis zu den langen Schwanzfedern. Er lebt in höheren Waldgebieten, vorzugsweise mit hoher Luftfeuchtigkeit. Das Gefieder des Weibchens ist braun, der Unterkörper gelb, der Schwanz viel kürzer.

Würger *Der wissenschaftliche Name für den Echten Würger stammt vom lateinischen Wort Lanius ab, das so viel wie Metzger oder Fleischer bedeutet. Diese Vögel besitzen alle einen Hakenschnabel, kräftige Beine und scharfe Krallen. Obwohl die Echten Würger Singvögel sind, jagen sie genau wie Greifvögel Kleintiere. Die Beute sind Insekten, Eidechsen, Mäuse und kleine Vögel. Im Allgemeinen sitzen diese Würger auf einem Ast, und sobald sie eine Beute sehen, folgen sie ihr. Würger spießen ihre Beute oft lebendig an einem Dorn oder Zweig als Nahrungsvorrat auf, eine einzigartige Methode im Tierreich. Die Würger bevorzugen offene Landschaften mit zumindest einigen Bäumen oder Sträuchern, Savanne und tropisches Grasland.*

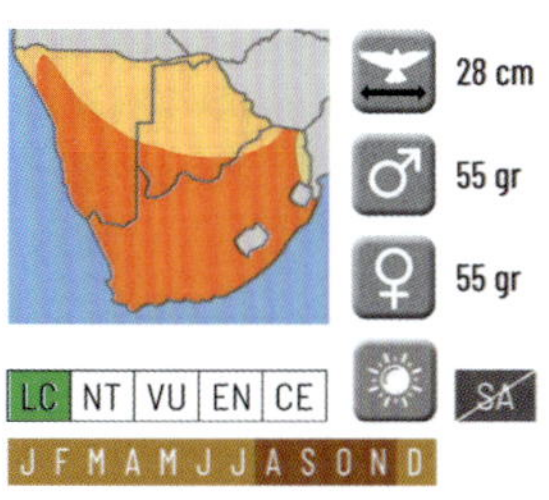

28 cm
♂ 55 gr
♀ 55 gr
LC NT VU EN CE SA
J F M A M J J A S O N D

Fiskalwürger
(Lanius collaris & humeralis)
Common Southern &
Northern Fiscal *(23 cm)*

Er ist vom Scheitel bis unter die schwarzen Knopfaugen und auf dem Rücken bis zur Schwanzspitze schwarz. Auf den Flügeln hat er ab den Schulterfedern eine weiße, langgestreckte Linie, die auf dem Vorderrücken ein V bildet. Hals, Brust und Bauch sind weiß, die Beine fast schwarz. Das etwas blassere Weibchen hat manchmal einen rötlich-braunen Schleier auf den Flanken. Sie bevorzugen trockenere, dünn bewachsene Grassavannen, wo dieser opportunistische Jäger allen Beutetieren nachstellt, die er überwältigen kann.

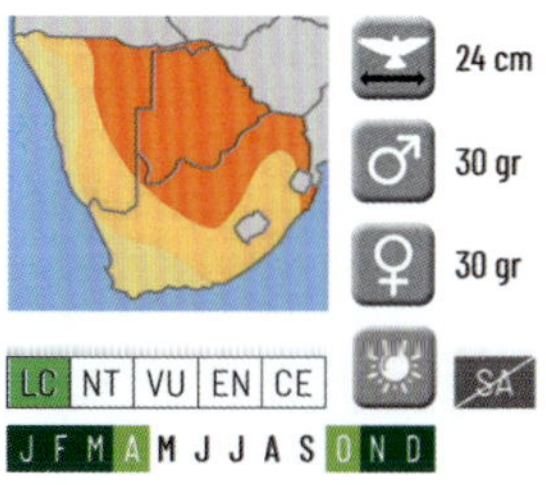

24 cm
♂ 30 gr
♀ 30 gr
LC NT VU EN CE SA
J F M A M J J A S O N D

Neuntöter *(Lanius collurio)* **Red-backed Shrike** *(18 cm)*

Sommergast. Unter dem hellgrauen Scheitel liegt eine breite schwarze Maske. Der Unterkörper ist cremeweiß bis hin zu den grauen Kloake. Der Vorderrücken beginnt grau, der Rücken und die Flügel sind rötlich braun, Arm- und Handschwingen sind dunkelbraun. Der Bürzel ist grau. Die Schwanzfedern sind oben schwarz, unten weiß. Das Weibchen hat schwache Streifen über dem weißem Unterkörper und ihr fehlt die schwarze Maske. Ihr Vorderrücken und ihre Flügel sind blassbraun. Sie bevorzugen Grassavannen mit Sträucher.

♂

♀

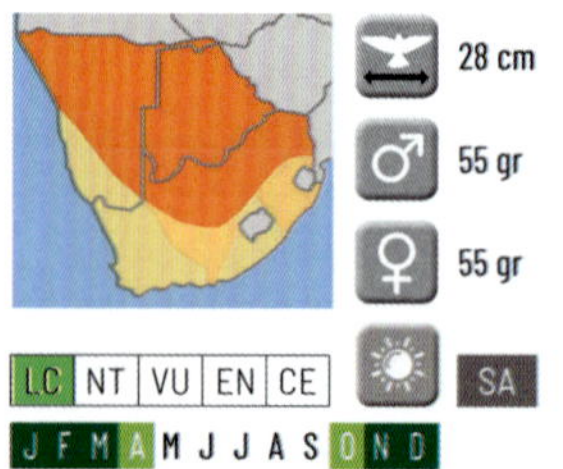

Schwarzstirnwürger *(Lanius minor)* **Lesser Grey Shrike** *(22cm)*
Sommergast. Er ist ein mittelgroßer Würger, dessen Flügel relativ lang sind. Sein Scheitel ist grau und diese Farbe setzt sich auf dem Vorderrücken fort. Über der Stirn und den Augen befindet sich eine schwarze Maske. Der Unterkörper ist weiß, die Flügel sind überwiegend schwarz mit teilweise weißen Armschwingen. Ihre Nahrung suchen sie in offenen Ebenen mit Baum- und Strauchgruppen.

Elsterwürger
(Urolestes melanoleucus)
Magpie Shrike *(35 cm)*

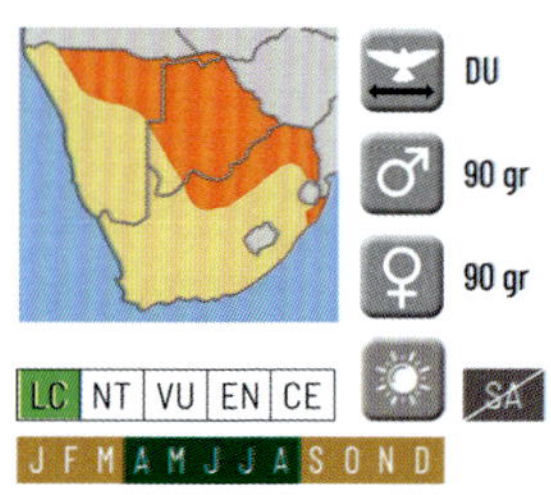

Auffällig an diesem schwarz-weißen Elsterwürger ist sein langer Schwanz (15 cm). Bei ihm sind der Bürzel, die Schultern und die Handdecken weiß, bei ihr schwarz. Oberhalb des Bürzels hat er zwei weiße Akzente. In Ruhestellung formt das Weiß auf dem Rücken ein V. Die Art variiert im Grad des Weißanteils auf dem schwarzen Gefieder, manchmal sind sie fast ganz schwarz. Sie leben in Gruppen inmitten von waldarmen Savannen. Besonders laut sind sie während der Brutzeit.

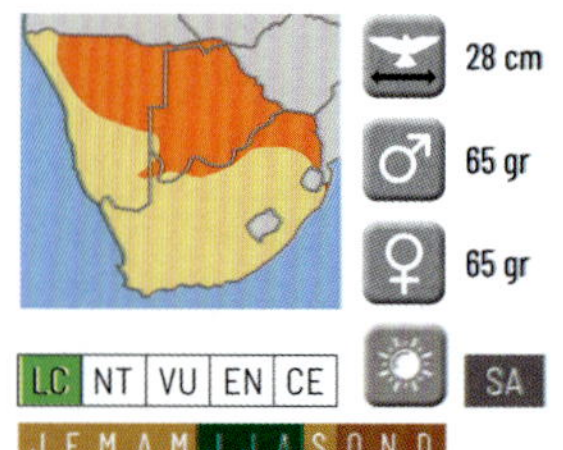

Weißscheitelwürger
(Eurocephalus anguitimens)
White-crowned Shrike *(24cm)*
Der Weißscheitelwürger hat einen stämmigen Körperbau. Er ist der einzige Würger, der auf dem Kopf vollkommen weiß ist. Lediglich die Augenstreife und die Wangen sind braun oder fast schwarz. Die Flügel sind braun. Ab dem Hals bis zu den Unterschwanzdecken ist er weiß. In offenen Waldgebieten, oft entlang von Flüssen und Gebüschen, suchen sie nach großen und kleinen Insekten.

Buschwürger *Die Buschwürger (Malaconotidae) bilden eine Familie aus der Ordnung der Singvögel. Diese exklusive Gruppe afrikanischer Vogelarten bevorzugt niedriges Unterholz und offene Wälder. Ihre Gewohnheiten ähneln denen der Echten Würger; sie jagen ihre Beute von einer festen Stelle in Büschen aus oder von halber Höhe aus Bäumen heraus. Ihre Nahrung besteht aus Insekten wie Käfern, Raupen, Grillen und Heuschrecken. Einige Arten haben aber auch Schlangen und Skorpione auf ihrem Speiseplan.*

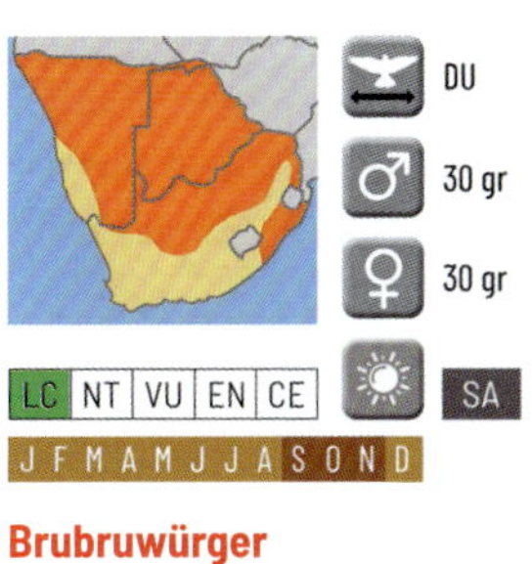

Brubruwürger

(Nilaus afer) **Brubru** *(14 cm)*
Das Männchen hat einen schwarzen Scheitel, darunter weiße Überaugenstreife und schwarze Augenstreife, die einen Teil der Wangen bedecken. Die Kehle ist bis zum Unterschwanz weiß, die Flanken sind rotbraun. Auf den Flügeln befinden sich beigefarbene Streifen. Das Weibchen ist meist etwas blasser. Ihr Lebensraum variiert je nach Jahreszeit, sie bevorzugen jedoch dichte Laubwälder, in denen sie nach Motten, Raupen, Termiten und Käfern suchen. Während der Brutzeit ist das Paar sehr territorial.

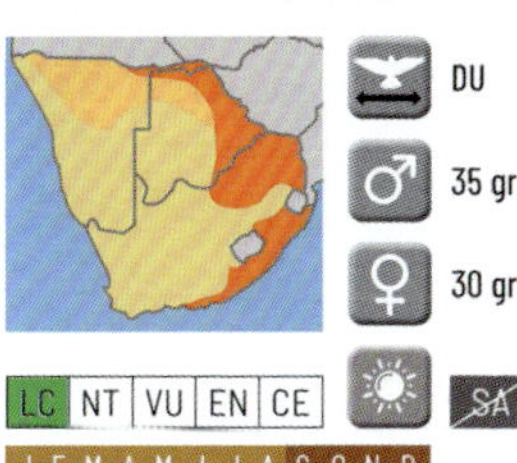

Schneeballwürger

(Dryoscopus cubla) **Black-backed Puffback** *(17 cm)*
Auffällig sind die roten Iris dieser Würger. Er ist vom Scheitel bis zum Rücken schwarz. Bei der Balz richtet er die weißen Federn des Vorderrückens auf ("Schneeball"). Die Flügel sind schwarz-weiß gestreift, der Schwanz ist schwarz, weiß von unten. Waldränder, waldige Gebiete und Küstenregionen sind sein Lebensraum. Das Weibchen ist am Bauch grauer als das Männchen.

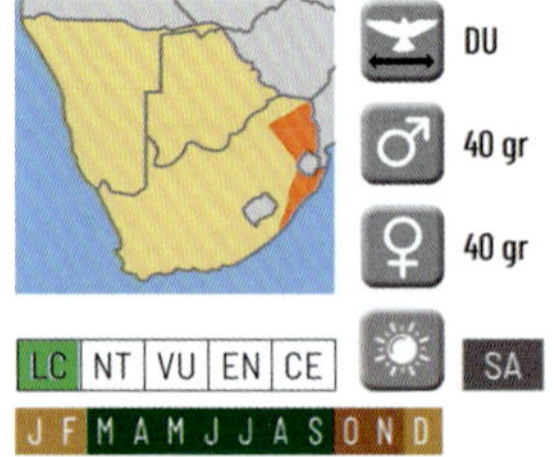

Perrin-Würger *(Telophorus viridis)* **Gorgeous** oder **Four-coloured Bush-Shrike** *(19 cm)*
Eine große Farbvielfalt kennzeichnet den Perrin-Würger. Vom Scheitel bis zum Rücken, von den Flanken zu den Flügeln ist sein Rückengefieder moosgrün. Von den Augen aus verläuft ein schwarzes Band quer über die Brust und grenzt die rote Kehle ab. Darunter ist der Unterkörper erst orange und dann gelb. Rot sind auch die Unterschwanzdecken und ein Hauch von Rot ist am Bauch zu sehen. In Gegenden mit Laubbäumen, z. B. wilden Feigenbäumen, laufen und springen sie von Ast zu Ast, immer höher den Baum hinauf, auf der Suche nach Motten, Raupen, Käfern, Wespen und Spinnen.

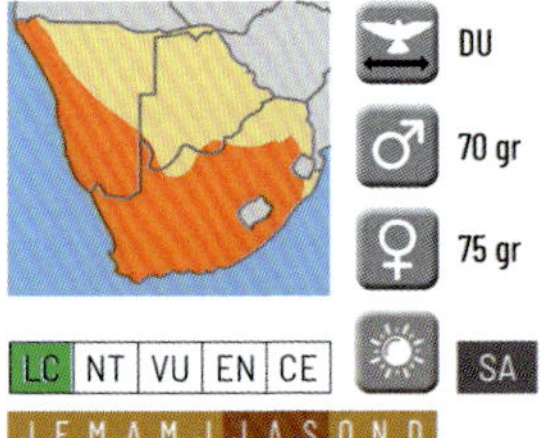

Bokmakiriwürger *(Telophorus zeylonus)* **Bokmakierie** *(23 cm)*
Dieser kräftig gefärbte Buschwürger hat olivgrüne Flügel und einen gelben Hals. Vom Schnabel läuft ein schwarzer Streifen über die Augen und färbt einen Teil der Brust. Der Hinterkopf ist grau. Wird häufig in trockenen Gebieten mit Strauchgewächsen, im Grasland und in der Nähe der Küste gesichtet. Seine Nahrung besteht vor allem aus Insekten und Wirbellosen, aber er frisst auch Reptilien, Frösche, Früchte und kleine Vögel.

Graukopfwürger *(Malaconotus blanchoti)* **Grey-headed Bushshrike** *(26 cm)*
Ein robuste Würger mit einen schweren Schnabel. Der Kopf ist grau, die Iris gelb, Vorderrücken und Flügel sind olivgrün. Vom schwarzen Schnabel weg verläuft ein weißer Zügel. Die Bauchpartie ist gelb, manchmal mit einer zart orangefarben schimmernden Brust. Ihre Nahrung, die aus größeren Insekten wie Heuschrecken, Käfern und Raupen besteht, finden sie in dichtem Unterholz und im Gebüsch.

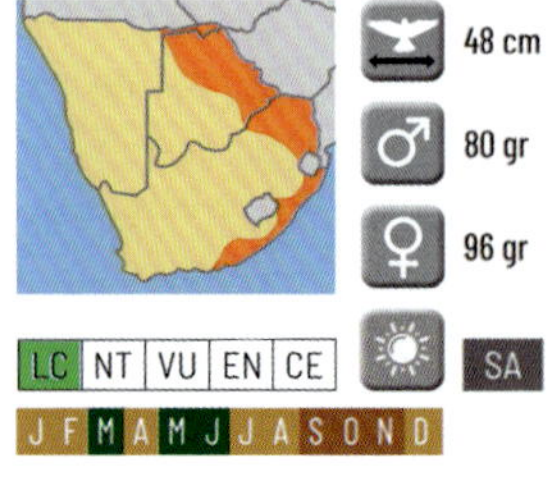

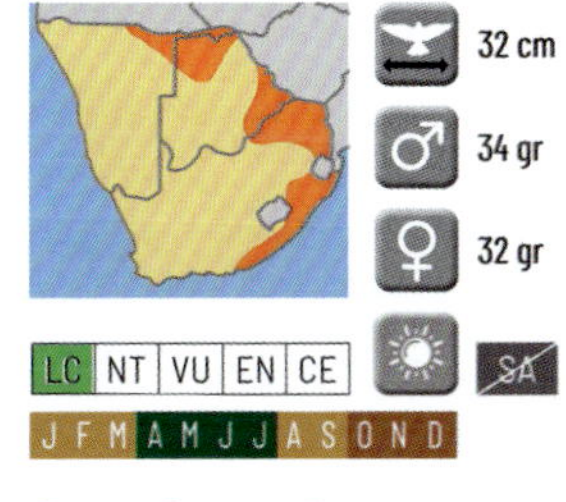

Orangebrustwürger

(Chlorophoneus sulfureopectus)
Sulphur-breasted Bushshrike
(18 cm)

Unterhalb des grauen Scheitels hat er einen schmalen gelben Streifen oberhalb der Augen und quer über die Stirn. Das Grau bedeckt auch die Wangen und den Vorderrücken. Die Flügel und der Schwanz sind olivgrün. Unter der gelben Kehle beginnt die orangefarbene Brust, und diese Farbe wird zum Bauch und zum Schwanz hin gelb. Die orange Brust des Weibchens ist blasser. Ihre Nahrung finden sie in dichtem Unterholz, entlang von Bächen und in Sträuchern, aber auch in Baumkronen in bewaldeten Savannen.

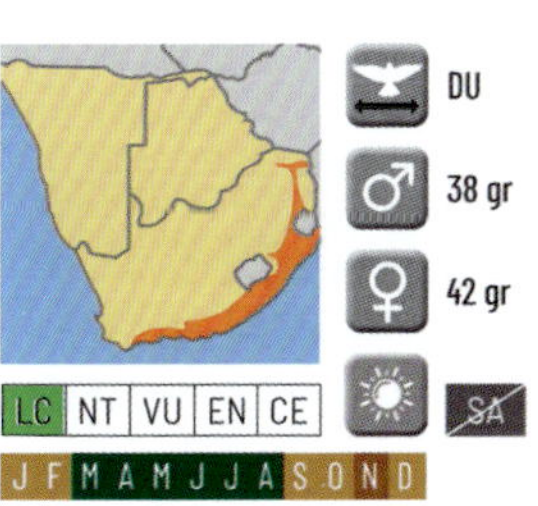

Olivwürger

(Chlorophoneus olivaceus)
Olive Bush-Shrike *(22 cm)*
Oliv bezieht sich in diesem Fall auf die Farbe seiner Flügel. Der Scheitel ist grau, darunter befindet sich eine breite schwarze Maske. Der Unterkörper ist hellorange, der Bauch und die Unterschwanzdecken sind weiß. Dem Weibchen fehlt die schwarze Maske. Ihr Kopf ist komplett grau. Ihr Lebensraum sind belaubte Küstengebiete, Dünenwälder, bewaldete Täler und Flusswälder. Hier suchen sie nach Heuschrecken, Hornissen, Bienen, Käfern und vielen anderen Insekten.

Rotbauchwürger *(Laniarius atrococcineus)* **Crimson-breasted Shrike** oder **Gonolek** *(23 cm)*
Schwarzes Obergefieder und tomatenroter Unterkörper sowie weiße Streifen über die gesamte Flügellänge zeichnen diesen Würger aus. Er ist sehr laut. Er tut dies zum einen, um sein Territorium zu festigen - manchmal gibt es 4 Brutversuche in einer Saison - und zum anderen, um mit dem Weibchen in Kontakt zu bleiben, das jedes Mal auf seinen Gesang antwortet. Die Geschlechter sind gleich. Häufig in trockenen Regionen mit geringer Vegetation. Bevorzugt Akazien wo er nach Insekten, Beeren und Samen sucht.

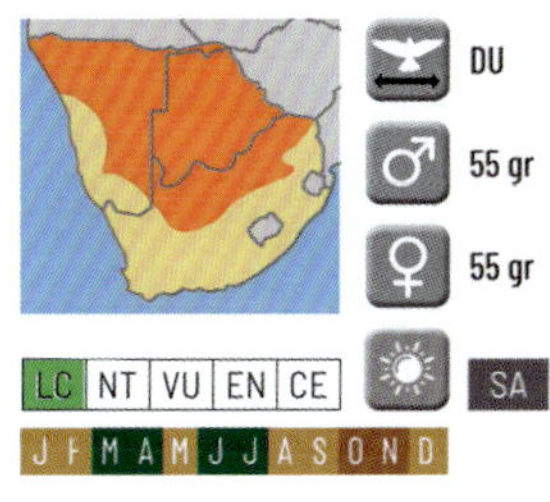

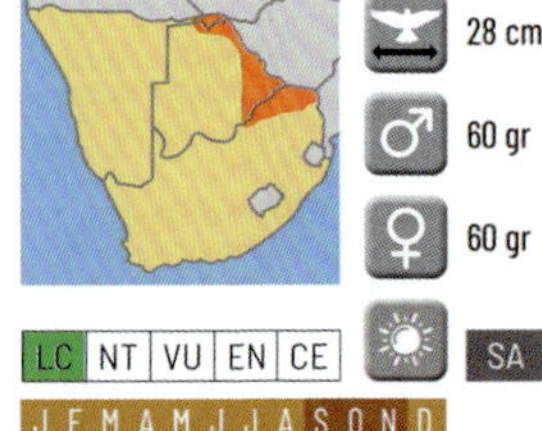

Boubouwürger

(Laniarius aethiopicus)

Tropical Boubou *(23 cm)*

Der Boubouwürger hat ein weißes Gefieder von der Kehle bis zu den Unterschwanzdecken. Der Kopf ist schwarz, die Iris dunkelbraun, der Vorderrücken und Rücken sind schwarz. Der Vorderrücken ist teilweise mit weißen Federn gesäumt. Das Paar hält durch abwechselndes Singen, oft 2-3 Töne, manchmal mehr, Kontakt zueinander. Sie sind Waldbewohner und bevorzugen Flusswälder, wo sie Insekten, aber auch kleine Chamäleons, Geckos, Nagetiere und Vogeleier jagen.

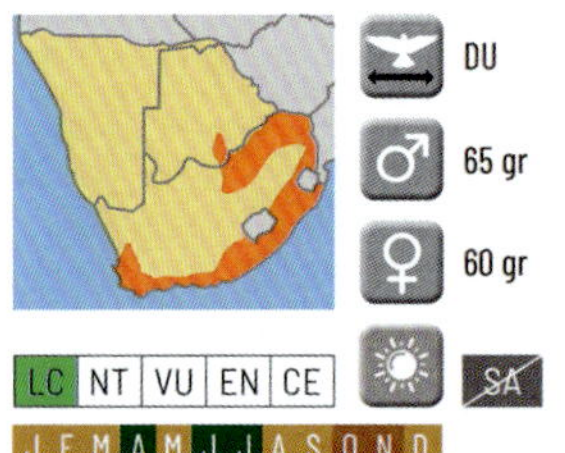

Flötenwürger *(Laniarius ferrugineus)* **Southern Boubou** *(22 cm)*
Das Weiß beginnt an der Kehle und geht weiter bis zum rostbraunen Bauch und den rostbraunen Unterschwanzdecken. Der Schnabel ist schwarz, genau wie Kopf, Rücken und Flügel. Auf dem schwarzen Flügel ist ein einzelner weißer Streifen. Das Weibchen ist auf Kopf und Vorderrücken heller als das Männchen. Lebensräume: Waldränder und dicht bewachsene Küstenstreifen. Ernährt sich von kleinen Reptilien, Mäusen, Jungvögel, Insekten und Früchten.

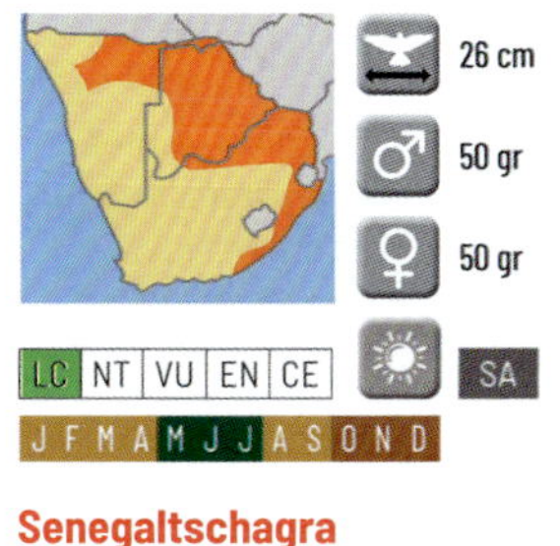

Senegaltschagra

(Tchagra senegalus)

Black-crowned Tchagra *(22 cm)*

Zwischen dem schwarzen Scheitel und dem schwarzen Augenstreif liegt eine weiße Augenbraue. Kehle, Brust und Bauch sind weiß. Der Schwanz ist dunkelgrau. Der Vorderrücken ist beigefarben, die Flügel sind teilweise rotbraun mit dunkelbraunen Akzenten. Sie bevorzugen Grasflächen in bewaldeten Gebieten mit Sträuchern. Tschagras bekämpfen ihre Rivalen, indem sie versuchen, diese mit ihrem Gesang zu dominieren. Sie ernähren sich hauptsächlich von Insekten, manchmal auch von kleinen Früchten und kleineren Reptilien.

Dorntschagra *(Tchagra australis)* Brown-crowned Tchagra *(20 cm)*

Diese Tschagra bewohnt wie die Senegaltschagra mit vielen Unterarten große Teile Afrikas. Sie unterscheidet sich von der anderen durch einen graubraunen Scheitel und Vorderrücken (viel heller als der der Senegaltschagra). Sie teilen sich auch einen Großteil des gleichen Lebensraums. Die **Kaptschagra** *(Tchagra tchagra)* **Southern Tchagra** *(22 cm)* ist in Südafrika endemisch. Nur weil sie etwas größer ist und ihr Schnabel ausgeprägter ist, kann man sie auseinanderhalten. Sie leben Seite an Seite in der südafrikanischen Provinz Natal. Beide jagen im Gestrüpp. Sie springen und rennen hinter ihrer Beute her. Ihr Revierruf, der im Allgemeinen im Flug vorgetragen wird, wird von lautem Flügelschlagen begleitet.

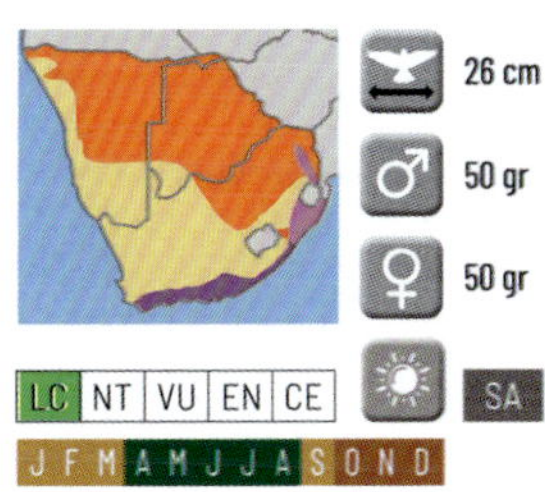

Orange = Dorntschagra
Violett = Kaptschagra
Rosa = Überlappungsbereich

SPERLINGSVÖGEL *Passeriformes - Vangidae*

Brillenwürger *Die Brillenwürger (Prionops) waren lange Zeit den Echten Würgern zugeordnet. Spätere Studien zeigten jedoch, dass sie zur Familie der Vangawürger (Vangidae) gehören. Die Gattung ist in acht Arten unterteilt, die alle in Afrika leben. Brillenwürger sind immer in Gesellschaft ihrer Artgenossen und suchen gemeinsam in Büschen nach Raupen, Schmetterlingen, Motten, Früchten und kleinen Reptilien.*

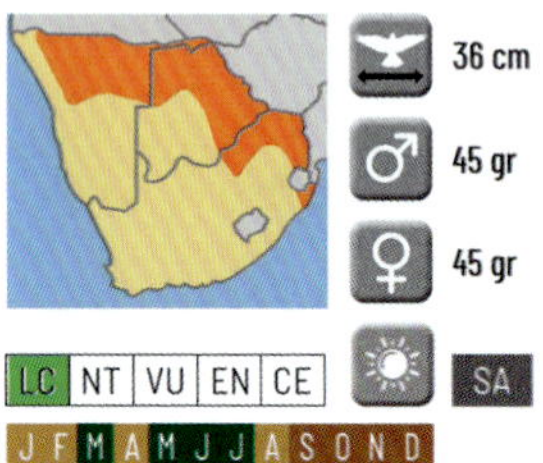

Brillenwürger

(Prionops plumatus)

White Helmetshrike *(23 cm)*

Ein schön gezeichneter Brillenwürger. Der weiße Wuschelkopf, die aufgerichtete Haube und die gelben Augenringe fallen sofort auf. Über das ansonsten fast schwarze Gefieder laufen weiße Flügelstreife, die Bauchpartie ist weiß. Hinter den Wangen befindet sich ein schwarzer Wangenstreif. Diese lauten Vögel fliegen mit ihren Artgenossen von Busch zu Busch, wo sie nach Raupen, Motten, Früchten und kleinen Reptilien suchen. Trockenere Gebiete mit Sträuchern werden bevorzugt.

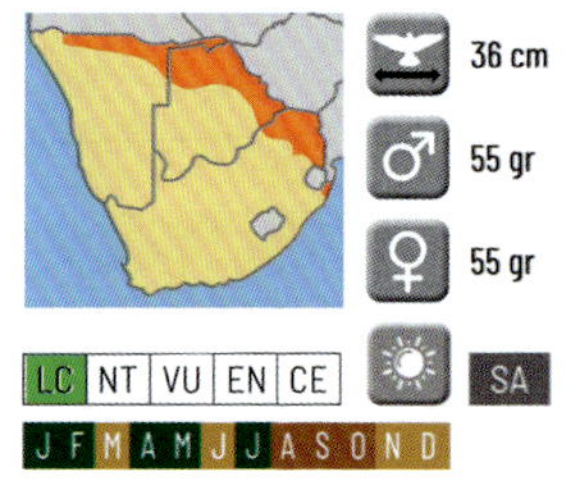

Dreifarben-Brillenvanga

(Prionops retzii)

Retz's Helmetshrike *(22 cm)*

Abgesehen von den weißen Unterschwanzdecken und den graubraunen Flügeln ist sein Gefieder schwarz. Auffällig sind die roten Augenringe, die leuchtend gelbe Iris und der rote oder orangefarbene Schnabel mit gelber Spitze. Sie bevorzugen Flusswälder, die an Trockensavannen grenzen. Sie ernähren sich von Insekten und kleineren Reptilien.

SPERLINGSVÖGEL *Passeriformes - Dicruridae*

Drongos *Drongos fangen Insekten im Flug und am Boden. Sie leben in Wäldern und Gegenden mit spärlicher Vegetation. Wie viele Fliegenfänger sitzen sie aufrecht auf ihren kurzen Beinen und durchsuchen das Gebiet nach größeren Insekten wie Schmetterlingen, Heuschrecken, Zikaden und Ameisen. Ihre roten Iris sind auffällig. Sie sind gute Imitatoren, insbesondere von Alarmsignalen ihrer Nahrungskonkurrenten, manchmal sogar von Säugetieren. Der Oberschnabel ist länger als der Unterschnabel und gekrümmt.*

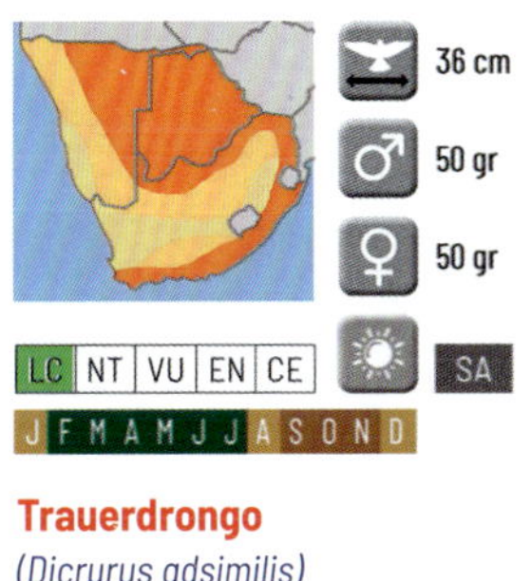

Trauerdrongo
(Dicrurus adsimilis)
Fork-tailed Drongo *(25 cm)*
Der Trauerdrongo ist schwarz, nur die Hand- und Armschwingen sind braun. Der Schwanz ist gegabelt und die Iris leuchtet rot. Besonders in sehr dichten Waldgebieten lebt auch der kleinere **Geradschwanzdrongo** *(Dicrurus ludwigii)* **Square-tailed Drongo** *(19 cm)*. Dieser hat, im Gegensatz zum Trauerdrongo, einen geraden Schwanz, der nicht gegabelt ist. Meist sieht man Trauerdrongos.

SPERLINGSVÖGEL *Passeriformes - Corvidae*

Rabenvögel *Rabenvögel sind keine melodischen Sänger, gehören aber dennoch zu den Singvögeln. Es sind Omnivoren, die sich an unterschiedliche Umstände anpassen können. Sie sind große Vögel und sind fast überall auf der Welt zu finden. Die Familie besteht aus 128 Arten. Es gibt keine äußerlich erkennbaren Unterschiede zwischen den Geschlechtern. In ihrer Ernährung sind Rabenvögel sehr vielseitig und fressen Früchte, Samen, Insekten aber auch Aas. Das Sozialverhalten der Rabenvögel ist sehr ausgeprägt. Alle Arten bilden kleinere oder größere Schwärme, die gemeinsam schlafen, fressen oder fliegen.*

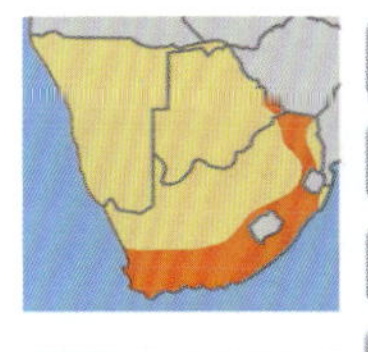

Geierrabe *(Corvus albicollis)*
White-necked Raven *(54 cm)*
Er hat ein fast völlig schwarzes Gefieder, lediglich im Nacken hat er einen weißen Fleck. Der kräftige Schnabel ist an der Spitze weiß. Sie leben vor allem in hügeligen Gebieten. Sie sind scheu und stets auf der Hut. Ihr Speiseplan umfasst Samen, Früchte, Insekten, Reptilien und Vögel. Raben sind monogam und intelligent. Sie suchen sich Werkzeuge, um an ihre Nahrung zu gelangen.

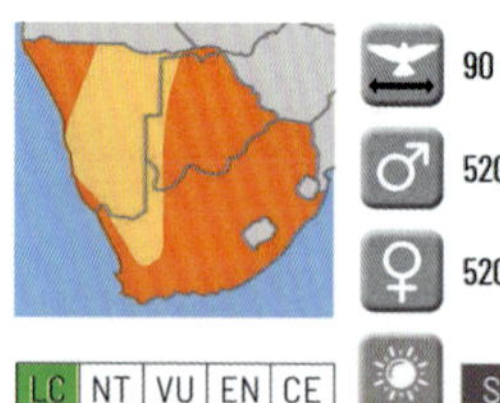

Schildrabe *(Corvus albus)*
Pied Crow *(48 cm)*
Der Schildrabe ist in Afrika weit verbreitet. Er ist leicht an seinem schwarz-weißen Gefieder zu erkennen. Dieser Omnivore frisst so ziemlich alles, was ihm vor den Schnabel kommt (Insekten, Frösche, Eidechsen, Eier, Aas und Obst). Schildraben bevorzugen keinen bestimmten Lebensraum. Überall dort, wo es Nahrung gibt, fühlen sie sich zu Hause.

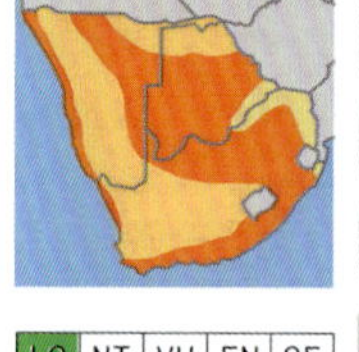

90 cm
550 gr
550 gr
LC NT VU EN CE SA
J F M A M J J A S O N D

Kapkrähe *(Corvus capensis)* **Cape Crow** *(50 cm)*
Das Gefieder ist dunkelbraun bis fast schwarz. Der Schnabel ist lang und schmal, was nützlich ist, um kleinere Insekten vom Boden und Samen von den Pflanzen zu picken. Die nackten Beine sind grau. Sie bewohnt hauptsächlich offenes Grasland, Almen, Moore, Akaziensavannen und Anbauflächen. Sie sind monogam und treten immer paarweise auf.

Meisen *Meisen sind kleine, gedrungene Vögel mit einem relativ kräftigen Schnabel. Sie sind lebhafte Vögel und geschickte Kletterer. Meisen sind sehr flexibel in der Nahrungswahl, sie fressen sowohl Insekten als auch Samen. Die Meisen sind tagaktiv und monogam. Während der Brutzeit sind sie territorial. Beutelmeisen gehören zu einer anderen Familie (Remizidae). Sie ähneln echten Meisen, aber ihr Verhalten unterscheidet sich dadurch, dass sie ihre Nester aus Gras und Wurzeln in Form eines Beutels mit einem Seiteneingang bauen.*

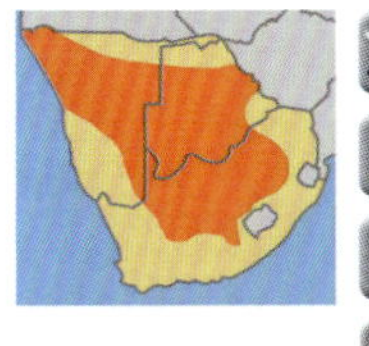

22 cm

20 gr

20 gr

J F M A M J J A S O N D

Akazienmeise

(Melaniparus cinerascens)

Ashy Tit *(15 cm)*

Die Akazienmeise ist an ihrem schwarzen Kopf und den weißen Wangen zu erkennen. Die Kehle und ein Teil der Brust sind schwarz, und diese Farbe läuft allmählich dünner werdend weiter bis tief in den Bauch. Der Unterkörper ist grau, ebenso der Vorderrücken. Die Flügel sind grau und schwarz, die Federn, vor allem an den Armschwingen, sind weiß gesäumt. Sie lieben trockene Akazienwälder und buschige Savannen.

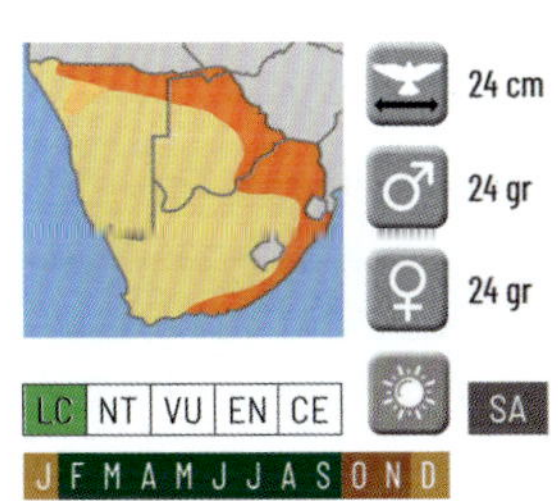

Mohrenmeise

(Melaniparus niger)

Southern Black Tit *(16 cm)*

Die Mohrenmeise ist bis auf ihre teilweise weißen Flügel schwarz. Der Bauch ist grau. Häufig in kleinen Gruppen in bewaldeten Gebieten, außer in Nadelwäldern. Während der Brutzeit ernähren sie sich hauptsächlich von Larven, aber außerhalb der Brutzeit fressen sie auch kleinere Insekten, Samen und Früchten.

22 cm

23 gr

23 gr

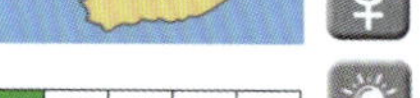

LC NT VU EN CE

SA

J F M A M J J A S O N D

Weißstirn-Beutelmeise

(Anthoscopus caroli) **African** oder **Grey Penduline-Tit** *(8 cm)*
Diese Beutelmeise kommt in diesem Teil Afrikas in zwei Unterarten vor. Bei beiden sind der Scheitel und das Rückengefieder grau-braun. Der Unterkörper ist von der Kehle bis zum hellorangen Bauch weiß. Sie haben einen kurzen Schwanz. Sie besuchen vor allem trockenere Savannen mit Akazienbewuchs.

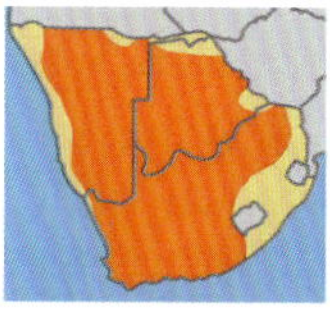

14 cm

7 gr

7 gr

LC NT VU EN CE

SA

J F M A M J J A S O N D

Kap-Beutelmeise

(Anthoscopus minutus) **Cape Penduline-Tit** *(8 cm)*
Rücken und Scheitel der Kapbeutelmeise sind hellbraun, die Wangen sind grau und der gesamte Unterkörper ist hellorange oder gelblich. Sie ist der eher gräulichen Weißstirn-Beutelmeise sehr ähnlich. Bevorzugt werden sehr trockene Gebiete mit Sträuchern, kleinen Bäumen und Felsformationen. Sie fressen Samen und Früchte, aber vor allem kleinere Insekten und deren Larven.

Pirole *Pirole leben monogam und sind häufig zu hörende Sänger. Die Männchen sind sehr bunt und kontrastreich gefärbt. Pirole in Afrika sind überwiegend gelb, einige Arten haben einen dunklen Kopf. Doch alle (mit Ausnahme der Jungen) haben einen roten Schnabel. Die Nahrung besteht überwiegend aus Insekten, insbesondere Schmetterlingsraupen, daneben werden von einigen Arten auch Früchte und Nektar genutzt. Sie halten sich vorzugsweise in Baumspitzen auf.*

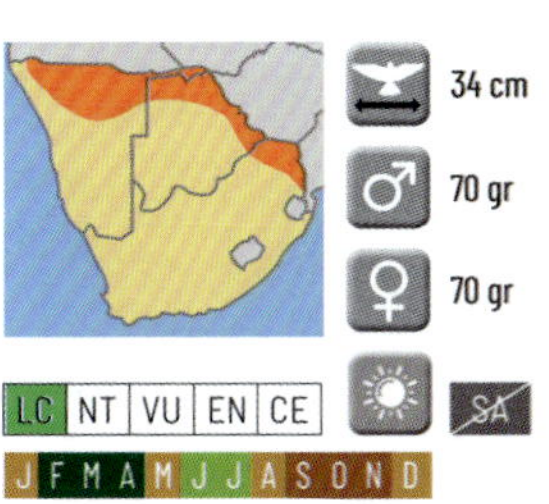

Schwarzohrpirol
(Oriolus auratus)

African Golden-Oriole *(20 cm)*
Sommergast. Er sieht dem **europäischen Pirol** *(Oriolus oriolus)* **Eurasian Golden Oriole** *(20 cm)* sehr ähnlich. Die afrikanische Variante hat mehr Gelb an den Flügeln und einen längeren schwarzen Augenstreif über den Augen. Das Gelb des Weibchens schimmert etwas blasser. Ihr Vorderrücken ist eher olivgrün. Er wandert innerhalb Afrikas und besucht das südliche Afrika von November bis April. Der andere besucht dasselbe Gebiet während unsere Wintermonate. Sein Lebensraum ist bewaldet und liegt vor allem an Flüssen. Ihre Nester werden manchmal von einigen Kuckucksarten parasitiert.

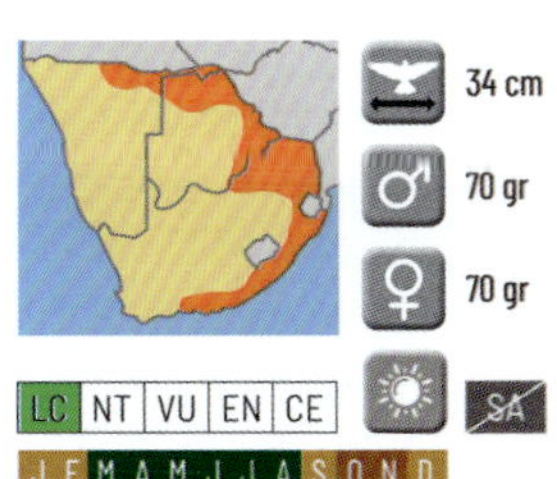

Maskenpirol *(Oriolus larvatus)*

African Black-headed Oriole
(20 cm)
Wenn Sie einen Pirol mit einem schwarzen Kopf sehen, handelt es sich im südlichen Afrika immer um den Maskenpirol. Es gibt mehrere Pirole mit dunklem Kopf und gleichem Gefieder, aber sie leben in Gebieten mit besonderen Bedingungen anderswo in Afrika. Der Rücken und ein Teil der Flügel sind entweder olivgrün oder genauso gelb wie der Rest des Gefieders. Der Maskenpirol bevorzugt feuchte Wälder, insbesondere entlang von Flüssen.

Madenhacker *Madenhacker (Buphagus) leben in den Savannen südlich der Sahara. Gerne sitzen sie auf großen Säugetieren und picken Zecken, Mückenlarven und andere Parasiten aus deren Haut. Untersuchungen haben gezeigt, dass Madenhacker sich selbst ebenfalls parasitär verhalten und bewusst die Wunden der Säugetiere vergrößern, damit es für deren Parasiten attraktiv ist, Blut daraus zu saugen. Sie ernähren sich auch von Ohrenschmalz und Hautschuppen. Die Geschlechter unterscheiden sich im Aussehen nicht.*

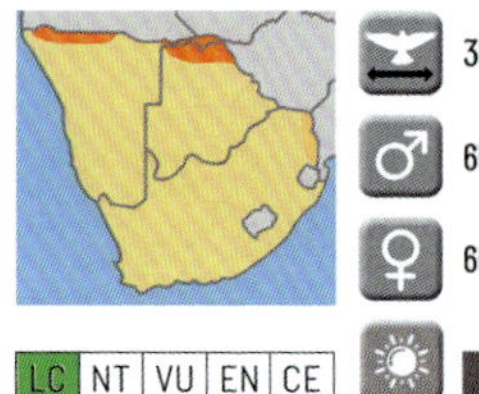

30 cm | ♂ 65 gr | ♀ 65 gr | SA

LC NT VU EN CE

J F M A M J J A S O N D

Gelbschnabel-Madenhacker

(Buphagus africanus)

Yellow-billed Oxpecker *(20 cm)*

Der Schnabel dieses Madenhackers ist teilweise gelb und am Ende orangefarben. Im braunen Kopfgefieder leuchtet die rote Iris. Die Brust ist bis zum Schwanz hellbraun, Flügel und Schwanz sind dunkler braun. Sein Lebensraum umfasst Busch- und Grassavannen, wenn es dort größere Weidetiere gibt.

Rotschnabel-Madenhacker *(Buphagus erythrorhynchus)* Red-billed Oxpecker *(20 cm)*

Dieser Madenhacker hat auffällige gelbe Ringe um die roten Augen. Der Schnabel ist komplett orangerot. Sie sind zahlreicher als der Gelbschnabel-Madenhacker. Es gibt auch Hybriden aus beiden Arten. Auch dieser Madenhacker lebt in großen Gruppen und vor allem in Busch- und Grassavannen mit spärlichem Baumbewuchs, solange es dort Weidetiere gibt.

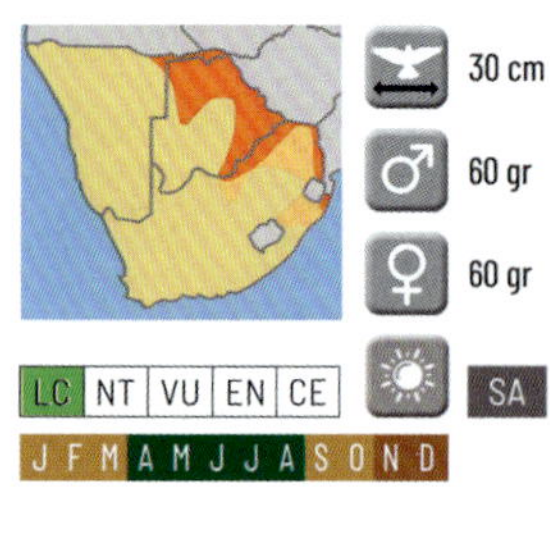

30 cm | ♂ 60 gr | ♀ 60 gr | SA

LC NT VU EN CE

J F M A M J J A S O N D

Stare *Stare (Sturnidae) kommen in Afrika in allen möglichen Farben vor. Insbesondere die Eigentlichen Glanzstare der Gattung Lamprotornis sind in großer Zahl vertreten. Im Keratin (einem unlöslichen Protein), aus dem Federn aufgebaut sind, befinden sich Luftblasen. Je nachdem, wie sich das Licht in diesen Blasen bricht, entsteht im Zusammenspiel der Federstruktur mit dem Licht ein metallischer blauer oder grüner Glanz. Stare sind Omnivore und nisten in Hohlräumen von Bäumen. Das Aussehen der Geschlechter ist in der Regel gleich. Glanzstare leben territorial und monogam. Sie ernähren sich von Obst und Insekten.*

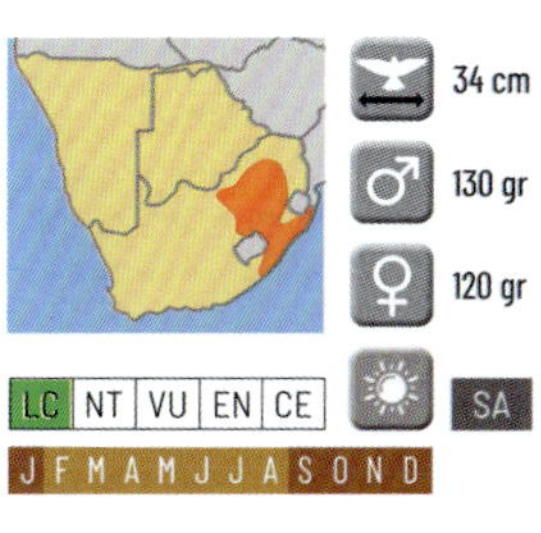

34 cm
130 gr
120 gr
LC NT VU EN CE
SA
J F M A M J J A S O N D

Hirtenmaina

(Acridotheres tristis)

Common Myna

(25 cm)

Die Hirtenmaina ist ein Singvogel aus der Familie der Stare, der ursprünglich nur in Südost-Asien zu finden war. Als Mittel zur Bekämpfung übermäßiger Mengen pflanzenschädigender Insekten wurde die Hirtenmaina in Nordamerika, Australien, Neuseeland und Südafrika eingeführt. Die Art überlebt sehr gut und breitet sich in Anzahl und Gebieten weiter aus. Sie steht jetzt auf der Liste der schlimmsten invasiven Arten der Welt. Die Auswirkungen auf einheimische Vögel durch Eier- und Nestraub sind groß. Sie hat einen schwarzen Kopf und Hals, und sowohl das Unter- als das Rückengefieder sind braun. Der Schnabel und die Augenränder sind leuchtend gelb. Die unteren Schwanzfedern sind weiß. Ihr Lebensraum ist sehr vielfältig, aber sie meidet dichte Wälder.

Lappenstar *(Creatophora cinerea)* **Wattled Starling** *(21 cm)*

Auf den ersten Blick hat diese Art wenig Ähnlichkeit mit anderen Staren. In der Brutzeit hängen an den Seiten des Schnabels schwarze Hautlappen herab, die gleichsam über den Kopf laufen und ist die Stirn des Männchens grellgelb. Außerhalb der Brutzeit ist das Gefieder grau bis anthrazitfarben und ähnelt dem des Weibchens. Sie sind oft in größeren Gruppen anzutreffen und sie brüten in Kolonien.

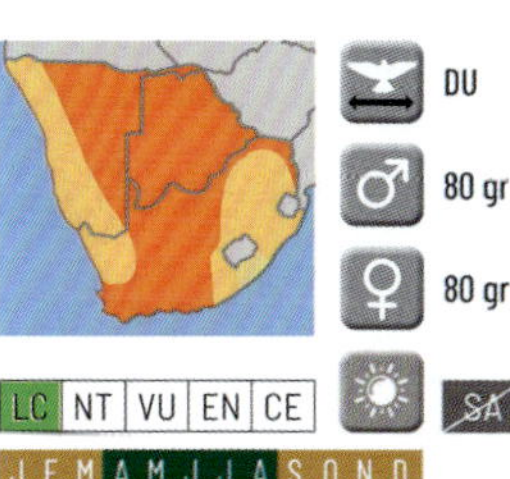

DU
80 gr
80 gr
LC NT VU EN CE
SA
J F M A M J J A S O N D

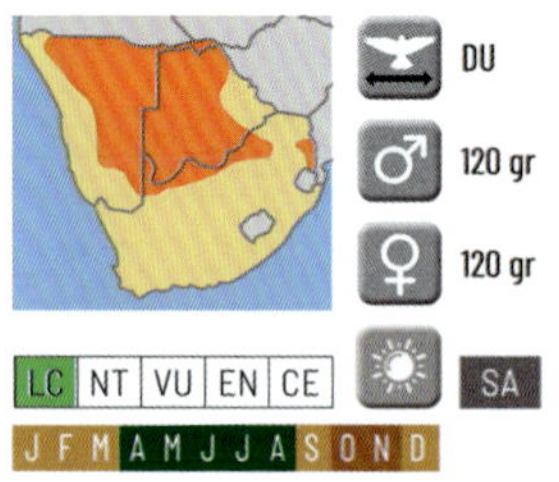

Riesenglanzstar *(Lamprotornis australis)* **Burchell's Starling** *(32 cm)*
Einer der größten Glanzstare Afrikas. Erkennbar am langen Schwanz und den schwarzen Wangen. Er hat ein stark metallisch glänzendes, irisierendes Federkleid in blauen bis violetten Farbtönen, die vor allem in hellem Sonnenlicht prächtig leuchten. Ihr Lebensraum sind hauptsächlich offene Wälder und Savannen mit Kameldorn *(Acacia erioloba)*, wo sie ihre Nahrung hauptsächlich am Boden suchen.

Grünschwanz-Glanzstar *(Lamprotornis chalybaeus)* **Greater Blue-eared Starling** *(23 cm)*
Man erkennt den Grünschwanz-Glanzstar vor allem an der etwas schmaleren schwarzen Maske sowie den blauen Bauch- und Beinfedern. Die Iris ist häufiger gelb als orangefarben. Die kurzen Schwanzfedern leuchten blau, während die Farbe der Rückenpartie von Smaragd bis Türkis variiert. Die Bauchpartie schimmert blauviolett.

Mevesglanzstar *(Lamprotornis mevesii)* **Meves's Glossy-Starling** *(34 cm)*
Dieser Star und der Riesenglanzstar sind schwer voneinander zu unterscheiden. Dieser ist etwas schlanker als der andere, sein Schwanz ist länger und seine Bauchfarbe ist dunkler als die des Riesenglanzstars. Die Unterarten, die im Nordwesten Namibias vorkommen *(L.m. violacior und benguelensis)*, zeigen viel mehr Purpur, vor allem letztere hat eine Mischung aus purpur- und bronzefarbenem Gefieder. Savannen mit offenen Wäldern sind ihr bevorzugter Lebensraum.

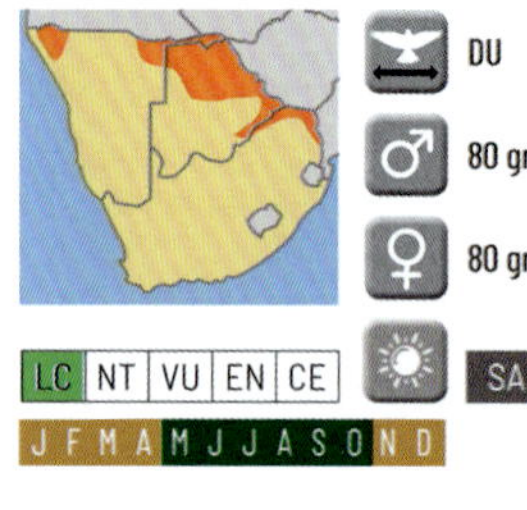

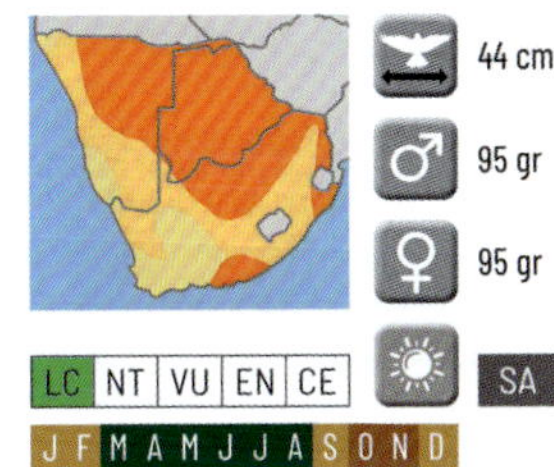

Rotschulter-Glanzstar *(Lamprotornis nitens)* **Cape Glossy Starling** *(25 cm)*
Seine Farben, zwischen denen das Rot der Schulterfedern kaum auffällt, reichen von Türkis bis Blau. Die Iris ist grellgelb. Dieser Star hat dunkelblaue Wangen. Wo der Grünschwanz-Glanzstar auf seinem Unterkörper magentafarben leuchtet, fehlt dem Rotschulter-Glanzstar diese Farbe.

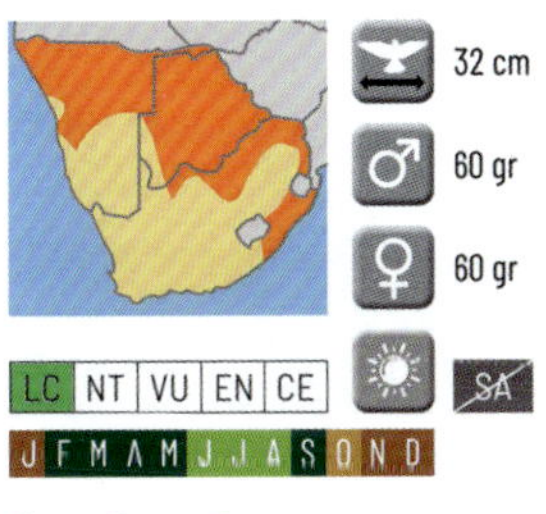

Amethystglanzstar
(Cinnyricinclus leucogaster)
Violet-backed Starling *(16 cm)*
Sommergast. Einer der schönsten Stare. Besonders auffällig ist der violette Glanz des Gefieders in Kombination mit der schneeweißen Bauchpartie. Das Weibchen hat eine weiße Brust und einen braun gepunkteten Bauch, vom Kopf bis zu den Flügeln ist auch die Rückenpartie mit weißen Streifen versehen. Diese Stare fressen hauptsächlich Früchte. Ihr Lebensraum sind offene Waldflächen und Flusswälder.

Rotschwingenstar *(Onychognathus morio)* **Red-winged Starling** *(30 cm)*

Das Männchen hat ein fast schwarzes Gefieder mit einem leichten bläulichen Schimmer. Das Weibchen, hier auf dem Rücken eines Klippspringers, ist blasser und hat einen grauen Kopf. Im Flug sind die rotbraune Flügelspitzen gut sichtbar, auch teilweise bei geschlossenem Flügel. Diese Stare bevorzugen Berglandschaften. Sie sind echte Generalisten, sie fressen Samen, Insekten, Amphibien, Skorpione, und viele andere Gliederfüßer.

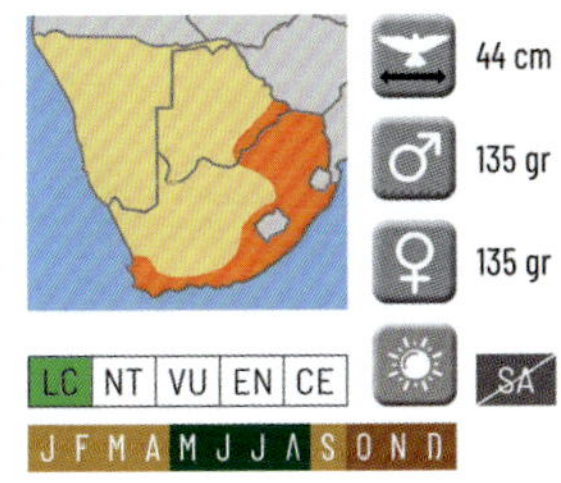

Sperlinge *Die Familie der Sperlinge besteht aus 49 Arten. Sie kommen auf allen bewohnten Kontinenten vor. Sperlinge besitzen einen ziemlich dicken Schnabel, der ihnen das Schälen von Samenkörnern erleichtert. Normalerweise sind Sperlinge leicht voneinander zu unterscheiden, denn die verschiedenen Arten haben deutliche Merkmale. Die Männchen sind kräftiger gefärbt als die Weibchen. Durchwegs sind sie monogam. Sperlinge bevorzugen als Lebensraum offene, trockene oder semi-aride Regionen.*

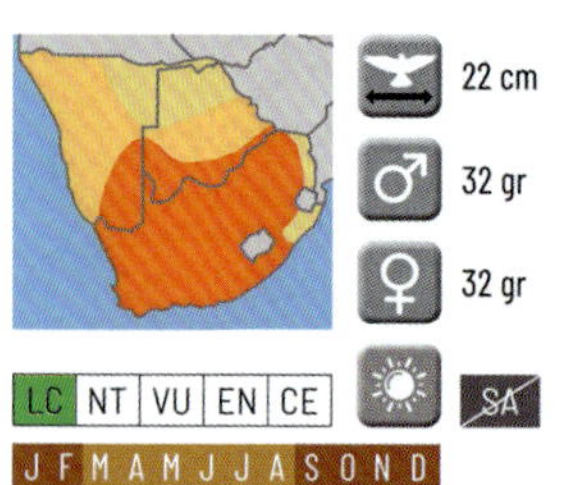

22 cm
♂ 32 gr
♀ 32 gr
LC NT VU EN CE
SA
J F M A M J J A S O N D

Kapsperling *(Passer melanurus)* **Cape Sparrow** *(15 cm)*
Eine der Arten, die durch ihr Aussehen auffällt, ist der Kapsperling. Er lebt im südlichen Afrika und ist auf diesem Kontinent der einzige Sperling mit einem weitgehend schwarzen Kopf (das Weibchen ist dort grau). Bei allen anderen Arten fehlt das Schwarz oder beschränkt sich auf die Kehle und die Maske. Ihre Nahrung besteht hauptsächlich aus Samen, Früchten, Insekten und Nektar. Sie bevorzugen Savannen und spärlich bewachsene Wälder in trockenen Klimazonen.

Damarasperling *(Passer diffusus)* **Southern Grey-headed Sparrow** *(15 cm)*
Der Kopf ist hellgrau oder beige. Vorderrücken, Rücken und Flügel sind hell rostbraun. Auf den Schultern befinden sich ein oranger Fleck und ein weißer Streifen. Der Unterkörper ist fast weiß. Ihre Nahrung besteht hauptsächlich aus Samen, Früchten, Insekten und Nektar. Diese finden sie in Savannen mit Akazien und Mopane, aber auch in Dörfern und Städten.

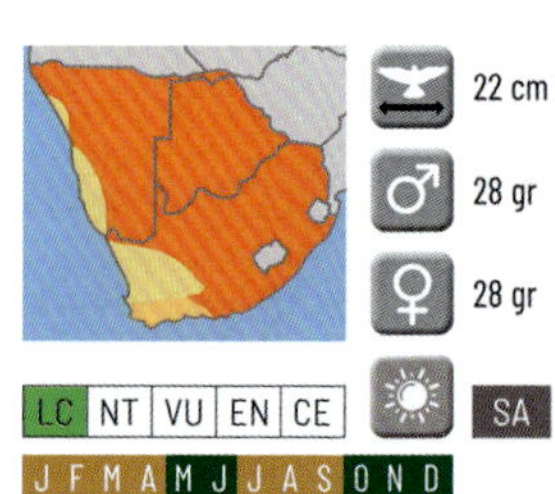

22 cm
♂ 28 gr
♀ 28 gr
LC NT VU EN CE
SA
J F M A M J J A S O N D

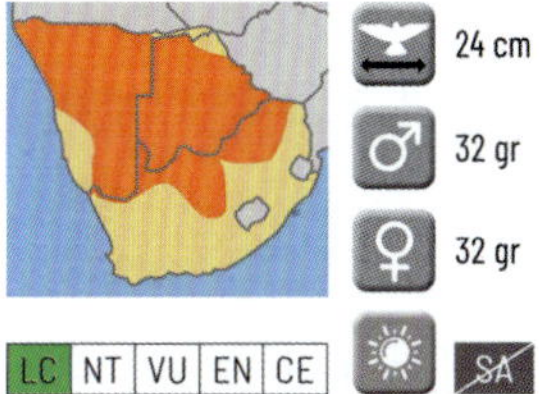

Rostsperling *(Passer motitensis)* **Great Sparrow** *(15 cm)*
Der Rostsperling ist dem Haussperling sehr ähnlich. Während der Haussperling dunkelbraun ist, ist der Rostsperling eher rötlich braun. Dem Weibchen fehlt das Rostbraun auf dem Kopf. Ihr Kopf ist grau und sie hat breite weiße Augenbrauen. Ihr Lebensraum sind trockene Akaziensavannen, und sie wird nur selten in der Nähe menschlicher Aktivitäten gesichtet.

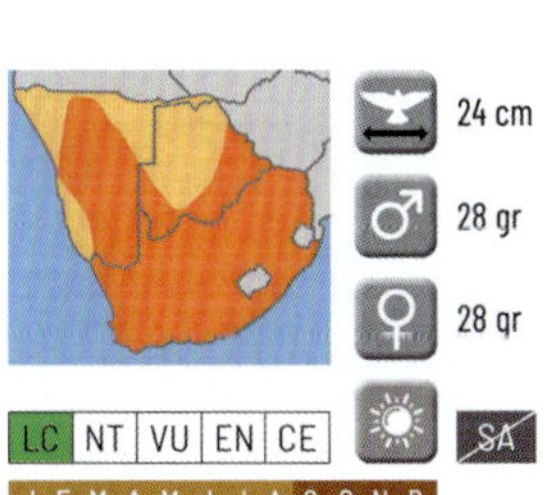

Haussperling
(Passer domesticus)
House Sparrow *(16 cm)*
Der Haussperling hat zwölf Unterarten, die alle bewohnten Kontinente bevölkern. „Unser" Haussperling kommt auch in südliches Afrika vor. Sie fressen hauptsächlich Samen, aber wenn das Angebot groß ist auch Insekten. Sperlinge durchlaufen einmal im Jahr eine Vollmauser, sie beginnt nach der letzten Brut. Er ist dem Rostsperling sehr ähnlich, ihm fehlt jedoch das Rostbraun am Hinterkopf und an den Schultern.

Kapsteinsperling *(Gymnoris superciliaris)* **Yellow-throated Petronia** *(15 cm)*
Der Kapsteinsperling hat ein überwiegend in graubraunen Tönen meliertes Rückengefieder und einen fast weißen Unterkörper. Oberhalb der Augen befindet sich eine breite beigefarbene Augenbraue. An der Kehle haben sie einen kleinen gelben Fleck, der jedoch kaum sichtbar ist oder in vielen Fällen fehlt. Ihr Lebensraum ist sehr vielfältig: Wälder, Savannen, Flusswälder und Kulturlandschaft.

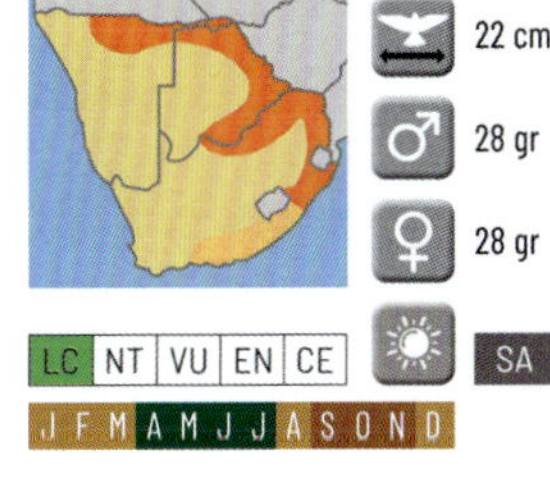

Weber *Die Farben der Männchen der meisten Weberarten sind während der Brutzeit leuchtender. Die meist blasser gefärbten Weibchen tragen das ganze Jahr über fast das gleiche Gefieder. Sie sind Samen- und Insektenfresser. Charakteristisch für Weber sind die markanten Nester. Die meisten Arten bauen die typischen kugelförmigen Hängenester, um es z.B. Schlangen und Eidechsen besonders schwer zu machen, die Küken oder die Eier zu stehlen. Andere bauen ein Gemeinschaftsnest mit vielen Nesteingängen.*

"Sperlingweber" Ursprünglich wurden einige Weberarten in die Familie der Sperlinge eingeteilt. Seitdem werden Weber der Gattung *Plocepasser* in englischer Sprache Sparrow Weaver genannt. Spätere Untersuchungen haben gezeigt, dass diese Arten auch als Weber eingestuft werden sollten. In bewaldeten Gebieten suchen sie auf dem Boden vor allem nach Samen und Insekten. Diese sogenannten Sperlingweber bauen ihre unordentlichen Nester in einer kleinen Kolonie.

Weißbrauenweber *(Plocepasser mahali)* **White-browed Sparrow-weaver** *(17 cm)*
Er hat weiße Augenbrauen und diese setzen sich bis zum Nacken fort. Er ist weiß vom Hals bis zum Unterschwanz. Die Wangen sind dunkelbraun, der Vorderrücken ist hellbraun. Auf den Arm- und Handschwingen befinden sich weiße und dunkelbraune Streifen. Der Bürzel ist weiß. Es ist ziemlich zahm und bevorzugt trockene bewaldete Savannen. Sie bauen schlampig gewebte Nester in einer Kolonie, hauptsächlich in Akazien und Mopanebäumen.

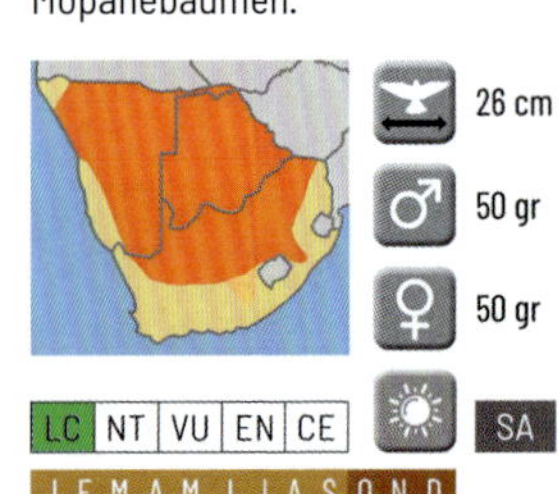

26 cm

♂ 50 gr

♀ 50 gr

LC | NT | VU | EN | CE

SA

J F M A M J J A S O N D

Soziale Weber

Diese Webervogelarten bauen in der Krone eines abgestorbenen Baumes oder z. B. an der Spitze eines Telegrafenmastes ein Gemeinschaftsnest mit vielen Hunderten von separaten Nesteingängen. Sie brüten in einer Kolonie von manchmal Hunderten von Webern. Diese mächtige Behausung sorgt in den heißen Sommermonaten für Kühle und in den kalten Nächten für Wärme.

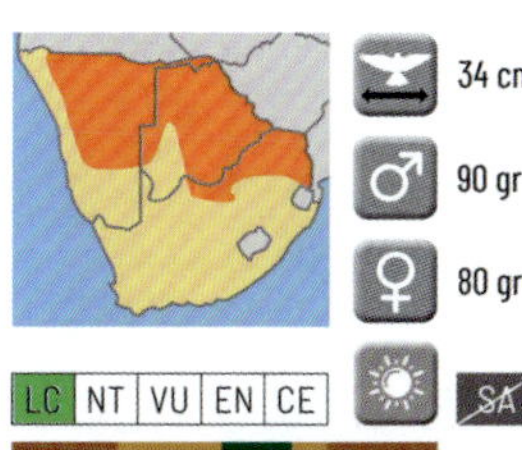

Büffelweber

(Bubalornis niger) **Red-billed Buffalo Weaver** *(22 cm)*

Es sind die größten Weber. Der Name "Büffel" weist auf den kräftigen Schnabel hin, vielleicht auch auf ihre Größe. Das Männchen ist fast schwarz, der Schnabel rot. Neben den Schultern und an den Handschwingen befinden sich weiße Flecken. Das Weibchen ist braun, sein Unterkörper ist fleckig und sein Schnabel orange. Man findet sie oft in der Nähe von Weidevieh, wo das Gras zertrampelt wurde.

Siedelweber *(Philetairus socius)* **Sociable Weaver** *(14 cm)*

Der flaumige Scheitel ist hell rotbraun, die Wangen sind weiß und er ist von den Augen bis knapp unter den Schnabel schwarz. Die Federn am Hinterkopf und am Vorderrücken sind grau mit weißen Schuppen, der Rest des Rückens ist in verschiedenen Brauntönen. Der Unterkörper ist beige. Die Flanken entlang des Bauches haben schwarze Flecken. Er sucht nach Insekten und Samen auf dem Boden inmitten einer trockenen Umgebung mit ein paar Bäumen hier und da zum Nisten.

22 cm

30 gr

30 gr

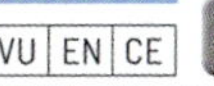
LC NT VU EN CE

SA

J F M A M J J A S O N D

Echte Weber *Die meisten Weber stellen die kugelförmigen Nester aus frischen langen Grashalmen her. Die Form ist nicht immer gleich. Normalerweise befindet sich der Eingang unten, manchmal in Form eines Tunnels, um es Schlangen besonders schwer zu machen, die Küken zu stehlen. Die Nester hängen oft an einigen Grashalmen oder sind zwischen Schilfstielen befestigt. Viele Arten bauen ihre eigene Nestform. Sie können oft an dem Modell erkennen, welcher Weber es geflochten hat. Man sieht sie fast immer im helleren Brutgefieder, weil sie mehrere Bruten pro Jahr haben.*

♂

♀

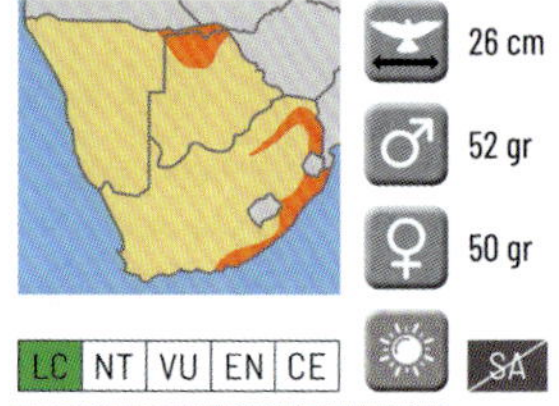

26 cm
♂ 52 gr
♀ 50 gr

LC | NT | VU | EN | CE
SA
J F M A M J J A S O N D

Weißstirnweber

(Amblyospiza albifrons)

Thick-billed Weaver *(18 cm)*

Ein dunkelbrauner, kräftiger Weber mit einem anthrazitfarbenen Schnabel. Er hat je einen weißen Fleck auf der Stirn und am Ansatz der Handschwingen. Lebt in großen Gruppen am Waldrand und in wasserreichen Gebieten. Das Weibchen hat keine weißen Flecken, aber eine beige-braun gefleckte Brust. Sein Schnabel ist gelblich. Er "webt" kugelförmige Nester im Schilf, die das Weibchen später kontrolliert.

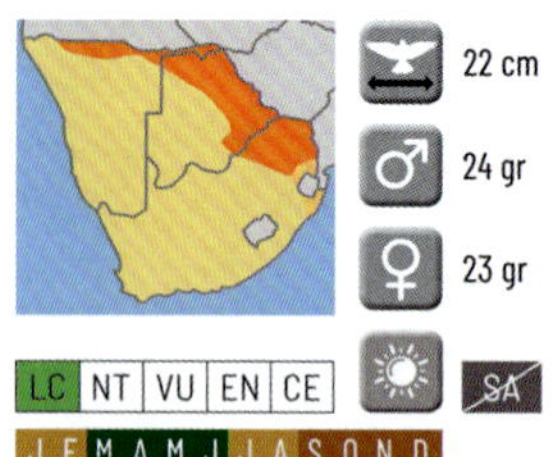

22 cm
♂ 24 gr
♀ 23 gr

LC | NT | VU | EN | CE
SA
J F M A M J J A S O N D

Scharlachweber

(Anaplectes rubriceps) **Red-headed Weaver** *(14 cm)*

Der Name Scharlachweber bezeichnet sowohl die nördliche als auch die südliche Art. Der Lebensraum der südlichen *(A.r. rubiceps)* reicht vom zentral-südlichen Teil Tansanias bis nach Südafrika. Seine Flügel und sein Schwanz sind graubraun und gelb. Der Kopf des Weibchens ist gelb oder orange. Sie bevorzugen für bewaldete Savannen. Die Nester sind kugelförmig mit einem langen Tunneleingang.

♂ ♀

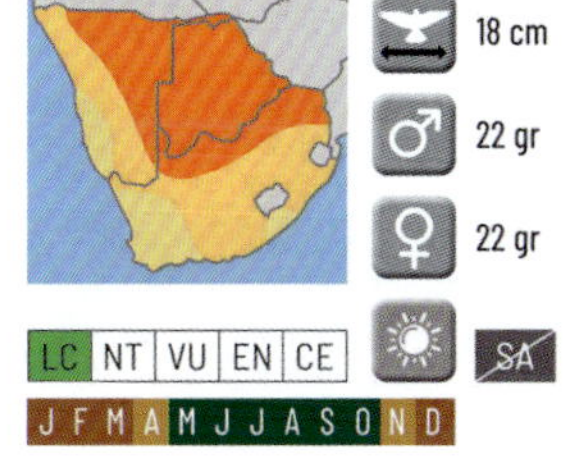

18 cm
22 gr
22 gr
LC NT VU EN CE
SA
J F M A M J J A S O N D

Blutschnabelweber

(Quelea quelea)

Red-billed Quelea *(12 cm)*

Zusammen mit Artgenossen und einschließlich des weniger verbreiteten Kardinalwebers, leben diese Weber mit vielen tausenden von Artgenossen zusammen. In großen Vogelwolken bewegen sie sich auf der Suche nach keimendem Saatgut. Besonders in der Zeit kurz nach einer Regenzeit sind sie zahlreich anzutreffen. In der Saatzeit sind sie für Bauern eine Plage. Das Gesicht des Männchens ist während der Brutzeit schwarz. Bei der Unterart Q. q. lathamii, die im südlichen Afrika lebt, färben sich Krone und Kehle rosa.

♂

♀

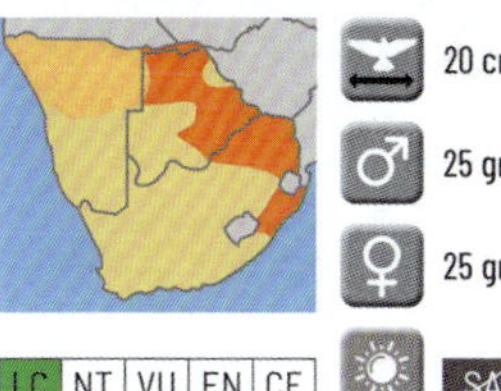

20 cm
25 gr
25 gr
LC NT VU EN CE
SA
J F M A M J J A S O N D

Cabanis-Weber

(Ploceus intermedius) **Lesser Masked Weaver** *(13 cm)*

Das Männchen hat ein schwarzes Gesicht. Besonders während der Brutzeit färben sich die Ränder von Gesicht und Hals rotbraun. Die hellgelben Iris machen es leicht, sie vom größeren Textor mit roten Iris zu unterscheiden. Der Vorderrücken und die Flügel sind olivfarben. Ihr Unterkörper ist überwiegend weiß. Das kugelförmige Nest hat unten einen kurzen Tunneleingang. Er bevorzugt eine grasbewachsene Landschaft mit Bäumen und Sträuchern mit Wasser in der Nähe.

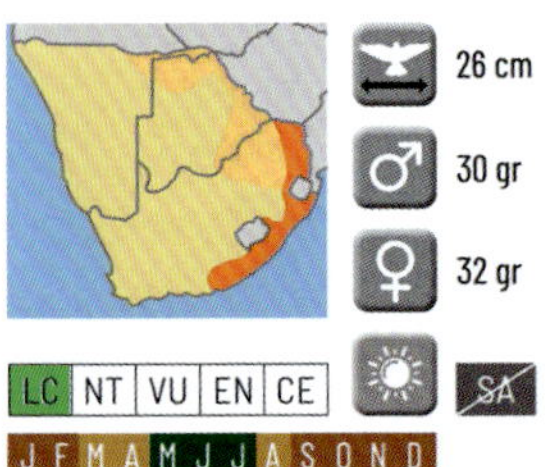

Textor *(Ploceus cucullatus)* **Village Weaver** *(17 cm)*
Vom Textor gibt es mehrere Unterarten. Die Unterarten *P.c. spilonotus* und *dilutescens* sind in diesem Teil Afrikas häufig anzutreffen. Er unterscheidet sich vor allem durch seinen schweren, fast schwarzen Schnabel, die schwarze Kehle und den schwarzen Streifen auf der Brust. In der Brutzeit färbt sich seine Brust leicht rötlich-braun. Auch die Farbe des Weibchens verändert sich dann zu einem grelleren Gelb. Die Iris sind bei beiden Geschlechtern leuchtend rot. Das Nest ist kugelförmig mit einem verlängerten Eingang an der Unterseite.

Brillenweber *(Ploceus ocularis)* **Spectacled Weaver** *(16 cm)*
Die Flügel dieses überwiegend gelben Webers sind olivgrün. Sowohl bei der Unterart *P.o. crocatus* in Namibia und Botswana als auch bei der Unterart *P.o. ocularis* in Südafrika wird die Kehle während der Brutzeit schwarz. Bei beiden verläuft eine schmale schwarze Maske über den Augen. Die Iris sind hellgelb. Manchmal sind die Wangen blassorange, Brust und Bauch gelb, die Beine grau. Das Weibchen hat graugrüne Flügel und einen gelben Unterkörper. Vielfältiger Lebensraum in allen Waldtypen. Das Nest ist kugelförmig mit einem Eingang an der Unterseite.

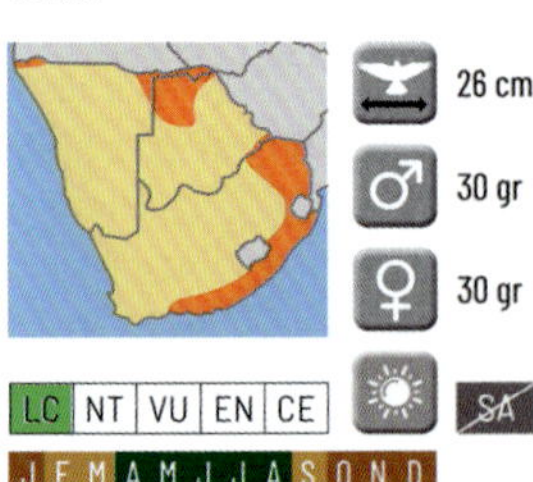

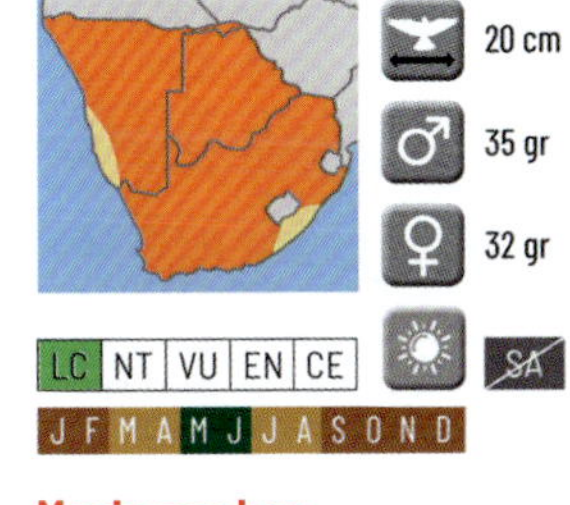

Maskenweber

(Ploceus velatus)

Southern Masked *(13 cm)*

Gelb gefärbte Weber mit schwarzem Kopf oder schwarzer Maske während der Brutzeit sind zahlreich, insbesondere der Maskenweber. Er hat rote Iris, Gesicht und Schnabel sind schwarz und der Unterkörper ist gelb. Sie hat einen blassrosa Schnabel, einen weißen Unterkörper und beide haben einen olivgrün gefärbten Vorderrücken und einen gelben Bürzel. Die Flügel sind auch bei beiden graubraun mit gelben Federrändern.

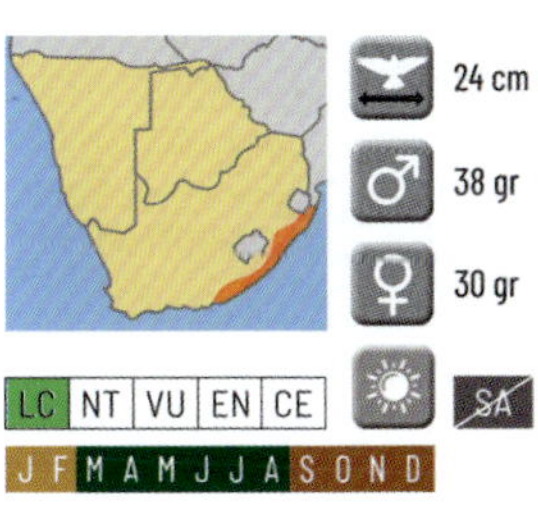

Goldweber *(Ploceus subaureus)*

African Golden Weaver *(15 cm)*

Der Goldweber ist ganz gelb (im Prachtkleid - *P. s. subaureus* – nicht orange um den Schnabel). Die Iris ist rot, der Schnabel schwarz. Sie hat einen weißen Unterkörper, graue und weiße Vorderrücken und dunkelgrau und gelb gesprenkelte Flügel. Die Iris ist dunkelbraun und der Schnabel ist rosa. Das Nest ist kugelförmig. Sie füttern sich meist am Bodem.

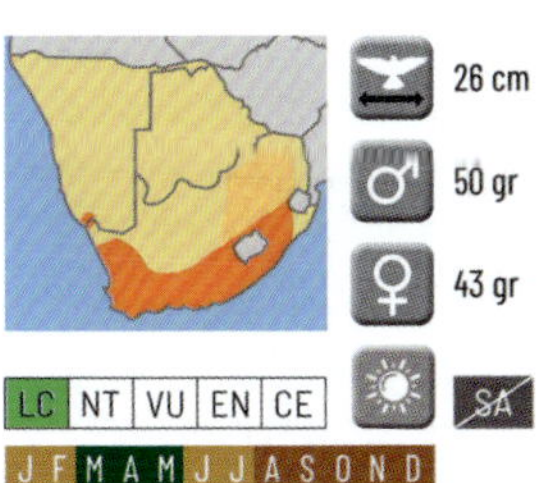

Kapweber

(Ploceus capensis) **Cape Weaver** *(17 cm)*

Wie beim Gold- und Braunkehlweber färbt sich auch das Gesicht des Kapwebers während der Brutzeit braun. Der Unterkörper bleibt gelb, wird aber außerhalb dieses Zeitraums blasser. Seine Iris sind weiß, die des Weibchens braun. Ihr Gefieder wird während der Brutzeit etwas intensiver, am Bauch weiß, an den Flanken und auf der Brust gelb. Der Vorderrücken und die Flügel sind bei beiden eine Mischung aus Olivgrün, Gelb und Dunkelbraun. Ihr Lebensraum sind Hartlaubgewächse (immergrüne Bäume und Sträucher). Der "Fynbos", wie er in Südafrika genannt wird, bedeckt einen Großteil des südlichen Südafrikas.

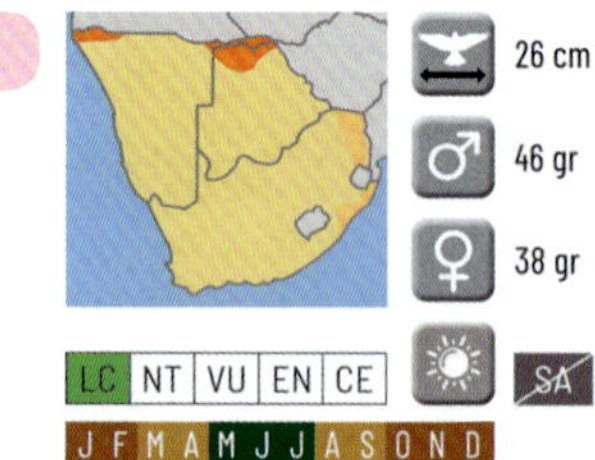

26 cm
♂ 46 gr
♀ 38 gr

LC | NT | VU | EN | CE

SA

J F M A M J J A S O N D

Safranweber *(Ploceus xanthops)* **Holub's Golden Weaver** *(18 cm)*
Während der Brutzeit sind der Kopf und der Unterkörper des Männchens leuchtend gelb. Ein Teil des Halses ist orange. Die Iris sind weiß. Auch das Weibchen ist in dieser Zeit greller gefärbt, allerdings mehr in Richtung Olivgrün. Bei beiden Geschlechtern ist der Rücken eine Mischung aus Olivgrün, Gelb und Grau. Sie haben schwere dunkelgraue Schnäbel, in der Brutzeit sind diese beim Männchen schwarz. Baumbestandene Flächen mit hohem Gras entlang von Bächen sind ihr bevorzugter Lebensraum.

♂ ♀

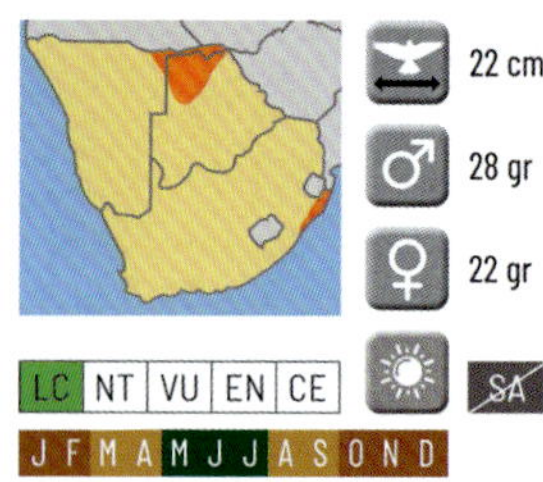

22 cm
♂ 28 gr
♀ 22 gr

LC | NT | VU | EN | CE

SA

J F M A M J J A S O N D

Braunkehlweber
(Ploceus xanthopterus) **Southern Brown-throated Weaver** *(15 cm)*
Während der Brutzeit färbt sich das Männchen an Kehle und Augenpartie braun. Sein gesamter Unterkörper ist dann gelb. Die Flügel sind eine Mischung aus Gelb und Graubraun. Außerhalb der Brutzeit sind sein Kopf und seine Brust fast beige und sein Bauch ist weiß. Die Geschlechter sind dann nicht mehr zu unterscheiden. Sie bauen ihre kugelförmigen Nester an einem Schilfrohr. Schilf ist auch der Lebensraum, in dem sie sich gerne aufhalten.

♂

♀

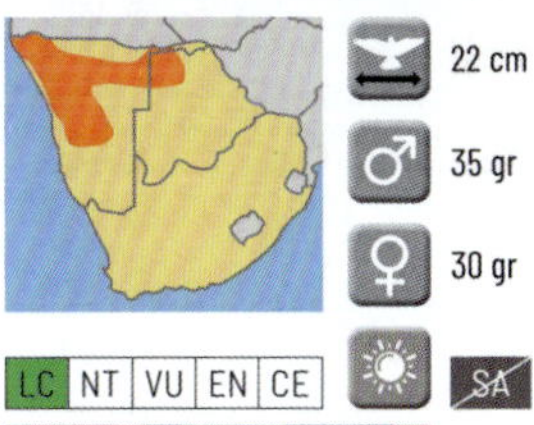

Maronenweber *(Ploceus rubiginosus)* **Chestnut Weaver** *(14 cm)*
Ein auffälliger Weber, der einzige mit rostbraunem Gefieder und schwarzem Kopf. Seine Flügel sind dunkelbraun und fast weiß gestreift. Außerhalb der Brutzeit ist das Rostbraun blasser und gesprenkelt. Das Weibchen hat während der Brutzeit eine braune Brust und einen weißen Bauch. Sie bauen ihr eigenes kugelförmiges Nest zusammen mit Hunderten ihrer Artgenossen. Sie bevorzugen trockene Savannen mit dornigem Strauchdickicht.

Schnurrbartweber *(Sporopipes squamifrons)* **Scaly-feathered Weaver** *(11 cm)*
Dieser kleine Weber sieht aus wie ein Prachtfink. Sein Scheitel ist weiß und schwarz gesprenkelt, zwei schwarze Bartstreife bedecken die weiße Kehle. Der Hinterkopf und der Vorderrücken sind hell graubraun, die Flügel schwarz mit weißen Federsäumen. Die Brust ist leicht beige, der Rest des Gefieders weiß. Bevorzugt werden Trockensavannen mit Sträuchern und entlang trockener Flussbetten.

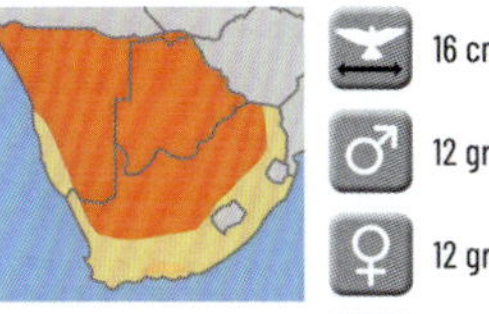

Widas *Mit den echten Webern verwandt sind die Widas (Euplectes), manchmal auch Weber genannt. Diese farbenfrohen Widas sind polygam und haben einen Harem von 3 bis 4 Weibchen, im Gegensatz zu den echten Webern, die normalerweise monogam sind. Ihre Nahrung besteht hauptsächlich aus Grassamen, manchmal aus Würmern und kleinen Insekten. Die Männchen verteidigen ihr Revier erbittert. Alle Weibchen dieser Familie sind kaum voneinander zu unterscheiden. Sie haben grau-braune Rückengefieder und meist ein cremeweißen Unterkörper. Manchmal ist beim Weibchen ein auffälliger Akzent des Männchens in unscharfen Farben zu erkennen. Wie die echten Weber bauen auch sie kugelförmige Nester.*

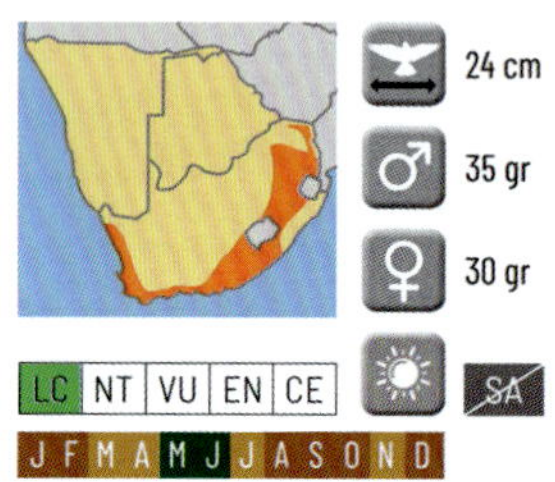

Samtwida

(Euplectes capensis) **Yellow** oder **Yellow-rumped Bishop** *(15 cm)*
Der Samtwida ist während der Brutzeit auf dem Rücken leuchtend gelb, aber nicht auf dem Kopf wie die Tahaweber. Außerhalb der Brutzeit ist er ein anonymer Weber, beide Geschlechter sehen dann gleich aus. Die Nester sind oval mit einem Seiteneingang. Besonders in Südafrika findet man sie häufiger inmitten von buschigen Grasebenen entlang von Bächen und Waldrändern.

Spiegelwida *(Euplectes albonotatus)* White-winged Widowbird *(15 cm)*

Seine Schulterfedern sind gelb und weiß. Sie sind oft in feuchtem Grasland anzutreffen. Die Nester sind oval und haben einen Seiteneingang. Außerhalb der Brutzeit sehen die Männchen mit dem braun melierten Gefieder den Weibchen sehr ähnlich.

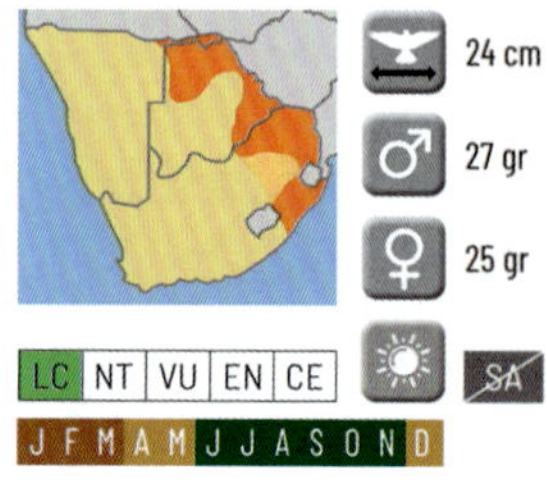

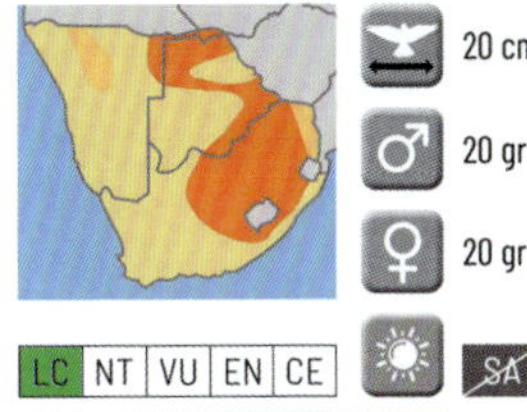

20 cm
20 gr
20 gr
LC NT VU EN CE
SA
J F M A M J J A S O N D

Tahaweber *(Euplectes afer)* **Yellow-crowned Bishop** *(11 cm)*

Ein kleiner Weber, doch wegen seines leuchtend gelb-tiefschwarzen Gefieders in der Brutzeit eine auffällige Erscheinung. Außerhalb der Brutzeit ist sein Gefieder unauffällig gefärbt, die beiden Geschlechter sehen sich dann sehr ähnlich. Ihre Nahrung wie Grassamen und kleinen Insekten, suchen sie am liebsten in feuchten Gebieten. Die kugelförmigen Nester sind zwischen Schilfhalmen versteckt.

Stummelwida

(Euplectes axillaris) **Fan-tailed Widowbird** *(15 cm)*

Starke Ähnlichkeit mit dem Spiegelwida. Im südlichen Afrika unterscheiden sie sich durch die Farbe der Schultern, orange bis rot statt gelb. Dem Stummelwida fehlen das Weiß auf den Schultern. Der Schnabel ist silberfarben, die Beine sind schwarz. Sie fühlen sich in Grasland mit hohem Gras und feuchtem Klima (Sümpfe, Zuckerrohrfelder) zu Hause. Die Nester sind oval und haben einen Seiteneingang.

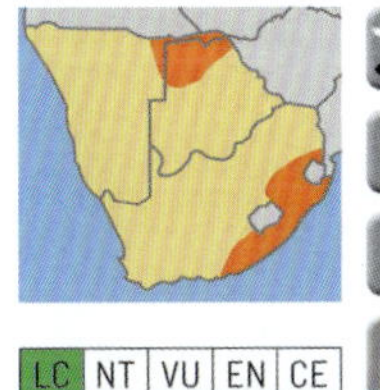

24 cm

30 gr
25 gr

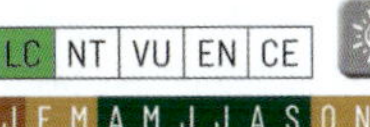
LC NT VU EN CE

SA
J F M A M J J A S O N D

Schildwida *(Euplectes ardens)*

Red-collared Widowbird *(15+22 cm)*

Diese Wida hat drei Unterarten. Bei der Art im südlichen Afrika *(E.a. ardens)* ist nur die Kehle rot. Der Rest des Gefieders ist in der Brutzeit schwarz, die Arm- und Handschwingen sind grau und schwarz gemischt. Der lange Schwanz ist nur während der Brutzeit. Ihr Lebensraum ist vorzugsweise Grünland mit Gestrüpp. Die Nester sind oval und haben einen Seiteneingang.

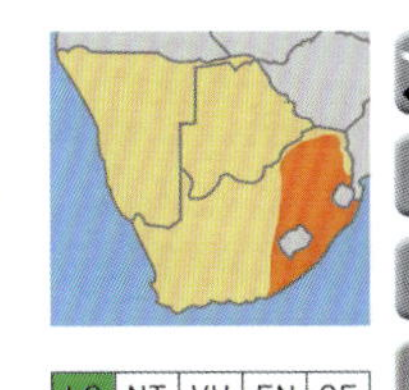

24 cm

25 gr
22 gr

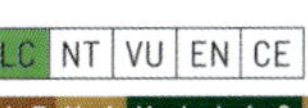
LC NT VU EN CE

SA
J F M A M J J A S O N D

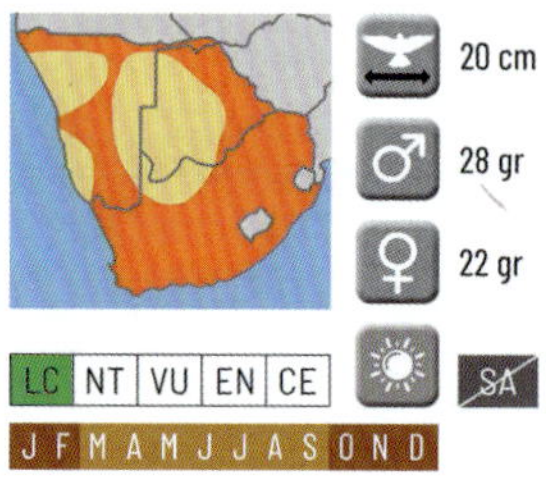

Oryxweber

(Euplectes orix)

Southern Red Bishop *(13 cm)*

Der Oryxweber hat ein schwarzes Gesicht, einen orangefarbenen Hinterkopf und einen schmalen orangefarbenen Kragen. Seine Brust und sein Bauch sind schwarz. Das Rückengefieder und die Unterschwanzdecken sind wieder orange. Außerhalb der Brutsaison sind die Männchen gelbbraun und viel blasser gefärbt. Die Weibchen sind das ganze Jahr über unauffällig beige und braun. Bevorzugt werden feuchtes Grasland und kultiviertes Ackerland.

Hahnschweifwida *(Euplectes progne)* **Long-tailed Widowbird** *(20+40 cm)*

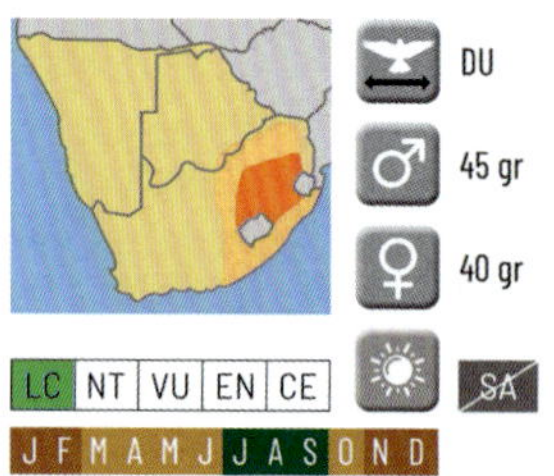

Das Bild auf der linken Seite zeigt das Männchen außerhalb der Brutzeit. Abgesehen von dem Weiß und Rot auf den Schultern sieht es dann aus wie das Weibchen. Von allen Widas hat er den längsten Schwanz (ca. 40 cm). Sie bevorzugt flache, grasbewachsene Flächen mit kurzen Gräsern entlang von Baumgruppen.

Auf dem Boden suchen sie nach Samen und kleineren Insekten. Das Nest ist ein typisches kugelförmiges Webernest mit einem Seiteneingang. Während der Brutzeit ist er ein unbeholfene Flieger.

Prachtfinken *Diese Prachtfinken (Estrildidae), nicht zu verwechseln mit den Finken (Fringillidae), sind bunte Vögel. Sie fressen vornehmlich Grassamen und einige Insekten und sind monogam. Meist bauen sie ein kuppelförmiges Nest, das ab und an einen „falschen" Nesteingang hat. Prachtfinken sind in der Regel Standvögel (Überwinterung in ihren Brutgebieten). Die Männchen haben ein leuchtendes Gefieder. Die Weibchen haben nur einige sehr blasse Akzente, die beim Männchen bunter ausfallen.*

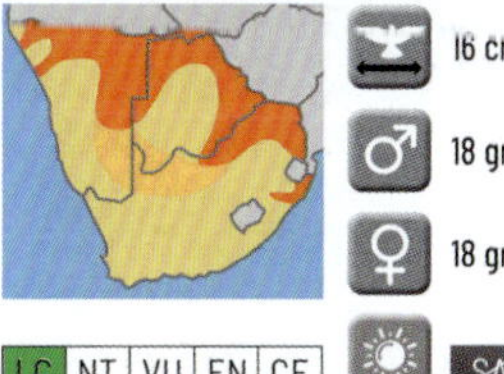

16 cm
♂ 18 gr
♀ 18 gr
SA

LC | NT | VU | EN | CE

J F M A M J J A S O N D

Buntastrild *(Pytilia melba)* **Green-winged Pytilia** *(14 cm)*
Ein besonders hübscher Prachtfink. Der Kopf des Männchens ist rot und grau. Unter der Kehle ist es gelb, Brust und Bauch sind schwarz-weiß gestreift. Die Flügel sind olivgrün, Schwanz und Bürzel sind leuchtend rot. Dem Weibchen fehlt das Rot auf dem Kopf.
In Trocken- und Dornstrauchsavannen sowie an Waldrändern und an Flüssen finden sie ihre Nahrung, vor allem Grassamen und Termiten.

12 cm
♂ 10 gr
♀ 10 gr
SA

LC | NT | VU | EN | CE

J F M A M J J A S O N D

Goldbrustastrild
(Amandava subflava)
Zebra Waxbill *(9 cm)*
Die Rückenpartie ist hauptsächlich olivgrün, Kehle und Bauch sind gelb oder orangefarben, auch der Unterschwanz ist orangefarben. Der Bürzel leuchtet intensiver orange. Der Schnabel ist rot. Über dem Auge liegt ein orangeroter Überaugenstreif. Beide Geschlechter sind an den Flanken grün und gelb gestreift. Die Farben des Weibchens sind deutlich blasser und es fehlt der orangefarbene Überaugenstreif. Ihr Schnabel ist schwarz und rot. Sie fressen hauptsächlich Grassamen.

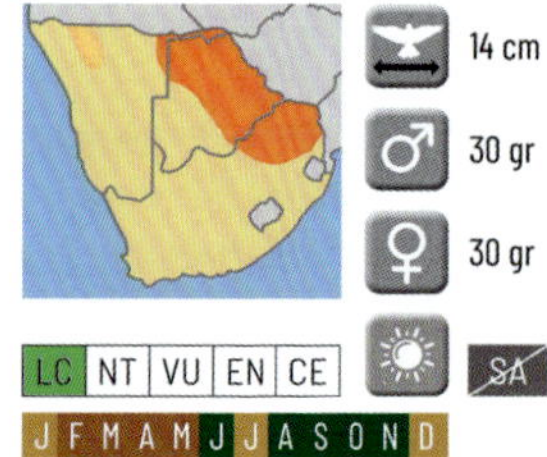

Bandamadine *(Amadina fasciata)* **Cut-throat Finch** *(12 cm)*
Das Männchen unterscheidet sich vom Weibchen durch das rote Band über der Kehle. Bei beiden Geschlechtern ist der Bauch rotbraun und gefleckt. Sie sind beigefarben, Kopf und Vorderrücken zeigen dunkelbraune Flecken. In halbtrockenen Zonen, Grasland und trockenen bewaldeten Savannen suchen sie nach Grassamen und kleinen Insekten. Sie brüten in verlassenen Webernestern.

Rotkopfamadine
(Amadina erythrocephala)
Red-headed Finch *(13 cm)*
Das Männchen hat einen leuchtend roten Kopf und weiße Punkte oder Streifen auf der Brust. Der Vorderrücken ist einheitlich hellgrau-braun, die Flügel sind etwas dunkler. Das Weibchen hat einen beigen Kopf und die Flecken auf der Brust sind weniger ausgeprägt. Man findet sie auf trockenen Wiesen und in immergrünen Wäldern.

Wachtelastrild *(Ortygospiza fuscocrissa)* **African Quailfinch** *(10 cm)*
Ein hübscher Bodenvogel mit rotem Schnabel, schwarzem Gesicht und weiß umrandeten Augen. Die Farbe des Rückens ist schiefergrau und setzt sich in den Flügeln fort. Ein Teil der Brust und des Bauches ist rötlich braun. Häufig auf trockenem Boden inmitten von kurzem Gras in der Nähe von Gewässern sowie auf sumpfigen Wiesen und Reisfeldern zu finden.

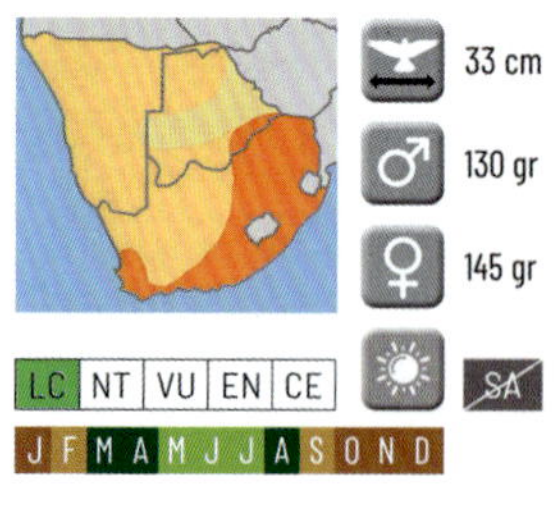

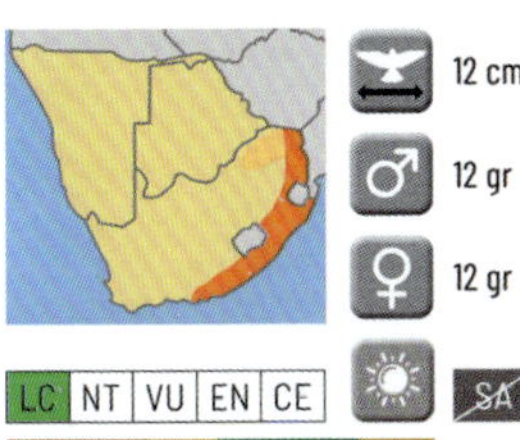

12 cm
12 gr
12 gr
LC NT VU EN CE
SA
J F M A M J J A S O N D

Dunkelamarant

(Lagonosticta rubricata) **African Firefinch** *(11 cm)*
Die Männchen zeichnen sich durch ihren roten oder grauen Kopf mit roter Stirn, roter Brust und Bürzel aus. Die Farbintensität kann bei den Unterarten stark variieren. Seine Bauch- und Unterschwanzdecken sind schwarz und es gibt weiße Flecken an den Flanken. Das Weibchen ist überwiegend graubraun, nur der Bürzel und einige Schwanzfedern sind rot. Ihr Kopf und ihr Vorderrücken sind braun. Der Schnabel ist bei beiden silbergrau. Der Lebensraum ist sehr vielfältig, solange Grassamen verfügbar sind.

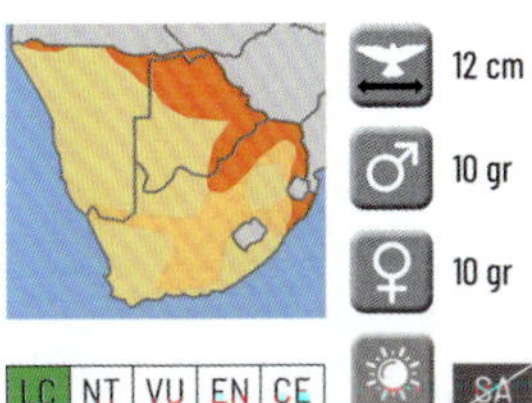

12 cm
10 gr
10 gr
LC NT VU EN CE
SA
J F M A M J J A S O N D

Senegalamarant

(Lagonosticta senegala) **Red-billed Firefinch** *(10 cm)*
Dieser rote Senegalamarant hat einen roten Schnabel, gelbe Augenringe und einen roten Bürzel. Die Flügel sind graubraun (manchmal auch die Rückenpartie und der Scheitel). Senegalamarante sind häufig in der Nähe von flachen Tümpeln zu finden, aus denen sie oft trinken. Die Weibchen sind hellbraun mit rotem Bürzel und vagen roten Augenlinien. Nur ihr Unterschnabel ist rot. Sie ernähren sich von Grassamen, vorzugsweise in Savannen mit Akazien.

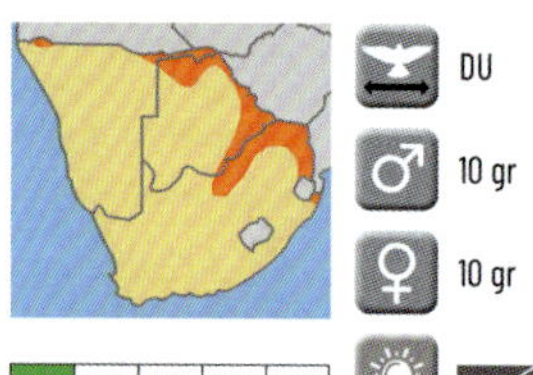

Rosenamarant

(Lagonosticta rhodopareia) **Jameson's Firefinch** *(10 cm)*
Er hat einen roten Kopf mit einem leicht braunen oder grauen Scheitel, einen grauen Schnabel, gelbe Augenringe, einen roten Bürzel und schwarze Unterschwanzdecken. Dies unterscheidet ihn vom Senegalamarant. Sie sind zahlreich. Sein Lebensraum ist sehr vielfältig. Die Weibchen sind hellbraun mit rotem Bürzel und rotem Fleck neben und unter dem Schnabel. Sie ernähren sich von Grassamen, vorzugsweise in Savannen mit Akazien.

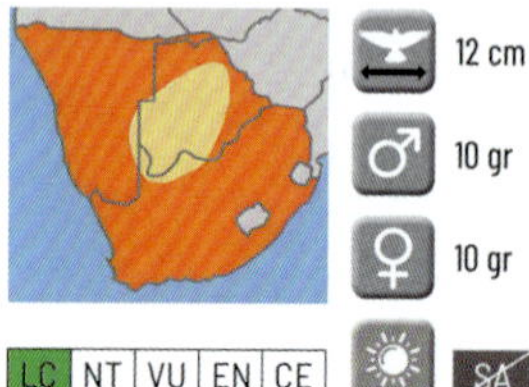

Wellenastrild *(Estrilda astrild)* **Common Waxbill** *(11 cm)*

Mit 15 Unterarten ist dieser Astrild in ganz Afrika verbreitet. Vier davon kommen in einem oder mehreren dieser Länder vor. Die Farbe des Gefieders variiert von hellgrau bis hellbraun. Alle haben auffällige rote Masken über den Augen. Der Vorderrücken ist zart gestreift. Er hat einen hellroten Bauch, während ihr diese Farbe fehlt oder auf ein zartes Rosa beschränkt ist. Sie suchen in kleinen Gruppen in hohem Gras, nicht weit vom Wasser entfernt, nach Nahrung.
Das Nest wird oft mit Eiern von der Dominikanerwitwe ergänzt.

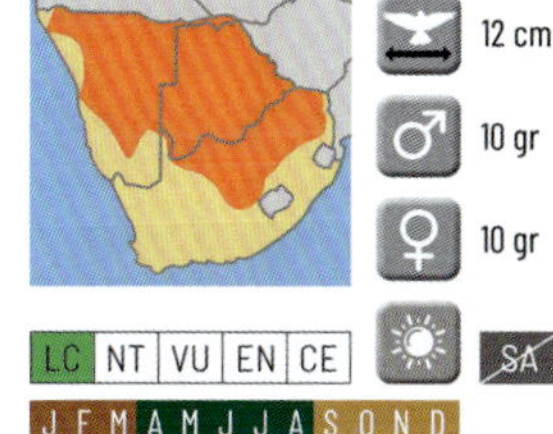

Elfenastrild *(Brunhilda erythronotos)* **Black-faced Waxbill** *(12 cm)*
Der Elfenastrild ist um die Augen herum schwarz. Scheitel und Hals sind grau. Der rötliche Vorderrücken endet bei den „Zebrastreifen" über den Flügeln. Der Bürzel ist rot und der Schwanz schwarz. Der Schnabel ist blau-grau, die Flanken des Bauches sind rot. Bei den Weibchen sind nur der Bürzel und die Flanken rot. Ihr Vorderrücken ist grau. Er lebt in offenen Wäldern und in Flussvegetation mit viel Unterholz und Gestrüpp. Sein Nest hat einen langen Tunneleingang.

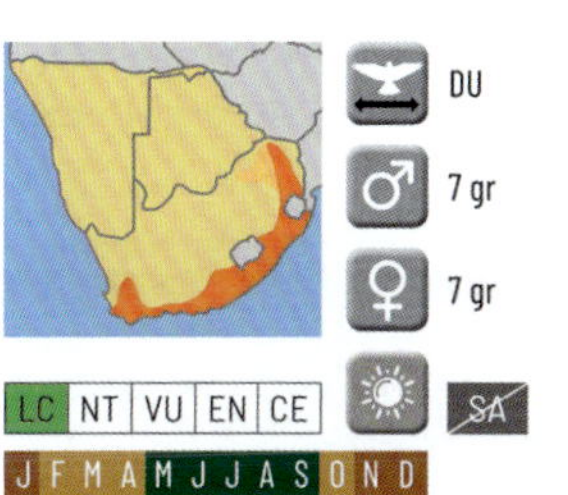

Kapgrünastrild *(Coccopygia melanotis)* **Swee Waxbill** *(10 cm)*
Männchen und Weibchen dieses Astrildes unterscheiden sich durch die Farbe der Kehle, die bei den Männchen schwarz und bei den Weibchen weiß ist. Beide haben einen schwarzen Oberschnabel und einen roten Unterschnabel. Der Vorderrücken und die Flügel sind olivgrün und rötlichbraun gefärbt. Der Bürzel ist rot und die Schwanzfedern sind schwarz. Neben Grassamen fressen sie auch Spinnen, Termiten und Larven. Sie lieben offenes Grasland, auffallend oft in der Nähe von Bauernhöfen.

Blauastrild *(Uraeginthus angolensis)* **Blue Waxbill** *(12 cm)*
Beim Blauastrild ist das Gesicht bei beiden Geschlechtern hellblau. Scheitel und Hinterkopf bis zum Vorderrücken sind hellbraun. Das Männchen hat meist ein etwas helleres Blau und das Blau verläuft entlang des braunen Bauches über die Flanken zu den weißen Unterschwanzdecken. Ihr Bauch ist weiß.
Dieser Astrild sucht am Boden nach Grassamen und kleinen Insekten, insbesondere in Akazienwäldern mit Unterholz und Gestrüpp.

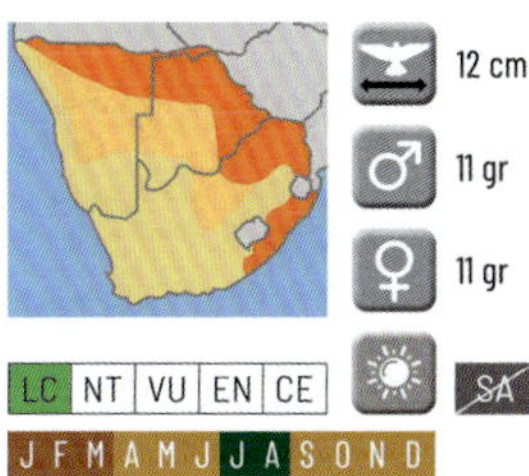

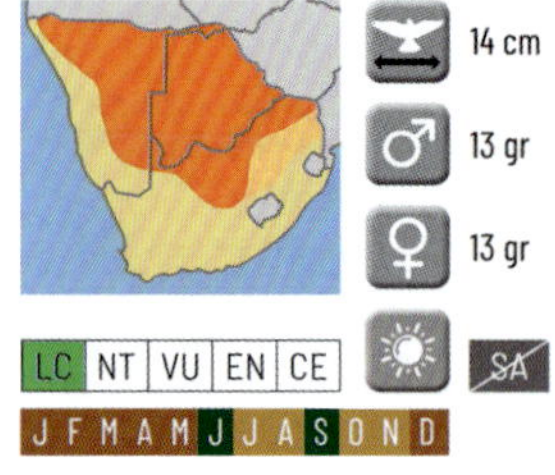

Granatastrild

(Granatina granatina)

Violet-eared Waxbill *(14 cm)*

Einer der am schönsten gefärbten Prachtfinken. Das Weibchen hat die gleichen Farben, ist aber viel blasser. Die Wangen sind violett, die Stirn blau, der Scheitel und der Hals sowie der Unterkörper sind rostbraun. Die Unterschwanzdecken sind blau. Er sucht nach Grassamen, kleinen Früchten und Insekten in trockenen, dornigen Wäldern und Büschen, an Flussufern und Straßenrändern. In Südafrika heißt er "koningblousysie".

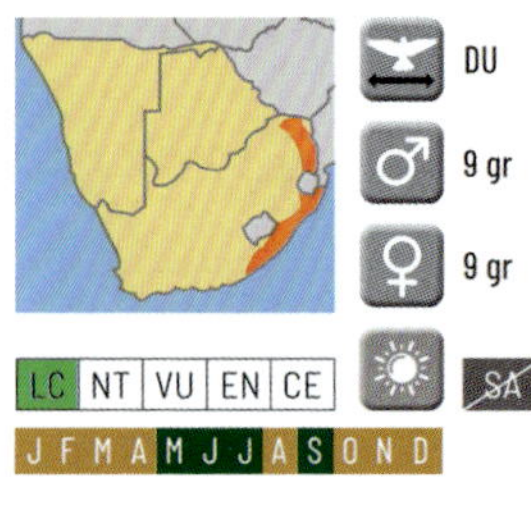

Tropfengrünastrild

(Mandingoa nitidula) **Green-backed Twinspot** *(10 cm)*

Die Geschlechter unterscheiden sich voneinander nur durch das Gesicht, das bei ihm rot und bei ihr gelb ist. Ihr Gefieder ist eher blass. Die Brust ist bis zu den weißen Unterschwanzdecken schwarz und weiß gesprenkelt. Der Rücken und der Schwanz sind graugrün. Immergrüne Sträucher, Unterholz, Gestrüpp und Waldränder werden bevorzugt. Ihre Nahrung besteht aus den Samen von Süßgräsern, insbesondere Hirse und *Oplismenus hirtellus*. Diese wachsen in einer schattigen Umgebung.

Perlastrild

(Hypargos margaritatus) **Pink-throated Twinspot** *(13 cm)*
Der Perlastrild ist eine Trophäe für Vogelbeobachter. Dieser scheue Astrild lebt in dichtem Gebüsch mit dichtem Unterholz inmitten trockener Wälder, wo es in der Nähe Wasser gibt. Das Gesicht, die Kehle und ein Teil der Brust sind beim Männchen rosa und beim Weibchen grau. Die Brust und der Bauch sind schwarz mit weißen Flecken. Beide Geschlechter sind vom Scheitel bis zum Vorderrücken und den Flügeln hellbraun. Der Bürzel ist rosa.

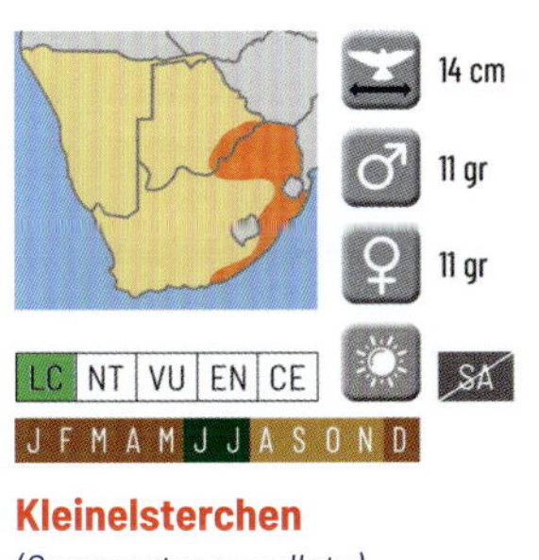

Kleinelsterchen

(Spermestes cucullata)
Bronze Manniken *(9 cm)*
Sein Kopf ist dunkelbraun, der Vorderrücken fast grau, und die Flügel sind in Brauntönen gefärbt. Sein Kopf leuchtet im Sonnenlicht leicht bronzegrün, ebenso wie ein Teil der kleinen Flügeldecken. Auf den Flanken zeigt sich ein Zebramuster. Das Weibchen ist überwiegend hell- und dunkelbraun. Bronzemännchen treten fast immer paarweise auf. Sie ernähren sich von Grassamen und kommen vor allem in offenen Waldgebieten und grasbewachsenen Halbwüsten vor. Das links abgebildete Elsterchen ist ein Jungvogel.

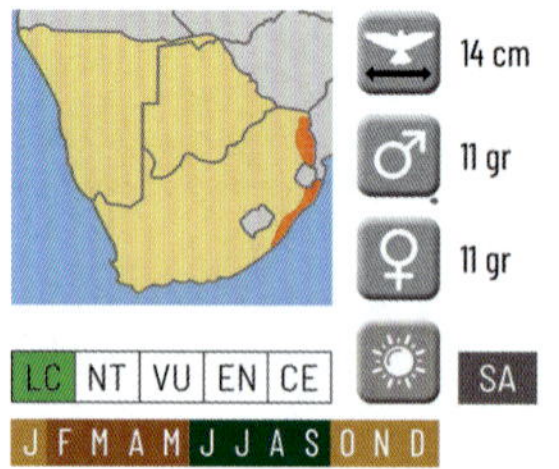

14 cm
11 gr
11 gr
LC NT VU EN CE
SA
J F M A M J J A S O N D

Braunrückenelsterchen *(Spermestes nigriceps)* **Brown-backed Mannikin** *(10 cm)*
Beim Braunrückenelsterchen *(S. n. nigriceps)* sind Kopf und Hals schwarz, Brust und Unterschwanzdecken sind weiß, die Flanken bis zum Bürzel schwarz gesprenkelt. Der Rücken ist rostbraun, der Schnabel ist blasser als beim Kleinelsterchen. Auf der Suche nach Samen von Gras, Reis, Hirse und Sorghum bevorzugen sie hohe Gräser in Waldlichtungen, bewaldeten Sümpfen und alternden Feldern. Sie versammeln sich oft in kleinen Gruppen.

SPERLINGSVÖGEL *Passeriformes - Viduidae*

Witwenvögel *Witwenvögel sind Insekten- und Samenfresser. Mit dem kleinen kräftigen Schnabel schälen sie die Samen. Bei den Vögeln der Gattung Vidua hat das Männchen in der Brutzeit einen langen Schwanz. Im Schlichtkleid sind Männchen und Weibchen schwer voneinander zu unterscheiden. Sie sind alle braun, schwarz und beigefarben. Alle Witwenvogelarten sind Brutparasiten und nutzen als Brutwirte ausschließlich Prachtfinkenarten. Jede Art hat ihren jeweiligen Favoriten, den sie parasitiert. Anders als beim Kuckuck entfernt ein schlüpfender Witwenvogel nicht die Eier und Jungvögel seiner Wirtsfamilie.*

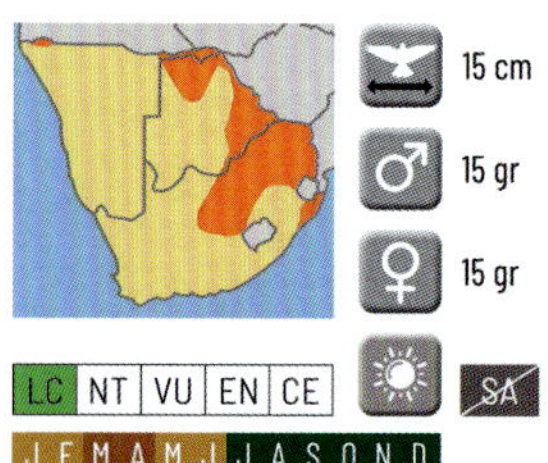

15 cm
15 gr
15 gr
LC NT VU EN CE
SA
J F M A M J J A S O N D

Rotfußwitwe *(Vidua chalybeata)* **Village Indigobird** *(11 cm)*
Das Männchen hat in der Brutzeit ein blauschwarzes Gefieder. Das Weibchen hat eine braungraue Rückenpartie und eine gebrochen weiße Unterpartie. Der Schnabel ist gewöhnlich rot *(V. c. amauropteryx)*, manchmal auch weiß. Die Beine sind rot und die Arm- und Handschwingen sind braun. Außerhalb der Brutzeit ähnelt er das Weibchen. Sie bevorzugen Savannen mit dornigen Wäldern und Sträuchern. Sie parasitiert auf Nestern des Senegalamarant.

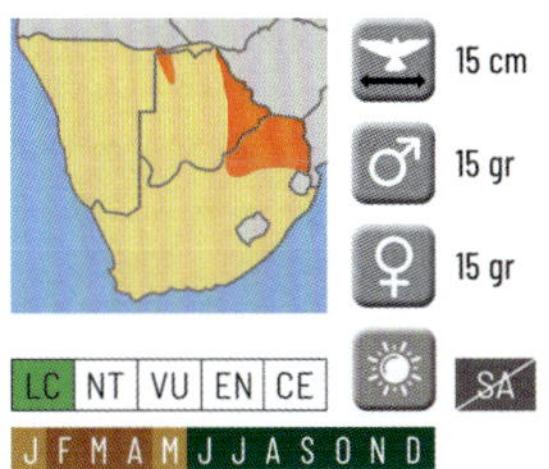

Purpurwitwe *(Vidua purpurascens)* **Purple Indigobird** *(11 cm)*
Der weiße oder hellrosa Schnabel und die rosafarbenen Beine unterscheiden die Purpurwitwe von anderen Witwen. In einem bestimmten Licht kann man auch sehen, dass ihr scheinbar schwarzes Gefieder einen violetten Schimmer hat, besonders auf dem Rücken. Die Purpurwitwe parasitiert hauptsächlich auf den Nestern des Rosenamarants. Sie befindet sich oft in Gesellschaft der Rotfußwitwe. Das Weibchen ist von der Rotfußwitwe nicht zu unterscheiden.

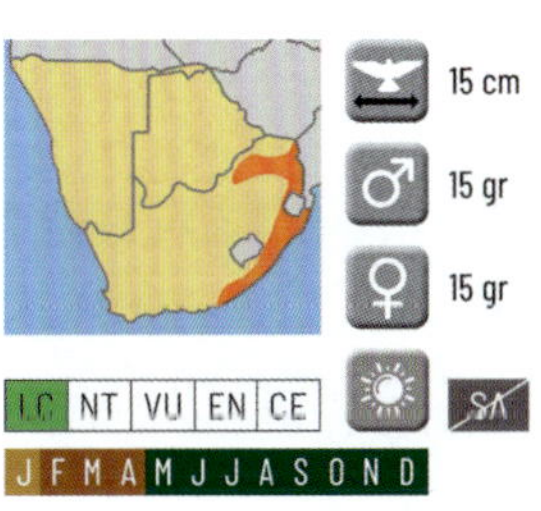

Mohrenwitwe
(Vidua funerea) **Dusky Indigobird** *(11 cm)*
Die Mohrenwitwe ist auf den ersten Blick schwarz, doch bei bestimmtem Sonnenlicht nimmt ihr Gefieder einen grünen Schimmer an. Im Krüger-Park leben die drei zuvor beschriebenen Witwen, und oft sind sie in ihrer Gesellschaft. Am häufigsten sieht man jedoch die Rotfußwitwe. Ihr Schnabel ist ein wenig dunkler als der der Purpurwitwe, auch ihre Beine sind eine Nuance dunkler.

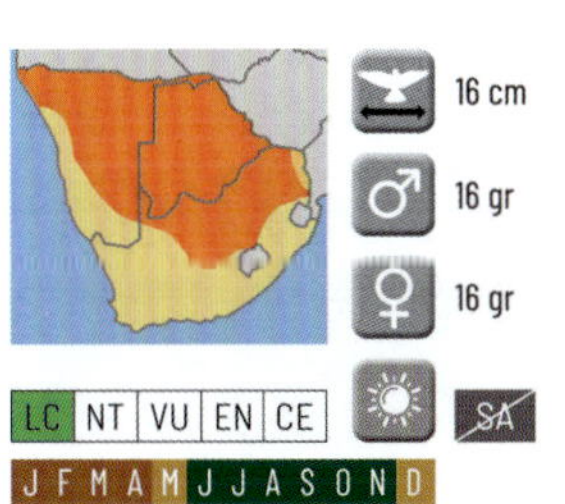

Königswitwe
(Vidua regia)
Queen oder **Shaft-tailed Whydah**
(11-20 cm)
Sie bekommt in der Brutzeit einen langen Schwanz. Das Männchen hat einen leuchtend roten Schnabel, einen schwarzen Kopf bis zu den Wangen und schwarze Flügel. Von der Kehle bis zum Unterschwanz ist sie orange-gelb. Die beiden dünnen schwarzen Schwanzfedern enden breit und flach. Sie bevorzugen Grasland und Savannen mit Akazien. Sie legen ihre Eier in die Nester von Blauastrild und Elfenastrild.

17 cm
♂ 18 gr
♀ 18 gr
SA

LC | NT | VU | EN | CE

J F M A M J J A S O N D

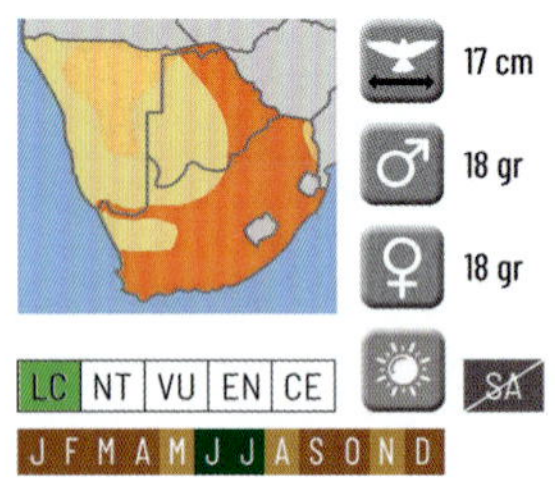

Schmalschwanzwitwe

(Vidua paradisaea) **Eastern Paradise-Whydah** *(13-24 cm)*

Während der Brutzeit bekommt er einen langen Schwanz. Abgesehen vom gelben Nacken und den rötlich braunen Flecken auf der gelblichen Brust und dem cremeweißen Bauch ist er fast schwarz. Das Weibchen hat dunkle Wangenstreifen, zwei schwarze Streifen quer über den Kopf und ihr Körper ist in Brauntönen meliert. Außerhalb der Brutzeit sind die äußeren Unterschiede zwischen den Geschlechtern fast unsichtbar. Sie legen ihre Eier in die Nester des Buntastrilds. Ihr Lebensraum sind hauptsächlich Savannen mit vielen Akazienbäumen und Dickichten.

♂

♀

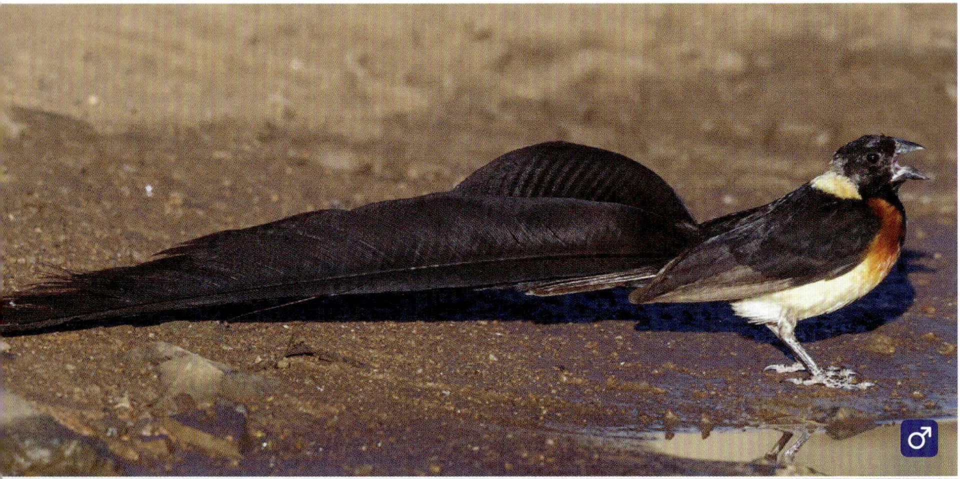

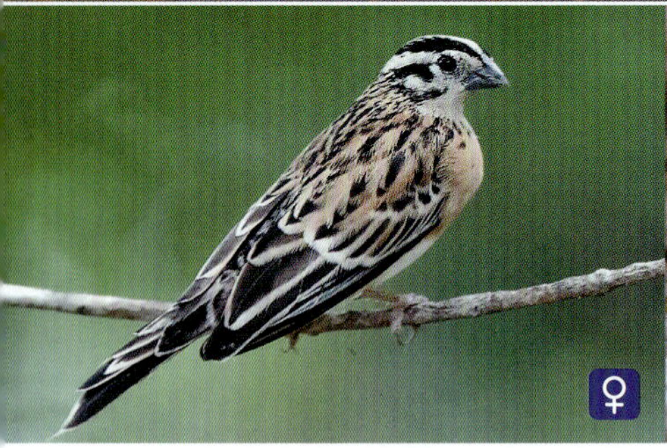

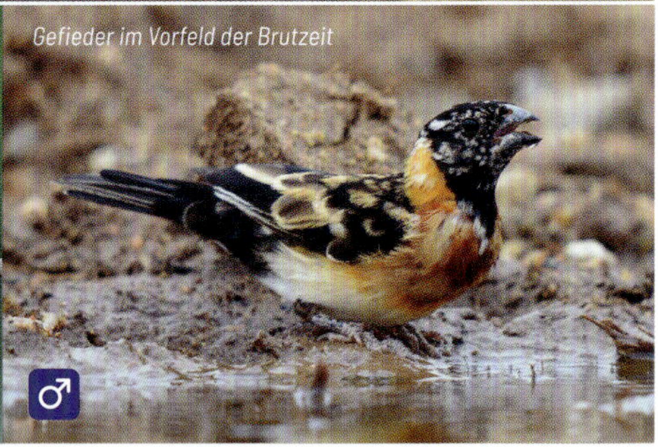

Gefieder im Vorfeld der Brutzeit

♂

18 cm
♂ 24 gr
♀ 20 gr
SA

LC | NT | VU | EN | CE

J F M A M J J A S O N D

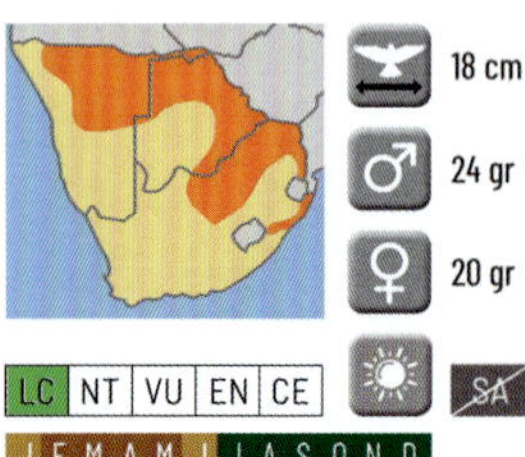

Dominikanerwitwe

(Vidua macroura) **Pin-tailed Whydah** *(12-20 cm)*

Außerhalb der Brutzeit ähneln die beiden Geschlechter einander. Doch zu Beginn der Brutzeit macht das Männchen eine unglaubliche Verwandlung durch. Nicht nur der lange Schwanz (20 cm), auch das gesamte Gefieder wechselt von Brauntönen zu Schwarzweiß. Nur der rote Schnabel bleibt unverändert. Auch sie hat während der Brutzeit einen roten Schnabel (außerhalb dieser Zeit grau bis rosafarben).

Ihre Gefiederfärbung besteht ebenfalls aus Brauntönen, dunkel und hell meliert auf dem Rücken. Sie sind zwar Samenfresser, jagen aber auch fliegende Termiten und kommen häufig in verschiedenen Lebensräumen vor. Ihre Eier legen sie in die Nester von Astrilden.

Dominikanerwitwe im Vorfeld der Brutzeit

SPERLINGSVÖGEL *Passeriformes - Emberizidae*

Ammern *Die Ammern sind an ihrer auffälligen Kopfzeichnung zu erkennen. Ihr Gefieder ist sehr unterschiedlich, und bei einigen Arten auffallend gefärbt. Der Schwanz ist eher lang und gelegentlich gegabelt. Die Flügel sind lang und meist spitz. Ammern haben kurze kugelförmige Schnäbel, die sich ideal zum Schälen von Samen eignen. Samen und Insekten sind ihre Hauptnahrung.*

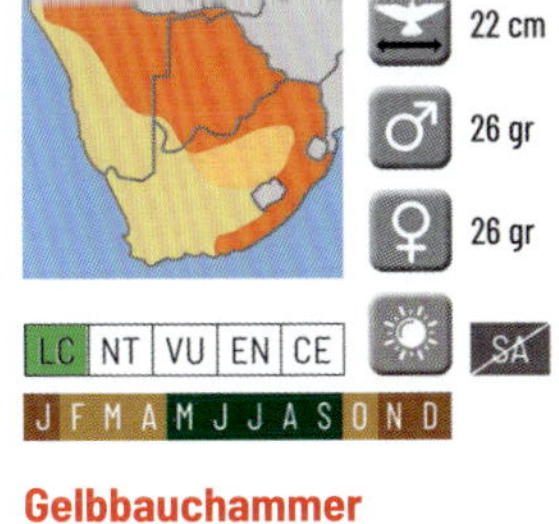

Gelbbauchammer

(Emberiza flaviventris)

Golden-breasted Bunting *(15 cm)*

Über den Kopf laufen fünf weiße Streifen, zwei laufen über die Wangen und einer über den Scheitel. Die Zwischenräume sind braun bis schwarz. Die Brust ist orangegelb, der Bauch und die Unterschwanzdecken sind weiß. Diese Ammer hat einen grauen, bis zu den Schulterfedern reichenden Kragen. Die Flügel haben weiße, schwarze und braune Akzente. Der Vorderrücken ist rostbraun.

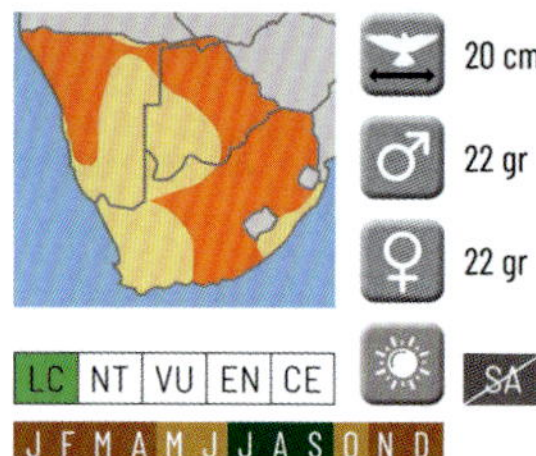

Bergammer

(Emberiza tahapisi) **Cinnamon-breasted Bunting** *(14 cm)*
Zunächst fallen die sieben weißen Streifen auf, die vom Schnabel weg über dem Kopf auffächern. Der Unterschnabel ist orange, der Oberschnabel grau. Unter dem schwarzen Hals ist das Männchen von der Brust über den Bauch bis zum Schwanz zimtfarben. Der Hals und der Vorderrücken des Weibchens sind eher grau als braun. Sie suchen in felsigem Gelände in halbtrockenen Gebieten nach Nahrung.

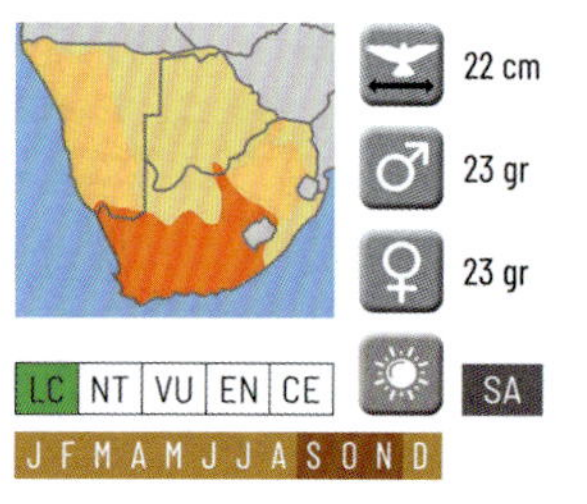

Kapammer

(Emberiza capensis)
Cape Bunting *(15 cm)*
Die Kapammer erscheint etwas schlanker als ihre Artgenossen. Fünf schwarze Streifen verlaufen quer über den Kopf und fächern sich vom Schnabel aus über den weißen Kopf auf. Ihr Unterkörper ist größtenteils grau, beige oder weiß, die Unterschwanzdecken sind weiß. Der Vorderrücken ist grau und braun gesprenkelt. Die Flügel sind rostbraun. Sie fühlt sich in einer Umgebung mit vielen Gräsern, Sträuchern und Unterholz zu Hause. Einige Unterarten haben einen brauneren Unterkörper.

Lerchenammer *(Emberiza impetuani)* **Lark-like Bunting** *(13 cm)*

Ihr Federkleid ähnelt dem einer Lerche (der Kopf mit der weißen Augenbraue). Verschiedene Brauntöne geben dem Rückengefieder seine Farbe. Die Kehle und der Hals sind gräulich, das Untergefieder ist leicht rötlich. Der Oberschnabel ist dunkelgrau, der Unterschnabel heller. Die Beine sind rosa. Sie sucht nach Grassamen und kleinen Insekten in trockeneren Graslandschaften, Buschsavannen inmitten von felsigen und sandigen Gebieten.

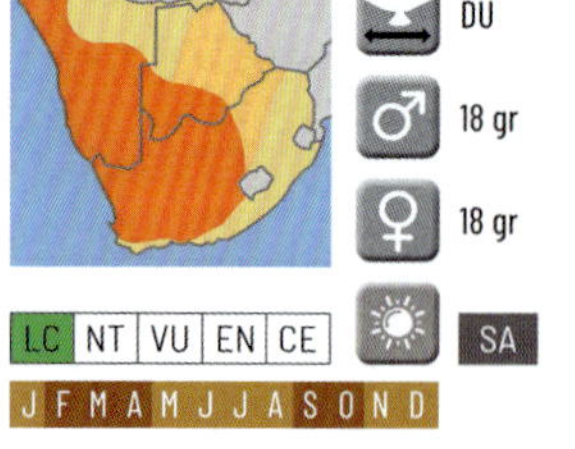

Finken *Zu dieser Familie (Fringillidae) gehören unter anderem Girlitzen. Es sind samenfressende Vögel mit kurzem, kräftigem Schnabel. Mit ihren starken Kiefermuskeln knacken sie auch härtere Samen. Finken sind territorial, einige brüten in Gemeinschaften. Wenn der Gesang nicht hilft, sind viele Girlitzen sehr schwer voneinander zu unterscheiden. Viele Unterarten können sich sogar innerhalb der Art unterscheiden. Die Männchen tragen in der Brutzeit ihren zur Revierabgrenzung dienenden Gesang vor.*

Mosambikgirlitz

Schwefelgirlitz

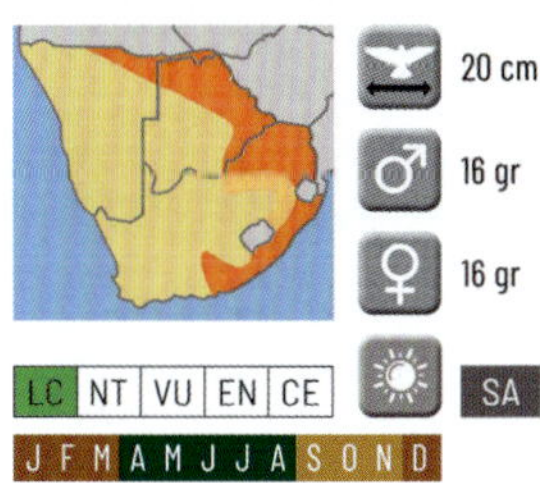

Mosambikgirlitz

(Crithagra mozambica) **Yellow-fronted Canary** *(12 cm)*
Zwei der zehn Unterarten *(C. m. mozambica* und *C. m. granti)* leben in diesem Teil Afrikas. Beide haben einen grauen Scheitel, der fast vollständig von den gelben Augenbrauen umrandet wird. Brust und Bauch sind gelb, die Wangen sind meist teilweise grau. Zwischen den schwarzen Bartstreifen und den Augen ist das Gesicht gelb. Das etwas blassere Weibchen hat zum Teil undeutliche Punkte unterhalb der Kehle, ansonsten gleicht ihr Gefieder dem des Männchens. In Deutschland ist er beliebt als singender „Kanarienvogel" und auch im afrikanischen Busch ist er als lauter Sänger anzutreffen. Sie leben in bewaldeten, zum Teil auch spärlich bewachsenen Savannen, sofern es dort Samen, Blumen, Blätter und Insekten gibt. Eine andere Art, die etwas größer ist und einen viel schwereren Schnabel hat, ist der **Schwefelgirlitz** *(Crithagra sulphurata)* **Brimstone Canary** *(15 cm)*. Dieser Girlitz ist besonders zahlreich an der Küste Südafrikas vertreten.

Gelbscheitelgirlitz

(Serinus canicollis) **Cape Canary** *(12 cm)*
Dieser Girlitz lebt in Südafrika. Ein schlanker Sänger mit gelbem Gesicht. Vom Hinterkopf bis zum Hals ist er grau. Von der Kehle bis zu den weißen Unterschwanzdecken ist er gelb, die Flanken entlang des Bauches sind grau. Der Vorderrücken und die Flügel sind eine Mischung aus Gelb und Grau, mit Ausnahme der dunkelgrauen Arm- und Handschwingen. Die blasseren Weibchen sind auf der Brust gesprenkelt. Sie leben in Fynbos, Grasland, Dünen und Waldgebieten.

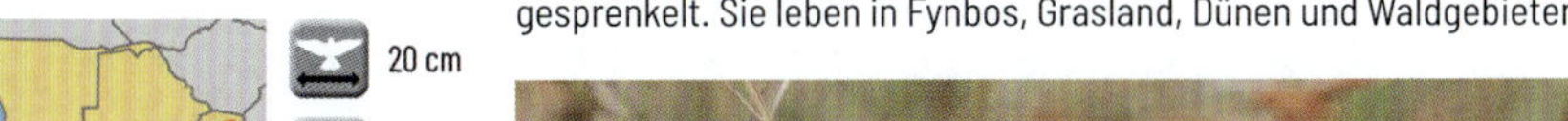

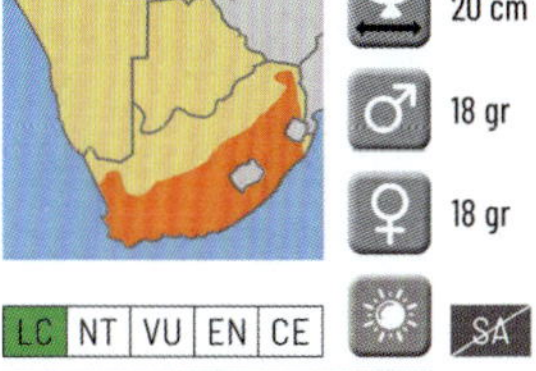

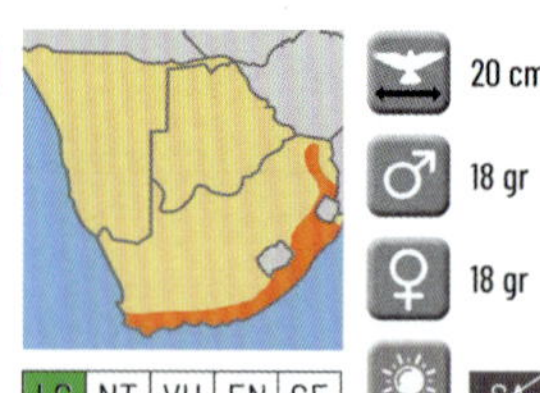

Waldgirlitz *(Crithagra scotops)*
Forest Canary *(12 cm)*
Der Waldgirlitz ist viel dunkler gelb als seine Verwandten. Ein Teil des Gesichts ist schwarz und der olivgrüne Scheitel wird von leuchtend gelben Augenbrauen flankiert. Der Unterkörper ist überwiegend gelb, mit schwarzen Flecken an den Flanken. Die Vorderseite tendiert zu Olivgrün mit schwarzen Streifen. Die Flügel sind eine Mischung aus Braun, fast Schwarz und Gelb. Das Weibchen hat weniger Schwarz im Gesicht. Die Ränder dichter Wälder in hügeligen Gebieten sind sein bevorzugter Lebensraum.

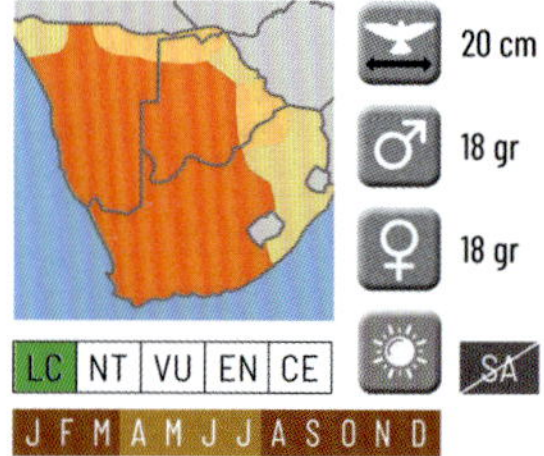

Gelbbauchgirlitz *(Crithagra flaviventris)* **Yellow Canary** *(13 cm)*
Der Gelbbauchgirlitz ist dem Mosambikgirlitz sehr ähnlich. Der Kopf hat die gleiche Zeichnung und auch das Gefieder ist kaum zu unterscheiden. Die Beine können etwas heller sein und statt schwarz ist das Köpfchen öfter olivgrün. Der größte Unterschied sind jedoch die Weibchen der beiden Arten. Das Weibchen des Gelbbauchgirlitzes hat einen weißen Unterkörper und ein überwiegend grau-weiß gesprenkeltes Rückengefieder. Nur der Bürzel ist gelb. Sein Lebensraum ist sehr vielfältig.

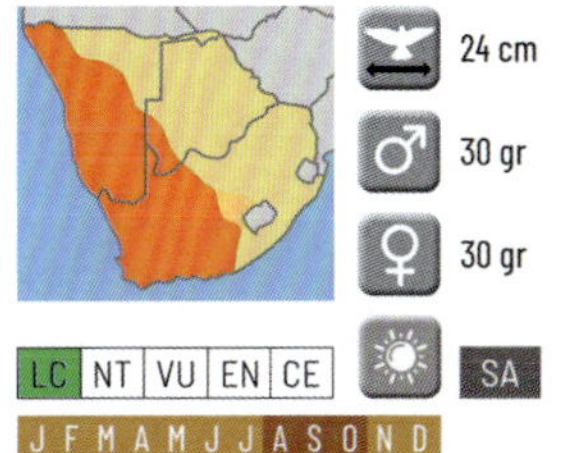

Weißkehlgirlitz *(Crithagra albogularis)* **White-throated Canary** *(15 cm)*
Nur der Bürzel ist gelb. Daher sieht er dem weiblichen Gelbbauchgirlitz sehr ähnlich. Er ist etwas größer, auch sein Schnabel ist größer. Sein Lebensraum überschneidet sich mit dem des Gelbbauchgirlitzes. Küstenvegetation, Fynbos und Dickichte in trockeneren Gebieten bilden seinen Lebensraum.

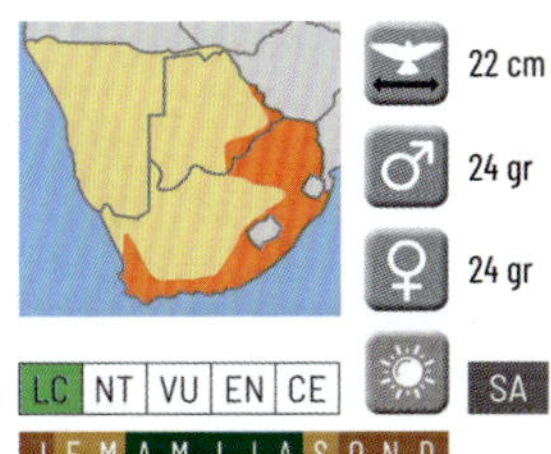

Brauengirlitz
(Crithagra gularis)
Streaky-headed Seedeater
(15 cm)
Der Brauengirlitz ist überwiegend graubraun mit weißen Flügelrändern auf dem Rückengefieder. Oberhalb der grauen Wangen befindet sich eine weiße Augenbraue. Die Kehle ist weiß, der Unterkörper ist schmutzig weiß. Sie bevorzugen hügelige Gebiete mit viel Unterholz, Gestrüpp und Wäldern.

Angolagirlitz *(Crithagra atrogularis)* **Yellow-rumped Seedeater** *(11 cm)*
Der kleine Angolagirlitz hat einen rosa Schnabel, beige Augenbrauen, die den dunkelgrauen Scheitel flankieren, und eine schwarze Kehle. Die beigefarbene Brust ist meist gefleckt, der Rest des Unterkörpers ist fast weiß. Der Rücken und der Bürzel sind gelb.

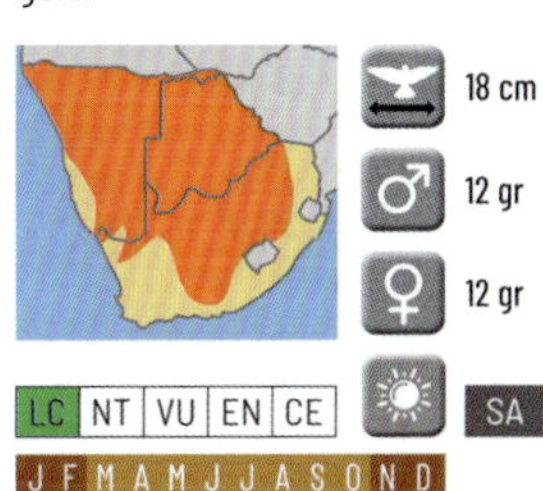

Index Deutsch - Latein

Index Deutsch - Latein

Index Deutsch - Latein

Index Englisch - Deutsch

Index Englisch – Deutsch

Index Englisch - Deutsch

Index Englisch - Deutsch

Danksagung

Ein herzliches Dankeschön an alle unten aufgeführten Fotografinnen und Fotografen, die unentgeltlich ihr wunderschönes Fotomaterial zur Verfügung gestellt haben. Ohne ihre Hilfe wäre dieses Buch niemals zustande gekommen.

Fotografie

Aaltair: Abdimstorch. **Allan Hopkins:** Weißschwanzmanguste, Savannen-Hase. **Ana Silva:** Tahaweber, Büffelweber. **Angus Molyneux:** Afrikamittelreiher. **Arnaud Delberghe:** Großfleck-Ginsterkatze. **Barsik Kot:** Ichneumon. **Bernard Dupont:** Speke's Gelenkschildkröten, Kapkobra, Gemeine Krötenviper, Gezackte Pelomeduse, Blaukehlagame, Weißschwanzgnu, Moholi-Galago, Weißlippenschlange, Harlekinwachtel. **Bob Burgess:** Kappengeier, Wollkopfgeier, Weißrückengeier, Grünschenkel, Klaaskuckuck, Schwalbenschwanzspint, **Bob Gunderson:** Grillkuckuck. **Brendan White:** Kapbatis. **Bruno Portiers:** Palmensegler, Fleckennachtschwalbe. **Charles Sharp:** Smaragdkuckuck, Zwergteichhuhn, Senegalbrillenvogel, Ellipsenwasserbock. **Coweoye:** Areolen-Flachschildkröte. **Christian Sanchez:** Afrikahabicht. **Courtney Hundermark:** Wüstenzwergchamäleon. **Dave Montreuil:** Smith-Buschhörnchen, Braune Hausschlange, Kardinalspecht, Schwarzrückenfalke, Weißflankenschnäpper, Blauastrild, Rosapelikan, Raubseeschwalbe, Guineataube, Spornkuckuck, Senegalschwalbe, Zistensänger, Waldnektarvogel, Dominikanerwitwe, Zwergspint. **David Bygott:** Moschusböckchen. **David Hallam:** Palmgeier. **David Maguire:** Grüne Sumpfschlange, Südafrikanische Korallenschlange, Kap-Hausschlange. **Derek Keats:** Fleckenhalsotter, Waldgirlitz, Weißstirn-Beutelmeise, Glockenreiher, Kronenadler, Nasenstreif-Honiganzeiger, Brubruwürger, Orangebrustwürger, Amethystglanzstar, Buntastrild. **Dervis Kokonek:** Rallenreiher. **Dilomski:** Seidenreiher. **Dirk van Mourik:** Grünmantel-Bogenflügel, Meckerbogenflügel, Senegalamarant. **Dirk M. de Boer:** Trauerdrongo. **Fons Buts:** Lichtenstein-Antilope, Narinatrogon. **Francesco Veronesi:** Bindenfischeule. **Francisco R. Lopez:** Zwergsumpfhuhn. **Gary Faulkner:** Brillentaube. **Graig Gibbon:** Natal-Gelenkschildkröte. **Grid Arendal:** Kap-Greisbock. **Ian Mc Bean:** Rotbauchsperber. **Ian White:** Trugmanguste, Schlankmanguste, Bergriedbock, Zwergtaucher, Rotaugenente, Palmgeier, Zwergsperber, Lannerfalke, Smaragdhuhn, Schwarzflügelkiebitz, Rotbauchreiher, Teichwasserläufer, Turmfalke, Schalowturako, Schwarzflügel-Brachschwalbe, Kobalteisvogel, Klunkerkranich, Weißflügel-Seeschwalbe, Weißstirn-Regenpfeifer, Klaaskuckuck, Kardinalspecht, Kahlkopfrapp, Haussegler, Sichelhopf, Elsterdrossling, Fitis, Natalheckensänger, Rostwangen-Nachtschwalbe, Arnottschmätzer, Langschwanzstelze, Namaflughuhn, Gelbbaucheremomela, Kaprohrsänger, Fahlschnäpper, Dunkelschnäpper, Graukopfkasarka, Weißrücken-Mausvogel, Schnurrbartweber, Weißbrauen-Heckensänger, Braunrückenpieper, Afrikanisches Schwarzkehlchen, Archerfrankolin, Fleckenflughuhn, Weißflügeltrappe, Rotbrust-Glanzköpfchen, Welwitschnachtschwalbe, Schneeballwürger, Bandamadine, Goldbrustastrild, Weißrücken-Pfeifgans, Ohrengeier, Goldschnepfe, Afrikanerkuckuck, Braunkopfliest, Tahaweber, Felsenbussard, Alpensegler, Weißbürzelsegler. **Jan Willem Steffelaar:** Schikrasperber, Rötelfalke, Wanderfalke, Gabelracke, Binsenralle. **James Taylor:** Rotducker. **Jargal Lamjav:** Steppenadler. **Joseph Kiesecker:** Grasgrüne Buschschlange. **J.R. Jeffries:** Zwergadler. **Ken Behrens:** Weißkehlwaran, Buschschliefer, Karakal, Scharlachweber, Savannentrappe, Haussegler. **Les Catchick:** Schwarze Manguste. **Lyn. F.:** Gezackte Pelomeduse. **Marc Crowther:** Afrikahabicht. **Margaret Westrop:** Goldbürzel-Bartvogel. **Mark Piazza:** Wüstenchamäleon. **Maxime Briola:** Maulwurfsnatter. **Michael Heyns:** Bronzesultanshuhn. **Nic Burrow:** Armata Agame, Blaukehlagame. **Nick Evans:** Gefleckte Hausschlange. **Nigel Voaden:** Blaukehlagame, Sporngans, Spatelracke, Baumpieper, Froschweihe, Schwarzkehl-Honiganzeiger, Braunrückenpieper, Kuckucksweih, Hartlaubschnäpper, Arnottschmätzer, Rahmbrustprinie, Gelbbrust-Feinsänger, Amethystglanzköpfchen, Porphyrnektarvogel, Geierrabe, Dunkelamarant, Puffotter, Rotgesicht-Cistensänger, Kapzwergkauz, Dominikanerwitwe, Braune Hausschlange. **Odile van Asperen:** Felsentoko, Monteirotoko, Trompeterhornvogel, Strichelracke, Dunkelamarant, Braunkehlweber, Rosenköpfchen, Schwarzbauchtrappe, Schwarzkehl-Honiganzeiger. **Oleg Nabrovenkov:** Palmensegler. **Patrick Monnay:** Schlankmanguste,Südliche Felsenagame. **Renzo Gaudenzi:** Braunkehlweber. **Roger Wasley:** Südbüscheleule, Zwergadler, Mauersegler, Buschschwein, Braunrückenpieper, Afrikanisches Schwarzkehlchen, Schneeballwürger, Boubouwürger. **Rolf Riethof:** Perrin-Würger. **Rudmer Zwerver:** Rotbrustschwalbe. **Russell Scott:** Fledermausaar. **Seppo Miettinen:** Zwergstrandläufer. **Sheau Torng Lim:** Ludwigtrappe. **Snakey:** Gefleckte Buschschlange. **Stephan Zozaya:** Braune Hausschlange. **Theo Busschau:** Aurora-Hausschlange. **Tim Heller:** Setaro Zwergchamäleon. **Tjeerd de Wit:** Rotschnabelfrankolin, Südliche Felsenagame. **Tris Enticknap:** Afrikanischer Scherenschnabel. **Tony Enticknap:** Grillkuckuck, Grünschwanz-Glanzstar, Serval, Elsterwürger, Nachtflughuhn. **Uwe Speck:** Kalahari-Strahlenschildkröte. **Volker Sthamer:** Goldbürzel-Bartvogel, Weißwangenlerche, Textor, Feuerstirn-Bartvogel, Namaspecht. **Warren Mc. Leland:** Angola Grünschlange. **Wildlife Wanderer:** Rhomben-Schafstecher. **Willem van Zyl:** Kapkobra, Rhombic Eierschlange.

Hinweis: *Trotz unserer Bemühungen ist es uns nicht gelungen, die Namen aller Fotografen in Erfahrung zu bringen. Ergänzungen können in einer nächsten Ausgabe bearbeitet werden.*

Ein besonderes Wort des Dankes geht an:

Geert Hermkens - Löss Ontwerp - Amsterdam
für seinen Entwurf, die kreativen Einfälle und die Unterstützung,

Volker Sthamer - Führer und Reiseleiter für Vogelbeobachtungsexpeditionen - Birdingtours Deutschland
Afrikaexperte und exzellenter Fotograf, Publizist, außergewöhnlicher Vogelkenner für seine unablässige Unterstützung und Mitarbeit,

Dr. Philipp Wagner - Kurator für Forschung und Konservierung - Allwetterzoo - Münster
für seine Hilfe und seinen Beitrag zur Identifizierung der Agamen in Afrika,

Dr. Yvonne A. de Jong - Primatologe und Naturschutzberater
für ihre Ratschläge zu den Primaten in diesem Buch,

Tyrone Ping - Herpotologe - www.tyroneping.co.za - South Africa
für seine Hilfe und seinen Beitrag zur Identifizierung der Chamäleons in Afrika,

Johan Marais - Herpotologe und Autor, C.E.O. of the African Snakebite Institute - South Africa
für seine Hilfe bei der Auswahl und Bestimmung der Schlangenpopulation im südlichen Afrika.

Quellen

Bücher:
New Holland Publishers, **Birds of Prey of Africa and it's Islands**, *Alan & Meg Kemp 1998*
Helm, **Helm Field Guide: Birds of East Africa**, *Terry Stevenson & John Fanshawe 2004*
Struik Publishers, **Field Guide to the larger Mammals of Africa**, *Chris and Tilde Stuart 2000*
Johns Hopkins University Press, **Snakes of Central and Western Africa**, *Jean-Philippe Chippaux & Kate Jackson*
Struik Publishers, **Fieldguide to the Snakes and other Reptiles of Southern Africa**, *Bill Branch*
Karoli Publishing, **Snakes & Snake Bites in Southern Africa**, *Johan Marais*
Struik Publishers, **Field Guide Birds of Southern Africa**, *Ian Sinclair & Peter Ryan*
Edition Chimaira, **Chameleons of Africa**, *Colin R Tilbury*
Edition Chimaira, **Venomous Snakes of Africa**, *Maik Dobiey & Gernot Vogel*

Websites:
www.iucnredlist.org
www.xeno-canto.org
avibase.bsc-eoc.org
ebird.org/
www.flickr.com
https://nl.wikipedia.org
www.africanbirdclub.org
www.researchgate.net
www.sciencedirect.com
www.tyroneping.co.za
biology-assets.anu.edu.au
www.toxinology.com
www.willemvzyl.com

Impressum

Zusammenstellung und Recherche: Ruud Troost
Übersetzung: Regina Moser
Entwurf, Layout und Druckvorstufe: Geert Hermkens - Löss Ontwerp - Amsterdam
Druck: Druckerei Wilco b.v. - Amersfoort
Redaction: Ruud Troost

Checkliste Säugetiere

		Wo	Wann
Hasenartige	☐ Kaphase		
	☐ Savannen-Hase		
Hörnträger	☐ Afrikanische Büffel		
	☐ Bergriedbock		
	☐ Blauducker		
	☐ Blessbock		
	☐ Buntbock		
	☐ Buschbock		
	☐ Damara-Dikdik		
	☐ Eland		
	☐ Ellipsenwasserbock		
	☐ Großkudu		
	☐ Großriedbock		
	☐ Impala		
	☐ Kap-Greisbock		
	☐ Klippspringer		
	☐ Kronenducker		
	☐ Letschwe		
	☐ Lichtenstein-Antilope		
	☐ Moschusböckchen		
	☐ Nyala		
	☐ Oribi		
	☐ Pferdeantilope		
	☐ Rappenantilope		
	☐ Rehantilope		
	☐ Rotducker		
	☐ Sassaby		
	☐ Sharpe-Greisbock		
	☐ Sitatunga		
	☐ Spießbock		
	☐ Springbock		
	☐ Steinböckchen		
	☐ Streifengnu		
	☐ Südafrikanische Kuhantilope		
	☐ Weißschwanzgnu		
Nagetiere	☐ Kaokoveld-Borstenhörnchen		
	☐ Kap-Borstenhörnchen		
	☐ Smith-Buschhörnchen		
	☐ Springhase		
	☐ Südafrikanisches Stachelschwein		
Paarhufer	☐ Angola-Giraffe		
	☐ Buschschwein		

		Wo	Wann
Paarhufer	☐ Flusspferd		
	☐ Süd-Giraffe		
	☐ Warzenschwein		
Primaten	☐ Bärenpavian		
	☐ Großohr-Riesengalago		
	☐ Malbrouck-Grünmeerkatze		
	☐ Moholi-Galago		
	☐ Südliche Grünmeerkatze		
	☐ Weißkehlmeerkatze		
Raubtiere	☐ Afrikanischer Wildhund		
	☐ Afrikanische Wildkatze		
	☐ Afrikanische Zibetkatze		
	☐ Braune Hyäne		
	☐ Erdmännchen		
	☐ Erdwolf		
	☐ Fleckenhalsotter		
	☐ Fleckenhyäne		
	☐ Fuchsmanguste		
	☐ Gepard		
	☐ Großfleck-Ginsterkatze		
	☐ Honigdachs		
	☐ Ichneumon		
	☐ Kaokoveld-Schlankmanguste		
	☐ Kapfuchs		
	☐ Kapotter		
	☐ Kap-Schlankmanguste		
	☐ Karakal		
	☐ Kleinfleck-Ginsterkatze		
	☐ Leopard		
	☐ Löffelhund		
	☐ Löwe		
	☐ Schabrackenschakal		
	☐ Schlankmanguste		
	☐ Schwarze Manguste		
	☐ Schwarzfußkatze		
	☐ Serval		
	☐ Streifenschakal		
	☐ Südliche Großfleck-Ginsterkatze		
	☐ Südliche Zwergmanguste		
	☐ Sumpfmanguste		
	☐ Trugmanguste		
	☐ Weißnackenwiesel		
	☐ Weißschwanzmanguste		
	☐ Zebramanguste		
	☐ Zorilla		

		Wo	Wann
Röhrenzähner	☐ Erdferkel		
Rüsseltiere	☐ Afrikanischer Elefant		
Schliefer	☐ Buschschliefer		
	☐ Klippschliefer		
	☐ Steppenwald-Baumschliefer		
Schuppentiere	☐ Steppenschuppentier		
Unpaarhufer	☐ Breitmaulnashorn		
	☐ Hartmann-Bergzebra		
	☐ Kap-Bergzebra		
	☐ Spitzmaulnashorn		
	☐ Steppenzebra		

Checkliste Reptilien

		Wo	Wann
Agamen	☐ Armata Agame		
	☐ Blaukehlagame		
	☐ Etosha Agame		
	☐ Südliche Felsenagame		
Chamäleons	☐ Lappenchamäleon		
	☐ Setaro Zwergchamäleon		
	☐ Wüstenchamäleon		
	☐ Wüstenzwergchamäleon		
Krokodile	☐ Nilkrokodil		
Schildkröten	☐ Afrikanische Schnabelbrustschildkröte		
	☐ Areolen-Flachschildkröte		
	☐ Gezackte Pelomeduse		
	☐ Kalahari-Strahlenschildkröte		
	☐ Natal-Gelenkschildkröte		
	☐ Pantherschildkröte		
	☐ Schwarzbauch-Pelomeduse		
	☐ Speke's Gelenkschildkröte		
	☐ Starrbrust-Pelomeduse		
Schlangen	☐ Angola Grünschlange		
	☐ Aurora-Hausschlange		
	☐ Beetzi Katzenatter		
	☐ Boomslang		

		Wo	Wann
Schlangen	☐ Braune Hausschlange		
	☐ Braune Waldkobra		
	☐ Damara Katzennatter		
	☐ Felsenpython		
	☐ Gefleckte Buschschlange		
	☐ Gefleckte Hausschlange		
	☐ Gefleckter Schafstecher		
	☐ Gehörnte Puffotter		
	☐ Gelbbauch-Hausschlange		
	☐ Gemeine Krötenviper		
	☐ Getigerte Katzennatter		
	☐ Gewöhnliche Mamba		
	☐ Grasgrüne Buschschlange		
	☐ Grüne Sumpfschlange		
	☐ Kap-Hausschlange		
	☐ Kapkobra		
	☐ Maulwurfsnatter		
	☐ Mosambik-Speikobra		
	☐ Puffotter		
	☐ Rhombic Eierschlange		
	☐ Ringhalskobra		
	☐ Schwarze Mamba		
	☐ Südafrikanische Korallenschlange		
	☐ Weißlippenschlange		
Warane	☐ Nilwaran		
	☐ Weißkehlwaran		

Checkliste Vögel		Wo	Wann
Eulen	☐ Afrikanischer Waldkauz		
	☐ Afrika-Zwergohreule		
	☐ Bindenfischeule		
	☐ Blaßuhu		
	☐ Fleckenuhu		
	☐ Kapohreule		
	☐ Kapuhu		
	☐ Kapzwergkauz		
	☐ Perlzwergkauz		
	☐ Schleiereule		
	☐ Südbüscheleule		
Falken	☐ Afrikanischer Baumfalke		
	☐ Amurfalke		
	☐ Baumfalke		
	☐ Felsenfalke		
	☐ Halsband-Zwergfalke		
	☐ Lannerfalke		
	☐ Rötelfalke		
	☐ Rotkopffalke		
	☐ Schwarzrückenfalke		
	☐ Steppenfalke		
	☐ Wanderfalke		
Flamingos	☐ Rosaflamingo		
	☐ Zwergflamingo		
Gänsevögel	☐ Afrikanische Rotaugenente		
	☐ Afrikazwergente		
	☐ Fahlente		
	☐ Gelbbrust-Pfeifgans		
	☐ Gelbschnabelente		
	☐ Glanzente		
	☐ Graukopfkasarka		
	☐ Hottentottenente		
	☐ Nilgans		
	☐ Rotschnabelente		
	☐ Schwarzente		
	☐ Sporngans		
	☐ Weißrücken-Pfeifgans		
	☐ Witwen-Pfeifgans		
Greifvogel	☐ Afrika-Habicht		
	☐ Afrikanischer Habichtsadler		
	☐ Augurbussard		

		Wo	Wann
Greifvögel	☐ Bartgeier		
	☐ Einfarb-Schlangenadler		
	☐ Falkenbussard		
	☐ Felsenbussard		
	☐ Fischadler		
	☐ Fledermausaar		
	☐ Froschweihe		
	☐ Gabarhabicht		
	☐ Gaukler		
	☐ Gleitaar		
	☐ Graubürzel-Singhabicht		
	☐ Großer Singhabicht		
	☐ Höhlenweihe		
	☐ Kampfadler		
	☐ Kapgeier		
	☐ Kappengeier		
	☐ Klippenadler		
	☐ Kronenadler		
	☐ Kuckucksweih		
	☐ Mohrenhabicht		
	☐ Ohrengeier		
	☐ Palmgeier		
	☐ Raubadler		
	☐ Rohrweihe		
	☐ Rotbauchsperber		
	☐ Schikrasperber		
	☐ Schmarotzermilan		
	☐ Schopfadler		
	☐ Schreiadler		
	☐ Schreiseeadler		
	☐ Schwarzbrust-Schlangenadler		
	☐ Schwarzmilan		
	☐ Sekretär		
	☐ Silberadler		
	☐ Sperberbussard		
	☐ Steppenadler		
	☐ Steppenweihe		
	☐ Weißrückengeier		
	☐ Wollkopfgeier		
	☐ Zwergadler		
	☐ Zwergsperber		
Hornvögel & Hopfe	☐ Afrikanischer Hopf		
	☐ Baumhopf		
	☐ Damara-Rotschnabeltoko		
	☐ Felsentoko		
	☐ Grautoko		

		Wo	Wann
Hornvögel & Hopfe	☐ Kronentoko		
	☐ Monteirotoko		
	☐ Sichelhopf		
	☐ Steppenbaumhopf		
	☐ Südlicher Gelbschnabeltoko		
	☐ Südlicher Hornrabe		
	☐ Südlicher Rotschnabeltoko		
	☐ Trompeterhornvogel		
Hühnervögel	☐ Archerfrankolin		
	☐ Coquifrankolin		
	☐ Harlekinwachtel		
	☐ Helmperlhuhn		
	☐ Kräuselhauben-Perlhuhn		
	☐ Natalfrankolin		
	☐ Rotkehlfrankolin		
	☐ Rotschnabelfrankolin		
	☐ Schopffrankolin		
	☐ Shelleyfrankolin		
	☐ Swainsonfrankolin		
	☐ Wachtel		
Kranichvögel	☐ Binsenralle		
	☐ Bronzesultanshuhn		
	☐ Kammbläßhuhn		
	☐ Kapralle		
	☐ Klunkerkranich		
	☐ Grauhals-Kronenkranich		
	☐ Paradieskranich		
	☐ Savannenralle		
	☐ Schwarzkielralle		
	☐ Smaragdhuhn		
	☐ Teichhuhn		
	☐ Zwergsumpfhuhn		
	☐ Zwergteichhuhn		
Kuckucksvögel	☐ Afrikakuckuck		
	☐ Burchellkuckuck		
	☐ Einsiedlerkuckuck		
	☐ Goldkuckuck		
	☐ Grillkuckuck		
	☐ Häherkuckuck		
	☐ Jakobinerkuckuck		
	☐ Kapkuckuck		
	☐ Klaaskuckuck		
	☐ Kuckuck		
	☐ Kupferschwanzkuckuck		

		Wo	Wann
Kuckucksvögel	☐ Schwarzkuckuck		
	☐ Senegal-Spornkuckuck		
	☐ Smaragdkuckuck		
	☐ Weißbrauenkuckuck		
Mausvögel	☐ Braunflügel-Mausvogel		
	☐ Rotzügel-Mausvogel		
	☐ Weißrücken-Mausvogel		
Otidiformes	☐ Savannentrappe		
	☐ Ludwigtrappe		
	☐ Riesentrappe		
	☐ Rotschopftrappe		
	☐ Schwarzbauchtrappe		
	☐ Weißflügeltrappe		
Papageien	☐ Braunkopfpapagei		
	☐ Goldbugpapagei		
	☐ Rosenköpfchen		
Pelecaniformes	☐ Afrikamittelreiher		
	☐ Afrikanischer Löffler		
	☐ Braunsichler		
	☐ Glockenreiher		
	☐ Goliathreiher		
	☐ Graureiher		
	☐ Graurückendommel		
	☐ Hagedasch		
	☐ Hammerkopf		
	☐ Heiliger Ibis		
	☐ Kahlkopfibis		
	☐ Kuhreiher		
	☐ Mangrovereiher		
	☐ Nachtreiher		
	☐ Purpurreiher		
	☐ Rallenreiher		
	☐ Rosapelikan		
	☐ Rotbauchreiher		
	☐ Rötelpelikan		
	☐ Schwarzhalsreiher		
	☐ Seidenreiher		
	☐ Silberreiher		
	☐ Zwergdommel		
Podicipediformes	☐ Zwergtaucher		
Pterocliformes	☐ Fleckenflughuhn		

		Wo	Wann
Pterocliformes	☐ Gelbkehlflughuhn		
	☐ Nachtflughuhn		
	☐ Namaflughuhn		
Rackenvögel	☐ Bienenfresser		
	☐ Blauracke		
	☐ Blauwangenspint		
	☐ Braunkopfliest		
	☐ Gabelracke		
	☐ Graufischer		
	☐ Graukopfliest		
	☐ Haubenzwergfischer		
	☐ Kobalteisvogel		
	☐ Natalzwergfischer		
	☐ Riesenfischer		
	☐ Schwalbenschwanzspint		
	☐ Senegalliest		
	☐ Spatelracke		
	☐ Streifenliest		
	☐ Strichelracke		
	☐ Südlicher Karminspint		
	☐ Weißstirnspint		
	☐ Zimtracke		
	☐ Zwergspint		
Regenpfeifer-artige	☐ Afrikabekassine		
	☐ Afrikanischer Scherenschnabel		
	☐ Amethystrennvogel		
	☐ Blaustirn-Blatthühnchen		
	☐ Bruchwasserläufer		
	☐ Doppelband-Rennvogel		
	☐ Dreiband-Regenpfeifer		
	☐ Flußuferläufer		
	☐ Goldschnepfe		
	☐ Graukopfmöwe		
	☐ Grünschenkel		
	☐ Hirtenregenpfeifer		
	☐ Kampfläufer		
	☐ Kaptriel		
	☐ Kronenkiebitz		
	☐ Langzehenkiebitz		
	☐ Raubseeschwalbe		
	☐ Rotflügel-Brachschwalbe		
	☐ Säbelschnäbler		
	☐ Sandregenpfeifer		
	☐ Schmiedekiebitz		
	☐ Schwarzflügel-Brachschwalbe		

		Wo	Wann
Regenpfeifer-artige	☐ Schwarzflügelkiebitz		
	☐ Senegalkiebitz		
	☐ Sichelstrandläufer		
	☐ Stelzenläufer		
	☐ Teichwasserläufer		
	☐ Temminckrennvogel		
	☐ Wassertriel		
	☐ Weißbart-Seeschwalbe		
	☐ Weißflügel-Seeschwalbe		
	☐ Weißscheitelkiebitz		
	☐ Weißstirn-Regenpfeifer		
	☐ Zwergblatthühnchen		
	☐ Zwergstrandläufer		
Schwalmartige	☐ Fleckennachtschwalbe		
	☐ Pfeifnachtschwalbe		
	☐ Rostwangennachtschwalbe		
	☐ Welwitschnachtschwalbe		
	☐ Ziegenmelker		
Segler	☐ Alpensegler		
	☐ Haussegler		
	☐ Weißbürzelsegler		
	☐ Mauersegler		
	☐ Palmensegler		
Spechtvögel	☐ Bennettspecht		
	☐ Braunkehl-Wendehals		
	☐ Feuerstirn-Bartvogel		
	☐ Gelbstirn-Bartvogel		
	☐ Goldbürzel-Bartvogel		
	☐ Goldschwanzspecht		
	☐ Halsband-Bartvogel		
	☐ Hauben-Bartvogel		
	☐ Kardinalspecht		
	☐ Namaspecht		
	☐ Nasenstreif-Honiganzeiger		
	☐ Rotstirn-Bartvogel		
	☐ Schwarzkehl-Honiganzeiger		
	☐ Strichelstirn-Honiganzeiger		
Sperlingvögel	☐ Afrikanisches Schwarzkehlchen		
	☐ Akaziendrossel		
	☐ Akazienmeise		
	☐ Amethyst-Glanzköpfchen		
	☐ Amethystglanzstar		
	☐ Angolagirlitz		

		Wo	Wann
Sperlingvögel	☐ Arnottschmätzer		
	☐ Bandamadine		
	☐ Baumklapperlerche		
	☐ Baumpieper		
	☐ Bergammer		
	☐ Bindennektarvogel		
	☐ Blauastrild		
	☐ Blaumantel-Haubenschnäpper		
	☐ Blutschnabelweber		
	☐ Bokmakiriwürger		
	☐ Boubouwürger		
	☐ Brauengirlitz		
	☐ Braunkehl-Uferschwalbe		
	☐ Braunkehlweber		
	☐ Braunkopf-Zistensänger		
	☐ Braunrückenelsterchen		
	☐ Braunrückenpieper		
	☐ Brillenweber		
	☐ Brillenwürger		
	☐ Brubruwürger		
	☐ Brustbandprinie		
	☐ Büffelweber		
	☐ Buntastrild		
	☐ Buschpieper		
	☐ Cabanis-Weber		
	☐ Damarabindensänger		
	☐ Damarasperling		
	☐ Dominikanerwitwe		
	☐ Doppelband-Nektarvogel		
	☐ Dorntschagra		
	☐ Dreifarben-Brillenvanga		
	☐ Dunkelamarant		
	☐ Dunkelbülbül		
	☐ Dunkelschnäpper		
	☐ Elfenastrild		
	☐ Elsterdrossling		
	☐ Elsterwürger		
	☐ Erdsteinschmätzer		
	☐ Fahlschnäpper		
	☐ Fahlschulterschmätzer		
	☐ Feueraugenbülbül		
	☐ Fiskalwürger		
	☐ Fitis		
	☐ Flötenwürger		
	☐ Gartenrohrsänger		
	☐ Geierrabe		
	☐ Gelbbauchammer		

		Wo	Wann
Sperlingvögel	☐ Gelbbauchbülbül		
	☐ Gelbbauch-Eremomela		
	☐ Gelbbauchgirlitz		
	☐ Gelbbrust-Feinsänger		
	☐ Gelbkehlpieper		
	☐ Gelbscheitelgirlitz		
	☐ Gelbschnabel-Madenhacker		
	☐ Gelbspötter		
	☐ Geradschwanzdrongo		
	☐ Glanzdrongoschnäpper		
	☐ Goldbrustastrild		
	☐ Goldweber		
	☐ Granatastrild		
	☐ Graubrust-Paradiesschnäpper		
	☐ Graubülbül		
	☐ Graubürzelschwalbe		
	☐ Graukopfwürger		
	☐ Graurücken-Camaroptera		
	☐ Graurückenlerche		
	☐ Grauschnäpper		
	☐ Grünkappen-Eremomela		
	☐ Grünmantel-Bogenflügel		
	☐ Grünschwanz-Glanzstar		
	☐ Hahnschweifwida		
	☐ Halsband-Feinsänger		
	☐ Halsbandnektarvogel		
	☐ Hartlaubdrossling		
	☐ Hartlaubschnäpper		
	☐ Haussperling		
	☐ Hirtenmaina		
	☐ Kalahariheckensänger		
	☐ Kalaharizistensänger		
	☐ Kapammer		
	☐ Kapbatis		
	☐ Kap-Beutelmeise		
	☐ Kapbrillenvogel		
	☐ Kapdrossel		
	☐ Kapgrünastrild		
	☐ Kaphonigfresser		
	☐ Kapkrähe		
	☐ Kappieper		
	☐ Kapraupenfänger		
	☐ Kaprohrsänger		
	☐ Kaprötel		
	☐ Kapschwalbe		
	☐ Kapsperling		
	☐ Kapsteinsperling		

		Wo	Wann
Sperlingvögel	☐ Kapstelze		
	☐ Kaptschagra		
	☐ Kapweber		
	☐ Kleinelsterchen		
	☐ Klippenrötel		
	☐ Königswitwe		
	☐ Kurzzehenrötel		
	☐ Langschnabelsylvietta		
	☐ Langschwanzstelze		
	☐ Lappenstar		
	☐ Laubbülbül		
	☐ Layardgrasmücke		
	☐ Lerchenammer		
	☐ Maidschwalbe		
	☐ Malachitnektarvogel		
	☐ Maricoschnäpper		
	☐ Maronenweber		
	☐ Maskenpirol		
	☐ Maskenweber		
	☐ Mehlschwalbe		
	☐ Meisengrasmücke		
	☐ Mevesglanzstar		
	☐ Mohrenmeise		
	☐ Mohrenwitwe		
	☐ Mosambikgirlitz		
	☐ Nacktwangendrossling		
	☐ Natalheckensänger		
	☐ Natalhonigfresser		
	☐ Natalrötel		
	☐ Neuntöter		
	☐ Olivwürger		
	☐ Orangebrustwürger		
	☐ Oranjeschmätzer		
	☐ Oryxweber		
	☐ Ostklapperlerche		
	☐ Perlastrild		
	☐ Perlbrustschwalbe		
	☐ Perrin-Würger		
	☐ Piritschnäpper		
	☐ Pirol		
	☐ Porphyrnektarvogel		
	☐ Purpurwitwe		
	☐ Rahmbrustprinie		
	☐ Rauchschwalbe		
	☐ Riesenglanzstar		
	☐ Rosenamarant		
	☐ Rostband-Eremomela		

		Wo	Wann
Sperlingvögel	☐ Rostschwanz-Steinschmätzer		
	☐ Rostsperling		
	☐ Rotbauchschmätzer		
	☐ Rotbauchwürger		
	☐ Rotbrust-Glanzköpfchen		
	☐ Rotbrustschwalbe		
	☐ Rotfußwitwe		
	☐ Rotgesicht-Zistensänger		
	☐ Rotkappenlerche		
	☐ Rotkappenschwalbe		
	☐ Rotkopfamadine		
	☐ Rotnackenlerche		
	☐ Rotscheitel-Laubsänger		
	☐ Rotscheitel-Zistenänger		
	☐ Rotschnabeldrossel		
	☐ Rotschnabel-Madenhacker		
	☐ Rotschulter-Glanzstar		
	☐ Rotschwingenstar		
	☐ Rubinkehlpieper		
	☐ Rußnektarvogel		
	☐ Sabotalerche		
	☐ Safranweber		
	☐ Samtwida		
	☐ Schafstelze		
	☐ Scharlachweber		
	☐ Schildrabe		
	☐ Schildwida		
	☐ Schmalschwanzwitwe		
	☐ Schnäpperrohrsänger		
	☐ Schneeballwürger		
	☐ Schnurrbartweber		
	☐ Schwarzohrpirol		
	☐ Schwarzstirnwürger		
	☐ Schwefelgirlitz		
	☐ Senegalamarant		
	☐ Senegalbrillenvogel		
	☐ Senegalschwalbe		
	☐ Senegaltschagra		
	☐ Siedelweber		
	☐ Sperlingslerche		
	☐ Spiegelwida		
	☐ Steinschwalbe		
	☐ Steppenlerche		
	☐ Sternrötel		
	☐ Strichelzistensänger		
	☐ Stummelwida		
	☐ Tahaweber		

		Wo	Wann
Sperlingvögel	☐ Termitenschmätzer		
	☐ Textor		
	☐ Trauerdrongo		
	☐ Tropfengrünastrild		
	☐ Uferschwalbe		
	☐ Vleyzistensänger		
	☐ Wachtelastrild		
	☐ Waldgirlitz		
	☐ Waldnektarvogel		
	☐ Waldraupenfänger		
	☐ Weißbauch-Nektarvogel		
	☐ Weißbrauen-Heckensänger		
	☐ Weißbrauenrötel		
	☐ Weißbrauen-Uferschwalbe		
	☐ Weißbrauenweber		
	☐ Weißbrust-Raupenfänger		
	☐ Weißflankenschnäpper		
	☐ Weißkehlgirlitz		
	☐ Weißkehlrötel		
	☐ Weißkehlschwalbe		
	☐ Weißscheitelwürger		
	☐ Weißstirn-Beutelmeise		
	☐ Weißstirnweber		
	☐ Weißstrichel-Drosselhäherling		
	☐ Weißwangenlerche		
	☐ Wellenastrild		
	☐ Witwenstelze		
	☐ Zimtspornpieper		
	☐ Zistensänger		
Störche	☐ Abdimstorch		
	☐ Afrika-Wollhalsstorch		
	☐ Klaffschnabel		
	☐ Marabu		
	☐ Nimmersatt		
	☐ Sattelstorch		
	☐ Schwarzstorch		
	☐ Weißstorch		
Struthioniformes	☐ Strauß		
Suliformes	☐ Afrika-Schlangenhalsvogel		
	☐ Riedscharbe		
	☐ Weissbrustkormoran		
Taubenvögel	☐ Brillentaube		
	☐ Bronzeflecktaube		

		Wo	Wann
Taubenvögel	☐ Felsentaube		
	☐ Guineataube		
	☐ Gurrtaube		
	☐ Halbmondtaube		
	☐ Kaptäubchen		
	☐ Oliventaube		
	☐ Palmtaube		
	☐ Rotnasen-Grüntaube		
	☐ Tamburintaube		
Trogone	☐ Narinatrogon		
Turakos	☐ Glanzhaubenturako		
	☐ Graulärmvogel		
	☐ Helmturako		
	☐ Livingstoneturako		
	☐ Schalowturako		

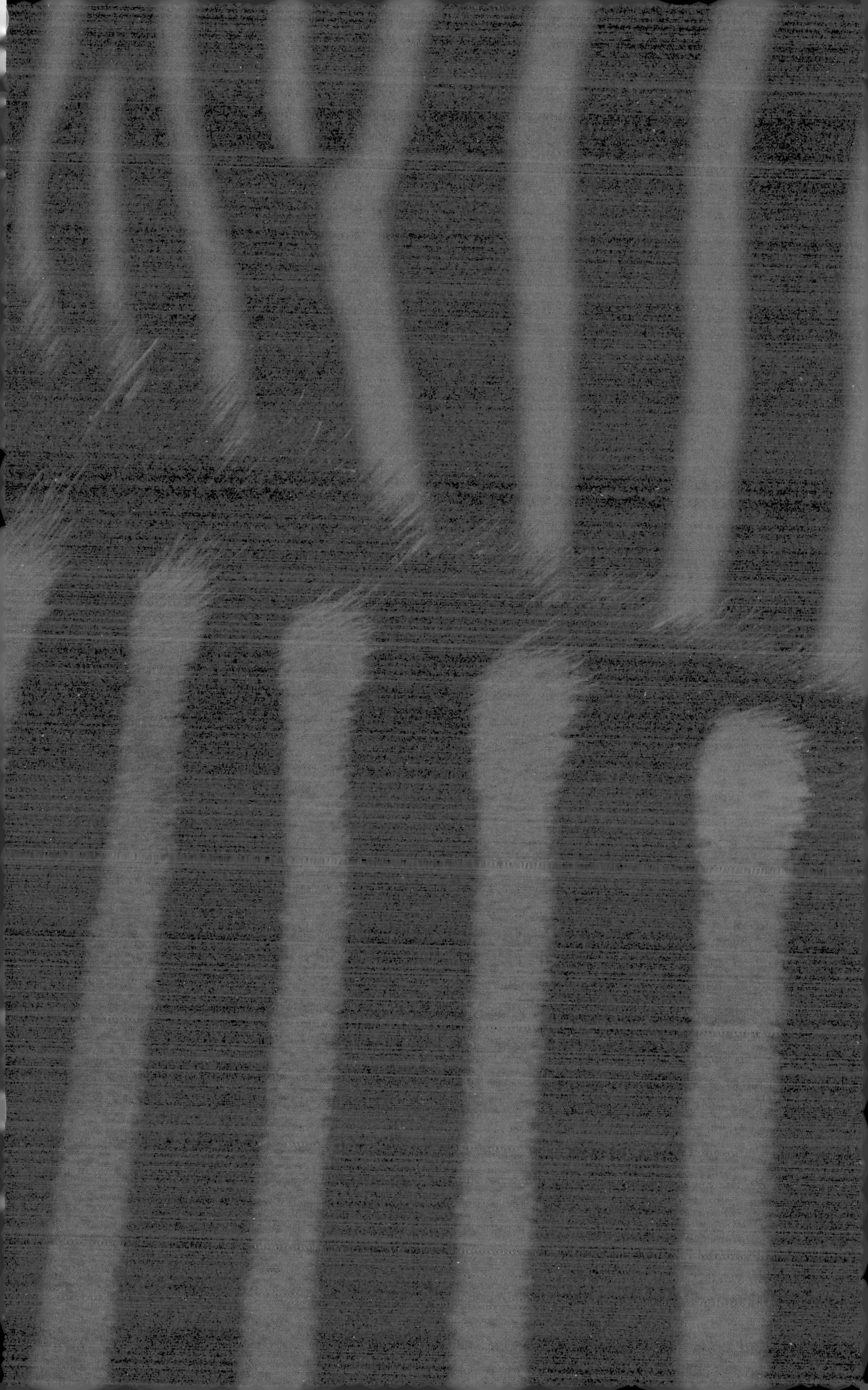